# FreeCAD für Elektroniker

## Praktische Einführung in 3D-Modellierung vom Gehäuse bis zu Frontplatten

**Dr. Thomas Duden**

1. Auflage 2023



**ISBN 978-3-89576-543-8** Print
**ISBN 978-3-89576-544-5** eBook

Satz und Aufmachung: D-Vision, Julian van den Berg | Oss (NL)
Druck: Ipskamp Printing, Enschede (NL)

Elektor-Verlag GmbH, Aachen
www.elektor.de

# Inhaltsverzeichnis

# Kapitel 1 • Einleitung

Aus dem modernen Gerätedesign sind 3D-Werkzeuge nicht mehr wegzudenken. Sie erlauben die interaktive Modellierung von Gehäusen, Bedienelementen und komplexen Konstruktionen. Dabei kann die Packungsdichte der Komponenten maximiert werden, was Volumen einspart. Gleichzeitig wird gewährleistet, dass es keine Bauteilkollisionen gibt, die bei der Endmontage sehr enttäuschend sein können.

3D-Konstruktionswerkzeuge leisten sich üblicherweise Firmen, die fünfstellige Geldbeträge für Erwerb und Wartung investieren können. Für Studenten gibt es akademische Versionen zu erschwinglicheren Preisen, sowie Zugang zu Online-Lizenzen durch die Universität. Privatanwender und Hobbyisten hatten dagegen lange keinen einfachen Zugang zu diesen Werkzeugen.

Während der letzten Jahre entwickelte sich der 3D-Druck rasant und Lieferanten für Leiterplatten begannen, ihre Dienste auch nicht kommerziellen Kunden anzubieten. Die Community entwickelte dazu zwei erstaunliche Softwareprojekte: KiCad für Leiterplatten und FreeCAD für die mechanische Konstruktion. KiCad erlaubt neben dem Design der Leiterplatten auch den Export von 3D-Modellen und hat damit eine interessante Schnittstelle zur mechanischen Welt, die in FreeCAD zur Anwendung gebracht werden kann.

Dieses Buch soll Elektronikern, die sich für mechanische Erweiterungen ihrer Projekte interessieren, einen Startpunkt mit FreeCAD liefern. Es enthält in keiner Weise erschöpfende Erklärungen für die unzähligen Möglichkeiten von FreeCAD. Dennoch kann es helfen, den üblicherweise dornenreichen und oft frustrierenden Beginn des Lernprozesses mit dem umfangreichen Programm zu erleichtern.

Der Elektroniker benötigt dabei häufig nur eine kleine Teilmenge der umfangreichen Funktionen von FreeCAD, auf die wir uns hier bei typischen Beispielprojekten konzentrieren wollen: Das Erstellen von Einzelteilen, das Design einer Frontplatte oder den Entwurf eines einfachen Gerätes mit Chassis, Frontplatte, Rückwand und Haube. Hat man diese Schritte hinter sich gebracht, ist die Erweiterung auf komplexere Konstruktionen naheliegend, mit denen man auch aufwändigere Geräte kompakt und doch ohne größere Überraschungen bei der späteren Montage anlegen kann.

Alle Beispiele, auch das Leiterplatten-Design, sind als Dateien im zugehörigen online-Material enthalten und können, ganz im Sinne von FreeCAD, frei verwendet und weiter geteilt werden.

Da in diesem Buch auch ein Netztransformator eingesetzt wird, hier noch ein Hinweis zum Umgang mit Spannungen, die 50V AC bzw. 120V DC überschreiten: Diese sind lebensgefährlich - Arbeiten damit dürfen nur durch entsprechend ausgebildete Elektrofachkräfte erfolgen.

# Kapitel 2 • Hinweise zur Benutzung von FreeCAD

FreeCAD steht mittlerweile in der Paketverwaltung einiger Linux-Distributionen zur Verfügung. Für dieses Buch wird FreeCAD 0.20 auf der Tumbleweed-Plattform von openSuse verwendet. Man kann FreeCAD aber auch auf anderen Betriebssystemen, wie z.B. Microsoft Windows® betreiben.

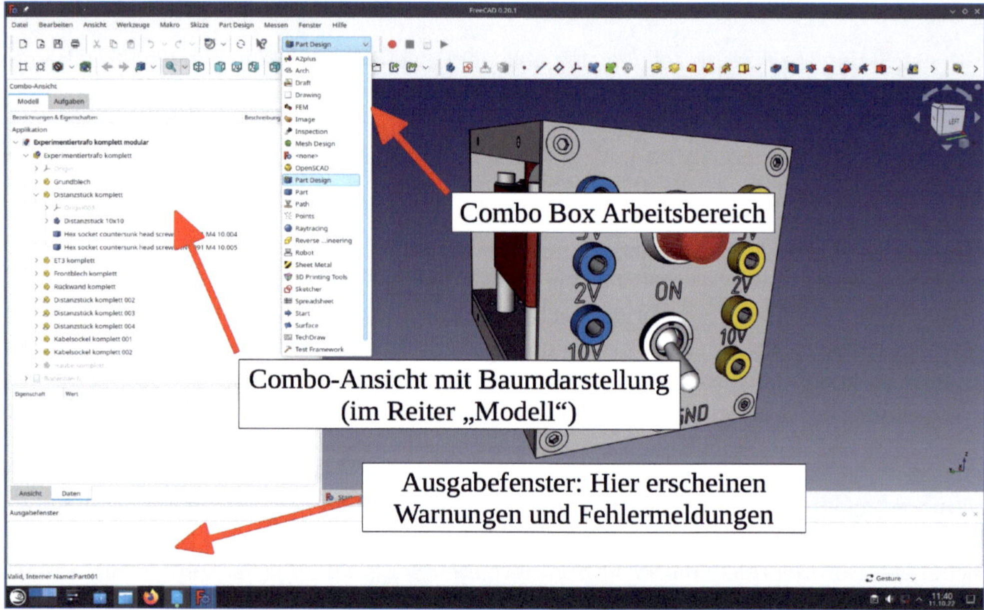


*Bild 2-1*

Der Funktionsumfang von FreeCAD ist in verschiedene Arbeitsbereiche (workbenches) aufgeteilt. Man findet die Auswahl in der Mitte des Hauptmenüs als Combo-Box (Bild 2-1). Die hier am häufigsten genutzten Arbeitsbereiche sind "Part Design" (Erstellen von 3D Objekten) und "Part" (Erzeugung und Platzierung von 3D-Objekten), seltener "Draft" (zum Erstellen von Zeichnungselementen und Schriftkonturen für die Gravur) und "TechDraw" (zum Erstellen von technischen Zeichnungen und dxf-Vorlagen zum Fräsen). Für Blechteile gibt es noch die Erweiterung (add-ons) "Sheet Metal" und für das Einsetzen von Schrauben wird hier die Erweiterung BoltsFC verwendet.

## 2.1. Erweitern des Funktionsumfangs von FreeCAD

Wir beginnen gleich mit der Installation der für dieses Buch benötigten Erweiterungen. Die Art und Weise der Installation unterscheidet sich, je nachdem, in welcher Form die Erweiterungen vorliegen. Am bequemsten ist es, addons mit dem AddOn-Manager herunterzuladen.

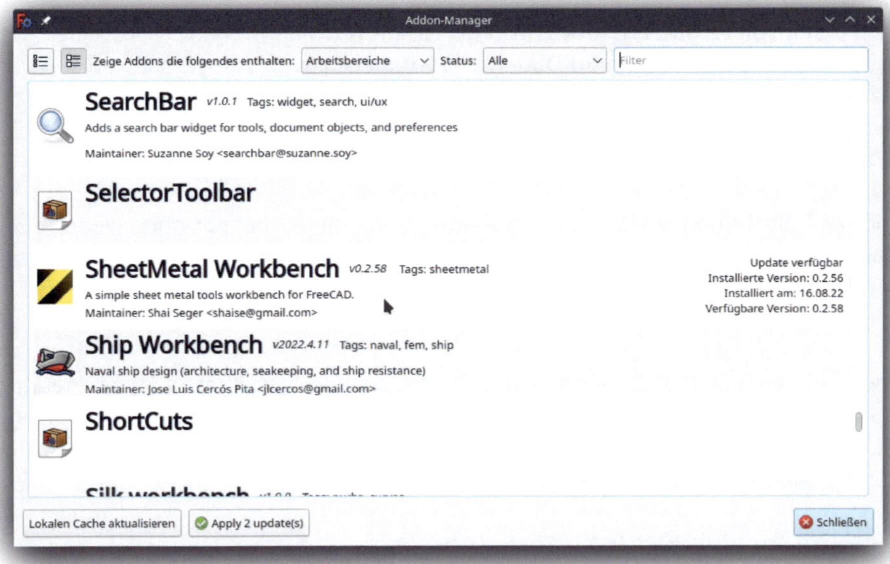


*Bild 2-2*

## 2.2. AddOns

Zum Betrieb des AddOn-Managers benötigt man eine Internetverbindung. Wir starten den AddOn-Manager im Hauptmenü durch Auswahl von "Werkzeuge | AddOn-Manager". Es erscheint eine Warnung, dass die angebotenen Erweiterungen nicht vom FreeCAD-Team überprüft werden. Diese bestätigen wir mit "OK" und landen in einer bunten Welt von interessanten Zusatzfunktionen, die durch die Community hier bereitgestellt werden (Bild 2-2). Dies ist vielleicht auch ein Moment, um daran zu denken, was man für diese beeindruckenden Geschenke später einmal zurückgeben kann.

### 2.2.1. Workbenches

Für Blechteile wählen wir aus der Addon-Liste die "Sheet Metal"-workbench von Shai Seger. Klickt man auf den Listeneintrag, so erscheint eine teils animierte Beschreibung des neuen Funktionsumfanges. Wenn man in diesem Fenster herunter scrollt, erscheinen noch eine Menge nützlicher Informationen und Quellenangaben für die Vertiefung des Themas. Durch Klicken des Buttons "Installieren" rechts oben im AddOn-Manager fügt FreeCAD die Erweiterung hinzu. Ein schöner Luxus!

### 2.2.2. Makros

Während die Installation der "Sheet Metal"-workbench quasi vollautomatisch abläuft, erfordert der Vorgang beim nächsten Zusatz eine kleine, zusätzliche Maßnahme. Diese ist auch in der online-Beschreibung von BoltsFC im AddOn-Manager nachzulesen.

Wir klicken, falls nicht schon geschehen, den "Zurück"-Button im AddOn-Manager (Linkspfeil, links oben), um zurück zur Hauptauswahl zu gelangen und wählen "BoltsFC". Im nächsten Schritt klicken wir auf den Button "Installieren".

Um BoltsFC sinnvoll zu nutzen, muss noch der steuernde Makro manuell installiert werden. Um ihn zu finden, aktiviert man im Dateimanager die Anzeige von verstecken Dateien, navigiert zu "\home\username\.local\share\FreeCAD\Mod\BOLTSFC" und findet dort die Datei "start_bolts.FCMacro". Diese kopiert man in das Verzeichnis "\home\username\.local\share\FreeCAD\Macro\.

Bei Windows©-Systemen schlägt die Installation von BoltsFC derzeit ohne weitere Eingriffe fehl. Man könnte alternativ zu BoltsFC auch die "Fasteners"-workbench installieren und benutzen [FRE 2023].

### 2.2.3. Zusatzfunktionen starten

Während installierte Arbeitsbereiche wie z.B. die gerade installierte "Sheet Metal"-workbench sich aus der bereits beschriebenen Combo-Box (Bild 2-1) aufrufen lassen, wird BoltsFC durch Aufruf des dazugehörigen Makros gestartet. Diesen findet man im Hauptmenü unter "Makro | Aktuelle Makros" .

## 2.3. Arbeitsbereiche und Kontextmenüs

Die große Vielfalt der Funktionen in FreeCAD erfordert diese Einteilung in Arbeitsbereiche, der zugrunde liegt, ausgewählte Menüs und zugehörige Funktionen kontextabhängig anzuzeigen oder auszublenden – FreeCAD wäre sonst zu unübersichtlich und auch gar nicht mehr praktisch benutzbar. Daher ist es immer wichtig, sich zu vergegenwärtigen, welcher Arbeitsbereich gerade angewählt ist. Findet man eine Funktion oder ein "Menü"-Icon einmal nicht wieder, so kann dies an der gewählten Arbeitsbereichs-Einstellung liegen. Manche Arbeitsbereiche sind nicht kompatibel, aber es sollte nur selten nötig sein, zwischen diesen Arbeitsbereichen hin- und herzuwechseln.

Das Konzept der Arbeitsbereiche kann anfangs frustrierend sein (wenn man z.B. nach ausgeblendeten Funktionen sucht), nach kurzer Eingewöhnungsphase wird die Arbeit damit aber schnell flüssig.

## 2.4. Automatisches Umschalten des Arbeitsbereiches

Nur einige Arbeitsbereiche werden automatisch angewählt. Dazu zählt z.B. der Arbeitsbereich "Part Design", welcher vorgewählt wird, wenn man in der Baumansicht des Projektes ein blaues "Körper"-Icon doppelklickt, um es zu aktivieren.

Auch der Sketcher-Arbeitsbereich wird automatisch gewählt, wenn man z.B. im Arbeitsbereich "Part Design" das Icon "Sketcher" klickt oder in der Baumansicht eine Skizze durch Doppelklick öffnet. Diese durch angewählte Aufgaben gesteuerten Umschaltungen folgen aber in nachvollziehbarer Weise dem Benutzerwunsch, so dass dabei keine Irritationen über eventuell nicht mehr sichtbare Icons oder Einträge im (Kontext-) Menü entstehen.

## 2.5. Die Baumansicht

In der Combo-Ansicht auf der linken Seite (Bild 2-3) findet man unter dem Reiter "Modell" eine Abbildung der Objekthierarchie in Form der Baumansicht. Die Std-Part-Container sind dabei gelb, die Körper erzeugter 3D-Geometrie blau gefärbt.

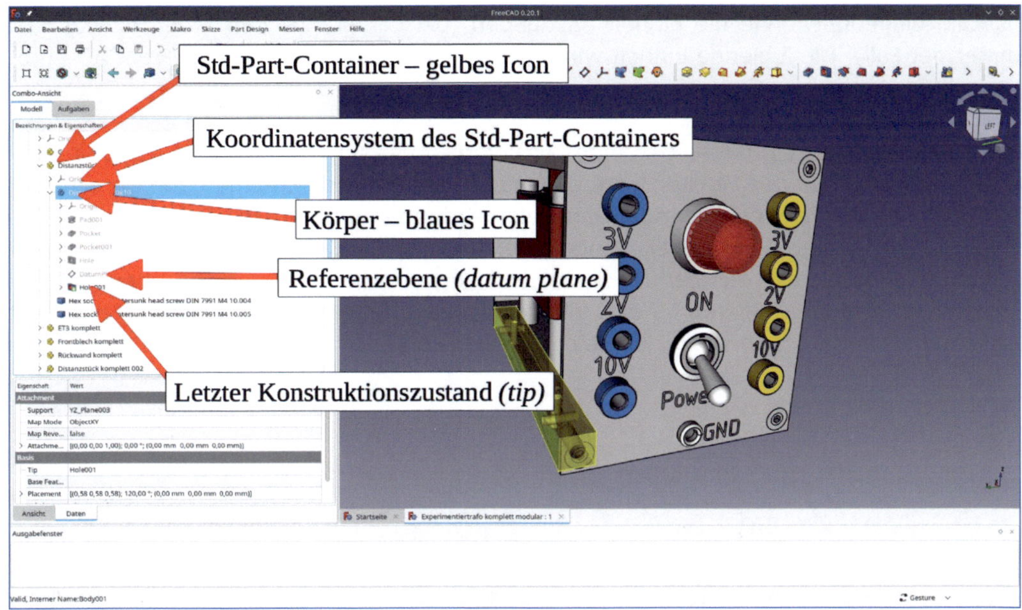


*Bild 2-3*

Jedes komplexere Objekt lässt sich erweitern, um die enthaltenen Komponenten zu inspizieren. Im Baumstrukturzweig eines Körpers sind alle Einträge ausgegraut, die nicht sichtbar sind (Bild 2-3, Baumansicht). Grundsätzlich kann man alle Objekte in der Baumstruktur sichtbar machen oder ausblenden, wenn man den entsprechenden Eintrag durch Mausklick markiert und die Leertaste betätigt. Dabei reagiert FreeCAD unterschiedlich, je nachdem um welche Objektkategorie es sich handelt. Skizzen (sketches), Referenzebenen (datum planes) oder andere Referenzobjekte lassen sich, wie intuitiv erwartet, einfach sichtbar machen oder ausblenden. Anders verhält es sich mit erzeugten Geometrien. Die im jeweils letzten Konstruktionsschritt erzeugte Geometrie eines Körpers (englisch: tip) wird grau, wenn man einen früheren Zustand des Körpers mit der Leertaste sichtbar macht. Damit tritt man in der 3D-Ansicht eine Zeitreise in die Entstehung des entsprechenden Körpers an – alle später eingefügten Details werden ausgeblendet. Ist man mit z.B. einer Änderung an einem früheren Detail fertig, sollte man wieder den letzten Konstruktionszustand (tip) sichtbar machen (den tip anklicken und Leertaste drücken) – sonst können, wenn bereits geleistete Arbeit scheinbar verschwindet, unübersichtliche und frustrierende Situationen entstehen.

## 2.6. Das Ausgabefenster

Das Ausgabefenster befindet sich ganz unten. Dort werden Fehlermeldungen und Warnungen angezeigt. Warnungen können beispielsweise auftreten, wenn man versucht, über Namensraumgrenzen (scope) von Objekten hinweg Beziehungen festzulegen. Obwohl das manchmal durchaus funktionieren kann (die Assoziativität wird erreicht), ist es aber eine gute Praxis, den Warnungen nachzugehen und die Ursachen zu beheben. Während Fehlermeldungen in oranger Farbe ausgegeben werden, erschienen Fehlermeldungen in Rot. Manche Fehlermeldungen ergeben sich temporär – zum Beispiel hat man ein Maß nur kurz als Zahl eingetippt, ohne die Einheit anzugeben (bei der praktischen Arbeit ist das fast immer der Fall). Die fehlende Einheit wird -nach Fehlermeldung- dann von FreeCAD automatisch wieder hinzugefügt.

Durch Rechtsklicken auf das Ausgabefenster und die Auswahl von "Löschen" aus dem Kontextmenü kann man das Fenster leeren. Danach sollte man durch eine neue Berechnung feststellen, ob der Fehler immer noch angezeigt wird. Aber Vorsicht – die fraglichen Objekte sollten in der Baumansicht vorher rechts angeklickt und durch die Auswahl von "Zur Neuberechnung markieren" aus dem Kontextmenü als verdächtig bekannt gegeben werden. Sonst sieht nach Drücken von F5 erst alles korrekt aus, aber der gleiche Fehler erscheint später noch einmal – was sehr unübersichtlich sein kann.

# Kapitel 3 • Gliederung von Designs

Wenn man ein Design mit FreeCAD beginnt, ist es sinnvoll, sich gleich zu Anfang über eine Gliederung Gedanken zu machen. Dies verhindert, dass das Projekt durch zu viele Teile in derselben Hierarchiestufe der Baumansicht zu unübersichtlich wird. Zudem kann es eine Menge zusätzlicher Arbeit bedeuten, wenn man zunächst Komponenten mehrfach einsetzt (wie etwa eine ganze Reihe Distanzstücke) und erst später die Befestigungsschrauben einzeln ergänzt. Es geht dabei also nicht nur um eine ordentlich gestutzte Baumansicht, sondern auch darum, später ohne allzu repetitive Aufgaben zügig voranzukommen.

Weiterhin ist der strukturierende Gedanke "was gehört zu wem" nützlich, um die zusammengehörigen Objekte gemeinsam zu bewegen. Wenn sich später beim Verschieben eines Potentiometers gleichzeitig der Drehknopf, der Ausschnitt in der Frontplatte und die Gravur passend verschieben, ist dieser "Assoziativität" genannte Hochgenuss von unschätzbarem Wert, wie etwa bei gleichzeitiger Volumenoptimierung und der Anlage eines schönen, beeindruckenden Frontplattendesigns. Zudem wird auf diese Weise die Fehlerwahrscheinlichkeit minimiert, da bei der Aktualisierung nichts vergessen werden kann.

Für die nachträgliche Änderung der Gliederung gibt es natürlich auch Werkzeuge. Aber die Verschiebung von Objekten zwischen verschiedenen Std-Part-Containern kann dabei zu unerwarteten Nebeneffekten führen, z.B. durch das Zerbrechen von Referenzen an Namensbereichsgrenzen. Diese Überraschungen und ihre Vermeidung werden später, bei der Anlage komplexerer Konstruktionen noch genauer untersucht.

## 3.1. Std-Part-Container und Körper (Body)

Das Design eines Einzelteiles, aber auch das einer Baugruppe (assembly) sollte stets mit einem neuen Std-Part-Container beginnen. Diese Wahl erfolgt nicht automatisch durch FreeCAD. Es wäre auch möglich, aber weniger nützlich, gleich mit einem Körper-Objekt loszulegen (wenn etwa das gesamte Projekt nur aus einem einzigen Stück Material bestehen sollte). Die anfängliche Wahl des Std-Part-Containers mag zunächst willkürlich erscheinen. Der Sinn dahinter ist aber unter anderem, dass alle dem Std-Part-Container hinzugefügten Körper in sein übergeordnetes Koordinatensystem eingeordnet werden: In dieses werden die im weiteren Verlauf erzeugten Körper zunächst beziehungslos eingesetzt (sie sind dann ungebunden), anfangs auch ohne Verschiebungen oder Drehungen. Diese eingesetzte Position kann danach bei den Körpern durch Verändern der "Placement"-Parameter in der Eigenschaftsliste angepasst werden. Ein Bonbon ist dabei, dass man - nach Markieren des Eintrages in der Eigenschaftsliste - den entsprechenden Körper durch Drehen des Mausrades mit gleichzeitiger visueller Rückmeldung positionieren kann – fast so gut wie anfassen!

Jeder Körper kann nur aus einem einzigen, zusammenhängenden Stück Material bestehen. Durch die Möglichkeit, ein Teil im Std-Part-Container aus mehreren Körpern zusammen zu setzen, bedeutet dies keine Einschränkung, sondern ermöglicht eine sinnvolle Strukturierung. Bei der Anlage von Ausschnitten muss aber man darauf achten, dass der aktuell bearbeitete Körper durch die Operation nicht in mehrere Materialstücke zerfällt – das würde zu einer Fehlermeldung führen. Hat man das Teil schließlich fertig entwickelt, kann man es einfach durch Kopieren und Einfügen seines Std-Part-Containers in eine andere Baugruppe einfügen. Die lokal definierten Beziehungen ("Attachment"-Parameter) oder die Positionen der nur eingesetzten Objekte ("Placement"-Parameter) innerhalb des Containers bleiben dabei erhalten. Sie können jederzeit durch Anwahl des betreffenden Körpers in der Baumansicht sowie der Editierung der Eigenschaftsliste aktualisiert werden (z.B. kann man auf diese Weise auch nachträglich die Position eines Knebelschalters umschalten oder den Zeigerknopf eines Potentiometers verdrehen).

## 3.2. Placement versus Attachment

Wie bereits angesprochen werden die einzelnen Körper in einem Std-Part-Containers zunächst nur in diesen eingesetzt. Die Positionen und Winkel dieser eingesetzten Objekte finden sich unter der Baumansicht im Eigenschaftsbereich, in der Zeile "Placement", die man durch Anklicken, sowie Klicken des dann erscheinenden ... -Buttons (auf der rechten Seite im angeklickten Eingabefeld) zur Bearbeitung in einem Aufgabenfenster öffnen kann.

Man kann aber auch eine Beziehung zwischen Körper und Container oder mehreren Körpern eines Containers herstellen, indem man zur "Part"-workbench wechselt, den Körper des zu platzierenden Formteils in der Baumansicht durch Anklicken markiert und den Menüpunkt "Part | Formteil | Platzierung" wählt. Dadurch wird links ein Aufgabenfenster geöffnet, in welchem man eine Beziehung definieren kann. Diese erscheint in der Eigenschaftsliste des Körpers als Attachment. Das Attachment übersteuert dabei das Placement, welches sich bei einer gültigen Beziehung daher nicht mehr verändern lässt.

Beim Festlegen der Beziehung lässt sich auch ein Platzierungsmodus wählen (z.B. "auf Ebene" oder "konzentrisch"). Diese Arbeitsweise gleicht dem Erstellen einer Baugruppe (assembly), nur sind die Elemente hier Körper und der Namensraum für Bezüge ist ohne weitere Maßnahmen auf den aktuellen Std-Part-Container beschränkt. Genau genommen sind die Namensräume der einzelnen Körper im Std-Part-Container bereits gegeneinander abgeschlossen. Mit Hilfe eines Referenzobjektes, dem Formbinder, kann man diese Grenze aber für bestimmte Bezüge öffnen. Dies wird in den folgenden Abschnitten noch genauer erläutert.

Später findet man die Eigenschaften zur Beziehung des Körpers in der Eigenschaftsliste unter "Support" (die Referenz, an die das Objekt angehängt ist, z.B. eine Ebene) und "Map Mode" (den Befestigungsmodus). Wenn man die Eigenschaftszeile "Map Mode" anklickt und den ... -Button rechts im Eingabefeld dazu klickt, gelangt man zu einem Aufgabenfenster. Dort kann man alle Parameter variieren – sowohl eine neue Referenz wählen, als auch den Befestigungsmodus oder lateralen Versatz und Winkel einstellen.

Die Einbettung mehrerer Körper in einen Std-Part-Container kann sinnvoll sein, wenn man dem Teil z.B. Befestigungsschrauben, Muttern und Unterlegscheiben gleich mit hinzufügt. Die beim Definieren einer Beziehung zusätzlich zur Verfügung stehenden Funktionen, z.B. das konzentrische Einfügen, erlaubt die schnelle und assoziative Platzierung von z.B. einer Unterlegscheibe direkt an der zugehörigen Montagebohrung oder Bauteilkante.

## 3.3. Assembly oder Std-Part-Container?

FreeCAD besitzt in der Version 0.20.1 noch keine offizielle "Assembly"-workbench. In einem Std-Part-Container können sich aber auch weitere Std-Part-Container befinden. Wenn man, wie im vorigen Abschnitt beschrieben, die erwähnten Beziehungen zwischen den einzelnen Std-Part-Containern festlegt, verfügt man im Prinzip bereits über alle Möglichkeiten, die man zum Erstellen einer Montage (assembly) benötigt. In diesem Buch werden wir diesen Weg gehen. Im Ergebnis erhalten wir, dass die Arbeit immer wieder zu Std-Part-Containern führt, die ein Maximum an Kompatibilität bieten. Weitere Methoden zur Erstellung von Baugruppen werden im Kapitel 6 diskutiert.

## 3.4. Das topologische Benennungsproblem

Bei der Entwicklung von Teilen wird man früher oder später auf eine gravierende, aber beherrschbare Einschränkung von FreeCAD stoßen: Das Kernsystem nummeriert alle Facetten und Teilflächen der erzeugten 3D-Geometrie und eventuelle Veränderungen daran, wie z.B. das Löschen einer Verrundung, können eine Neunummerierung auslösen. Normalerweise würde man davon nichts merken, es sein denn, man hat ein Detail an z.B. eine bestimmte Facette der erzeugten 3D-Geometrie angehängt (etwa eine Bohrung an eine Stirnfläche). Nach der automatischen Neunummerierung "klebt" die Bohrung dann irgendwo oder kann gar nicht mehr dargestellt werden und eine Reihe von Fehlermeldungen erscheint. In solchen Fällen zerbricht die dargestellte Konstruktion und man muss einige Referenzen neu bestimmen, bis das Teil in alter Schönheit wieder auf dem Bildschirm erscheint. Solche Vorfälle sind überraschend, zeitraubend und frustrierend, aber man kann das Auftreten dieser tief im Inneren des Programms begründeten Erscheinung durch überlegtes Vorgehen weitgehend minimieren.

## 3.5. Skizzen und Referenzobjekte

Ein Weg aus der topologischen Benennungs-Misere ist die Festlegung von Referenzobjekten (datum objects). Die Beziehungen zu diesen Objekten wird durch die Neunummerierung nicht betroffen. Weiterhin kann man Referenzen ggf. auf Skizzen (sketches) oder Teile davon beziehen, die ebenfalls ihre durch uns gewählten Formen und Positionen behalten. Dieses Vorgehen ist etwas hakeliger als sich munter im 3D-Land von Facette zu Facette zu schwingen.

Die zusätzliche Mühe zahlt sich aber mehr als aus, wenn die festgelegten Positionen von Ebenen etwa wichtigen Konstruktionsparametern entsprechen, z.B. der Länge eines Distanzstückes. In diesem Falle genügt es später, durch die Veränderung nur dieses einen Parameters viele Varianten des Objektes herzustellen. Und nicht nur das – ist auch die Referenz weiterer Komponenten in einer späteren Baugruppe ordentlich auf diesen Parameter bezogen, bewegen sich wie von Geisterhand alle diese angehängten Komponenten bei Anpassung der (z.B.) Distanzstücklänge an ihren neuen Platz. Es ist offensichtlich, dass die so ermöglichte Assoziativität bei der Designoptimierung, wie etwa der Minimierung des Bauvolumens, eine wichtige Rolle spielen kann.

## 3.6. Weitere Strategien zur Vermeidung des topologischen Benennungsproblems

Nicht immer wird es möglich oder praktisch sein, ohne Beziehungen zu automatisch generierter Geometrie auszukommen. Eine pragmatische Strategie ist in diesem Falle, zunächst alle grundsätzlichen Formelemente eines Teils zu definieren, bis es erkennbar keinen Veränderungsbedarf mehr gibt, der über die geringfügige Anpassung von Bemaßungen hinausgeht. Dann - und erst dann - sollte man Verrundungen, Formschrägen und andere kosmetische Schönheitsmerkmale anbringen, da diese möglicherweise eine Vielzahl neuer Facetten erzeugen. Aber Vorsicht – führt z.B. die Anbringung einer großen Formschräge zum Wegfall einer früher definierten Einzelheit (auch nur in der Vorschau!), kann das Teil durch die derart ausgelöste Neunummerierung der Facetten eventuell sogar irreversibel zerbrechen. Nicht einmal das Klicken des "Undo"-Buttons führt dann zu einer sinnvollen Repräsentation des Teils zurück. In diesem Fall muss man die betroffenen Referenzen alle einzeln durchgehen und ggf. korrigieren, was frustrierend sein kann.

## 3.7. Vermeidung von repetitiver Arbeit durch Gliederung in Einzelteile

Aus den bereits beschriebenen Situationen folgt, dass es jedenfalls sinnvoll ist, eine Konstruktion in möglichst viele überschaubare Einzelteile zu untergliedern. Diese lassen sich in einfacher Weise gut und vollständig definieren, bevor man in die Sphäre größerer Baugruppen vorstößt. Solche Einzelteile, in separaten Dateien angelegt, können als wertvolle Ressource später immer wieder verwendet werden, was eine große Zeitersparnis bedeuten kann.

## 3.8. Immer mit dem Std-Part-Container beginnen

Wir starten eine neue FreeCAD-Datei mit dem Befehl "Datei | neu" und speichern diese unter einem aussagekräftigen Namen. Als erstes klicken wir dann im Arbeitsbereich "Part Design" das gelbe "Part" Icon (Bild 3-1). In der Baumansicht erscheint das gelbe Icon, dessen Titel wir durch Rechtsklicken und den Kontextmenübefehl "Umbenennen" in eine klingende Bezeichnung umwandeln (z.B. Neuteil XY komplett).

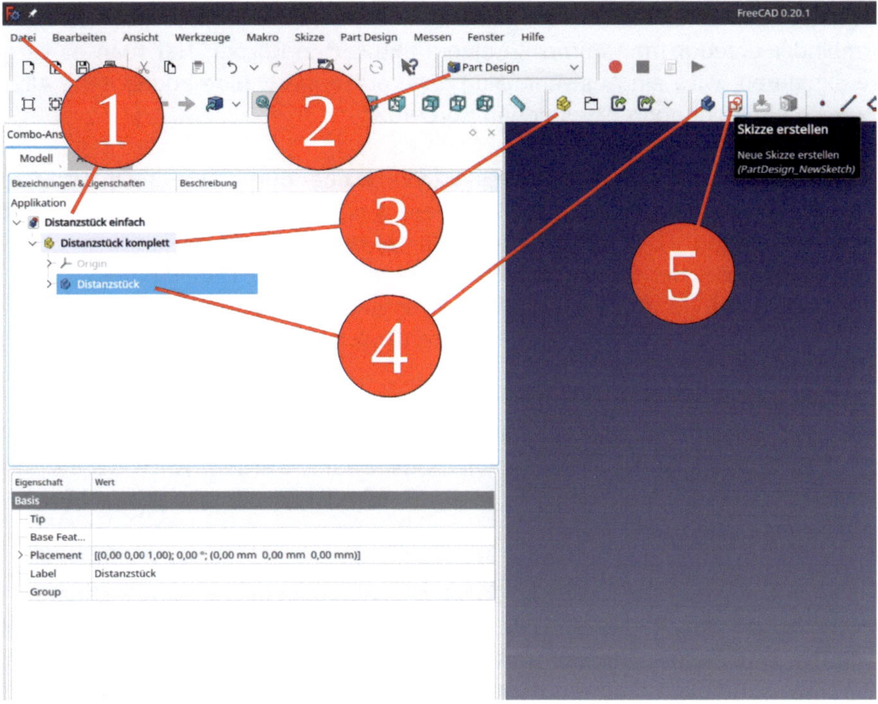


*Bild 3-1*

Es wäre auch möglich, direkt mit einem neuen Körper zu beginnen. Damit verbauen wir uns aber viele Möglichkeiten, unter anderem die, dem Teil besondere Darstellungsattribute hinzuzufügen. Beispielsweise sollte ein Schaltergehäuse aus schwarzem Kunststoff bestehen, eine bewegliche Schalterwippe aber rot und transparent erscheinen, die Kontakte wiederum metallisch glänzend.

Auch Operationen wie das Projizieren von Skizzen auf Flächen, zum Beispiel für Beschriftungen, erzeugen neue Körper-Objekte, die in den umgebenden Std-Part-Container eingebettet sein sollten, um später mit dem Teil gemeinsam eingefügt und bewegt werden zu können.

## 3.9. "Formbinder" und "Formbinder für Teilobjekte"

Wenn ein Projekt aus verschiedenen Std-Part-Containern zusammengesetzt wird, ergibt sich oft die Notwendigkeit, einige Teile in Abhängigkeit von den anderen zu verändern. Ein Beispiel für derart bildhauerische Arbeit wäre, dass in einer Frontplatte Ausschnitte für die hinzugefügten Anbauteile angebracht werden sollen. Für die Kommunikation solcher Einzelheiten über die Grenzen von Körpern und Std-Part-Containern hinweg gibt es den "Formbinder" (blaues Icon) und den "Formbinder für Teilobjekte" ("SubShapeBinder", grünes Icon).

### 3.9.1. Formbinder (blau)

Den Formbinder erzeugt man immer in einem aktivierten Körper. Hat man es vergessen, einen zu aktivieren, wird ein Auswahldialog dazu präsentiert. Eine angebotene Alternative ist dabei auch die Erzeugung eines neuen Körpers.

Ist die Auswahl entweder durch vorheriges Aktivieren oder durch Auswahl in der Liste gültig erfolgt, öffnet sich das Aufgabenfenster. In diesem gibt es zwei Kollektoren: "Objekt" und "Geometrie hinzufügen". Der jeweilige Kollektor wird erst durch Klicken des entsprechenden Buttons aktiviert – der Button färbt sich dann dunkelgrau. Danach muss in das Eingabefeld neben dem aktivierten Button geklickt werden (bzw. bei der Auswahl der Geometrie in die Liste darunter), bevor eine Auswahl stattfindet. Nach etwas anfänglicher Klickerei geht das flüssig.

Wählt man den Kollektor "Objekt", so können, durch Wechsel in die Baumansicht (Reiter "Modell"), z.B. Skizzen oder Referenzebenen ausgewählt werden. Nach der Rückkehr ins Aufgabenfenster (Reiter "Aufgaben") ist die Auswahl, wenn sie gültig war, bereits in das Eingabefeld eingetragen.

Wählt man den Kollektor "Geometrie hinzufügen", kann man in der 3D-Ansicht auch Kanten oder Flächen auswählen. In diesem Falle wird die Kante oder Facette in der Liste angezeigt, aber auch das Feld neben "Objekt" mit der Bezeichnung des zugehörigen Quellobjektes ausgefüllt. Man kann auch mehrere Kanten desselben Objektes zur Liste hinzufügen. Dazu muss jedes Mal vor der Auswahl der Button "Geometrie hinzufügen" erneut angeklickt werden. Wichtig: Man kann auch Einzelheiten einer eingeblendeten Skizze anklicken. Dies ist z.B. für die robuste Positionierung einzelner Schrauben von großem Nutzen.

Schließlich kann das Aufgabenfenster einfach mit dem "OK"-Button geschlossen werden. In diesem Buch benennen wir alle Objekte in der Baumansicht mit selbsterklärenden Bezeichnungen. Das ist auch für die Formbinder eine gute Praxis – insbesondere, wenn man nach Monaten noch verstehen will, was man früher einmal angelegt hat.

Ist man dennoch durcheinander gekommen, so kann man die Formbinder mit der Leertaste einblenden; oder man bringt den Mauszeiger in der Baumansicht über den Eintrag des Formbinders, der dann in der 3d-Ansicht hervorgehoben angezeigt wird.
Der Formbinder folgt Änderungen des Quellobjektes nicht automatisch. Um dies zu erreichen, muss in der Eigenschaftsliste "Trace Support" auf "true" gesetzt werden.

### 3.9.2. Formbinder für Teilobjekt (grün)

Den grünen "Formbinder für Teilobjekt" kann man auch außerhalb von Körpern oder Std-Part-Containern erzeugen.

Die Auswahl der referenzierten Objekte erfolgt zunächst in der 3D-Ansicht (auch mehrere auf einmal, bei gedrückter STRG-Taste). Dann erst wird das grüne "Werkzeug"-Icon "Formbinder für Teilobjekt erstellen" angeklickt. Der grüne Formbinder erscheint im Baum entweder unter dem aktuell aktivierten Körper oder, wenn keiner aktiviert sein sollte, im Stamm der Baumansicht.

Der "Formbinder für Teilobjekt" kann auch Merkmale aus externen Dateien referenzieren – davon machen wir in diesem Buch aber keinen Gebrauch. Er ist in der Standardeinstellung stets aktiviert.

Beim grünen "Formbinder für Teilobjekt" müssen die Einzelheiten vor dem Anklicken des Werkzeugs ausgewählt werden. Möchte man die Auswahl später ändern, ist der einfachste Weg, den Formbinder zu löschen und neu zu definieren. Im Gegensatz dazu lassen sich die Bezugsobjekte eines blauen Formbinders in einem Aufgabenfenster editieren, wenn man diesen doppelklickt. Weiterhin kann der "Formbinder für Teilobjekt" keinen Bezug zu einer Referenzebene herstellen, was mit dem blauen Formbinder gelingt.

### 3.9.3. Referenzen beim Einfügen von Std-Part-Containern

Im Begleitmaterial gibt es zu diesem Thema ein kleines Musterprojekt ("Testfrontplatte") mit zwei Kontrollleuchten (grün - SubFormbinder und blau -Formbinder), anhand dessen man die Wirkung verschieden definierter Referenzen untersuchen kann. Die Formbinder definieren bei den Leuchten die Lage der Befestigungsmuttern.

Der "Trace Support" beim blauen Formbinder ist sehr bequem. In einem Anbauteil kann man so Assoziativität z.B. einer Mutter mit einer Unterlegscheibe einfügen. Dann braucht man nur die Scheibe bei Anpassungen an ein Chassis zu verschieben, die Mutter folgt von alleine.

Fügt man aber einen so ausgestatteten Std-Part-Container aus einer anderen Datei mit cut-and-paste in eine Baugruppe ein, so zerbricht die Referenz mit den blauen Formbindern, und man erhält eine Fehlermeldung (Bild 3-2):

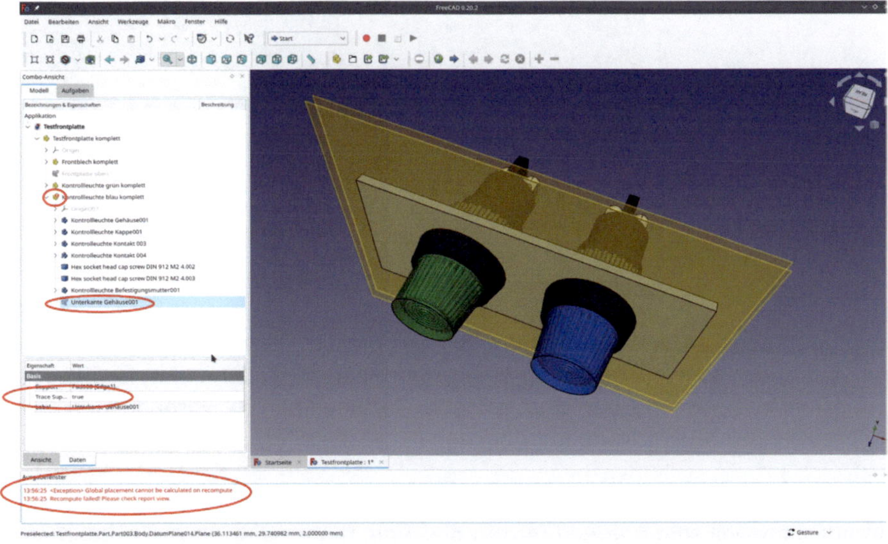

*Bild 3-2*

```
<Exception> Global placement cannot be calculated on recompute
Recompute failed! Please check report view.
```

Legt man die Assoziativität im einzufügenden Std-Part-Container aber mit einem "Formbinder für Teilobjekte" an, ergibt das keine Fehlermeldung.

Ein einfacher, und oft ausreichender Ausweg wäre, bei Anbauteilen auf Assoziativität ganz zu verzichten und alle zugehörigen Kleinteile nur eingesetzt zu belassen (also nicht mit "Formteil | Platzierung" anzuhängen). Dann muss man aber beim Einbau der Komponente in die Konstruktion alle diese Kleinteile einzeln, durch Editieren der "Placement"-Parameter, an ihren Platz bringen.

Ein weiterer Ausweg bei der Verwendung von blauen Formbindern wäre, nach Fertigstellung des Anbauteils die "Trace Support"-Eigenschaften der Formbinder auf "false" zu setzen. Dann sind aber die Positionen der Kleinteile im Anbauteil "eingefroren" (Bild 3-3).

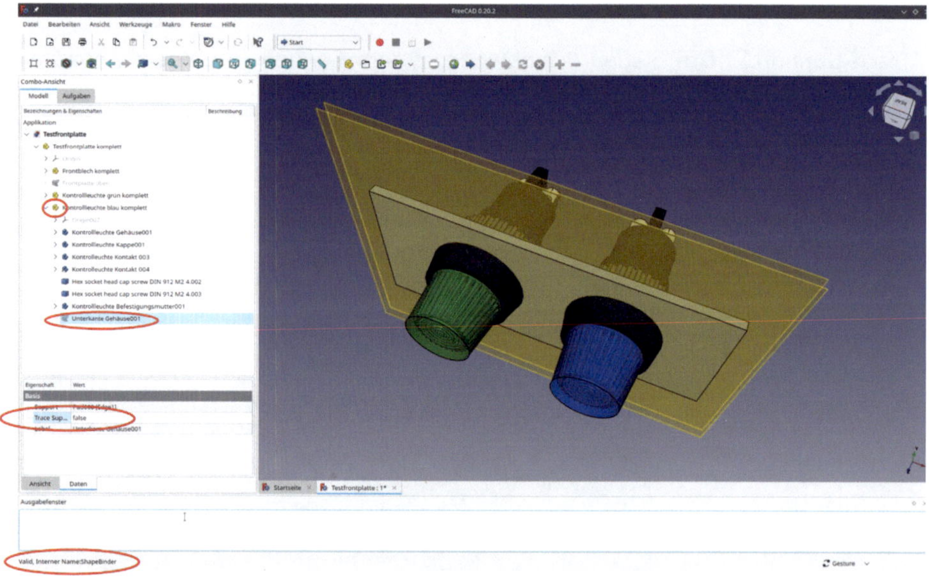


*Bild 3-3*

Die Verwendung des grünen "Formbinder für Teilobjekte" vermeidet Fehler bei der globalen Berechnung der Koordinaten in der Baugruppe. Für die Redefinition der Bezugsobjekte muss man ihn aber löschen und neu anlegen. In einer bereits vorhandenen Gliederung wird dadurch weiterer Reparaturbedarf bei den Objekten nötig, die sich auf den Formbinder beziehen.

Es kann auch sinnvoll sein, die Referenzen der eingefügten Einzelteile im Rahmen der zusammengefügten Gesamtbaugruppe komplett neu anzulegen. Das bedeutet etwas Mehrarbeit. Zudem sind die Einzelteile dann weniger modular gekapselt - für das Herauskopieren von Teilen in eigene Dateien müssen die Referenzen wieder umdefiniert werden.

### 3.9.4. Referenzen nach dem Einfügen neu definieren

Als Beispiel für die Neudefinition der Bezüge in der Gesamtbaugruppe findet sich im Begleitmaterial eine weitere Version des Testprojektes mit den zwei Leuchten – "Testfrontplatte Formbinder auf Rückseite".

Dort wurde versucht, die beiden Formbinder (grün und blau) auf die Rückseite des Frontblechs zu beziehen. Beim blauen Formbinder öffnet man dazu das Aufgabenfenster durch Doppelklick auf das Formbinder-Symbol in der Baumansicht, löscht die alten Bezeichnungen aus den Feldern "Objekt" und "Geometrie" heraus und wählt die neue Referenzebene aus dem Körper "Frontblech" durch Anklicken. Wiederum schlägt die Berechnung der globalen Koordinaten beim blauen Formbinder fehl, wenn man "Trace Support" auf "true" setzt.

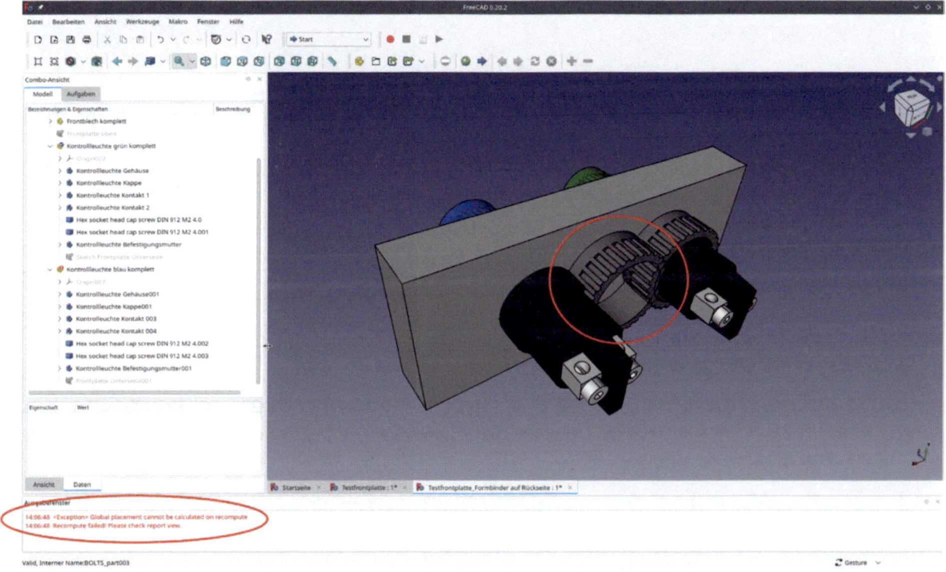


*Bild 3-4*

Dies wird auch daran deutlich, dass die Mutter nicht mehr konzentrisch zum Leuchtengehäuse orientiert ist (Bild 3-4). Setzt man "Trace Support" auf "false", so folgt der Formbinder der Lage der Referenzebene nicht mehr; das Ergebnis ist leider auch nicht nützlich (Bild 3-5).

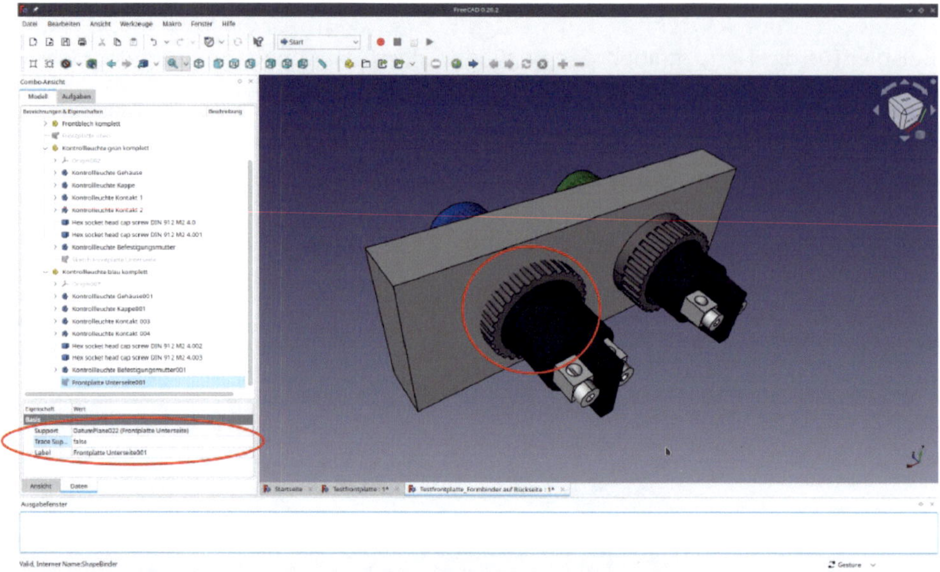

*Bild 3-5*

Den grünen Formbinder muss man löschen und neu erzeugen. Dazu das den Formbinder definierende Objekt (die Referenzebene im Körper "Frontplatte") durch Anklicken markieren und das grüne "Werkzeug"-Icon "Formbinder für Teilobjekt erstellen" anklicken.

Das Attachment der Befestigungsmutter ändert man mit deren Eigenschaft "Support" (meint hier Unterlage). Setzt man diese auf den neuen Formbinder, stellt man nun fest, dass es eine Fehlermeldung gibt:

```
PositionBySupport: TopoDS::Face
```

Der grüne "Formbinder für Teilobjekt" kann keinen Bezug auf ein unendliches Objekt (die Ebene) schaffen. Entweder man wählt nun ein begrenztes Objekt (z.B. die Skizze von "Pad" im Körper "Frontplatte") oder man erzeugt eine lokale Referenzebene im Std-Part-Container von "Kontrollleuchte grün" mit Bezug auf den "Formbinder für Teilobjekt" und bezieht die Befestigungsmutter auf diese lokale Referenzebene. In der Beispieldatei wurde die Skizze von "Pad" für den grünen Formbinder ausgewählt (Bild 3-6). Die Mutter folgt nun assoziativ der Unterseite der Frontplatte.

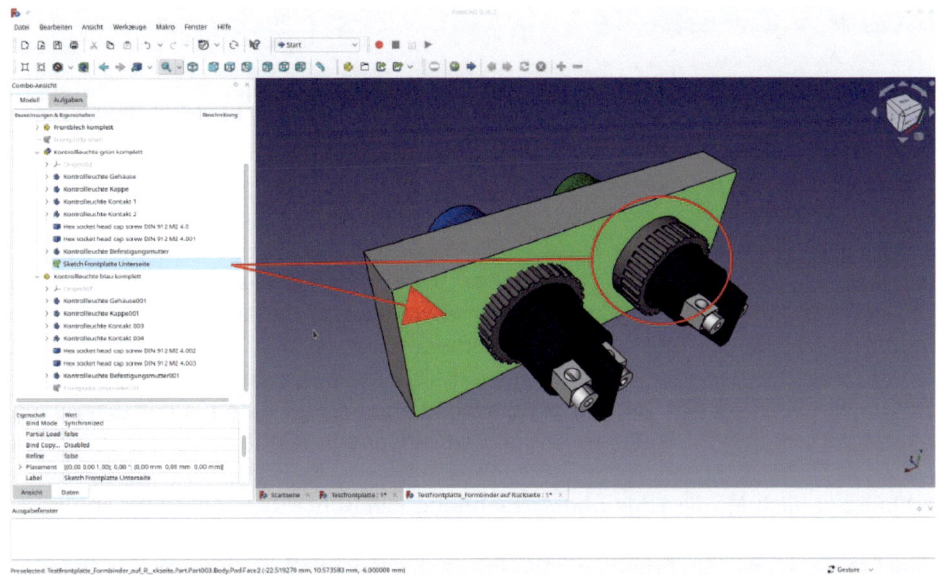

*Bild 3-6*

Bei der Editierung der Bezüge ist der grüne Formbinder also etwas komplizierter in der Handhabung, aber robuster gegenüber der Berechnung der globalen Koordinaten. Abschließend sei noch angemerkt, dass man das Verhalten des grünen "Formbinders für Teilobjekt" durch Ändern der Eigenschaft "bind mode" steuern kann. Die Eigenschaft hat die Stadardeinstellung "synchronized" , was von der Wirkung her der Einstellung "Trace Support = true" beim blauen Formbinder enstpricht. Sie kann aber auch auf "frozen" gesetzt werden, um die Kopplung einzufrieren (enstpricht "Trace Support = false"). Von diesen Möglichkeiten machen wir aber im Folgenden keinen Gebrauch.

# Kapitel 4 • Einzelteile anlegen – Erste Schritte

Nach der Beschreibung einiger Konzepte ist es jetzt an der Zeit, an Beispielen auszuprobieren, wie das alles in der Praxis funktionieren kann.

## 4.1. Wie viel Detailtreue ist wichtig?

Ein digitaler Messschieber ist nützlich, um von Komponenten die wesentlichen Maße abzunehmen. Das Studium von Datenblättern, soweit sie verfügbar sind, kann diese Phase abkürzen. Es ist pragmatisch, sich zu vergegenwärtigen, dass man später zusammen mit der Komponente einen Ausschnitt in z.B. einer Frontplatte definieren möchte. Dazu legt man den entsprechenden Gehäuseteil der Komponente gleich so an, dass dessen Außenmaße den Ausschnitt korrekt beschreiben (und nicht etwa das Teil selbst), also mit etwas Übermaß. Mit dieser oft nur geringfügigen Modifikation erhält man bei der Erzeugung des Frontplattenausschnitts durch Referenz auf die Komponentenkontur eine Spielpassung.

Weiterhin ist es wichtig, die Lage und Ausdehnung von Kontakten, Anschlüssen und anderen nach innen ragenden Einzelheiten korrekt wiederzugeben. Diese Teile können durchaus vereinfacht erscheinen. Sie erlauben dann immer noch eine Kollisionsanalyse. Zudem kann man so abschätzen, ob z.B. eine Verdrahtung des Teils möglich ist.

Auf der Außenseite eines Gerätes wäre zur Kollisionsprüfung oft nur die Außenkontur der Komponente nötig. Aber das richtige Vergnügen bei der Nutzung von FreeCAD ist natürlich auch, eine möglichst realistische und beeindruckende Darstellung des späteren Werkes herzustellen. Daher sollte man etwas Aufwand investieren und sich bei der Einarbeitung von augenschmeichelnden Details weitere Lerneffekte mit FreeCAD gönnen. Dieses Können wird sich später durch gesteigerte Geschwindigkeit und Ausdrucksform vielfach auszahlen. Zudem kann ein schönes Modell so richtig Appetit wecken und damit motivationssteigernd bei der Ausführung länglicher und arbeitsintensiver Projekte wirken.

## 4.2. Einfache Einzelteile

Ein einfaches Einzelteil kann beispielsweise ein Distanzstück sein. Es besteht nur aus einem einzigen Körper, nämlich einem extrudierten, runden Rohr. Solche Objekte kann man schnell anlegen und durch die Auswahl geeigneter Darstellungsattribute realistisch abbilden. Bei diesen Teilen kann man auch leicht entscheiden, ob das Design endgültig fertig gestellt ist. Nach Zuweisung einer Darstellung (z.B. Kunststoff, glänzend) und einer Farbe (z.B. schwarz) kann man das Distanzstück in einer schönen persönlichen Teilebibliothek speichern.

### 4.2.1. Das einfache Distanzstück – Schritt für Schritt

**1. Vorbereitung**

Sofern noch nicht geschehen, starten wir FreeCAD und wählen "Datei | neu" um das neue Teil zu starten. Als Arbeitsbereich wählen wir aus der Combo-Box "Part Design". In der Combo-Ansicht links erscheint der Reiter "Aufgaben". Dieses Aufgabenfenster (task window) ignorieren wir aber und wechseln durch Klicken des benachbarten Reiters "Modell" in der Combo-Ansicht links in die noch leere Baumansicht.

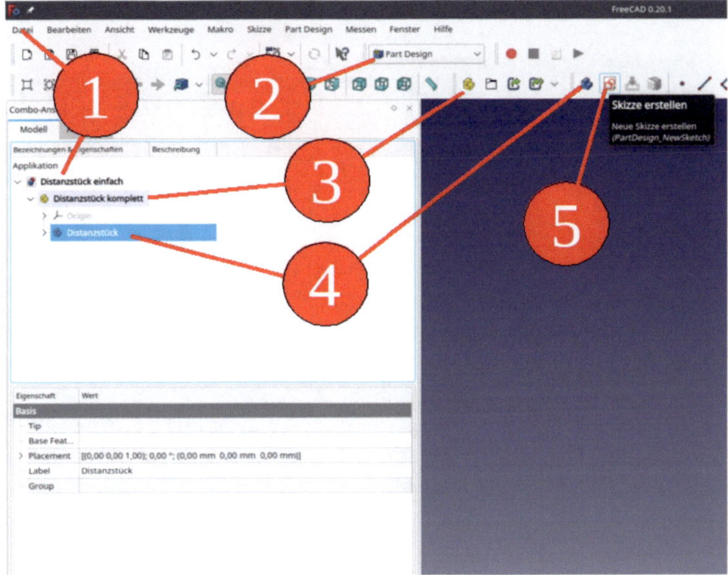


*Bild 4-1*

Durch Klicken des gelben "Part"-Icons aus dem Menü (Bild 4-1) erzeugen wir den Std-Part-Container. Dieser liefert in seiner Hierarchiestufe bereits das (ausgegraute) Koordinatensystem "Origin" mit. Wir speichern die Datei mit dem Menüpunkt "Datei | speichern unter..." als "Distanzstück einfach" ab. Dem Std-Part-Container geben wir nach Rechtsklicken und der Auswahl "Umbenennen" im Kontextmenü den klingenden Namen "Distanzstück komplett". Dies wirkt in diesem Falle etwas übertrieben – besteht das Distanzstück doch nur aus einem einzigen Körper. Es ist aber praktisch, bei der Namensgebung gleich mehrere Körper mitzudenken. Beim Distanzstück könnten wir später, um bei der weiteren Verwendung Arbeit zu sparen, gleich noch Befestigungsschraube, Scheibe und Mutter mit in den Container packen.

Als letzte Vorbereitung aktivieren wir den Std-Part-Container "Distanzstück komplett" durch Doppelklicken (der Titel erscheint aktiviert in der Baumansicht in Fettdruck) und wählen im Menü das blaue "Körper" (Body)–Icon. Den Körper benennen wir schließlich mit dem Kontextmenü (oder durch Markieren und Drücken von F2) in "Distanzstück" um. Bild 4-1 gibt bereits den Zustand des Hauptfensters nach diesen Vorbereitungen wieder.

**2.** Jetzt soll also das erste Teil entstehen. Dazu kann man den Querschnitt des Distanzstückes in Form einer Skizze definieren. Klickt man auf das Icon "Skizze erstellen" im Menü (Bild 4-1), werden die gerade ausgeblendeten Ebenen wieder angezeigt und es öffnet sich der Reiter "Aufgaben". Dort wählen wir, worauf skizziert werden soll. Wir wählen die XY-Plane001 und bestätigen mit dem Button "OK" ganz oben auf dem Formular (ggf. hochscrollen). Der Arbeitsbereich Sketcher öffnet sich. Damit verändert sich nicht nur die Auswahl an Icons im Menü, es erscheinen im Aufgabenfenster auch mehrere Bereiche, die sich im Laufe des Zeichnens füllen werden.

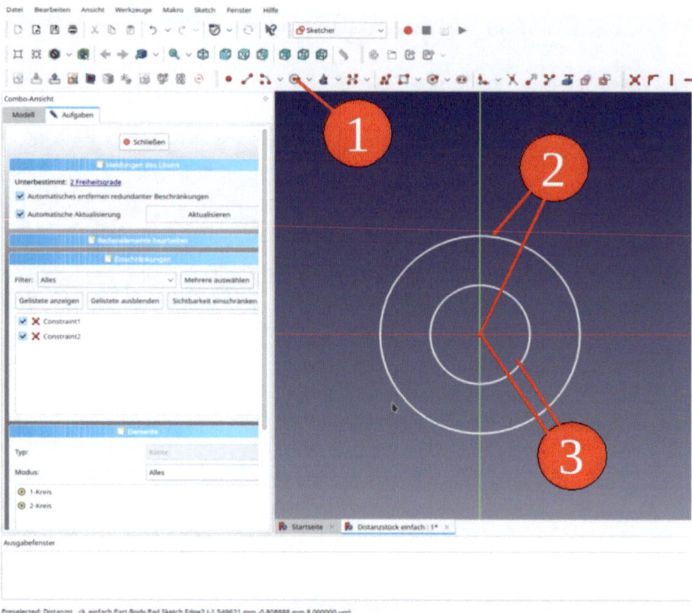


*Bild 4-2*

Die Arbeit mit dem Sketcher ist anfangs gewöhnungsbedürftig. Üblicherweise hat man seine Konstruktion im Kopf oft schon fertig. Eine Skizze muss aber vollständig bestimmt sein; nicht überbestimmt oder unterbestimmt. Manchmal fühlt man sich beim Erstellen von Einschränkungen etwas fremdbestimmt, da der Sketcher partout nicht kapieren will, was man gerade ausdrücken will. Zudem ist ein Ziel beim Zeichnen, Aufwand zu sparen und abkürzende Zeichenfunktionen zu benutzen, die möglichst viel bereits vollständig bestimmte Geometrie mitbringen.

Wir starten ganz einfach: Das Distanzstück wird nur durch zwei Kreise beschrieben. Wir verwenden die Funktion "Mittelpunkt und Punkt auf Kreisbogen" aus dem Menü (Bild 4-2). Der Cursor ändert die Form in ein kleines Kreuz. Der Ursprung des Koordinatensystems ist ein kleiner roter Punkt in der Mitte. Wenn wir den Cursor auf den Ursprung schieben, ändert dieser die Farbe und wird gelb. Dies bedeutet, dass der Mittelpunkt des Kreiswerkzeugs auf den Ursprung eingerastet ist; in diesem Falle wünschenswert, da es Arbeit für eine weitere Definition spart. Wir klicken einmal auf den Ursprung und ziehen den Kreis mit dem Cursor auf. Es ist keine besondere Mühe bei der Wahl des Durchmessers nötig. Nachdem der erste Kreis fertig gezeichnet ist (links klicken), bleibt das Kreiswerkzeug noch aktiv (kleines Symbol neben dem kreuzförmigen Cursor). Wir nutzen die Gelegenheit und zeichnen gleich noch den zweiten Kreis für das Loch im Distanzstück.

**3.** Im Aufgabenbereich hat sich die Liste "Elemente" mit den zwei Kreisen erweitert. Zusätzlich sind im Fenster "Einschränkungen" zwei Festlegungen (constraints) aufgetaucht (Bild 4-2). Das Einschränkungs-Symbol (quer liegendes Kreuz mit Punkt in der Mitte) steht für "Punkt auf Punkt" und bedeutet, dass die Mittelpunkte der beiden Kreise auf den Koordinatenursprung fixiert sind.

Die beiden Kreise sind zunächst noch weiß dargestellt. In der Liste "Ausgaben des Solvers" in der Combo-Ansicht finden wir die Meldung "Unterbestimmt: 2 Freiheitsgrade". Um die Elemente anzuzeigen, die noch Freiheitsgrade haben, kann man den Link "2 Freiheitsgrade" in der Meldungszeile anklicken. Die Verursacher erscheinen dann grün im Sketcher (die bereits vollständig bestimmten Elemente dagegen blassgrün). Die Kunst besteht nun darin, die Freiheitsgrade möglichst geschickt durch die richtige Anzahl von Bedingungen festzulegen. Bei unserer Skizze ist das einfach: Ein Kreis hat einen Ursprung (der ist bereits fixiert) und einen Radius (oder Durchmesser).

**4.** Um die Einschränkungen festzulegen, klicken wir rechts auf den ersten Kreis. Dieser färbt sich dunkelgrün, um anzuzeigen, woran gearbeitet wird. Im oberen Teil des Kontextmenüs erschienen die Einschränkungen mit roten Symbolen (Bild 4-3).

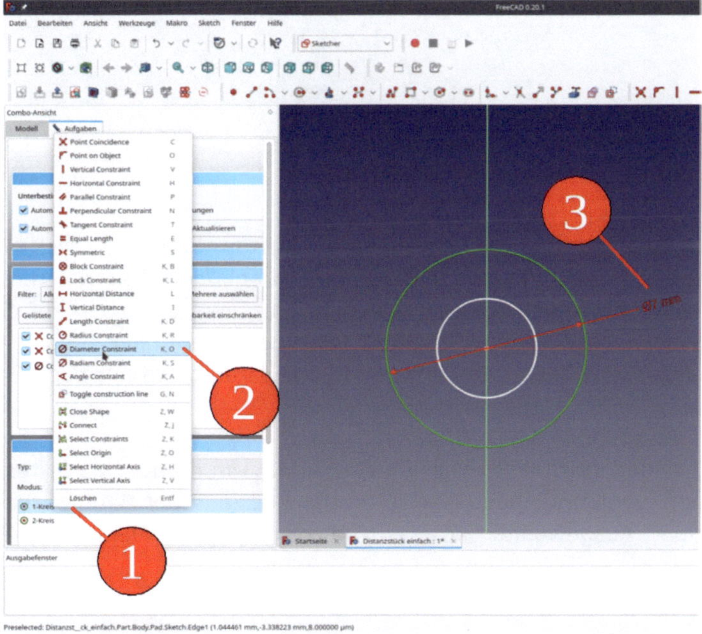


*Bild 4-3*

Wir wählen die Durchmesser-Einschränkung (Diameter Constraint). Ein Dialogfenster erscheint und wir können den Durchmesser angeben: 7 mm. Der 7 mm-Kreis bleibt jetzt dunkelgrün (auch wenn andere Teile der Skizze markiert werden) und zeigt uns damit an, dass er keinen Freiheitsgrad mehr aufweist. Diese Hilfestellung ist bei komplexeren Skizzen sehr nützlich.

In der gleichen Weise ändern wir den Durchmesser des zweiten Kreises (der Bohrung) in 3,5 mm. Der Erfolg erscheint gleich zweifach: Die Skizze leuchtet nun hellgrün und in der Meldungsliste des Lösers steht in grün: "Vollständig bestimmt" (Bild 4-4).

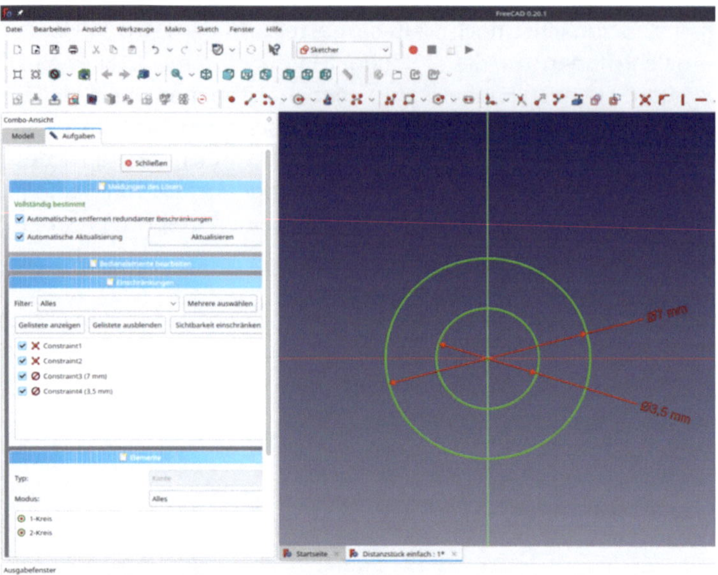

*Bild 4-4*

Hat man sich bei der Eingabe des Durchmessers vertan, kann man dies durch Anklicken der entsprechenden Bedingung in der Liste "Einschränkungen" korrigieren. Ist alles korrekt, kann der Sketcher durch Klicken des "Schließen"-Buttons oben auf dem Aufgabenformular verlassen werden. Manchmal findet man den Knopf nicht wieder, weil die Listen sich zu stark ausgedehnt haben. Bald hat man sich daran gewöhnt, beim Sketcher wieder hochzuscrollen.

**5.** Im 3D-Anzeigebereich erscheint nun die Skizze. Um daraus das Distanzstück entstehen zu lassen, wählen wir nach Markieren der Skizze in der Baumansicht die Funktion "Aufpolsterung - Ausgewählte Skizze extrudieren" aus dem Menü (Bild 4-5).

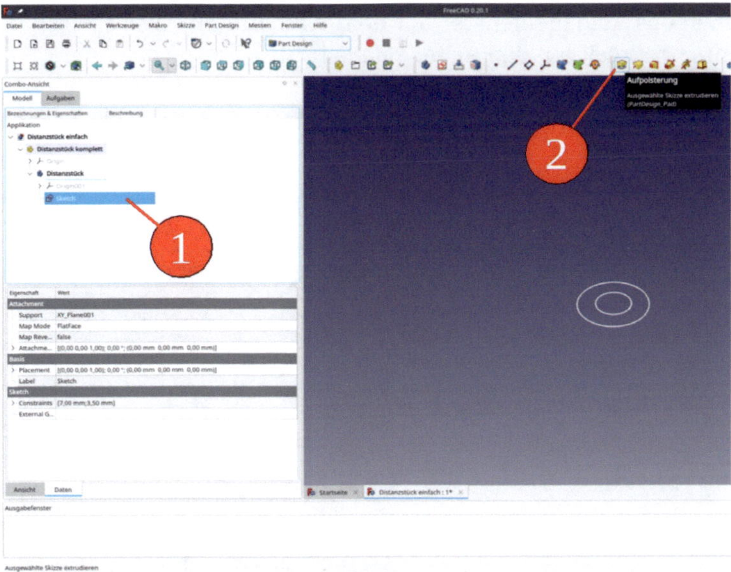

*Bild 4-5*

Die 3D-Geometrie erscheint und das zugehörige Aufgabenfenster öffnet sich. Dort wählen wir für den Typ "Abmessung" und wählen darunter die Länge 10 mm. Die 3D-Geometrie erscheint bereits aktualisiert im Ausgabefenster (Bild 4-6).

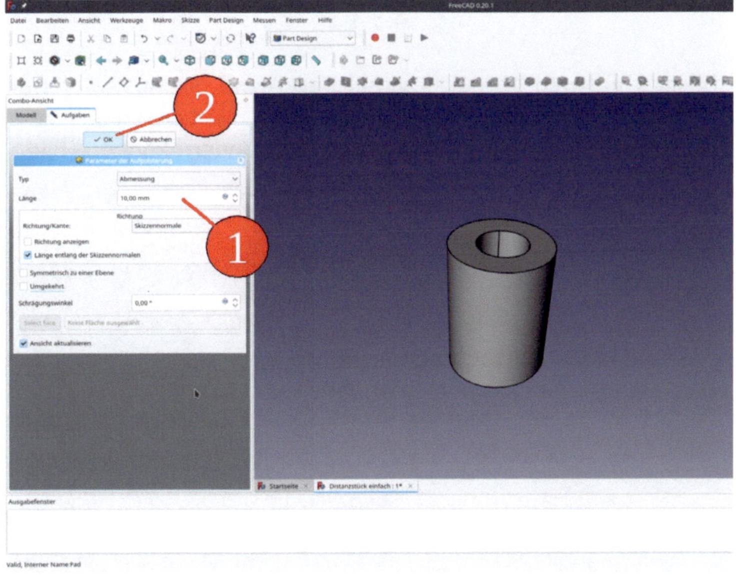

*Bild 4-6*

Wir schließen das Aufgabenfenster mit dem "OK"-Button. Dies schaltet den Reiter der Combo-Ansicht zurück auf den Reiter "Modell".

**6.** In der 3D-Ansicht erscheint das neue Distanzstück noch in der Standardfarbe (Bild 4-7).

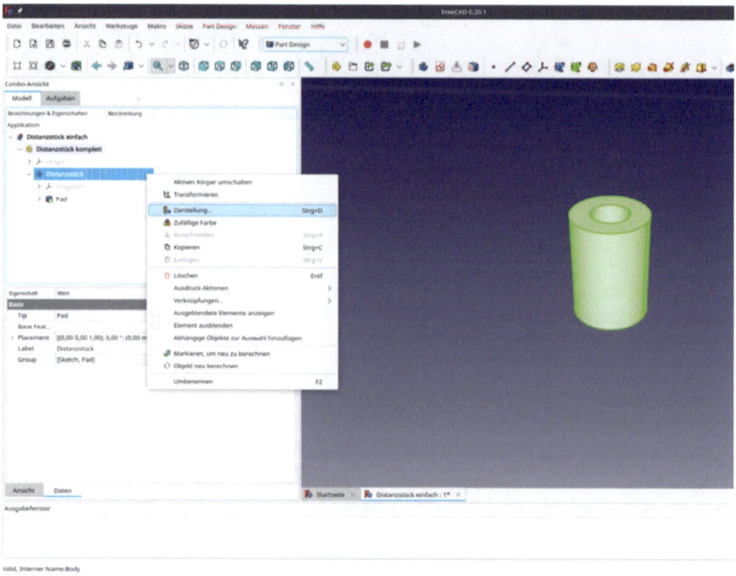

*Bild 4-7*

Durch Rechtsklick auf den Körper "Distanzstück" und die Auswahl "Darstellung" aus dem Kontextmenü bekommen wir einen neuen Aufgabenbereich angezeigt, in welchem wir Material und Farbe sowie auch die Transparenz ändern können (Bild 4-8).

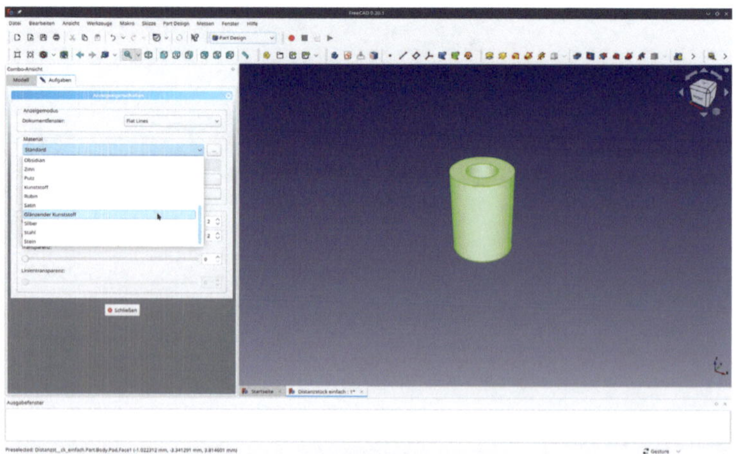

*Bild 4-8*

Wir wählen "Kunststoff glänzend". Dies wählt die Farbe schwarz als Flächenfarbe vor, die wir aber auch nach Belieben ändern können (Dunkelgrau ist manchmal übersichtlicher). Nach Klicken des "Schließen"-Buttons, bei diesem Werkzeug unten auf dem Aufgabenbereich, erscheint in der 3D-Ansicht das Distanzstück, mit recht realistischem Glanz und Gloria (Bild 4-9). Wir speichern es mit <STRG-S>.

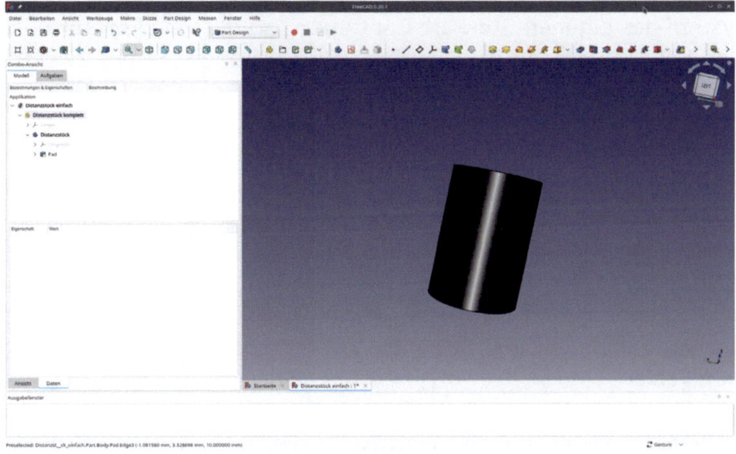

*Bild 4-9*

## 4.3. Farbwahl versus Darstellungsmodus

Die Darstellung von 3D-Geometrien erfolgt zunächst immer in der grauen Standard-Farbe. Wenn man etwas zusammenbaut, ist die farbliche Absetzung der Einzelteile meist schöner und realistischer, zudem wird die Darstellung übersichtlicher.

Klickt man dazu rechts auf einen tip im Baum eines Körpers, so erhält man im Kontextmenü auch den Eintrag "Legen Sie Farben fest" angeboten. Damit kann man einzelne Facetten des aktiven Körpers einfärben. Leider verschwinden diese Farben wieder, wenn man am Körper weitere Veränderungen vornimmt (sie erscheinen nur beim Einblenden des "gefärbten" Konstruktionszustandes mit der Leertaste wieder). Es ist daher sinnvoller, durch Gliederung der Konstruktion in verschiedene Körper die Möglichkeit zu schaffen, diese Einzelkörper mit persistenten, da fest mit dem gesamten Körper verbundenen, Darstellungsattributen zu versehen, wie wir es gerade für das Distanzstück im Abschnitt 4.2 unter Punkt 6 getan haben. Der Rechtsklick auf den Titel eines Körpers (Bild 4-8) liefert im Kontextmenü den bereits beschriebenen Eintrag "Darstellung". Hier gibt es interessante Voreinstellungen wie "Kunststoff, glänzend", "Chrom" oder "Messing", die sich in der Darstellung durch Reflexion und Farbton auszeichnen. Zudem kann der Transparenzgrad gewählt werden, so dass man z.B. die Kappen von Kontrollleuchten oder die Wippen von beleuchteten Wippschaltern beeindruckend realistisch wiedergeben kann.

## 4.4. Zusammengesetzte Einzelteile

Ein zusammengesetztes Einzelteil kann zum Beispiel der gerade erwähnte Wippschalter sein. Er besteht aus Schaltergehäuse, Wippe und Kontakten. Die Wippe trägt eine Beschriftung und sollte beweglich sein, um eine Schalterstellung darzustellen. Ist die Wippe flach, kann die Beschriftung relativ leicht auf der Fläche der Wippe angebracht werden, mithilfe einer Skizze und einer sehr dünnen Extrusion. Ist die Wippe gekrümmt, wird es komplizierter. Die Projektion einer Fläche auf eine gekrümmte Oberfläche erzeugt einen eigenen Körper, so dass man die Wippe besser wieder in einen eigenen Std-Part-Container steckt, in welchem dann auch die Projektion mit aufgenommen wird. Hier wird der Vorteil des Std-Part-Containers offensichtlich: Alle Referenzen auf die Wippe erfolgen über das Koordinatensystem des eigenen Std-Part-Containers, so dass sich später Beschriftung und Wippe synchron bei der Vorgabe der Schalterstellung drehen lassen. Zwei Schalter dieser Art befinden sich zur Illustration der Vorgehensweise im Begleitmaterial.

### 4.4.1. Befestigungselemente für das Distanzstück

Zunächst können wir aber mit einem einfacheren Beispiel starten, das wir bereits im Abschnitt 4.2.1 angefangen haben: Unser Distanzstück lässt sich gut zu einem zusammengesetzten Teil erweitern, indem man die Befestigungsschraube, die Unterlegscheibe und die Mutter gleich mit hinzufügt. Auf diese Weise können wir auch den Umgang mit der Erweiterung BoltsFC kennenlernen sowie das Setzen der Placement- oder Attachment-Parameter. Wir machen dabei zunächst absichtlich beim Festlegen der Beziehungen zwischen den Teilen einen Fehler.

1. Wir öffnen, falls noch nicht geschehen, die Datei "Distanzstück einfach.FCStd". Wir klicken rechts auf den Körper "Distanzstück" und wählen "Aktiven Körper umschalten" aus dem Kontextmenü. Dadurch wird der Körper sowie der Std-Part-Container aktiviert (Titel erscheinen in Fettdruck).

2. Im Hauptmenü wählen wir "Makro | Aktuelle Makros | start_bolts". Auf der rechten Seite des Hauptfensters öffnet sich der "BOLTS Parts Selector".

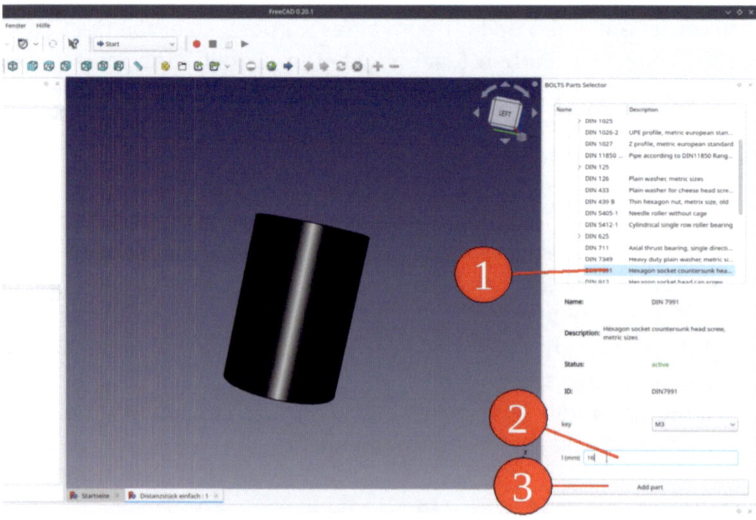


*Bild 4-10*

3. Wir wählen aus der Liste "Standard | DIN | DIN 7991Hexagon socket countersunk head", also eine Senkkopfschraube, setzen den Durchmesser auf M3 (der ist bereits vorgewählt) und die Länge auf 16 mm (Bild 4-10). Dann klicken wir den Button "Add Part" unten im "BOLTS Parts Selector".

4. Die Schraube erscheint in der 3D-Ansicht. In der Baumansicht erkennt man aber, dass die Schraube noch nicht zum Std-Part-Container "Distanzstück komplett" gehört. Zudem ist die Oberfläche des Senkkopfes diskontinuierlich dargestellt (Bild 4-11).

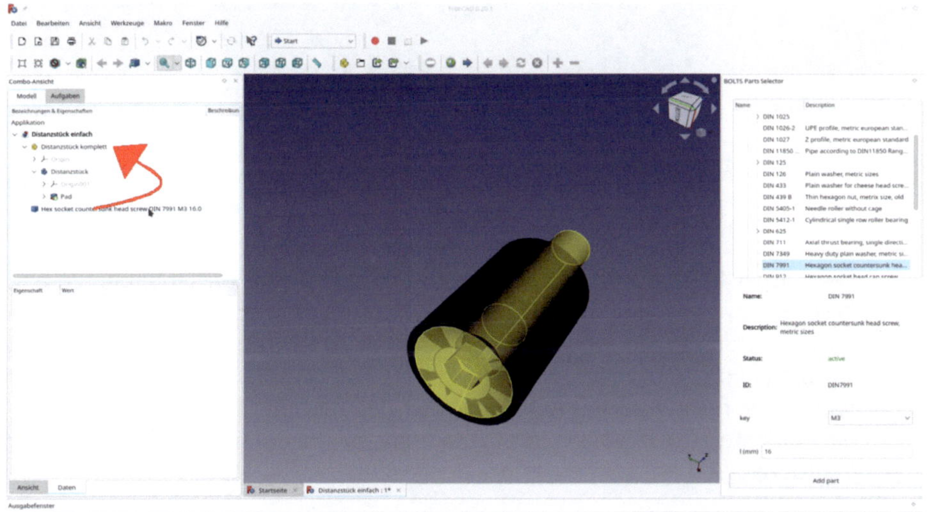

*Bild 4-11*

Dies wird durch die Koinzidenz der Fläche mit der Stirnfläche des Distanzstückes verursacht, die Zuordnung der Fläche zu einer Komponente ist also nicht eindeutig. Um die Schraube dem Distanzstück zuzuordnen, ziehen wir sie auf die Zeile mit dem gelben Symbol des "Distanzstück komplett"-Std-Part-Containers.

5. Danach erscheint die Schraube in der Baumansicht als ein in "Distanzstück komplett" eingebetteter Körper (Bild 4-12). In der Eigenschaftsliste lediglich Parameter für das Placement angezeigt.

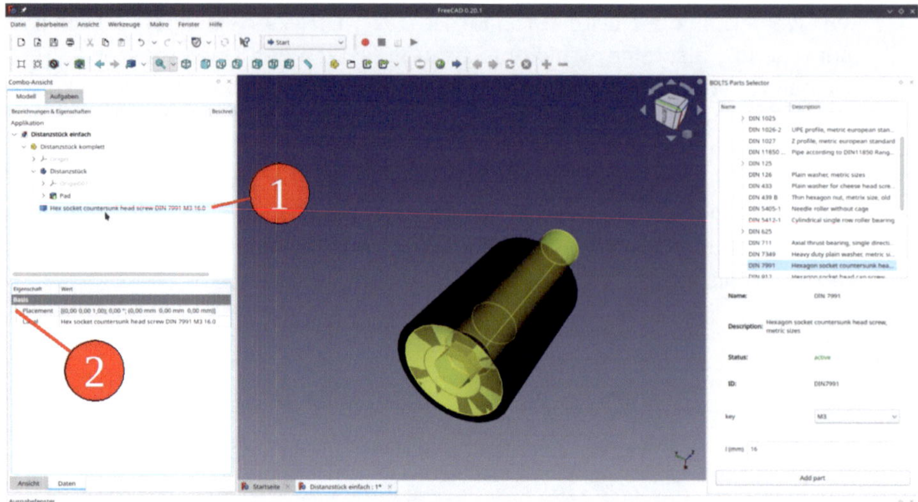


*Bild 4-12*

Der Körper ist also nur eingesetzt und hat noch keine Beziehungen zu anderen Teilen. Man kann die "Placement"-Parameter erweitern, zu Winkel, Achse und Position. Dann in das Parameterfeld neben dem Eintrag "Z" klicken. Dort können wir die übliche Frontplatten- oder Chassis-Blechstärke eingeben. Man kann alle Parameter recht schön, nach Anklicken der betreffenden Eigenschaft, im Aufgabenfenster durch Rollen mit dem Mausrad justieren. So lassen sich später Schrauben und Muttern auch live "festziehen".

6. Die Position der Schraube ist noch unbefriedigend. Wenn man häufig mit 2 mm starkem Blech arbeitet, durch das die Schraube gesteckt wird, kann man sie gleich auf die richtige Position setzen. In diesem einfachen Fall gelingt das noch ohne die Festlegung von Beziehungen. Wir klicken einfach auf den Z-Parameter und rollen die Schraube mit der Maus um 2 mm zurück, oder tippen den Wert direkt in das zugehörige Eigenschaftsfeld ein (Bild 4-13)). Im Ergebnis steht die Schraube jetzt aus dem Distanzstück hervor. Sie benötigt keine besonders festgelegte Beziehung zum Distanzstück, da sie bei dessen Längenänderungen an ihrer Position bleibt (am Anfang des Distanzstückes, also dem Koordinatenursprung).

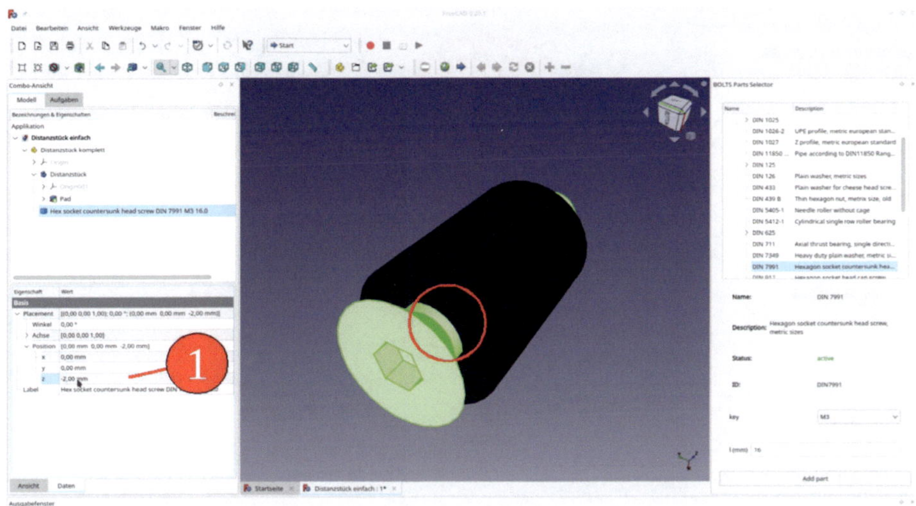

*Bild 4-13*

7. Aus dem "BOLTS Parts Selector" wählen wir "DIN | DIN12 | DIN125 A Plain washer, metric sizes" aus, in der Größe M3 (vorgewählt) und klicken den "Add Part"-Button. Die Unterlegscheibe erscheint in der 3D-Ansicht. Wir ziehen den Körper der Scheibe in der Baumansicht in den "Distanzstück komplett"-Container.

8. Man könnte jetzt wieder mit den "Placement"-Parametern dafür sorgen, dass die Unterlegscheibe an der richtigen Stelle erscheint. Besser ist es jedoch, eine Beziehung zwischen dem Distanzstück und der Unterlegscheibe zu definieren. Das eröffnet die nützliche Möglichkeit, später nur durch Ändern der Distanzstücklänge Varianten zu erzeugen, bei denen die Unterlegscheibe (und später die Mutter) gleich an der richtigen Stelle erscheinen. Um die Beziehung zu definieren, wechseln wir in die workbench "Part" (Bild 4-14, Ziffer 3).

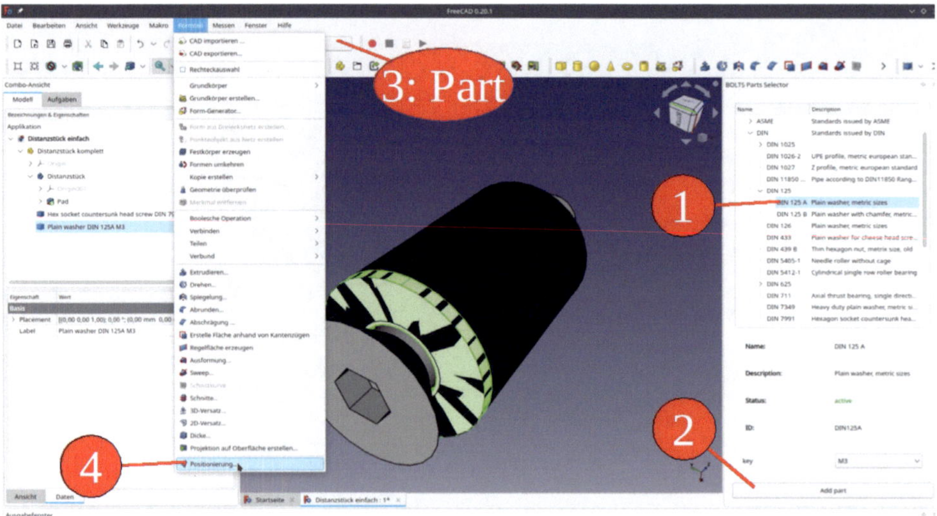


*Bild 4-14*

9. In der Baumansicht sollte vom vorigen Schritt "Plain washer DIN12A M3" noch angewählt sein, sonst durch Einfachklick markieren. Aus dem Hauptmenü wählen wir "Formteil | Positionierung" (Bild 4-14, Ziffer 4). Es erscheint ein Aufgabenbereich mit dem Titel "Anhang" (weil wir das Teil mit einer Beziehung "anhängen" wollen).

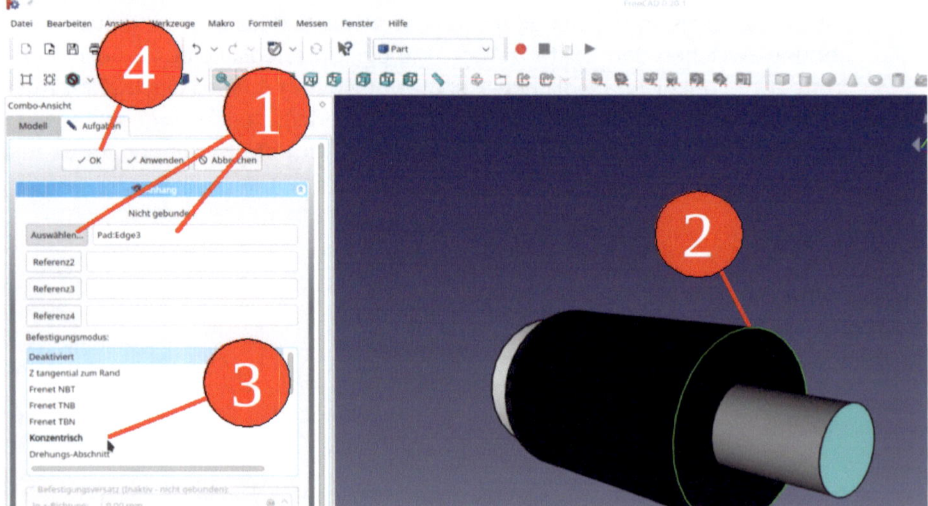


*Bild 4-15*

Der erste Selektor für Referenz 1, direkt unter dem Hinweis "nicht gebunden" ist bereits aktiviert (d.h. die Schaltfläche zeigt "Auswählen..." an). Wir klicken in das Eingabefeld daneben, das dadurch einen blauen Rand bekommt. In der 3D-Ansicht wählen wir jetzt eine Kante an der oberen Stirnfläche aus, z.B. außen (Bild

4-15). In der Auswahl für den Befestigungsmodus klicken wir auf "konzentrisch" (Bild 4-15, Ziffer 3). Dadurch rückt die Unterlegscheibe bereits ans Ende des Distanzstückes (Bild 4-16).

Hier noch ein Hinweis, sollte das Auswählen der Referenz nicht auf Anhieb funktionieren (weil man vielleicht inzwischen woanders hin geklickt hat): Der Button für die entsprechende Referenz (hier: Referenz 1) muss dunkelgrau sein, und das Label darauf "Auswählen" lauten. Andernfalls den Button nochmals klicken.

Weiterhin muss das Eingabefeld daneben durch Hineinklicken den Fokus haben, d.h. einen dunkelblauen Rand zeigen. Erst dann ist der Kollektor für die Referenz wieder aufnahmebereit.

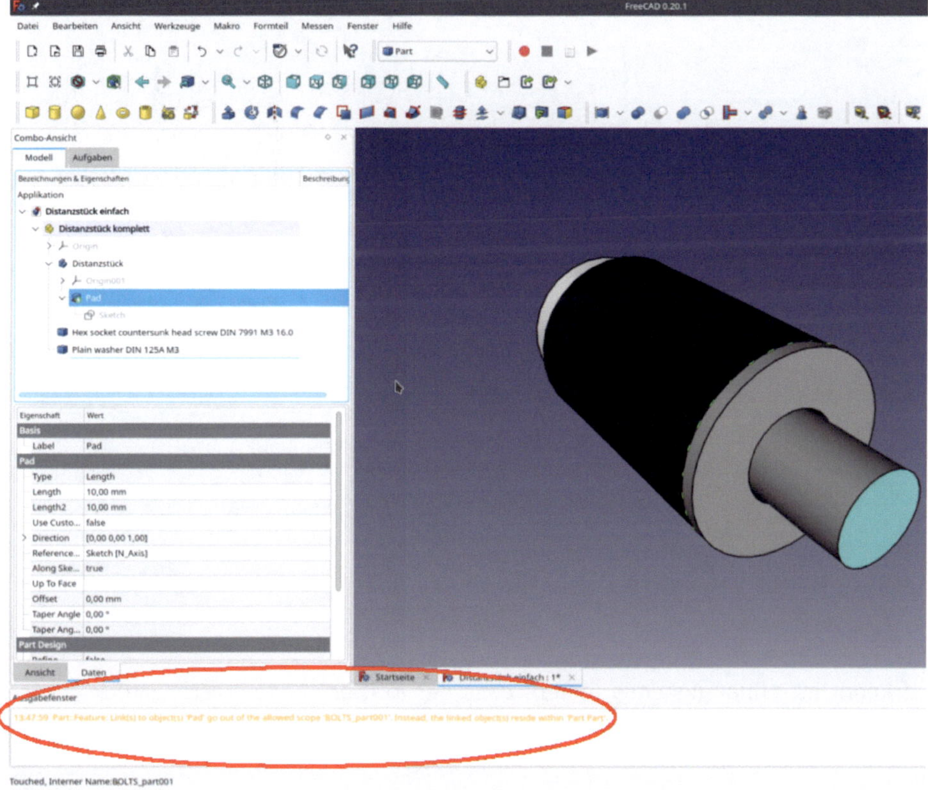


*Bild 4-16*

10. Oft wird mit dem Distanzstück eine Leiterplatte befestigt. Wir geben bei "Versatz der Anhänge (in lokalen Koordinaten)" daher einen Versatz von 1,5 mm für die Platinenstärke in Z-Richtung ein. Mit der Enter-Taste schließt man den Aufgabenbereich. Will man dort verbleiben (um z.B. noch einen Drehwinkel einzugeben), klickt man einfach auf das nächste Eingabefeld, um die vorige Eingabe anzuschließen und die Darstellung zu aktualisieren.

Berechnet man jetzt durch Drücken von F5 alles einmal neu, erhält man im Ausgabefenster eine Warnung (Bild 4-16 unten):

```
"Part::Feature: Link(s) to object(s) 'Pad' go out of the allowed scope 'BOLTS_
part001'. Instead, the linked object(s) reside within 'Part Part'."
```

Es ist -nur- eine Warnung, deutet aber auf einen formalen Mangel der bestimmten Beziehung hin. Durch Auswahl von "Werkzeuge | Abhängigkeitsgraph" im Hauptmenü können wir die fehlerhafte Beziehung visualisieren (Bild 4-17).

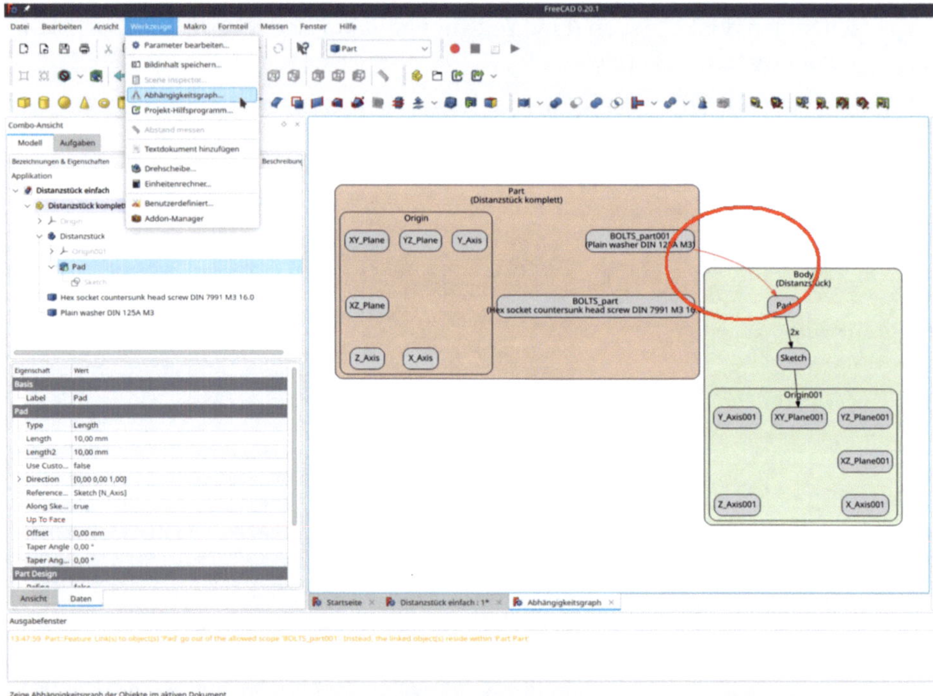


*Bild 4-17*

Man erkennt im Abhängigkeitsgraphen, dass der Körper (Body "Distanzstück") in seinem eigenen Namensraum (scope) residiert. Der Pfeil für den mangelhaften Bezug der Unterlegscheibe auf das Distanzstück erscheint in roter Farbe.

Die Verletzung des Namensraums ist aber nur ein Nachteil dieser Beziehung, der zweite liegt im topologischen Benennungsproblem von FreeCAD. Wir beziehen uns auf die generierte 3D-Geometrie, nämlich die Facette der Stirnfläche. Sollten wir also das Distanzstück später verändern und die Facettennummerierung ändert sich, könnte die Unterlegscheibe unabsichtlich ganz woandershin rücken oder sich sogar mit einigen Fehlermeldungen ganz von der Bildfläche verabschieden.

Wir korrigieren das Problem daher am besten gleich richtig: Es wird ein gültiger Bezug benötigt. Dazu gibt es ein nützliches Objekt, den bereits im Kapitel 3 ausführlich besprochenen Formbinder, der diese Kommunikation über Körpergrenzen hinweg ermöglicht. Wir fahren fort:

11. Den Abhängigkeitsgraphen schließen und in die Modellansicht zurückkehren.

12. Um nicht wieder von generierten Facetten abzuhängen, zunächst eine Referenzebene bestimmen: Dazu den Körper "Distanzstück" durch Doppelklicken aktivieren (Titel in Fettdruck). Dann das Koordinatensystem "Origin..." erweitern und durch Anklicken die XY-Ebene darin markieren (Bild 4-18).

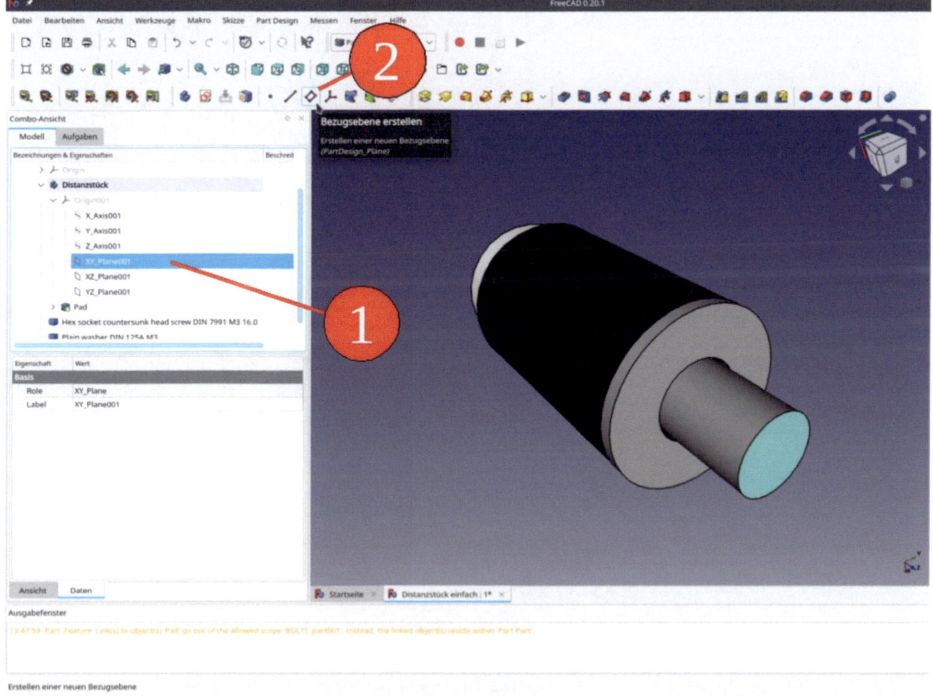


*Bild 4-18*

Durch Klicken des Menü-Icons "Bezugsebene erstellen" (Bild 4-18, Ziffer 2) öffnet sich das Aufgabenfenster, und die neue Ebene ist bereits im Modus "Ebene Fläche" an das Distanzstück angehängt (Bild 4-19). Im Panel darunter wählen wir für den Versatz in Z-Richtung 10 mm (die spätere Länge des Distanzstücks). Mit der Enter-Taste bestätigen und das Aufgabenfenster schließen.

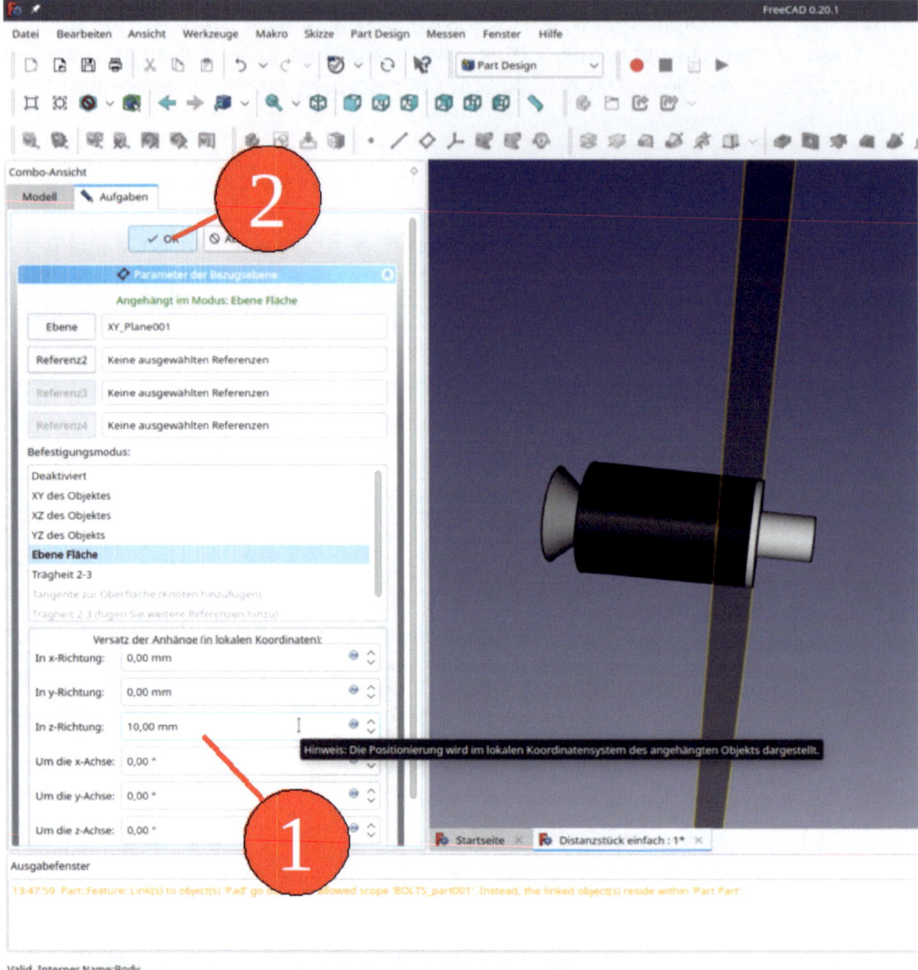


*Bild 4-19*

13. In der Baumansicht die neue Referenzebene (erscheint unten neu als "Datum-Plane") in "Länge Distanzstück" umbenennen (Bild 4-20). Klare Bezeichnungen sind später nützlich!

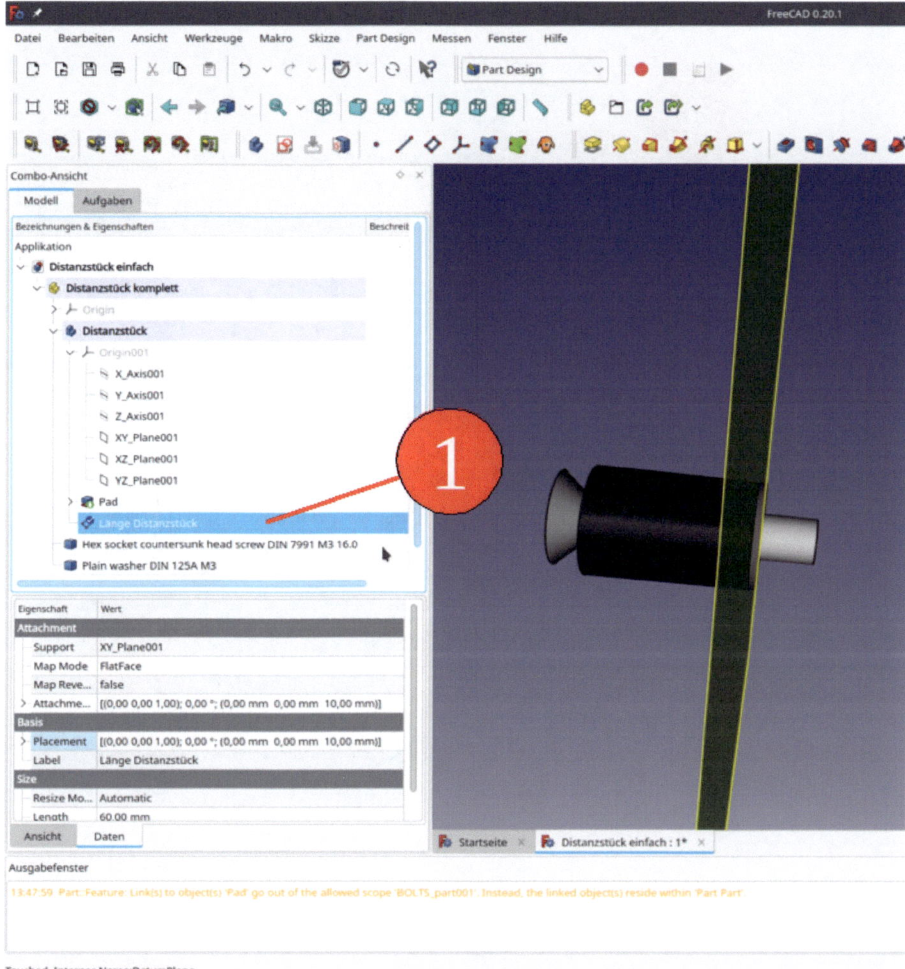

*Bild 4-20*

14. Nun muss die Länge des Distanzstückes mit dieser Ebene verknüpft werden. Dazu zweimal auf den letzten Zustand des Distanzstückes klicken (erschient als "Pad", um ihn zu bearbeiten. Für den Typ der Aufpolsterung "Bis zur Oberfläche" auswählen. Dadurch ist der Kollektor-Button "Select a face" bereits dunkelgrau. Falls nicht, den Button "Select a face" nochmals klicken. Im 3D-Fenster die noch sichtbare, gelbe Referenzebene anklicken. Im Eingabefeld neben dem Button "Select a face" erscheint nun "DatumPlane" (Bild 4-21). Den Aufgabenbereich durch Klicken des "OK"-Buttons schließen.

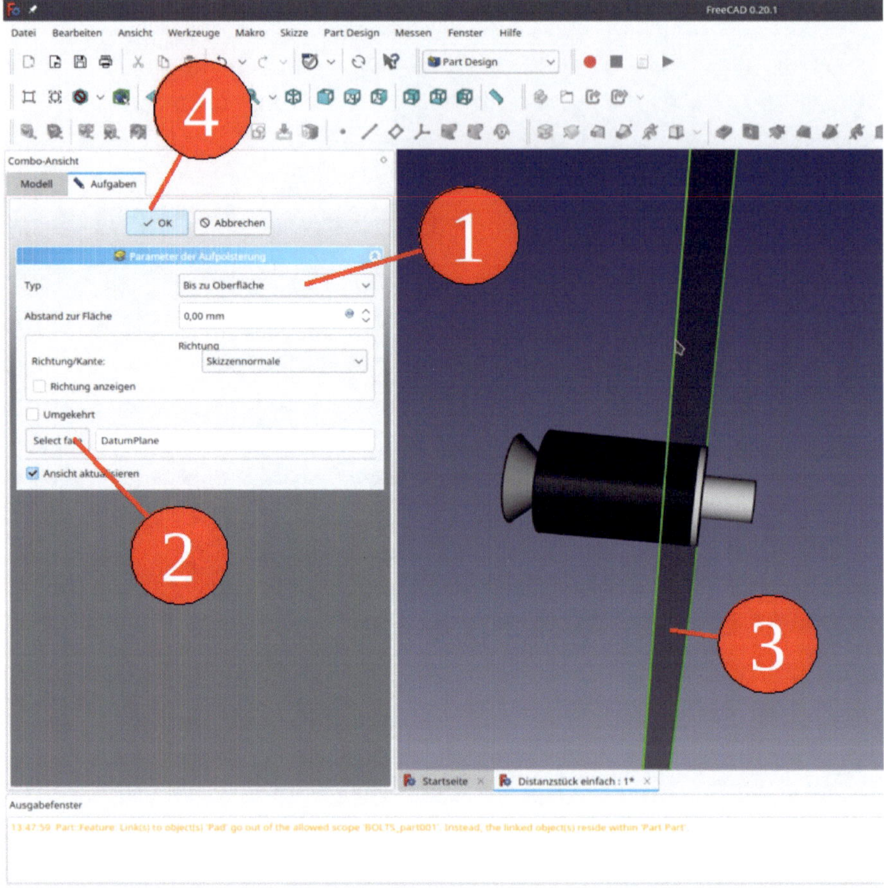


*Bild 4-21*

15. Den Körper des Distanzstückes in der Baumansicht durch Doppelklicken aktivieren (Titel erscheint in Fettdruck). In der 3D-Ansicht eine Kante der Stirnfläche, z.B. die Außenkante, markieren. Danach das grüne Werkzeug "Formbinder für Teilobjekt erstellen" anklicken. Die Referenzebene "Länge Distanzstück" in der Baumansicht mit der Leertaste ausblenden (Bild 4-22).

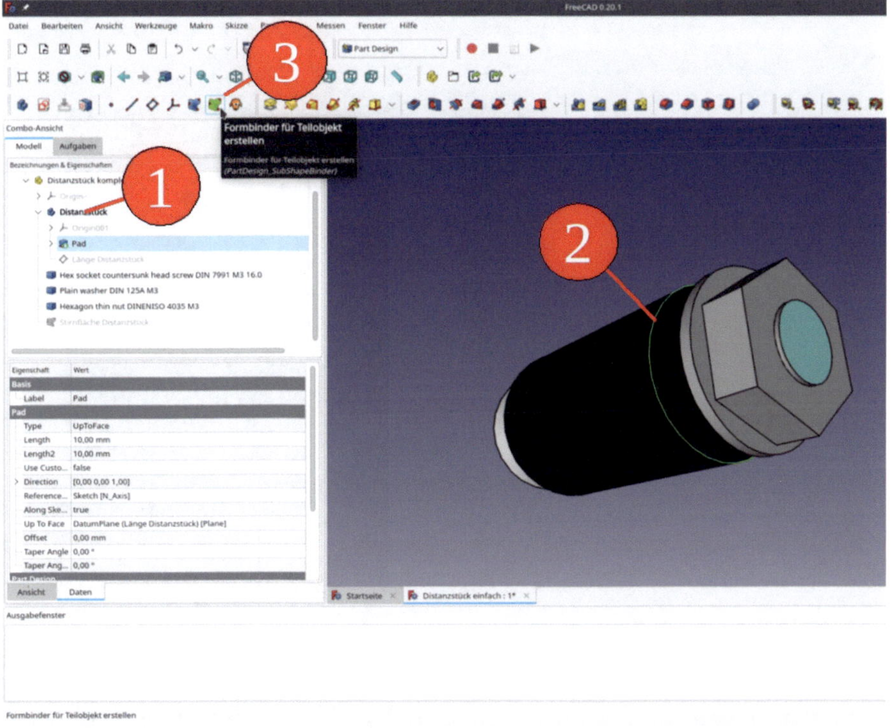


*Bild 4-22*

16. Den "Formbinder für Teilobjekt" (SubShapeBinder) in der Baumansicht in "Stirnfläche Distanzstück" umbenennen ("Länge Distanzstück" ist als Name bereits belegt).

Hier hätte auch der einfache (blaue) Formbinder verwendet werden können. So lange man sich im Kontext eines einzigen Std-Part-Containers befindet, funktioniert das einwandfrei. Wenn man aber den Std-Part-Container später per copy-and-paste in komplexere Konstruktionen einbetten möchte, schlägt die Berechnung der globalen Koordinaten fehl und lässt sich nicht so leicht reparieren. Der grüne "Formbinder für Teilobjekte" führt nicht zu diesen Problemen, daher wird er hier verwendet (s.a. Kapitel 3).

17. Um die Kommunikation mit den anderen Objekten zu ermöglichen, muss der Formbinder in der Baumansicht mit drag-and-drop in den Std-Part-Container "Distanzstück komplett" verschoben werden. Er erscheint jetzt auf derselben Hierarchiestufe wie die Schraube und die Unterlegscheibe (Bild 4-23).

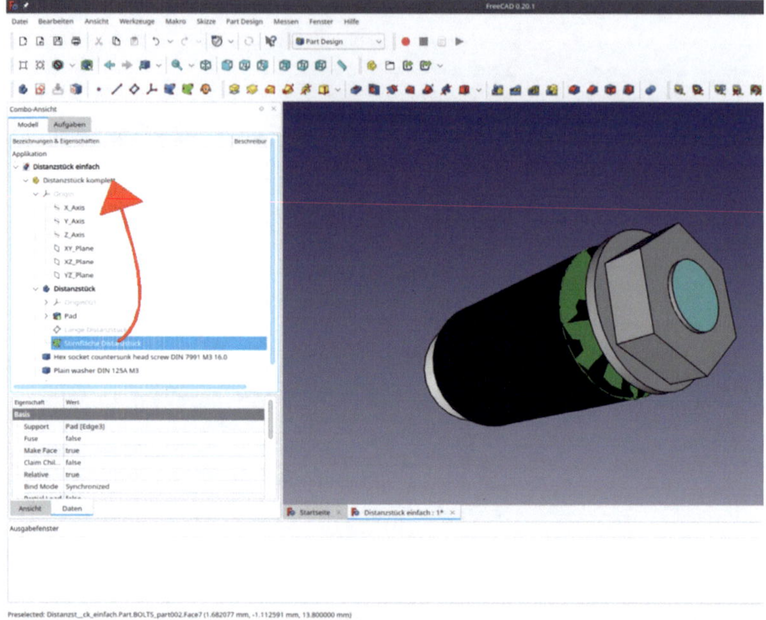

*Bild 4-23*

18. Jetzt müssen wir noch die Beziehung der Scheibe reparieren. Dazu klicken wir einmal auf die Scheibe und dann auf das Eigenschaftsfeld "Support" (Bild 4-24).

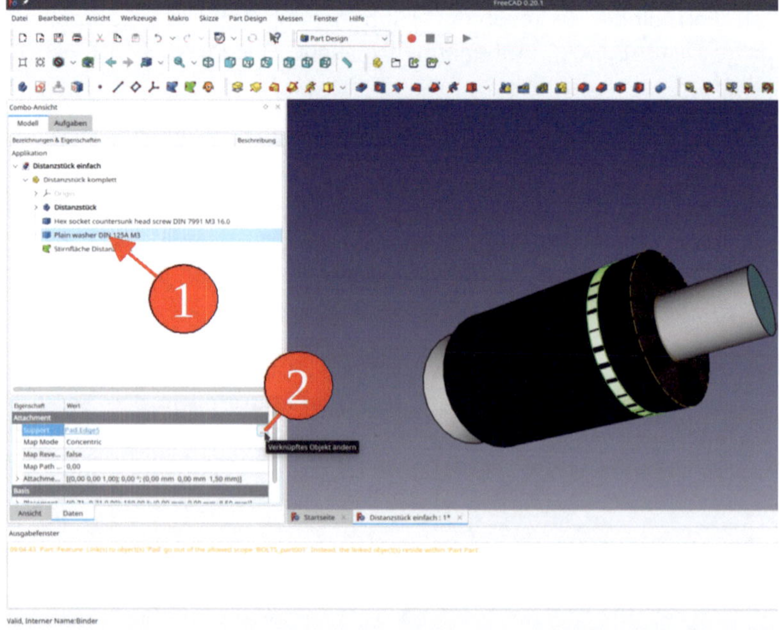


*Bild 4-24*

Klicken auf den [...] -Button rechts im Eingabefeld öffnet eine Liste. Dort ist noch eine Beziehung zum Objekt "Pad" blau unterlegt, die wir mit dem "Löschen" Button entfernen (Bild 4-25). Danach wählen wir den Formbinder "Stirnfläche Distanzstück" aus (Bild 4-26) und schließen die Liste mit "OK".

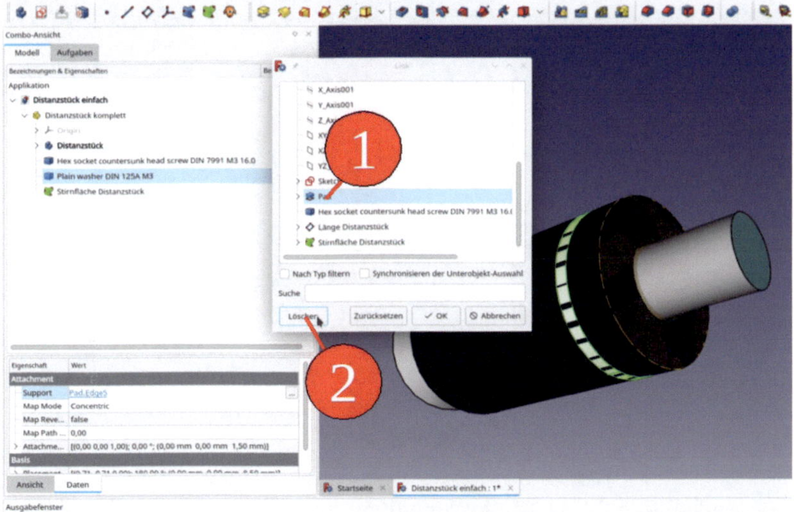


Bild 4-25

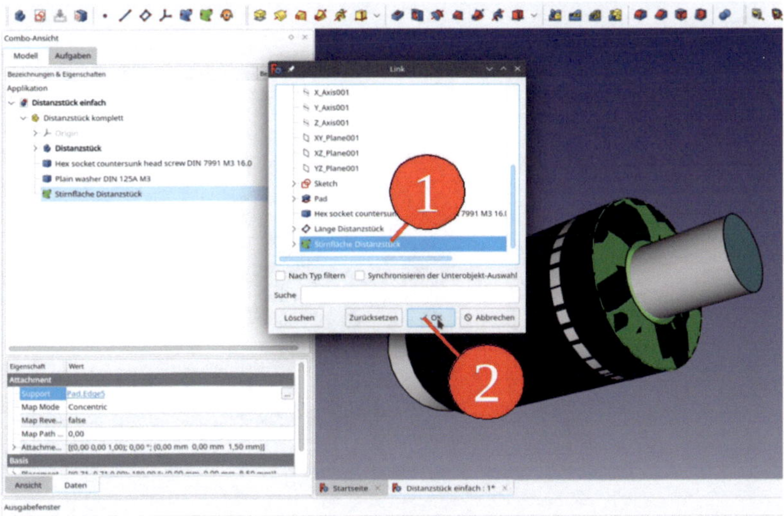


Bild 4-26

19. Im der Eigenschaftsliste der Unterlegscheibe klicken wir nun auf das Eingabefeld von "Map Mode" und den dadurch erscheinenden [...] -Button. Es ist noch der Modus "konzentrisch" vorgewählt, der beim Bezug auf Ebenen keinen Sinn ergibt, was zu einer Fehlermeldung führt (Bild4-27).

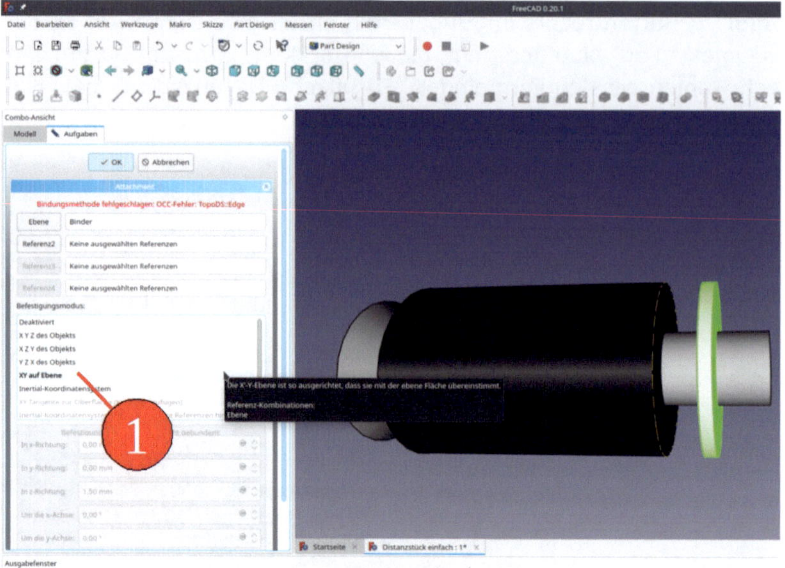


*Bild 4-27*

Wir wählen aus der Liste Befestigungsmodus "XY auf Ebene" und für die spätere Platinenstärke den Z-Versatz 1,5 mm (Bild 4-28).

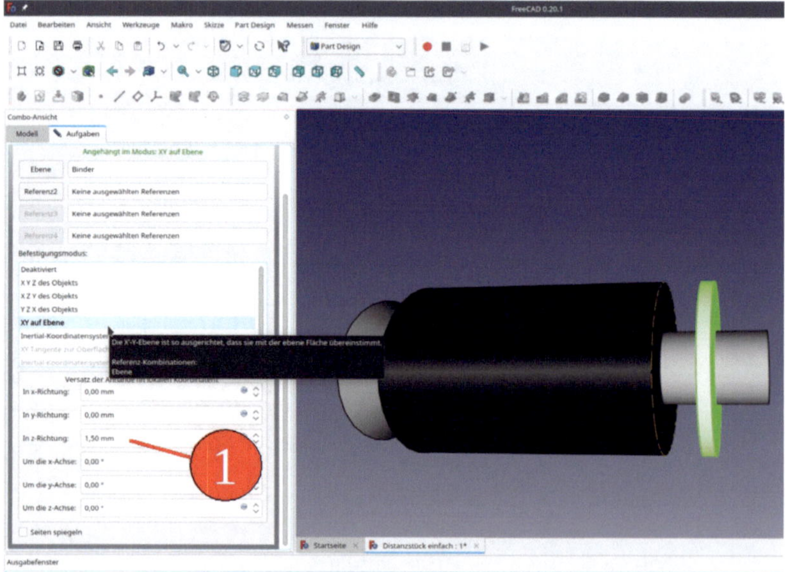


*Bild 4-28*

Nach dem Schließen des Aufgabenfensters mit "OK" (oben, hochscrollen!) erscheint die Scheibe am richtigen Platz.

20. Zum Testen mit der rechten Maustaste auf das Ausgabefeld unten im Hauptfenster klicken und "Löschen" wählen. Das bringt alle alten Fehlermeldungen zum Verschwinden. Dann die Neuberechnung von allem durch Drücken der F5-Taste starten. Im Ergebnis erscheinen keine neuen Warnungen mehr.

21. Nun im "BOLTS Parts Selector" das Teil "DINENISO | DINENISO 4035 thin hexagon nut, metric sizes" wählen. M3 ist vorgewählt. Mit dem Button "Add Part" wird die Mutter eingefügt. In der Baumansicht die Mutter in den Std-Part-Container "Distanzstück komplett" ziehen.

22. Die Mutter steht in Beziehung zur Unterlegscheibe. Aus dem vorigen Schritt ist die Mutter in der Baumansicht noch markiert. Nach Wechsel in die "Part"-workbench aus dem Menü wieder "Formteil | Positionierung" wählen. Diesmal klicken wir auf den inneren Rand der Unterlegscheibe. Dadurch wird die Referenz 1 im sich nun öffnenden Aufgabenfenster bereits passend gesetzt. In der Auswahl "Befestigungsmodus" "konzentrisch" auswählen (Bild 4-29) und das Aufgabenfenster mit dem "OK"-Button oben schließen. Die Mutter erscheint an der richtigen Stelle.

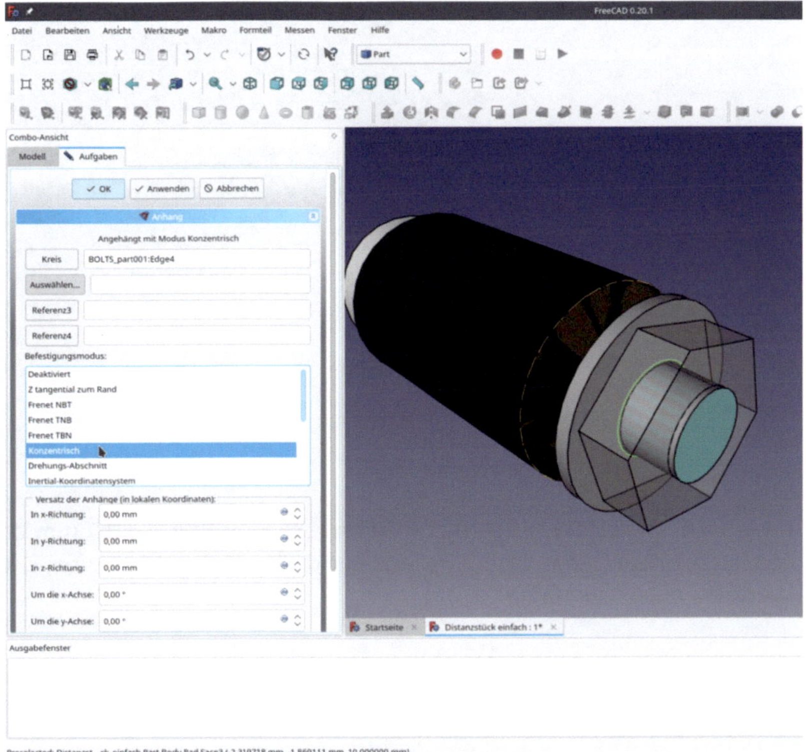


*Bild 4-29*

23. Um die Assoziativität zu testen, kann man die Referenzebene "Länge Distanzstück" doppelklicken und im Panel "Versatz der Anhänge" für Z 5 mm eintragen. Leider lassen sich nicht alle assoziativ verkoppelten Teile sofort mit dem Mausrad interaktiv positionieren. Dazu ist eine Neuberechnung nötig. Diese kann man im Aufgabenfenster mit dem Button "Anwenden" auslösen, oder man betätigt nach Schließen des Aufgabenfensters mit dem "OK"-Button die F5-Taste, um die 3D-Ansicht zu aktualisieren. Wenn alles richtig ist, erscheint ein 5 mm-Distanzstück mit passend verschobener Scheibe und Schraube (Bild 4-30).

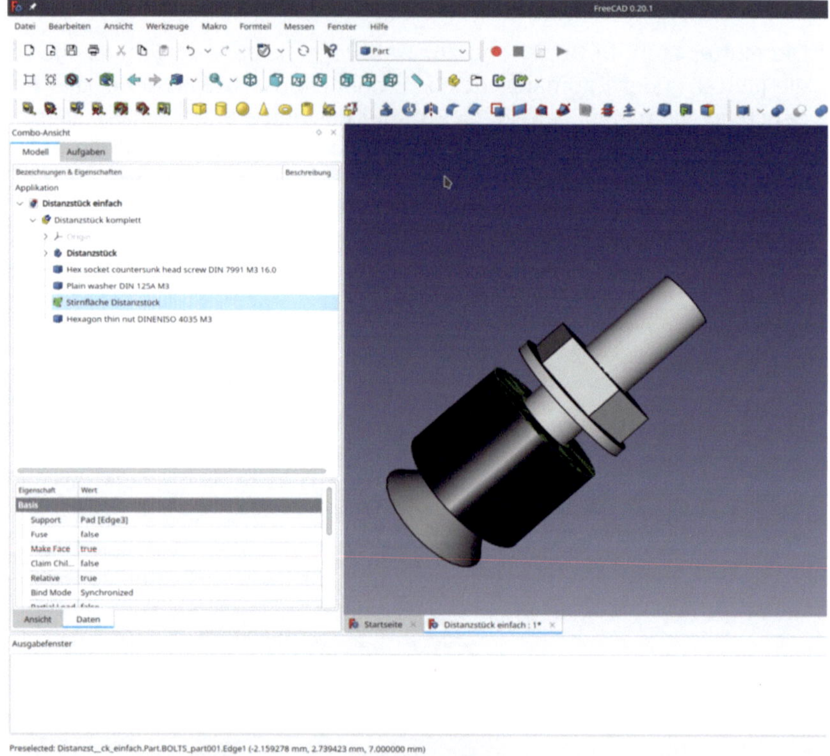


*Bild 4-30*

24. Im letzten Schritt die Länge des Distanzstückes wieder auf 10 mm ändern und den Formbinder "Stirnfläche Distanzstück" durch Anklicken und Drücken der Leertaste ausblenden (Bild 4-31).

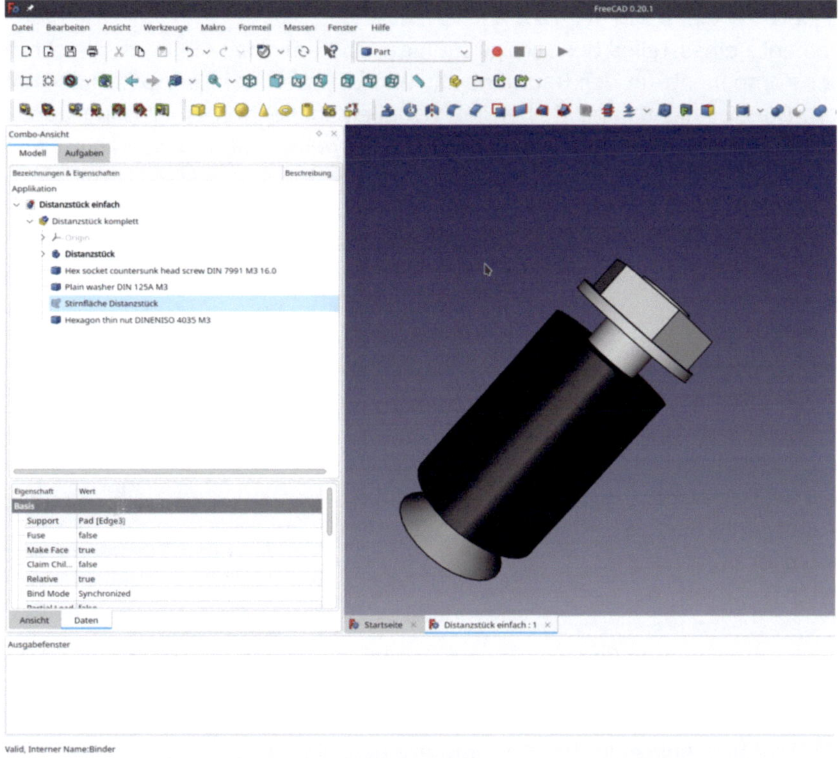

*Bild 4-31*

Das Verfahren mag, insbesondere in der Schritt-für-Schritt-Beschreibung, umständlich wirken, es ist jedoch nicht sehr schwierig. Die gewonnene Assoziativität wird sich später schnell auszahlen, wenn man beispielsweise Komponenten in ein Gerät einpassen muss oder noch schnell eine Schutzabdeckung für das Display vorsehen möchte. Dabei könnten sich Distanzstücke auf Sondermaße verlängern.

Die Eingliederung der einzelnen Teile in den Std-Part-Container "Distanzstück komplett" ermöglicht zudem später das einfache Einfügen in Montagen mit copy-and-paste.

## 4.5 Einzelteile mit Befestigungselementen ersparen Arbeit

Wie wir beim Distanzstück gesehen haben, ist es sinnvoll, in einem Std-Part-Container die Befestigungselemente einer Komponente gleich mit vorzusehen. Zeichnet man z.B. eine Telefonbuchse und berücksichtigt gleich den Isolierring und die Mutter, so erscheinen diese bei Mehrfachverwendung des Teiles immer wieder mit. Kennt man die Standardstärken seiner Frontplatten im Voraus, so können diese Teile bereits an den korrekten Positionen mit vorgesehen werden. Man kann die Befestigungselemente aber auch später "anziehen", indem man ihre Koordinaten (placement) im Einzelteil ändert.

## 4.6. Ein- und Ausblenden von Elementen

Stören Elemente eines Teiles bei der Darstellung, so kann man sie immer leicht durch Anwählen der Komponente in der Baumansicht und Drücken der Leertaste aus- und wieder einblenden. Dies ist nicht nur z.B. bei der visuellen Inspektion einer Baugruppe nützlich, sondern auch bei Beschriftungen und Gravuren, die weiter unten beschrieben werden.

## 4.7. Weitere Beispiele von zusammengesetzten Bauteilen

Für die Beispielprojekte in diesem Buch werden noch weitere Komponenten benötigt. Von diesen sind die folgenden im Anhang A bis G in Form einer Schritt-für Schritt-Anleitung enthalten:

- Stufenschalter
- Potentiometer
- Telefonbuchse (Bananenbuchse)
- Kontrollleuchte
- Knebelschalter
- Kaltgerätebuchse
- Sicherungshalter
- 9V-Blockbatterie

Alle weiteren Komponenten finden sich im Begleitmaterial und können in FreeCAD inspiziert und auf die Konstruktionsweise hin untersucht werden. Zur Arbeit mit dem Sketcher findet man umfangreiche Informationen und Tutorials sowohl in Print- als auch in elektronischer Form im Internet (s. Abschnitt 11, "Community Ressources").

# Kapitel 5 • Arbeiten mit Blech

Der Arbeitsbereich Blech (Sheet Metal) ist nicht im Standardumfang von FreeCAD enthalten. Er kann aber mit dem Addon-Manager problemlos nachgeladen werden, falls es noch nicht beim Lesen von Kapitel 2 geschehen ist.

## 5.1. Beispiel Blockbatteriehalter

Für den Blockbatteriehalter erzeugen wir zunächst eine ausreichend detailreiche Darstellung der Blockbatterie. Durch ein wenig Übermaß bei der Definition erreichen wir, dass sich die Batterie hinterher in den Batteriehalter einschieben lässt, ohne dass zu starker Druck ausgeübt werden muss. Die Schritt-für-Schritt-Anleitung zur Erstellung der Batterie findet sich im Anhang G.

Die Blockbatterie wird als eigenes Std-Part in den Std-Part-Container des Batteriehalters einkopiert. Sie kann dann später einfach, wie bereits erwähnt, mit der Space-Taste ein- und ausgeblendet werden. Genau genommen ist der Batteriehalter jetzt schon eine kleine Baugruppe, gebildet aus der Batterie und dem noch anzulegenden Halteblech (sowie, nicht zu vergessen, den Befestigungsschrauben!).

Man erkennt bereits den Nutzen dieser Gliederung: Beim späteren Zusammenbau einer größeren Baugruppe hat man hier schon alle Kleinteile beieinander und braucht nicht etwa noch die Blockbatterie (oder die Schrauben) extra hinzuzufügen. Bei einmaliger Verwendung des Batteriehalters ist das für sich gesehen zwar noch kein Zeitvorteil. Der entwickelt sich aber sehr schnell, wenn Komponenten mehrfach verwendet werden.

1. Die ersten Schritte sind unsere Standard-Prozedur: Anlegen einer neuen Datei, diese in "Batteriehalter" umbenennen. Erzeugen des Std-Part-Containers, in "Batteriehalter komplett" umbenennen.

2. Im nächsten Schritt wird dem Batteriehalter das komplette, im Anhang G erzeugte Batteriemodell hinzugefügt. Diese Vorgehensweise wird ebenfalls beim Erstellen von Konstruktionen häufig benutzt werden:

3. Die Datei "Blockbatterie" öffnen. Beide Dokumente sind in der Baumansicht geöffnet. Den gelben Std-Part-Container der Batterie durch Anklicken markieren und mit STRG-C kopieren. Im erscheinenden Dialog die Standardauswahl nicht verändern und mit "OK" bestätigen. Den neuen Std-Part-Container "Batteriehalter komplett" zum Aktivieren doppelklicken und die Blockbatterie mit STRGV einfügen. Sollte die Batterie sich nicht im Std-Part-Container "Batteriehalter komplett" befinden, diese mit drag-and-drop in den Container ziehen (Bild 5-1). Die Datei "Blockbatterie 9V" schließen.

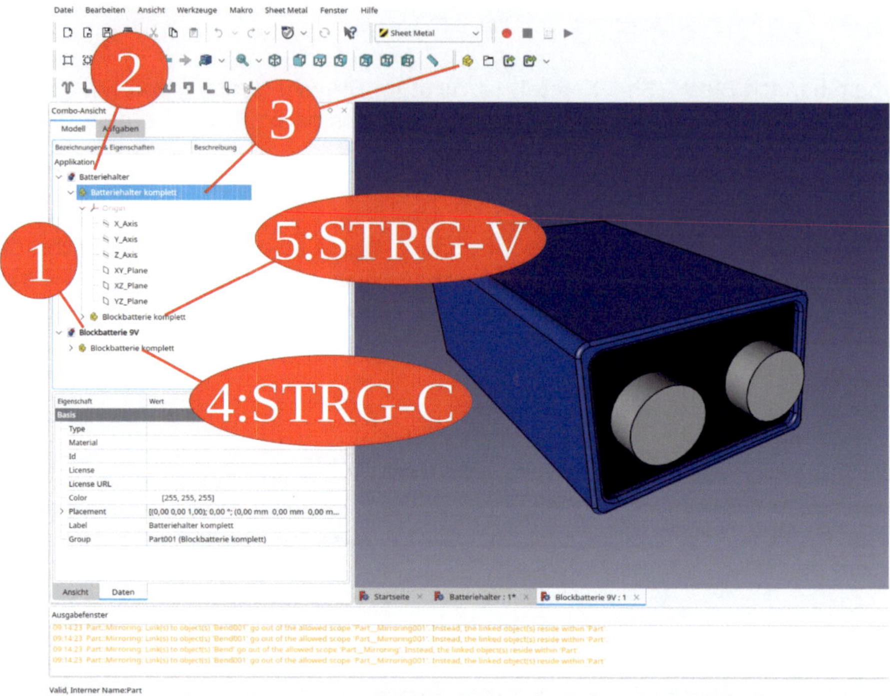


*Bild 5-1*

4. Jetzt muss ein Bezug auf die Batterie angelegt werden. Dazu den Körper "Blockbatterie Gehäuse" durch Doppelklicken aktivieren (der Titel erscheint aktiviert in Fettdruck), dann die Oberseite der Batterie anklicken und das blaue Werkzeug "Formbinder erstellen" anklicken (Bild 5-2). Wir haben jetzt zwar einen Bezug auf eine generierte Facette definiert, doch dies konnten wir uns erlauben, weil wir bei der Blockbatterie keine Veränderungen mehr erwarten, die eine Neunummerierung auslösen könnten. Spendiert man der Batterie später z.B. detailreichere Kontakte, könnte das Design zerbrechen. In diesem Falle sollte man eine robustere Referenz auf z.B. eine Skizze schaffen, was wir hier der Einfachheit halber auslassen.

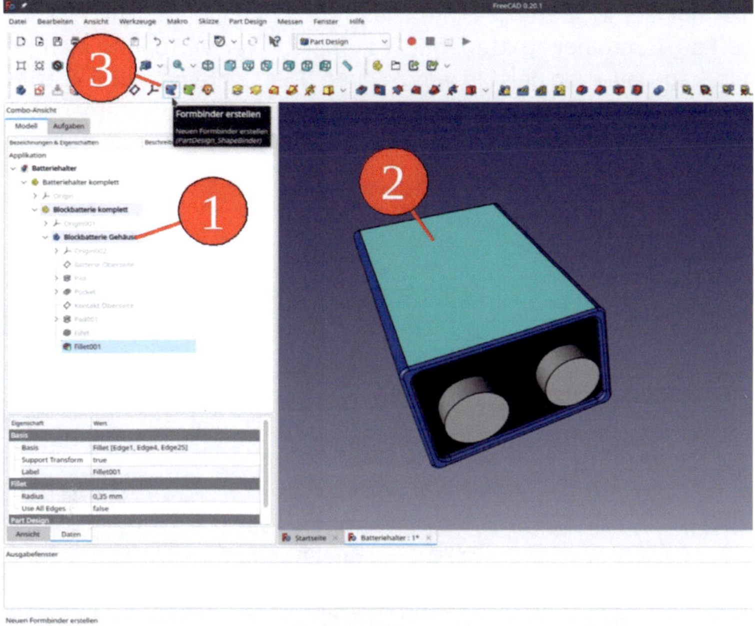


*Bild 5-2*

Im erscheinenden Aufgabenfenster sind Objekt und Facette bereits vorgewählt. Das Aufgabenfenster mit dem "OK"-Button schließen (Bild 5-3).

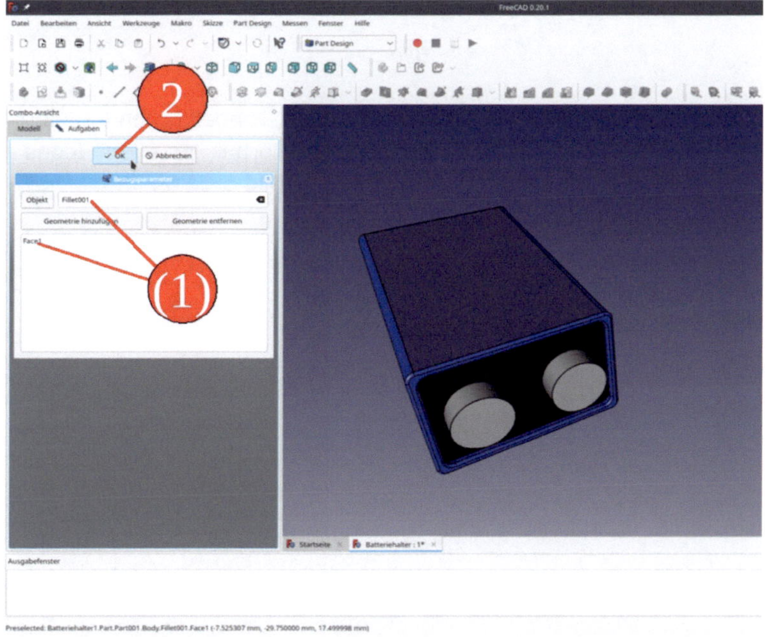


*Bild 5-3*

5. Den Formbinder in "Batterie Seitenwand" umbenennen. Damit er anderen Körpern im Std-Part-Container "Batteriehalter komplett" zur Verfügung steht, den Formbinder mit drag-and-drop dorthin verschieben. Der Container "Blockbatterie komplett" wird nicht mehr benötigt und kann in der Baumansicht zusammengeklappt werden (Bild 5-4).

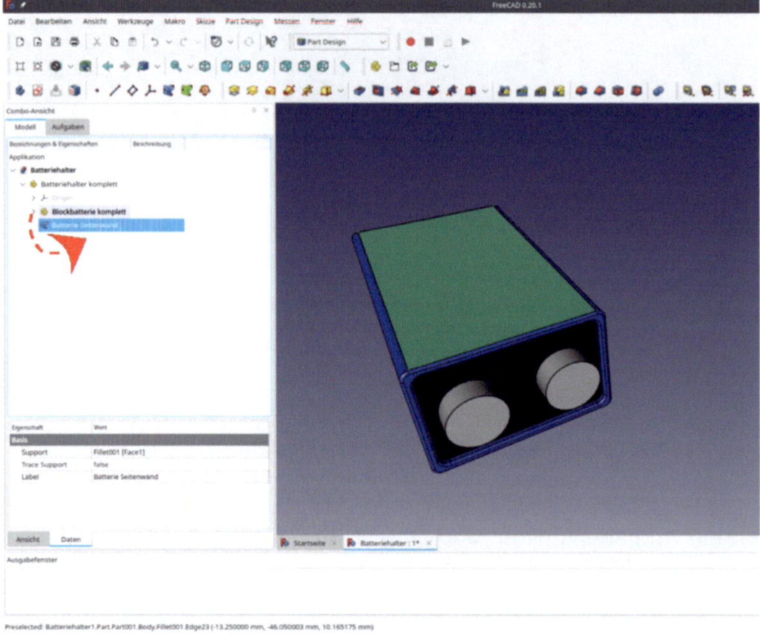


*Bild 5-4*

6. Den Container "Batteriehalter komplett" durch Doppelklicken aktivieren. Für unseren Batteriehalter durch Klicken des blauen "Körper erstellen"-Icons einen neuen Körper erstellen und in "Blech" umbenennen (Bild 5-5).

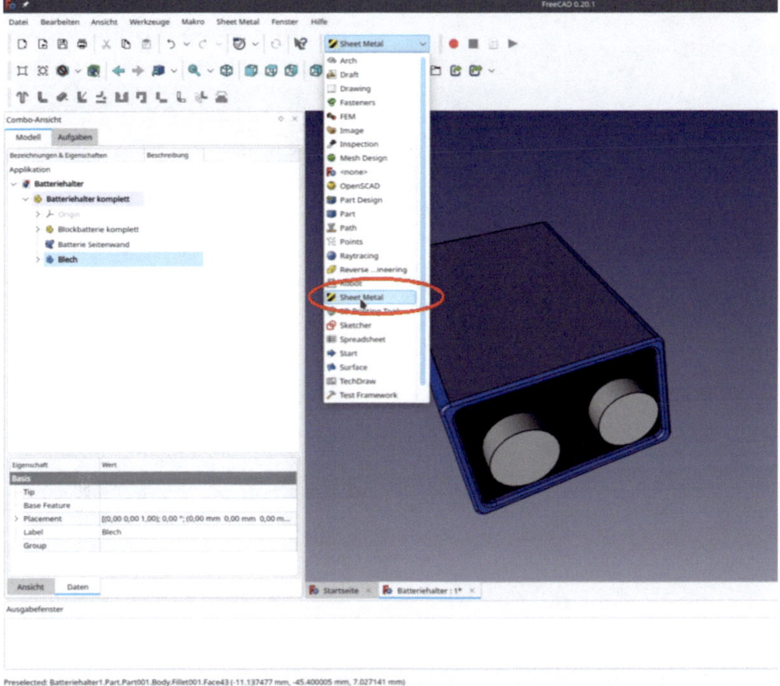


*Bild 5-5*

7. Die "Sheet Metal"-workbench  auswählen (Bild 5-5).

8. In der Baumansicht den Formbinder "Batterie Seitenwand" durch Mausklick markieren und im Menü das Werkzeug "Make Base Wall" (= Erste Lasche) anklicken (Bild 5-6). Die Lasche in der Baumansicht anklicken und für die Eigenschaften "Thickness" und "Radius" 1,5 mm einsetzen (Bild 5-6).

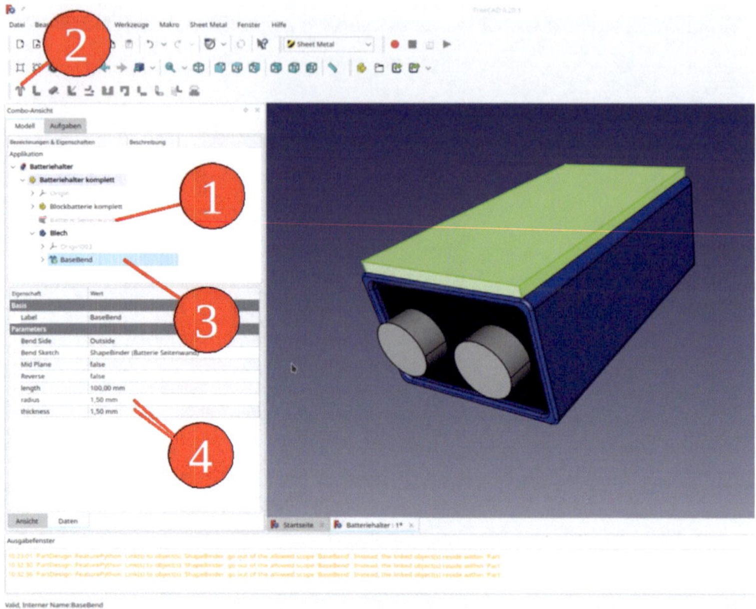

Bild 5-6

9. Eine Oberkante des Blechs auswählen und das Werkzeug "Make Wall" (= Flache Lasche) anklicken (Bild 5-7).

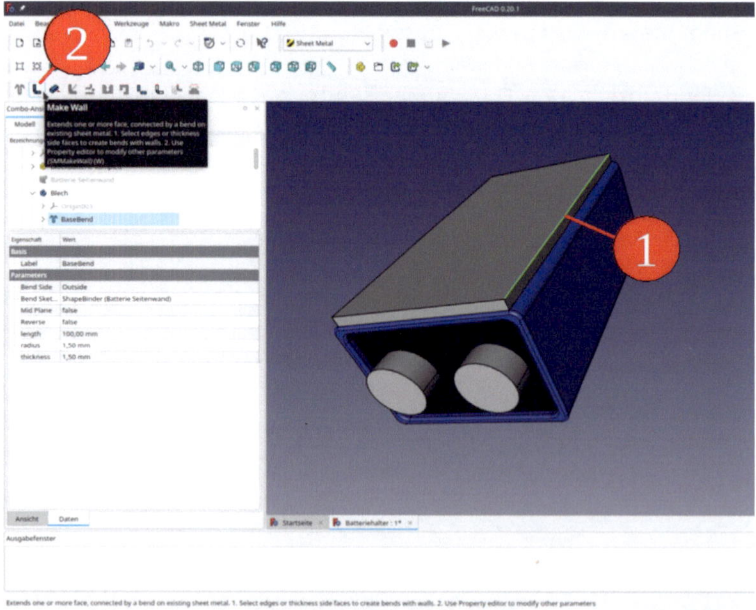

Bild 5-7

10. Die neue Lasche in der Baumansicht anklicken und die Eigenschaft "Length" auf 14 mm setzen (Bild 5-8).

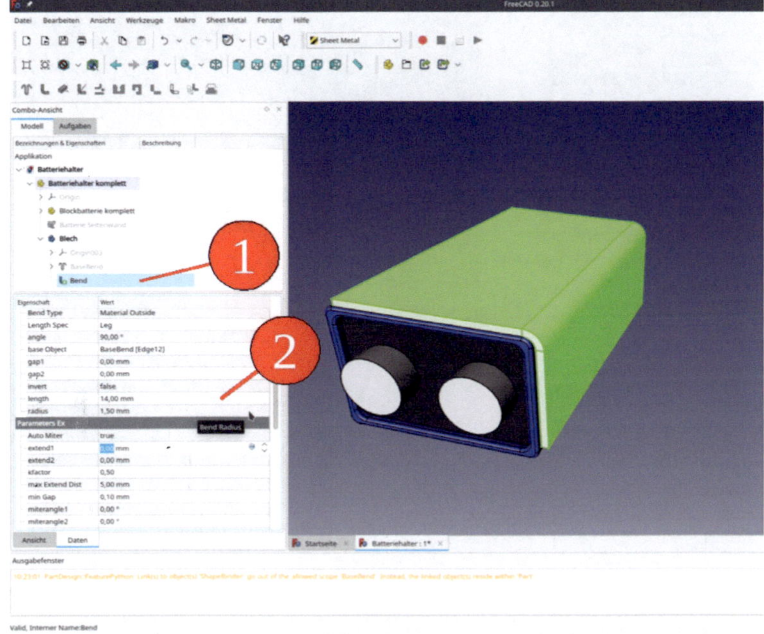

*Bild 5-8*

11. Die äußere Unterkante der neuen Lasche markieren und wieder mit "Make Bend" eine flache Lasche ansetzen (Bild 5-9).

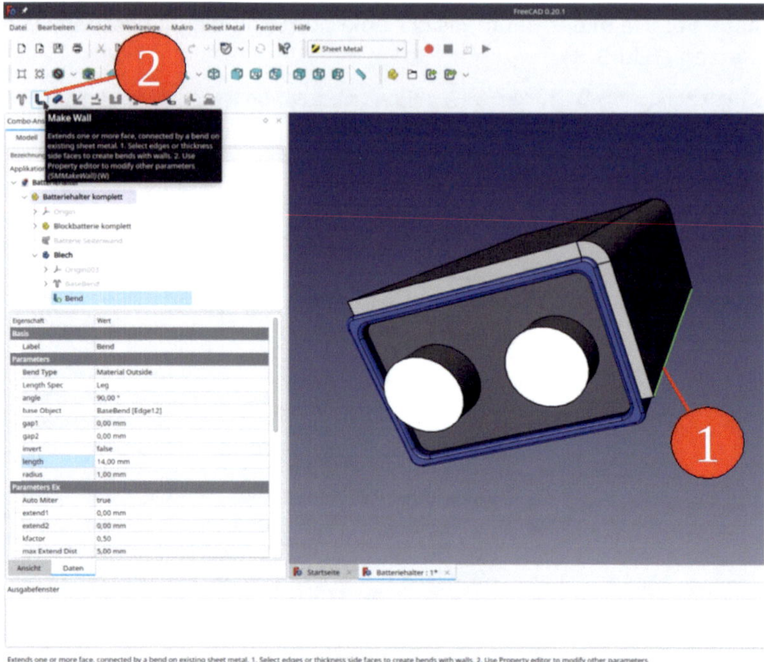


*Bild 5-9*

12. Die neue Lasche in der Baumansicht anklicken und folgende Eigenschaften einsetzen: Invert = true; Length = 8 mm (Bild 5-10).

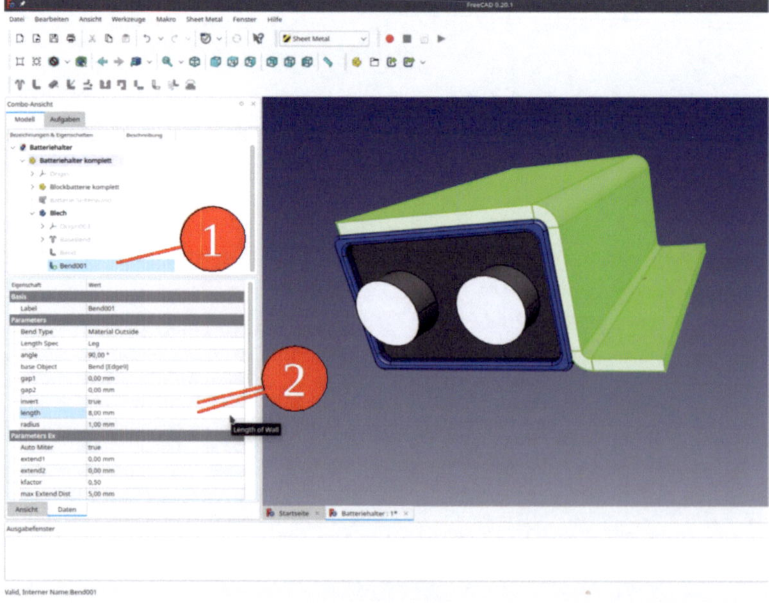


*Bild 5-10*

13. In gleicher Weise auf der anderen Längsseite ebensolche Laschen anlegen (Bild 5-11).

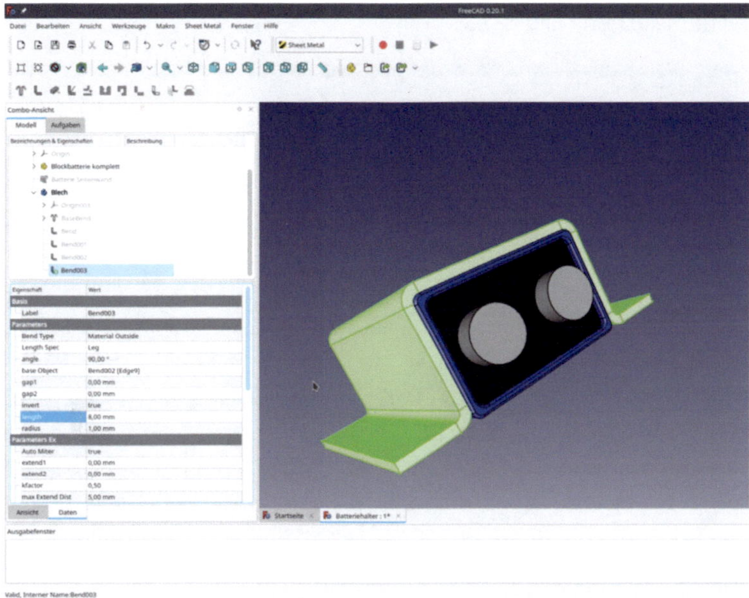

*Bild 5-11*

14. Die hintere kurze Kante den Batteriehalters markieren und mit "Make Wall" dort eine flache Lasche erzeugen (Bild 5-12).

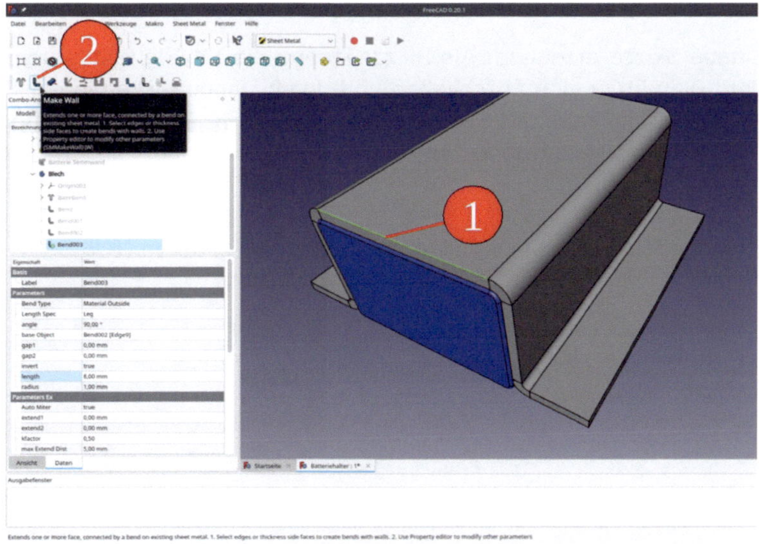


*Bild 5-12*

15. Die neue Lasche in der Baumansicht anklicken und folgende Eigenschaften setzen: Length = 3 mm; gap1 = gap2 = 2 mm (das sind die Abstände der Lasche zur Seite); reliefd = reliefw = 0,00 mm (das sind die Maße der Kantenentlastung, die wir hier nicht brauchen, Bild 5-13).

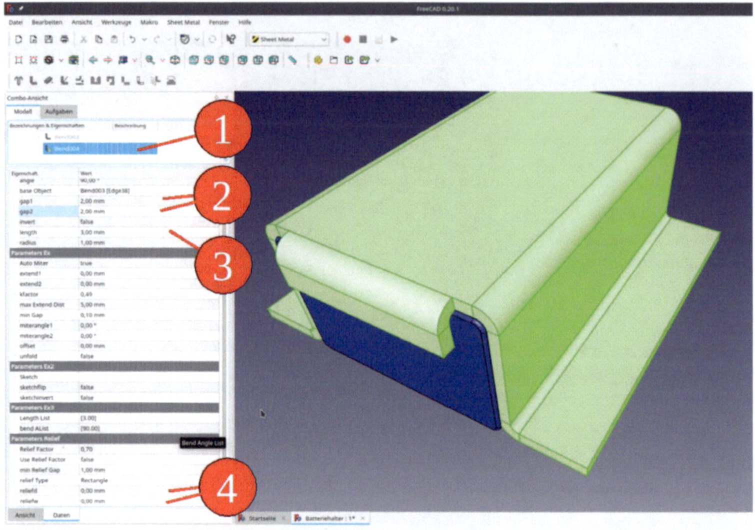


*Bild 5-13*

Die Blecharbeiten sind jetzt abgeschlossen, so dass wir zur "Part Design"-workbench zurück wechseln können. Es fehlen noch die Befestigungsbohrungen und einige Abrundungen, die das Teil für die Handhabung entschärfen.

1. Eine neue Skizze erzeugen. Als Skizzenebene die XY-Ebene aus dem Startdialog wählen. Die Skizze einmal schließen und durch Doppelklicken in der Baumansicht wieder öffnen, so dass die Geometrie der bereits vorhandenen Komponenten angezeigt wird. Im Hauptmenü "Ansicht | Orthogonal" und "Sketch | Abschnitt anzeigen" auswählen.

2. Mit dem Werkzeug "Kreis erstellen" die Bohrung skizzieren (Bild 5-14).

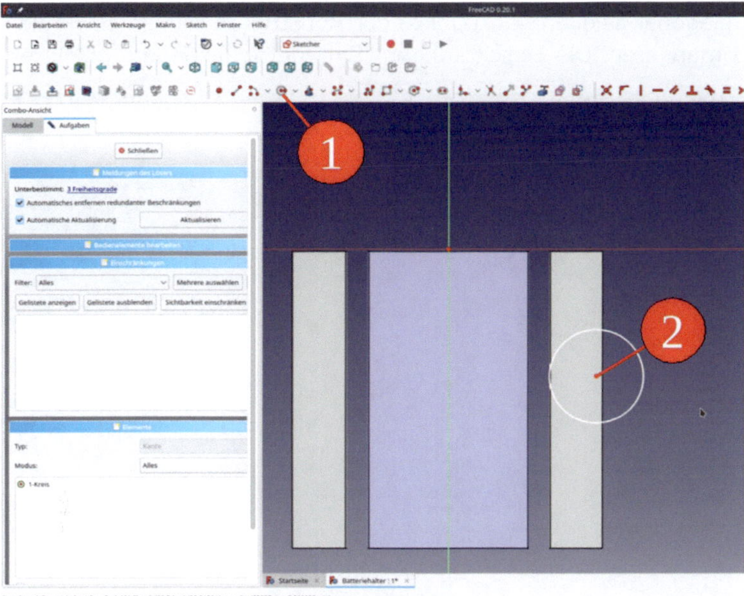


*Bild 5-14*

3. Das Werkzeug "Externe Geometrie" anklicken und zwei Seiten einer Lasche auswählen. Diese erscheinen als Konstruktionselemente violett und haben, rot dargestellt, markierbare Endpunkte (Bild 5-15).

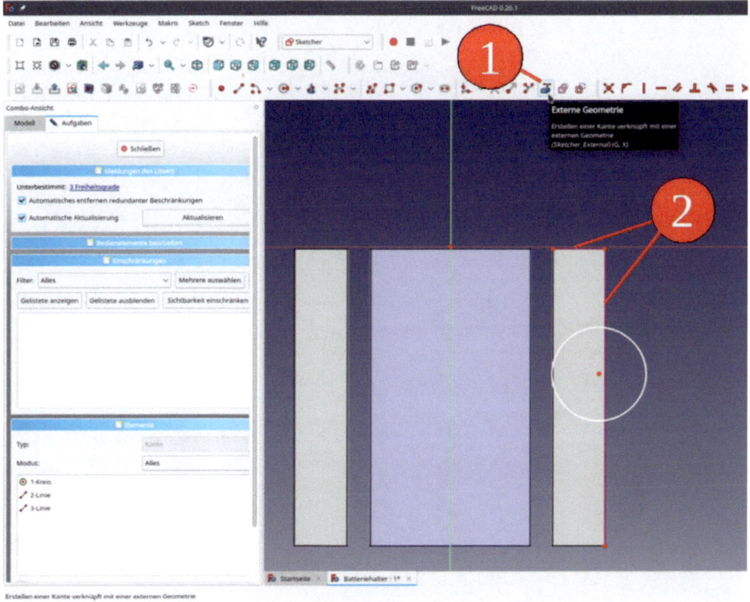


*Bild 5-15*

4. Zwei diagonal gelegene Eckpunkte der Konstruktionslinien sowie den Kreismittelpunkt markieren. Die Einschränkung "Symmetrie festlegen" anklicken (Bild 5-16).

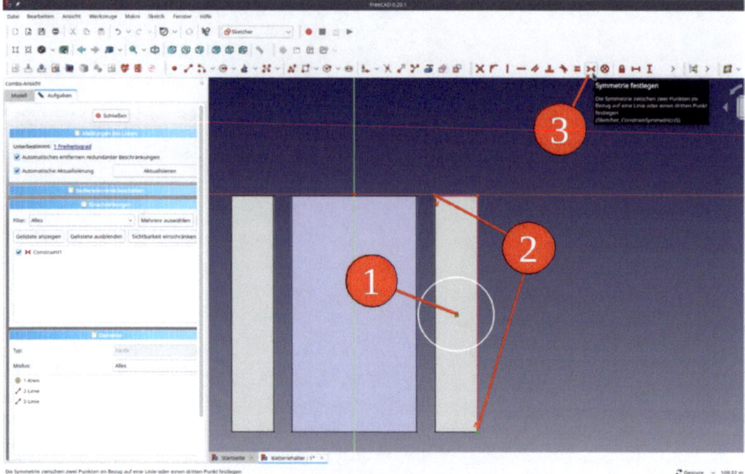


*Bild 5-16*

5. Den Kreis mit der rechten Maustaste in der Elementliste anklicken und aus dem Kontextmenü die Einschränkung "Diameter Constraint" auswählen. Den Durchmesser auf 3,2 mm einstellen (Bild 5-17). Die Skizze schließen.

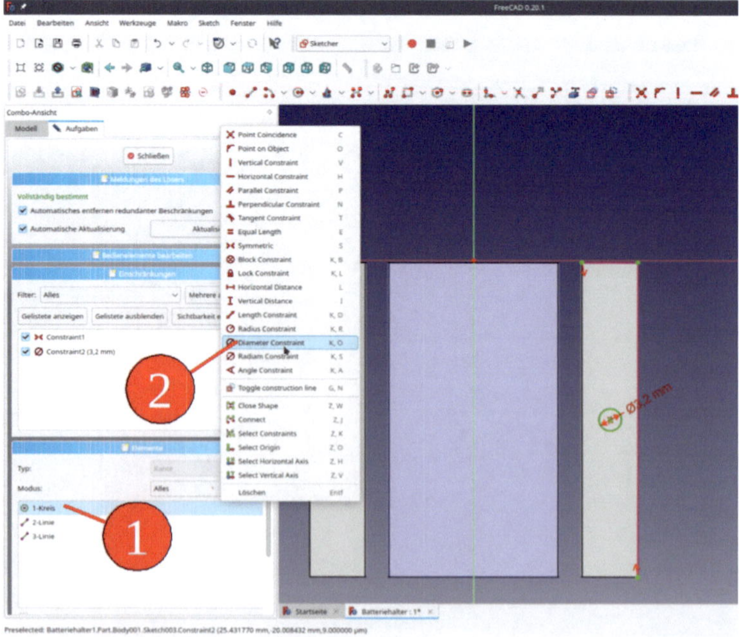


*Bild 5-17*

6. Die neue Skizze in der Baumansicht markieren und das Werkzeug "Tasche" anklicken (Bild 5-18).

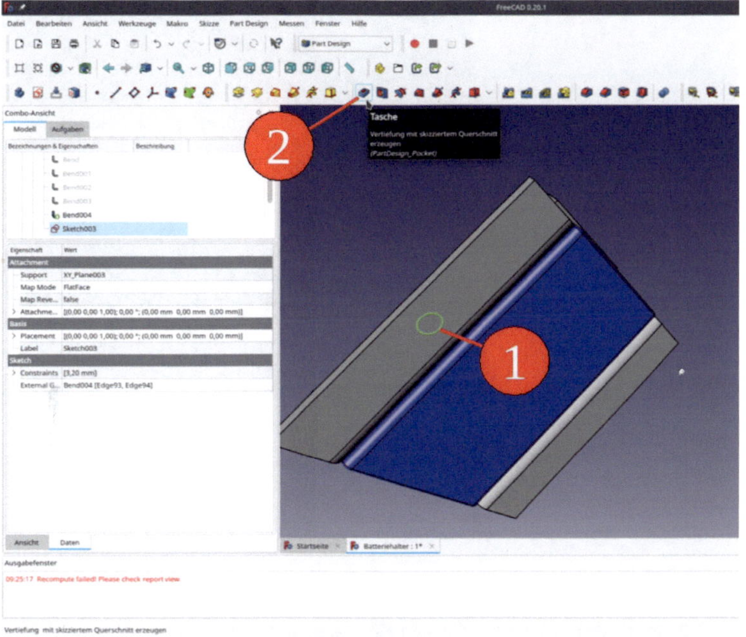


*Bild 5-18*

Im Aufgabenfenster den Typ "Durch alles" wählen und die Checkbox "Umgekehrt" anklicken (Bild 5-19).

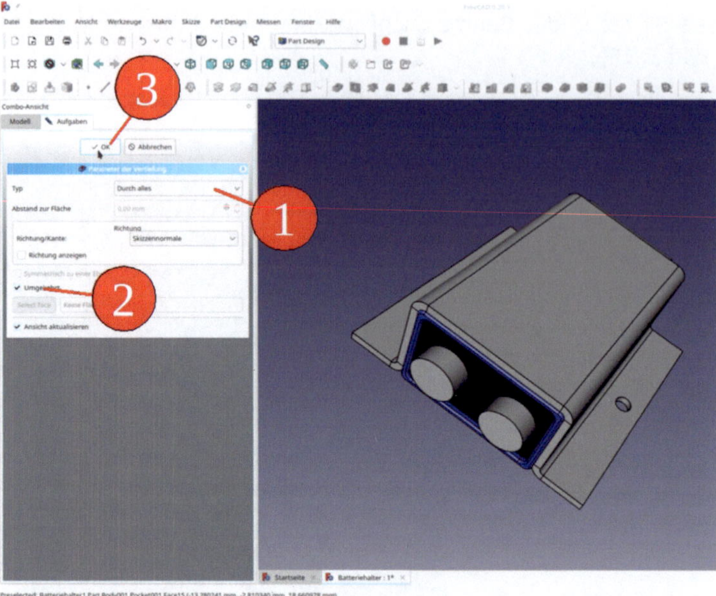

Bild 5-19

7. In der Baumansicht den letzten Zustand markieren und aus dem Hauptmenü "Part Design | Muster anwenden | Spiegeln" auswählen (Bild 5-20).

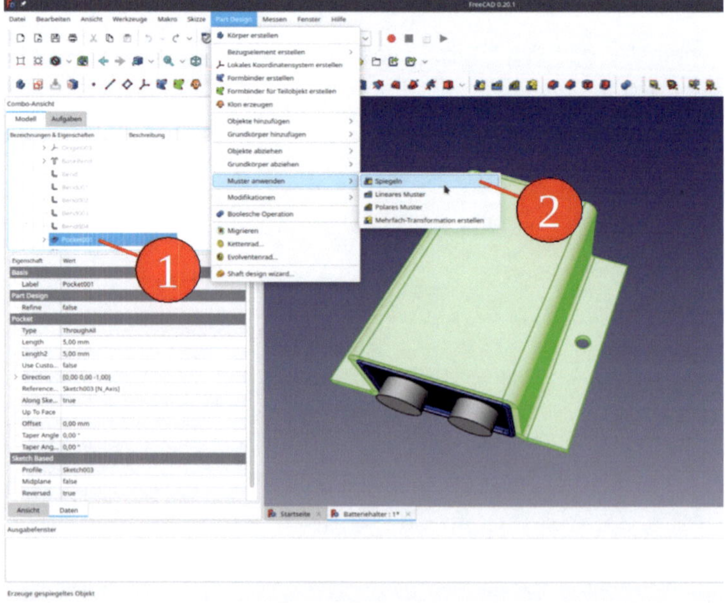

Bild 5-20

8. Die YZ-Ebene als Spiegelebene anklicken. Das Aufgabenfenster mit "OK" schließen (Bild 5-21).

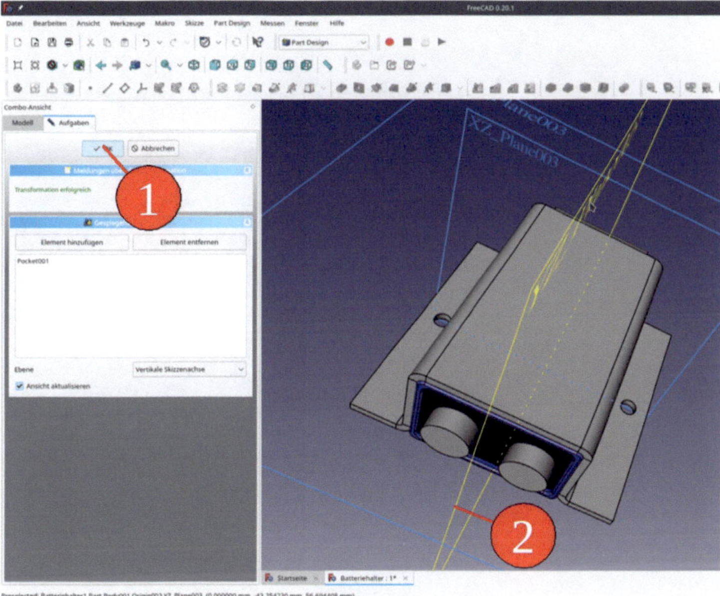


*Bild 5-21*

9. Die vier hervorstehenden äußeren Ecken des Batteriehalters markieren und das Werkzeug "Verrundung" auswählen (Bild 5-22).

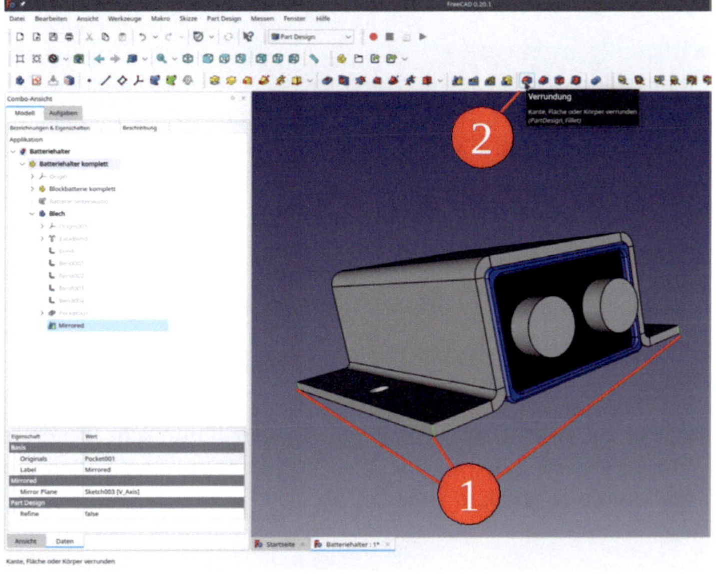


*Bild 5-22*

Für den Verrundungsparameter 5 mm einsetzen und das Aufgabenfenster schließen (Bild 5-23).

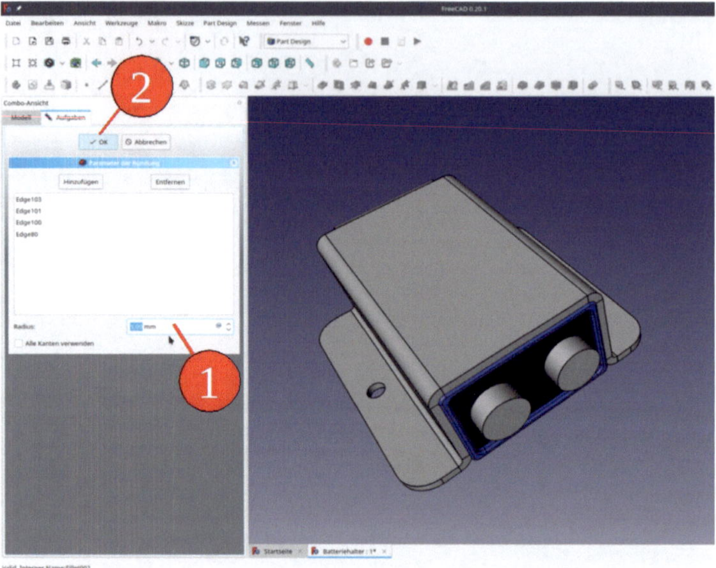


*Bild 5-23*

Das Blechteil ist jetzt fertig. Man könnte noch die Befestigungselemente hinzufügen, dann hätte man beim Einsetzen des Batteriehalters gleich alles mit dabei. In diesem Abschnitt liegt der Akzent aber auf dem Blech, für dessen Anfertigung noch weitere Informationen bereits gestellt werden müssen.

## 5.2. Die Abwicklung erzeugen

Wenn man ein konstruiertes Blechteil fertigen möchte, ist es immer interessant, wie das Teil ausgeschnitten werden muss, bevor es gebogen wird. Diese planare Darstellung des Blechteils nennt man Abwicklung. Die "Sheet Metal"-workbench kann die Abwicklung mit nur einem Mausklick erzeugen! Ein großer Vorteil, der viel Zeit und Mühe spart. Zudem wird auch die Lage der Biegungen angezeigt, so dass man weiß, an welcher Stelle das Biegewerkzeug später bei der Herstellung zupacken muss.

1. Zunächst muss das Blechteil ausgestreckt werden. Damit die Batterie die Darstellung nicht durcheinanderbringt, diese vorher in der Baumansicht mit der Leertaste ausblenden.

2. Zur "Sheet Metal"-workbench wechseln. In der 3D-Ansicht die erste Lasche markieren (die obere Fläche, mit der die Blechkonstruktion begonnen wurde). Das Werkzeug "Unfold" anklicken (Bild 5-24).

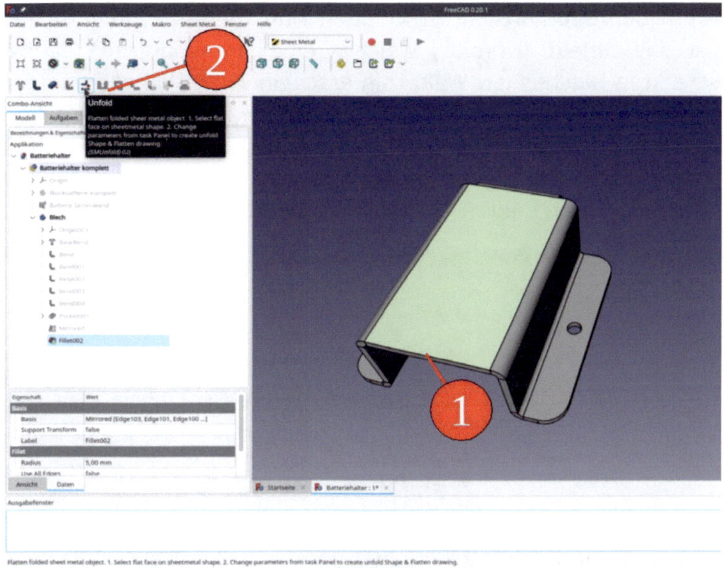

Bild 5-24

3. Im Aufgabenfenster die Checkbox "Separate Projection Layers" anhaken. Für den K-Faktor 0,4 stehen lassen und DIN auswählen (Bild 5-25). Das Aufgabenfenster mit "OK" schließen.

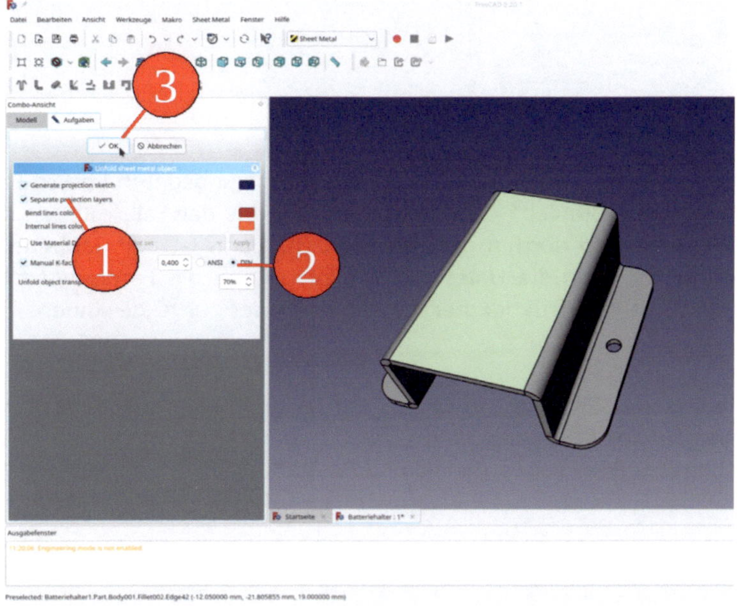

Bild 5-25

4. Im Stamm der Baumansicht erscheinen nun mehrere Objekte neu (Bild 5-26). Eines ist das Objekt "Unfold", welches eine (transparente) 3D-Darstellung des ausgestreckten Bleches ist. Weiterhin erscheinen drei nützlich aufgeteilte Skizzen. "Unfold_Sketch_Outline" ist die Außenkontur, während auf "Unfold_Sketch_Internal" alle innenliegenden Frässchnitte erscheinen. Diese Zuordnung ist beim späteren Export für eine Fräsmaschine wichtig; zum Einstellen der Radiuskorrektur. Die letzte Skizze "Unfold_Sektch_Bends" enthält die Positionen der Biegungen.

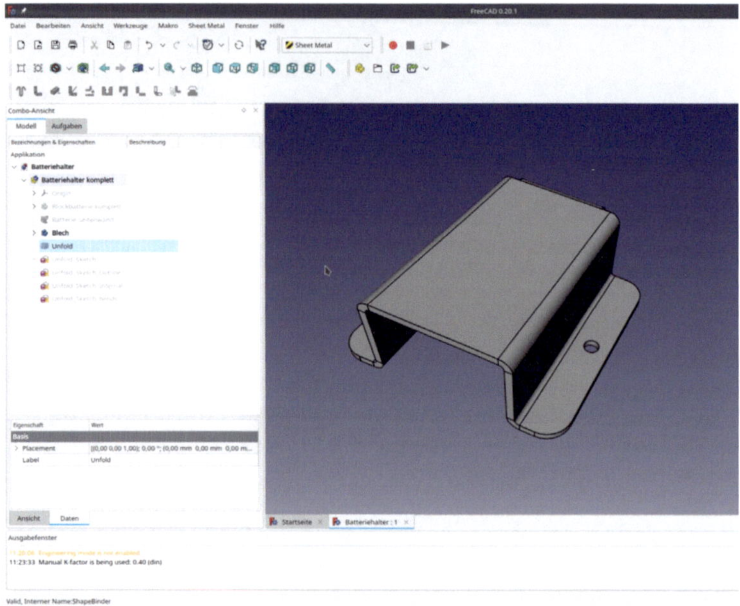


*Bild 5-26*

Es ist eine Überlegung wert, ob man diese Fertigungsdaten im Std-Part-Container "Batteriehalter komplett" dabeihaben will. Ist das der Fall, müssen diese Objekte mit drag-and-drop dorthin gezogen werden. Dann ist der Container zwar etwas umfangreicher (und die Datei größer), man kann die Fertigungsdaten aber aus einer späteren Konstruktion heraus immer wieder zurückgewinnen.

## 5.3. Die Abwicklung exportieren

Für die Anfertigung von Teilen ist der Export der Daten in ein universelles Format wichtig. Viele Programme für Werkzeugmaschinen, wie z.B. auch NC EAS(Y)5 von EAS, haben eine dxf-Schnittstelle [EAS 2022]. Der Export und Re-Import soll an diesem Beispiel illustriert werden.

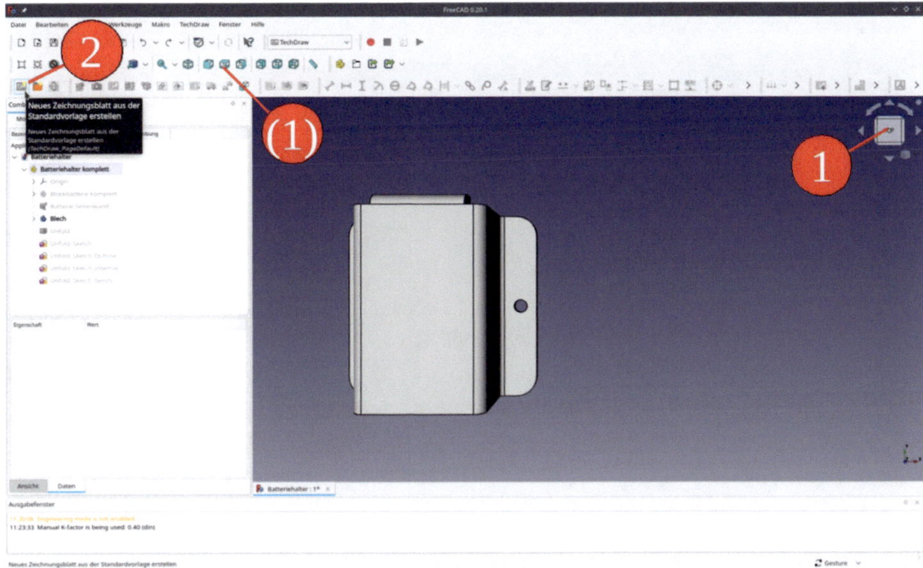


*Bild 5-27*

1. Zunächst den Batteriehalter in die Orientierung "Top" bringen. Dazu kann man z.B. den Steuerwürfel anklicken (Bild 5-27, Ziffer 1) oder das "Werkzeug".Icon "Oben (Bild 5-27, Ziffer 1) anklicken. Die präzise Orientierung ist wichtig, da die Sichtfenster in den anzulegenden Zeichnungen diese als Referenz für die Projektion in die Ebene verwenden. Ist das Objekt (auch nur leicht) verdreht, stimmen die Maße nicht mehr!

2. In den "TechDraw"-workspace wechseln. Dort das Werkzeug "Neues Zeichnungsblatt aus Standardvorlage erstellen" anklicken (Bild 5-27, Ziffer 2). In der Baumansicht erscheint ein "Page"-Objekt neu. Darin befindet sich bereits ein "Template"-Objekt für den Zeichnungsrahmen. Das "Page"-Objekt in "Abwicklung" umbenennen.

3. In der Baumansicht die Skizzen "Unfold_Sketch_Outline" und "Unfold_Sketch_Internal" markieren und das "Werkzeug"-Icon "Ansicht einfügen" anklicken. Im Page-Objekt wird ein neues "View"-Objekt gelistet. In dessen Eigenschaften finden wir mit X und Y die Position auf dem Blatt sowie im Feld "Scale" den Zeichnungsmaßstab. Für den Export zur Maschine sollte der Maßstab auf 1,00 stehen. Auch kann man in den Feldern "Direction" und "XDirection" überprüfen, ob das Teil unverdreht abgebildet wird (dies kann einen kleinen, aber ärgerlichen Einfluss auf die Maßhaltigkeit des Teils haben). Aus demselben Grund sollte auch "Perspective" auf "false" stehen (Bild 5-28).

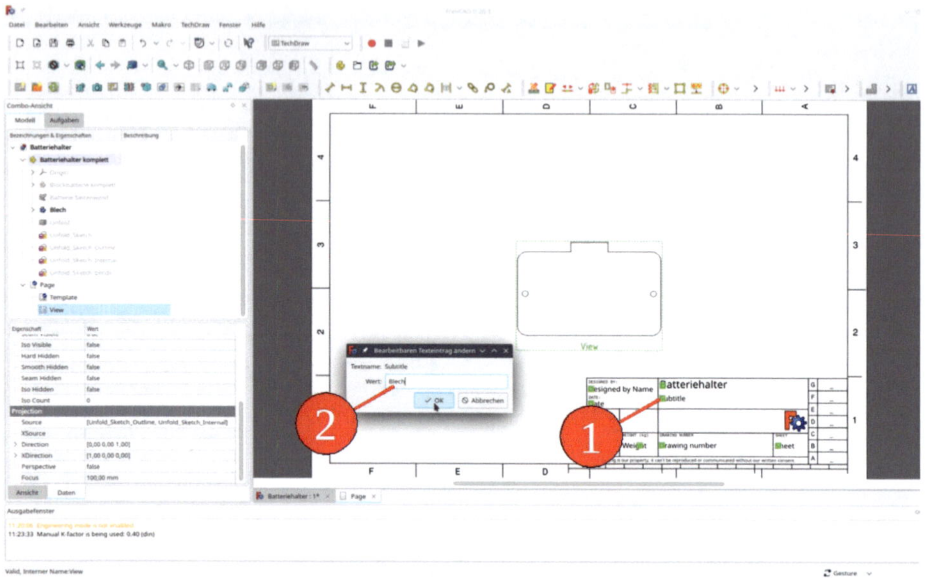

*Bild 5-28*

4. Auf dem Blatt sind sowohl die Ansicht (View) als auch die Zellen des Schriftfeldes mit grünen Markierungen versehen. Durch Anklicken der kleinen grünen Vierecke kann man die Eintragungen ändern. Etwas Arbeit mit der Dokumentation erleichtert später das Verständnis. Beim Export der Ansicht stört die Umrandung aber. Man kann die grünen Markierungen durch Rechtsklick auf das Blatt und die Auswahl von "Rahmen umschalten" aus dem Kontextmenü aber leicht aus- und wieder einblenden (Bild 5-29).

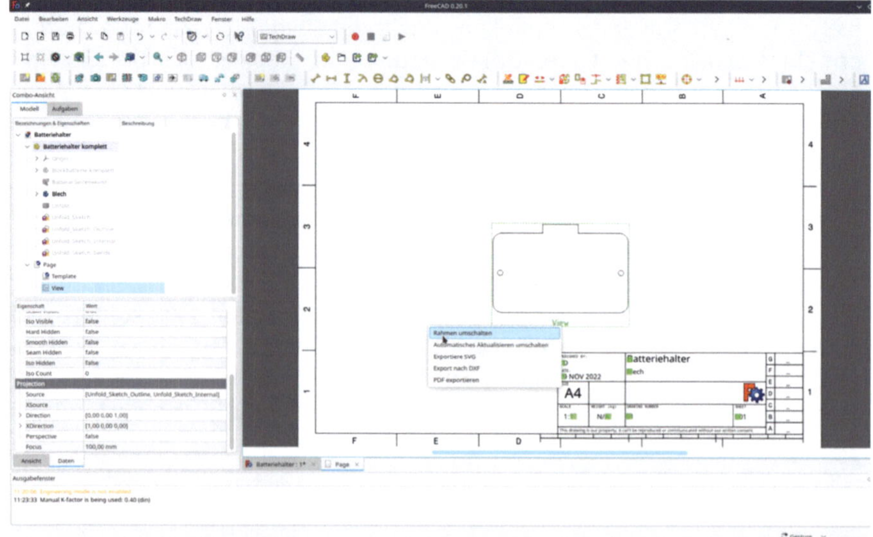

*Bild 5-29*

5. Wenn man den Rahmen um die Ansicht ausgeblendet hat, lässt sich der Inhalt der Ansicht sehr leicht exportieren: Es reicht ein Rechtsklick darauf und die Auswahl von "Export nach dxf" aus dem Kontextmenü (Bild 5-30).

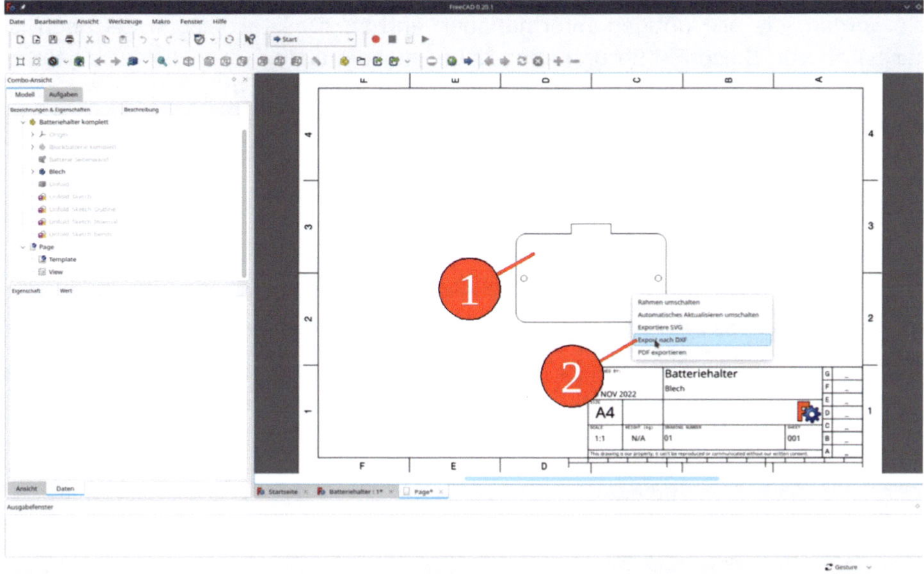


*Bild 5-30*

6. Der Import nach NC EAS(Y) gelingt leicht, wie Bild 5-31 von einem Windows© -System mit der Software zeigt. Die Genauigkeit der Darstellung ist dabei sehr gut, wie sich schon bei der Herstellung einiger Teile herausgestellt hat.

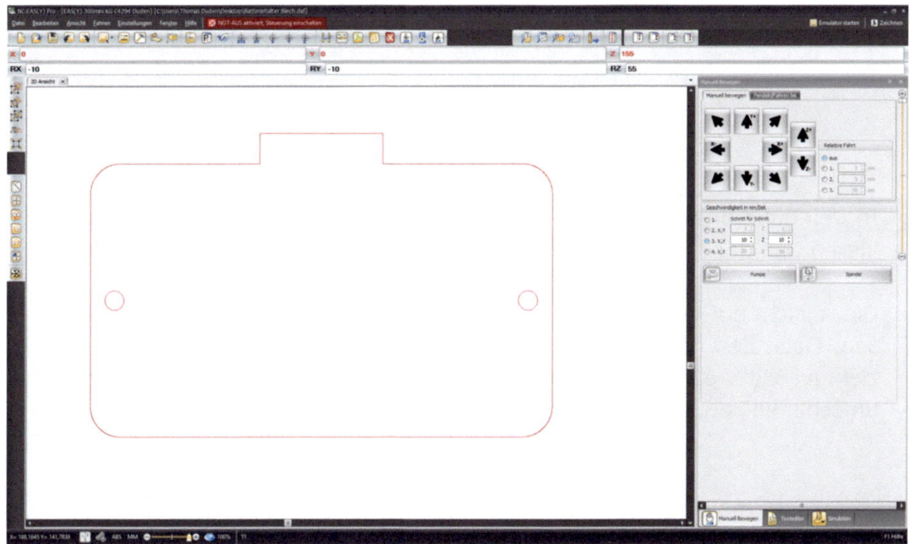

*Bild 5-31*

## 5.4. Eine Zeichnung des Teils anfertigen

Nicht immer werden Teile mit numerisch gesteuerten Maschinen hergestellt. Manchmal rechtfertigt die Einfachheit des Objekts den Aufwand der Maschinenarbeit nicht oder eine Maschine steht schlichtweg nicht zur Verfügung. In diesem Falle muss eine Zeichnung erstellt werden, die alle nötigen Informationen enthält. Das technische Zeichnen ist ein eigener Lehrberuf. Diese Einführung kann daher nur die einfachsten Hinweise liefern, wie FreeCAD beim Erstellen einer Zeichnung helfen kann. Für mehr Informationen gibt es anerkannte Bücher zum Nachschlagen, z.B. [Hoi 2000, Arz 2001]. Unser Batteriehalter ist als einfaches Beispiel gerade gut für den Anfang geeignet.

1. In die "TechDraw"-workbench wechseln und wie in 5.3.2 ein neues Zeichnungsblatt aus der Standardvorlage erstellen. Dieses in "Zeichnung" umbenennen. Die Textfelder im neuen Blatt mit Bezeichnungen versehen.

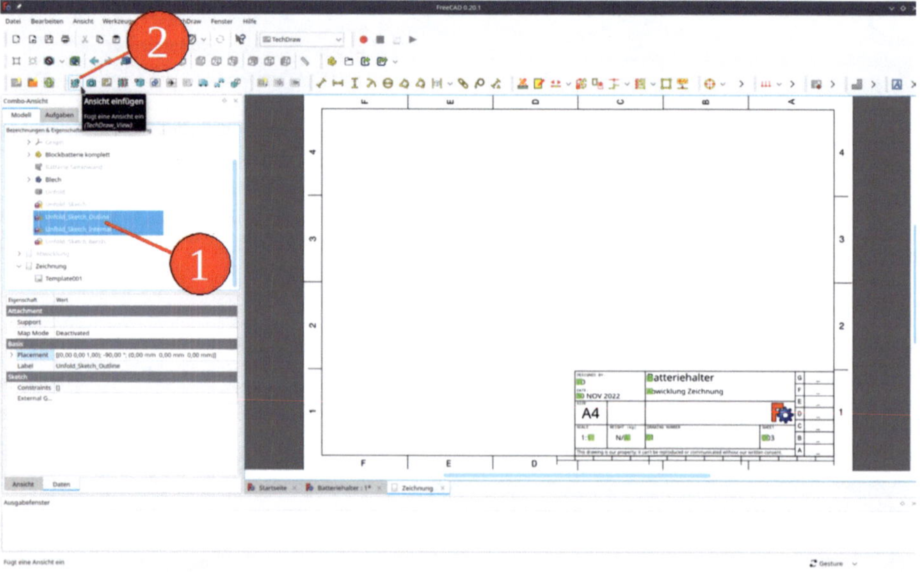


*Bild 5-32*

2. In der Baumansicht "Unfold_Sketch_Outline" und "Unfold_Sketch_Internal" markieren und das "Werkzeug"-Icon "Ansicht einfügen" anklicken (Bild 5-32).

3. Die Ansicht auf dem Blatt etwas hochschieben, damit die Maße sich platzieren lassen. Dazu den gestrichelt-grünen Rahmen der Ansicht mit der Maus packen und ziehen (Bild 5-33). Rechts in das Blatt klicken und aus dem Kontextmenü "Rahmen umschalten" auswählen.

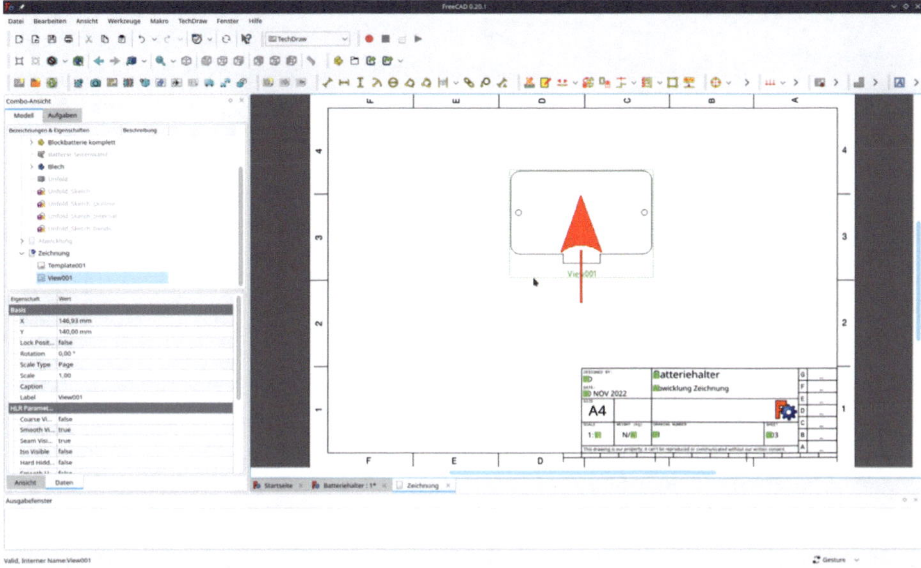


*Bild 5-33*

4. Da unser Teil symmetrisch ist, können wir eine Symmetrielinie einfügen. Dazu auf die Ansicht klicken und aus dem Hauptmenü "TechDraw | Linie einfügen | Mittellinie zu Fläche" wählen (Bild 5-34).

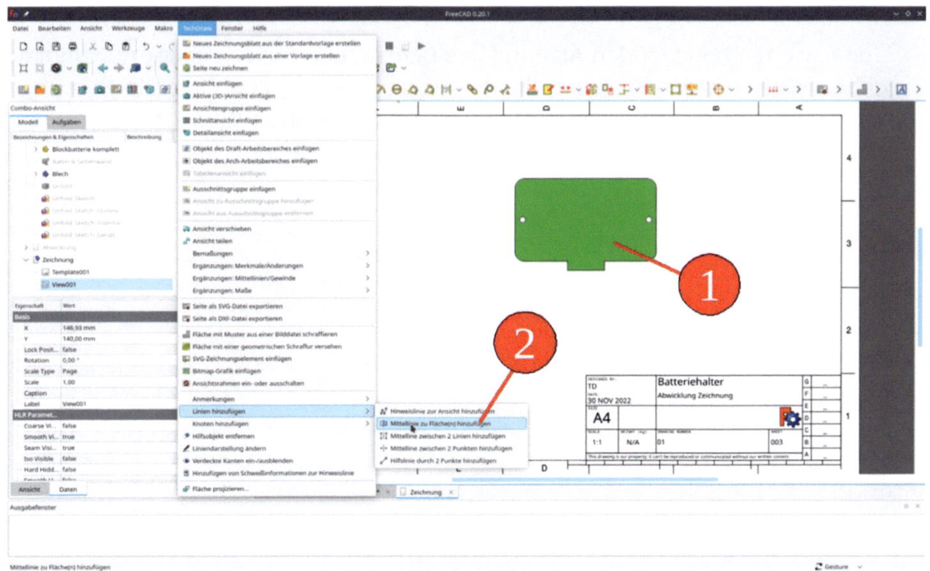


*Bild 5-34*

Im Aufgabenfenster die Stärke auf 0,25 mm setzen und eine Verlängerung der Linie um 10 mm angeben (Bild 5-35).

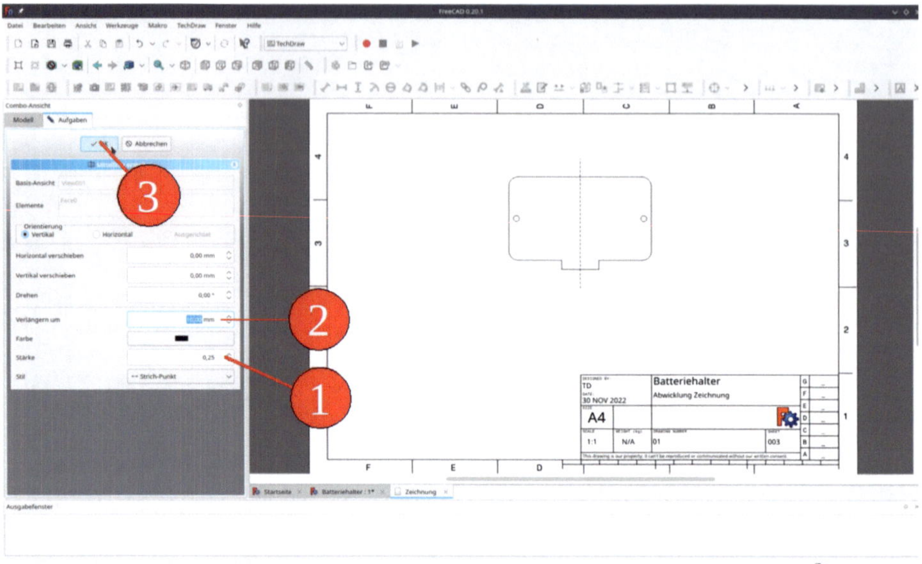


*Bild 5-35*

Da das Teil symmetrisch ist, könnte man einfach die Abstände zwischen allen gegenüberliegenden Objekten bemaßen. Das wird in der Praxis so getan, ist aber bei der Handarbeit nicht hilfreich – schon wieder braucht man einen Taschenrechner, wenn man anreißen will. Besser ist es, die Maße so vorzusehen, wie sie direkt bei der Arbeit benötigt werden.

1. Zunächst den horizontalen Abstand des Befestigungslochs von der Außenkante angeben. Dazu werden Kreismittellinien für die Bohrung benötigt. Die Bohrung dazu markieren und das Werkzeug "Mittellinien zu Kreisen und Bögen hinzufügen" anklicken (Bild 5-36).

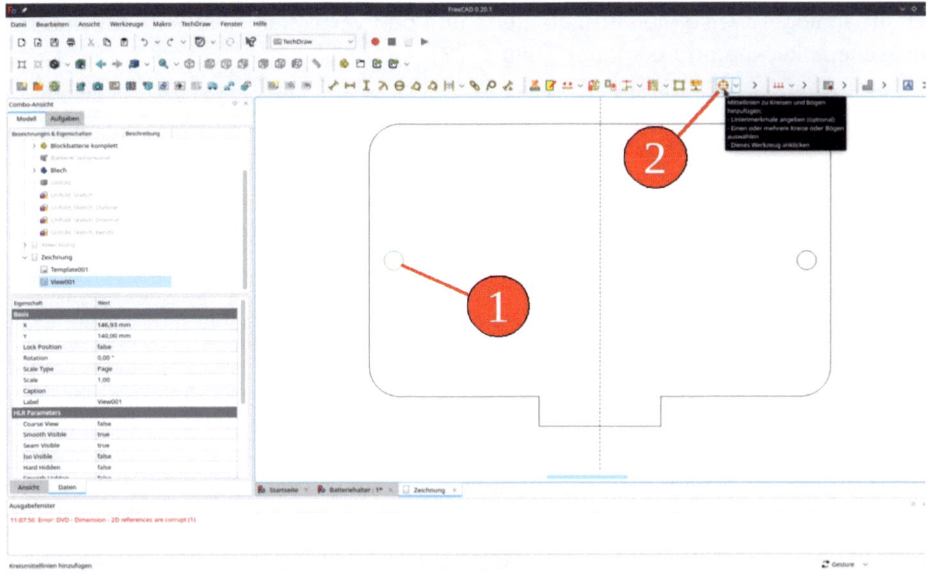

*Bild 5-36*

2. Die vertikale Seite und die vertikale Kreismittellinie markieren und das Werkzeug "horizontales Maß einfügen" anklicken (Bild 5-37). Die Bemaßung an eine Stelle unter der Ansicht ziehen. Wenn man eine Bemaßung mit der Maus ziehen will, muss man die Maßzahl anklicken, nicht die Pfeile oder Linien!

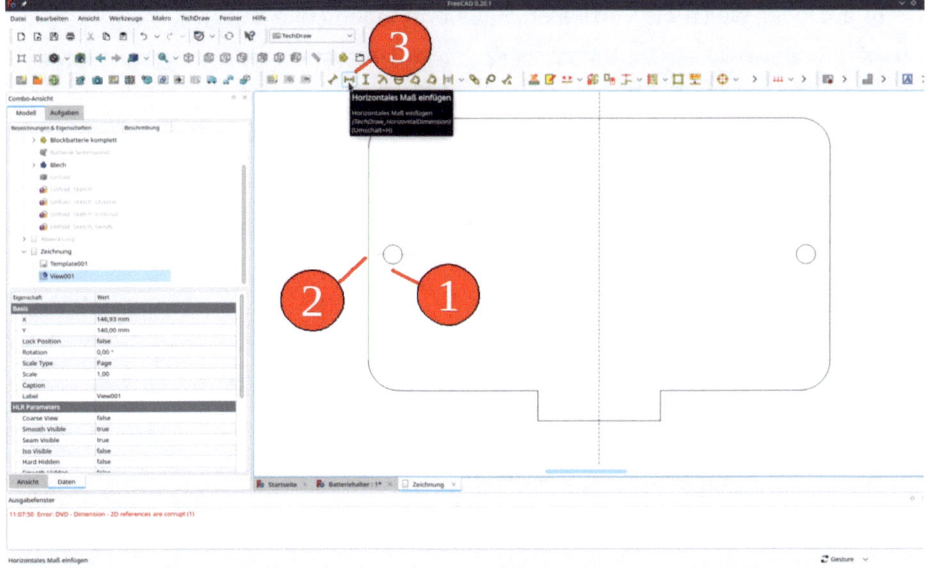

*Bild 5-37*

3. In analoger Weise die vertikale Seite und den vertikalen Abschnitt der unteren Lasche anklicken und bemaßen (Bild 5-38).

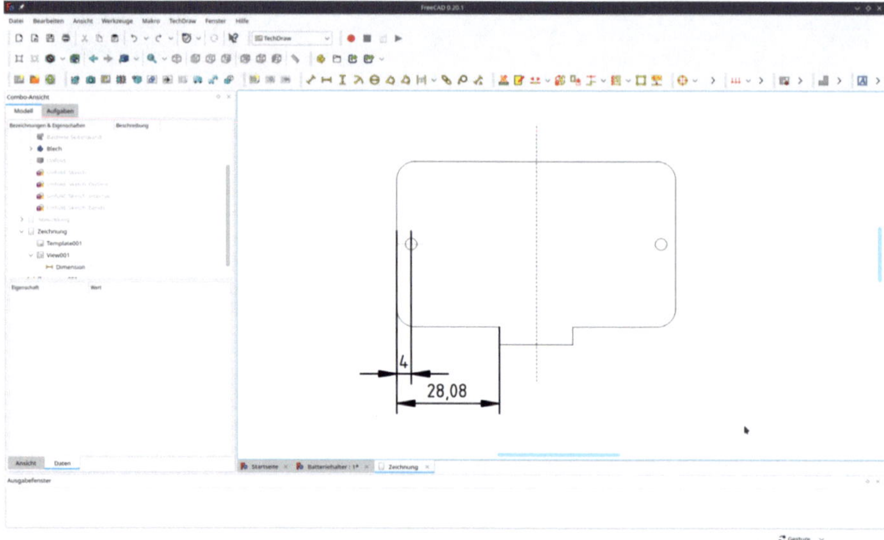


*Bild 5-38*

4. Für die vollständige Beschreibung fehlt nur noch das Außenmaß. Dazu die beiden äußeren Kanten markieren und bemaßen.

5. In analoger Weise die vertikalen Maße anbringen (Bild 5-39).

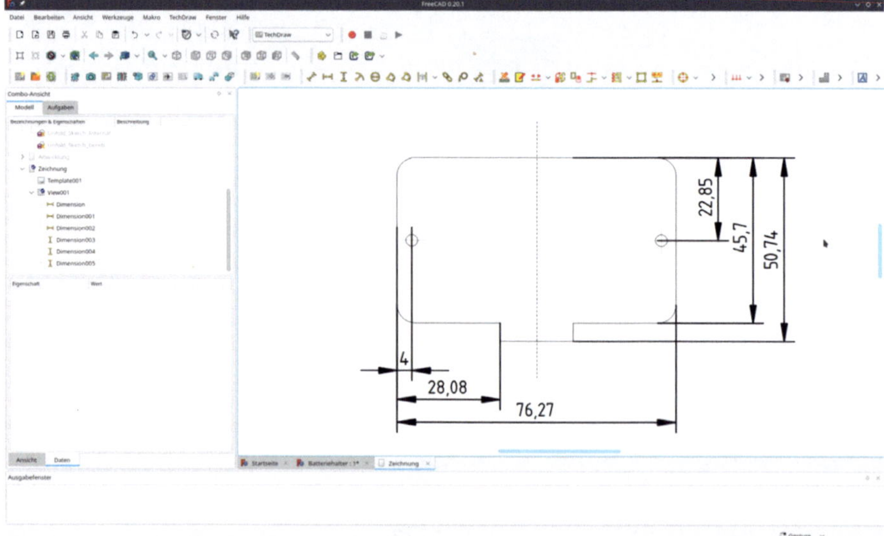


*Bild 5-39*

6. Einen der Kreise markieren und das Werkzeug "Durchmessermaß einfügen" anklicken. Der Kreis kommt zweimal vor, das ist nicht immer so übersichtlich, wie in diesem Fall, aber es ist immer nützlich, dem Mechaniker einen Hinweis darauf zu liefern. Daher in der Baumansicht zweimal auf das Durchmessermaß klicken und Panel "Formatierung" des Aufgabenfensters hinter dem Format der Ausgabe noch ein "(2x)" einfügen (Bild 5-40).

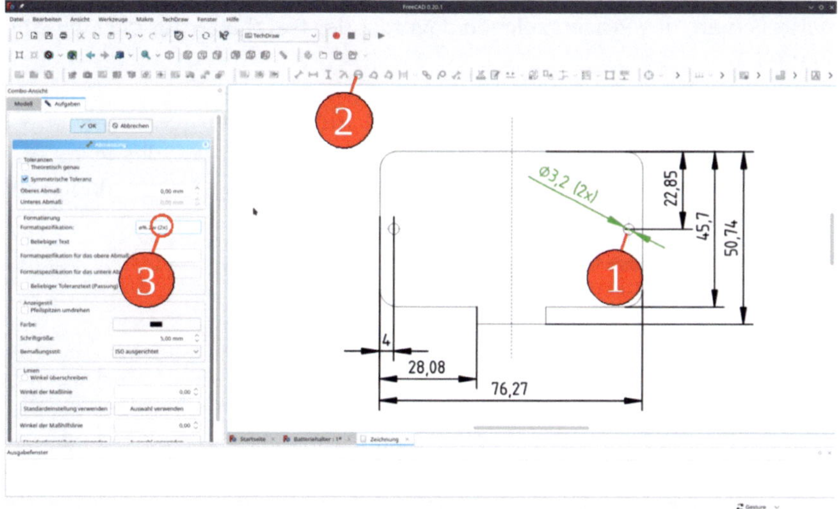

*Bild 5-40*

7. In analoger Weise einen der Eckradien markieren und das Werkzeug "Radienmaß einfügen" anklicken. Der Eigenschaft "Format Spec" in der Eigenschaftsliste noch "(4x)" hinzufügen (Bild 5-41).

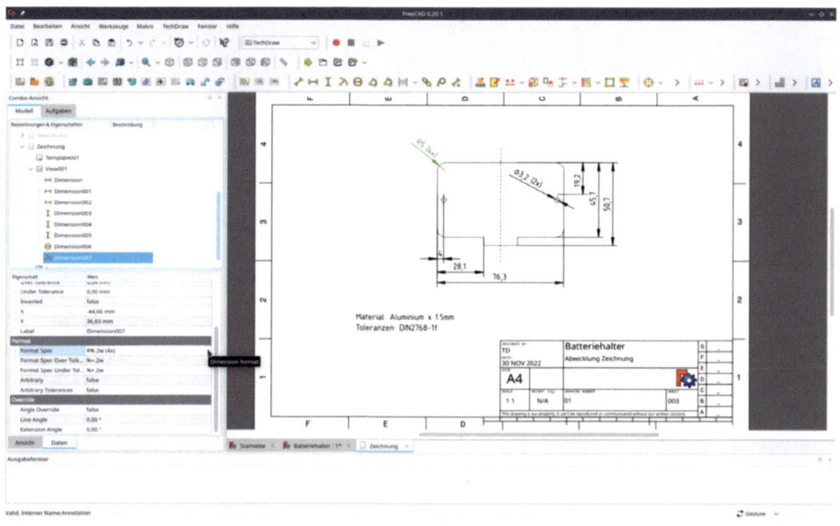

*Bild 5-41*

8. Jetzt ist die Zeichnung fast fertig. Die Maßangaben sind mit 1/100 mm sehr genau, eigentlich zu genau für die Schlagschere. Das kann bei der Zusammenarbeit mit Werkstätten leicht zu Unmut führen, denn ein hoher Aufwand soll ja nur dort geleistet werden, wo er nötig ist. Eine Angabe auf 1/10 mm erscheint für dieses Teil hinreichend. Daher in der Baumansicht alle linearen Maße markieren und in der Eigenschaftsliste den dort befindlichen, etwas kryptisch anmutenden "Format Spec"-String auf "%.1w" ändern. Die Zahl hinter dem Punkt gibt die Zahl der Dezimalstellen an, das Prozentzeichen davor ist der Platzhalter für die Maßzahl vor dem Komma.

9. Die Zeichnung dürfte jetzt keinen Anstoß mehr wegen übertriebener Präzisionsanforderungen erregen. Es fehlt aber noch der Hinweis auf das Material. Eine Anmerkung findet sich im Hauptmenü unter "TechDraw | Anmerkung | Anmerkung einfügen" (Bild 5-42).

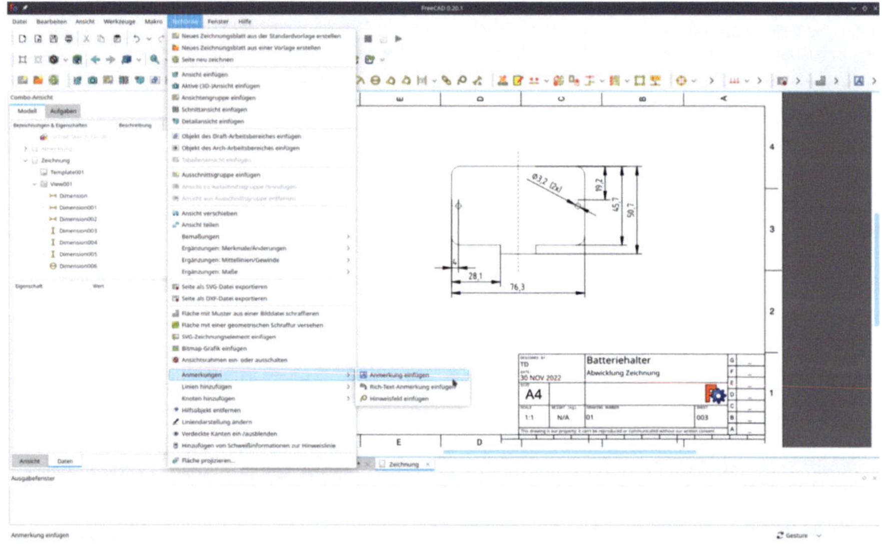

*Bild 5-42*

10. Man kann die Anmerkung an einen vernünftigen Platz rücken, indem man sie in der Baumansicht markiert und in der Eigenschaftsliste die Werte für X und Y anklickt und mit dem Mausrad rollt.

11. Den Text der Anmerkung kann man durch Klicken auf die Eigenschaft "Text" und den Erweiterungsbutton [...], der dann rechts am Feldrand erscheint ändern. Ein Hilfsdialog wird angezeigt (Bild 5-43). Hier bieten sich die Angaben zum Material und den allgemeinen Toleranzen an (das spart Rückfragen!).

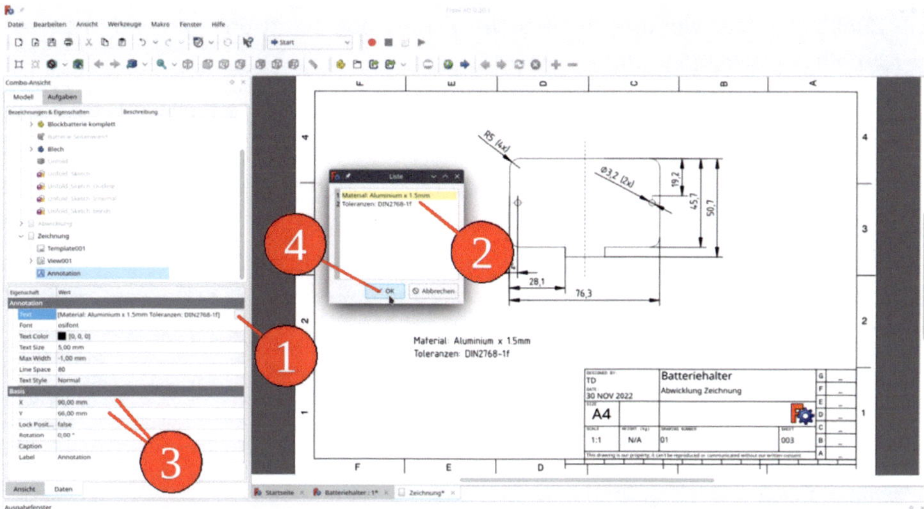


*Bild 5-43*

Damit ist die Zeichnung erst einmal fertig gestellt - mit ihr könnte man sich in einer mechanischen Werkstatt durchaus schon sehen lassen (Bild 5-44). Wie bereits angedeutet, ist die Erstellung technischer Zeichnungen ein eigenes Berufsbild und die Angabe vollständig bestimmter Maße eine Kunst, die mühsam erlernt werden möchte. Einen kleinen Anfang haben wir hier geleistet. Zudem hilft die Zeichnung uns jetzt selber beim Aussägen des kleinen Blechs.

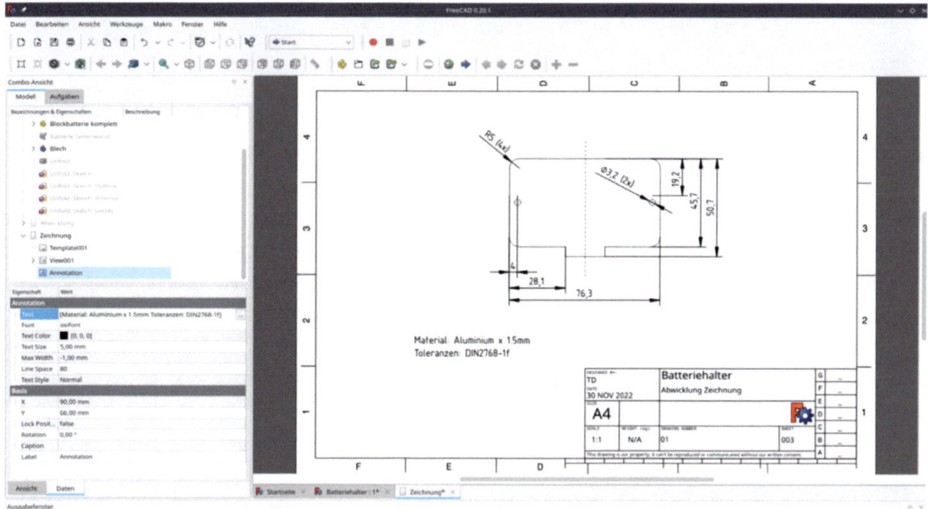


*Bild 5-44*

## 5.5. Den Biegeplan erstellen

Für den Biegeplan gehen wir ähnlich vor wie bei der Zeichnung. Auf den Biegeplan kommen neben den Formelementen auch die Positionen der Biegelinien.

1. Zunächst in der workbench "TechDraw" ein neues Blatt anlegen und in der Baumansicht in "Biegeplan" umbenennen.

2. In der Baumansicht "Unfold_Sketch_Outline", "Unfold_Sketch_Internal" und "Unfold_Sketch_Bends" markieren. Das Werkzeug "Ansicht einfügen" anklicken (Bild 5-45). Wenn in der Ansicht etwas durcheinandergeraten sein sollte, die Ansicht wieder löschen und die "Placement"-Parameter der "Unfold"-Skizzen vergleichen und ggf. anpassen.

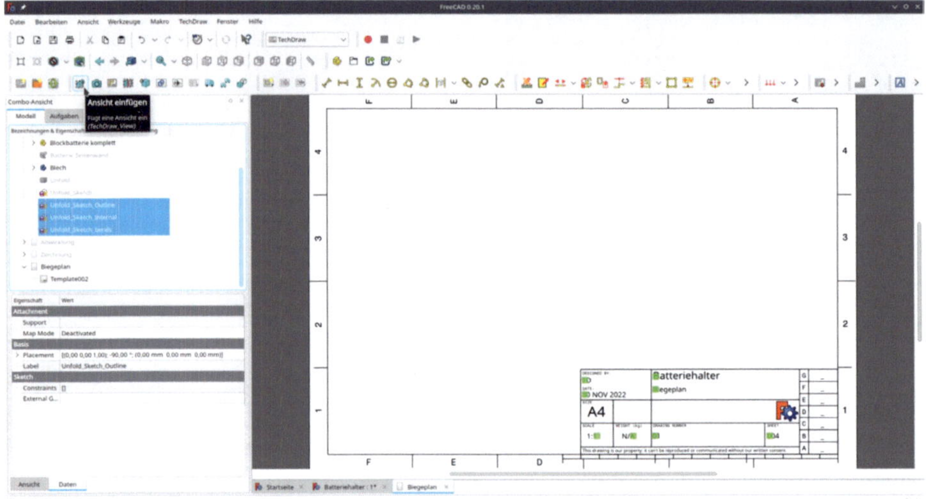


*Bild 5-45*

3. Die Ansicht am grünen Rahmen packen und an eine geeignete Stelle schieben.

4. Wie in 5.4.4 eine Mittellinie einfügen, um die Symmetrie anzuzeigen.

5. Die in Bild 5-46 angegebenen Maße eintragen. Wenn man dank guter Messgeräte sehr genau anreißen kann und die Maße bei der Fertigung des Bleches präzise genug sind, kann man es für die Risse mit 1/100 mm versuchen. Findet man das übertrieben, lassen sich die Maßangaben wie im Abschnitt 5.4.12 beschrieben auch auf 1/10 mm genau darstellen.

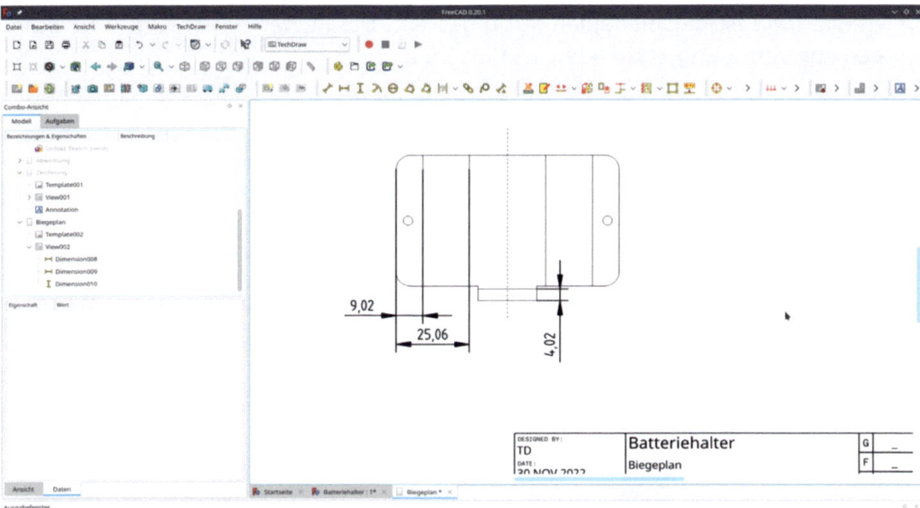


*Bild 5-46*

6. Beim Biegeplan ist die Reihenfolge der Biegungen wichtig, denn nicht alle bleiben gleichermaßen zugänglich, wenn man das Teil faltet. Etwas Überlegung erspart später vielleicht die Frustration. Man kann sich bereits ausmalen, dass die nach unten zeigende kleine Lasche sich nicht mehr so leicht abkanten lässt, wenn die vertikalen Biegungen erst erfolgt sind. Dieser Überlegung folgend die untere Biegekante markieren und aus dem Hauptmenü "TechDraw | Anmerkungen | Hinweisfeld einfügen" wählen (Bild 5-47). Im Eigenschaftsfeld "Text" die Reihenfolge (= 1) und die Orientierung (= u, nach unten) eintragen.

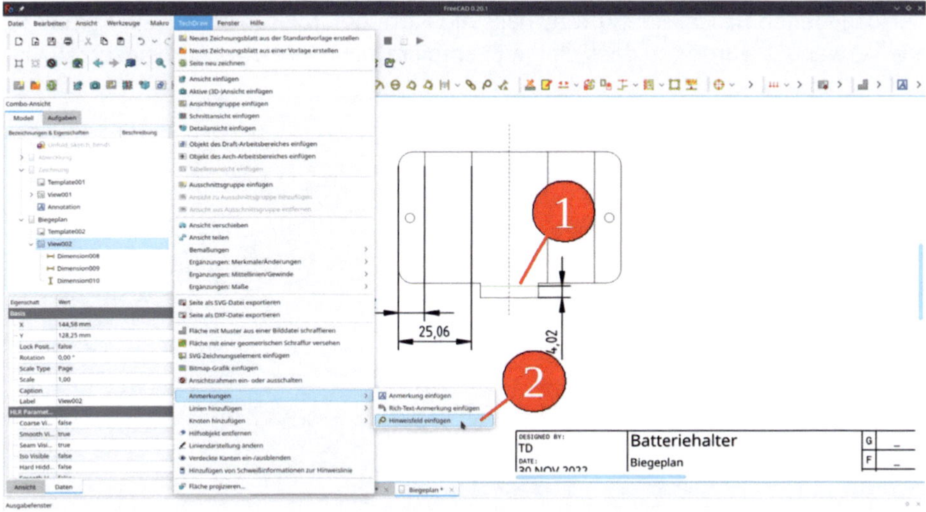


*Bild 5-47*

7. In Bild 5-48 ist der Biegeplan fertig gestellt. Die Reihenfolge hängt aber stark von den zur Verfügung stehenden Werkzeugen ab!

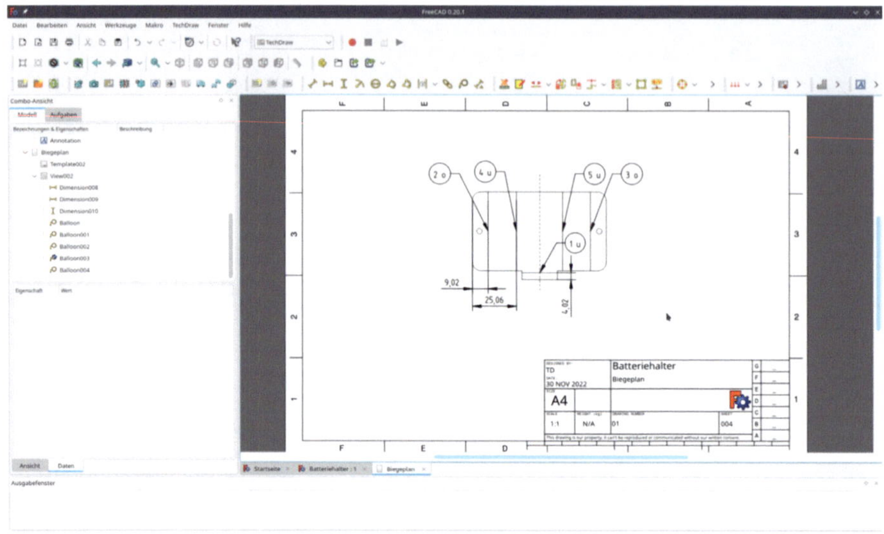


*Bild 5-48*

## 5.6. Beispielfotos für den Batteriehalter

Nach so viel Tätigkeit in der virtuellen Welt stellt sich die Frage, ob sich eine Brücke schlagen lässt. Der Batteriehalter wurde nach der Erstellung der Zeichnungen mit Maßen ganz klassisch hergestellt: mit Blechschneider, Feile und Schieblehre. Die Biegungen erfolgten "blind", d.h. ohne zwischenzeitliches Prüfen mit einer Batterie. Der einzige Unterschied zur hier gegebenen Beschreibung war, dass die Mitte der Toleranzfelder als Abmaß für die Batterie verwendet wurde (so dass einige Exemplare sich vielleicht nicht einsetzen lassen).

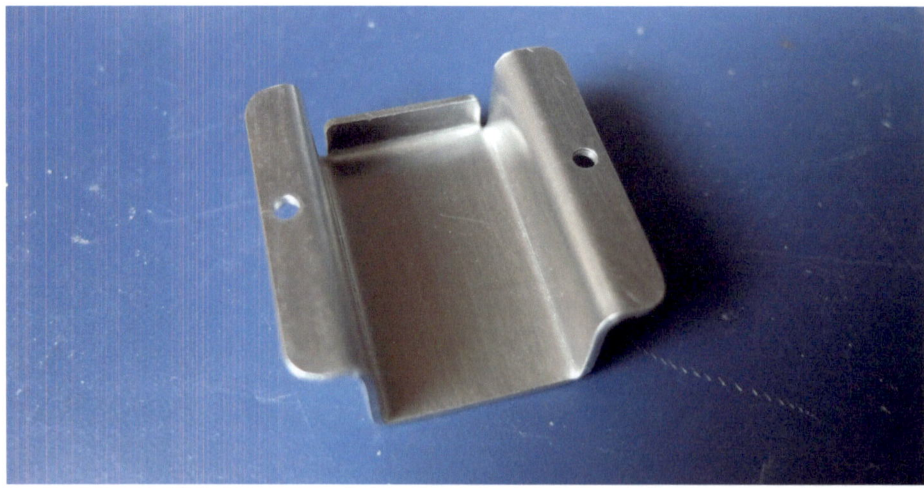

*Bild 5-49*

*Bild 5-50*

Auf den Bildern 5-49 und 5-50 kann man das erreichte Ergebnis sehen: Die Batterie klemmt leicht, so dass keine Zwischenlagen erforderlich wurden. Die "SheetMetal"- workbench von Shai Seeger funktioniert wunderbar! Es lohnt sich auch, die Dokumentation dazu anzuschauen; wir haben hier nur an der Oberfläche der vielen Möglichkeiten entlang gearbeitet.

# Kapitel 6 • Baugruppen

## 6.1. Verwendung von "Assembly"-Workbenches oder Std-Part Container?

Es gibt für FreeCAD verschiedene "Assembly"-Workbenches als AddOn. Die am weitesten verbreiteten dürften Assembly2, A2plus und Assembly4 sein. Der Vorteil dieser Zusätze liegt in der Einfachheit, mit der Komponenten zusammengefügt werden können. Während Assembly2 mit intuitiv leicht zu erschließenden Bedingungen arbeitet, die eine schnelle Positionierung der Einzelteile zulassen, finden in Assembly4 ausschließlich lokale Koordinatensysteme als Referenzen zwischen den Teilen Verwendung. Eine Einführung in die Benutzung von Assembly2 findet man in [Kis 2018] im Kapitel 3. Für A2plus gibt es Erklärungen z.B. in [Kis 2019], Kapitel 9.

Die Einfachheit, mit welcher sich auch komplexe Konstruktionen mit wenigen Mausklicks zusammen stellen lassen, hat jedoch auch Nachteile. Zum einen sind die zusammengesetzten Teile in der Konstruktion keine Std-Part-Container mehr. Ihr Format ist von der Verfügbarkeit der ursprünglich verwendeten workbench abhängig, da zusätzliche Informationen (wie z.B. die festgelegten Beziehungen) zusammen mit den Teilen abgespeichert werden. Eine Portierung gestaltet sich aus diesem Grunde schwierig, ebenso wie eine Wiederverwendung von Komponenten aus einer Konstruktion heraus.

Ein weiterer Nachteil wird deutlich, wenn man einzelne Objekte in einer Konstruktion abhängig von den hinzugefügten Komponenten erst noch ausformen will. Ein Beispiel werden wir in den folgenden Beispielprojekten angehen: Die Konstruktion einer Frontplatte, auf die Komponenten platziert werden. Dabei ist es wünschenswert, dass einige der zusammengefügten Teile (wie etwa das Blech der Frontplatte mit ihren Ausschnitten) sich assoziativ an die restlichen Komponenten anpassen. So sollte etwa eine Bohrung in der Frontplatte mit etwa einem Stufenschalter so assoziiert sein, dass Verschiebungen des Stufenschalters die Bohrung automatisch mitnehmen.

Weiterhin möchte man die Fähigkeit behalten, eine Konstruktion für eine übersichtliche Gliederung beliebig tief zu schachteln, aber auch Teile der Konstruktion wieder heraus kopieren und weiter verwenden können.

Diese Portabilität ist in das Grundkonzept von FreeCAD bereits mit eingebaut. Gleichwohl die populären "Assembly"-workbenches mit Hinblick auf ihre einfache Benutzbarkeit und große Hilfe auch bei komplexen Aufgaben, wie der Analyse von Freiheitsgraden der Bewegung, sehr nützlich sein können, bleiben wir in diesem Buch ganz puritanisch für Baugruppen beim Std-Part-Container, den wir bereits bei der Konstruktion von Komponenten ausgiebig genutzt haben. Hat man diesen Weg erst einmal verinnerlicht, ist die Benutzung der "Assembly"-workbenches auch nicht mehr schwierig und man kann die dadurch gewonnenen Vereinfachungen besser verstehen und schätzen.

# Kapitel 7 • Eine Baugruppe am Beispiel: Elektor ESR-Meter als einfaches Frontplattenprojekt

Manchmal hat man für ein Gerät bereits ein geeignetes Gehäuse und muss nur noch das Innenleben entwickeln. So erging es auch dem Autor. Vom Flohmarkt stand für das ESR-Meter ein ehrwürdiger Holzkasten mit Klappdeckel zur Verfügung. Zur Ergänzung braucht man für diese Art von Gerät nur noch eine Frontplatte mit Distanzstücken in den Ecken, die sich mit dem Kasten verschrauben lassen. Geräte in Holzkästen – ein bisschen retro ist das schon, aber warum eigentlich nicht? Die Schaltung existiert ja auch schon länger und zu einem recycelten Drehspulinstrument passt das stilistisch alles schon recht gut.

## 7.1. Anlage der Gliederung

Zunächst muss man sich die Gliederung der Konstruktion überlegen. Es gibt ein Teil, das sich im Laufe des Aufbaus an die anderen Komponenten anpassen soll, nämlich die Frontplatte. Daher sollte sie eine eigene Einheit in der Baumansicht sein, in welche assoziative Ausschnitte eingebracht werden. Wenn man sie als erstes anlegt, findet man sie oben in der Baumansicht leicht wieder.

Hinzu kommen Komponenten wie z.B. die Polklemmen. Diese stehen für sich allein, bekommen aber später vielleicht Beschriftungen, die assoziativ mitwandern sollen, wenn das Design optimiert wird.

Weiterhin gibt es Komponenten, die direkt mit anderen zusammen hängen. Das Potentiometer (für die Nullpunkteinstellung) trägt z.B. einen Drehknopf. Hinzu kommt noch eine Beschriftung auf der Frontplatte. Genauso verhält es sich mit dem Stufenschalter (Ein-Aus und Batterietest). Die Leiterplatte steht auf Distanzstücken mit Befestigungselementen.

Es ist sinnvoll, diese zusammengehörigen Teile wiederum in einem eigenen Std-Part-Container anzusammeln. Dann bleibt die Baumansicht übersichtlich, und die Assoziativität zwischen den so gegliederten Teilen mit Zubehör ergibt sich ganz natürlich aus der Referenz auf das Koordinatensystems des übergeordneten (Sammel-) Containers.

## 7.2. Vorbereitung – Anlage der Baumansicht

Zunächst eine neue Datei erzeugen und unter "ESR Meter komplett" abspeichern. In dieser Datei einen neuen Std-Part-Container anlegen und ebenfalls in "ESR Meter komplett" umbenennen. Für die Frontplatte einen weiteren Std-Part-Container erzeugen. Diesen in den Container "ESR Meter komplett" ziehen und in "Frontplatte komplett " umbenennen (Bild 7-1). Das Frontblech ist das einzige Teil, welches in diesem einfachen Baugruppen-Projekt neu erzeugt und verändert wird. Im Std-Part-Container "Frontplatte komplett" einen neuen Körper erzeugen und in "Frontblech" umbenennen (Bild 7-1, Schritt 4).

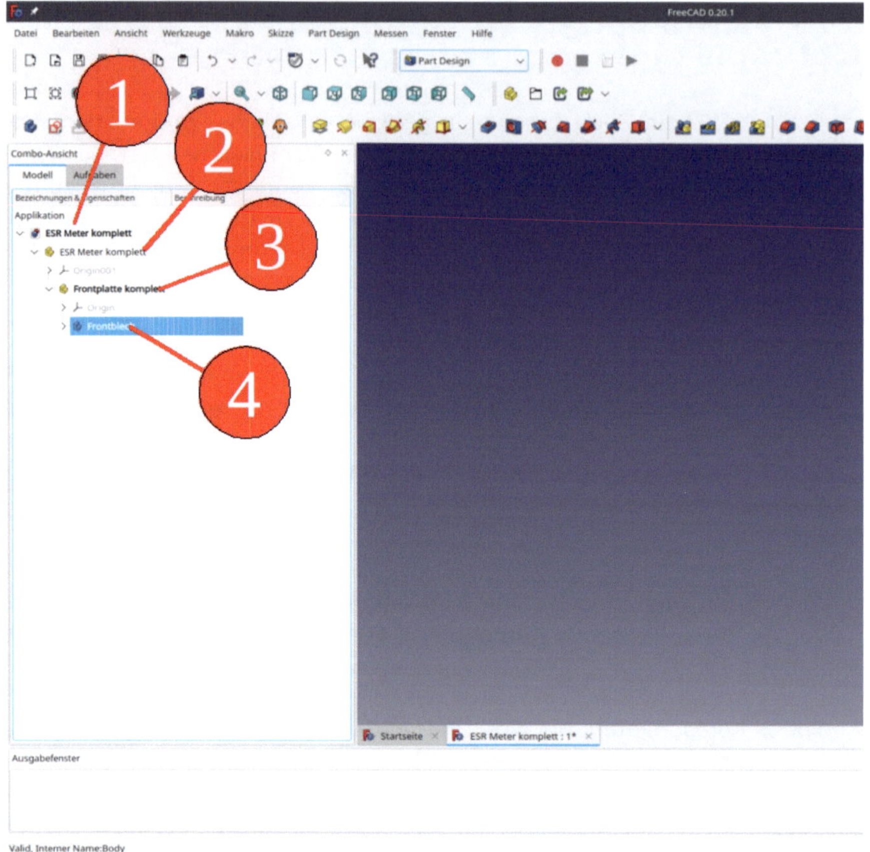


*Bild 7-1*

### 7.2.1 Anlage der Frontplatte

1. Die Länge und die Breite der Platte sollen 160 mm betragen, damit es später in den vorgefertigten Kasten passt. Sofern der Körper "Frontblech" nicht aktiviert ist, diesen durch Doppelklick aktivieren (Titel erscheint in Fettdruck), so dass alle weiteren Änderungen in diesem Körper angewendet werden. Den Sketcher aufrufen und im Startdialog des Sketchers die XY-Ebene auswählen.

2. Mit dem Werkzeug "Zentriertes Rechteck" ein auf den Koordinatenursprung zentriertes Rechteck zeichnen (Bild 7-2). Den Zeichenbefehl durch Rechtsklick beenden und eine horizontale Linie markieren. Die Einschränkung "Horizontalen Abstand festlegen" anklicken und als Breite 160 mm einsetzen. In analoger Weise die Höhe der Platte auf 160 mm einstellen. Die Skizze schließen.

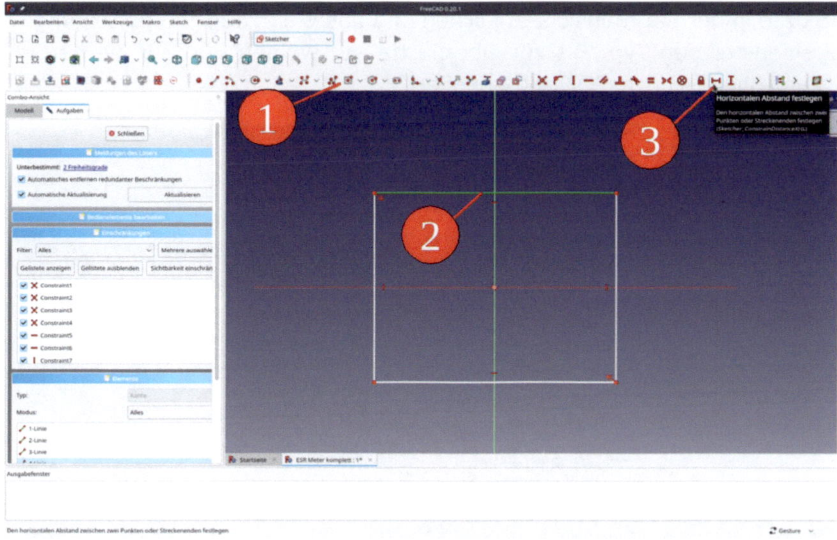


*Bild 7-2*

3. Die Bauteile, die von vorne an der Frontplatte anliegen, benötigen später eine gegen Neunummerierung immune Referenz. Daher eine Referenzebene anlegen: In der Baumansicht das Koordinatensystem des Körpers "Frontblech" mit der Leertaste einblenden.

4. In der 3D-Ansicht die XY-Ebene markieren und das Werkzeug "Referenzebene erstellen" anklicken. Für den Z-Versatz 2 mm eingeben (die Frontplattenstärke, Bild 7-3, Ziffer 3). Das Koordinatensystem von "Frontblech" wieder ausblenden. Die neue Referenzebene in "Frontblech Oberseite" umbenennen.

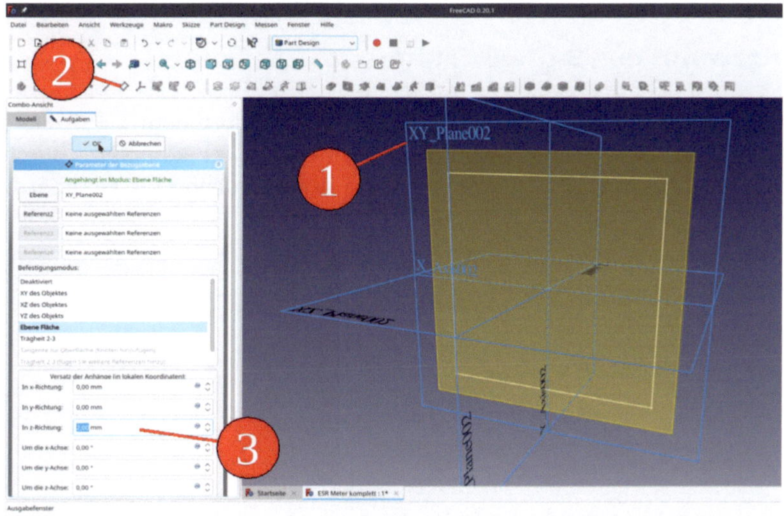


*Bild 7-3*

Die neue Skizze in der Baumansicht anklicken und das Werkzeug "Aufpolsterung" aufrufen. Im Aufgabenfenster den Typ "Bis zur Oberfläche" auswählen und auf die neue Referenzebene klicken (Bild 7-4). mit "OK" abschließen.

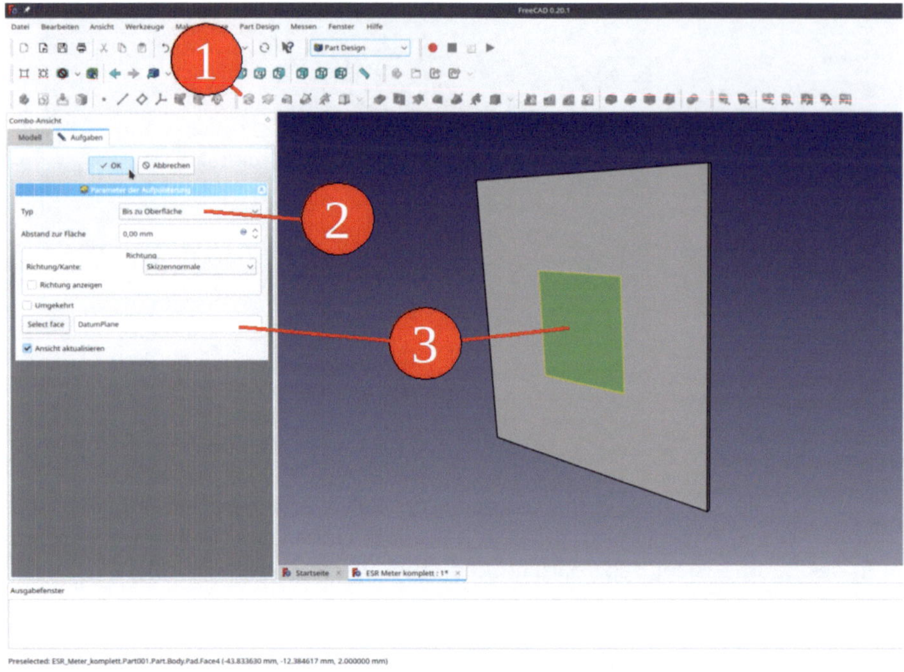


*Bild 7-4*

Die Referenzebene "Frontplatte Oberseite" in der Baumansicht mit der Leertaste ausblenden.

### 7.2.2. Platzierung des Stufenschalters

1. Die Datei "Stufenschalter" im Verzeichnis "Beispielprojekte | ESR Meter | Einzelteile" öffnen. Den Std-Part-Container "Stufenschalter komplett" durch Anklicken markieren und mit STRG-C kopieren. Im Auswahldialog die Standardwerte nicht verändern (Bild 7-5).

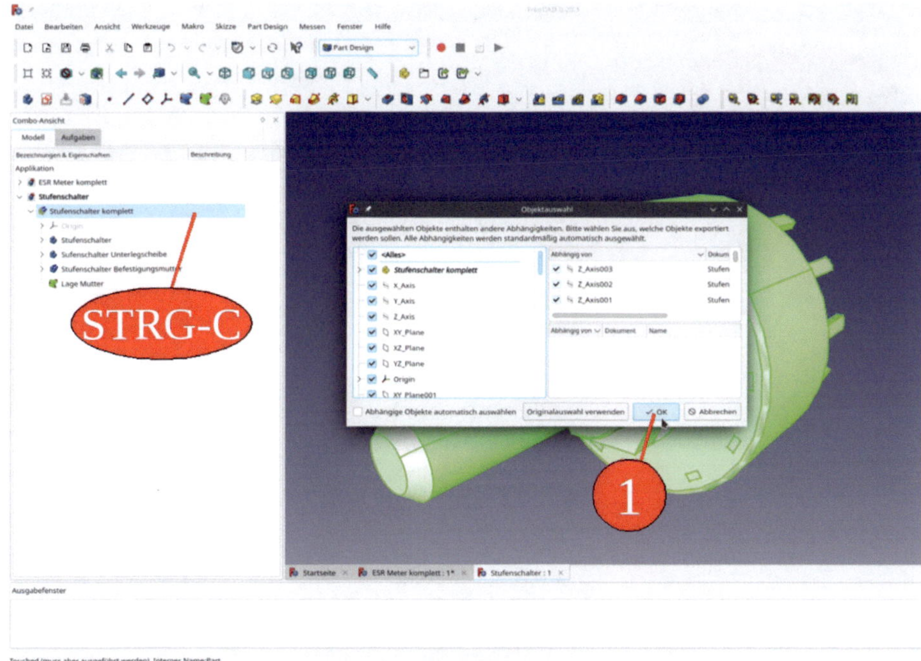


*Bild 7-5*

2. In der Baumansicht das Dokument "ESR Meter komplett" doppelklicken und den Stufenschalter mit STRG-V einfügen.

3. Den Std-Part-Container "Stufenschalter komplett" in den Std-Part-Container "ESR Meter komplett" ziehen und das Dokument "Stufenschalter" (im Stamm der Baumansicht) schließen (Bild 7-6).

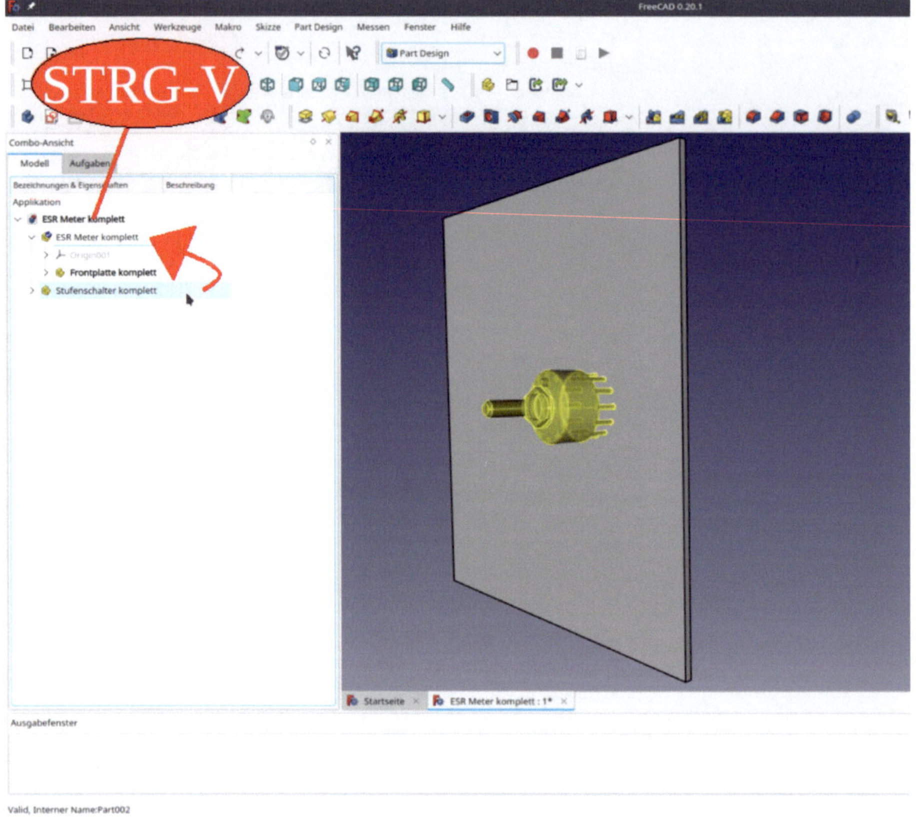


*Bild 7-6*

4. Die Position des Stufenschalters kann jetzt durch Variieren der "Placement"-Parameter angepasst werden. Dazu in das Eingabefeld der "Placement"-Zeile in der Eigenschaftsliste klicken und den erscheinenden [...] -Button rechts klicken, um zum Aufgabenfenster zu gelangen.

5. Die X-Koordinate mit dem Mausrad (Spaß!) oder durch Eingabe der Zahl auf -41 mm setzen, die Y-Koordinate auf -60 mm. Trägt man eine Zahl in ein Eingabefeld ein, nicht die Enter-Taste drücken - diese beendet das Vergnügen – sondern einfach mit der Maus in das nächste zu ändernde Feld klicken, bis alles fertig ist. Dann erst das Aufgabenfenster mit "OK" schließen (Bild 7-7).

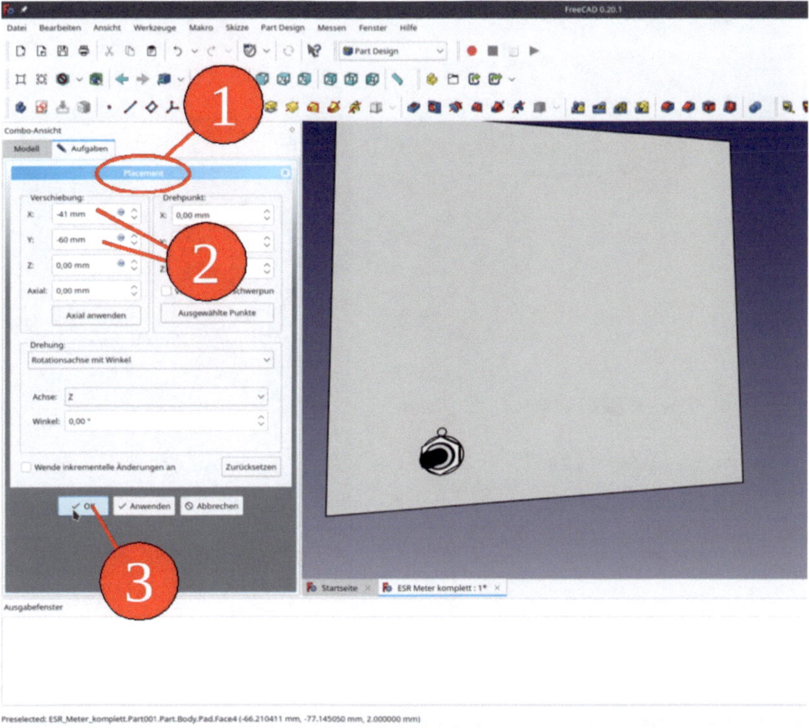


*Bild 7-7*

### 7.2.3. Assoziative Anlage der Ausschnitte – Formbinder für Teilobjekt

Mit einem schönen CAD-Programm braucht man die nötigen Ausschnitte für Komponenten nicht manuell zu zeichnen. Mit dem "Formbinder für Teilobjekt" (SubShapeBinder) gelingt all dies elegant mit nur wenigen Klicks:

1. Mit der Leertaste in der Baumansicht alle Komponenten bis auf den Körper "Stufenschalter" mit der Leertaste ausblenden.

2. In der Baumansicht den ausgeblendeten Std-Part-Container "Frontplatte komplett" durch Doppelklicken aktivieren (der Titel erscheint aktiviert in Fettdruck). Dadurch wird auch der Körper "Frontblech" darin aktiviert. Hier landet dann der Formbinder.

3. Beim Stufenschalter mit festgehaltener STRG-Taste die zwei für den Ausschnitt wichtigen Konturen markieren. Danach das Werkzeug "Formbinder für Teilobjekt erstellen" (SubShapeBinder) anklicken (Bild 7-8).

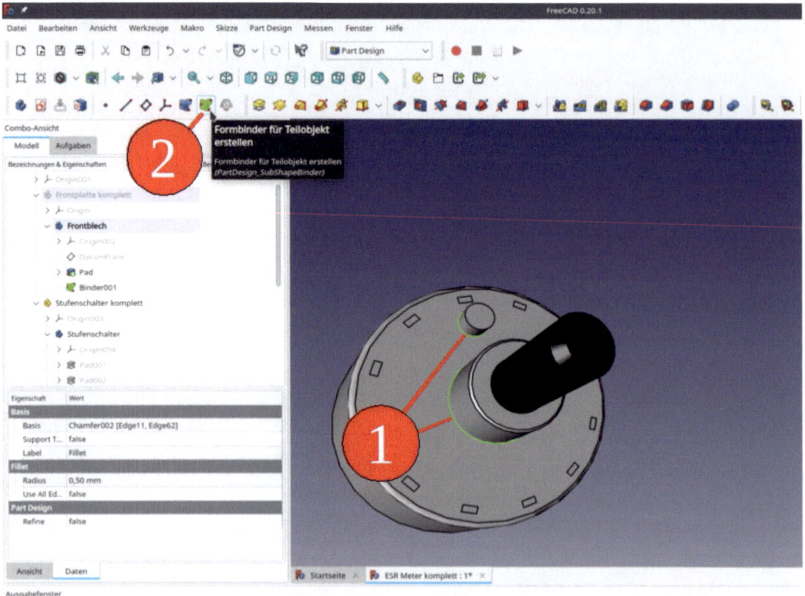


*Bild 7-8*

4. Der neue Formbinder ist als grünes Symbol im vorher aktivierten Körper "Frontblech" aufgelistet. Diesen in "Ausschnitt Stufenschalter" umbenennen (Bild 7-9).

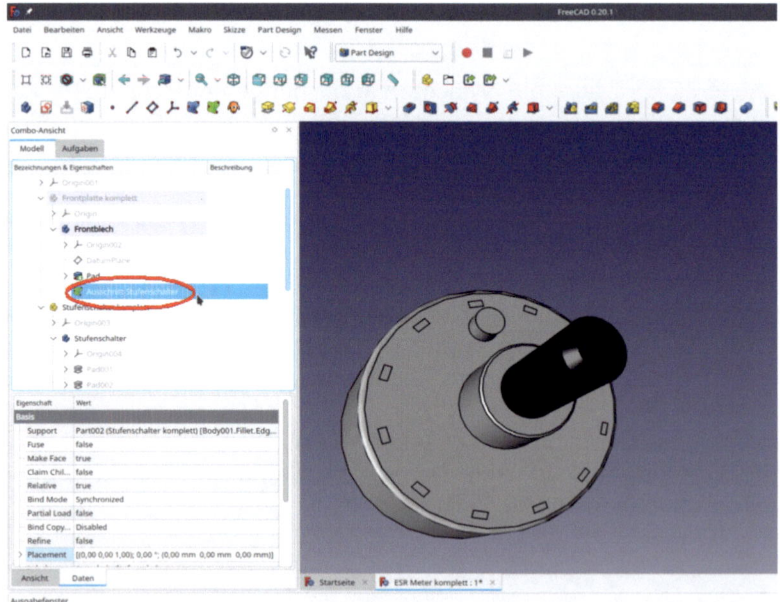

*Bild 7-9*

5. Den Std-Part-Container "Frontplatte komplett" wieder einblenden.

6. Den neuen Formbinder in der Baumansicht markieren und das Werkzeug-Icon "Tasche" anklicken (Bild 7-10).

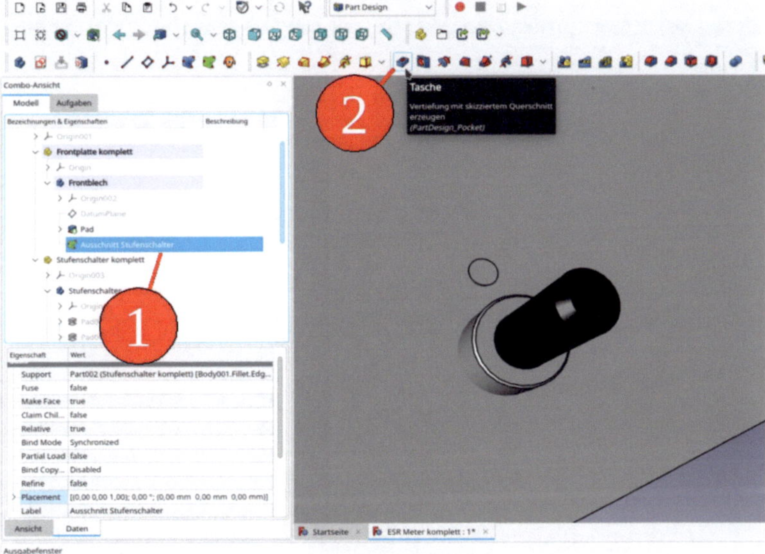


*Bild 7-10*

Im Aufgabenfenster den Typ "Durch alles" auswählen und die Checkbox "Umgekehrt" anhaken. Das Aufgabenfenster mit "OK" schließen (Bild 7-11).

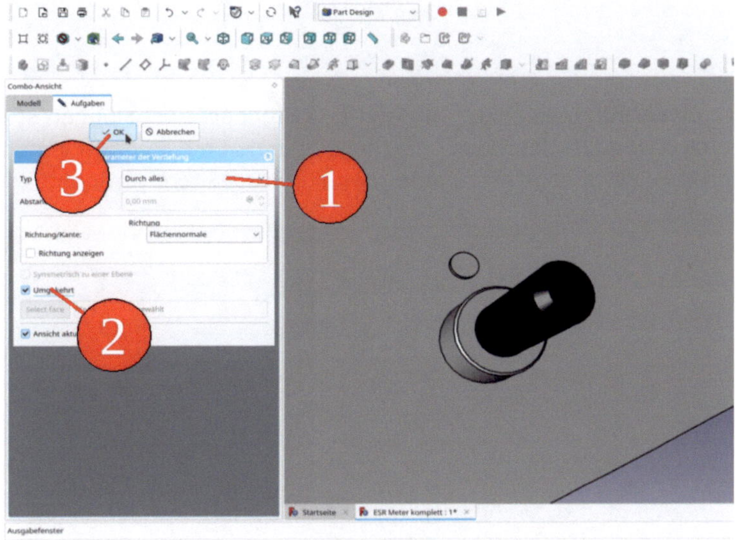


*Bild 7-11*

7. Die Befestigungsmutter und die Unterlegscheibe des Stufenschalters wieder einblenden.

Wenn man den Stufenschalter jetzt ausblendet, sieht man den Ausschnitt in der Frontplatte (Bild 7-12).

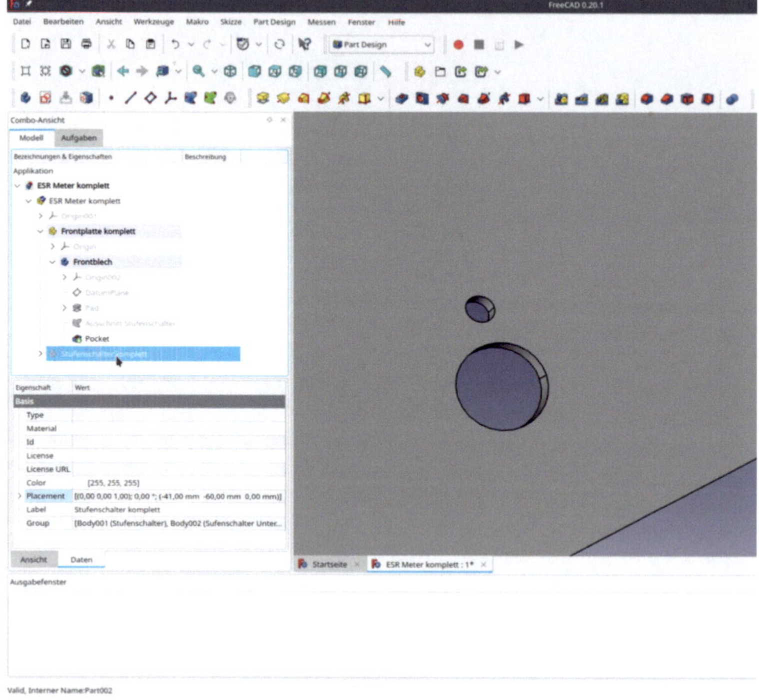

*Bild 7-12*

Der grüne Formbinder für Teilobjekte folgt mit den Standardeinstellungen stets seiner Referenz. Demzufolge wandern jetzt der Ausschnitt und die Befestigungselemente schön gemeinsam, wenn der "Placement"-Parameter des Stufenschalters verändert wird.

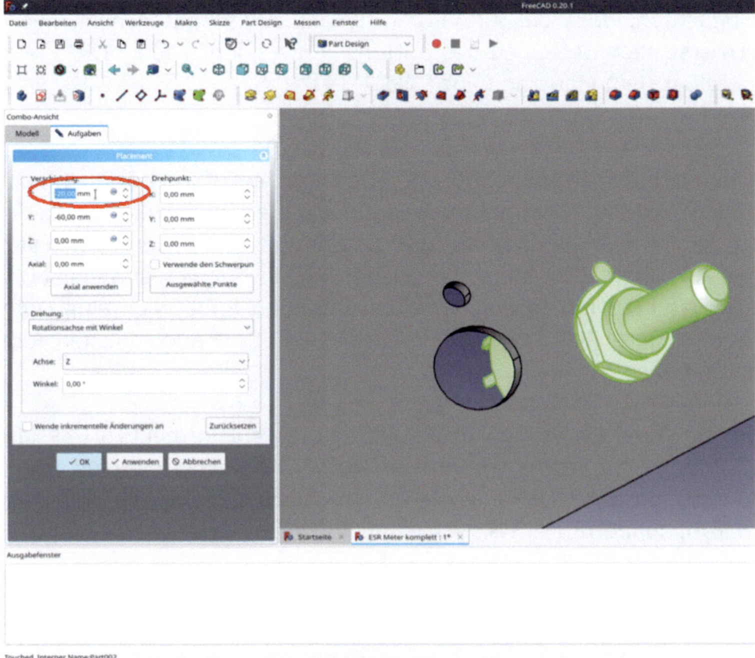


*Bild 7-13*

*Bild 7-14*

Dabei ist zu beachten, dass die Aktualisierung des Ausschnittes nicht live erfolgt (Bild 7-13), sondern erst nach Betätigen des Buttons "Anwenden" (oder "OK"), auch wenn der Schalter unmittelbar dem Mausrad folgt (Bild 7-14).

### 7.2.4. Der Drehknopf und sein Platz in der Gliederung

Jetzt können wir noch den Drehknopf für den Schalter hinzufügen. Die einfachste Methode ist, den Knopf dem Std-Part-Container des Stufenschalters hinzuzufügen. In diesen Container eingesetzt, folgt der Knopf nicht nur treu und brav der Position des Schalters, es ergibt sich auch eine auf einen Blick sinnvolle Gliederung, in der voneinander abhängige Teile geschachtelt aufgeführt sind. In der Einzelteilsammlung findet sich eine Datei mit einem Knopf aus einem Altgerät. Mit etwas Liebe verhilft FreeCAD auch solchen Teilen zu einem schönen, zweiten Leben!

1. Die Datei "Knopf Recycling" im Verzeichnis "Beispielprojekte | ESR Meter | Einzelteile" öffnen. Den Std-Part-Container "Knopf Recycling komplett" durch Anklicken markieren und mit STRG-C kopieren. Im Auswahldialog die Standardwerte nicht verändern, sondern mit "OK" schließen.

2. In der Baumansicht das Dokument "ESR Meter komplett" doppelklicken und den Drehknopf mit STRG-V einfügen. Das Dokument "Knopf Recycling" schließen und den neuen Container in den Std-Part-Container "Stufenschalter komplett" ziehen (Bild 7-15). Durch dieses Einsetzen in den bereits platzierten Stufenschalter rückt der Knopf folgsam und ohne weiteres Zutun an die korrekten X- und Y-Koordinaten!

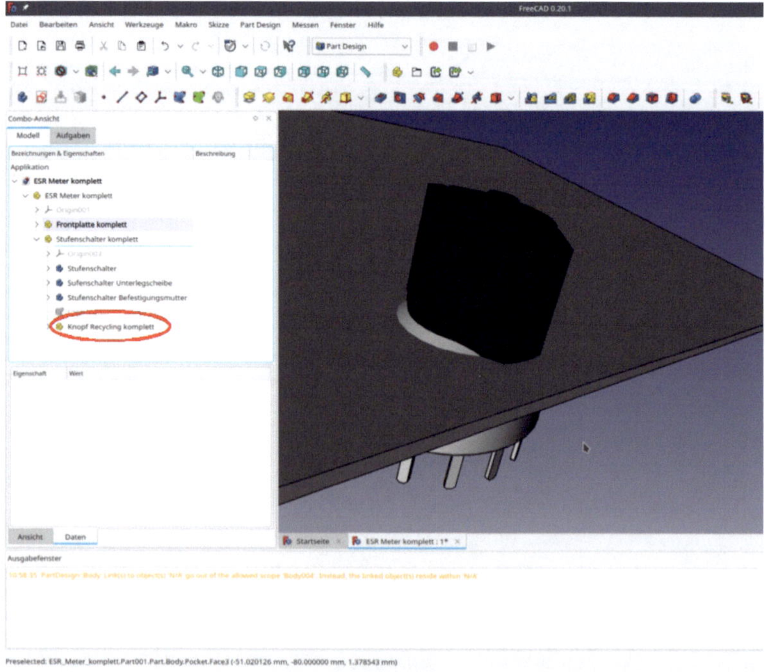


*Bild 7-15*

3. Damit der Knopf nicht an der Frontplatte kratzt, muss er aber noch in der Z-Richtung bewegt werden. Dazu den Std-Part-Container "Knopf Recycling komplett" in der Baumansicht mit der Maus markieren und die Placement-Eigenschaften editieren. Diese Placement-Koordinaten sind, wegen der Einbettung des Objektes in den Std-Part-Container des Stufenschalters, relativ zu diesem. Man braucht also nur noch eine Z-Verschiebung von 4 mm einzustellen, und der Knopf sitzt korrekt (Bild 7-16).

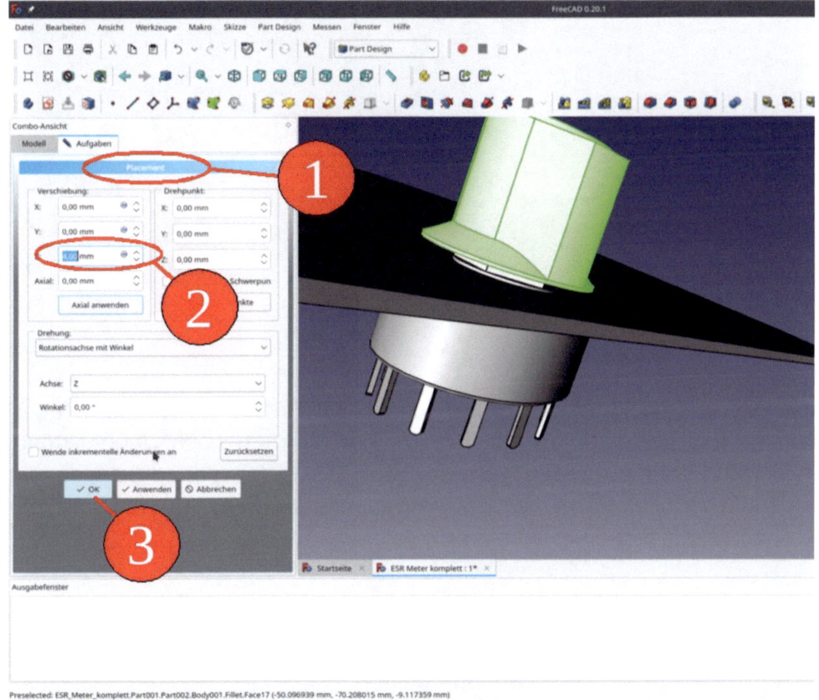


*Bild 7-16*

## 7.2.5. Das assoziative Modell testen

Ein abschließender Test zeigt die Assoziativität: Eine Verschiebung des Schalters nach X = 0 (Bild 7-17) transportiert die Objekte gemeinsam.

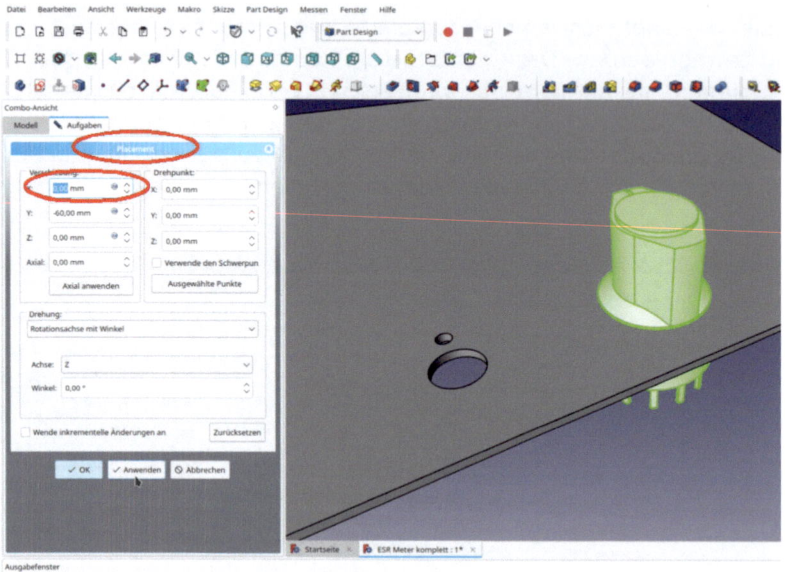


*Bild 7-17*

Für die Aktualisierung des Ausschnitts muss noch der Button "Anwenden" (oder "OK") im Aufgabenfenster gedrückt werden (Bild 7-18). Drückt man nach Neupositionierung den "Anwenden"-Button oder die Enter-Taste zu früh, so werden die zu bewegenden Objekte deselektiert. In diesem Fall muss man das Aufgabenfenster neu öffnen, wenn man mit dem Verschieben noch nicht fertig geworden sein sollte.

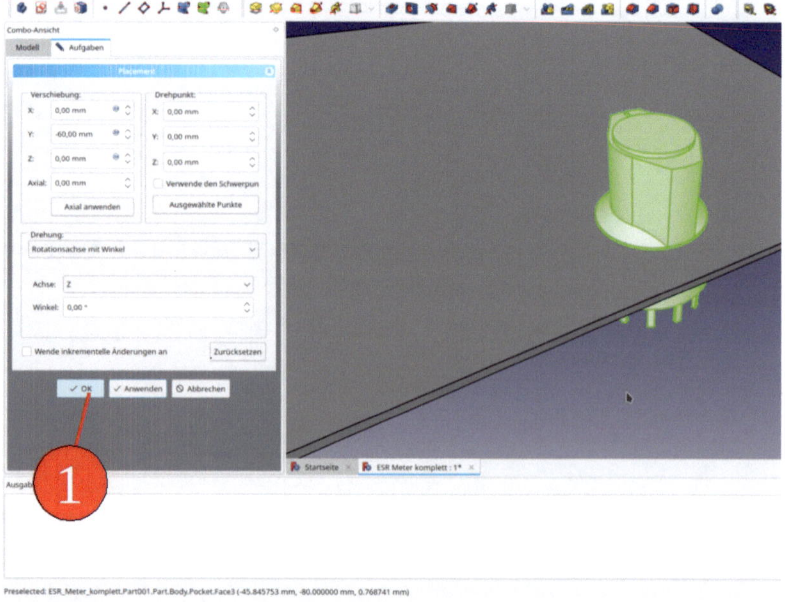


*Bild 7-18*

Zur Übung kann der Leser in ganz analoger Weise jetzt das Potentiometer und einen weiteren Knopf der Marke "Recycling" in die Konstruktion einbauen. Das Potentiometer findet sich auch im Verzeichnis Beispielprojekte | ESR Meter | Einzelteile". Das Potentiometer sollte auf den Koordinaten X = 11 mm, Y = -60 mm angebracht werden. Das Ergebnis ist in Bild 7-19 wiedergegeben.

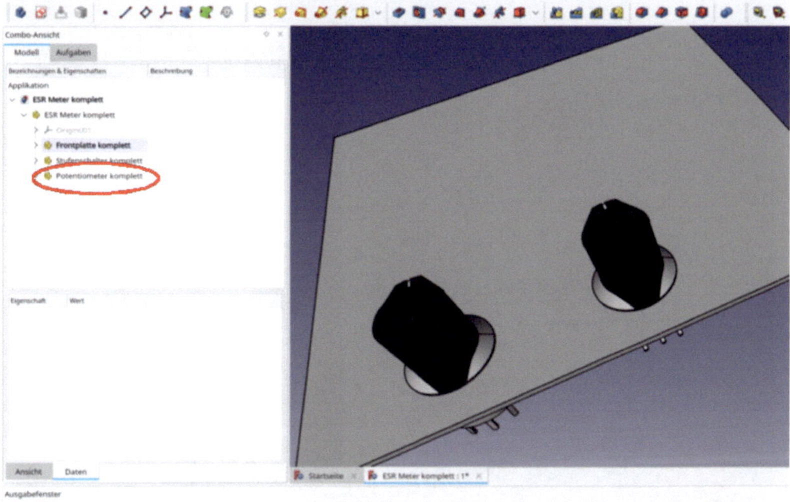

*Bild 7-19*

Wenn man die Frontplatte herumdreht, erkennt man, dass die Anschlüsse des Potentiometers in eine ungünstige Richtung zeigen (Bild 7-20).

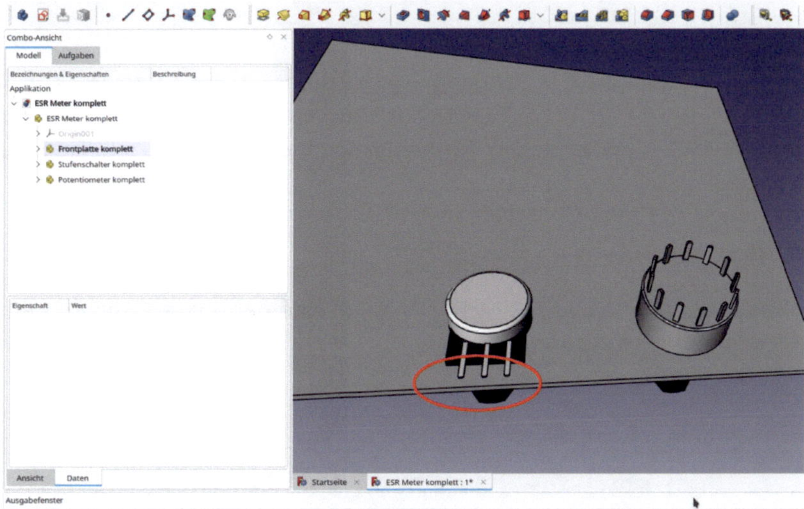


*Bild 7-20*

Dies lässt sich durch das Verändern der Z-Drehung in den "Placement"-Parametern des Std-Part-Containers "Potentiometer komplett" aber leicht ändern (Bild 7-21). Den Drehknopf des Potentiometers kann man danach auf analoge Weise in die Wunschposition drehen.

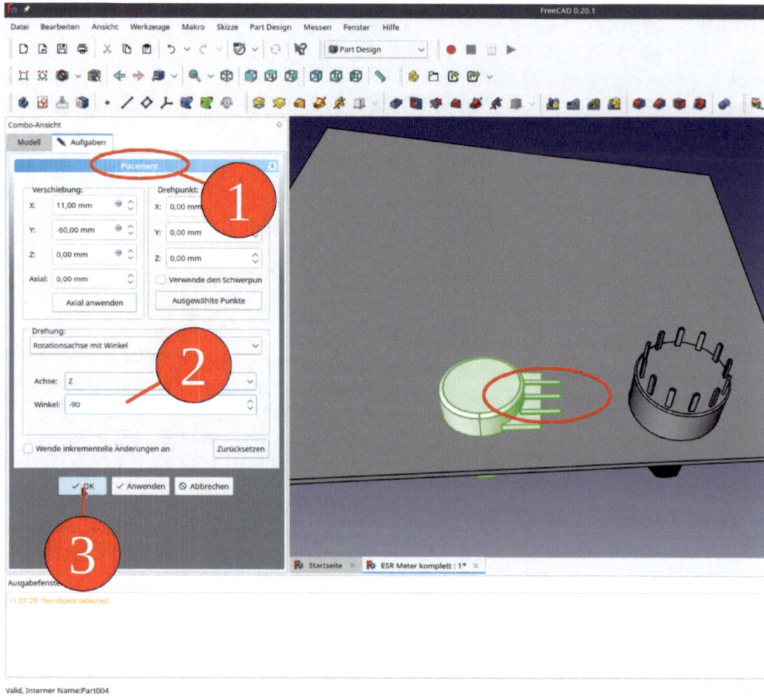


*Bild 7-21*

## 7.2.6. Die Polklemmen

1. Die Datei "Polklemme" im Verzeichnis "Beispielprojekte | ESR Meter | Einzelteile" öffnen. Den Std-Part-Container "Polklemme komplett" durch Anklicken markieren und mit STRG-C kopieren. Im Auswahldialog die Standardwerte nicht verändern.

2. Den neuen Std-Part-Container in den Std-Part-Container "Frontplatte komplett" ziehen.

Die Polklemme liegt zu tief (Bild 7-22). Die Anlagefläche der oberen Isolierscheibe fällt mit der Frontplattenunterseite zusammen, sollte aber an der Oberseite angehängt werden.

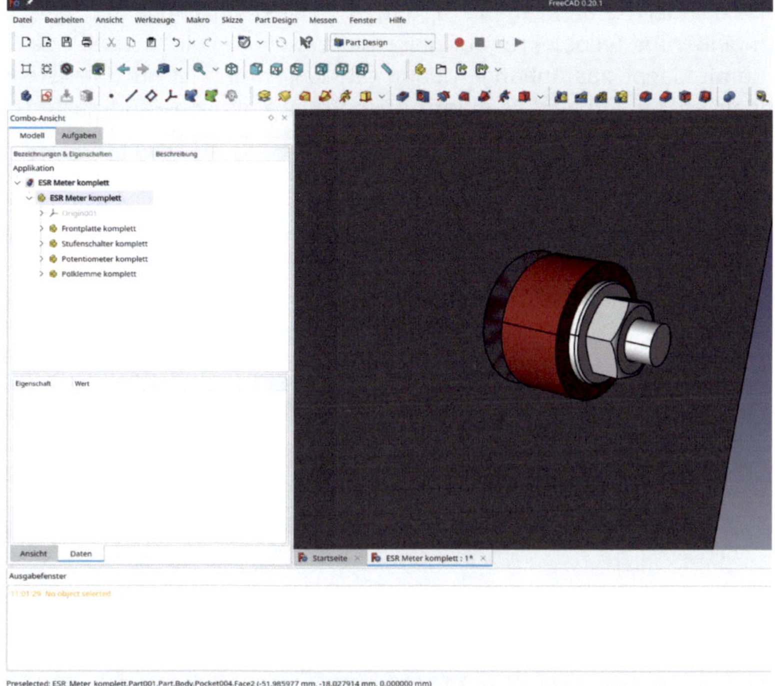


*Bild 7-22*

Zur Korrektur hätte man mehrere Möglichkeiten:

1. Die Frontplattendicke liegt fest und soll sich nicht mehr ändern (es steht nur ein Stück Blech im Keller): In diesem Fall kann man die Buchsen mit den "Placement"-Parametern an die richtige Stelle befördern. Für viele, wenn nicht die meisten Aufgaben, reicht dieses einfache Vorgehen völlig aus.

2. Die Frontplatte ist der einzige Std-Part-Container. Er soll nicht mehr weiter kopiert und eingefügt werden. Dann reicht es, einen blauen Formbinder auf die Referenzebene "Frontplatte Oberseite" zu definieren. Diesen kann man in den Stamm des Std-Part-Containers der Frontplatte ziehen. An diesen Formbinder können alle Komponenten angehängt werden, die es nötig haben.

Ein Problem stellt sich mit dieser Methode aber, wenn die "Frontplatte komplett" doch noch per copy-and-paste in eine weitere Konstruktion eingebettet werden sollte: Dann würde die Berechnung der globalen Koordinaten mit dem blauen Formbinder fehlschlagen.

3. Die Frontplatte soll in eine weitere Konstruktion eingebettet werden und die Assoziativität mit der Dicke ist erwünscht – dies ist der schwierigste Fall. Der "Formbinder für Teilobjekt", der die Kommunikation über die Grenzen der Std-Part-Container hinweg leisten könnte, erlaubt kein Anhängen an Ebenen, wenn das referenzierte Objekt selber eine Ebene ist - leider. Es gibt aber einen Ausweg: Man platziert eine

Skizze auf der Referenzebene "Frontplatte Oberseite" und definiert den grünen "Formbinder für Teilobjekte" auf diese Skizze, die ja kein unendliches Objekt mehr ist. Damit klappt das Anhängen dann tatsächlich und ist auch resistent gegen ein Verpflanzen der komplett montierten Frontplatte mit copy-and-paste (dies machen wir beim nächsten Projekt mit einer anderen Frontplatte).

So aufwändig der letzte Weg auch scheinen mag, für eine gründliche Einführung in das Thema erlauben wir uns, unsere einfache Frontplatte auf diese Weise auszustatten:

4. Den Körper "Frontblech" durch Doppelklicken in der Baumansicht aktivieren. Die Referenzebene "Frontblech Oberseite" anklicken und den Sketcher aufrufen (Bild 7-23).

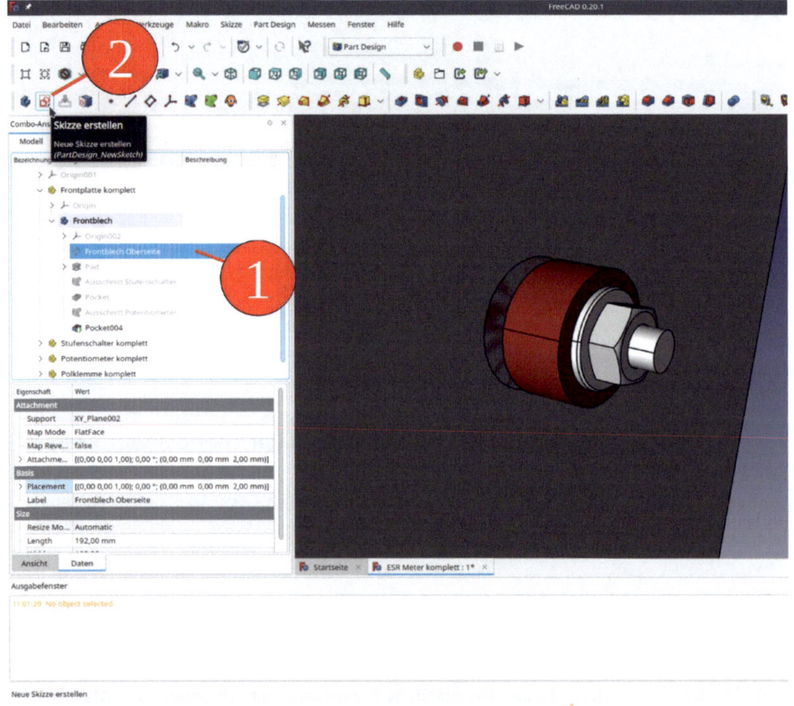


*Bild 7-23*

5. Das Werkzeug "Externe Geometrie" anklicken und die 4 Außenkanten des Blechs anklicken (diese erscheinen dann als Hilfsgeometrie violett, Bild 7-24).

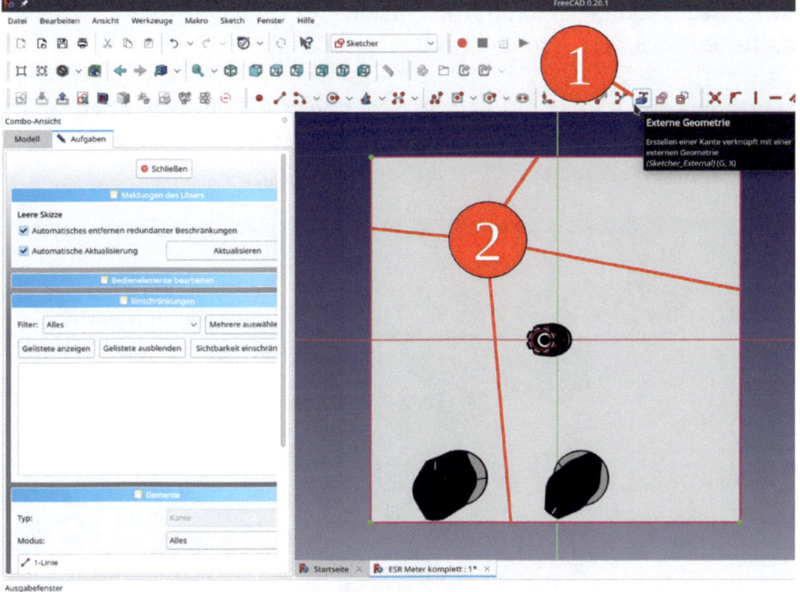

Bild 7-24

6. Mit dem Werkzeug "Rechteck" die Außenkontur der Frontplatte nachzeichnen (Bild 7-25). Mit "OK" abschließen und die Skizze in "Frontblech Außenkante oben" umbenennen. Die Skizze mit der Leertaste ausblenden.

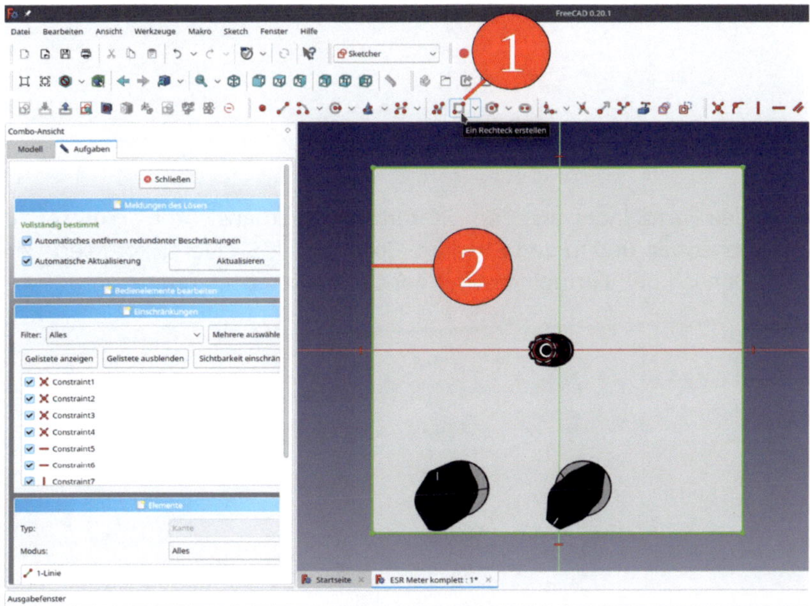

Bild 7-25

7. Den Körper "Frontblech" durch Rechtsklick und Auswahl von "Aktivierten Körper umschalten" aus dem Kontextmenü deaktivieren.

8. Im deaktivierten Körper die Skizze "Frontblech Außenkante oben" markieren und das grüne "Formbinder für Teilobjekt erstellen"-Icon anklicken (Bild 7-26). Die Skizze Frontblech Außenkante oben" ausblenden.

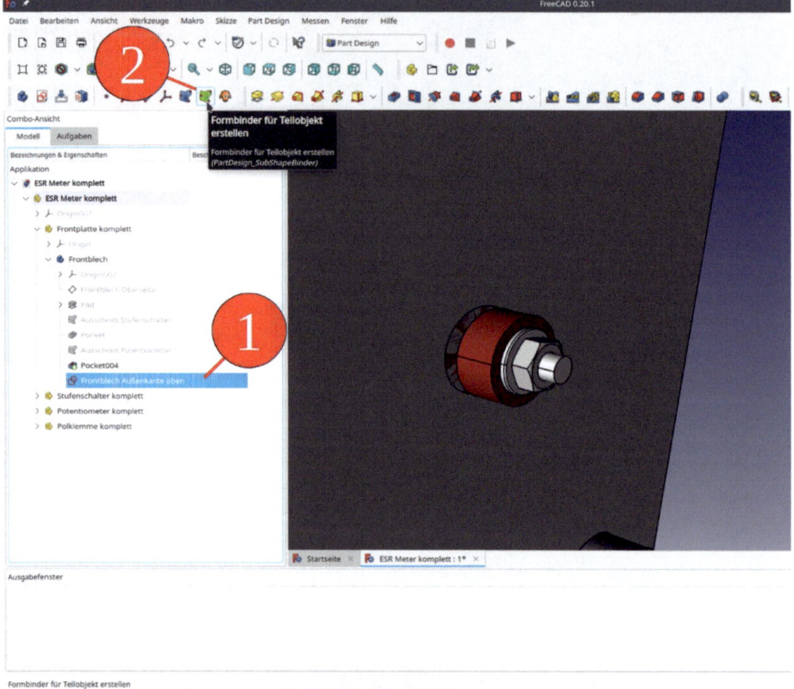


*Bild 7-26*

9. Den neuen Formbinder aus dem Stamm der Baumansicht in "Frontplatte Oberseite" umbenennen und in den Std-Part-Container "ESR Meter komplett" ziehen (Bild 7-27). Danach den Formbinder mit der Leertaste ausblenden.

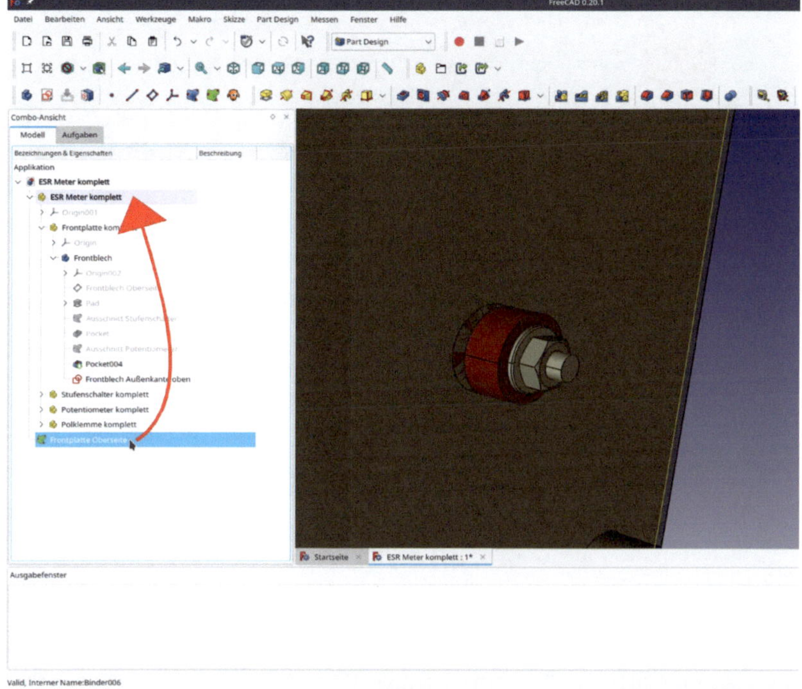

*Bild 7-27*

10. In "Frontplatte komplett" die Skizze "Frontblech Außenkante oben" ausblenden.

Jetzt haben wir eine robuste Referenz erzeugt. Um das vollständig auszukosten, können wir jetzt alle von vorne montierten Elemente so anlegen, dass sie Änderungen der Frontplattenstärke treu Folge leisten:

11. In der Baumansicht den Std-Part-Container "Polklemme komplett" markieren. In die "Part"-workbench wechseln. Aus dem Hauptmenü "Formteil | Positionierung" wählen. In das Eingabefeld neben dem Button für Referenz 1 (mit dem Label "Auswählen") klicken.

12. In den Reiter "Modell" wechseln und in der Baumansicht auf den Formbinder "Frontplatte Oberseite" klicken. In den Reiter "Aufgaben" zurückkehren. Den Befestigungsmodus "XY auf Ebene" auswählen – die Polklemme rückt auf die Vorderseite der Frontplatte vor (Bild 7-28). Das Aufgabenfenster mit "OK" schließen.

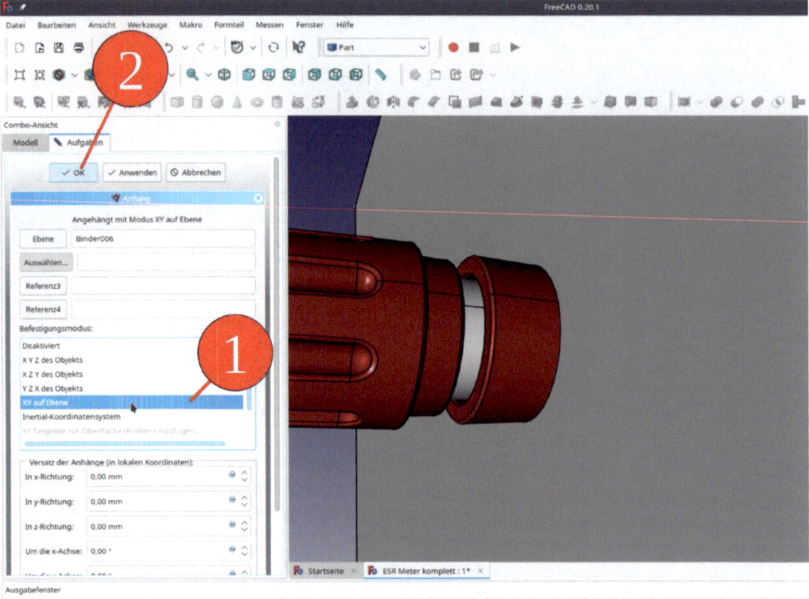

*Bild 7-28*

13. In der Baumansicht "Polklemme komplett" markieren. In der Eigenschaftsliste die "Attachment"-Parameter anwählen und für X 57 mm sowie für Y 36 mm einsetzen (Bild 7-29).

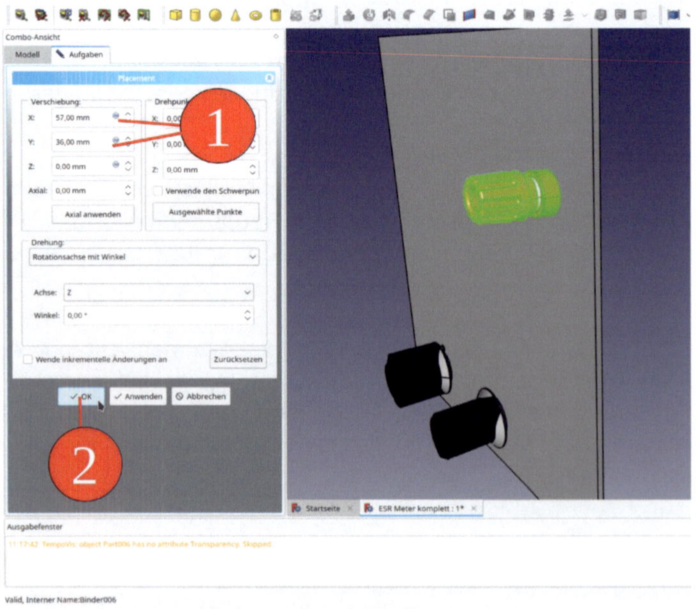

*Bild 7-29*

Jetzt kann man die gewonnene Assoziativität testen: Setzt man die Frontplattenstärke durch Anklicken der Referenzebene "Frontplatte Oberseite" und Eingabe eines Z-Versatzes von z.B. 5 mm in deren "Attachment"-Parametern, so bleibt die Polklemme (nach Klicken des "Anwenden"-Buttons) korrekt an der Vorderseite der Frontplatte platziert (Bild 7-30).

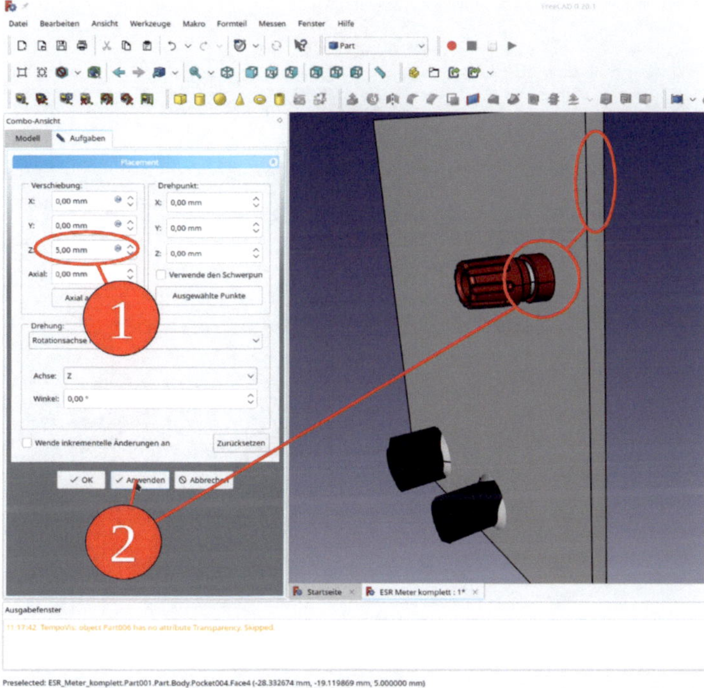


*Bild 7-30*

Einen kleinen Haken hat die Sache aber: Dreht man die Frontplatte etwas, erkennt man, dass die hintere Isolierscheibe in der Platte versinkt. Hier kommt unsere Methode der mit in die Std-Part-Container eingepackten Befestigungselemente an eine Grenze. Diese kann man manuell, durch Editieren der "Placement"-Parameter nachführen.

Bevorzugt man auch dafür vollständige Assoziativität, müsste man noch einen weiteren Formbinder auf die Rückseite der Frontplatte festlegen und für den Support der Mutter einsetzen. Bei der Erläuterung der Formbinder im Kapitel 3 wurde dies bei den Beispielprojekten so erledigt.

Die zweite Polklemme wird mit einer Referenz auf die erste erzeugt. Dies spart Zeit, und Änderungen an der ersten Klemme werden automatisch an die zweite weiter gegeben (wie z.B. das Verschieben der Befestigungselemente).

1. In der Baumansicht "Polklemme komplett" in "Polklemme komplett 1" umbenennen.

2. "Polklemme komplett 1" in der Baumansicht markieren und das Werkzeug "Verknüpfung erstellen" anklicken (Bild 7-31). Den neuen Std-Part-Container in den Container "ESR Meter komplett" ziehen und in "Polklemme komplett 2" umbenennen (Bild 7-32).

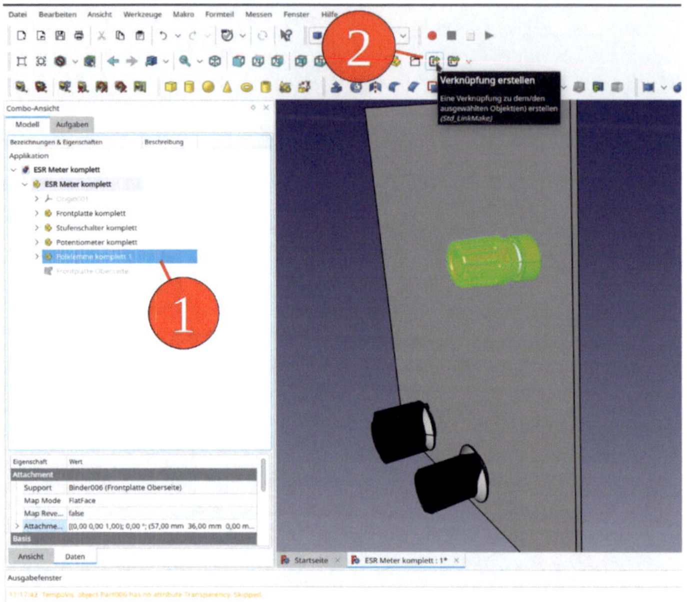

*Bild 7-31*

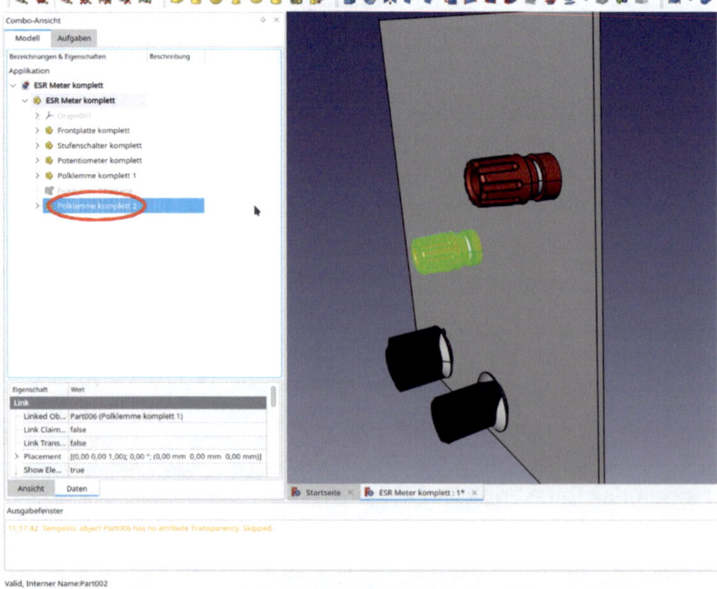

*Bild 7-32*

3. In der Baumansicht "Polklemme komplett 2" markieren und in der Eigenschaftsliste "Link transform" auf "true"setzen (Bild 7-33). Damit sind die "Link Placement" Parameter relativ zur Polklemme 1 anzugeben.

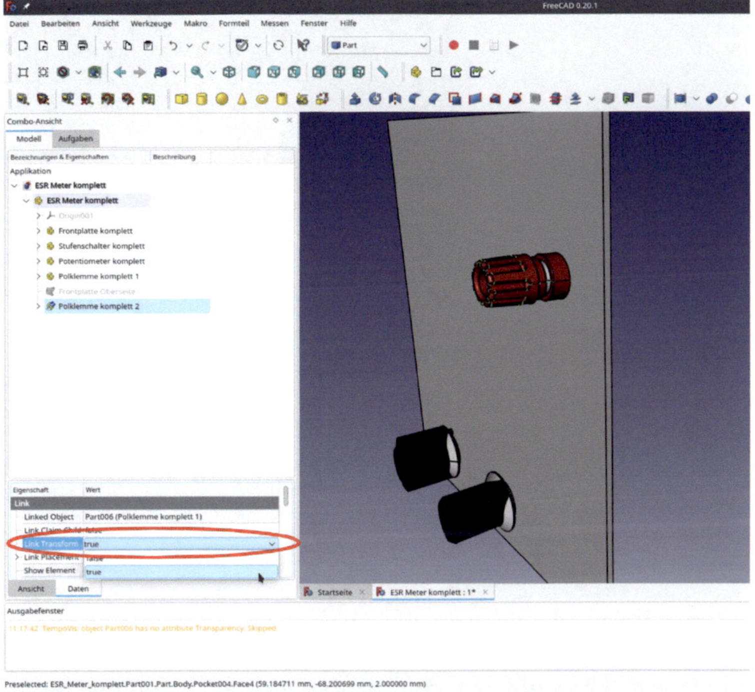


*Bild 7-33*

4. Die "Link Placement" Parameter editieren und für die Y-Verschiebung -38 mm angeben (Bild 7-34).

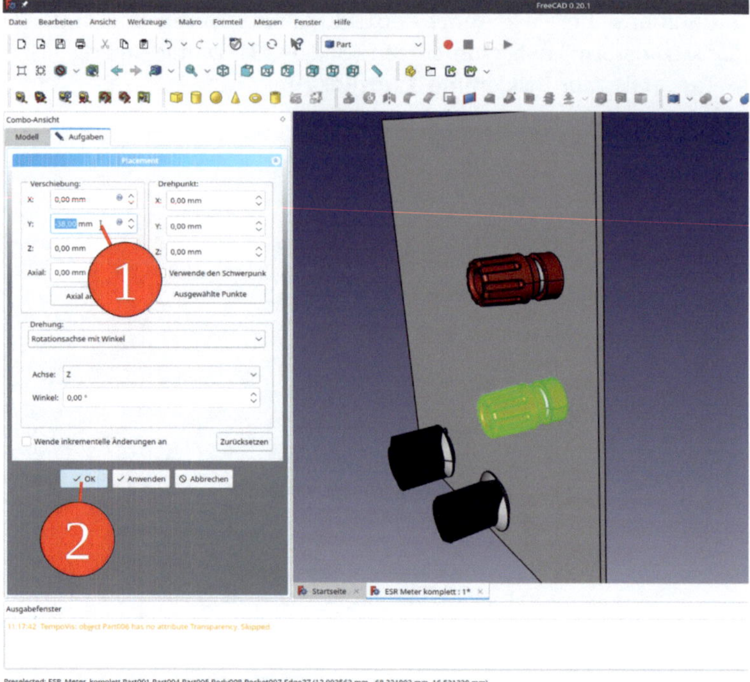


*Bild 7-34*

5. Bei der Polklemme 1 die Isolierscheibe 2, die Unterlegscheibe und die Mutter ausblenden (diese Teile werden auch gleichzeitig bei dem verknüpften Objekt ausgeblendet).

6. Den Körper "Frontblech" deaktivieren, sofern er aktiviert sein sollte (Rechtsklick und "Aktiven Körper umschalten"). Andernfalls ergibt sich im nächsten Schritt ein Fehler "zyklische Referenz".

7. Die für den Ausschnitt wichtigen Kanten der Polklemmen bei gedrückter STRG-Taste in der 3D-Ansicht markieren (Bild 7-35). Das grüne "Formbinder für Teilobjekt erstellen"-Werkzeug anklicken.

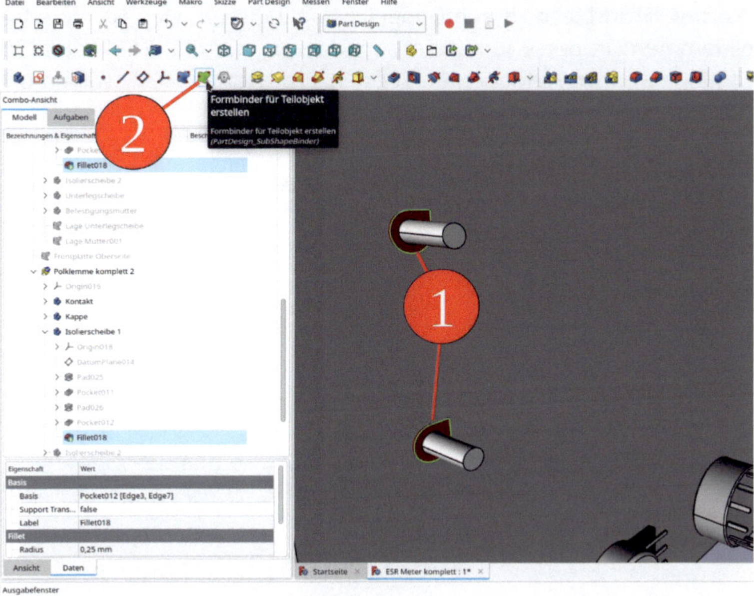

*Bild 7-35*

8. Den neuen Formbinder für Teilobjekte in "Ausschnitte Polklemmen" umbenennen und in den Körper "Frontblech" ziehen (Bild 7-36).

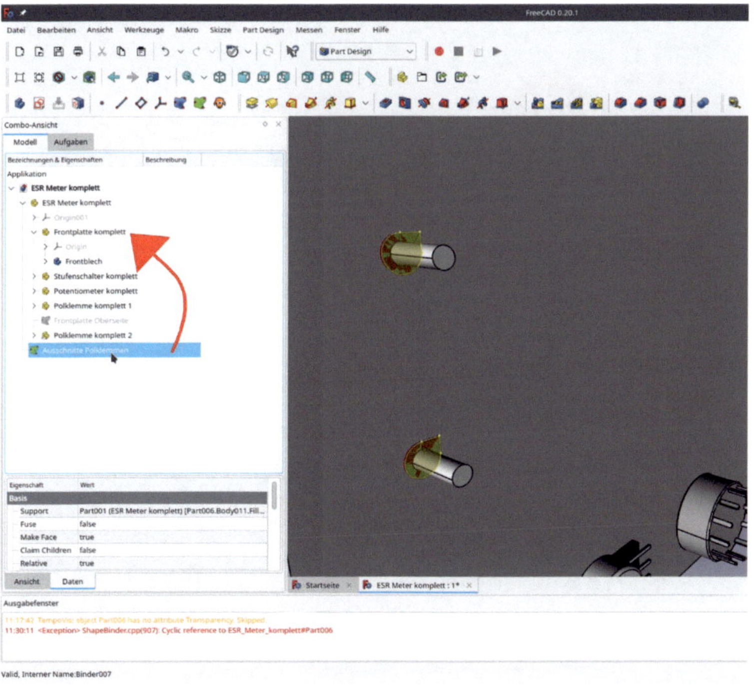

*Bild 7-36*

9. Den Körper "Frontblech" durch Doppelklick aktivieren. Den Formbinder "Ausschnitte Polklemmen" in der Baumansicht markieren und das Werkzeug "Tasche" anklicken (Bild 7-37). Im Aufgabenfenster den Typ "Durch alles" wählen und die Checkbox "Umgekehrt" anhaken (Bild 7-38).

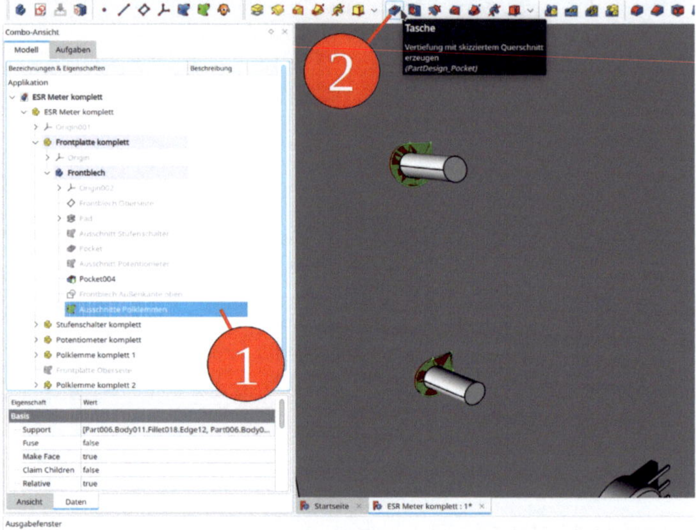


*Bild 7-37*

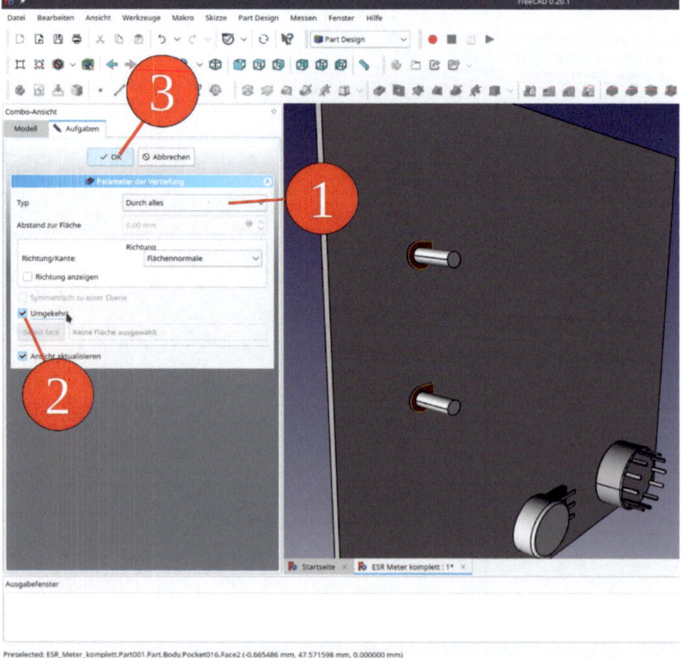


*Bild 7-38*

10. Ausblenden der Polklemmen zeigt die Frontplattenausschnitte (Bild 7-39).

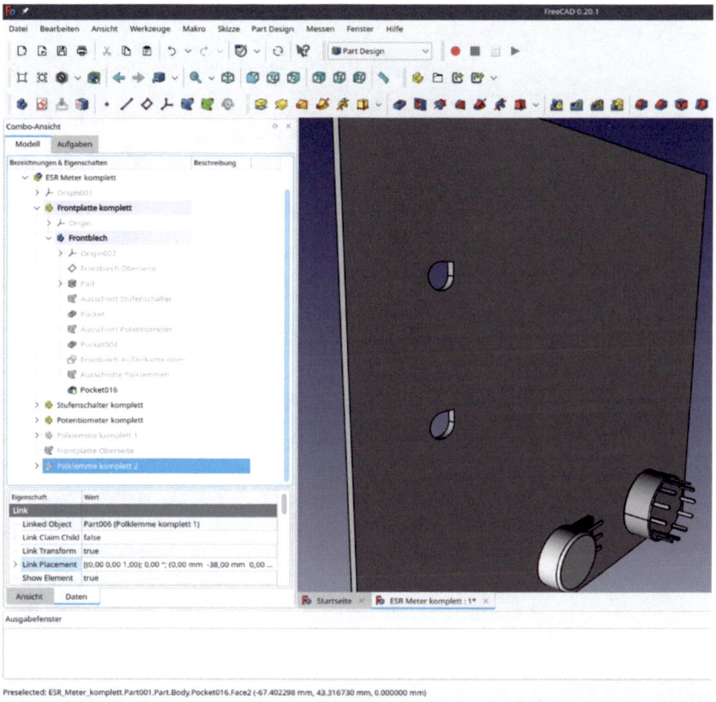

*Bild 7-39*

11. Bei der "Polklemme 1" die Isolierscheibe 2, Scheibe und Mutter wieder einblenden.

## 7.2.7. Das Anzeigeinstrument platzieren

Dem Leser sei überlassen, das Anzeigeinstrument aus dem Einzelteilverzeichnis auf die Oberseite der Frontplatte zu positionieren. Die Koordinaten lauten: X = -17 mm, Y = 7 mm. Das Ergebnis der Platzierung zeigt Bild 7-40.

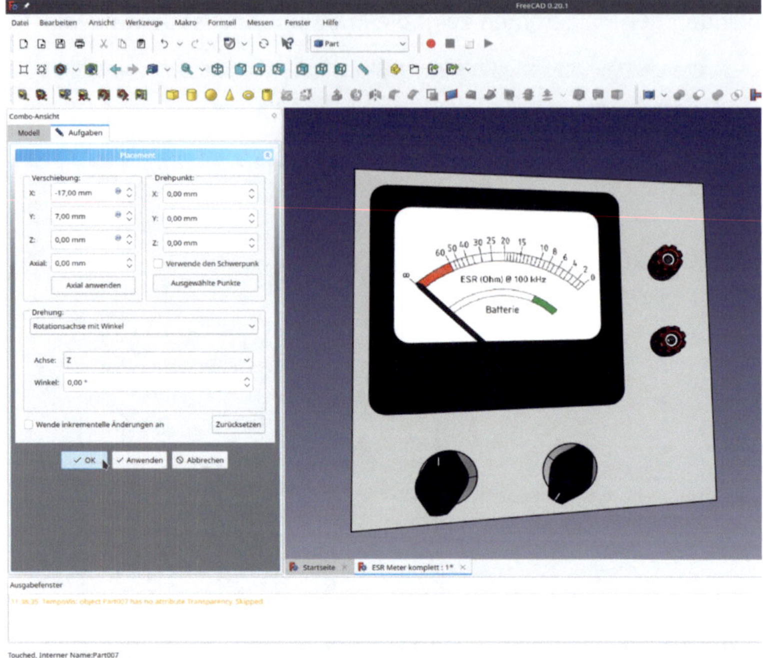


*Bild 7-40*

Für die Ausschnitte müssen sowohl der zylindrische Gehäuseteil als auch die Querschnitte der Befestigungsschrauben ausgewählt werden. Wenn man die Oberkanten der verschieden hohen Objekte auswählt, schlägt der Befehl "Tasche" später fehl, mit der Meldung "Kurven sind nicht koplanar". Daher ist es sinnvoller, die Ausschnitte an der Basis des Instrumentengehäuses zu definieren. Dazu Muttern und Scheiben des Instrumentes vorübergehend ausblenden (Bild 7-41).

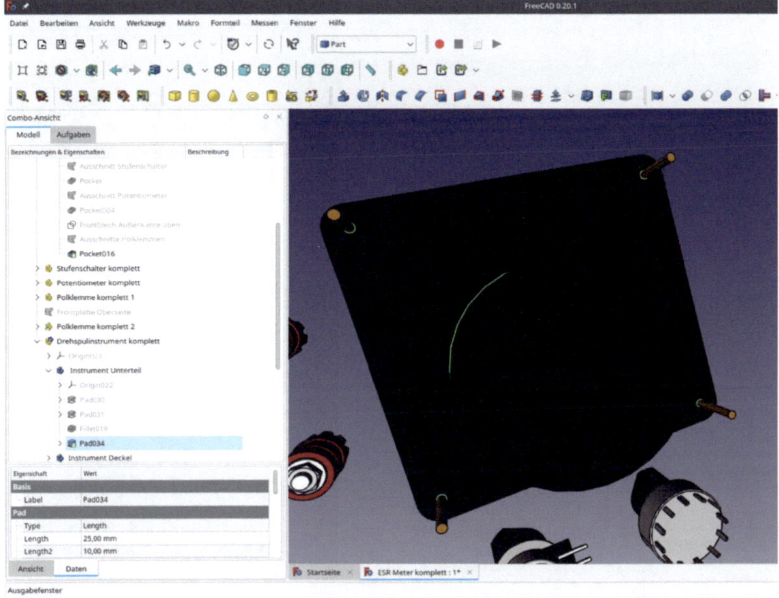


*Bild 7-41*

Im Aufgabenfenster "Tasche" braucht man "Umgekehrt" diesmal nicht anzuhaken (Bild 7-42). Den fertigen Ausschnitt bei ausgeblendetem Instrument zeigt Bild 7-43.

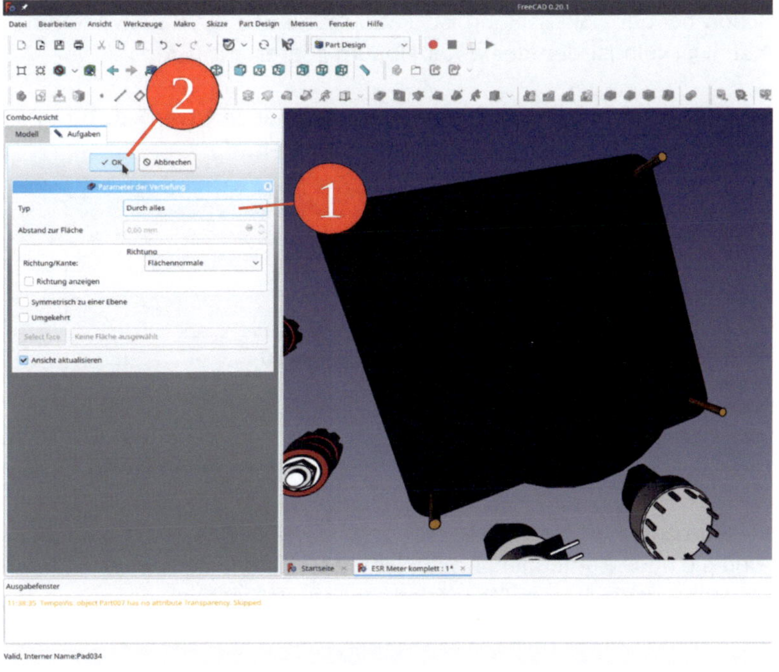


*Bild 7-42*

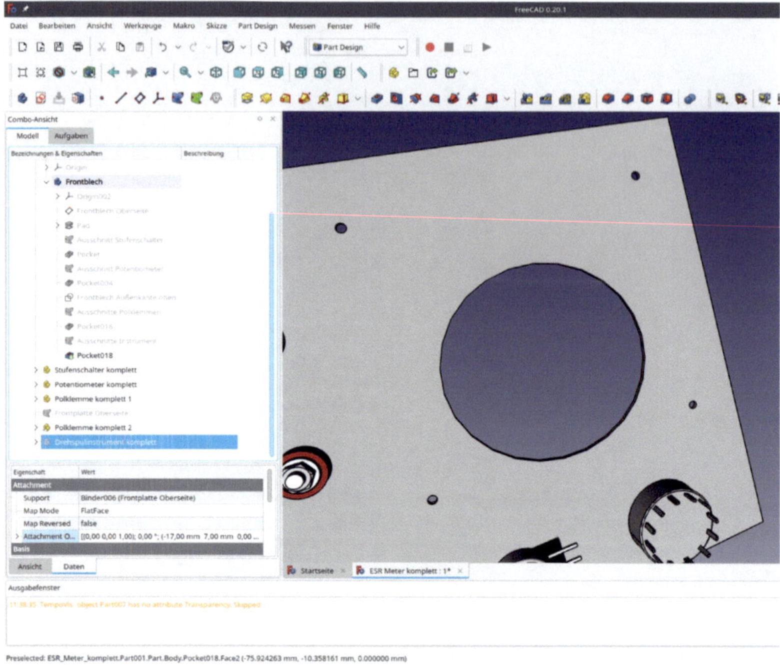

*Bild 7-43*

## 7.2.8. Komponenten von der Rückseite platzieren: Die Kabelsockel

Wenn man schon bei der Konstruktion ist, kann man auch die Kabelverlegung vordenken. Mit einigen Kabelsockeln ist der kleine Kabelbaum später gut fixiert.

Die Kabelsockel sollen auf die Frontplattenunterseite platziert werden. Ihre Positionen und Drehungen sind in der folgenden Tabelle wieder gegeben:

| Sockel | X [mm] | Y [mm] | Rotation um Z [°] |
|---|---|---|---|
| 1 | -13 | -23 | -90 |
| 2 | 46 | -23 | -90 |
| 3 | -29,5 | -2 | 90 |
| 4 | 29,5 | -14 | 180 |

1. Die Datei "Kabelsockel" im Verzeichnis "Beispielprojekte | ESR Meter | Einzelteile" öffnen. Den Std-Part-Container "Kabelsockel komplett" durch Anklicken markieren und mit STRG-C kopieren. Im Auswahldialog die Standardwerte nicht verändern.

2. Das Dokument "ESR Meter komplett durch Doppelklick in der Baumansicht markieren und die neue Komponente mit STRG-V einfügen. Den neuen Std-Part-Container in den Std-Part-Container "Frontplatte komplett" ziehen.

3. In der Baumansicht "Kabelsockel komplett" markieren. In die "Part"-workbench wechseln und aus dem Hauptmenü "Formteil | Positionierung" auswählen.

4. Im Aufgabenfenster in das Eingabefeld neben Referenz 1 (dunkelgrau, Label "Auswählen...") klicken, zum Reiter "Modell" wechseln und in der Baumansicht die XY-Ebene des Koordinatensystems "ESR Meter komplett" anklicken. Zum Reiter "Aufgaben" zurück kehren und den Befestigungsmodus "XY auf Ebene" auswählen. Für die Einträge "Versatz der Anhänge" die Werte aus der ersten Tabellenzeile einsetzen. Da der Sockel von hinten angesetzt wird, die Checkbox "Seiten spiegeln" anhaken (Bild 7-44, Ziffer 4). Das Aufgabenfenster mit "OK" schließen.

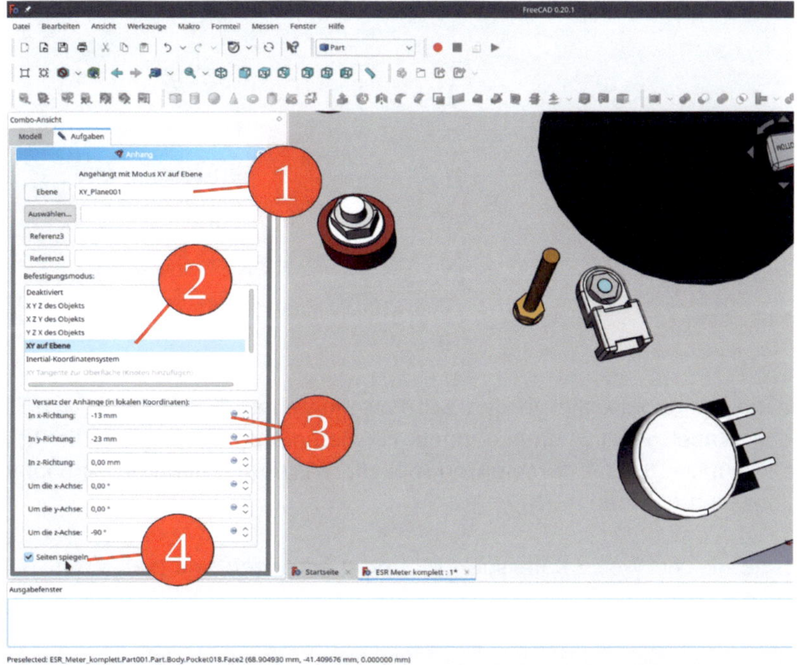


*Bild 7-44*

5. Den "Kabelsockel komplett" in "Kabelsockel 1" umbenennen.

6. "Kabelsockel 1" durch Anklicken in der Baumansicht markieren und das Werkzeug-Icon "Verknüpfung erstellen" anklicken (Bild 7-45).

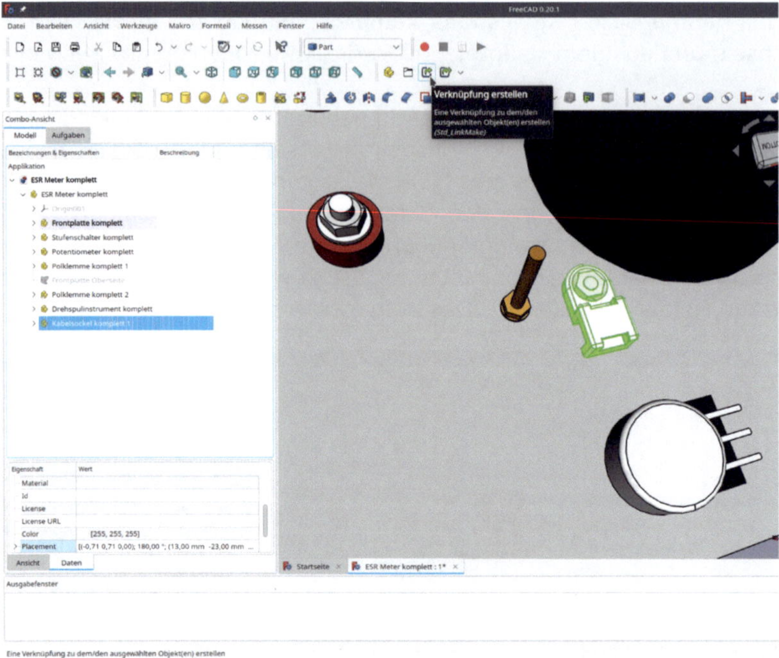

*Bild 7-45*

7. Den neuen Kabelsockel in den Std-Part-Container "Frontplatte komplett" ziehen und in "Kabelsockel 2" umbenennen. Für den neuen Kabelsockel die Positionierung wie in Punkt 3 und 4 durchführen, nur die Werte aus den korrespondierenden Tabellenzeilen nehmen.

8. Auf die gleiche Weise Kabelsockel 3 und 4 erzeugen und platzieren. Das Ergebnis zeigt Bild 7-46.

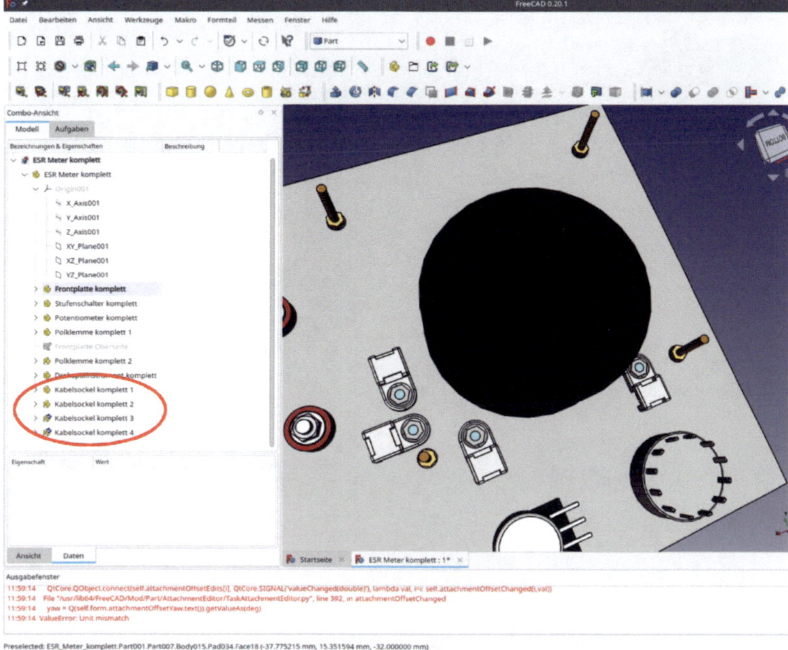

*Bild 7-46*

9. Für die Befestigungslöcher der Kabelsockel einen Formbinder anlegen: Zunächst, falls noch nicht aktiviert, den Körper "Frontblech" in der Baumansicht doppelklicken.

10. In "Kabelsockel komplett 1" Schraube und Mutter ausblenden. Die anderen Kabelsockel folgen als verknüpfte Objekte automatisch.

11. Die Kanten der Bohrungen in den Kabelsockeln markieren und "Formbinder für Teilobjekt erstellen" anklicken (Bild 7-47).

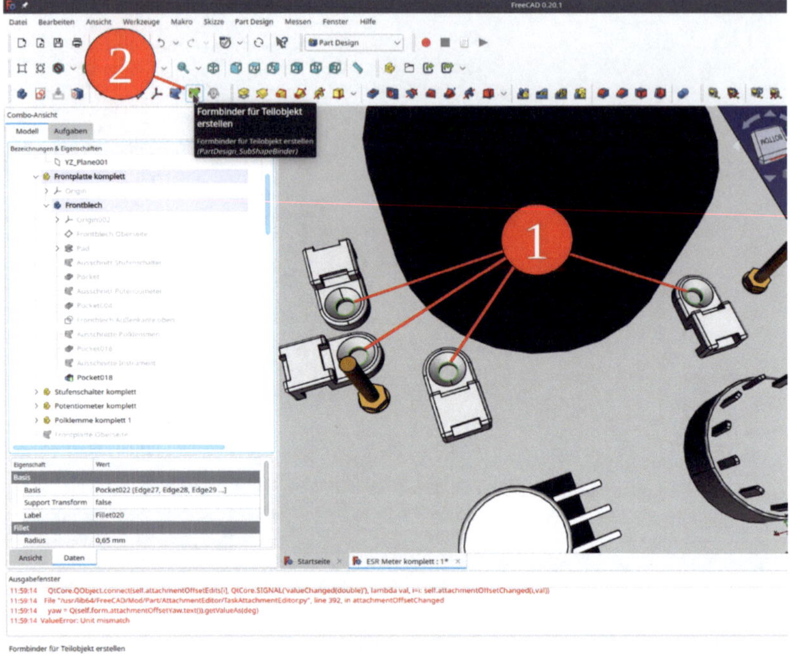

*Bild 7-47*

12. Den neuen Binder im Körper "Frontblech" in "Bohrungen Kabelsockel" umbenennen, die Eigenschaft "Make Face" auf "false" setzen (sonst kann man keine Bohrungen ansetzen, Bild 7-48).

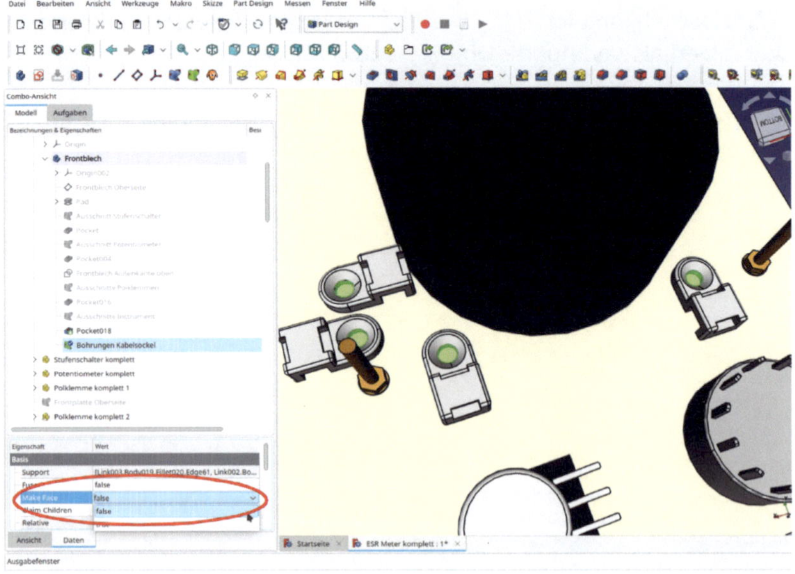

*Bild 7-48*

13. Den neuen Formbinder in der Baumansicht markieren und das Werkzeug "Bohrung" anklicken (Bild 7-49).

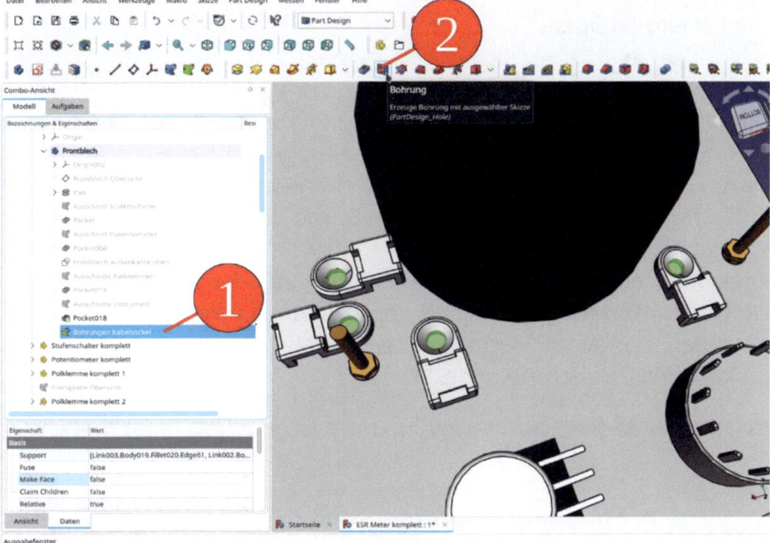


*Bild 7-49*

14. Im Aufgabenfenster für den Durchmesser 3,2 mm angeben und für die Tiefe "Durch alles" auswählen. Die Checkbox "Umgekehrt" anhaken (Bild 7-50).

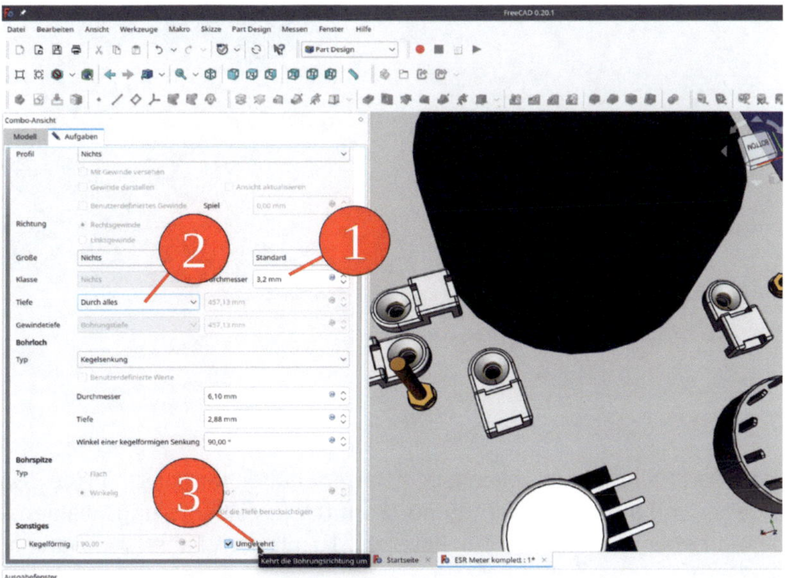


*Bild 7-50*

15. In "Kabelsockel komplett 1" Schraube und Mutter wieder einblenden.

### 7.2.9. Den Batteriehalter einbauen

Der Batteriehalter wird auch von hinten auf die Frontplatte geschraubt. Wir haben hier eine einfache Blechkonstruktion gewählt, um in die Fähigkeiten von FreeCAD und der "Sheet Metal"-workbench einzusteigen.

Darüber kann man diskutieren: Batterien geben beim Auslaufen eine ätzende Flüssigkeit ab, die Aluminium angreifen kann. Zur Vermeidung von möglicher Korrosion könnte man eine Kunststofffolie einlegen oder den Batteriehalter gleich ganz aus Plastik im 3D-Druck herstellen. Dazu könnte der interessierte Leser ein neues Design entwickeln. Wir verwenden erst einmal unser Beispiel aus dem Kapitel 5, mit den genannten Einschränkungen.

1. Wie gewohnt, erst die Datei "Batteriehalter" aus dem Einzelteilverzeichnis öffnen, den Körper Batteriehalter komplett kopieren und in die Datei "ESR Meter" einfügen. Den Std-Part-Container "Batteriehalter komplett" in den Std-Part-Container "Frontplatte komplett" ziehen (Bild 7-51).

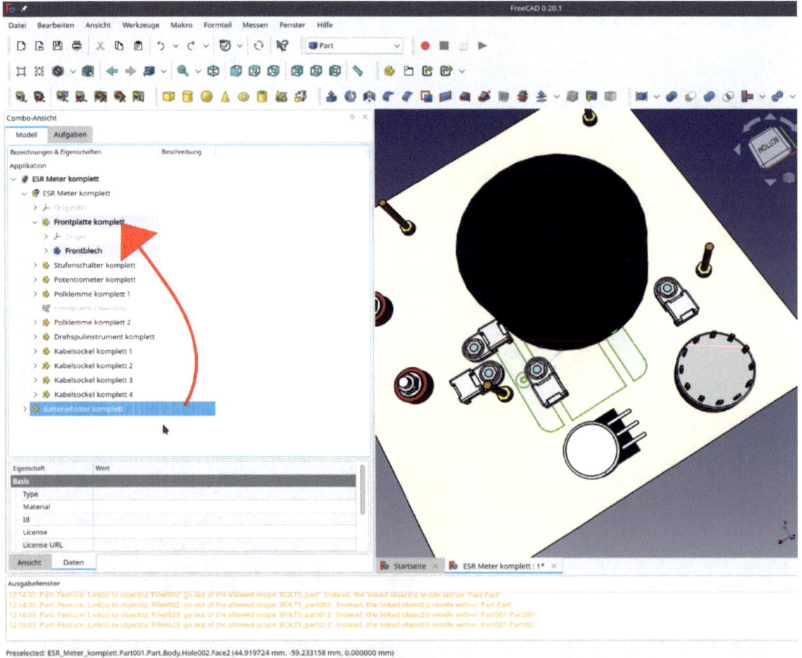

*Bild 7-51*

2. In die "Part"-workbench wechseln, "Batteriehalter komplett" in der Baumansicht markieren und aus dem Hauptmenü "Formteil | Positionierung" wählen. In das Eingabefeld neben dem Button für Referenz 1 (mit dem Label "Auswählen...") klicken (Bild 7-52).

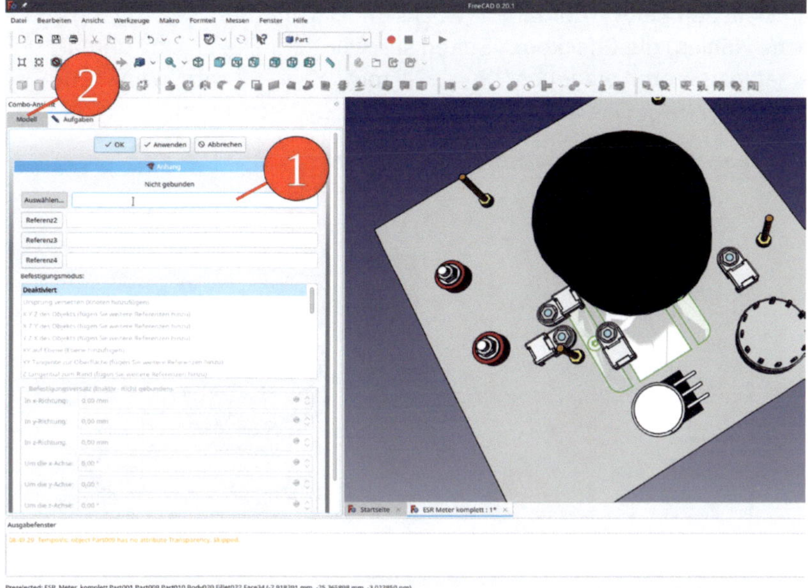

*Bild 7-52*

3. In den Reiter "Modell wechseln und als Referenz 1 die XY-Ebene von "ESR Meter komplett" auswählen (Bild 7-53).

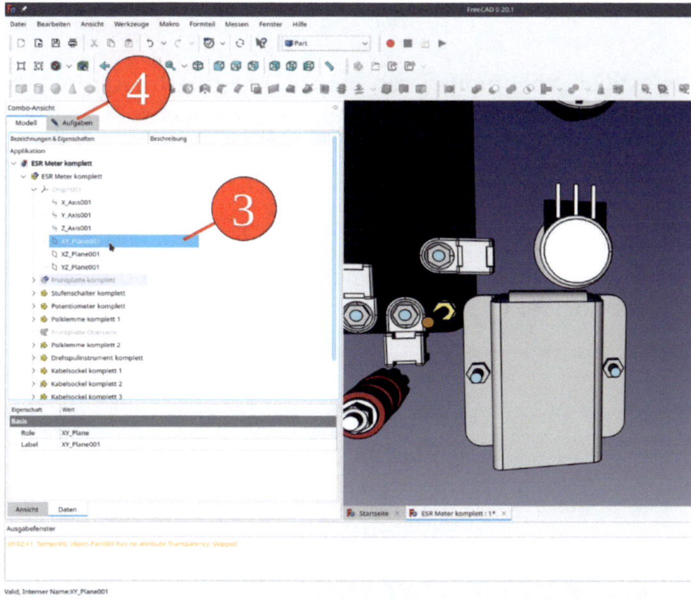

*Bild 7-53*

4. Zurück in den Reiter "Aufgaben" wechseln. Dort für den Befestigungsmodus "XY auf Ebene wählen, die Checkbox "Seiten spiegeln" anhaken (ganz unten), und folgende Versatzparameter eingeben: X = -24 mm, Y = -52 mm, Winkel um die Z-Achse -90° (Bild 7-54). Das Aufgabenfenster mit "OK" schließen.

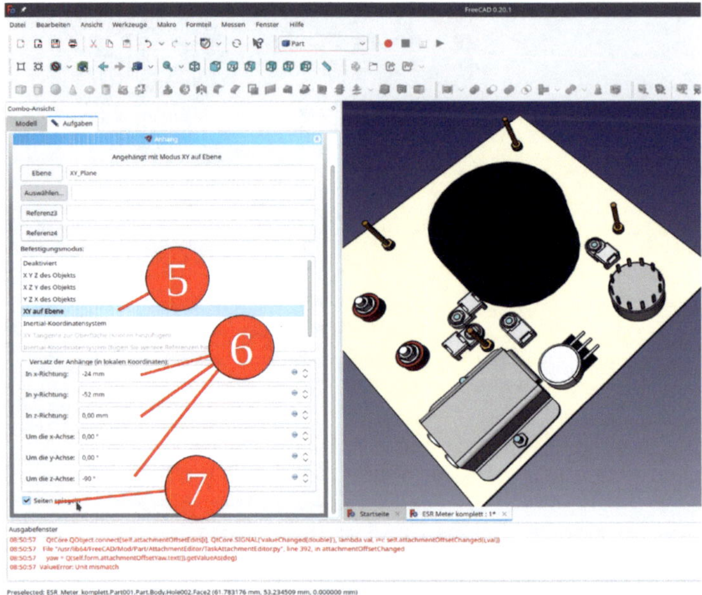


*Bild 7-54*

5. Für die Befestigungsbohrungen den Körper "Frontblech" zum Aktivieren doppelklicken (dadurch landet dort der Formbinder, der im nächsten Schritt erstellt wird).

6. Schrauben und Muttern im Std-Part-Container "Batteriehalter komplett" mit der Leertaste ausblenden.

7. Mit festgehaltener STRG-Taste die beiden Lochkonturen markieren und das grüne Werkzeug "Formbinder für Teilobjekt erstellen" anklicken (Bild 7-55).

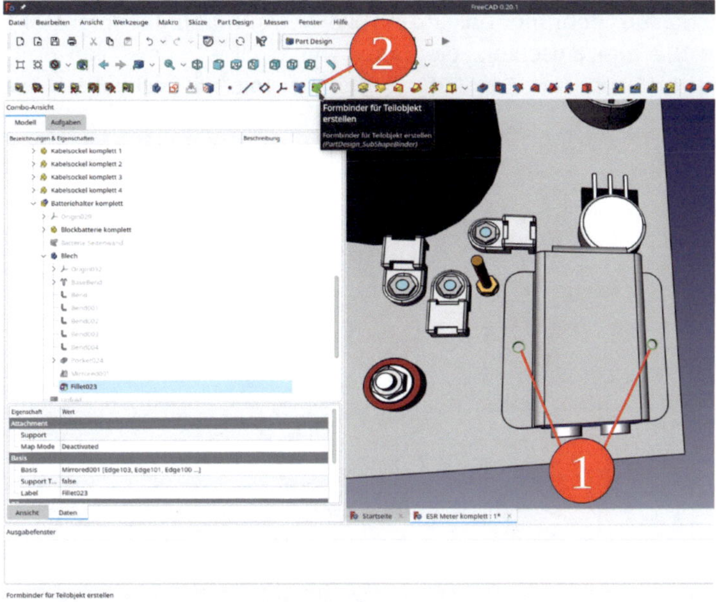

*Bild 7-55*

8. Den neuen Formbinder im Körper "Frontblech" in "Bohrungen Batteriehalter" umbenennen. In der Eigenschaftsliste "Make Face" auf "false" setzen (Bild 7-56). Mit dieser Einstellung erzeugt der Formbinder keine Fläche, sondern nur die Kontur, die das nächste Werkzeug "Bohrung" zum einwandfreien Funktionieren benötigt.

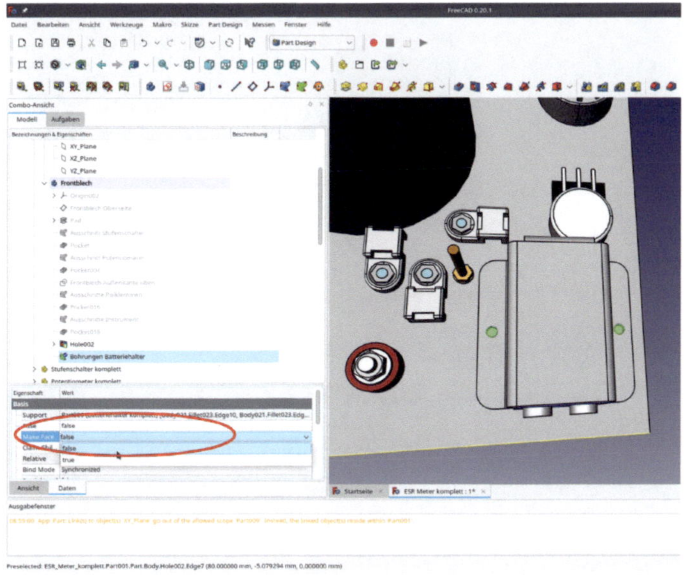

*Bild 7-56*

9. Das Werkzeug "Bohrung" anklicken (Bild 7-57). Im Aufgabenfenster für den Durchmesser 3,2 mm einsetzen, die Tiefe "Durch alles" auswählen und die Checkbox "Umgekehrt" anhaken. Das Aufgabenfenster mit "OK" schließen (oben).

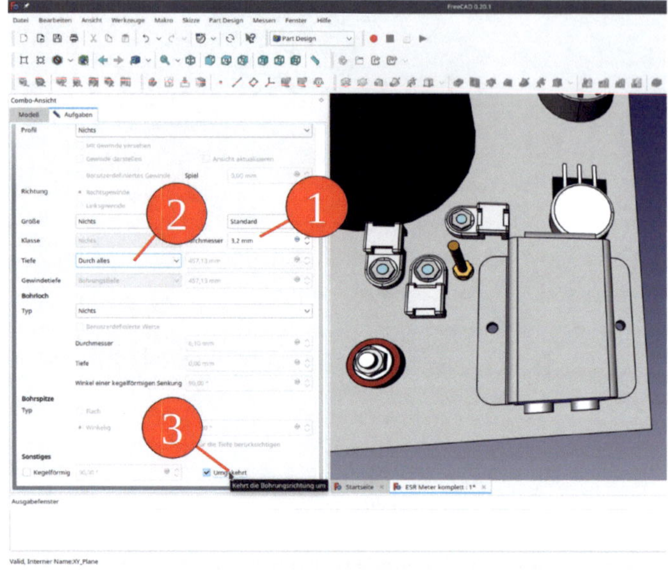

*Bild 7-57*

10. Die Befestigungselemente des Batteriehalters wieder einblenden (Bild 7-58).

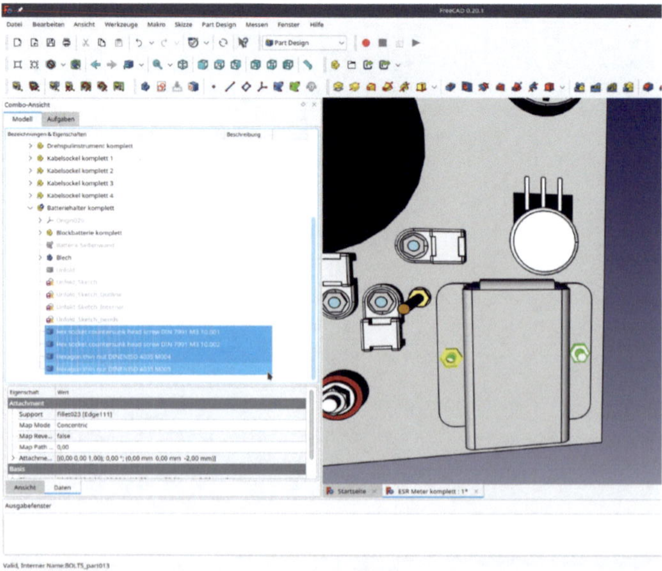

*Bild 7-58*

### 7.2.10. Die Platine einsetzen

Eine faszinierende Möglichkeit ergibt sich im Zusammenspiel mit dem Leiterplattenprogramm KiCad [DAL 2022]. Dieses verfügt über eine 3D-Schnittstelle, über die man ein STEP-Modell der Leiterplatte exportieren kann. Der Import nach FreeCAD gelingt mit 2 Mausklicks:

1. Die Datei "ESR_Meter_001.step" im Einzelteilverzeichnis öffnen. FreeCAD legt ein neues Dokument an, in welchem der Std-Part-Container "ESR_Meter_001 1" bereits eingefügt ist. Diesen in "Leiterplatte komplett" umbenennen (Bild 7-59).

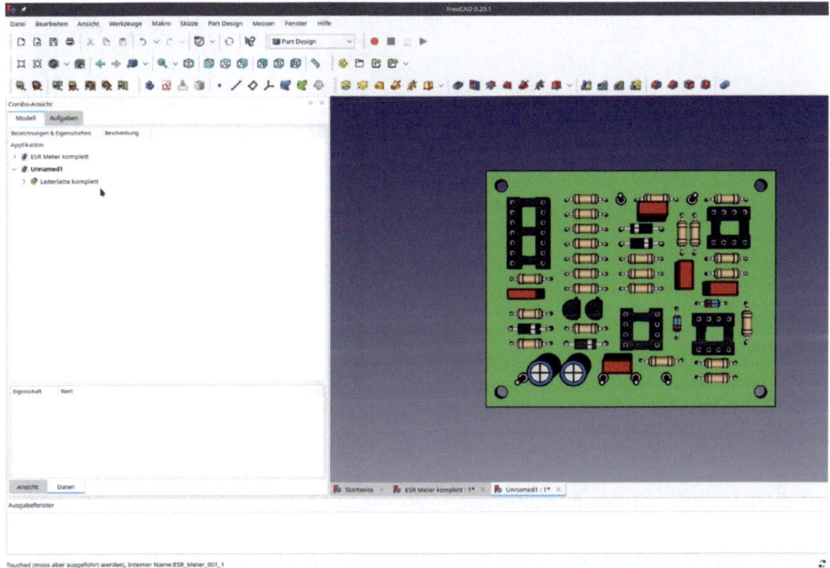

*Bild 7-59*

2. Den umbenannten Container markieren und mit STRG-C kopieren.

Hierbei gibt es immer wieder eine kleine Fehlermöglichkeit, die nicht unerwähnt bleiben soll: Wenn man das Quellteil kopiert hat, ist zunächst das Dokument des Quellteiles aktiviert (der Titel erscheint aktiviert in Fettdruck). Versäumt man es im Folgenden, das Zieldokument durch Doppelklick zu aktivieren, landet die Kopie ebenfalls im Quelldokument und muss wieder gelöscht werden.

3. Das Dokument "ESR Meter komplett durch Doppelklick in der Baumansicht markieren und die neue Komponente mit STRG-V einfügen. "Leiterplatte komplett" in den Std-Part-Container "Frontplatte komplett" ziehen. So faszinierend einfach war der Import der Leiterplatte (Bild 7-60)!

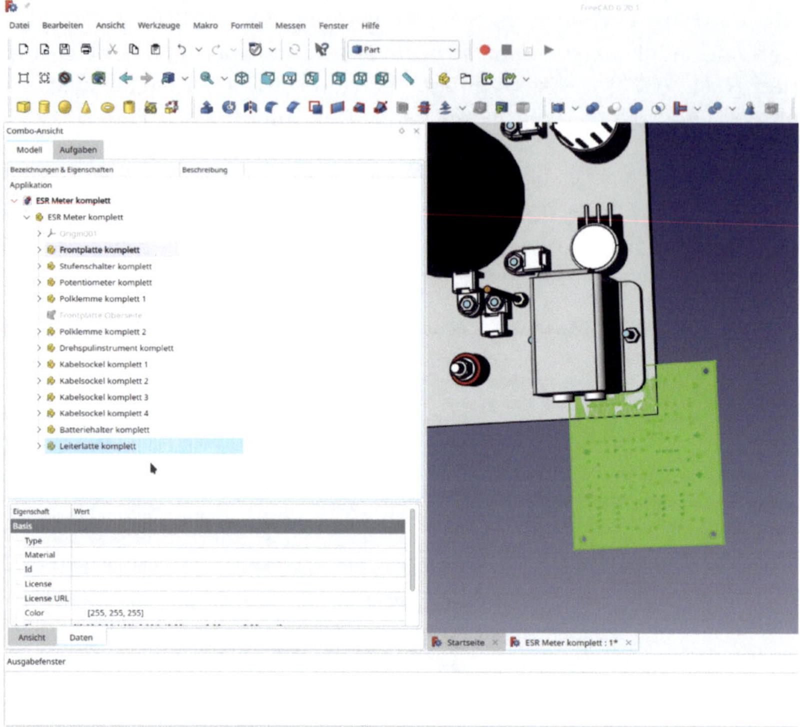


*Bild 7-60*

4. Den Std-Part-Container "Leiterplatte komplett" in der Baumansicht markieren und in die "Part"-workbench wechseln. Aus dem Hauptmenü "Formteil | Positionierung" wählen. Für die Referenz genau wie im vorigen Abschnitt (Schritte 3 und 4) die XY-Ebene von "ESR Meter komplett" wählen sowie den Befestigungsmodus "XY auf Ebene. Für die Versatzparameter X = -122 mm, Y = -78 mm, Z = 18 mm eintragen sowie eine Rotation um die Z-Achse von 90°. Dann noch die Checkbox "Seiten spiegeln" anhaken (Bild 7-61). Das Aufgabenfenster mit "OK" schließen.

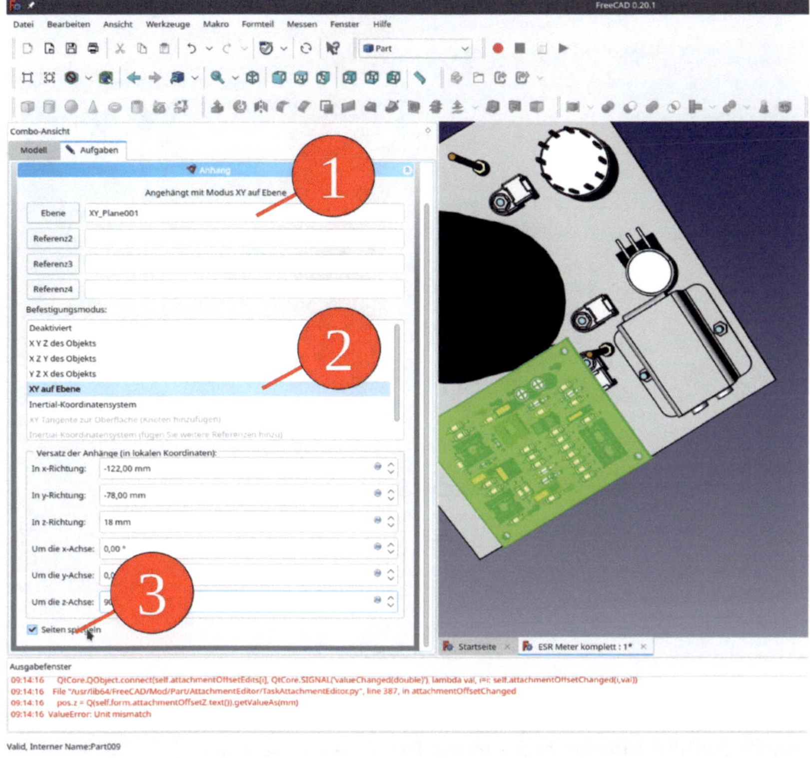


*Bild 7-61*

5. Den Körper "Frontblech" durch Doppelklicken aktivieren. Die vier Lochkonturen an der Leiterplatte (STRG gedrückt) markieren und das grünen "Formbinder für Teilobjekt erstellen"-Icon klicken (Bild 7-62).

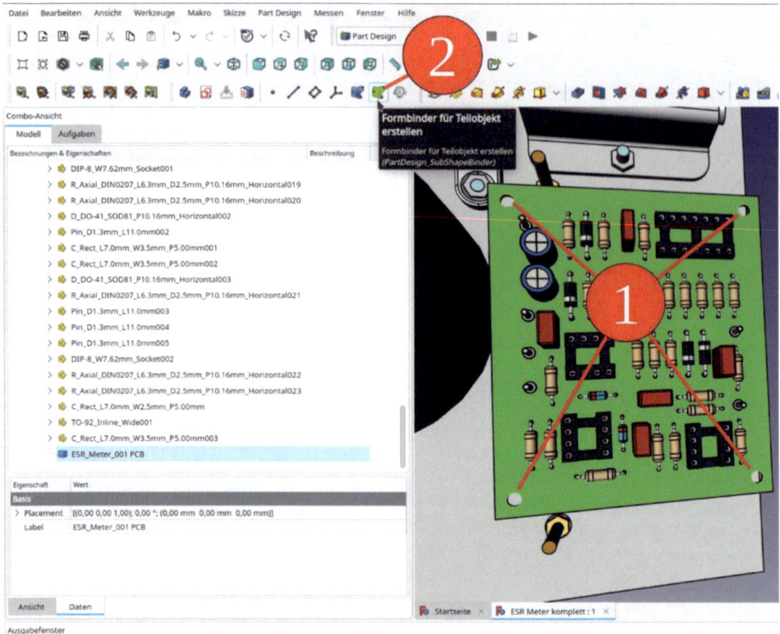


*Bild 7-62*

6. Den neuen Formbinder im Körper "Frontblech" in "Bohrungen Leiterplatte" umbenennen und die Eigenschaft "Make Face" auf false setzen (Bild 7-63). Den neuen Formbinder in der Baumansicht markieren und das Werkzeugicon "Bohrung anklicken.

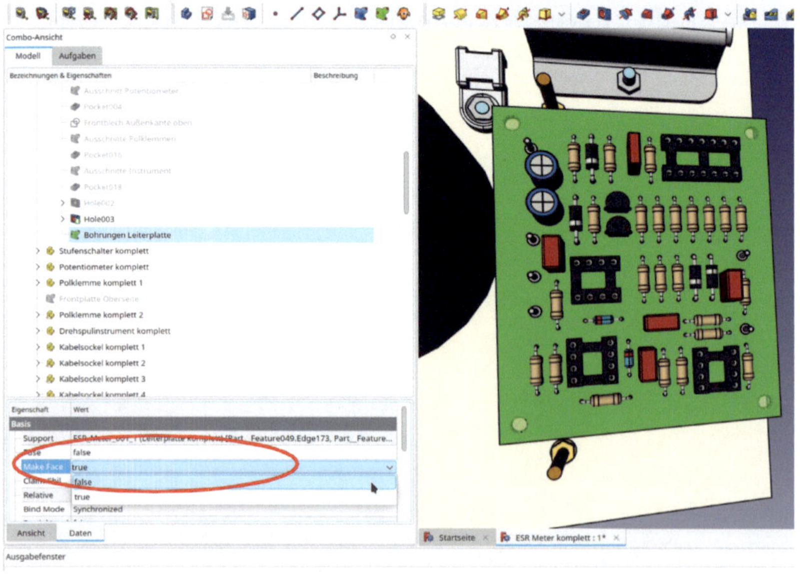

*Bild 7-63*

7. Im Aufgabenfenster den Durchmesser auf 3,2 mm setzen, für die Tiefe "Durch alles" auswählen und die Checkbox "Umgekehrt" anhaken (Bild 7-64). Das Aufgabenfenster mit "OK" schließen (oben).

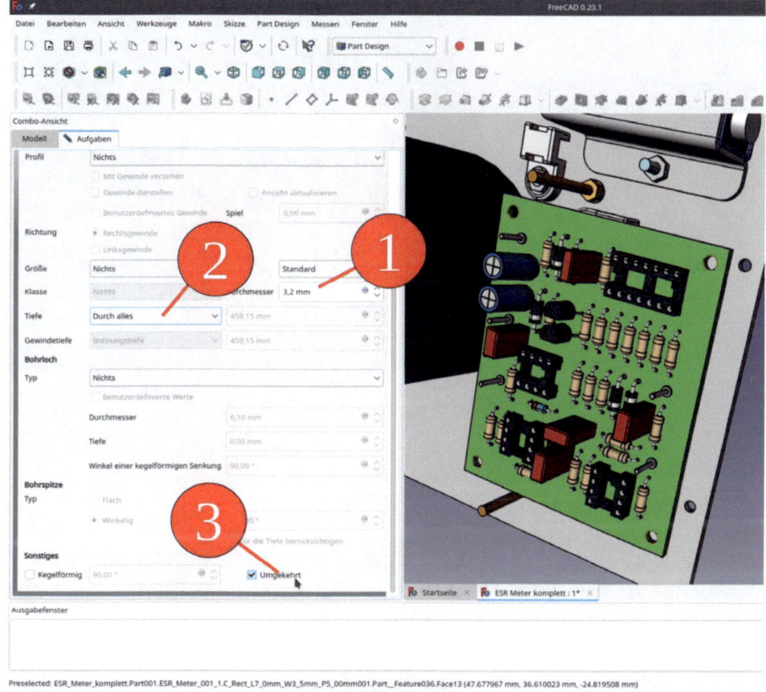


*Bild 7-64*

Die Leiterplatte hat noch keine Befestigungselemente. Man hat zwei Möglichkeiten: Entweder man fügt die Elemente der "Leiterplatte komplett" mit hinzu. Oder man hängt die Teile an die Bohrungen in der Frontplatte an. Beides erreicht die Assoziativität der Befestigungselemente mit der Leiterplatte. Die erste Möglichkeit erreicht eine übersichtlichere Gliederung. Im Einzelteilverzeichnis befindet sich eine verlängerte Version des Distanzstückes aus dem Kapitel 4.

8. Die Datei "Distanzstück einfach" im Verzeichnis "Beispielprojekte | ESR Meter | Einzelteile" öffnen. Den Std-Part-Container "Distanzstück komplett" durch Anklicken markieren und mit STRG-C kopieren. Im Auswahldialog die Standardwerte nicht verändern.

9. Das Dokument "ESR Meter komplett durch Doppelklick in der Baumansicht markieren und die neue Komponente mit STRG-V einfügen.

10. Den neuen Container in "Distanzstück komplett 1" umbenennen .Den neuen Std-Part-Container in den Std-Part-Container "Leiterplatte komplett" ziehen (Bild 7-65).

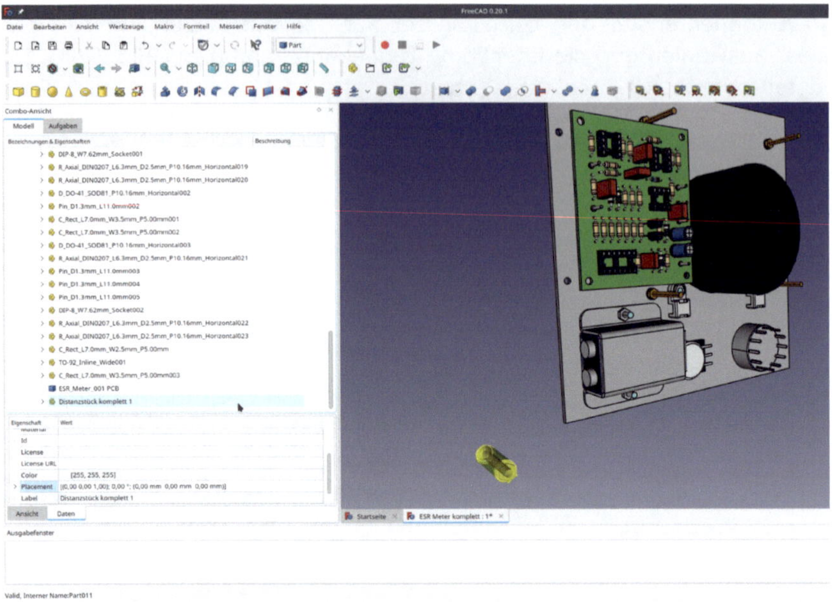

*Bild 7-65*

11. "Distanzstück komplett 1" in der Baumansicht markieren und in die "Part"-workbench wechseln. Aus dem Hauptmenü "Formteil | Positionierung" auswählen. An der Unterseite der Leiterplatte eine Bohrungskontur anklicken (Bild 7-66) und für den Befestigungsmodus "konzentrisch" auswählen. Den Versatz in Z-Richtung auf -18mm einstellen (Bild 7-67). Das Aufgabenfenster mit "OK" schließen.

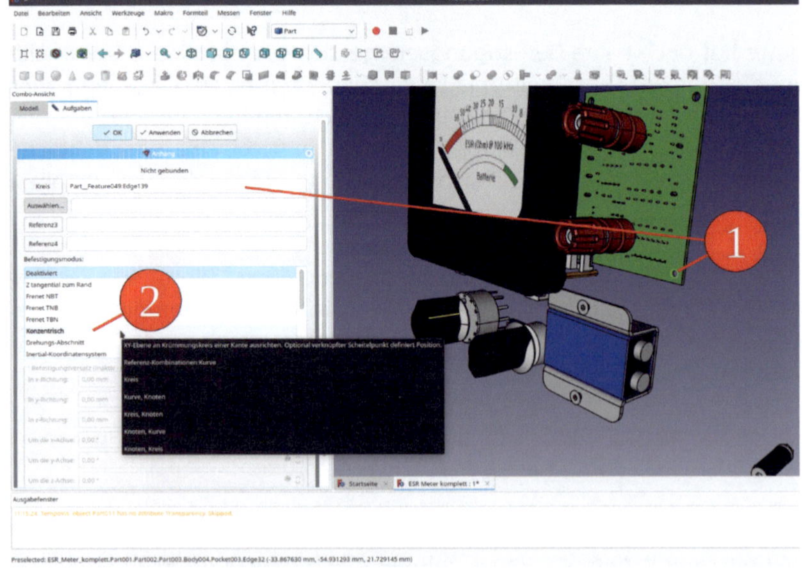


*Bild 7-66*

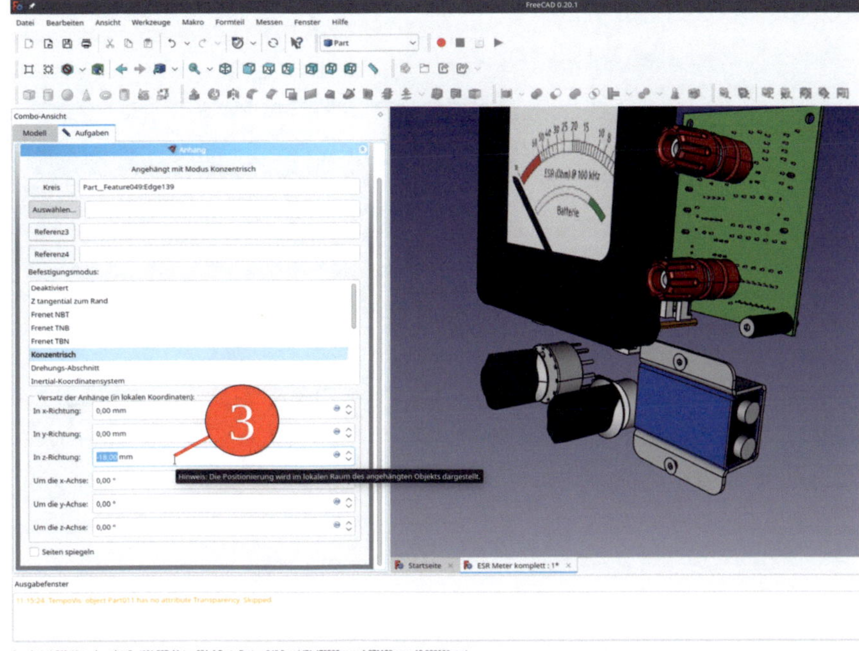


*Bild 7-67*

12. In der Baumansicht "Distanzstück 1" markieren und das Icon "Verknüpfung erstellen" anklicken. Den neuen Container in den Std-Part-Container "Leiterplatte komplett" ziehen und in "Distanzstück 2" umbenennen.

13. "Distanzstück 2" genau wie das erste Distanzstück in Schritt 11 positionieren, aber eine andere Befestigungsbohrung an der Platine wählen.

14. Auf die gleiche Weise noch zwei Distanzstücke auf die restlichen Befestigungsbohrungen positionieren (Bild 7-68).

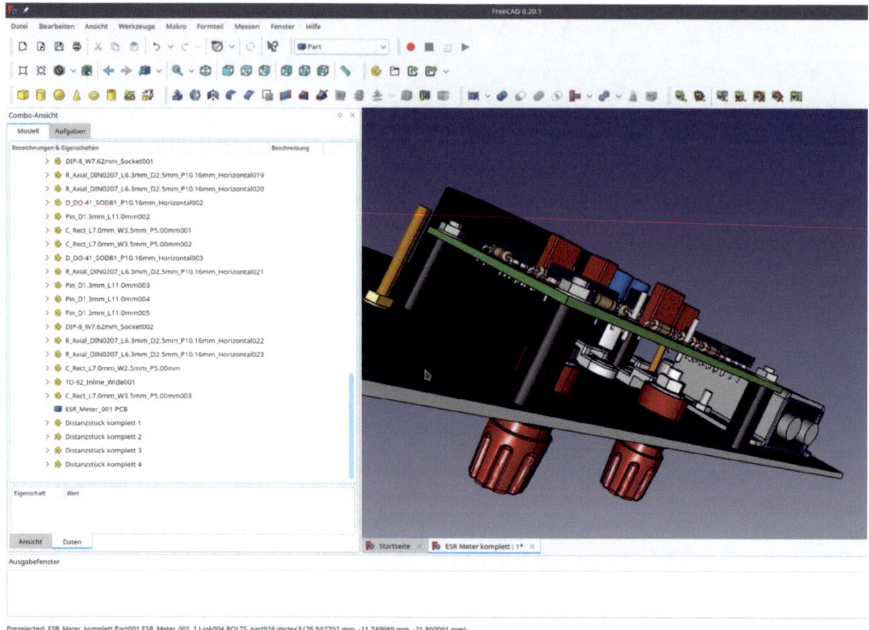

*Bild 7-68*

Es fehlen jetzt nur noch die vier Stützen, mit denen das Gerät im Gehäuse verankert werden soll. Es wird im Folgenden wieder die erste Stütze aus der externen Datei kopiert und eingefügt, die anderen drei als Verknüpfung erzeugt:

15. Die Datei "Distanzstück Gehäuse" im Verzeichnis "Beispielprojekte | ESR Meter | Einzelteile" öffnen. Den Std-Part-Container "Distanzstück Gehäuse komplett" durch Anklicken markieren und mit STRG-C kopieren. Im Auswahldialog die Standardwerte nicht verändern.

16. Das Dokument "ESR Meter komplett durch Doppelklick in der Baumansicht markieren und die neue Komponente mit STRG-V einfügen. Den neuen Std-Part-Container in den Std-Part-Container "ESR Meter komplett" ziehen und in "Distanzstück Gehäuse 1" umbenennen.

17. Das neue Distanzstück in der Baumansicht anklicken und in der Eigenschaftsliste die "Placement"-Parameter editieren: X = -75 mm, Y = -75 mm (Bild 7-69).

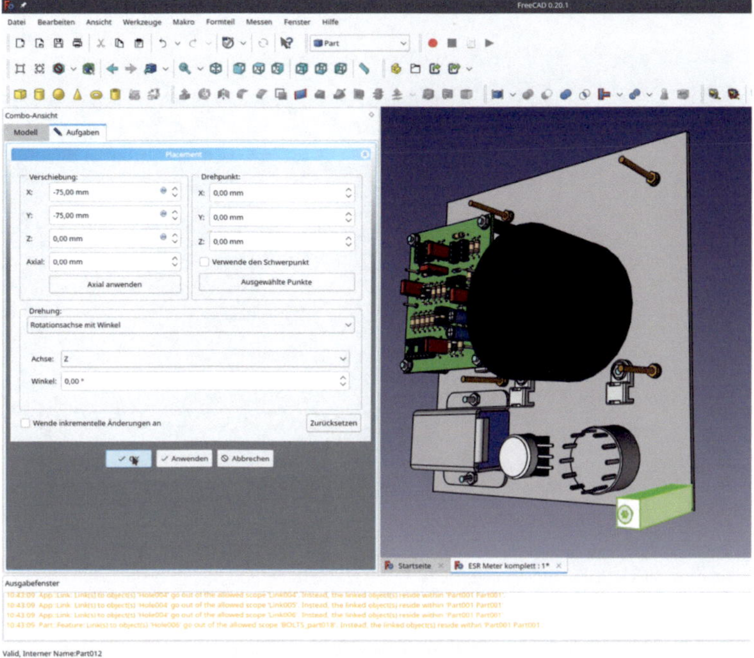


*Bild 7-69*

18. Das neue Distanzstück nochmals in der Baumansicht markieren und das Werkzeug "Verknüpfung erstellen" anklicken. Diesen Schritt kann man auch gleich noch zweimal wiederholen.

19. Die drei neuen Objekte in den Std-Part-Container "Frontplatte komplett" ziehen und in "Distanzstück Gehäuse 2,.., Distanzstück Gehäuse 4" umbenennen. Die "Placement"-Parameter so editieren, dass die Distanzstücke auf die restlichen Ecken verteilt werden (X, Y = ±75 mm, mit permutierten Vorzeichen, Bild 7-70).

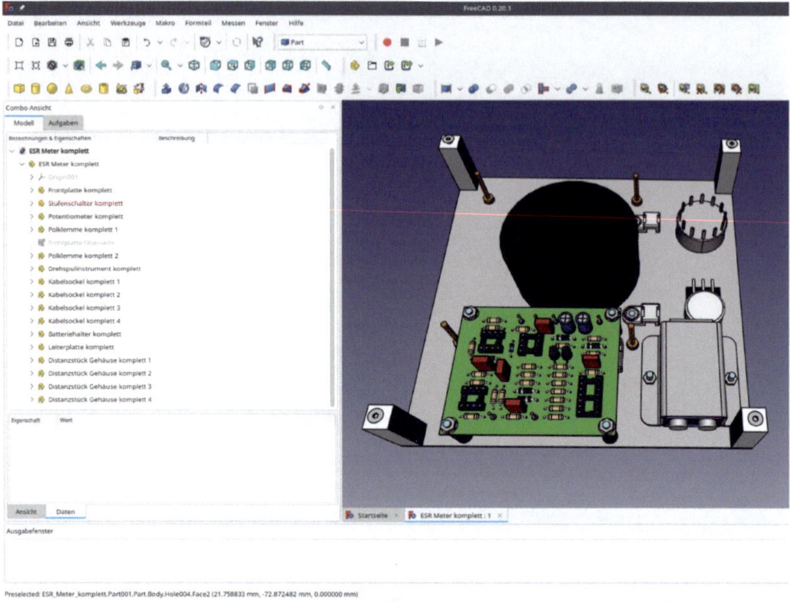

*Bild 7-70*

20. Für die Befestigungsbohrungen zunächst "Distanzstück Gehäuse 1" erweitern und die frontseitige Schraube mit der Leertaste ausblenden (die andren Schrauben folgen automatisch).

21. Den Körper "Frontblech" zum Aktivieren doppelklicken und mit der Leertaste ausblenden.

22. In die "Part-Design"-workbench wechseln.

23. Die Konturen der Bohrungen in den 4 Gehäuse-Distanzstücken in der 3D-Ansicht markieren und das grüne "Formbinder für Teilobjekt erstellen" -Icon anklicken (Bild 7-71).

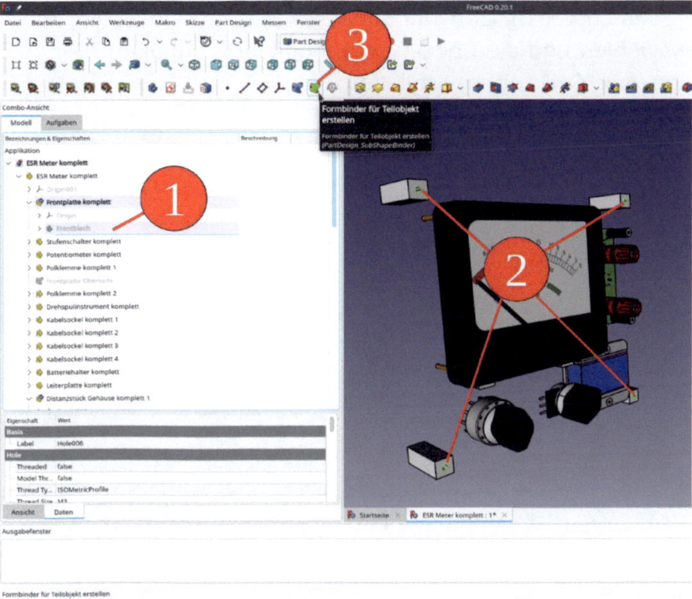


*Bild 7-71*

24. Den neuen Formbinder im Körper "Frontblech" in "Bohrungen Distanzstücke" umbenennen, die Eigenschaft "Make Face" auf "false" setzen und das Werkzeug "Bohrung" anklicken (Bild 7-72).

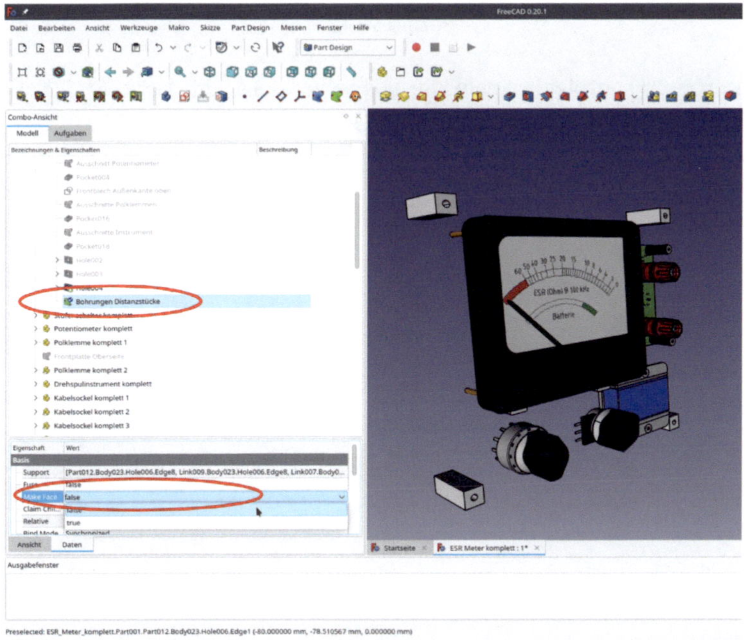


*Bild 7-72*

25. Im Aufgabenfenster für den Durchmesser 3,2 mm einsetzen, für die Tiefe "Durch alles" auswählen und die Checkbox "Umgekehrt" anhaken (Bild 7-73). Das Aufgabenfenster mit "OK" (oben) schließen.

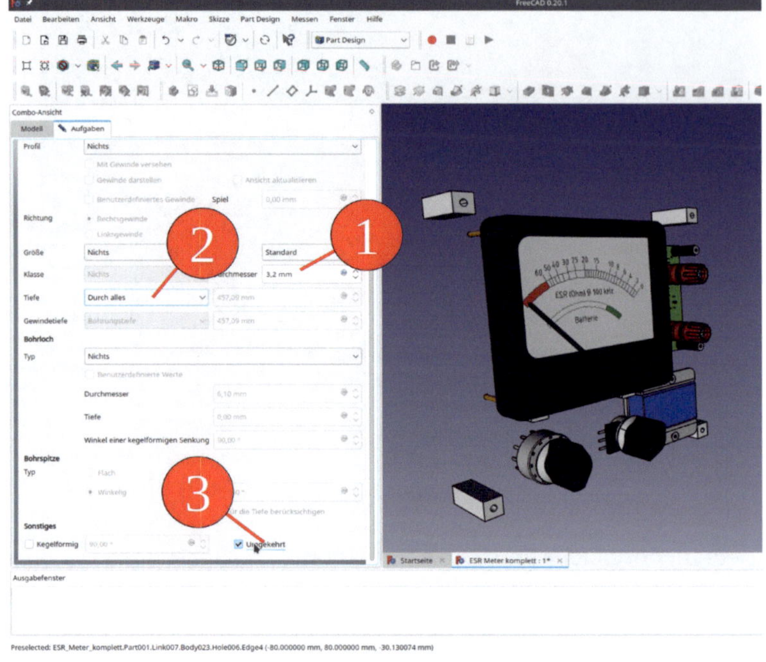


*Bild 7-73*

26. Den Körper "Frontblech sowie die ausgeblendete Schraube im "Distanzstück Gehäuse 1" wieder einblenden (Bild 7-74).

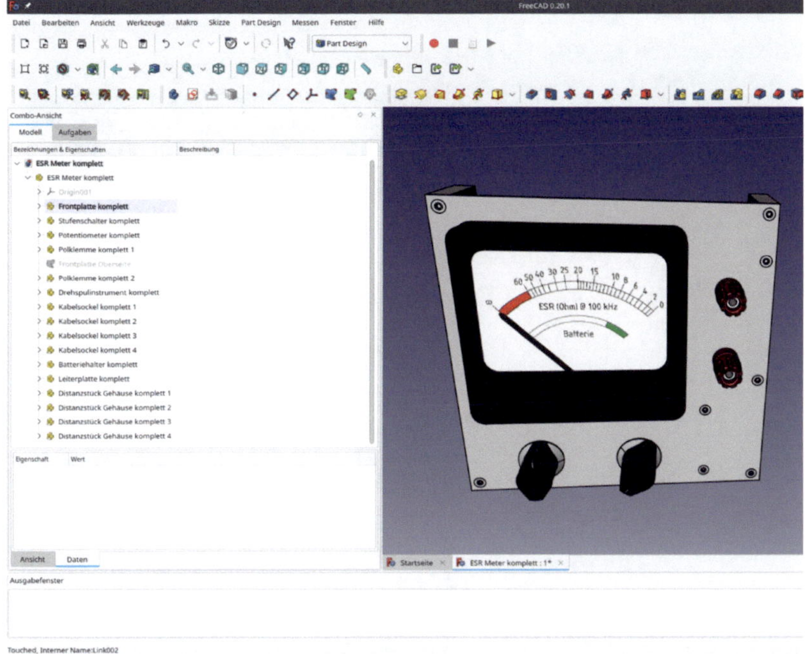

*Bild 7-74*

Damit ist das mechanische Design des ESR-Meters zunächst abgeschlossen. Es gibt noch einige Kleinigkeiten zu erledigen, die dem Leser überlassen bleiben sollen. Die Bohrungen tragen keine Kegelsenkungen; da einige davon von hinten angelegt wurden, ist das mit dem Werkzeug "Bohrung" auch nicht so leicht. Man würde es hier mit einer Formschräge versuchen oder die Einzelheit sogar aus der Konstruktion weglassen, da sie beim Fräsen stören könnte.

Einen kleinen Fehler haben wir aber in der Konstruktion bewusst eingebaut, um -zugegeben etwas schulmäßig, die Vorteile der Assoziativität zu demonstrieren: Wenn man das Gerät auf die Rückseite dreht, gibt es eine Kollision zwischen einem Kabelsockel und einem Distanzstück (Bild 7-75).

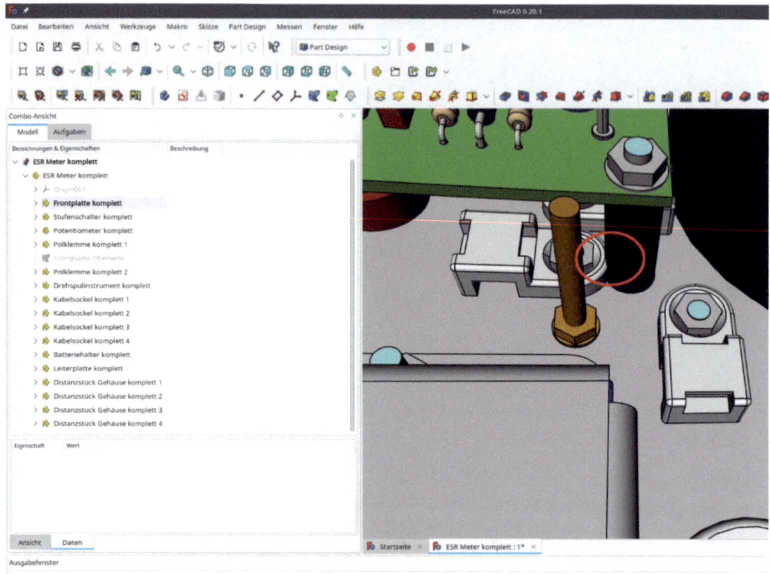

*Bild 7-75*

Die Leiterplatte kann man leicht durch Editieren des X-Wertes in den Placement-Parametern verschieben. Setzt man X = -121 mm, so passen alle Komponenten. Die Verschiebung der Platine nimmt dabei nach Anklicken des "Anwenden"-Buttons die Befestigungselemente und die Bohrungen in der Frontplatte mit (Bild 7-76).

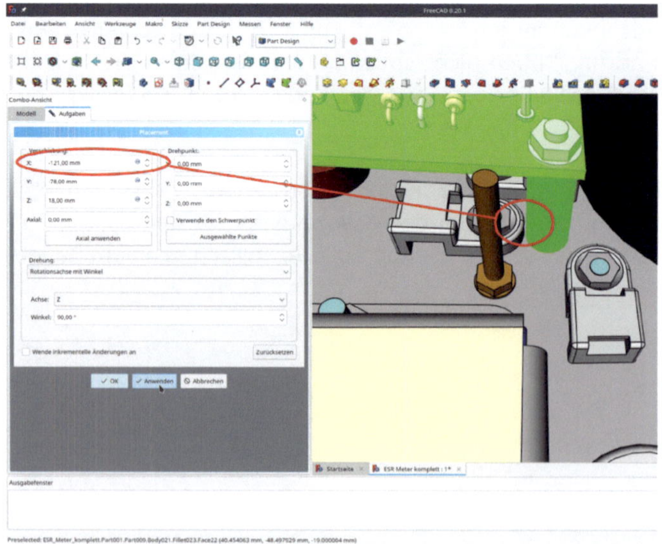

*Bild 7-76*

Dies triviale Beispiel mag hergeholt erscheinen, aber man bekommt einen Eindruck, was bei einer sinnvoll angelegten Baugruppe alles machbar ist.

# Kapitel 8 • Das Finish am Beispiel ESR-Meter

Für ein Gerät ist eine gute Beschriftung essentiell. Dazu gibt es verschiedene Möglichkeiten, z.B. Etiketten aus einem Etikettendrucker. Wenn man das Glück hat, über einige feine Fräser zu verfügen (z.B. D = 0,5 mm), ist eine später mit Farbe ausgefüllte Gravur dauerhafter. Auch Dienstleister, die sich auf Frontplattenfertigung spezialisiert haben, können solche Gravuren erstellen. Zudem, und das ist mit dem Etikettendrucker schwieriger, können Führungslinien etwas Übersicht bringen, z.B. bei der Bezeichnung der Stufenschalter-Stellungen.

## 8.1. Führungslinien zeichnen

### 8.1.1. Skizzen versus Path

Bei der Anlage von Elementen zur Gravur kommt es darauf an, welche Schnittstelle zur Maschine später besteht. Im Arbeitsbereich "Path" können Bahnen für die Fräsmaschine erzeugt werden. Das kann z.B. für die Herstellung von Taschen hilfreich sein, aber auch für die Planung komplexerer Fräsvorgänge.

Viele kleinere CNC-Fräsmaschinen, aber auch mechanische Werkstätten haben mittlerweile die Fähigkeit, selber Fertigungsdaten aus dxf-Dateien zu erzeugen. Dieser einfache Weg soll hier beschritten werden. Die Erstellung von Führungslinien vereinfacht sich damit auf das Zeichnen geeigneter Skizzen.

### 8.1.2. Führungslinien für den Stufenschalter

Bei Stufenschaltern ist es immer gut, wenn die Beschriftung einfach und klar einer Schalterstellung zugeordnet ist. Unser einfaches Beispiel des ESR-Meters käme vielleicht sogar noch ohne solche Beigaben aus. Spätestens wenn es eine Anzahl Stufenschalter gibt, die auch noch viele mögliche Stellungen haben, braucht man aber mehr Ordnung auf der Frontplatte.

Bei der Anlage der Skizzen sollte man daran denken, dass diese auf gegen Neunummerierung resistenten Objekten angebracht sind. Intuitiv die Oberseite der Frontplatte anzuklicken, reicht also nicht aus. Zum Glück haben wir eine Referenzebene "Frontplatte Oberseite" bereits eingerichtet. Auf diese platzieren wir alle weiteren Linien- und Beschriftungsobjekte.

1. Zunächst den Std-Part-Container "Stufenschalter komplett" ausblenden.

2. Den Körper "Frontblech" durch Doppelklicken aktivieren.

3. In der Baumansicht die Referenzebene "Frontblech Oberseite" markieren und den Sketcher aufrufen. Es wird also auf die Referenzebene skizziert.

4. Aus dem Hauptmenü "Ansicht | Orthogonal" und "Sketch | Abschnitt anzeigen" auswählen (Bild 8-1).

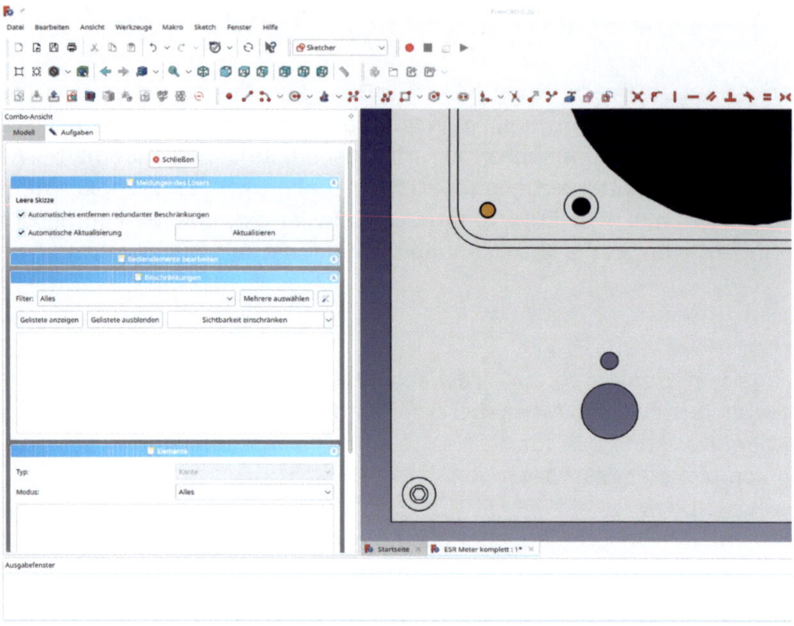


Bild 8-1

5. Das Werkzeug "Externe Geometrie" klicken und die große Bohrung für den Stufenschalter anklicken (Bild 8-2).

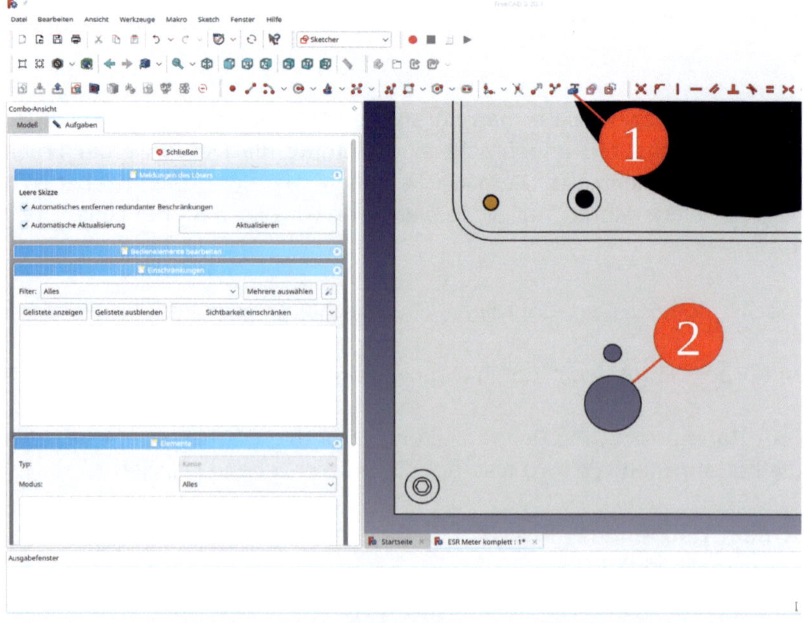


Bild 8-2

6. Zwei auf diese Bohrung zentrierte Kreise zeichnen. Einen Kreis in der Elementliste mit rechts anklicken und aus dem Kontextmenü die Einschränkung "Diameter Constraint" wählen (Bild 8-3). Den Durchmesser auf 38 mm setzen.

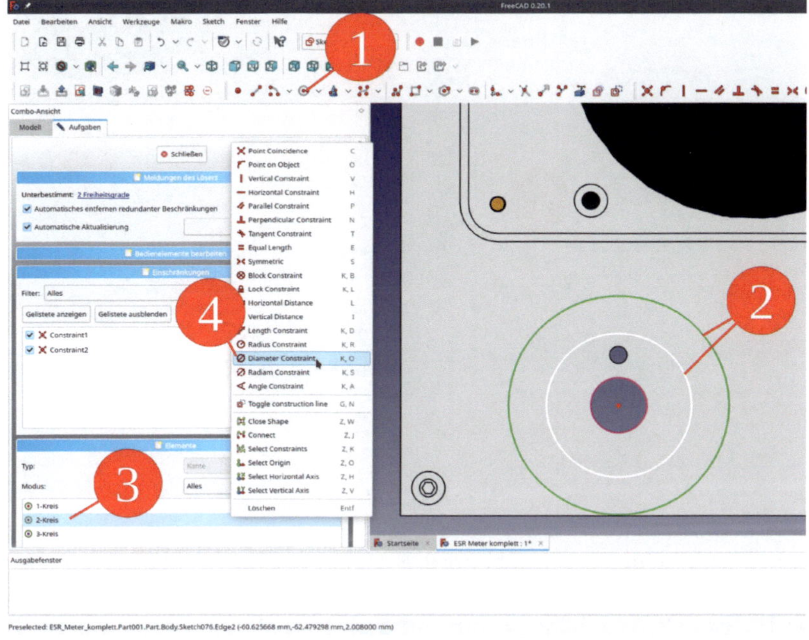


*Bild 8-3*

7. Den Durchmesser des zweiten Kreises in gleicher Weise auf 22 mm setzen.

8. Die beiden Kreise in der Elementliste markieren und mit Rechtsklick darauf das Kontextmenü öffnen. Daraus "Toggle Construction Line" wählen (Bild 8-4). Die Kreise erschienen jetzt in blauer Farbe, werden aber bei der späteren Skizze nicht mehr sichtbar sein.

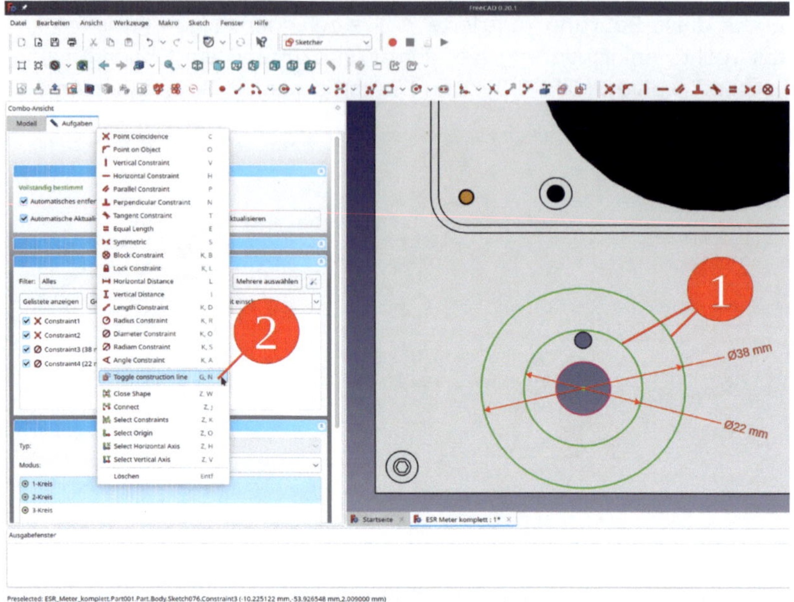


*Bild 8-4*

9. Vom Kreismittelpunkt ausgehend drei Linien zeichnen. Eine davon soll senkrecht sein (dann erscheint ein vertikales rotes Balkensymbol daneben). Um die Linie an den Mittelpunkt anzuhängen, gut mit dem Fadenkreuz zielen, bis der Mittelpunkt gelb wird. Gibt man sich keine Mühe, liegt der Anfangspunkt der Linie eventuell leicht daneben, was u.U. zu längerer Fehlersuche führt (Bild 8-5).

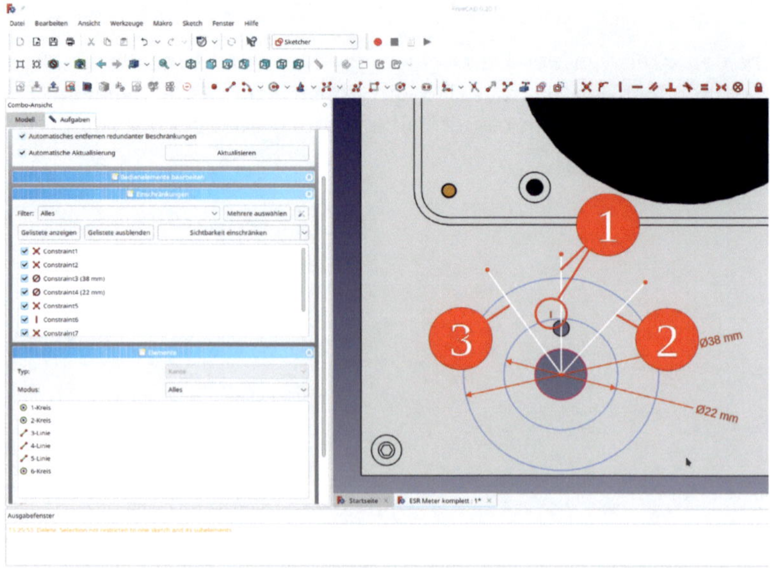


*Bild 8-5*

10. Die mittlere Linie und eine seitliche Linie anklicken (STRG gedrückt). In der Elementliste mit rechts auf eine der markierten Linien klicken und die Einschränkung "Angle constraint" wählen. Den Winkel auf 30° setzen. Mit der anderen seitlichen Line ebenso verfahren (Bild 8-6). Manchmal bockt der Sketcher und fordert einen auf, nur bestimmte Objekte für eine Einschränkung zu wählen. Dann war noch etwas anderes nicht abgewählt. In solchen Fällen einmal ins Leere klicken und nochmals wählen.

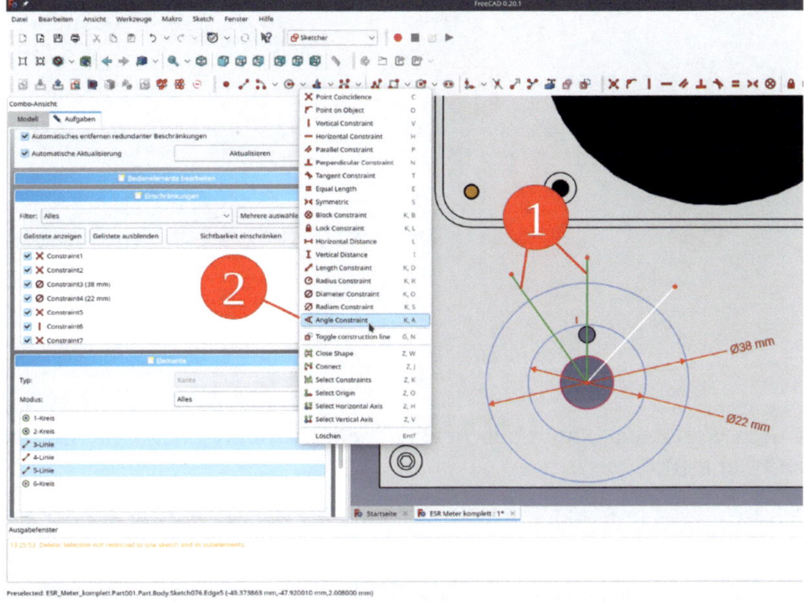


*Bild 8-6*

11. In der Elementliste die drei Linien markieren, rechts klicken und mit "Toggle Construction Line" zur Hilfsgeometrie erklären. Die Linien erscheinen dann ebenfalls blau (Bild 8-7).

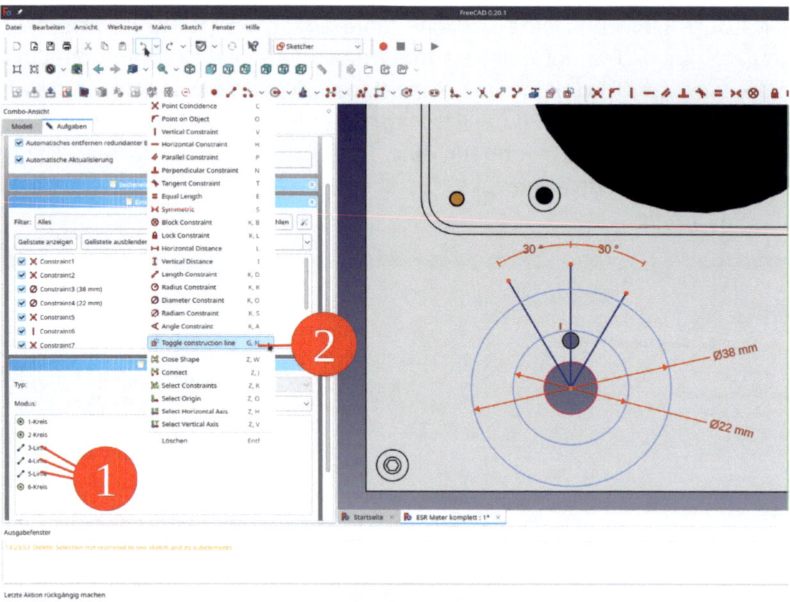


*Bild 8-7*

12. Mit dem Werkzeug "Kante zuschneiden" die überstehenden Teile der Linien trimmen (Bild 8-8).

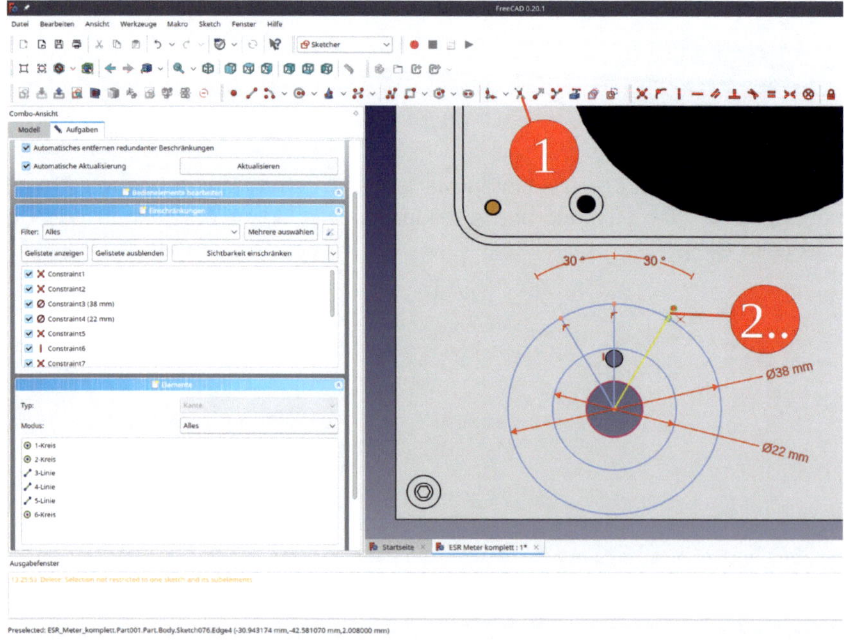


*Bild 8-8*

13. Jetzt drei Linien zeichnen, die an den äußeren Punkten der Hilfslinien anfangen und auf dem inneren Kreis enden. Die genaue Orientierung der Linien ist noch nicht wichtig (Bild 8-9).

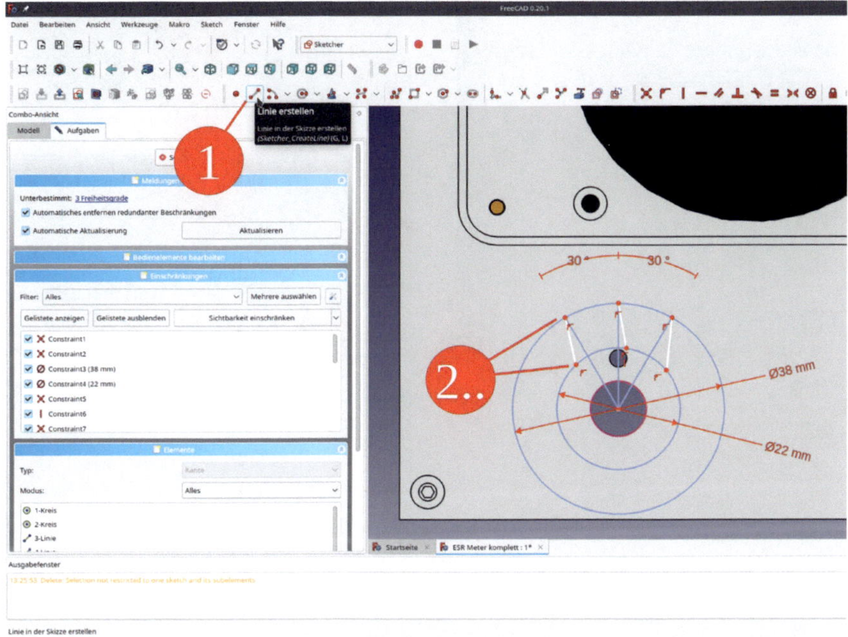


*Bild 8-9*

14. Je eine neu gezeichnete Linie sowie die dazugehörige Konstruktionslinie wählen und die Einschränkung "Parallelität erzwingen" anklicken (Bild 8-10). Das Ergebnis zeigt Bild 8-11.

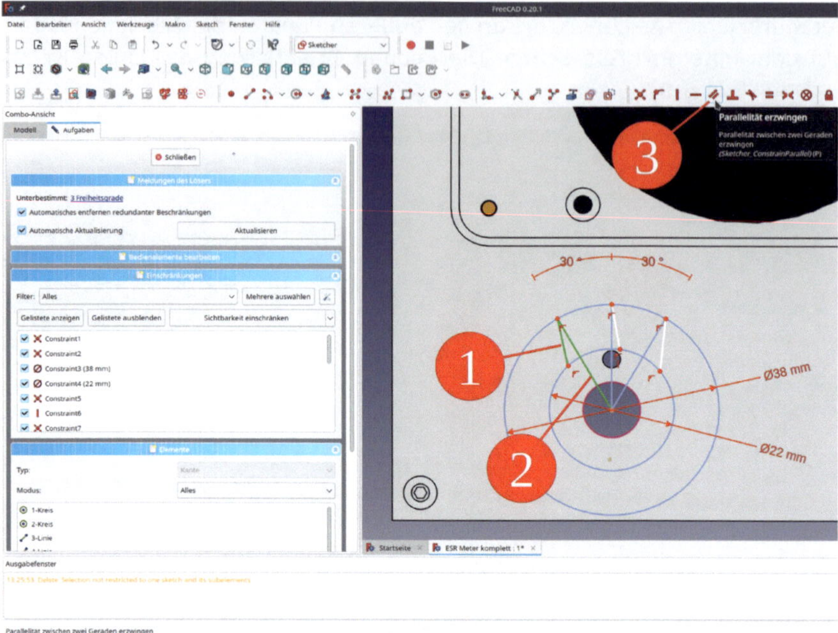


Bild 8-10

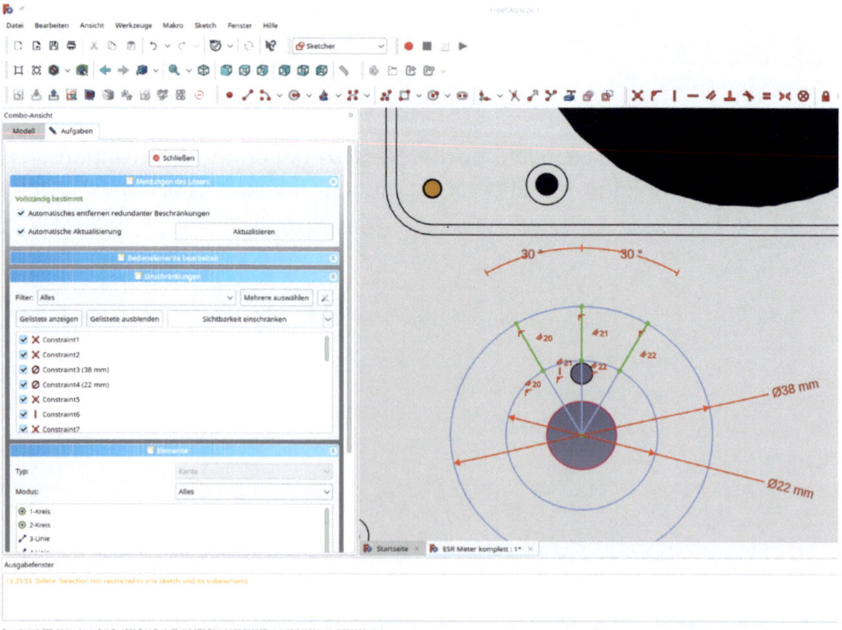


Bild 8-11

Die gleichzeitige Anwahl zweier Einschränkungen (z.B. parallel zur Hilfslinie und auf dem Kreis) ist mit der Maus sehr schwierig. Weiterhin hat die Hilfsgeometrie die Anlage der drei Linien stark vereinfacht. Hätte man versucht, die Linien ohne die Hilfsgeometrie zu zeichnen, wäre das Festlegen der Einschränkungen um einiges komplizierter geworden.

15. Zwei waagrechte Linien in Fortsetzung der seitlichen Führungslinien einzeichnen. Dies gelingt gut, nachdem man mit dem Fadenkreuz auf den Endpunkt der Hilfslinie gezielt hat, bis dieser sich gelb verfärbte. Dann kann man die Linie ziehen und variieren, bis das rote "waagrecht" Symbol daneben erscheint.

Den Zeichenbefehl mit einem Rechtsklick beenden.

16. Eine der beiden waagrechten Linien markieren und deren Länge mit der Einschränkung "Horizontalen Abstand festlegen" auf 7 mm setzen (Bild 8-12).

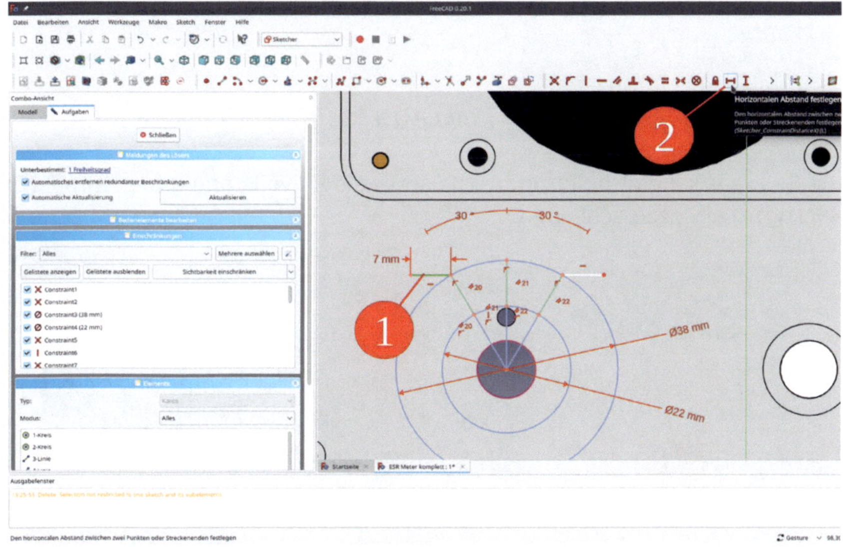


*Bild 8-12*

17. Beide horizontalen Linien markieren und die Einschränkung "Gleichheit festlegen" auf die gleiche Länge bringen (Bild 8-13).

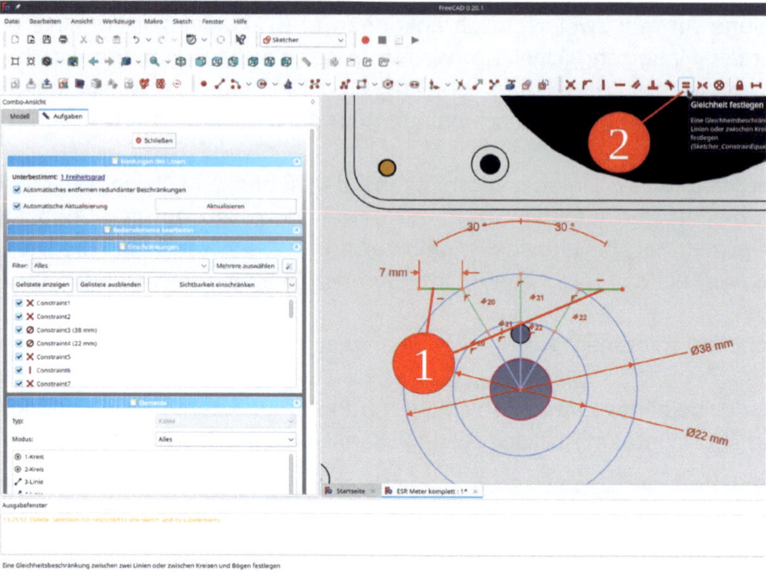

Bild 8-13

18. Die Skizze erscheint hellgrün, der Löser meldet "vollständig bestimmt" (Bild 8-14) – fertig! Die Skizze schließen.

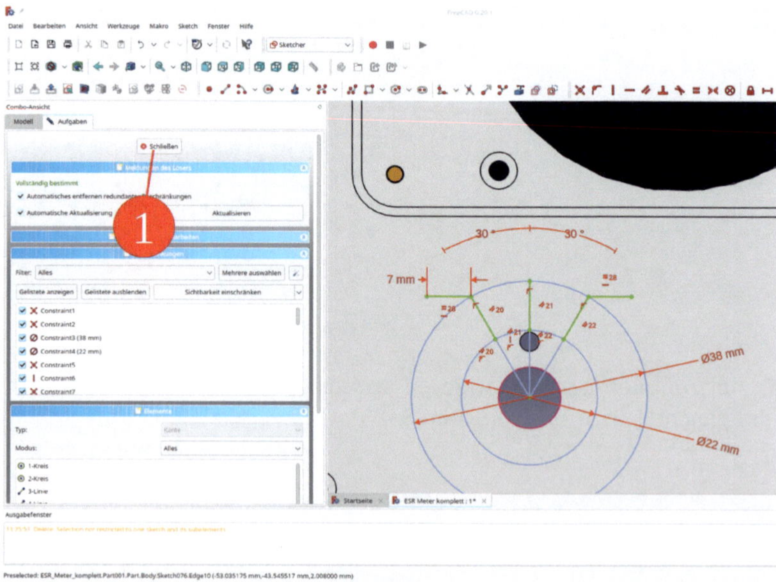

Bild 8-14

Man kann jetzt den "Stufenschalter komplett" wieder einblenden. Mancher Leser mag sich daran stören, dass sich die Führungslinien unter dem Drehknopf fortsetzen. Dank der Hilfsgeometrie ist es aber sehr einfach, dies zu ändern:

19. Die neue Skizze im Körper "Frontblech" nochmals mit Doppelklick öffnen. Auf die Zeile "Durchmesser Constraint (22 mm) klicken und im erscheinenden Dialog (Bild 8-15) eine größere Zahl (z.B. 26 mm) einsetzen. Durch die simultane Anzeige mit dem Drehknopf lässt sich der Durchmesser gut optimieren.

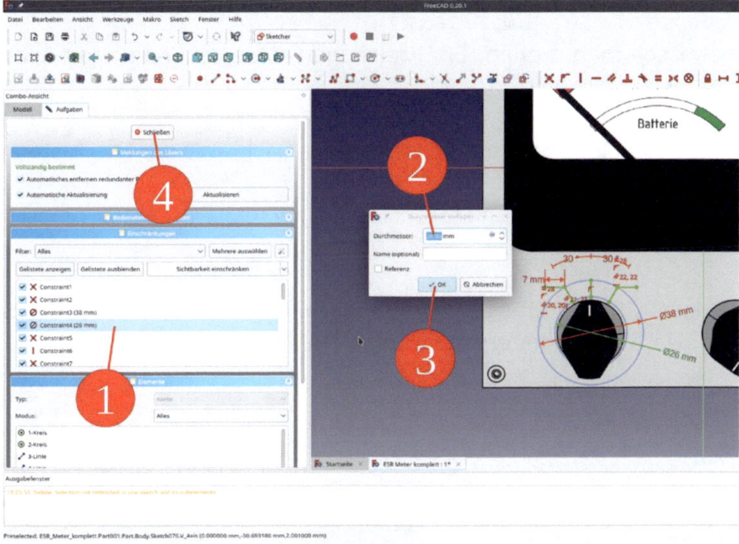


*Bild 8-15*

20. Die Skizze im Körper "Frontblech" in "Führungslinien Stufenschalter" umbenennen (Bild 8-16).

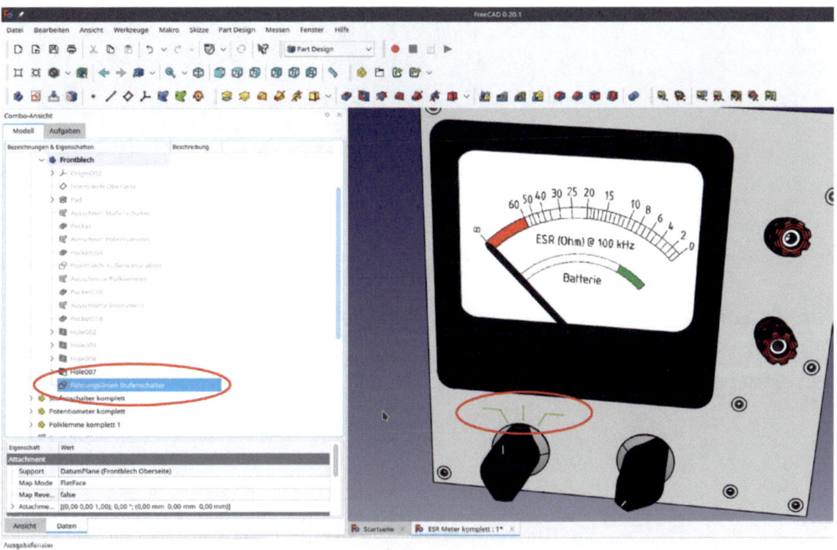


*Bild 8-16*

Die Skizze erscheint auch auf Ansichten in der "TechDraw"-workbench, solange sie eingeblendet ist. Damit steht sie für den dxf-Export zur Verfügung. Weiterhin ist die Skizze auch assoziativ mit der Position des Stufenschalters verknüpft, da wir die Kante des Frontplattenausschnitts als externe Geometrie gewählt haben.

### 8.1.3. Führungslinie für das Potentiometer

Das Potentiometer soll man drehen. Ein Kreisbogen mit zwei Endmarken gibt dem Nutzer einen selbsterklärenden Hinweis darauf.

1. Das "Potentiometer komplett" in der Baumansicht mit der Leertaste ausblenden.

2. Wiederum die Referenzebene "Frontblech Oberseite" in der Baumansicht markieren und den Sketcher starten.

3. Das Werkzeug-Icon "Externe Geometrie" anklicken und die Kante der Befestigungsbohrung des Potentiometers auswählen (Bild 8-17).

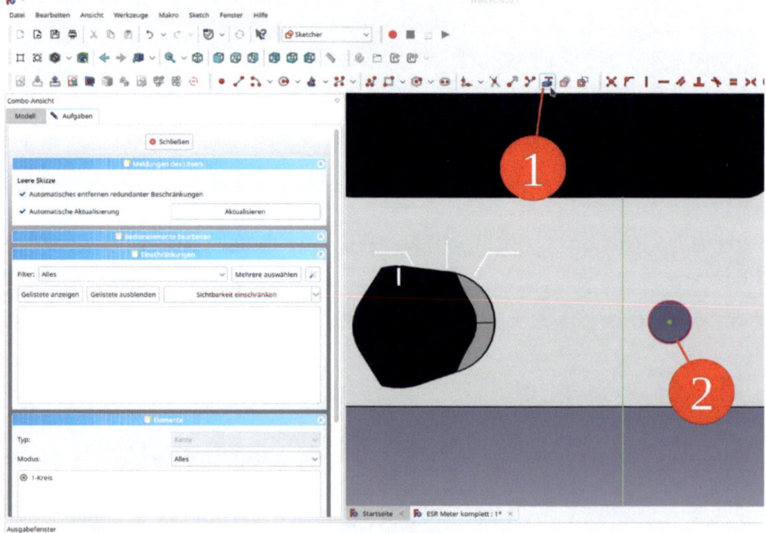


*Bild 8-17*

4. Wie im vorigen Abschnitt, Schritt 6 und 7, zwei auf den Ursprung des Hilfskreises zentrierte Kreise zeichnen. Den einen auf einen Durchmesser von 27 mm setzen, den anderen auf 33 mm (Bild 8-18).

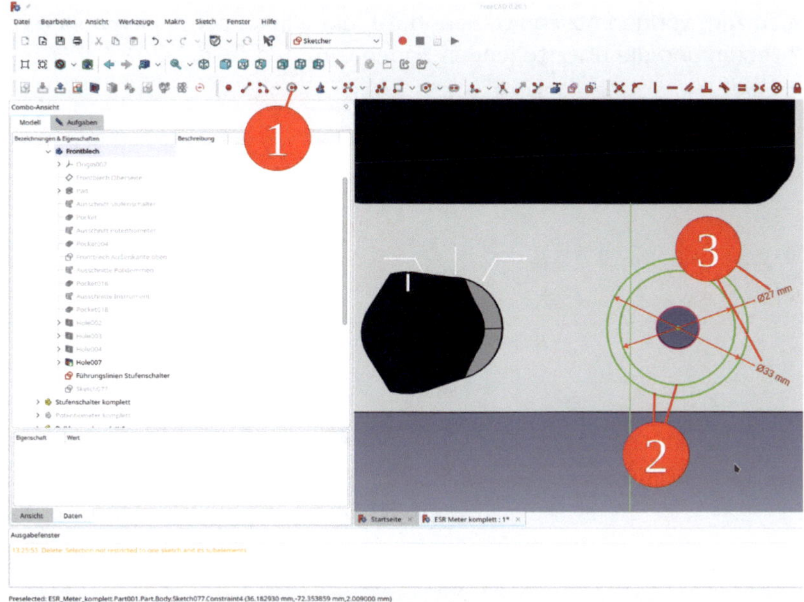


*Bild 8-18*

5. Drei vom Ursprung des Hilfskreises ausgehende Linien einzeichnen. Eine davon senkrecht orientieren (Bild 8-19).

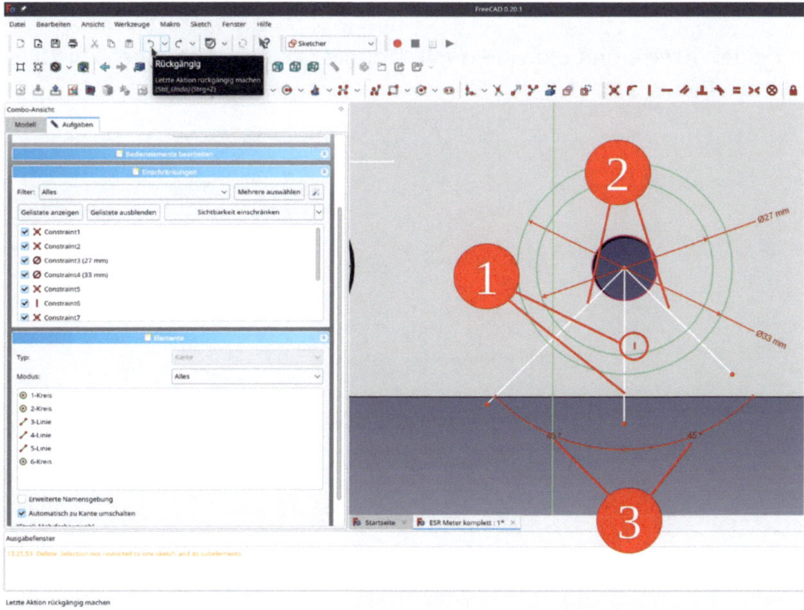


*Bild 8-19*

6. Analog zum vorigen Abschnitt, Schritt 10, die Winkel der beiden äußeren Linien auf 45° setzen und die überstehenden Enden trimmen (Bild 8-20).

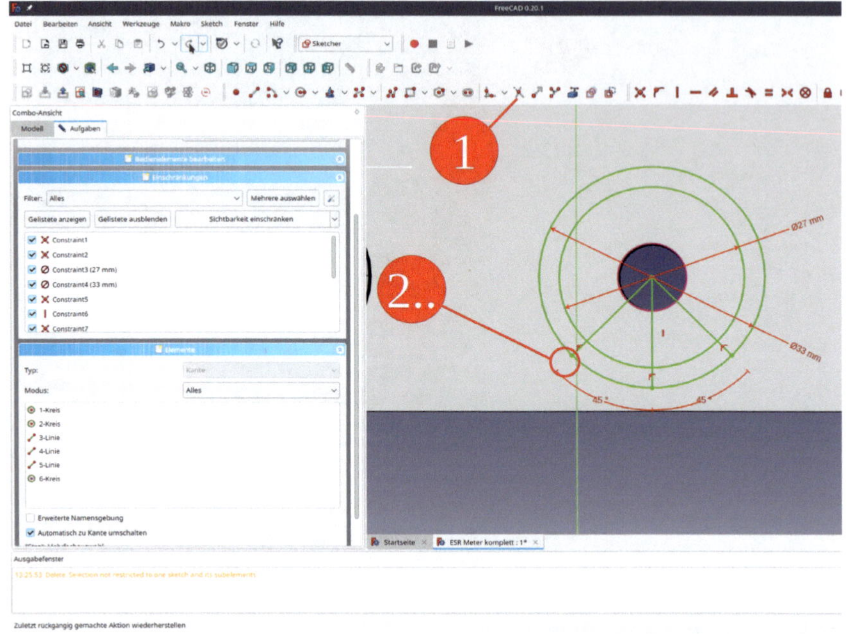


*Bild 8-20*

7. Die beiden Kreise und die Linien mit "Toggle Construction Line" zur Hilfsgeometrie erklären (Bild 8-21).

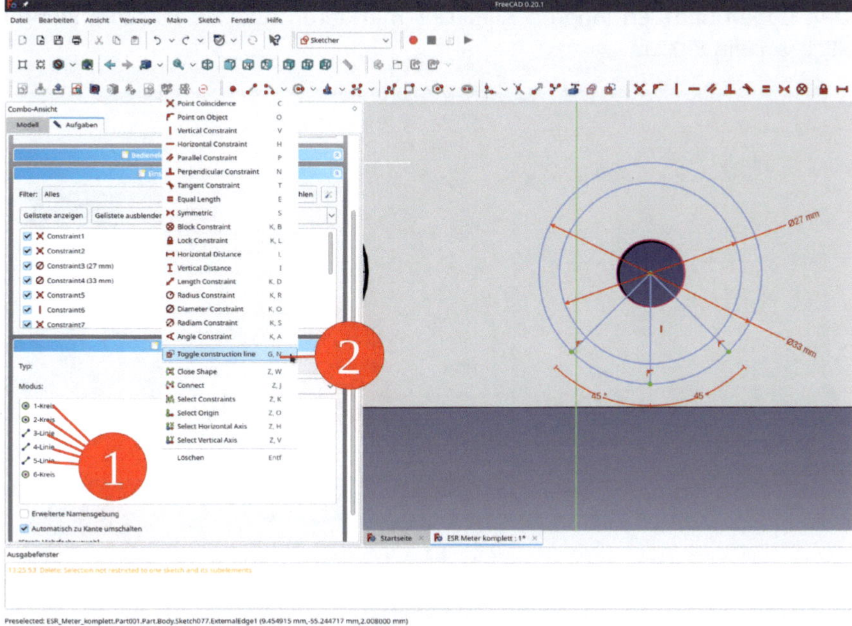


*Bild 8-21*

8. Mit dem Werkzeug "Bogen erstellen" einen auf den Ursprung zentrierten Kreisbogen zeichnen, der auf der linken Hilfslinie beginnt und auf der rechten endet. Der Durchmesser des Bogens ist dabei nicht wichtig (Bild 8-22).

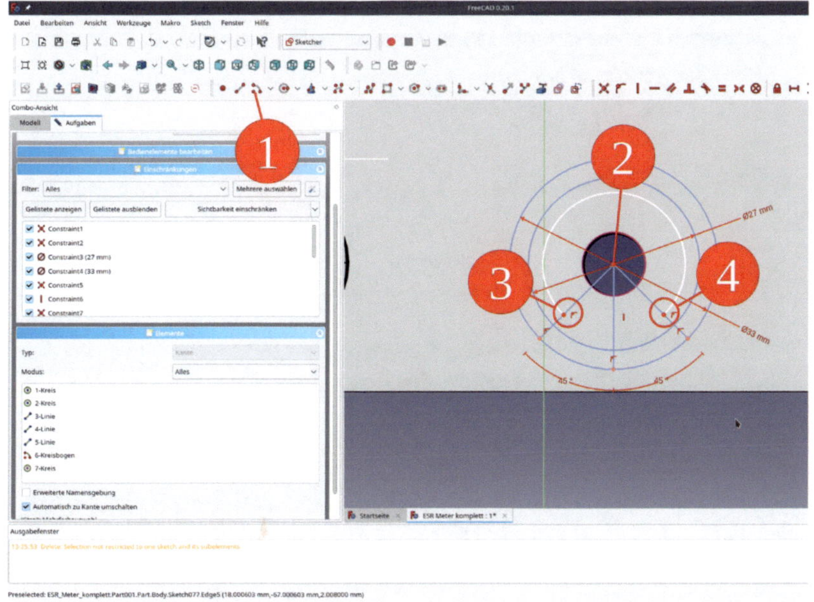


*Bild 8-22*

9. Den Bogen und den inneren Hilfskreis markieren und die Einschränkung "=" anklicken (Bild 8-23).

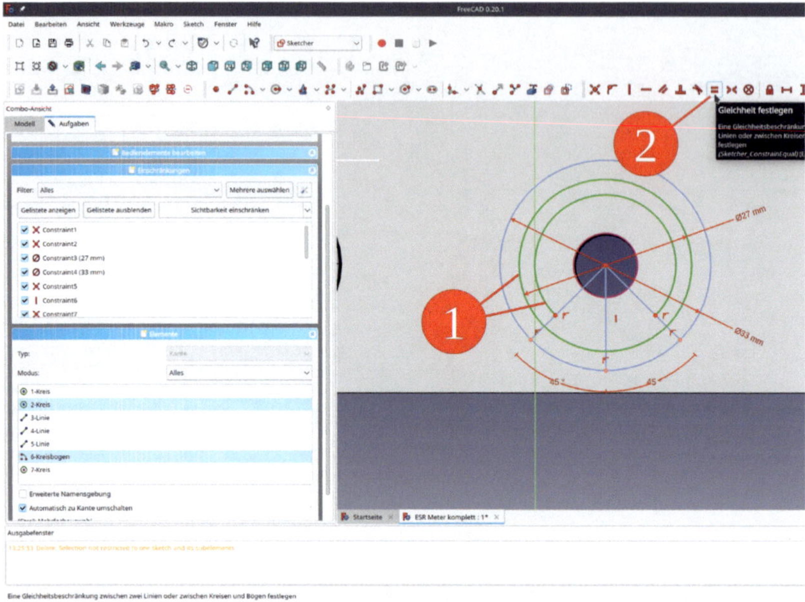


*Bild 8-23*

10. Zwei Linien als Endmarken zwischen die korrespondierenden Punkte einzeichnen (Bild 8-24).

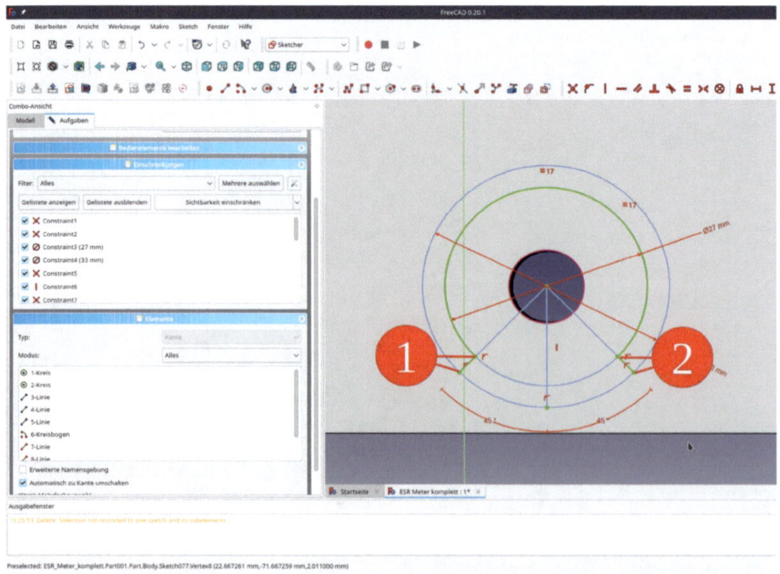


*Bild 8-24*

11. Die Skizze schließen und in "Führungslinie Potentiometer" umbenennen. Das "Potentiometer komplett" wieder einblenden (Bild 8-25).

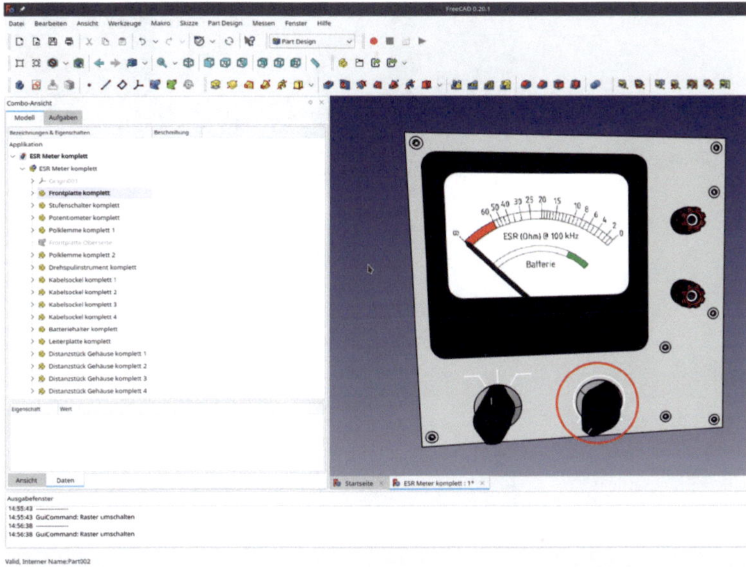


*Bild 8-25*

Damit haben wir schone eine gute Struktur der Frontplattenbeschriftung vorbereitet. Es fehlt nur noch geeigneter Text.

## 8.2. Textgravuren erzeugen

Für Textgravuren bietet FreeCAD Funktionen in der "Draft"-workbench an. Wenn man in die "Draft"-workbench wechselt, wird automatisch ein Hilfsgitter eingeblendet. Man kann es später wieder ausblenden, aber die Möglichkeit liegt etwas versteckt (Bild 8-26, Ziffer 2) im Werkzeugmenü. Beim Aufrufen der "Draft"-workbench darauf achten, dass die Orientierung der 3D-Ansicht korrekt eingestellt ist, sonst liegt das Hilfsgitter (und damit die Zeichenebene) nicht orthogonal zum aktuellen Blickwinkel. Hat man nicht darauf geachtet, kann man die Orientierung des Gitters auch noch nachträglich einstellen (Bild 8-26, Ziffer 3).

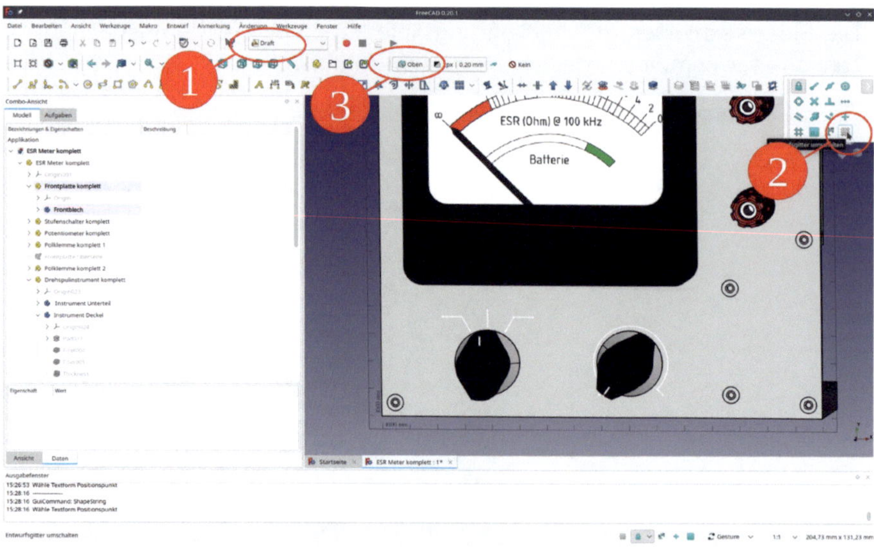

*Bild 8-26*

Text kann man mit dem Werkzeug "Form von Text" (ShapeString) erzeugen. Dies tun wir jetzt für alle Bedienelemente:

1. Das Werkzeug "Form von Text" (Bild 8-27) aufrufen.

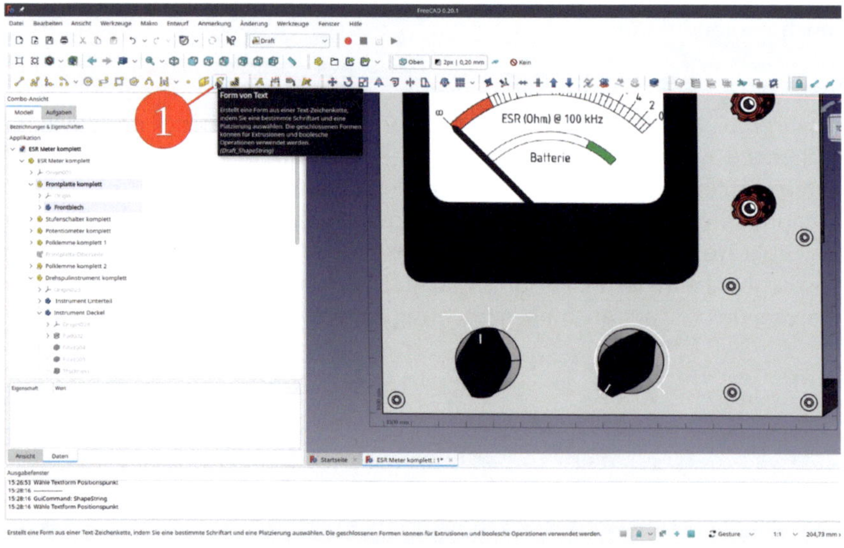

*Bild 8-27*

2. Im Aufgabenfenster für die Zeichenkette "Batt." eingeben, und für die Zeichenhöhe 6,5 mm. Für den Versatz in Z-Richtung 2 mm (für die Frontplattenstärke) einsetzen.

3. Als Besonderheit benötigt man eine Schriftartendatei. Diese bekommt man z.B. als ttf-Datei. Auf openSuse-Linux-Systemen findet man diese z.B. im Verzeichnis "usr/share/fonts/truetype. Für dies Projekt ist die Datei "LiberationSans-Regular.ttf" im Einzelteilverzeichnis enthalten.

4. Mit der Maus in etwa an die Stelle auf der Frontplatte klicken, wo der Text erscheinen soll, und das Aufgabenfenster mit "OK" schließen (Bild 8-28, Schritt 5).

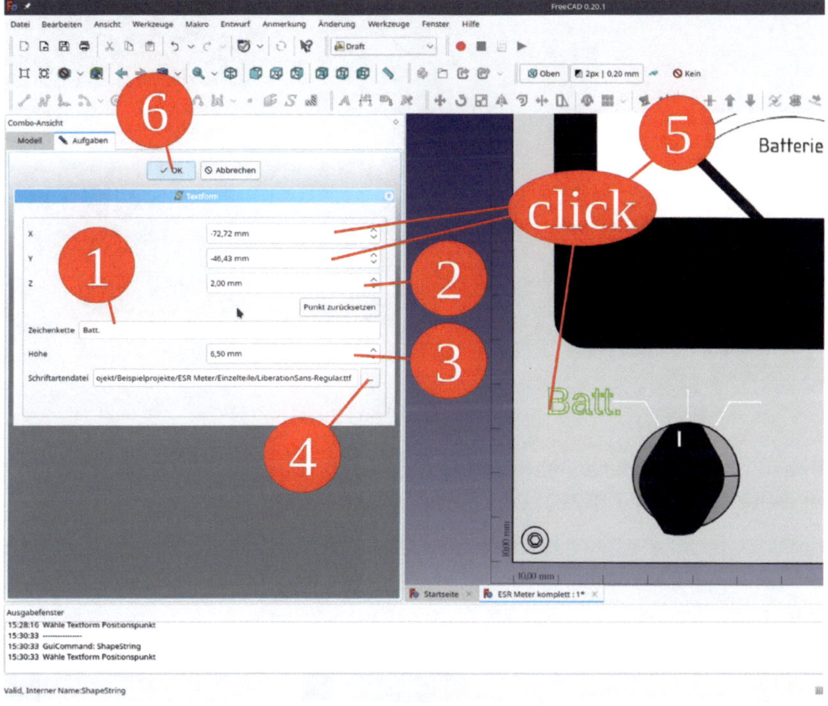


*Bild 8-28*

5. In der Eigenschaftsliste die "Placement"-Parameter des neuen ShapeStrings editieren. X und Y so lange verschieben, bis eine befriedigende Orientierung der Beschriftung erreicht ist. Das Aufgabenfenster mit "OK" schließen (Bild 8-29).

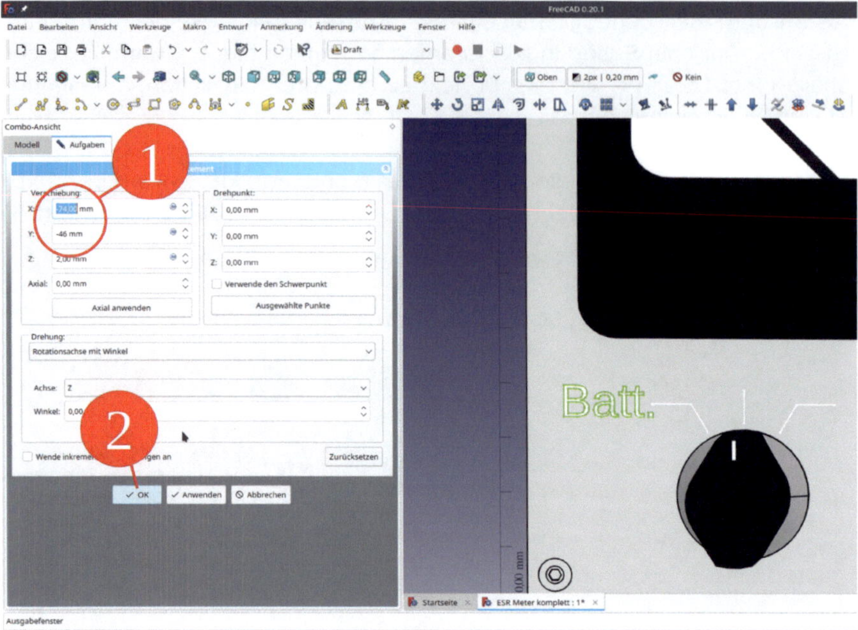


*Bild 8-29*

6. Ebenso an der mittleren Markierung die Beschriftung "OFF" anbringen, an der rechten Seite "ON" (Bild 8-30). Das Gitter ausblenden.

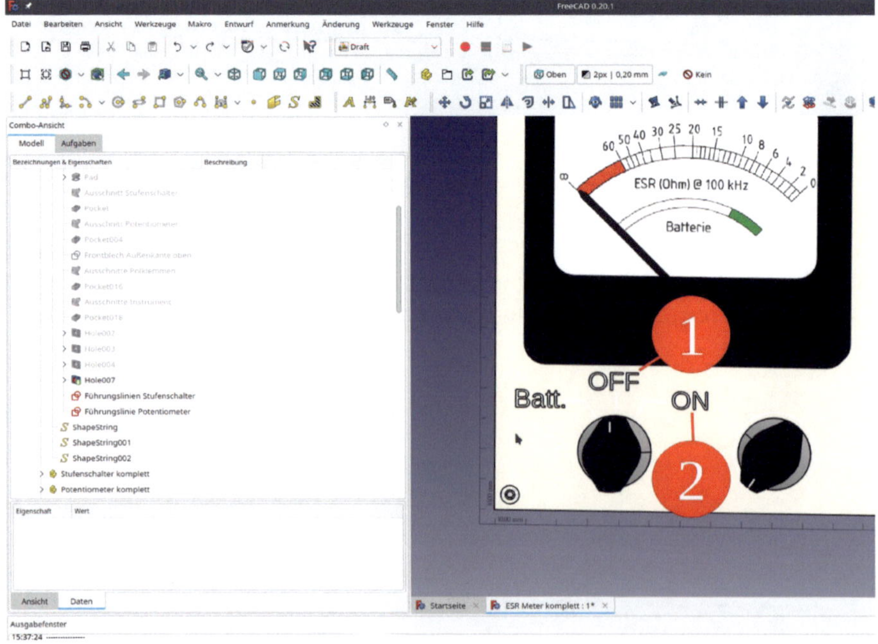


*Bild 8-30*

7. Über dem Potentiometer den Schriftzug "Set Zero" anbringen (Bild 8-31).

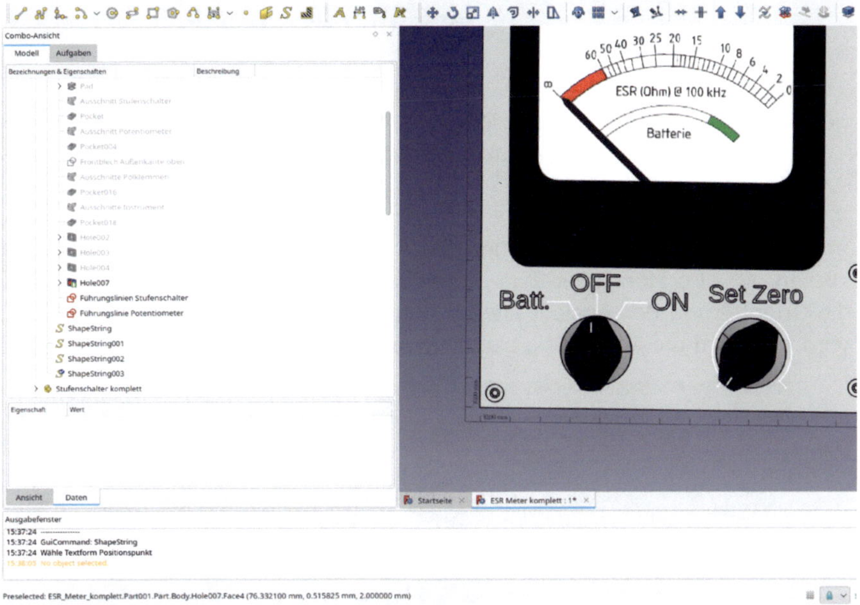

Bild 8-31

8. Zwischen den Polklemmen die Zeichen "C" und "x" unterbringen (Bild 8-32).

Dabei sollte das kleine "x" als tiefgestellter Index positioniert werden,

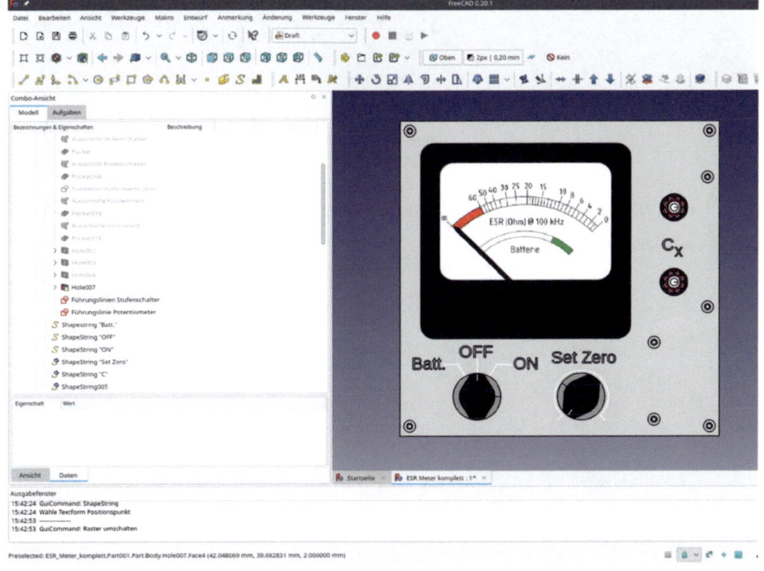


Bild 8-32

Das ESR-Meter ist jetzt fertig gestellt.

## 8.3. Anlage einfacher Zeichnungsblätter – dxf-Export

### 8.3.1. TechDraw

Wie bereits beim Batteriehalter beschrieben, kann man jetzt zur "TechDraw" workbench wechseln und eine Ansicht der Frontplatte erzeugen. Diese lässt sich durch Rechtsklick in eine dxf-Datei exportieren:

1. In der 3D-Ansicht die Orientierung "Top" wählen (auf den Steuerwürfel rechts oben klicken oder im Menü das Icon "Oben" anklicken (Bild 8-33). Dies ist wichtig, da die Orientierung der Ansicht wieder gegeben wird. Ist die Ansicht auch nur leicht verdreht, wird die Zeichnung als 2D-Projektion nicht mehr maßhaltig sein!

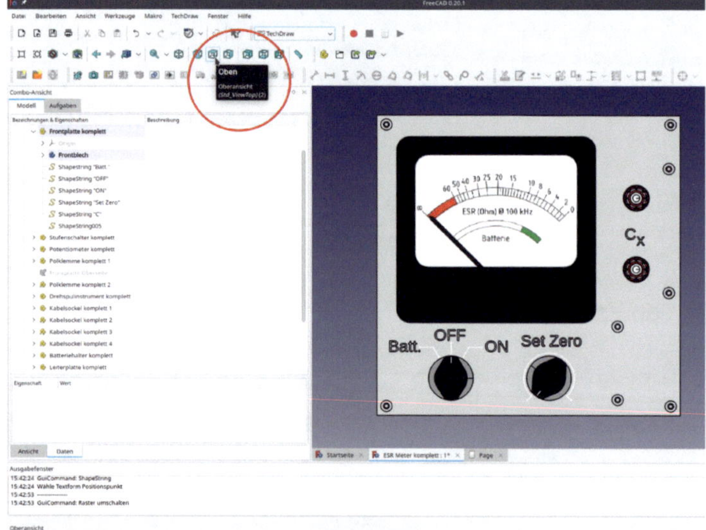


*Bild 8-33*

2. Zur "TechDraw"-workbench wechseln. "Neues Zeichnungsblatt aus einer Vorlage erstellen" anklicken (Bild 8-34).

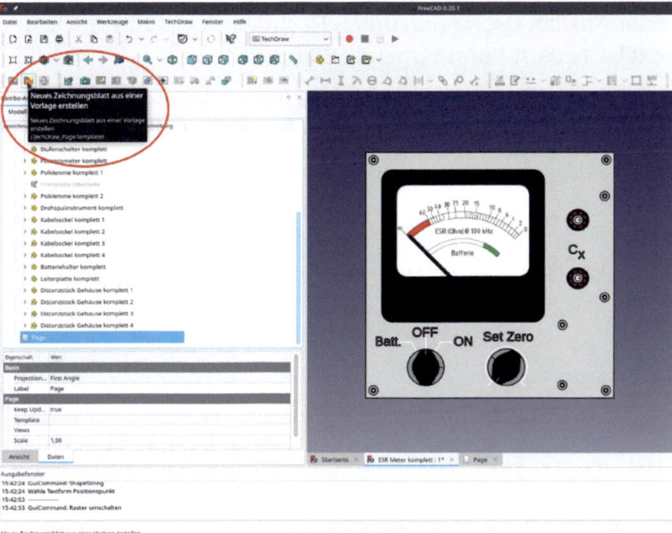

*Bild 8-34*

3. Als Vorlage "A3 Landscape blank" wählen.

4. In der Baumansicht muss "Frontplatte komplett" aktiviert sein (falls nicht, Doppelklick).

5. Das Werkzeug-Icon "Neue Ansicht" anklicken. Die aktuelle Ansicht des Frontblechs wird eingefügt. Rechts daraufklicken und aus dem Kontextmenü "Rahmen umschalten" auswählen, um den Rahmen um die Ansicht auszublenden (Bild 8-35).

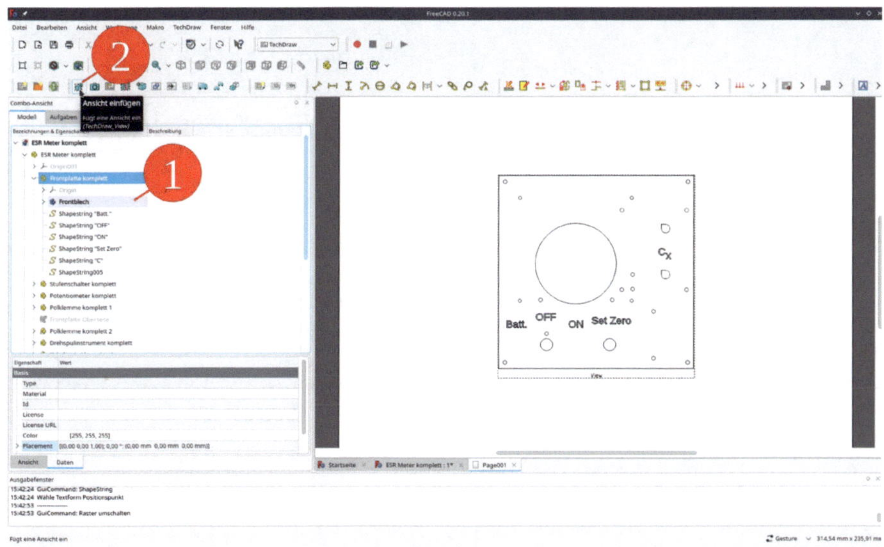

*Bild 8-35*

6. Der Export der Ansicht geling nun durch Rechtsklick darauf, sowie der Auswahl "Export nach dxf" aus dem Kontextmenü (Bild 8-36).

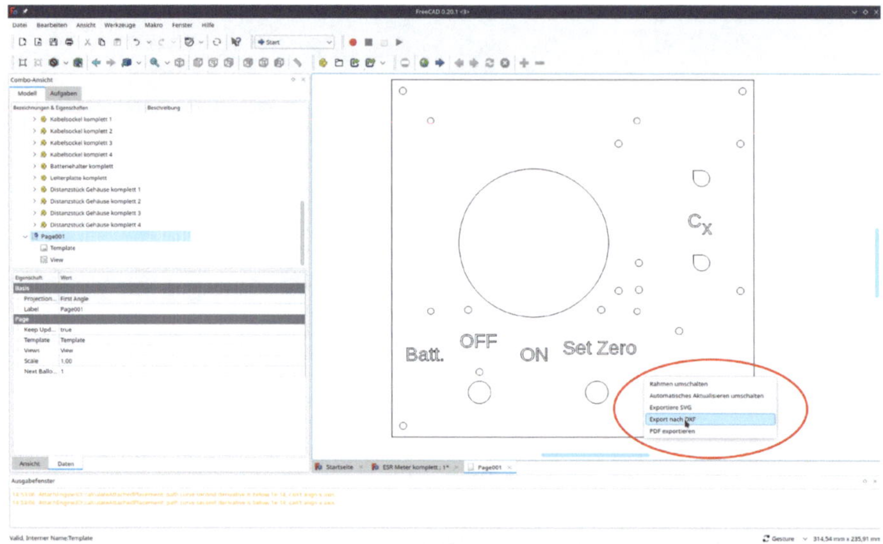


*Bild 8-36*

Damit ist unser erstes FreeCAD-Projekt für die Fertigung vorbereitet. Die nächsten Abbildungen zeigen, dass es nicht bei der Theorie bleiben muss! Die vorher hineingesteckte Mühe wird durch einen reibungslosen Zusammenbau ohne Kollisionen und andere Überraschungen belohnt (Bild 8-37; 8-38; 8-39; 8-40).

*Bild 8-37*

*Bild 8-38*

*Bild 8-39*

*Bild 8-40*

# Kapitel 9 • Ein komplexeres Design: Der Experimentiertrafo

Mit den Mitteln aus den vorigen Kapiteln haben wir jetzt alles beieinander, um ein vollständiges Gerät zu konstruieren. Ein Gerät besteht oft aus einer Frontplatte, einer Rückwand (auch eine Frontplatte, nur von hinten gesehen) und einem Chassis dazwischen. Das Chassis kann eine Leiterplatte tragen, oder weitere Unterbaugruppen, die – ganz selbstähnlich – wieder so strukturiert sind, wie das Gerät selber. Schließlich kommt eine Hülle um das ganze Werk, um es vor neugierigen Fingern und Staub zu schützen.

Als Beispiel wird - etwas schulmäßig - ein Experimentiertrafo verwendet. Auch in der Ära der Schaltnetzteile kann er noch sinnvoll bei Entwicklungsarbeiten aushelfen.

Für den Experimentiertrafo werden mehrere Bauteile benötigt. Einige davon werden in den Anhängen A bis G erzeugt. Diese Beispiele sowie die restlichen Teile finden sich im Einzelteilverzeichnis des Projektes, so dass gleich mit der Anlage der Konstruktion begonnen werden kann.

Um die Dinge übersichtlich zu behalten, erzeugen wir Frontplatte, Rückwand und Chassis zunächst in eigenen FreeCAD-Dateien. Mit robusten Referenzen versehen kann man die enthaltenen Std-Part-Container, genau wie beim ESR-Projekt, später mit cut-and-paste in das Gerätedesign einfügen.

## 9.1. Frontplatte

An der Frontplatte sollen sich natürlich die sekundärseitigen Ausgangsbuchsen des Trafos befinden. Mit Hinblick auf die Verdrahtung wäre es für kurze Leitungen sinnvoll, dass Netzschalter und Betriebsanzeige an der Rückwand liegen.

Diese Anordnung ist aber bei der Benutzung im Experiment nicht unbedingt die beste, wo man im Gewusel auf dem Tisch die Netzkontrollleuchte leicht aus dem Auge verliert oder gerne schnell etwas abschalten möchte, ohne um den Testaufbau herumtasten zu müssen.

Mit FreeCAD kann man verschiedene Konstellationen leicht ausprobieren. Daher können wir der späteren Benutzbarkeit den Vorzug geben und legen Netzschalter und Kontrollleuchte auch mit nach vorne. Ob geeignete Verdrahtungswege existieren, zeigt uns dann das 3D-Modell.

### 9.1.1. Datei und Std-Part-Container vorbereiten

1. Eine neue FreeCAD-Datei starten und als "Trafo Frontplatte" abspeichern. In diesem Dokument einen Std-Part-Container "Trafo Frontplatte komplett" anlegen. Hier kommen alle Anbauteile mit hinein. (Dieser Container wird später beim Zusammenbau kopiert und in das Gerät eingefügt).

2. In diesem Container wiederum einen Std-Part-Container "Frontblech komplett" anlegen. Darin wieder einen neuen Körper "Frontblech" erzeugen. In "Frontblech komplett" werden alle Führungslinien und Gravuren gesammelt.

3. Das Ergebnis (Bild 9-1) einmal speichern.

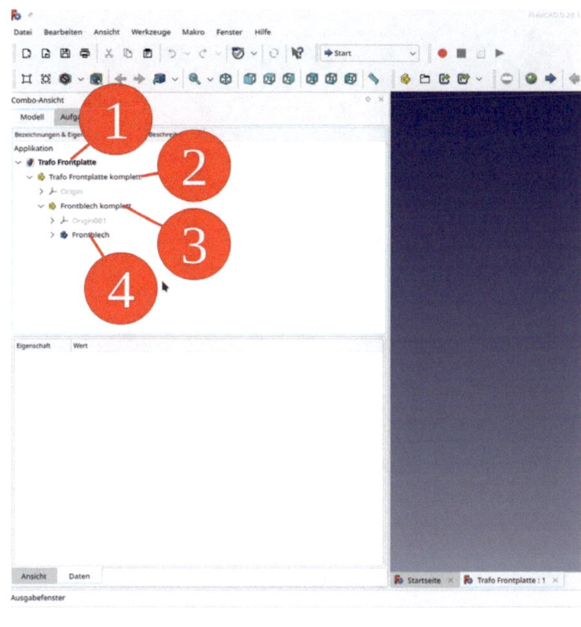


*Bild 9-1*

### 9.1.2. Das Blech anlegen

1. In die "Part Design"-workbench wechseln und den Körper "Frontblech" durch Doppelklick zur Bearbeitung aktivieren.

2. Den Sketcher starten und im Startdialog die XY-Ebene auswählen (Bild 9-2).

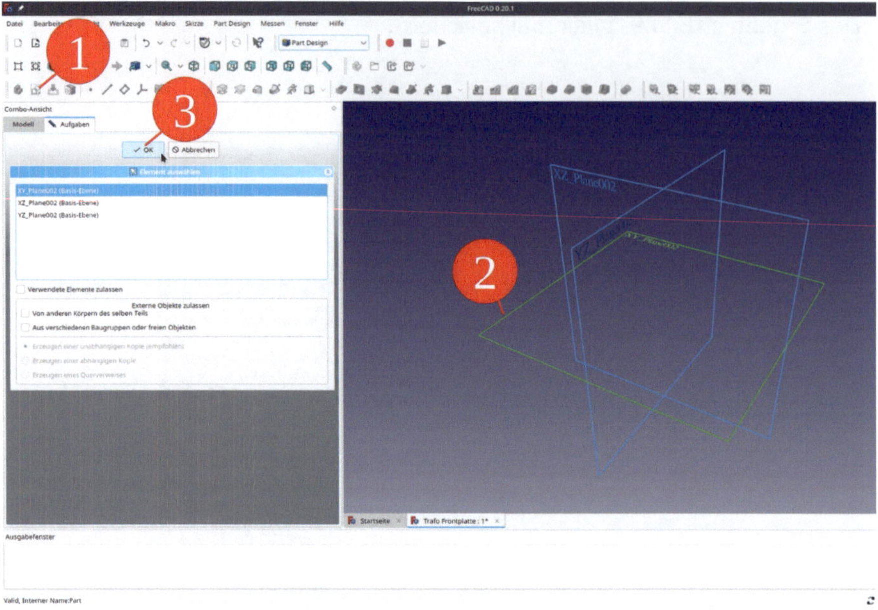

*Bild 9-2*

3. Ein Rechteck zeichnen, dessen Unterseite mit der X-Achse zusammenfällt (Bild 9-3). Den Zeichenbefehl mit Rechtsklick beenden.

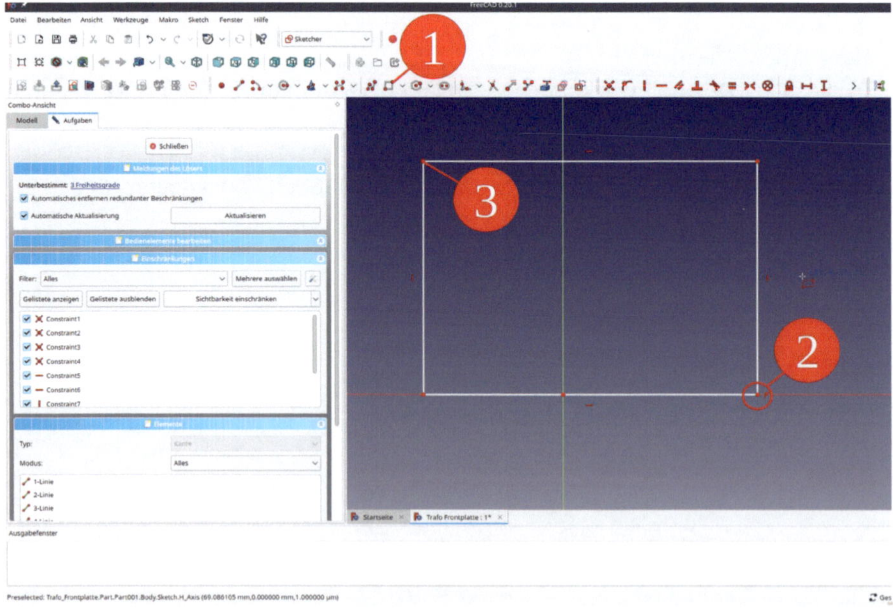

*Bild 9-3*

4. Die beiden unteren Eckpunkte des Rechtecks sowie die Y-Achse markieren und die Einschränkung "Symmetrie festlegen" anklicken (Bild 9-4).

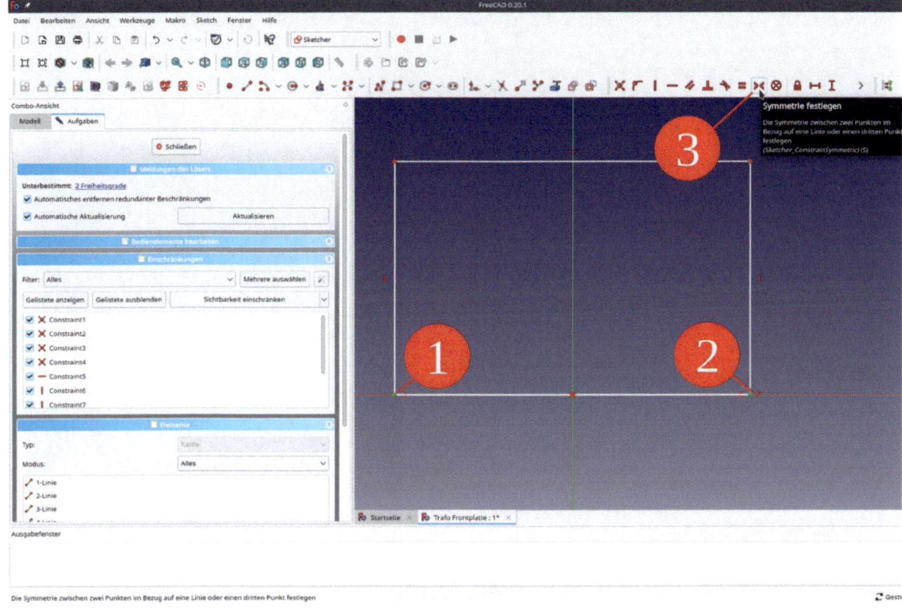


*Bild 9-4*

5. Eine horizontale Linie des Rechtecks anklicken und die Einschränkung "Horizontalen Abstand festlegen" anklicken. Für die Breite 75 mm einsetzen (Bild 9-5). In analoger Weise die Höhe auf 90 mm setzen. Die Skizze ist damit vollständig bestimmt (hellgrün), das Aufgabenfenster schließen.

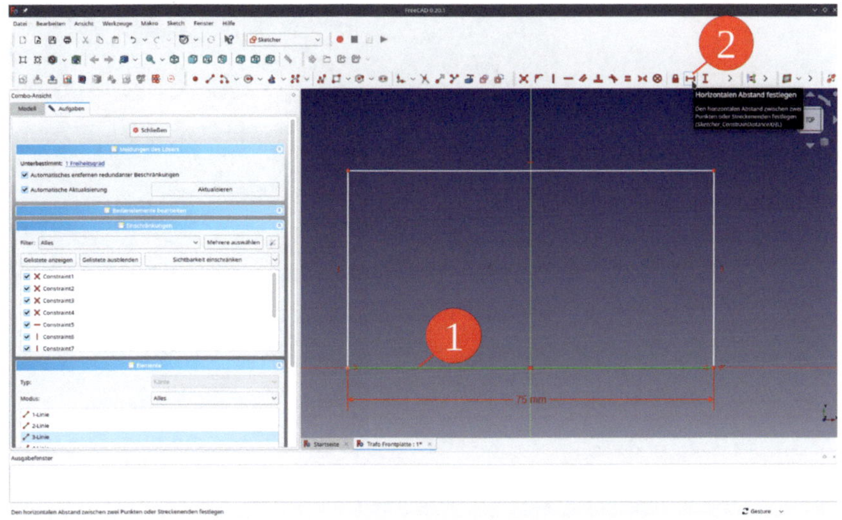


*Bild 9-5*

6. Für die Frontplattenoberseite eine Referenzebene anlegen. Dazu die XY-Ebene des Körpers in der Baumansicht markieren und das Werkzeug-Icon "Referenzebene erstellen" anklicken (Bild 9-6).

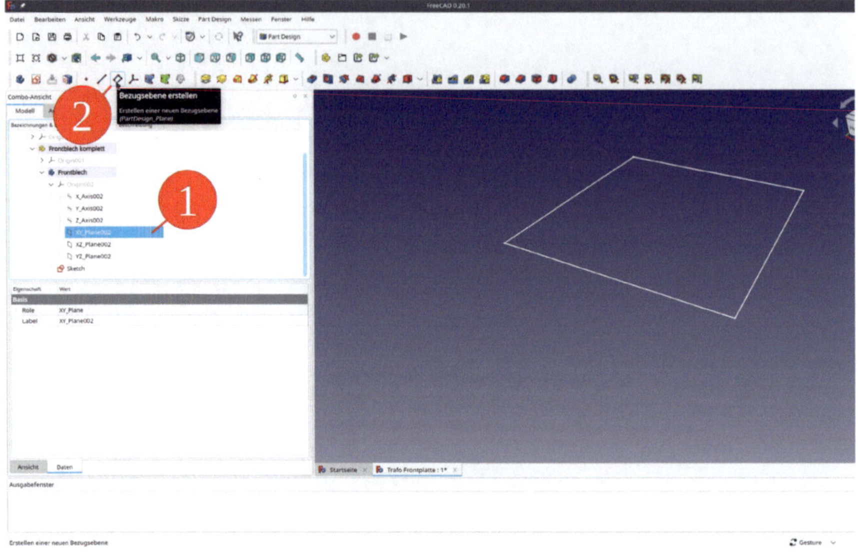


*Bild 9-6*

7. Für den Z-Versatz im Aufgabenfenster 2 mm einsetzen (Bild 9-7) und mit "OK" schließen.

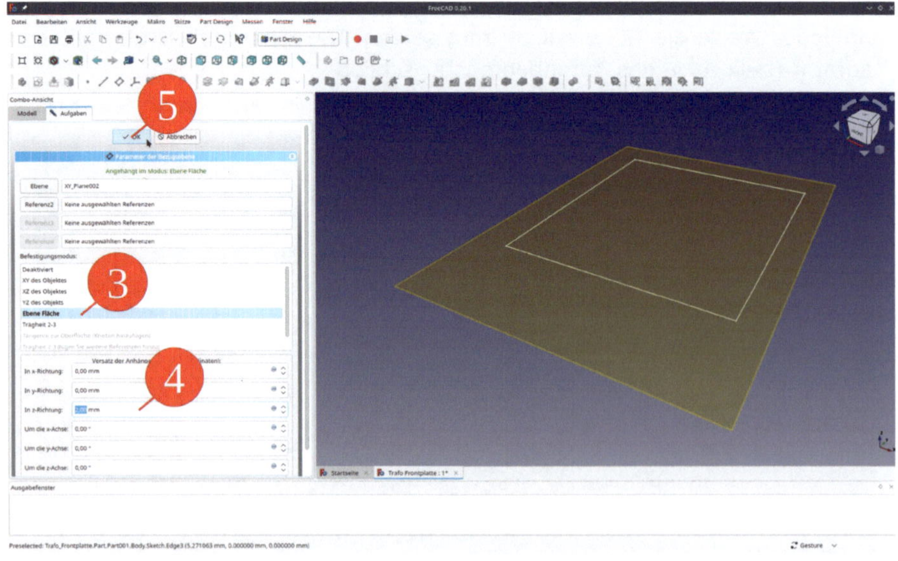


*Bild 9-7*

8. Die in den Schritten 2-5 erzeugte Skizze in der Baumansicht markieren und das Werkzeug "Aufpolsterung" anklicken (Bild 9-8).

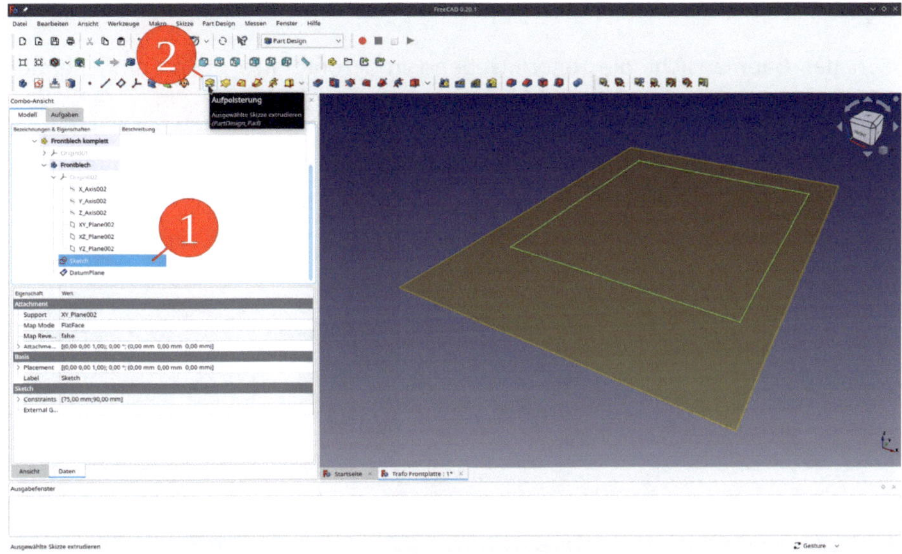


*Bild 9-8*

9. Im Aufgabenfenster für den Typ "Bis zu Oberfläche" auswählen und die gelbe Referenzfläche anklicken. Das Aufgabenfenster mit "OK" schließen (Bild 9-9).

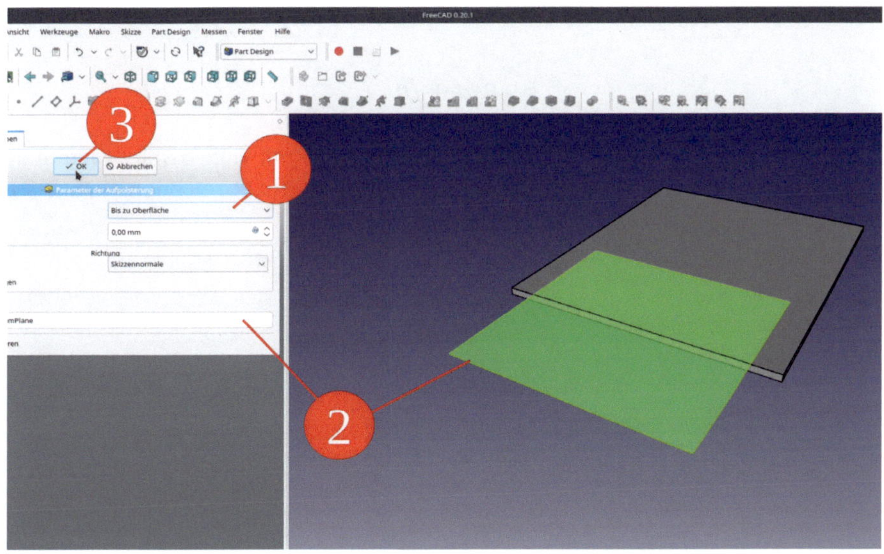


*Bild 9-9*

Für die Platzierung von Elementen auf die Frontplattenoberseite brauchen wir eine robuste Referenz. Diese erzeugen wir, wie im vorigen Abschnitt, durch eine Skizze auf die Referenzebene, auf die wir einen "Formbinder für Teilobjekte" bestimmen.

10. In der Baumansicht die Referenzebene in "Frontplatte oben" umbenennen. Die Ebene in der Baumansicht markieren und den Sketcher starten.

11. Das Werkzeug "Externe Geometrie" anklicken und die zwei Außenkanten des Blechs anklicken (Bild 9-10).

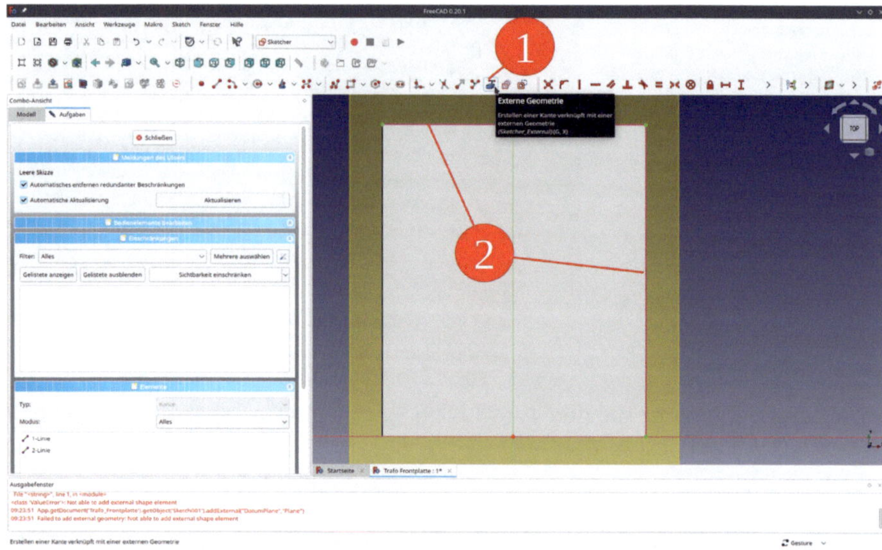


*Bild 9-10*

12. Das Werkzeug "Rechteck erstellen" anklicken und mit Hilfe zweier diagonaler Eckpunkte der Hilfsgeometrie die Außenkante des Blechs abzeichnen (Bild 9-11).

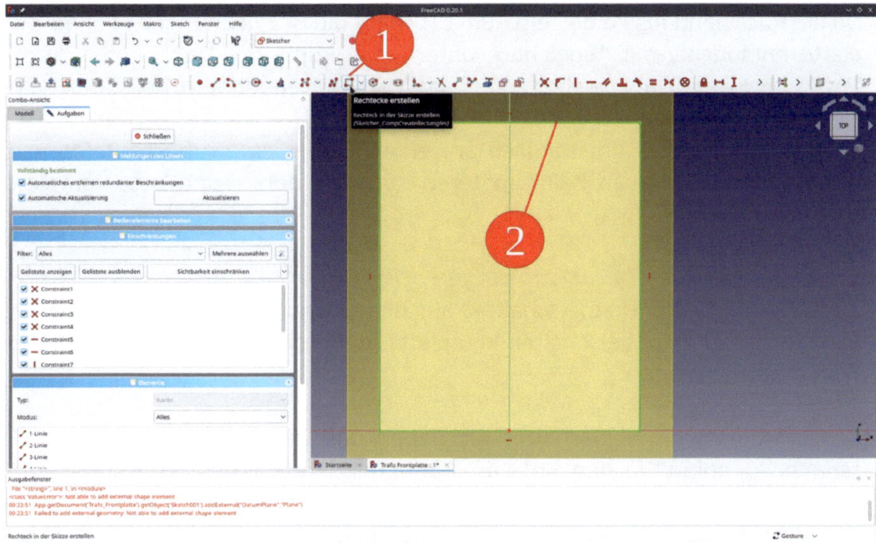


*Bild 9-11*

13. Die neue Skizze in "Frontplatte Kontur oben" umbenennen.

14. Die Skizze markieren und das grüne "Formbinder für Teilobjekte erstellen"-Icon anklicken. Den neuen Formbinder in "Frontplatte Oberseite" umbenennen und in den Std-Part-Container "Trafo Frontplatte komplett" ziehen (Bild 9-12).

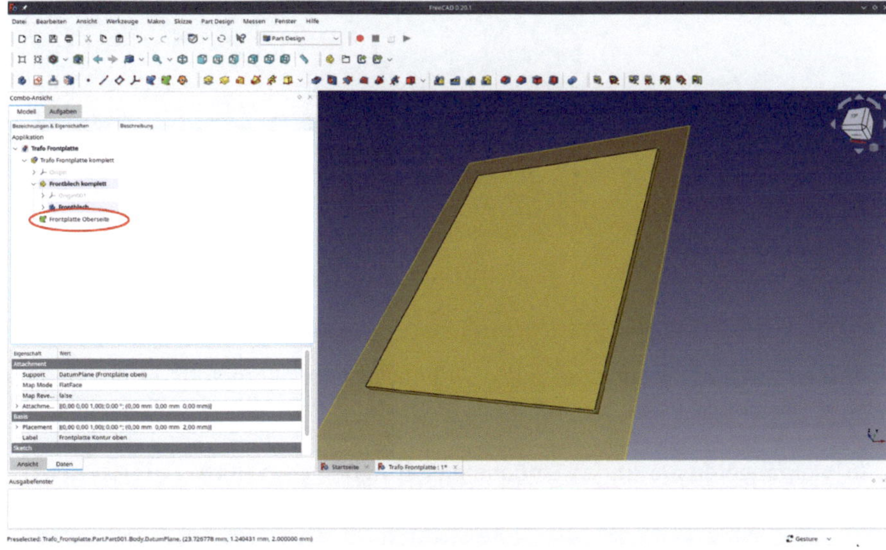

*Bild 9-12*

15. Die Referenzebene "Frontplatte oben", die Skizze "Frontplatte Kontur oben" sowie den neuen Formbinder in der Baumansicht mit der Leertaste ausblenden.

16. Da die Rückwand bis zu diesem Punkt (bis auf die Bezeichnungen) genau der Frontplatte entspricht, mit "Speichern unter" eine Kopie der Datei unter dem Namen "Trafo Rückwand" abspeichern. Das spart später repetitive Arbeit.

Dies Vorgehen mutet etwas umständlich an, erzeugt aber eine robuste Referenz auf die Frontplattenoberseite, die auch beim späteren Kopieren der "Frontplatte komplett" nicht zerbricht.

### 9.1.3. Einzelteile und Referenzen platzieren

1. Zunächst die Datei "Knebelschalter" aus dem Einzelteilverzeichnis öffnen. Den Std-Part-Container "Knebelschalter komplett" kopieren und in das Dokument "Trafo Frontplatte" einfügen.

2. Das Dokument "Knebelschalter" schließen und den Std-Part-Container "Knebelschalter komplett" in den Std-Part-Container "Trafo Frontplatte komplett" ziehen (Bild 9-13).

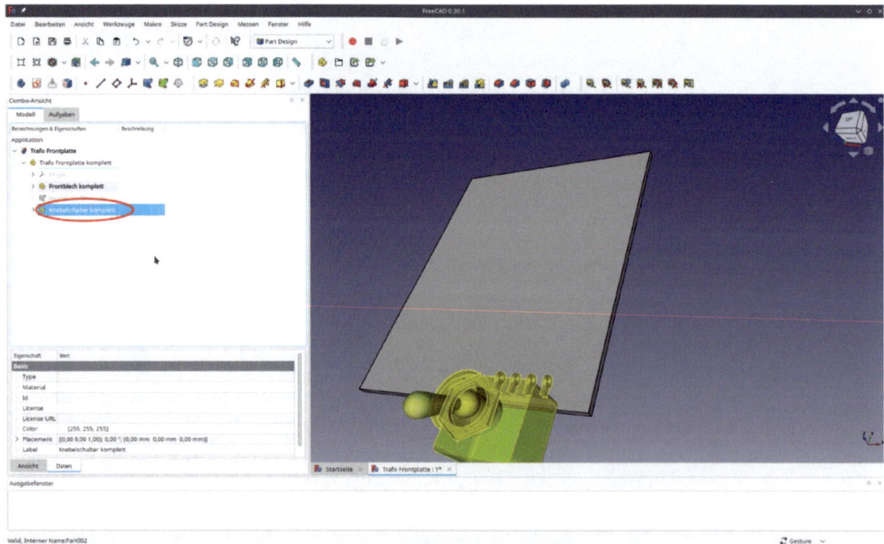

*Bild 9-13*

3. In die "Part"-workbench wechseln. "Knebelschalter komplett" in der Baumansicht markieren und aus dem Hauptmenü "Formteil | Platzierung" auswählen.

4. Im Aufgabenfenster in das Eingabefenster neben dem Button für Referenz 1 (dunkelgrau, Label "Auswählen...") klicken (Bild 9-14).

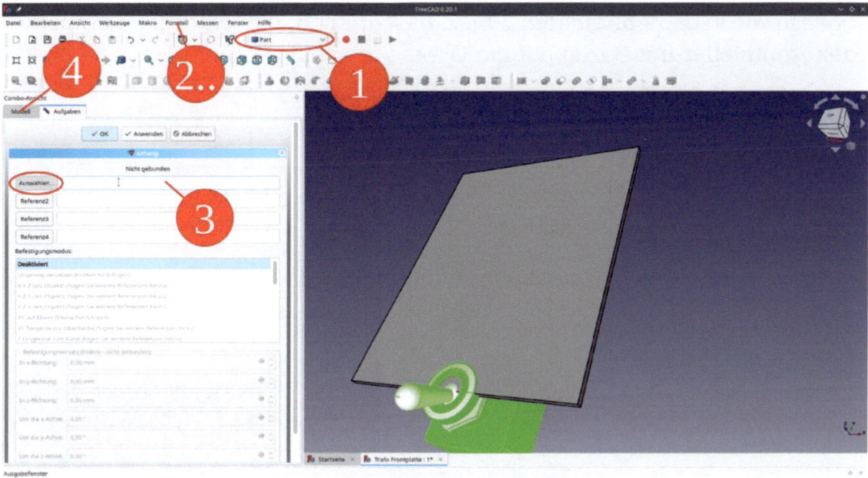


*Bild 9-14*

5. In den Reiter "Modell" wechseln und in der Baumansicht den (ausgeblendeten) Formbinder "Frontplatte Oberseite" anklicken. In den Reiter "Aufgaben" zurückkehren und für den Befestigungsmodus "XY auf Ebene" auswählen, den Y-Versatz auf 32 mm setzen (Bild 9-15). Das Aufgabenfenster schließen.

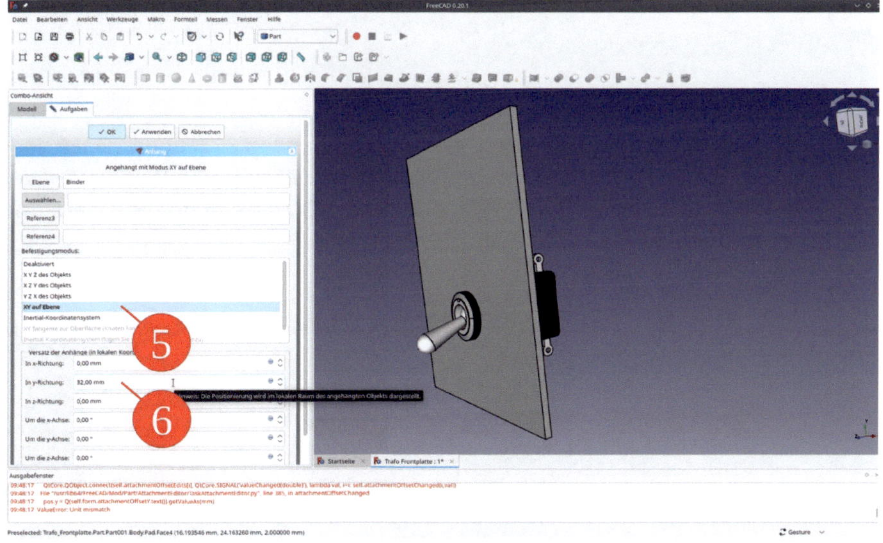


*Bild 9-15*

Beim Eingeben von Maßen kommt es gelegentlich, wenn man nur eine Zahl eintippt (ohne Maßeinheit), zu Fehlermeldungen wie der in Bild 9-15, im Ausgabefenster. Diese kann man bedenkenlos löschen, da FreeCAD die Maßeinheit nach Abschluss der Änderungen wieder selbsttätig ergänzt.

6. Ebenso wie in den Abschnitten 1 bis 6 beschrieben, die folgenden Komponenten auf der Frontplatte, mit Bezug auf die Oberseite positionieren:

| Objekt | X [mm] | Y [mm] |
|---|---|---|
| Kontrollleuchte komplett | 0 | 65 |
| Telefonbuchse blank komplett | 0 | 6 |
| Telefonbuchse komplett | 24 | 22 |

"Telefonbuchse komplett" in "Telefonbuchse komplett 001" umbenennen (Bild 9-16).

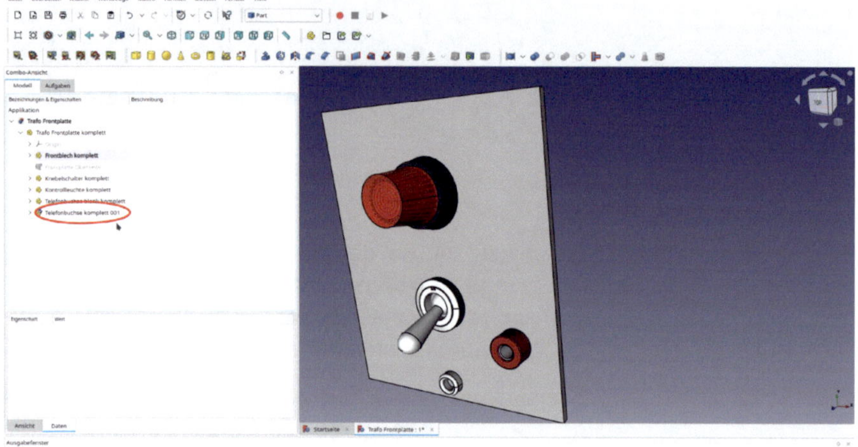

*Bild 9-16*

7. Von der "Telefonbuchse 001" drei weitere Referenzen erzeugen. Dazu jedes Mal "Telefonbuchse 001" in der Baumansicht markieren und das Werkzeug "Verknüpfung erstellen" anklicken (Bild 9-17). Die neuen Objekte in den Std-Part-Container "Trafo Frontplatte komplett" ziehen.

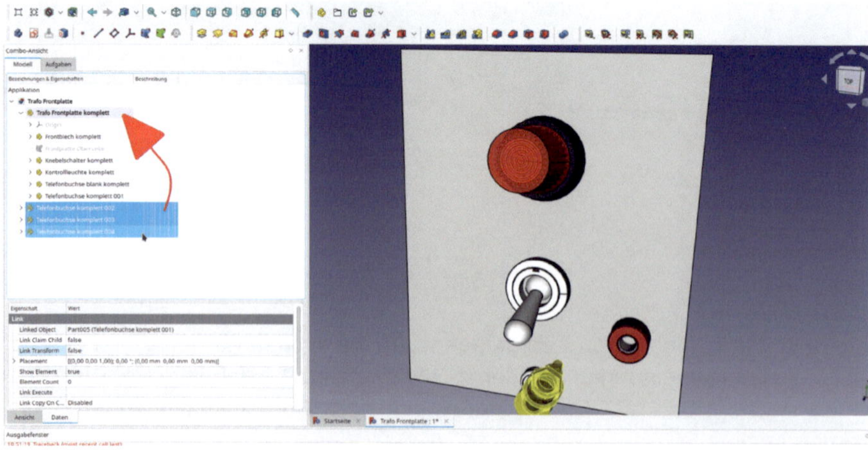

*Bild 9-17*

8. Alle neu hinzugekommenen Telefonbuchsen markieren und die Eigenschaft "Link Transform" auf "true" setzen (Bild 9-18). Damit können alle Buchsen relativ zur ersten positioniert werden.

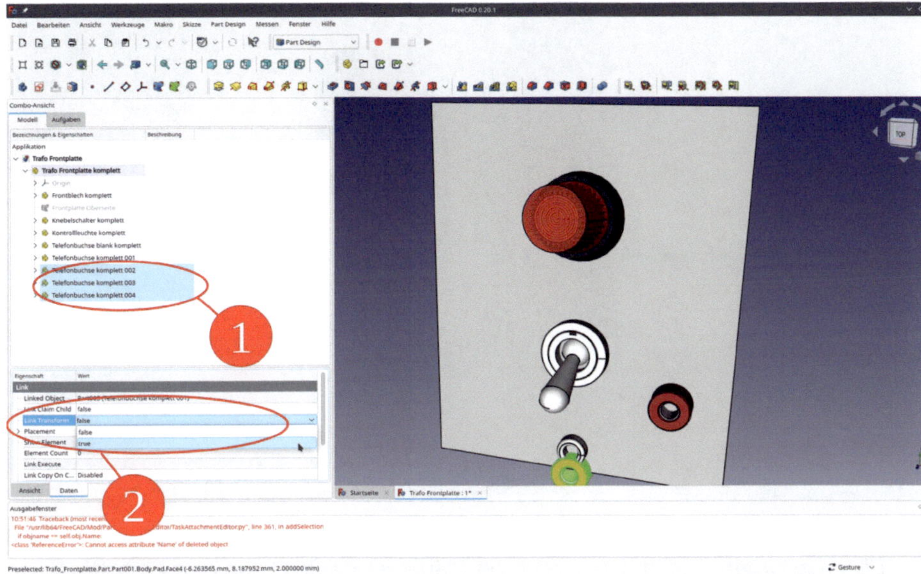

*Bild 9-18*

9. Die relativen Positionen der Telefonbuchsen gemäß folgender Tabelle einstellen. Dazu die "Link Placement" Eigenschaft der "Telefonbuchsen komplett 002 – 004" editieren (Bild 9-19).

| Objekt | Y [mm] |
|---|---|
| Telefonbuchse komplett 002, 006 | 17 |
| Telefonbuchse komplett 003, 007 | 34 |
| Telefonbuchse komplett 004, 008 | 51 |

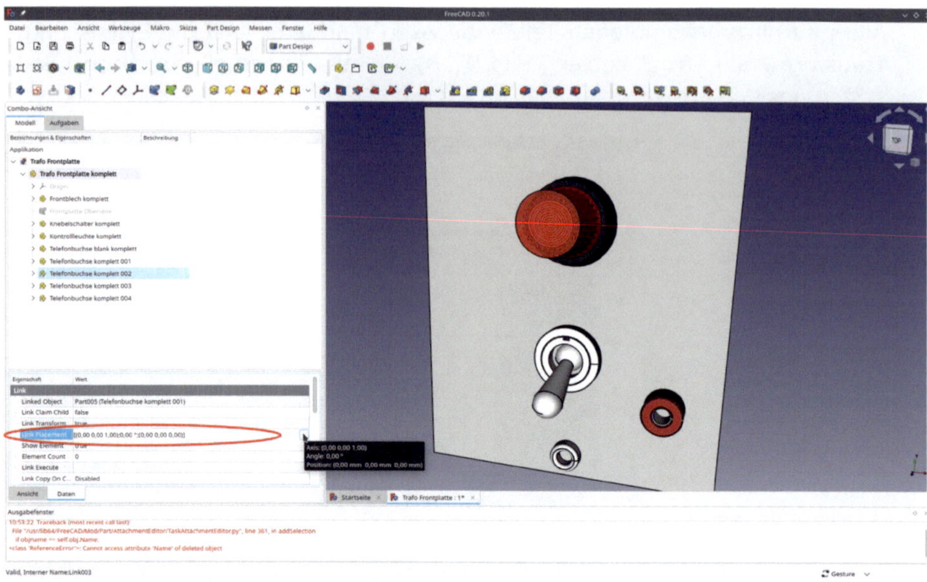

*Bild 9-19*

10. Die "Telefonbuchse komplett 001" erweitern, die Körper "Kappe" und "Isoliernippel" markieren und mit der rechten Maustaste anklicken. Aus dem Kontextmenü "Darstellung" auswählen (Bild 9-20).

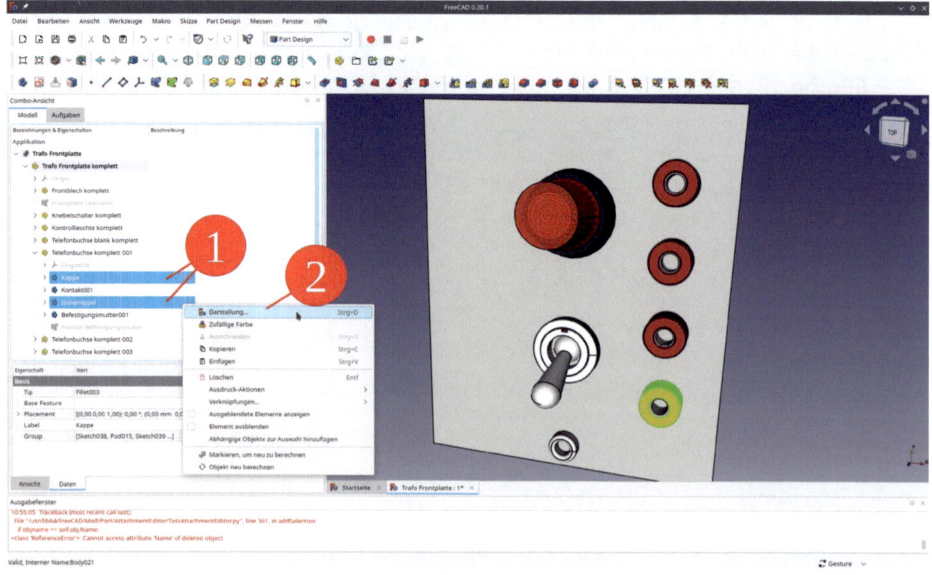


*Bild 9-20*

11. Für das Material "Glänzender Kunststoff" auswählen, für die Farbe ein Gelb (Bild 9-21). Das Aufgabenfenster schließen.

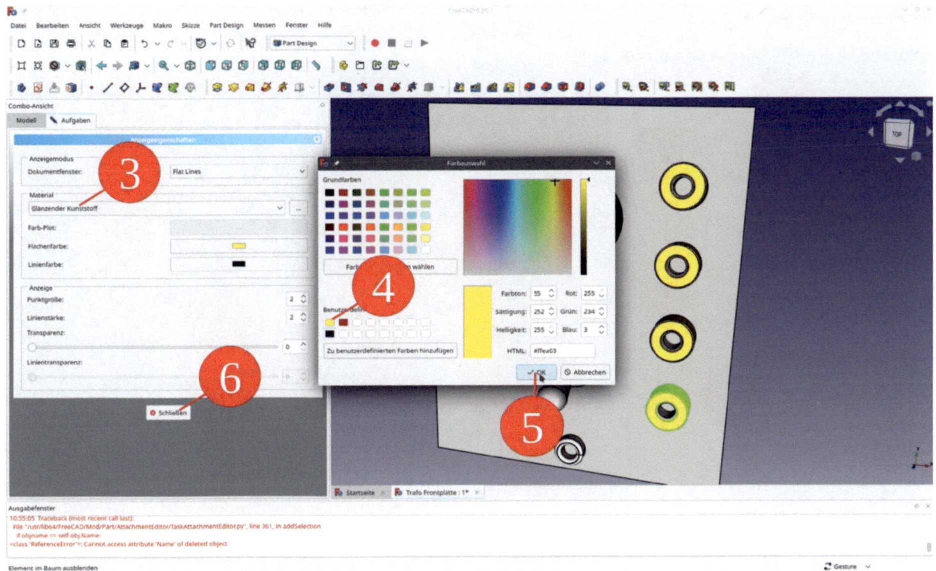


*Bild 9-21*

12. Nochmals die Datei "Telefonbuchse" öffnen und den Std-Part-Container "Telefonbuchse komplett" kopieren. Die Datei schließen und "Telefonbuchse komplett" mit STRG-V in "Trafo Frontplatte" einfügen.

13. Die neue Telefonbuchse in "Telefonbuchse komplett 005" umbenennen und in den Std-Part-Container "Trafo Frontplatte komplett" ziehen.

14. "Telefonbuchse komplett 005" markieren wie in den Schritten 2-5 beschrieben auf die Oberseite der Frontplatte positionieren. Die Versatzparameter lauten diesmal: X = -24 mm, Y = 22 mm; (Bild 9-22).

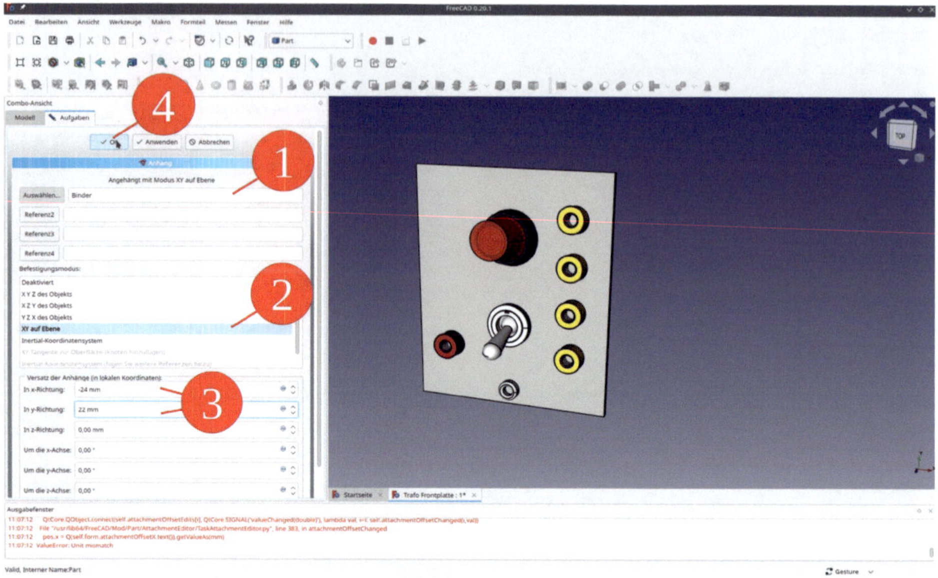

*Bild 9-22*

15. Von der "Telefonbuchse 005", wie in Schritt 8 beschrieben, drei Referenzen erzeugen und in den Std-Part-Container "Trafo Frontplatte komplett" ziehen. Wieder die Eigenschaft "Link Transform" auf "true" setzen (Bild 9-23).

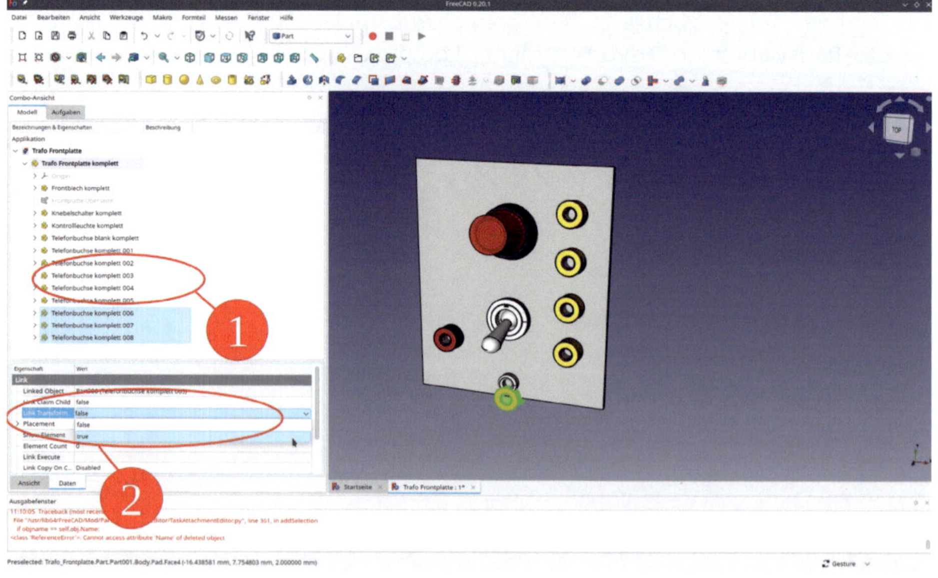

*Bild 9-23*

16. Die "Link Placement"-Parameter gemäß der Tabelle in Schritt 10 setzen.

17. Die "Telefonbuchse 005" erweitern, die Körper "Kappe" und "Isoliernippel" markieren und mit der rechten Maustaste anklicken. Aus dem Kontextmenü "Darstellung" auswählen.

18. Für das Material "Glänzender Kunststoff" auswählen, für die Farbe ein Blau. Das Aufgabenfenster schließen (Bild 9-24).

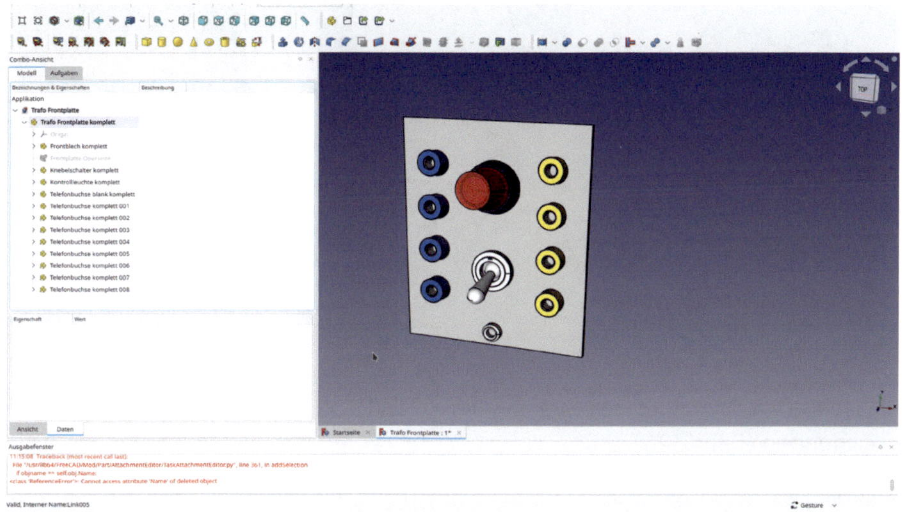


*Bild 9-24*

Damit sind alle Bauteile platziert. In den Buchsen und dem Schalter erkennt man aber noch das durchgehende Frontblech.

### 9.1.4. Ausschnitte anlegen

Die Ausschnitte werden wieder mit Hilfe von "Formbindern für Teilobjekte" angelegt. Damit die Formbinder korrekt im Körper Frontblech landen, muss dieser stets vor dem Klicken des grünen Formbinder-Werkzeugs zur Bearbeitung aktiviert sein (der Titel erscheint aktiviert in Fettdruck). Damit ist die folgende Vorgehensweise klar:

1. Den Körper "Frontblech" im Std-Part-Container "Frontblech komplett" durch Doppelklicken aktivieren.

2. Den Körper "Frontblech" in der Baumansicht mit der Leertaste ausblenden.

3. In der 3D-Ansicht die Kontur des Schaltergehäuses markieren, die den Ausschnitt in der Frontplatte bestimmt (Bild 9-25), und das grüne "Formbinder für Teilobjekte erstellen"-Icon anklicken.

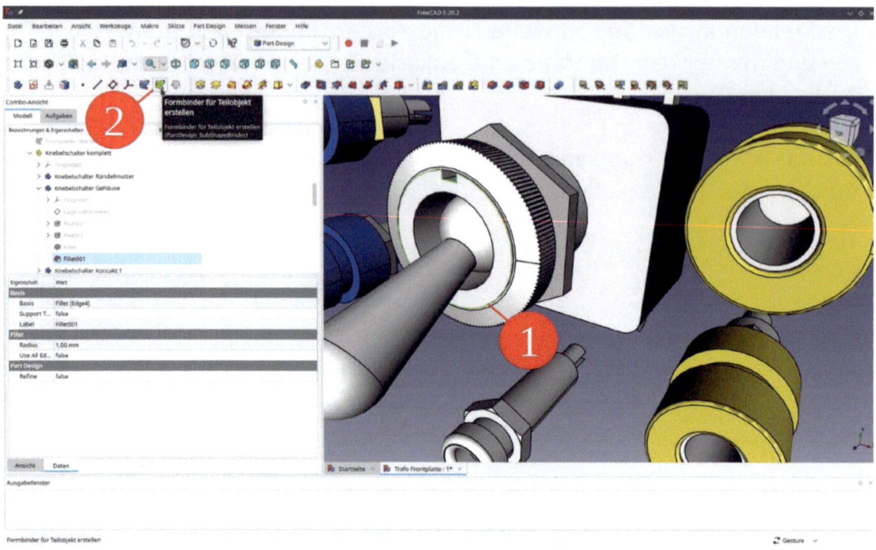

*Bild 9-25*

4. Den neuen Formbinder im Körper "Frontblech" zu "Ausschnitt Knebelschalter" umbenennen (Bild 9-26).

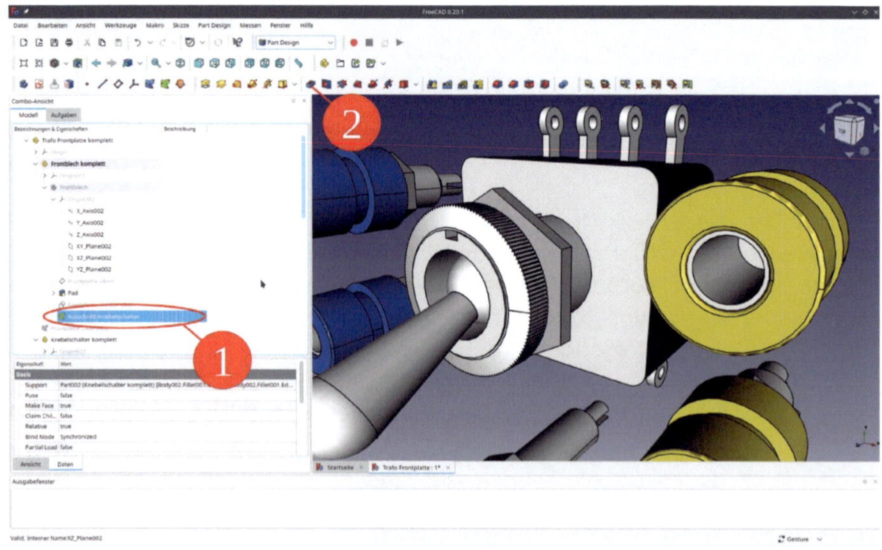

*Bild 9-26*

5. Das Werkzeug "Tasche" anklicken (der neue Formbinder ist vom vorigen Schritt noch markiert). Den Typ "Durch alles" auswählen (Bild 9-27) und das Aufgabenfenster mit "OK" schließen.

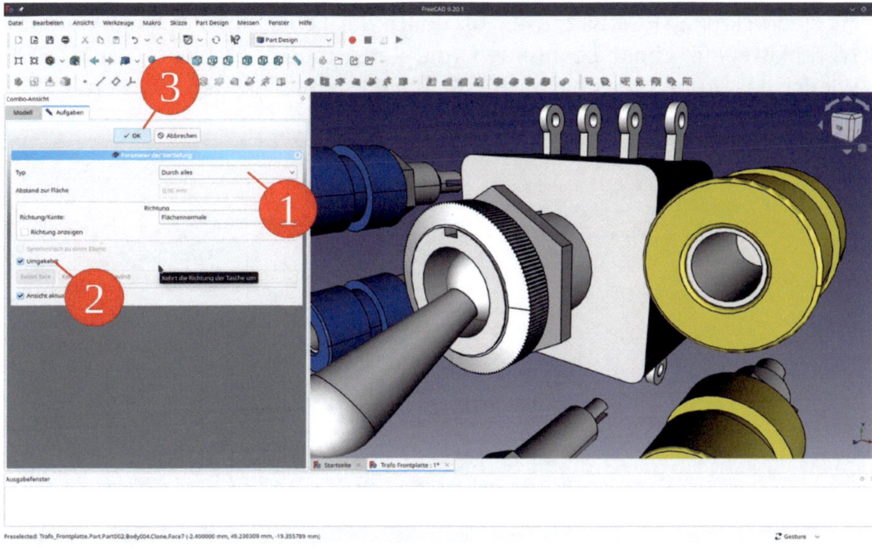


*Bild 9-27*

6. Zur Erfolgskontrolle vorübergehend "Frontblech ein- und "Knebelschalter komplett" ausblenden (Bild 9-28).

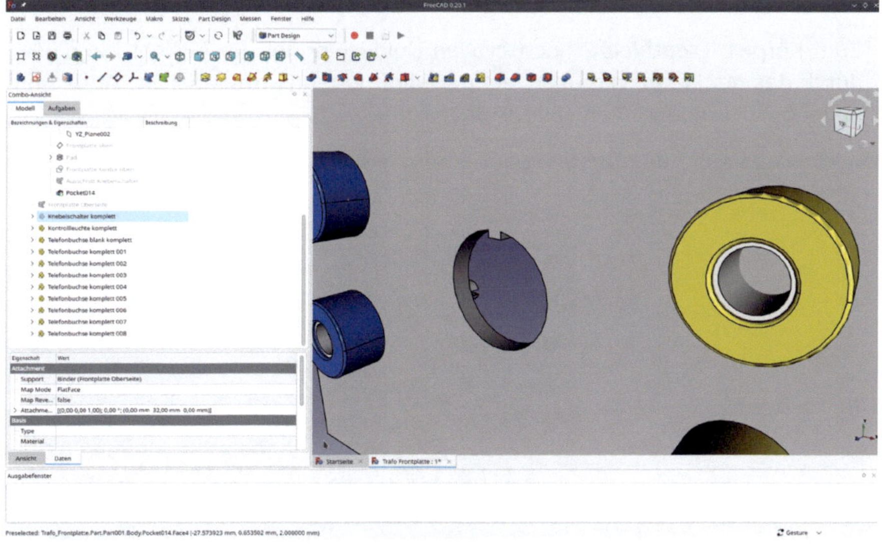

*Bild 9-28*

7. Die Ansicht so orientieren, dass die Rückseite der Komponenten sichtbar wird. Im Std-Part-Container "Kontrollleuchte komplett" die "Kontrollleuchte Befestigungsmutter" ausblenden. Sicherstellen, dass der Körper "Frontblech" noch aktiviert ist (der Titel erscheint aktiviert in Fettdruck).

8. Mit gedrückter STRG-Taste alle Abschnitte der Leuchtenkontur markieren, die den Frontplattenausschnitt bestimmen (die Kette muss geschlossen sein, Bild 9-29). Wieder das grüne "Formbinder für Teilobjekte erstellen"-Icon klicken.

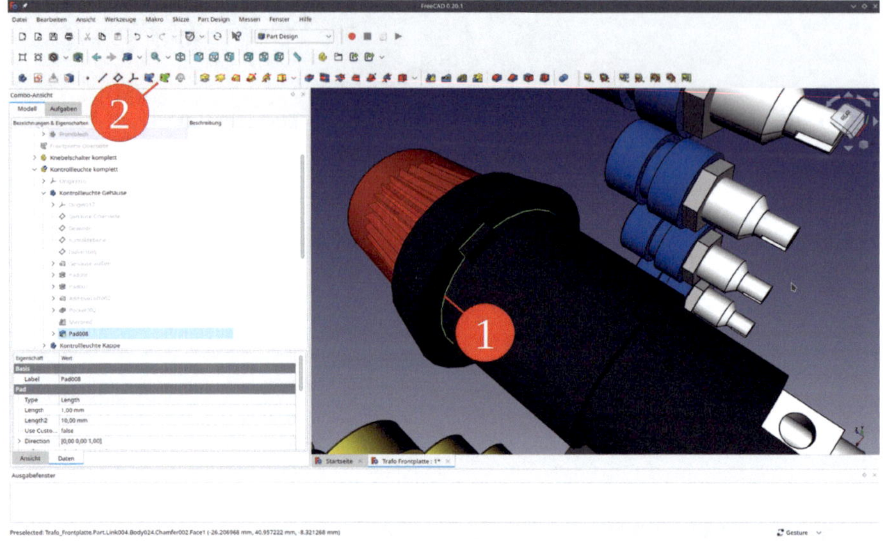

*Bild 9-29*

9. Zum Körper "Frontblech" hochscrollen (leider springt die Ansicht bei dieser Arbeit durch das Markieren hin und her) und den neuen Formbinder in "Ausschnitt Kontrollleuchte" umbenennen (Bild 9-30).

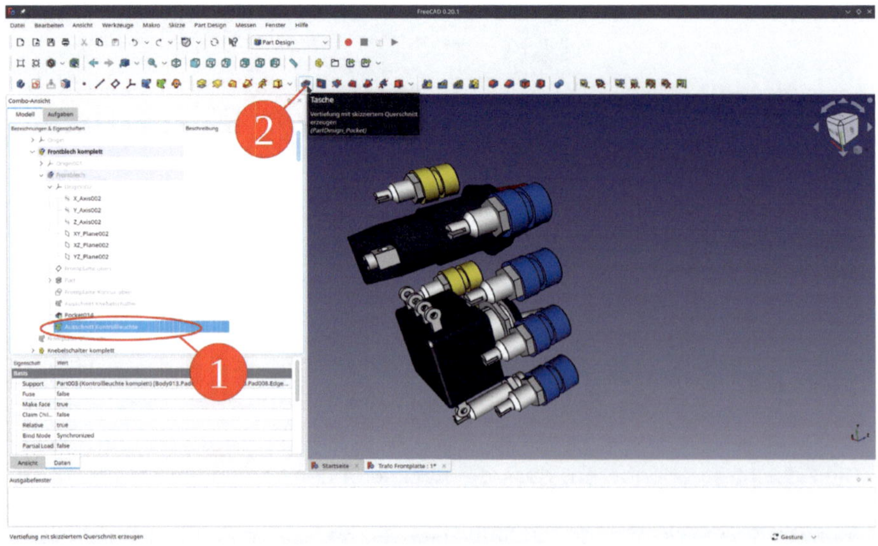

*Bild 9-30*

10. Den Formbinder in der Baumansicht markieren und das Werkzeug "Tasche" anklicken. Wieder für den Typ "Durch alles" wählen und die Aufgabe schließen.

11. In der gleichen Weise alle Innenkonturen der Telefonbuchsen markieren (Bild 9-31) und einen Formbinder in "Frontblech erzeugen. Diesen in "Ausschnitte Telefonbuchsen" umbenennen und die Tasche erzeugen (Bild 9-32).

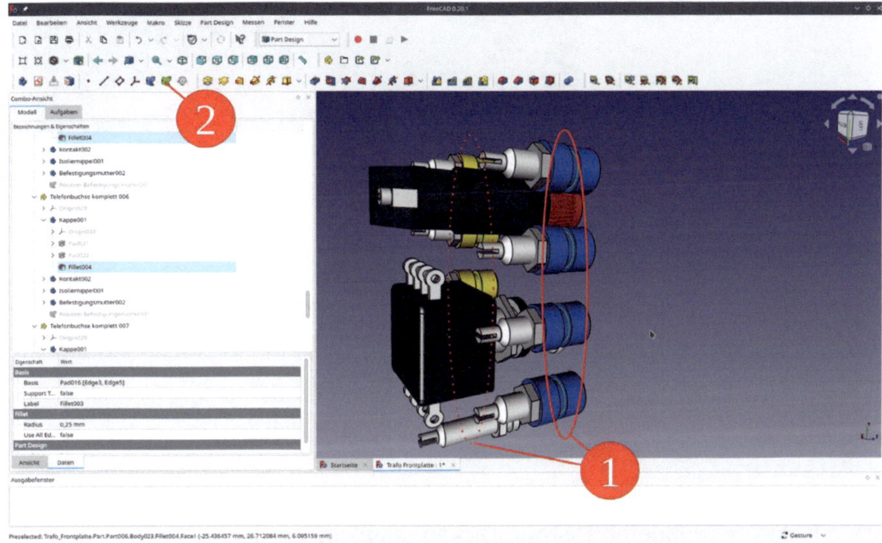


*Bild 9-31*

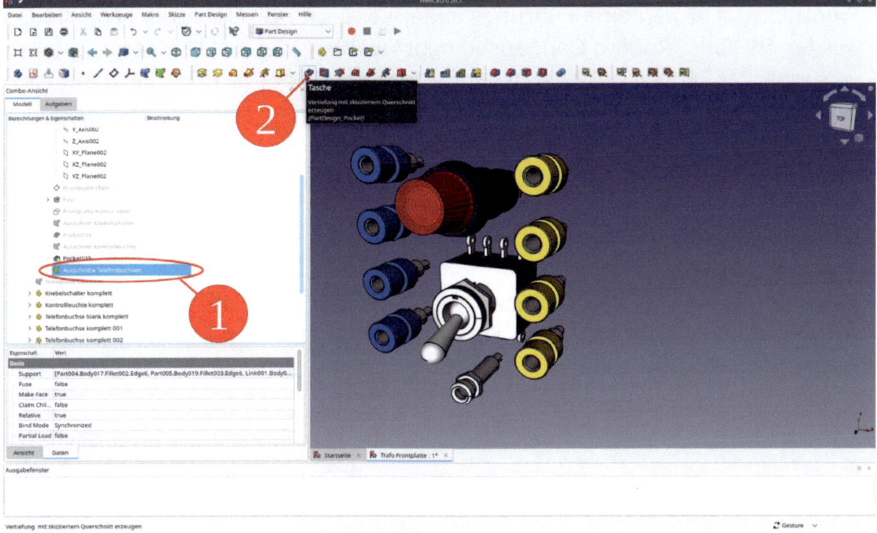


*Bild 9-32*

12. Ausblenden aller Komponenten zeigt die erzielten Frontplattenausschnitte (Bild 9-33).

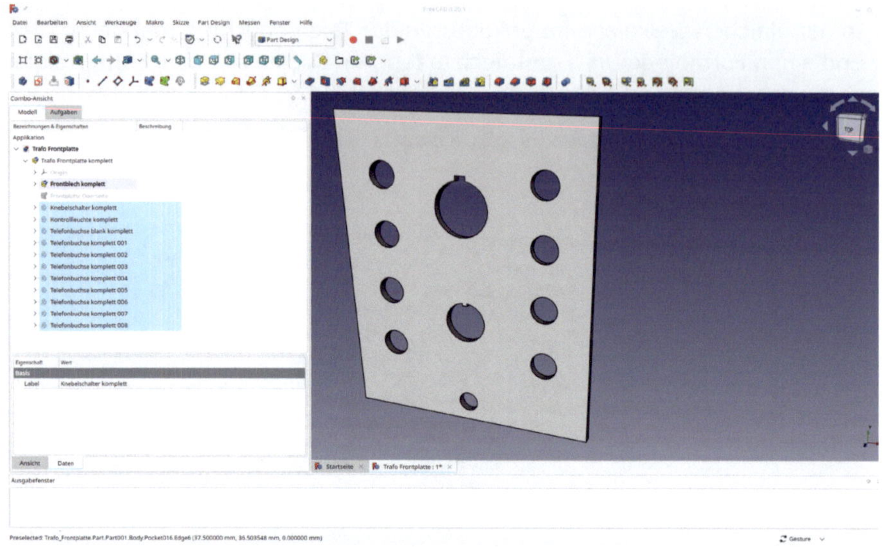

*Bild 9-33*

Die Bohrungen für die Montage der Frontplatte sind noch nicht enthalten, weil sie später assoziativ mit den verwendeten Distanzstücken angelegt werden sollen.

### 9.1.5. Gravuren platzieren

Auf der Frontplatte gibt es keine Führungslinien, sondern nur Gravuren. Für die Gravuren können wir den ttf-Font "Roboto Condensed light" wählen, der frei mit dem Linux-Betriebssystem verfügbar ist. Eine Kopie der ttf-Datei dazu befindet sich im Einzelteilverzeichnis des Projektes.

1. In der 3D-Ansicht die Orientierung "Top" einstellen (Steuerwürfel oder Icon "oben").

2. In den Arbeitsbereich "Draft" wechseln.

3. Hat man die Ansicht nicht sauber orientiert, erscheint das Arbeitsgitter senkrecht zur aktuellen Ansichtsrichtung. Dann kann man sich durch Anklicken des "Oben"-Buttons im Hilfsmittel Orientierung helfen (Bild 9-34).

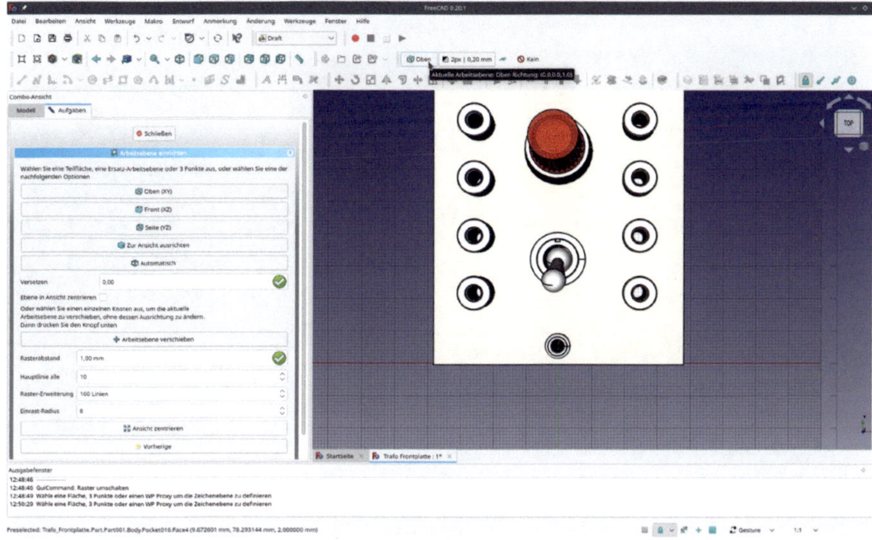

*Bild 9-34*

4. Das Werkzeug "Form von Text" anklicken (Bild 9-35).

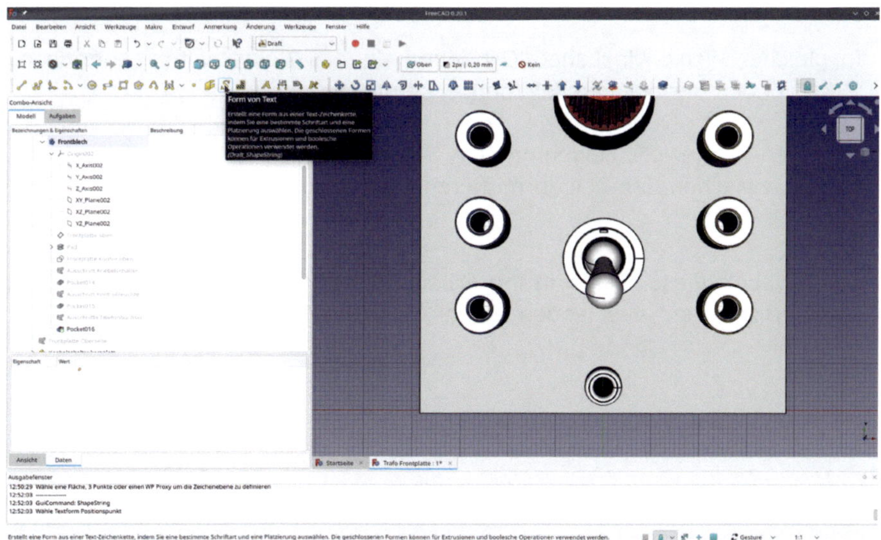

*Bild 9-35*

5. Im Aufgabenfenster die Zeichenkette "Power" eingeben, die Höhe auf 6 mm setzen und die Schriftart "robotoCondensed-Light.ttf" aus dem Einzelteilverzeichnis des Projektes auswählen. Für X und Y in etwa an die richtige Stelle auf der Frontplatte klicken, Z manuell auf 2 mm (Frontplattenstärke) setzen (Bild 9-36). Den neuen ShapeString in "ShapeString "Power" umbenennen.

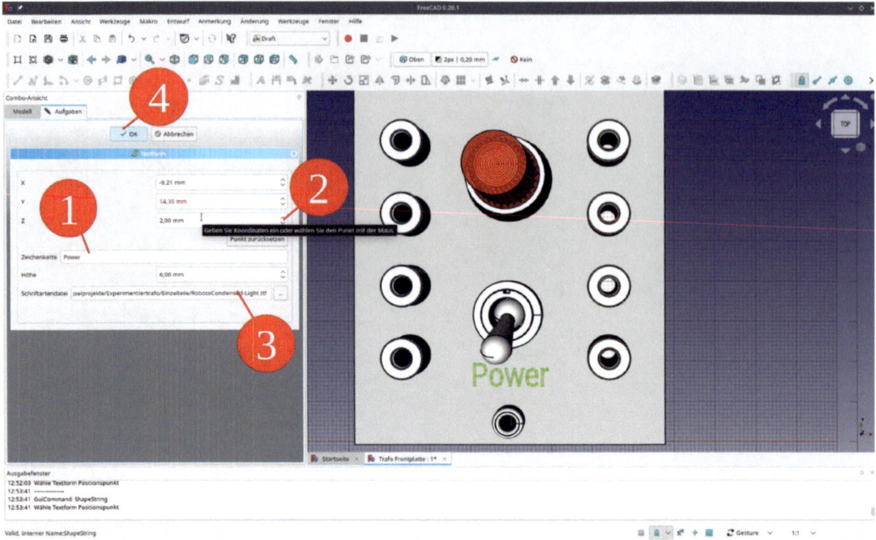


*Bild 9-36*

Die Beschriftungen lassen sich später durch Justieren der "Placement"-Parameter noch fein justieren.

6. In gleicher Weise ein Label "ON" oberhalb des Netzschalters anbringen, sowie "GND" neben der blanken Telefonbuchse unten.

7. Zwischen den jeweils beiden unteren Telefonbuchsen rechts und links sollte "10 V" stehen, zwischen den beiden mittleren "2 V" und zwischen den beiden oberen "3 V".

8. Das Ergebnis dieser Beschriftungsarbeit zeigt Bild 9-37. Das Gitter mit "Entwurfsgitter umschalten" ausblenden (Bild 9-37, Ziffer 1; Bild 9-38).

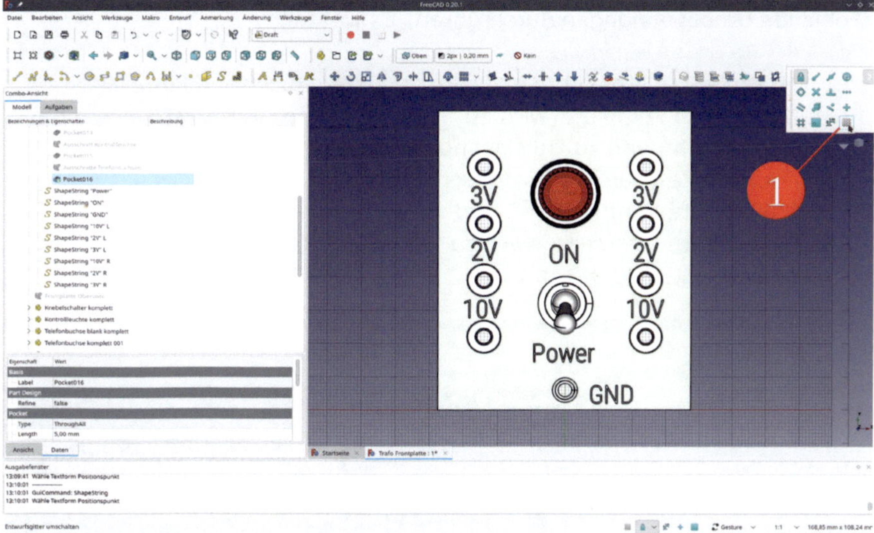


*Bild 9-37*

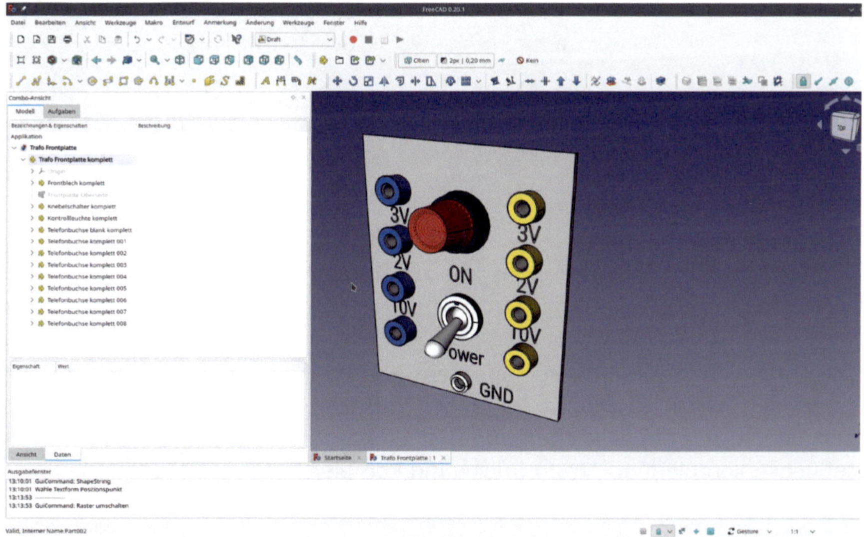


*Bild 9-38*

## 9.2. Rückwand

Auf die Rückwand kommen die Netzeingangsbuchse sowie die zwei Sicherungshalter für Phase und Neutralleiter. Der Anschraubpunkt für den Schutzleiter ist hier aber nicht unbedingt nötig. Wir legen ihn später beim Chassis mit an.

### 9.2.1. Datei und Std-Part-Container vorbereiten

1. Die in 9.1.2, Schritt 16 gespeicherte Datei "Trafo Rückwand" öffnen. Alle anderen Dokumente schließen.

2. Folgende Umbenennungen durchführen: Es werden

    1. "Trafo Frontplatte komplett" wird zu "Trafo Rückwand komplett",
    2. "Frontblech komplett" wird zu "Rückwandblech komplett",
    3. "Frontblech" wird zu "Rückwandblech",
    4. "Frontplatte oben" wird zu Rückwand oben",
    5. "Frontplatte Kontur oben" wird zu "Rückwand Kontur oben",
    6. "Frontplatte Oberseite" wird zu "Rückwand Oberseite" umbenannt (Bild 9-39).

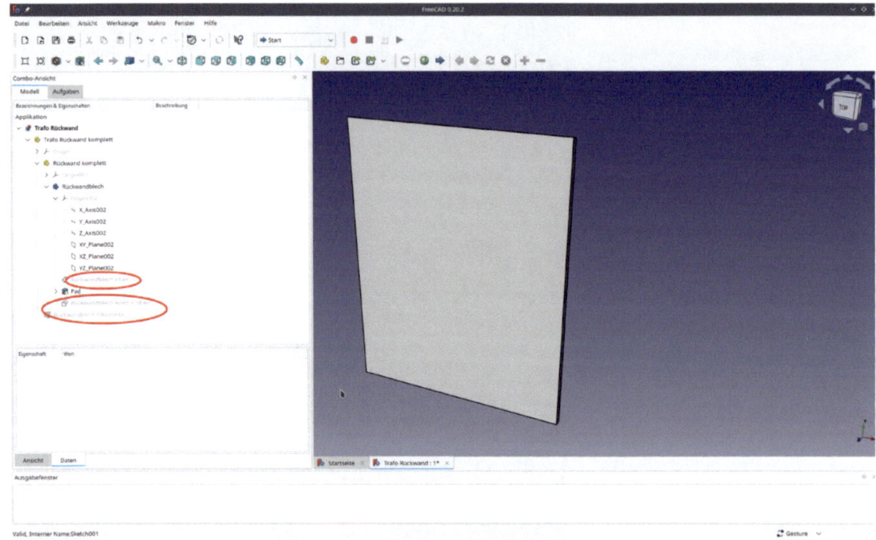


*Bild 9-39*

## 9.2.2. Einzelteile platzieren

1. Die Datei "Kaltgerätebuchse" aus dem Einzelteilverzeichnis öffnen, den Std-Part-Container "Kaltgerätebuchse komplett" kopieren. Das Dokument "Trafo Rückwand" zur Aktivierung doppelklicken und den Container mit STRG-V einfügen. "Kaltgerätebuchse komplett" in "Trafo Rückwand komplett" ziehen (Bild 9-40).

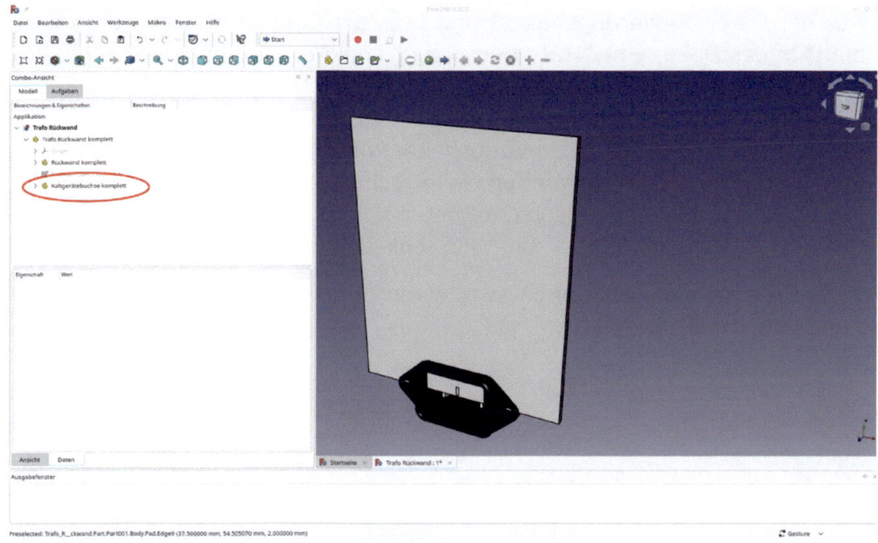

*Bild 9-40*

2. "Kaltgerätebuchse komplett" in der Baumansicht markieren und in die "Part"-workbench wechseln. Aus dem Hauptmenü "Formteil | Positionierung" auswählen und für die Referenz 1 in der Baumansicht den Formbinder "Rückwand Oberseite" wählen. Den Befestigungsmodus "XY auf Ebene" wählen und für den Versatz in der Y-Richtung 25 mm eingeben (Bild 9-41). Das Aufgabenfenster mit "OK" schließen.

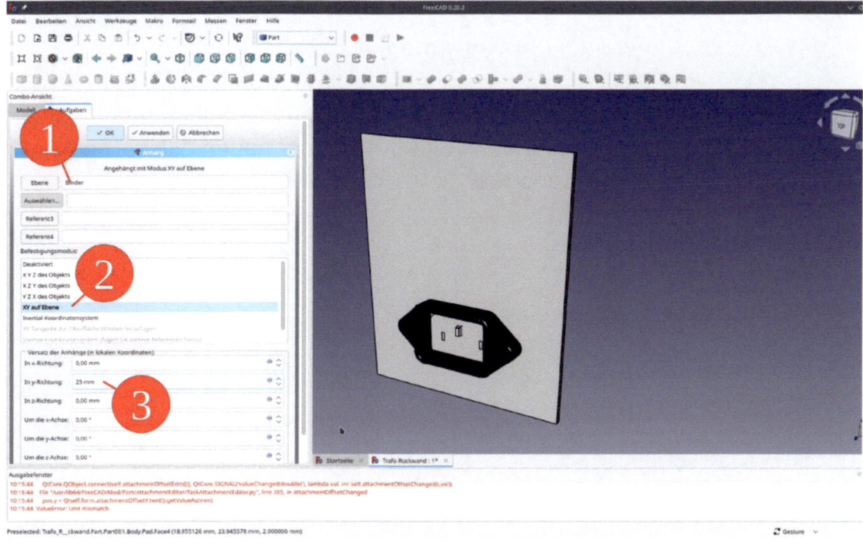


*Bild 9-41*

3. Aus der Datei "Sicherungshalter" den Std-Part-Container "Sicherungshalter komplett" in das Dokument "Trafo Rückwand" kopieren und in den Std-Part-Container "Trafo Rückwand komplett" hineinziehen.

4. Den neuen Container in "Sicherungshalter komplett 001" umbenennen. Dieses Objekt genau wie die Kaltgerätebuchse im Schritt 2 auf die Oberseite der Rückwand positionieren, aber als Versatzparameter X = 15 mm, Y = 58 mm eingeben (Bild 9-42). Das Aufgabenfenster mit "OK" schließen.

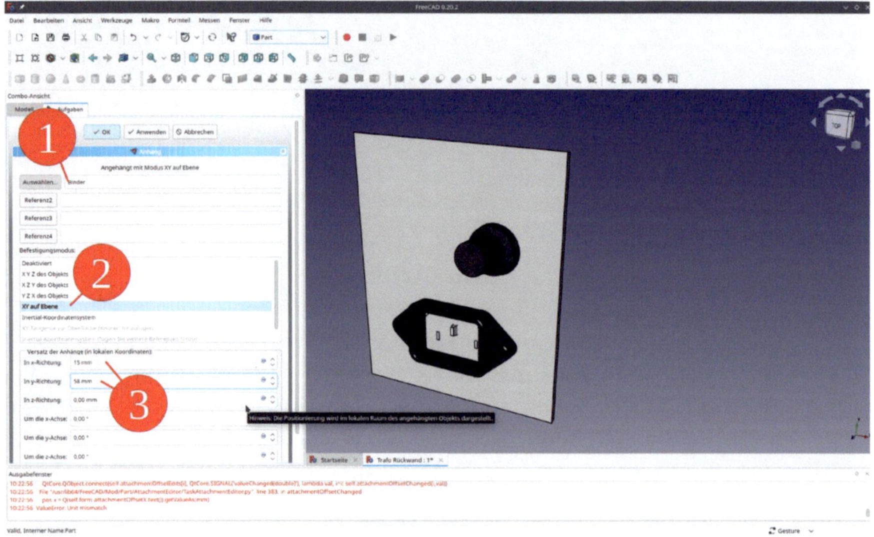


*Bild 9-42*

5. In der Baumansicht "Sicherungshalter komplett 001" markieren und das Werkzeug "Verknüpfung erstellen" anklicken (Bild 9-43). Den neuen "Sicherungshalter komplett 002" in "Trafo Rückwand komplett" hineinziehen.

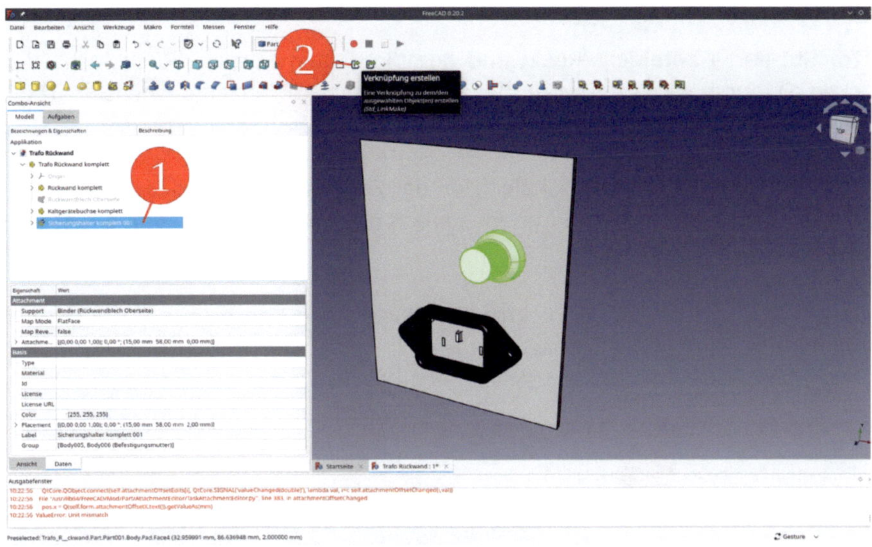


*Bild 9-43*

6. Die Eigenschaft "Link Transform" von "Sicherungshalter komplett 002" auf "true" setzen.

7. Die "Link Placement"-Parameter öffnen und X = -30 mm einsetzen (Bild 9-44).

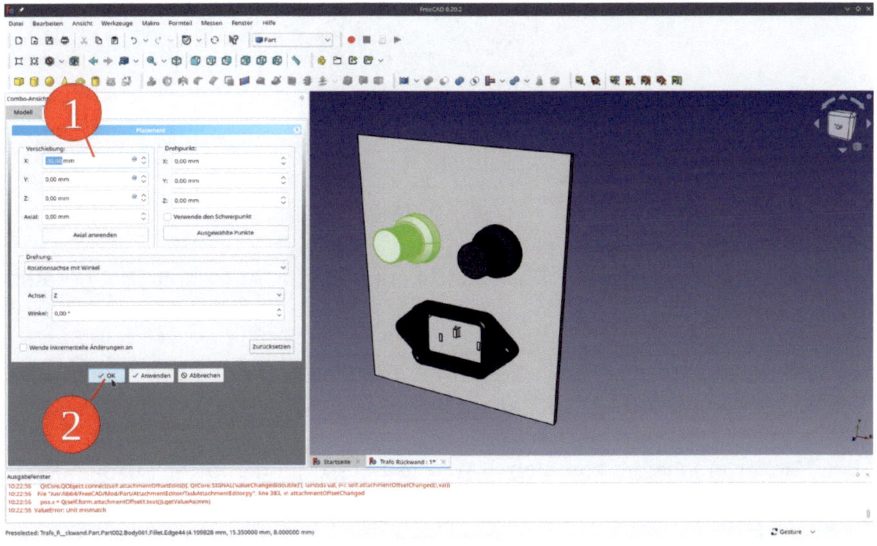


*Bild 9-44*

### 9.2.3. Ausschnitte anlegen

1. Im Std-Part-Container "Rückwand komplett" den Körper "Rückblech" doppelklicken. Dadurch wird er zur Bearbeitung aktiviert. Gleichzeitig wechselt FreeCAD die workbench zu "Part Design".

2. Den aktivierten Körper "Rückblech" in der Baumansicht mit der Leertaste ausblenden und die Ansicht herumdrehen, so dass die Rückseite der Komponenten sichtbar wird.

3. In der 3D-Ansicht bei gedrückter STGR-Taste alle Konturen der Kaltgerätebuchse markieren, die im Ausschnitt für die Buchse wichtig sind (Bild 9-45). Das grüne "Formbinder für Teilobjekt erstellen"-Icon klicken.

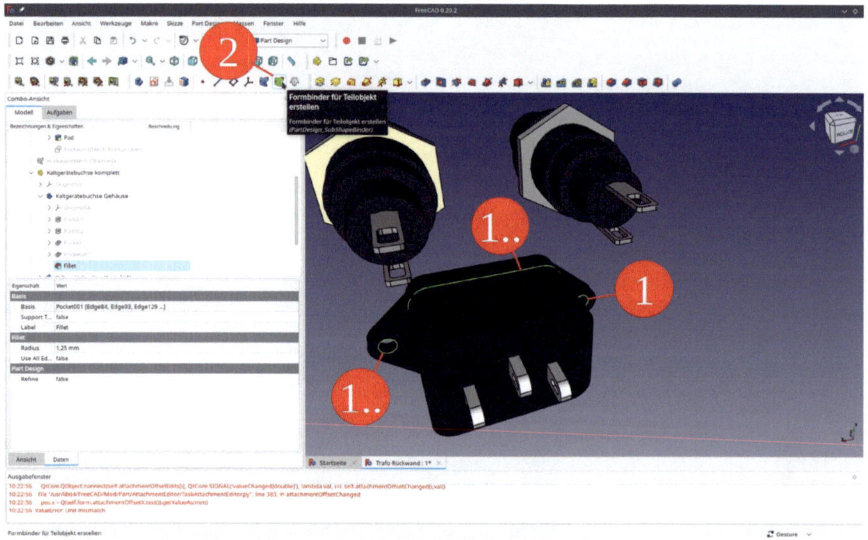


*Bild 9-45*

4. Den neuen Formbinder in "Rückwand komplett" in "Ausschnitt Kaltgerätebuchse" umbenennen.

5. Das Werkzeug "Tasche" anklicken. Im Aufgabenfenster den Typ "Durch alles" wählen und die Aufgabe mit "OK" abschließen.

6. Bei "Sicherungshalter komplett 001" die Befestigungsmutter ausblenden. Da der zweite Sicherungshalter als Referenz definiert ist, folgt dessen Befestigungsmutter selbsttätig.

7. In der 3D-Ansicht bei gedrückter STGR-Taste alle Konturen der beiden Sicherungshalter markieren, die für die Ausschnitte wichtig sind (Bild 9-46). Das grüne "Formbinder für Teilobjekt erstellen"-Icon klicken.

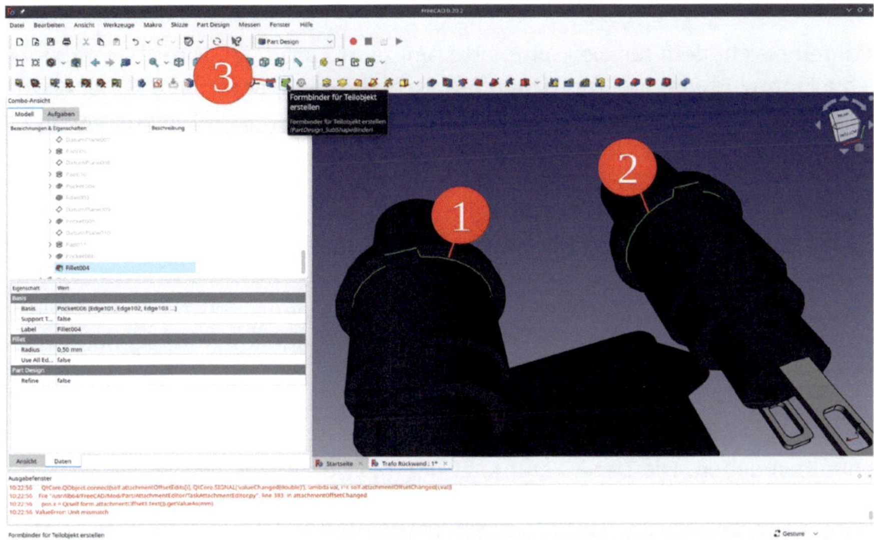


*Bild 9-46*

8. Den neuen Formbinder in "Rückwand komplett" in "Ausschnitte Sicherungshalter" umbenennen.

9. Das Werkzeug "Tasche" anklicken. Im Aufgabenfenster den Typ "Durch alles" wählen und die Aufgabe mit "OK" abschließen.

Zur Erfolgskontrolle den Körper "Rückwandblech" wieder einblenden (Bild 9-47). Die Verdrehungssicherungen der Sicherungshalter sowie die Bohrungen für die Kaltgerätebuchse sind sichtbar. Alle Objekte für den nächsten Schritt wieder einblenden.

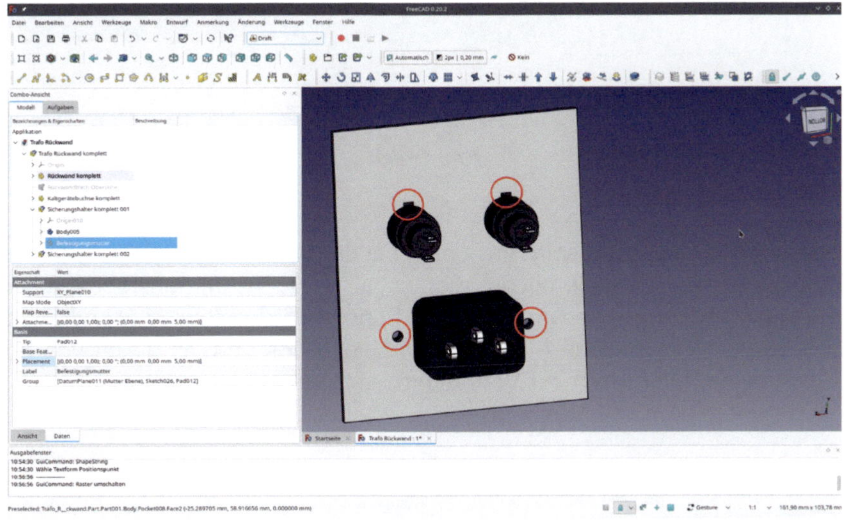

*Bild 9-47*

### 9.2.4. Gravuren platzieren

Das Verfahren gleicht dem für die Frontplatte. Vor dem Aufruf der "Draft"-workbench daran denken, die Frontplatte in die "Top" Orientierung zu bringen, sonst ist das Hilfsgitter gegen die Frontplatte verdreht. Hinweise auf die Betriebsspannung, die Nennleistung und die einzubauenden Sicherungen sind ein nützlicher Standard.

1. Die erste "Form von Text" (ShapeString) lautet für diesen Trafo: "230V/50Hz/30VA" und kann mittig unter die Kaltgerätebuchse platziert werden.

2. Der zweite Text ist ein Hinweis auf die Sicherungen: "0,5 AT" (abhängig von der Herstellerspezifikation für den jeweiligen Trafo!) und kann mittig unter den Sicherungshaltern stehen.

Das Ergebnis zeigt Bild 9-48. Wer es möchte, könnte der Kaltgerätebuchse noch Befestigungsschrauben geben. Die Datei kann jetzt geschlossen werden.

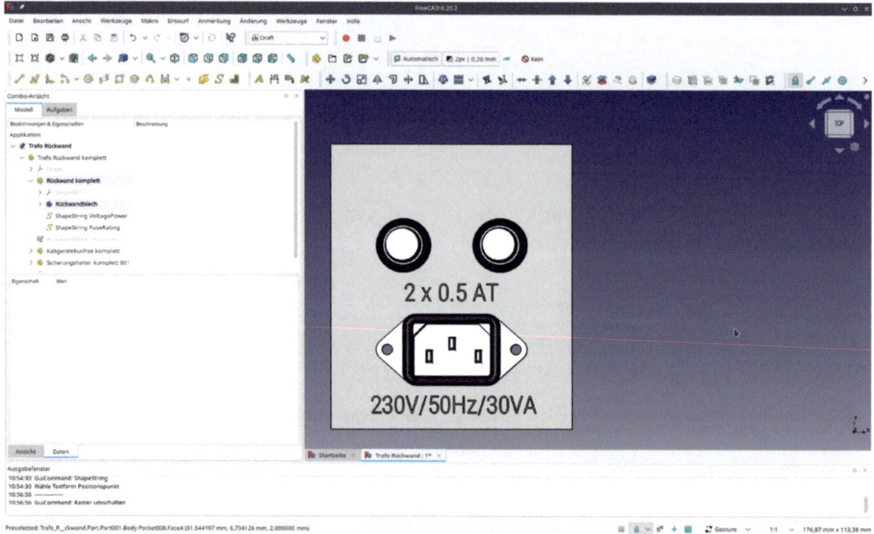


*Bild 9-48*

## 9.3. Das Chassis

Beim Chassis könnte es wichtig sein, dass man bei der Volumenoptimierung dessen Länge leicht verändern kann. Eventuell möchte man sogar beim Zusammenstauchen des Innenlebens die Lage von Frontplatte und Rückwand ohne allzu großen Aufwand auch einzeln verschieben können. Daher achten wir bei der Anlage des Chassis gleich von Anfang an darauf, dazu robuste Referenzen zur Verfügung zu stellen.

### 9.3.1.Datei und Std-Part-Container vorbereiten

1. Eine neue Datei beginnen und unter dem Namen "Trafo Chassis" abspeichern.

2. In diesem Dokument einen neuen Std-Part-Container anlegen und in "Trafo Chassis komplett" umbenennen.

3. Einen neuen Körper anlegen und in "Chassis Blech" umbenennen.

4. Für Frontplatte und Rückwand zwei Referenzebenen anlegen. Dazu in der Baumansicht das Koordinatensystem von "Chassis Blech" einblenden, erweitern und die XZ-Ebene markieren. Danach das Icon "Referenzebene erstellen" anklicken. Im Aufgabenfenster für die Z-Verschiebung 65 mm einsetzen (Bild 9-49). "Z" bedeutet hier Verschiebung in Ebenen-Normalenrichtung.

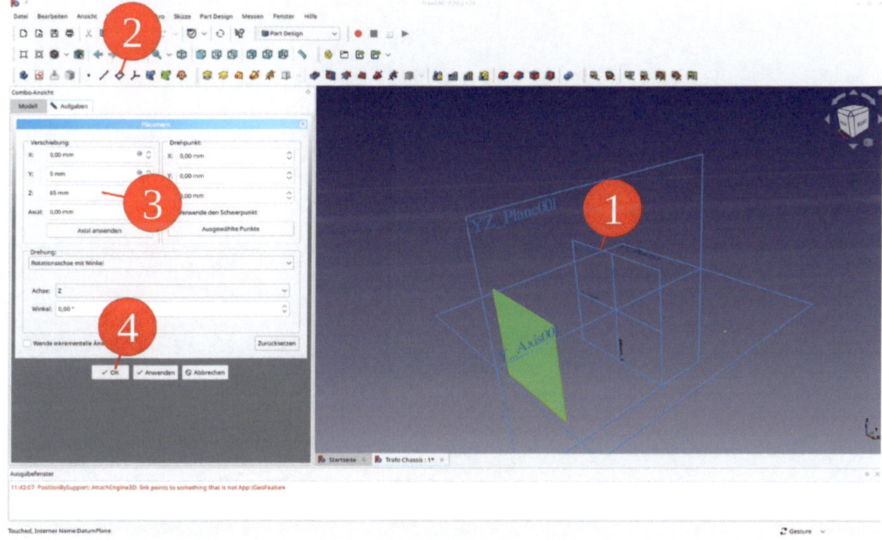


*Bild 9-49*

5. Die neue Ebene in "Lage Frontplatte" umbenennen.

6. Ebenso eine weitere Referenzebene erstellen und die Z-Verschiebung auf -65 mm setzen. Die Ebene in "Lage Rückwand" umbenennen.

7. Den Querschnitt des Chassis auf die Ebene "Lage Frontplatte" skizzieren: Diese Ebene in der Baumansicht markieren und den Sketcher starten.

8. Aus dem Hauptmenü "Ansicht | Orthogonal" und "Sketch | Abschnitt anzeigen" auswählen.

9. Ein auf der X-Achse liegendes Rechteck zeichnen (Bild 9-50).

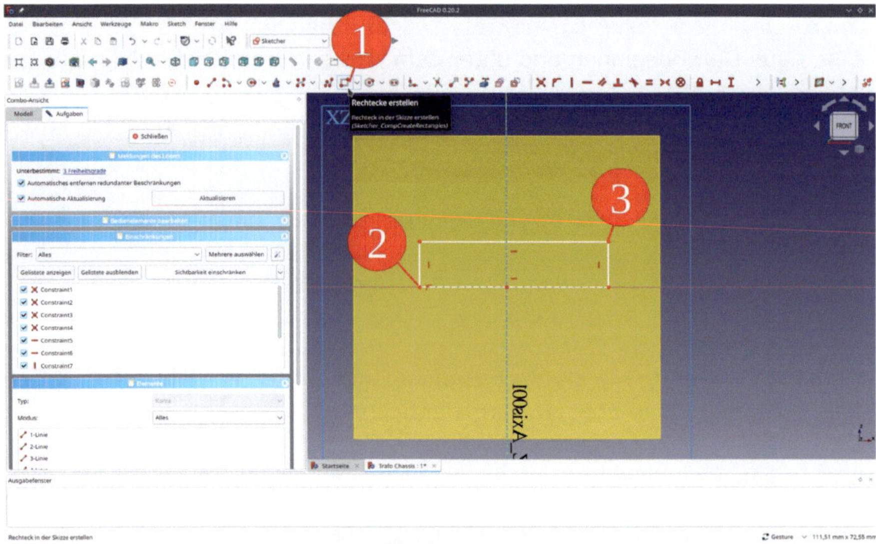


*Bild 9-50*

10. Die beiden unteren Punkte und die Z-Achse markieren und die Einschränkung "Symmetrie festlegen" anklicken (Bild 9-51).

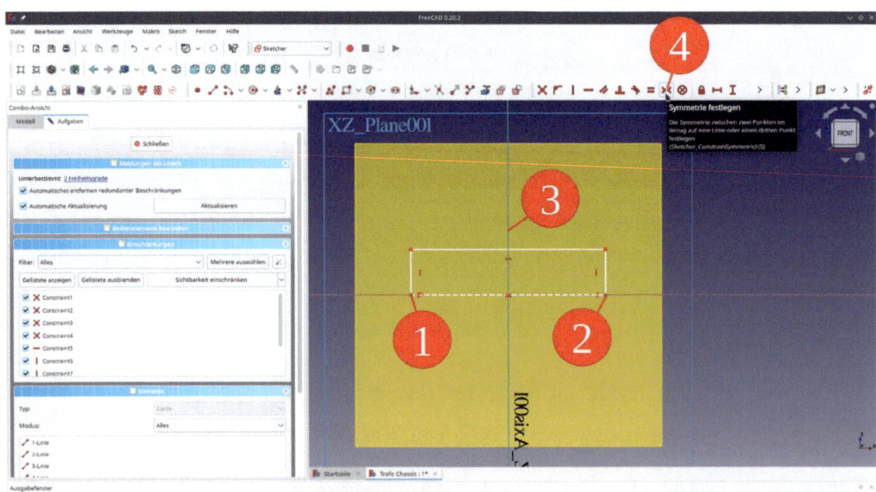


*Bild 9-51*

11. Die Höhe des Rechtecks durch Anklicken einer vertikalen Seite und der Einschränkung "Vertikalen Abstand festlegen" auf 3 mm setzen (die Blechstärke, Bild 9-52).

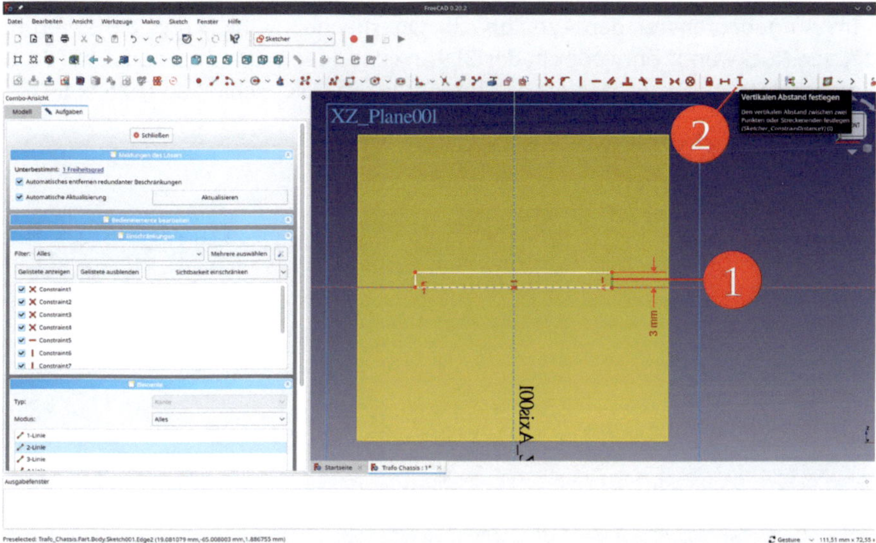


*Bild 9-52*

12. In analoger Weise die Breite des Rechtecks auf 75 mm setzen und die Skizze schließen (Bild 9-53).

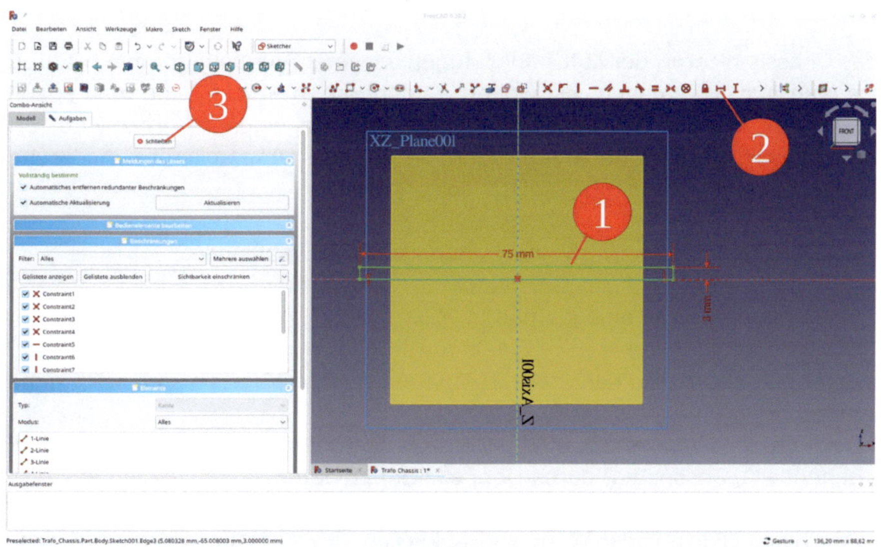


*Bild 9-53*

13. Die Skizze in der Baumansicht markieren und das Werkzeug-Icon "Aufpolstern" anklicken.

14. Im Aufgabenfenster den Typ "bis zur Oberfläche" wählen und die Referenzebene "Lage Rückwand" entweder in der 3D-Ansicht oder in der Baumansicht (dazu Reiter wechseln) anklicken. Das Aufgabenfenster mit "OK" schließen (Bild 9-54).

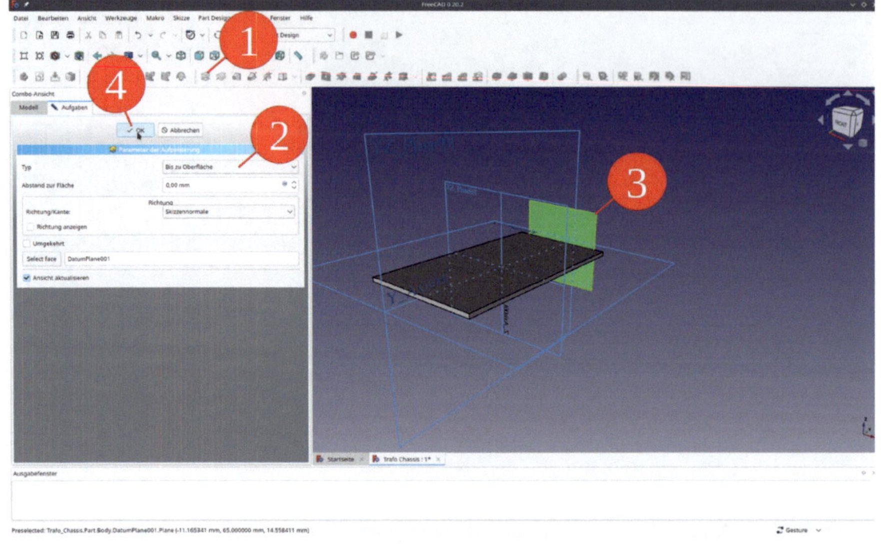


*Bild 9-54*

Damit das Chassis nicht in der Luft hängt, fügen wir jetzt Aluminiumprofile hinzu. Definieren muss man nur eines davon, die weiteren, identischen Stücke kann man später leicht mit Referenzen erzeugen. Da das neue Distanzstück ein eigener Körper wird, brauchen wir Referenzen für Vor- und Rückseite, denn die Distanzstücke sollen bei Änderungen der Front- und Rückwandpositionen assoziativ Folge leisten.

15. Den Körper "Chassis Blech" in der Baumansicht ausblenden.

16. Einen neuen Körper anlegen und in "Distanzstück 001" umbenennen.

17. Den neuen Körper in den Std-Part-Container "Trafo Chassis komplett" ziehen.

18. Der Körper "Distanzstück 001" sollte zur Bearbeitung aktiviert sein (aus dem Vorgehenden), ansonsten, durch Doppelklick aktivieren.

19. Das blaue "Formbinder-Werkzeug anklicken. Im Aufgabenfenster auf den Button "Objekt" klicken, so dass er dunkelgrau erscheint. In das Eingabefeld neben dem Button "Objekt" klicken und in den Reiter "Modell" wechseln. Dort im Körper "Chassis Blech" auf die Ebene "Lage Frontplatte" klicken und in den Reiter "Aufgaben" zurückkehren. Das Aufgabenfenster mit "OK" schließen (Bild 9-55).

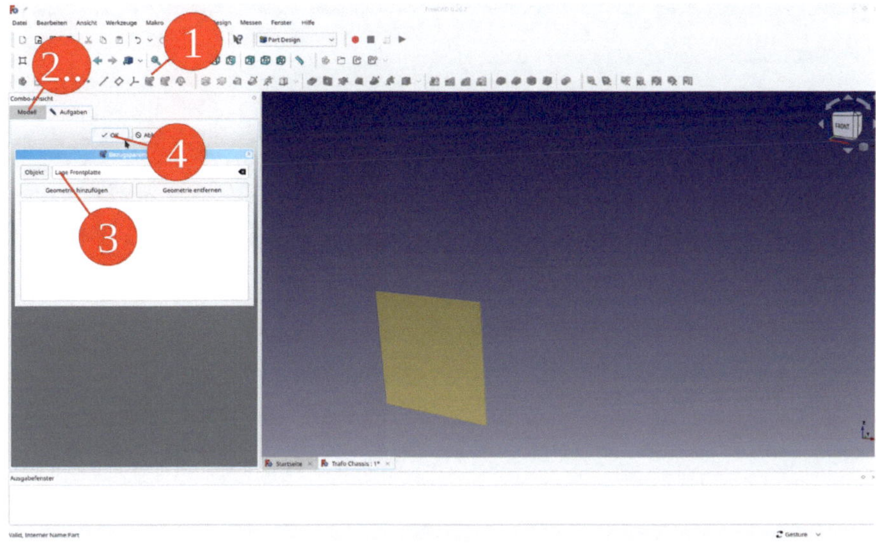


*Bild 9-55*

20. Den neuen Formbinder in "Frontseite" umbenennen. In analoger Weise einen Formbinder für die Ebene "Lage Rückwand" herstellen und in "Rückseite" umbenennen (Bild 9-56).

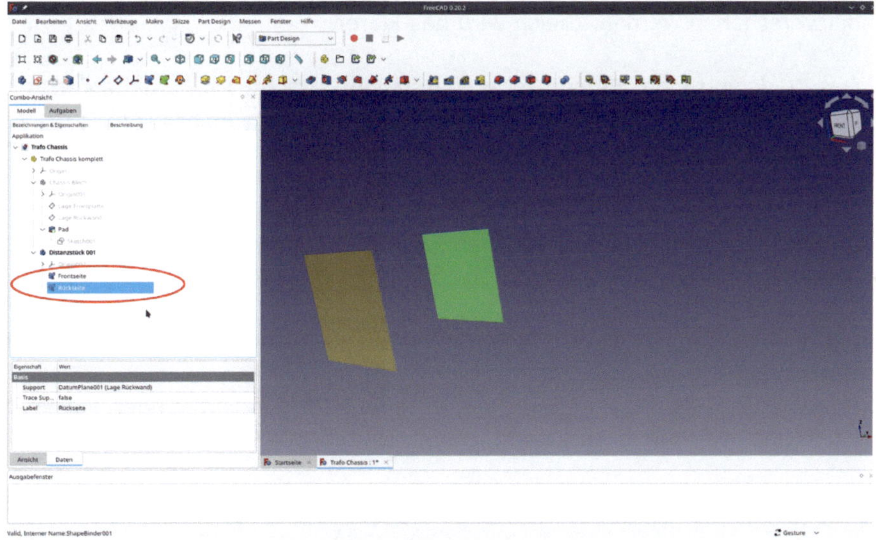

*Bild 9-56*

21. Bei beiden Formbindern die Eigenschaft "Trace Support" auf "true" setzen (Bild 9-57).

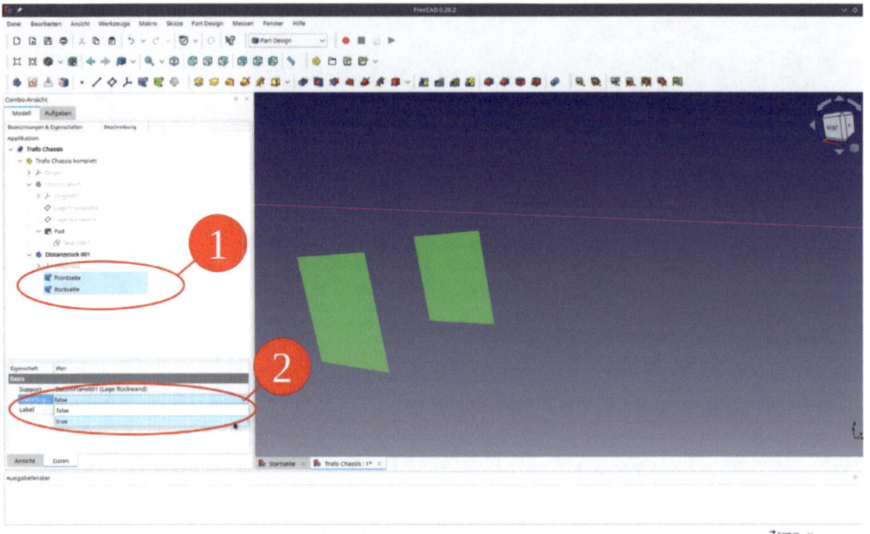

*Bild 9-57*

Zwar kann man den Sketcher mit Bezug auf so definierte Formbinder starten, man verliert aber dadurch die Möglichkeit, die Skizze mit den "Attachment"-Parametern lateral zu positionieren. Ein Ausweg besteht darin, an jeden Formbinder wieder eine Referenzebene anzuhängen. Deren "Attachment"-Parameter können wieder gegen die Koordinaten der Formbinder verschoben werden. Gleich wird das klarer:

22. Das Werkzeug-Icon "Referenzebene erstellen" klicken. Im Aufgabenfenster in das Eingabefeld neben dem Button für Referenz 1 (Label "Auswählen...", dunkelgrau) klicken, in den Reiter "Modell" wechseln und den Formbinder "Frontseite" anklicken.

23. In den Reiter "Aufgaben" zurückkehren und das Aufgabenfenster mit "OK" schließen.

24. Die neue Ebene im Körper "Distanzstück" in "Position Frontplatte" umbenennen.

25. In analoger Weise eine weitere Referenzebene für den Formbinder "Rückseite" anlegen und in "Position Rückwand" umbenennen (Bild 9-58).

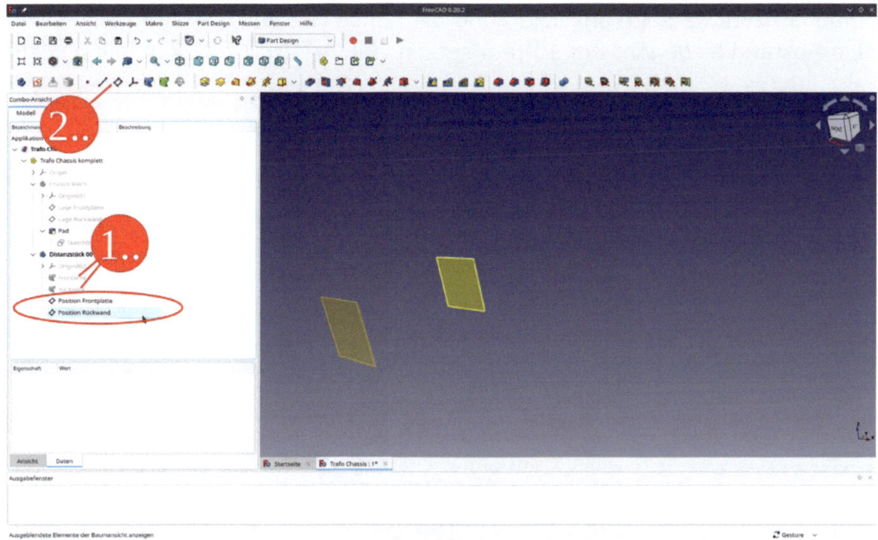


*Bild 9-58*

26. Die Ebene "Position Frontplatte" in der Baumansicht markieren und den Sketcher starten.

27. Ein auf den Ursprung zentriertes Rechteck zeichnen. Je eine horizontale und eine vertikale Seite markieren und die Einschränkung "=" anklicken (Bild 9-59).

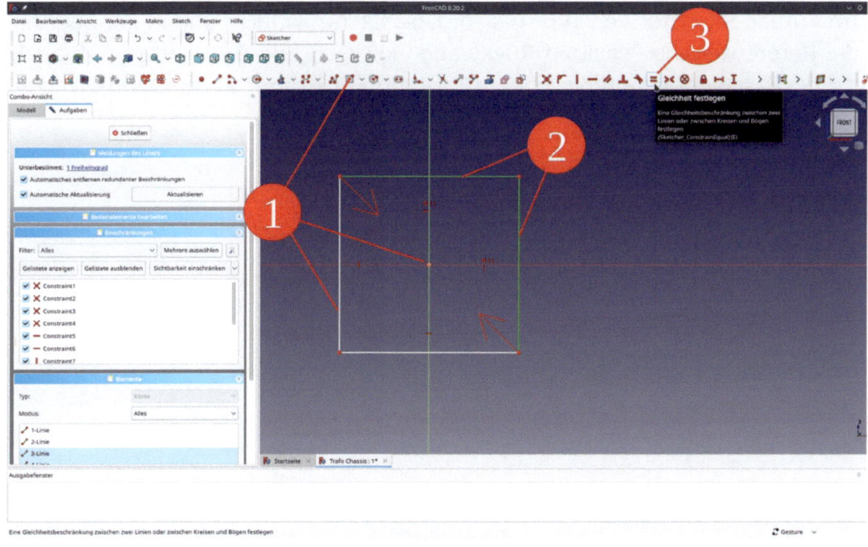


*Bild 9-59*

28. Eine horizontale Seite anklicken und die Länge mit der Einschränkung "Horizontalen Abstand festlegen" auf 10 mm setzen (Bild 9-60). Den Sketcher schließen.

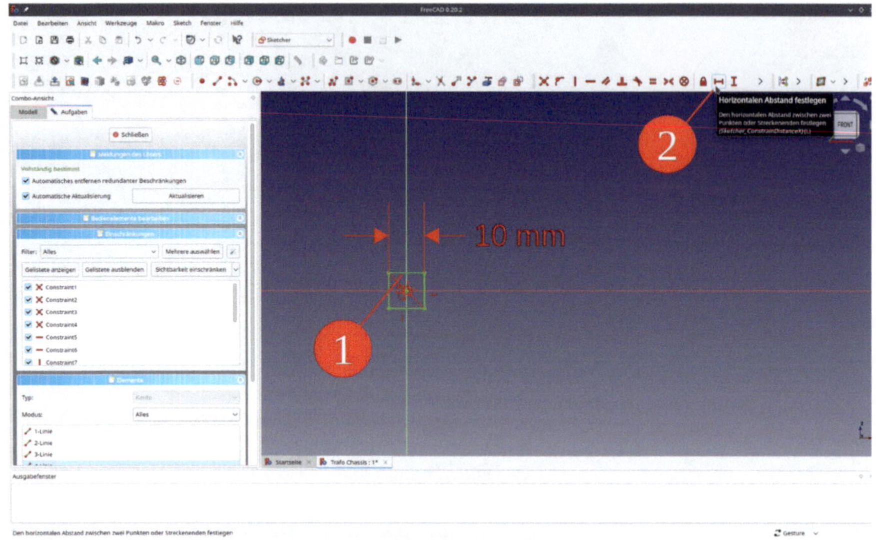


*Bild 9-60*

29. Die neue Skizze in der Baumansicht markieren und das Werkzeug "Aufpolstern" anklicken.

30. Im Aufgabenfenster den Typ "Bis zur Oberfläche" wählen und in der 3D-Ansicht auf die Referenzebene "Position Rückwand" klicken (Bild 9-61). Das Aufgabenfenster mit "OK" schließen und die Ebene "Position Rückwand" in der Baumansicht mit der Leertaste ausblenden.

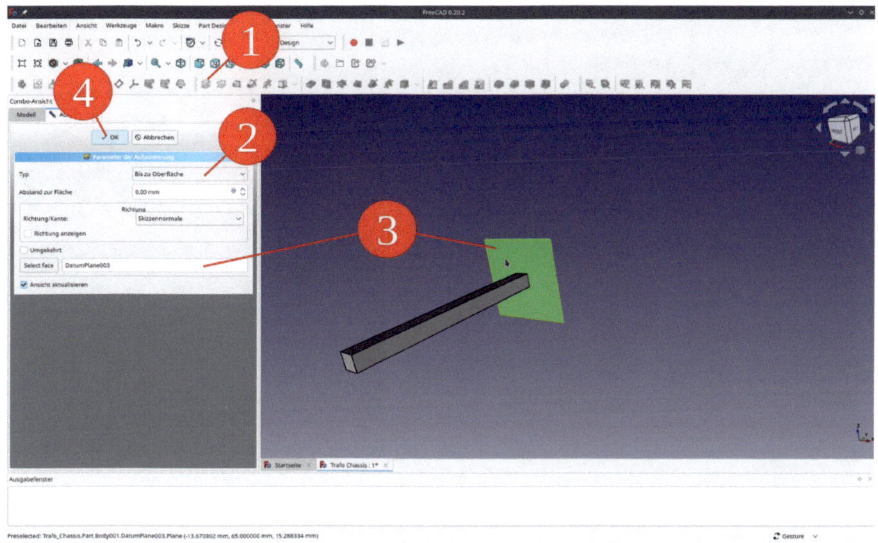


*Bild 9-61*

Das Distanzstück ist jetzt assoziativ mit den Referenzebenen "Lage Frontplatte" und "Lage Rückwand" im Körper "Chassis Blech" verknüpft. Dies kann man testen, indem man versuchsweise die Positionen der Ebenen verschiebt. Die Änderungen werden erst nach einer Neuberechnung wirksam (F5-Taste). Es fehlen noch Bohrungen in den Stirnseiten. Durch den Bezug auf die Referenzebenen "Position Frontplatte" bzw. "Position Rückwand" hängen die Bohrungen nicht von generierten Facetten ab – ein Vorteil mit Hinblick auf das topologische Benennungsproblem.

31. Die Ebene "Position Frontplatte" markieren und den Sketcher starten. Ein auf den Ursprung zentrierten Kreis zeichnen. Der Durchmesser spielt keine Rolle und kann z.B. auf 3 mm gesetzt werden.

32. Die neue Skizze markieren und das Werkzeug-Icon "Bohrung" anklicken (Bild 9-62).

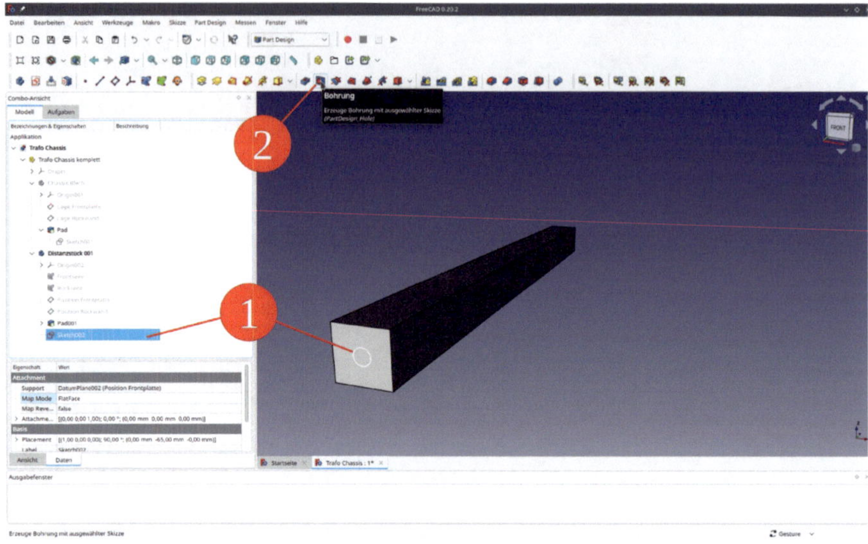

Bild 9-62

33. Im Aufgabenfenster das Profil "Metrisches Regelgewinde" wählen, die Größe auf M4 und die Tiefe auf 15 mm setzen (Bild 9-63). Die Checkbox "mit Gewinde versehen" anhaken und das Aufgabenfenster mit "OK" schließen.

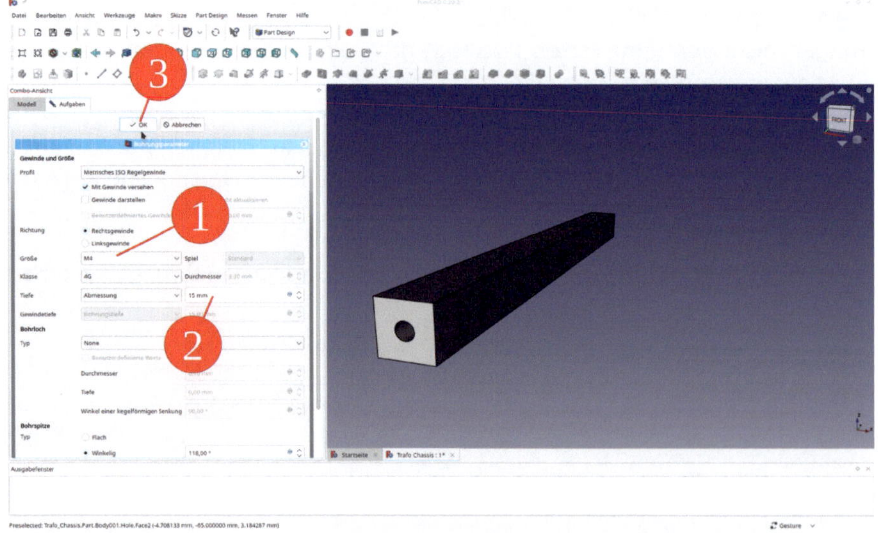

Bild 9-63

34. In analoger Weise eine solche Bohrung auf der anderen Stirnseite anbringen. Bei der rückwärtigen Bohrung muss zusätzlich die Checkbox "Umgekehrt" angehakt werden.

Nun kann das Distanzstück platziert werden. Dazu den Körper "Chassis Blech" wieder einblenden (Bild 9-64). Die Platzierung des Distanzstückes erfolgt nicht über die "Placement"-Parameter – die Aktualisierung springt wegen der Formbinder immer wieder in die Ausgangslage zurück – sondern über die "Attachment"-Parameter der Ebene "Position Frontseite", auf der sich die Skizze des Distanzstückes befindet.

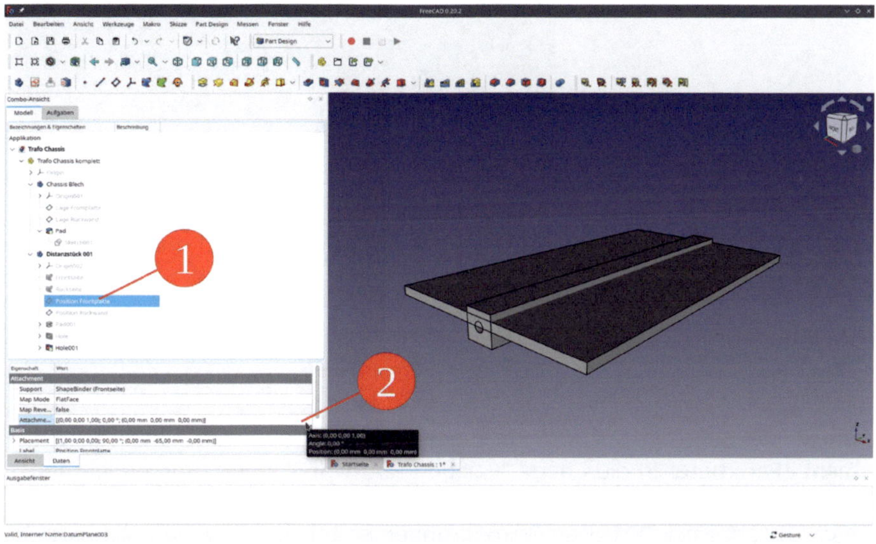


*Bild 9-64*

35. In der Baumansicht auf die Referenzebene "Position Frontplatte" klicken und in der Eigenschaftsliste die "Attachment"-Parameter öffnen. Die Verschiebungen auf X = 32,5 mm und Y = -5 mm setzen. Die Änderungen werden erst nach Klicken des "Anwenden"-Buttons sichtbar (Bild 9-65). Das Aufgabenfenster mit "OK" schließen.

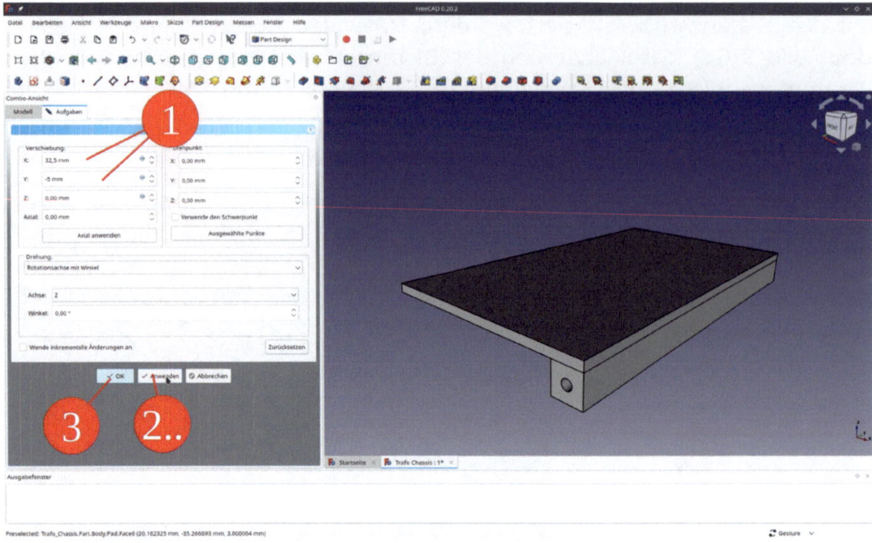


*Bild 9-65*

36. Damit die Bohrung auf der Rückseite nicht verloren geht, müssen die "Attachment"-Parameter in die Ebene "Position Rückwand" übernommen werden.

37. Vom Distanzstück 001 drei Verknüpfungen erstellen und in den Std-Part-Container "Trafo Chassis komplett" ziehen (Bild 9-66).

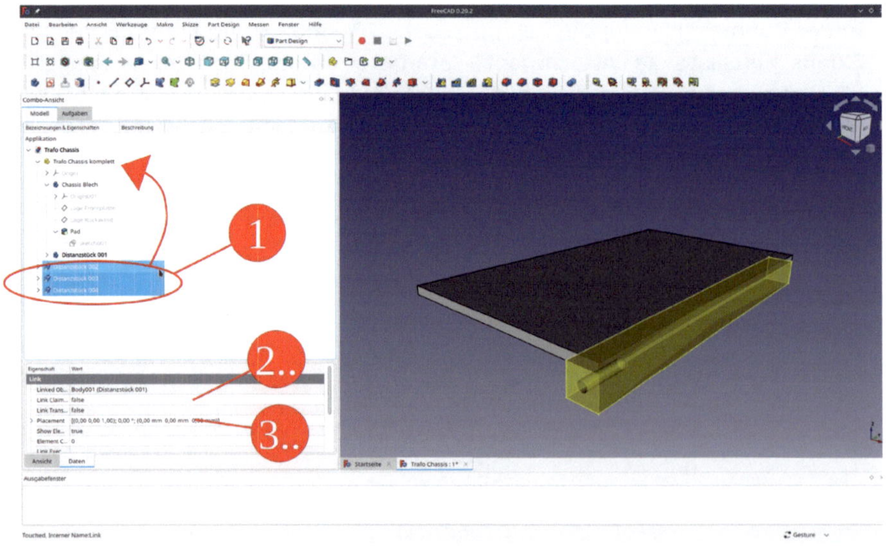


*Bild 9-66*

38. Die Eigenschaft "Link Transform" für die drei neuen Objekte auf "true" setzen.

39. Die "Link Placement"-Parameter der drei neuen Distanzstücke folgendermaßen setzen (das Ergebnis zeigt Bild 9-67):

| Objekt | X [mm] | Y [mm] |
|---|---|---|
| Distanzstück 002 | -65 | 0 |
| Distanzstück 003 | 0 | 80 |
| Distanzstück 004 | -65 | 80 |

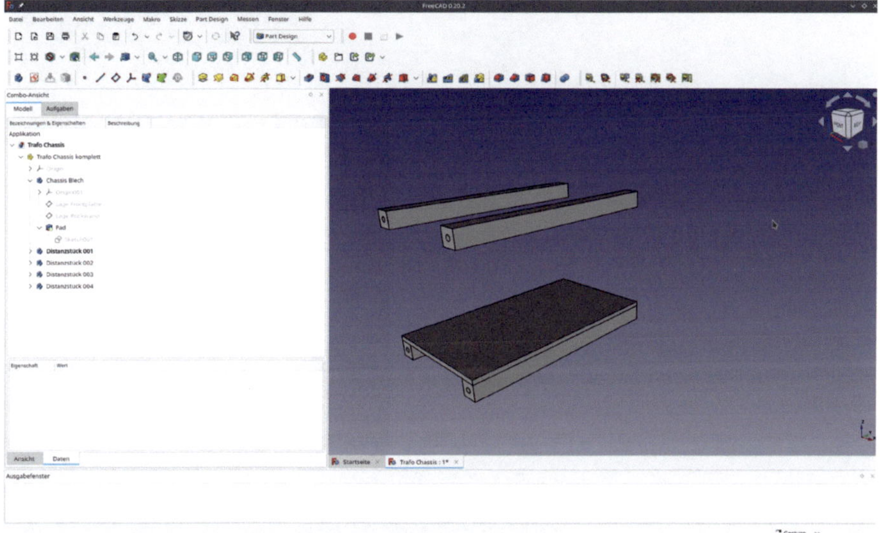

*Bild 9-67*

## 9.3.2. Das Chassisblech befestigen

Es fehlen noch die Befestigungsbohrungen in der Chassisplatte. Diese können wir auf die XY-Ebene des Bleches skizzieren und mit einem "Formbinder für Teilobjekte" in das Distanzstück 001 einbringen. Die anderen Distanzstücke werden als Verknüpfungen selbsttätig folgen:

1. Die Distanzstücke 003 und 004 in der Baumansicht mit der Leertaste ausblenden.

2. Den Körper "Chassis Blech" durch Doppelklick aktivieren.

3. Die XY-Ebene des Körpers anklicken und den Sketcher starten. Aus dem Hauptmenü "Ansicht | orthogonal" und "Sketcher | Abschnitt anzeigen" auswählen.

4. Das Werkzeug "Externe Geometrie" anklicken und die obere und untere horizontale Kante des Chassisblechs anklicken (Bild 9-68).

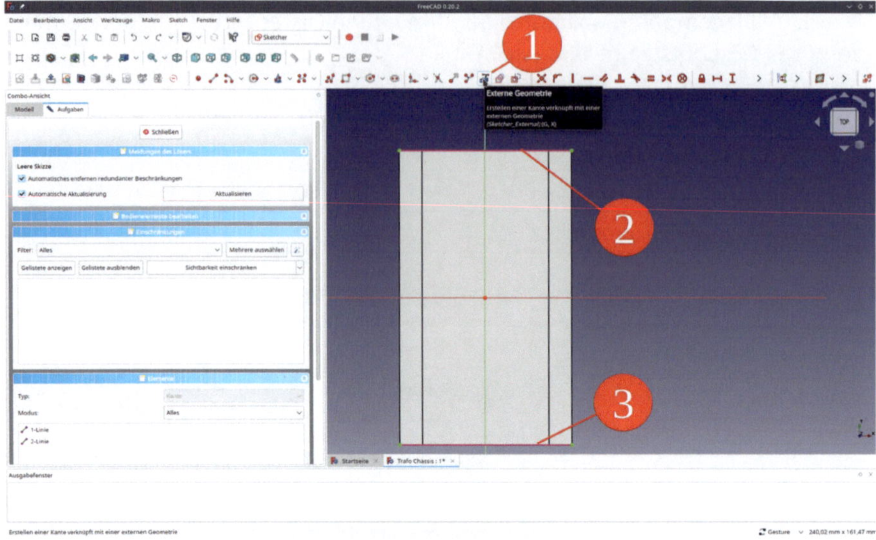


*Bild 9-68*

5. Ein Rechteck einzeichnen. Zwei auf einer Höhe liegende Eckpunkte sowie die Mittellinie markieren und die Einschränkung "Symmetrie festlegen" anklicken (Bild 9-69).

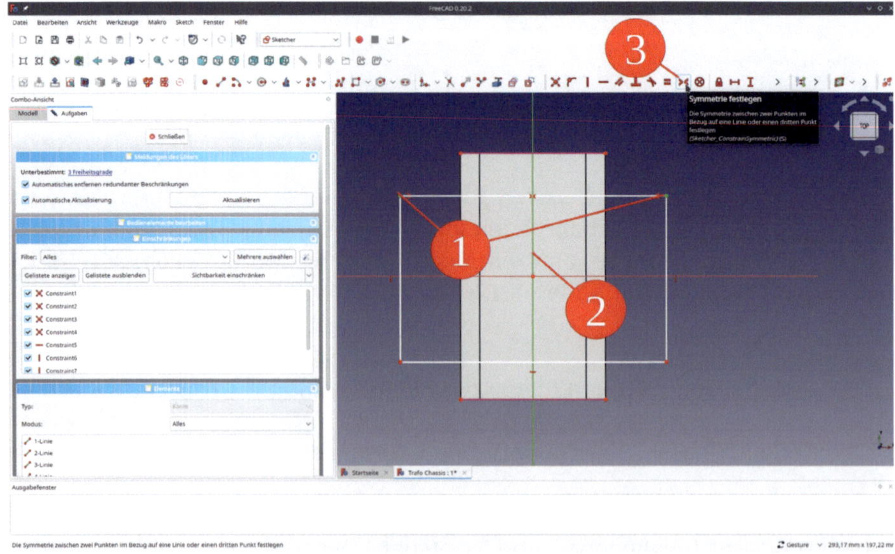


*Bild 9-69*

6. Die Breite des Rechtecks auf 65 mm setzen (dann liegen die Eckpunkte mittig in den Distanzstücken).

7. Je einen Eckpunkt des Rechtecks oben und unten, sowie den korrespondierenden Eckpunkt des Chassisblechs anklicken, und mit der Einschränkung "Vertikalen Abstand festlegen" den Abstand auf 25 mm setzen (Bild 9-70).

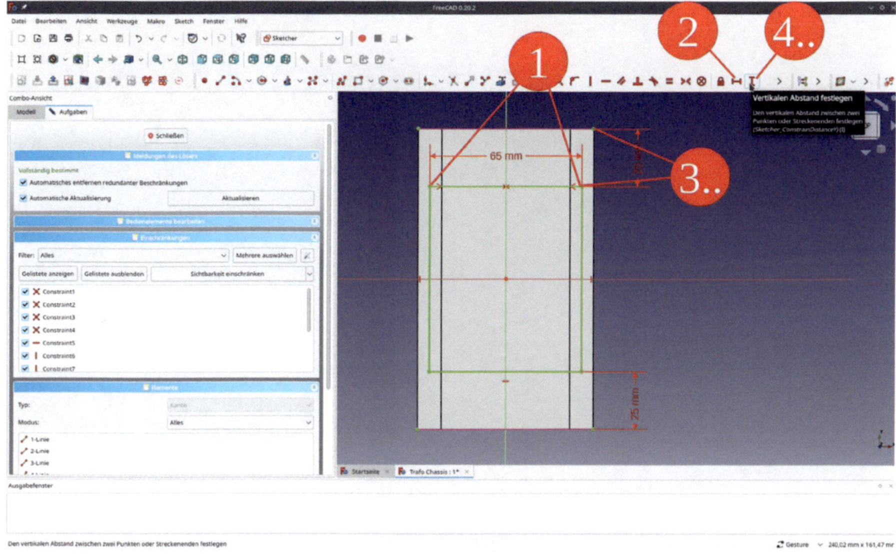


*Bild 9-70*

8. Die vier Linien des Rechtecks in der Elementliste markieren, mit der rechten Maustaste anklicken und aus dem Kontextmenü "Toggle Construction Line" auswählen. Das Rechteck wird zur nützlichen Hilfsgeometrie (Bild 9-71). Die Abstände der Löcher von Frontplatte und Rückwand werden so auf 25 mm fixiert, auch wenn deren Positionen variiert werden.

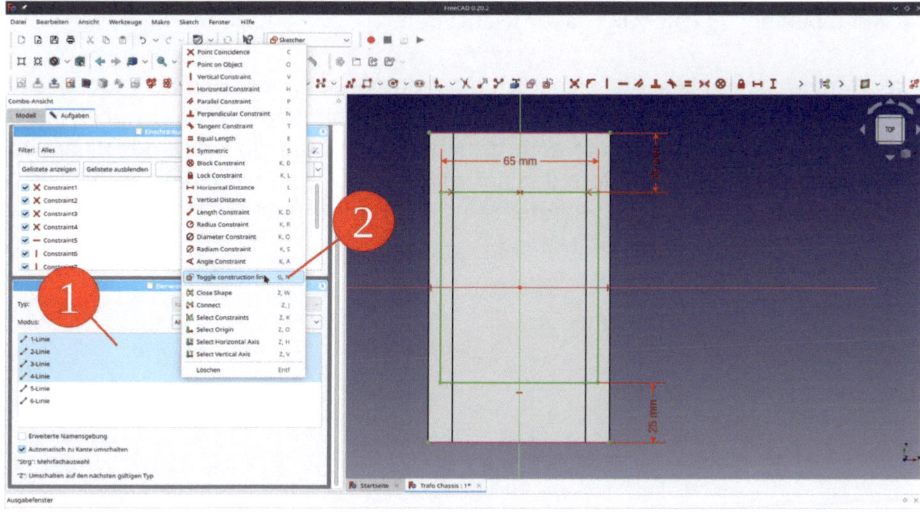


*Bild 9-71*

9. Vier auf die Eckpunkte des Rechtecks zentrierte Kreise zeichnen. Die Kreise markieren und die Einschränkung "=" anklicken (Bild 9-72).

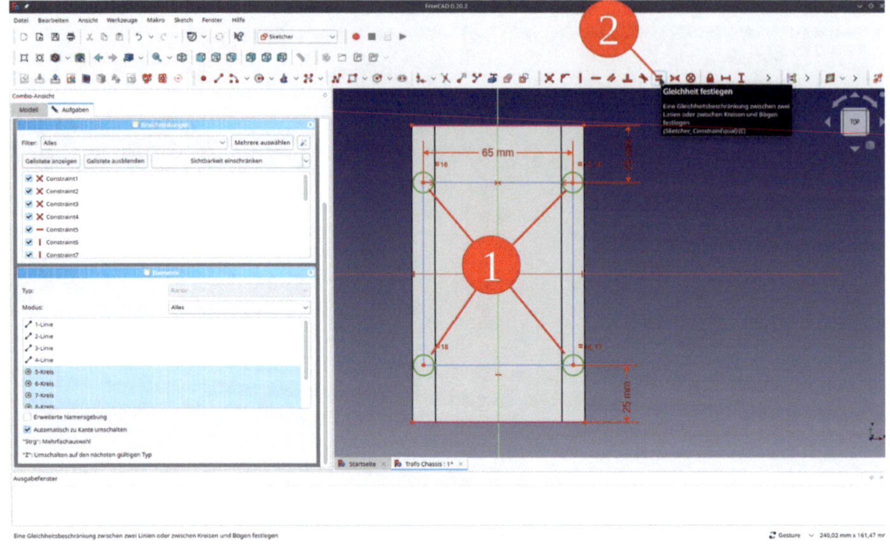


*Bild 9-72*

10. Einen Kreis in der Elementliste mit rechts anklicken und den Durchmesser mit der Einschränkung "Diameter Constraint" aus dem Kontextmenü auf 3 mm setzen. Die Skizze schließen.

11. Die neue Skizze in der Baumansicht markieren und das Werkzeug "Bohrung" anklicken. Im Aufgabenfenster den Durchmesser auf 3,2 mm setzen, für die Tiefe "Durch alles" auswählen und die Checkbox "Umgekehrt" anhaken (Bild 9-73). Das Aufgabenfenster mit "OK" (oben) schließen.

Dem aufmerksamen Leser ist sicherlich nicht entgangen, dass die Bohrungspositionen jetzt assoziativ mit der Länge der Chassisplatte verbunden sind, nicht aber mit deren Breite. Beide Richtungen könnte man steuern, indem man die Breite des Hilfsrechtecks nicht numerisch eingibt, sondern den horizontalen Abstand zwischen dessen Ecken und den Endpunkten der externen Referenzen auf 5 mm festlegt.

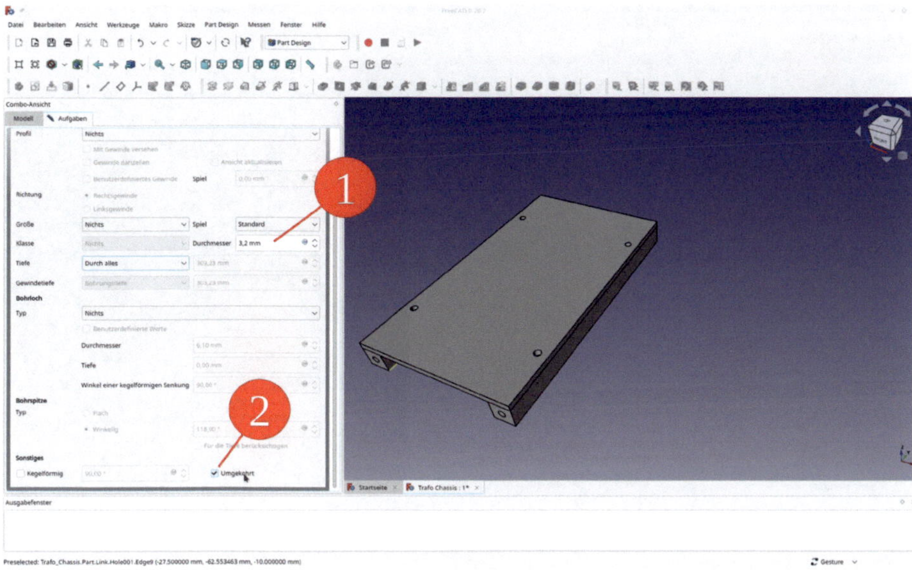


*Bild 9-73*

Die Bohrungen sind im Blech. Jetzt müssen sie noch in die Distanzstücke übertragen werden.

12. Den Körper "Distanzstück 001" durch Doppelklick aktivieren (hier soll der neue Formbinder erzeugt werden).

13. Auf dem Chassisblech die beiden für "Distanzstück 001" maßgeblichen Bohrungen markieren (Bild 9-74) und das grüne "Formbinder für Teilobjekt"-Icon klicken.

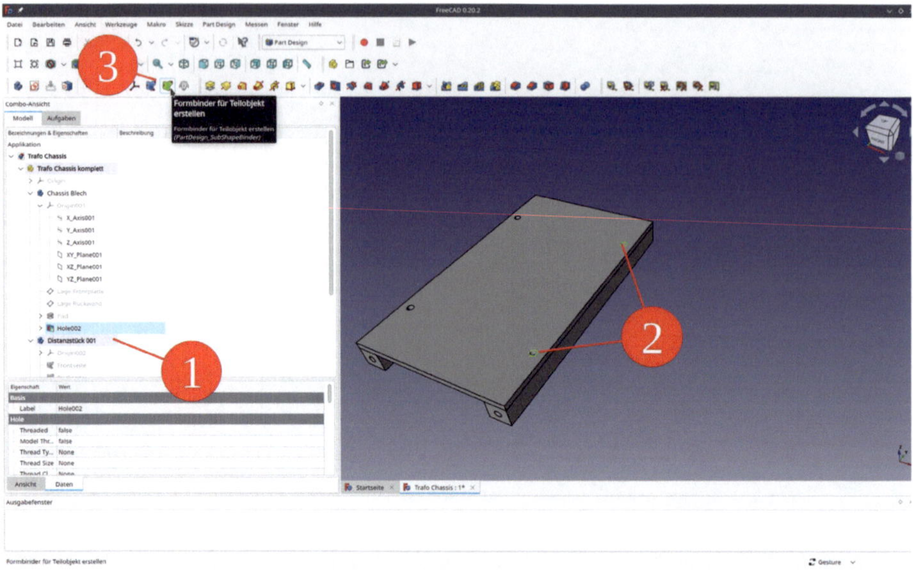

*Bild 9-74*

14. Den neuen Formbinder in "Distanzstück 001" in "Bohrungen Chassisblech" umbenennen. Die Eigenschaft "Make Face" des neuen Formbinders auf "false" setzen (sonst klappt "Bohrung" nicht).

15. Den neuen Formbinder in der Baumansicht markieren und das Werkzeug "Bohrung" anklicken. Im Aufgabenfenster für das Profil "Metrisches ISO-Regelgewinde" auswählen, die Checkbox "Mit Gewinde versehen" anhaken und für die Größe M3 wählen. Für die Tiefe "Durch alles" auswählen und das Aufgabenfenster mit "OK" schließen.

Weil die anderen Distanzstücke als Verknüpfungen definiert waren, tragen sie jetzt alle die neuen Gewindelöcher (Bild 9-75). Das Chassis ist fertig. Den Einbau von Komponenten unternehmen wir, nachdem Front- und Rückwand montiert wurden. Man kann die Assoziativität noch einmal durch Versetzen der Ebenen "Lage Frontplatte" und "Lage Rückwand" im Körper "Chassis Blech" überprüfen.

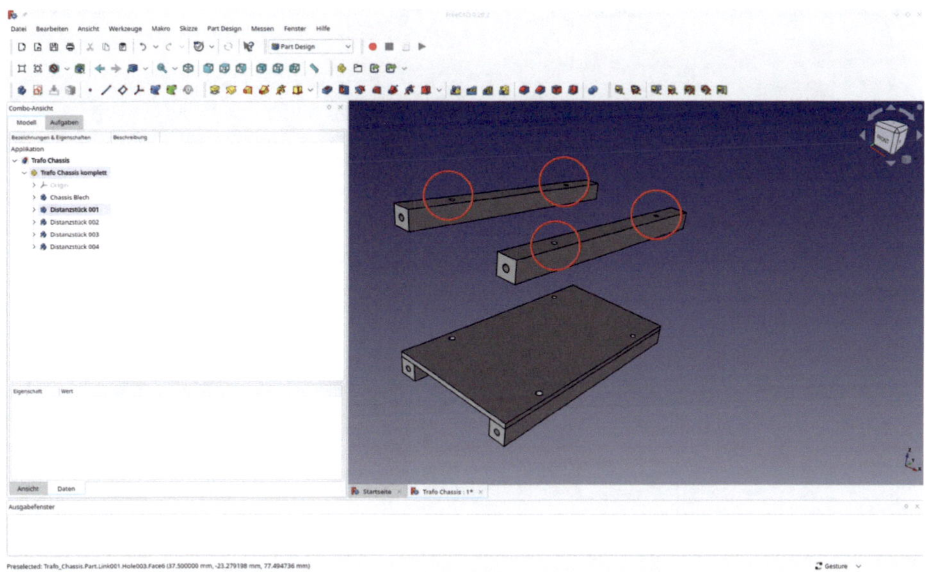

*Bild 9-75*

### 9.3.3. Chassis, Frontplatte und Rückwand zusammensetzen

Für die Montage in der Endbaugruppe legen wir eine neue Datei an. In diese werden die vorbereiteten Einzelbaugruppen mit cut-and-paste eingesetzt. Einige Beziehungen helfen bei der Optimierung der Länge.

1. Eine neue Datei anlegen und unter "Experimentiertrafo komplett" abspeichern.

2. Einen neuen Std-Part-Container anlegen und in "Experimentiertrafo komplett" umbenennen.

3. Den Std-Part-Container "Trafo Chassis komplett" aus der Datei "Trafo Chassis" kopieren und in das neue Dokument mit STRG-V einfügen. "Trafo Chassis komplett" in den Std-Part-Container "Experimentiertrafo komplett "hineinziehen.

4. Ebenso aus der Datei "Trafo Frontplatte" den Std-Part-Container "Trafo Frontplatte komplett" in das neue Projekt hineinkopieren (Bild 9-76).

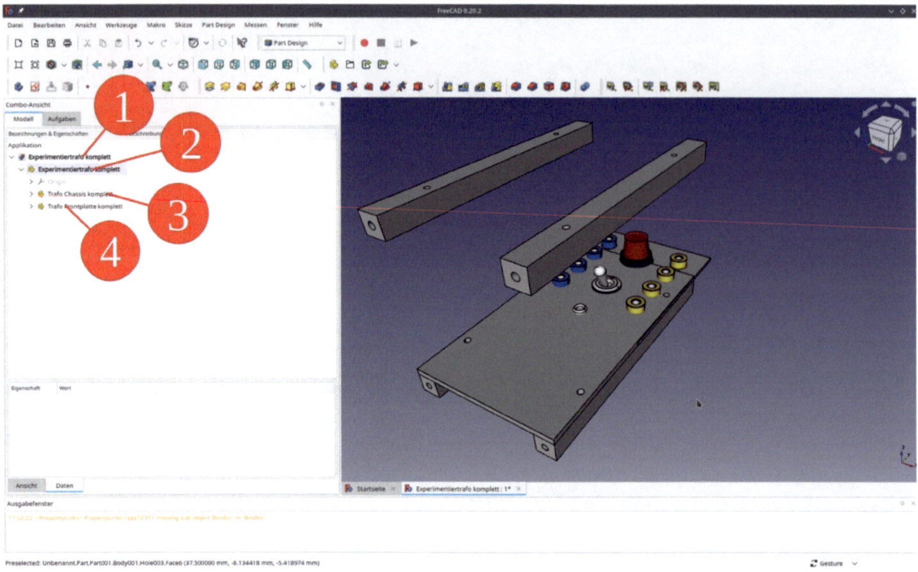


*Bild 9-76*

Die Orientierung der Frontplatte ist noch nicht in Ordnung. Wir hatten sie in der Orientierung "Top" (auf der XY-Ebene) angelegt. Bei der Endmontage hatten wir aber "Top" als Oberseite des komplettierten Geräte. Durch die Festlegung einer Beziehung wird diese Fehlstellung gleich korrigiert.

5. Den Körper "Chassis Blech" in Trafo Chassis komplett" durch Doppelklick zur Bearbeitung aktivieren. Das blaue "Formbinder"-Icon klicken. Im Aufgabenfenster auf den Button "Objekt" klicken, der dann dunkelgrau erscheint (Bild 9-77).

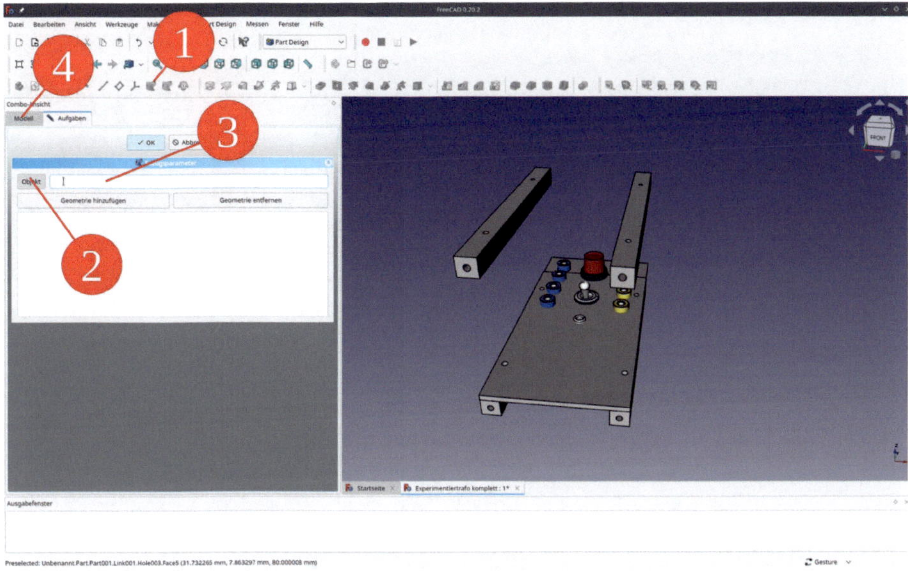


*Bild 9-77*

6. In das Eingabefeld neben dem Button "Objekt" klicken und in den Reiter "Modell" wechseln. Dort auf die Referenzebene "Lage Frontplatte" klicken (Bild 9-78). In den Reiter "Aufgaben" zurückkehren und das Aufgabenfenster mit "OK" schließen.

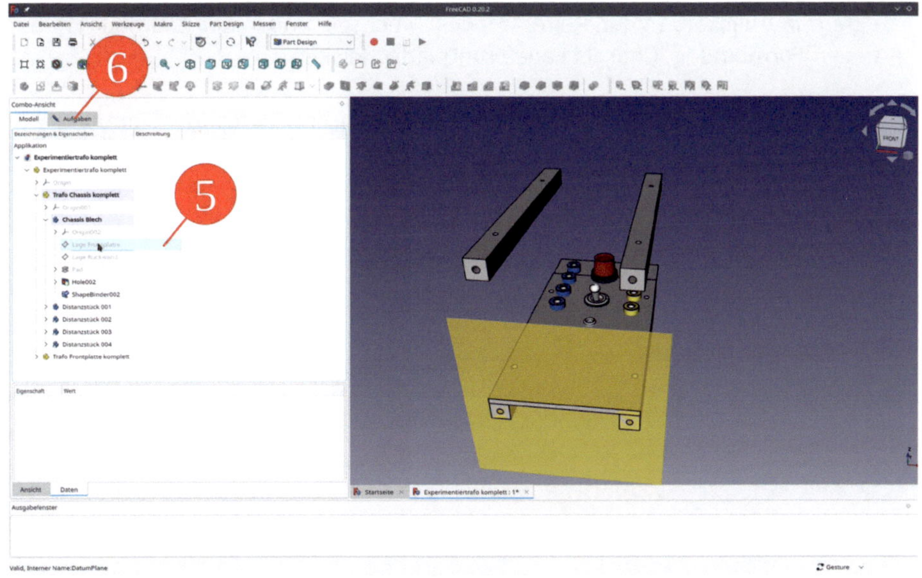


*Bild 9-78*

7. Den neuen Formbinder in "Chassis Lage Frontplatte" umbenennen und in den Std-Part-Container "Trafo Chassis komplett" ziehen (Bild 9-79).

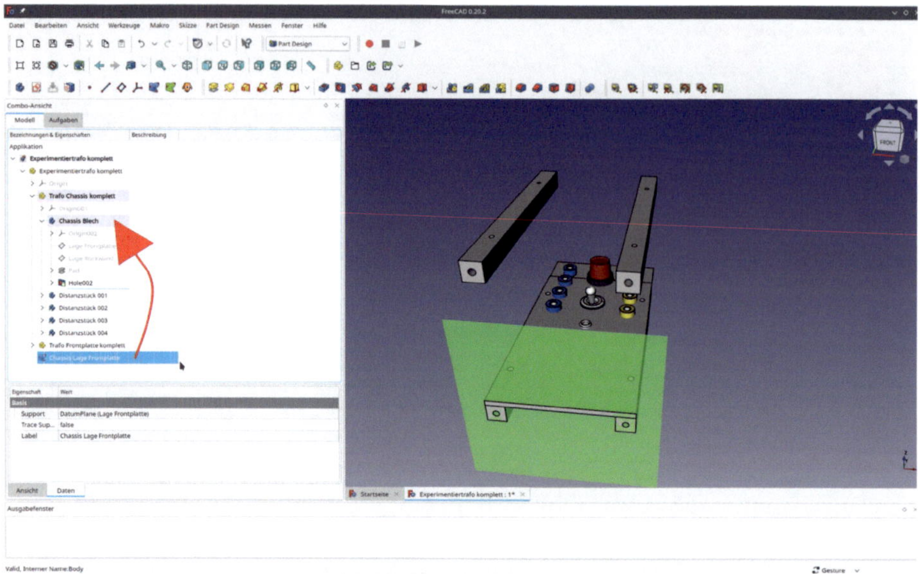

*Bild 9-79*

8. Den Std-Part-Container "Trafo Frontplatte komplett" in der Baumansicht markieren und in die "Part"-workbench wechseln.

9. Aus dem Hauptmenü "Formteil | Positionierung" wählen und in das Eingabefeld für Referenz 1 klicken. In den Reiter "Modell" wechseln und in der Baumansicht auf den neuen Formbinder "Chassis Lage Frontplatte" klicken.

10. In den Reiter "Aufgaben zurückkehren und für den Befestigunsgmodus "XY auf Ebene wählen (Bild 9-80). Für den Versatz in Y-Richtung 10 mm einstellen und das Aufgabenfenster mit "OK" schließen. Den Formbinder "Chassis Lage Frontplatte" ausblenden (Bild 9-81).

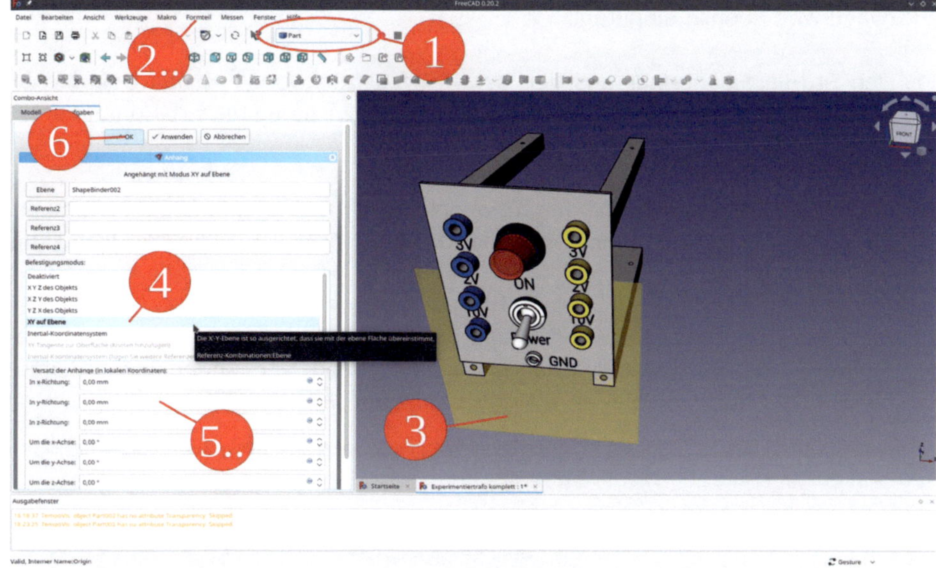


Bild 9-80

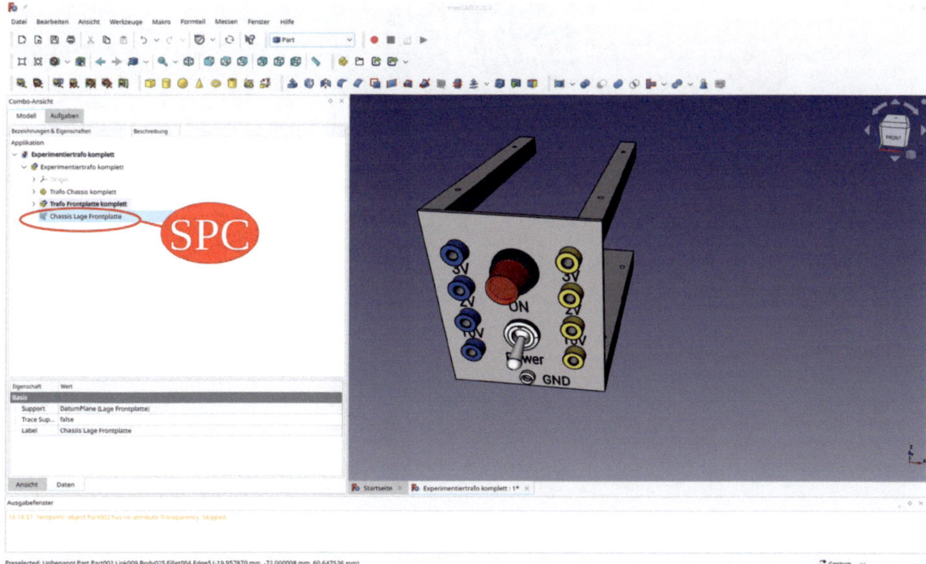


Bild 9-81

Die Bezeichnungen der Richtungen sind nicht immer gleich offensichtlich. In diesem Falle erfolgt die Verschiebung entlang der Y-Richtung, da dies der Orientierung des Frontplatten-Koordinatensystems entspricht. Etwas Herumprobieren führt zum Ziel.

Die Rückwand wird ebenso eingefügt:

11. Den Std-Part-Container aus der Datei "Trafo Rückwand" in das Dokument "Experimentiertrafo komplett" hineinkopieren und in den Std-Part-Container "Experiementiertrafo komplett" ziehen.

12. Den Körper "Chassis Blech" durch Doppelklick aktivieren und einen Formbinder für die Ebene "Lage Rückwand" erstellen. Diesen in "Chassis Lage Rückwand" umbenennen.

13. Die Platzierung der Rückwand genau wie für die Frontplatte vornehmen, nur als Referenz 1 den Formbinder "Chassis Lage Rückwand" verwenden und im Aufgabenfenster die Checkbox "Seiten spiegeln" anhaken (Bild 9-82).

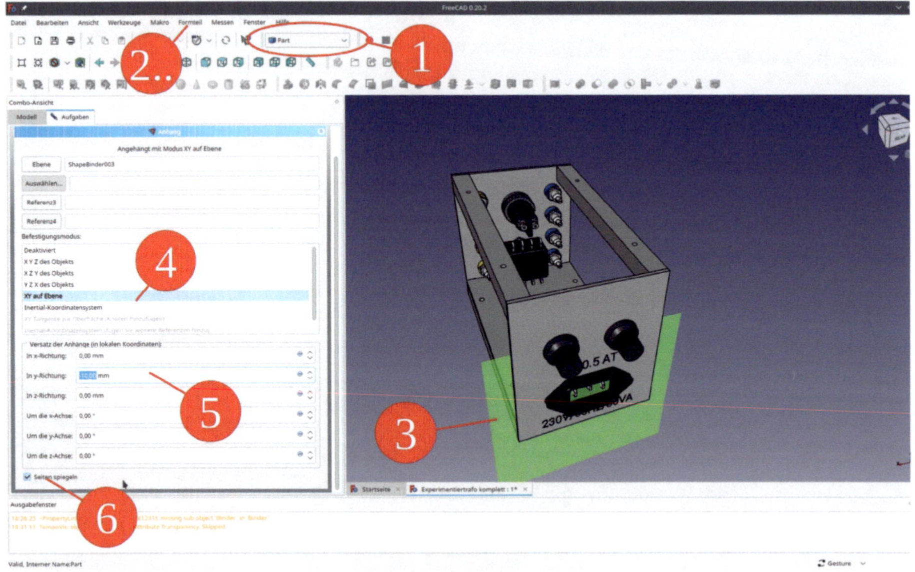


*Bild 9-82*

14. Den Formbinder "Chassis Lage Rückwand" ausblenden (Bild 9-83).

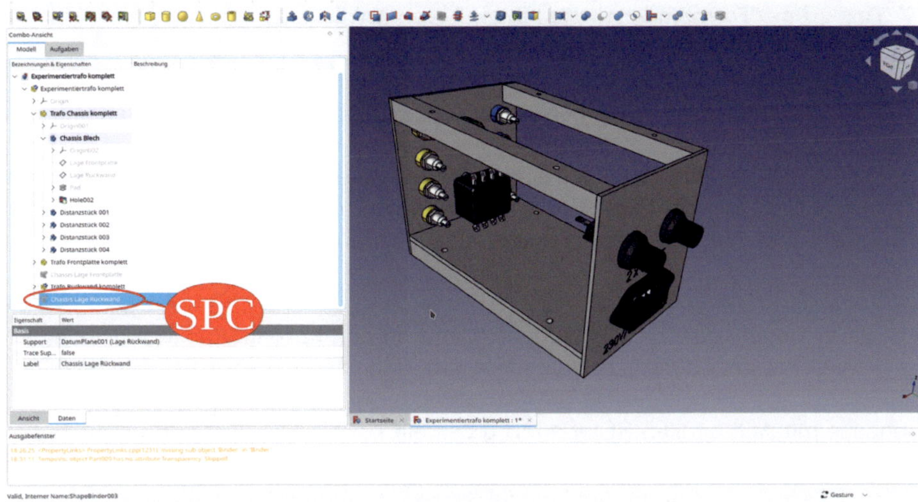


*Bild 9-83*

Es fehlen noch die Montagebohrungen für Frontplatte und Rückwand. Diese sollten auch mit Beziehungen erzeugt werden, denn es ist ja ohne erfolgte Optimierung noch nicht klar, ob die Distanzstücke in den Ecken bleiben.

15. Im Std-Part-Container "Frontblech komplett" den Körper "Frontblech" durch Doppelklick zur Bearbeitung aktivieren.

16. Den Körper Frontblech ausblenden und in der 3D-Ansicht die vier Konturen der Bohrungen in den Distanzstücken markieren (Bild 9-84).

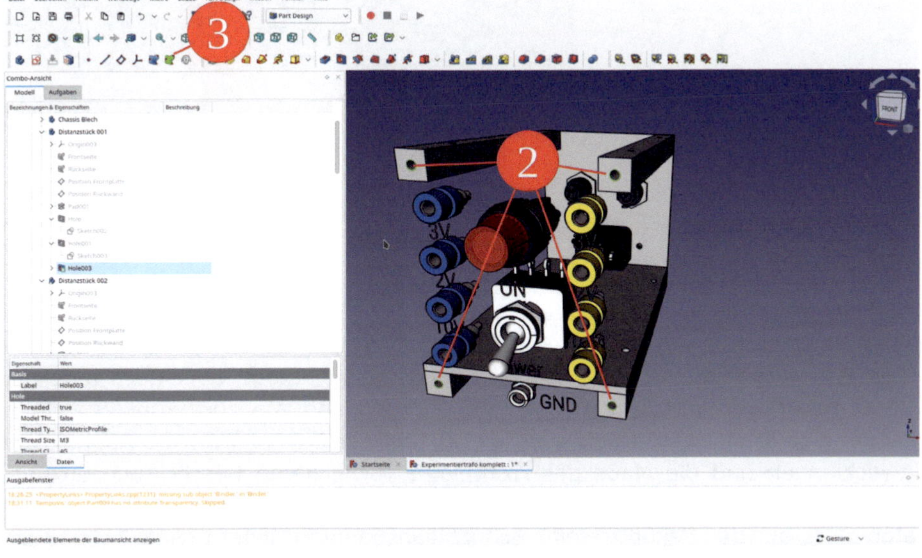


*Bild 9-84*

17. Das grüne "Formbinder für Teilobjekt"-Icon anklicken.

18. Zum Körper "Frontblech" scrollen (leider springt die Ansicht beim Selektieren von Objekten) und den neuen Formbinder in "Befestigungslöcher" umbenennen.

19. Das Werkzeug "Bohrung" anklicken. Im Aufgabenfenster für den Durchmesser 4,2 mm setzen, für die Tiefe "Durch alles" wählen und die Checkbox "Umgekehrt" anhaken. Das Aufgabenfenster mit "OK" schließen und "Frontblech" wieder einblenden.

20. Auf analoge Weise die Befestigungslöcher in den Körper "Rückwandblech" im Std-Part-Container "Rückwand komplett" einbringen.

Das Gehäuse mit Anbauteilen ist jetzt fertig gestellt (Bild 9-85). Es fehlt nur noch die Haube, die wir zum Schluss aus Blech modellieren. Es ist wichtig, eine Darstellung des komplettierten Gehäuses zu haben, um die Einbauteile gut positionieren zu können

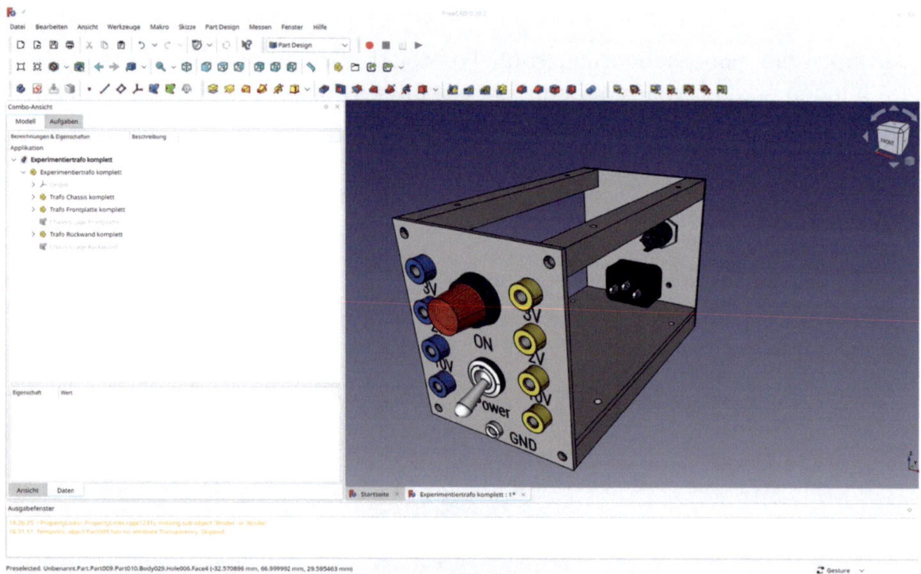


*Bild 9-85*

## 9.3.4. Transformator platzieren

Im Einzelteilverzeichnis findet sich eine Datei mit einem Engel ET3 Experimentiertransformator. Das vorgefundene Stück ist zwar schon recht betagt, aber noch tadellos. Wer das Gerät nachbauen möchte, müsste auf andere Fabrikate zurückgreifen, die es im Fachhandel gibt. Dann wären ggf. auch die Anzahl der Buchsen für die Abgriffe der Sekundärwicklungen und die Maße der Frontplatte sowie deren Beschriftung anzupassen. Ein Hinweis noch zur Vorsicht, sollte sich jemand an einen Nachbau machen: Der Transformator muss auf der Sekundärseite Schutzkleinspannung liefern (SELV). Dazu ist eine spezielle Isolation erforderlich. Zudem haben wir zwar primärseitig Sicherungen vorgesehen, die bei einem Kurzschluss sicher auslösen müssen. Es gibt aber keinen thermischen Überlastungsschutz, der den Trafo bei langsamer Überhitzung vom Netz trennt. Eine Thermosicherung kann man in die Verdrahtung einbauen und, ausreichend isoliert, am Wicklungspaket des Trafos unterbringen. Weil nicht klar ist, zwischen welchen Abgriffen die Sekundärspannung letztlich entnommen wird, gibt es in diesem Entwurf keine sekundärseitigen Sicherungen; sie müssen im experimentellen Aufbau vorgesehen werden. Der Experimentiertrafo ist folglich kein Spielzeug, sondern muss stets mit Überlegung eingesetzt werden. Der Umgang mit Netzspannung ist lebensgefährlich, und ein schlecht aufgebautes oder nachlässig eingesetztes Gerät kann ein Brandrisiko darstellen. Wer unsicher ist, sollte sich beim Aufbau an eine ausgebildete Elektrofachkraft wenden.

1. Im Einzelteilverzeichnis des Projektes die Datei "Engel Experimentiertrafo ET3" lokalisieren. Daraus in gewohnter Weise den Std-Part-Container "ET3 komplett" in das Dokument "Experimentiertrafo komplett" hineinkopieren und in den Std-Part-Container "Experimentiertrafo komplett" ziehen (Bild 9-86).

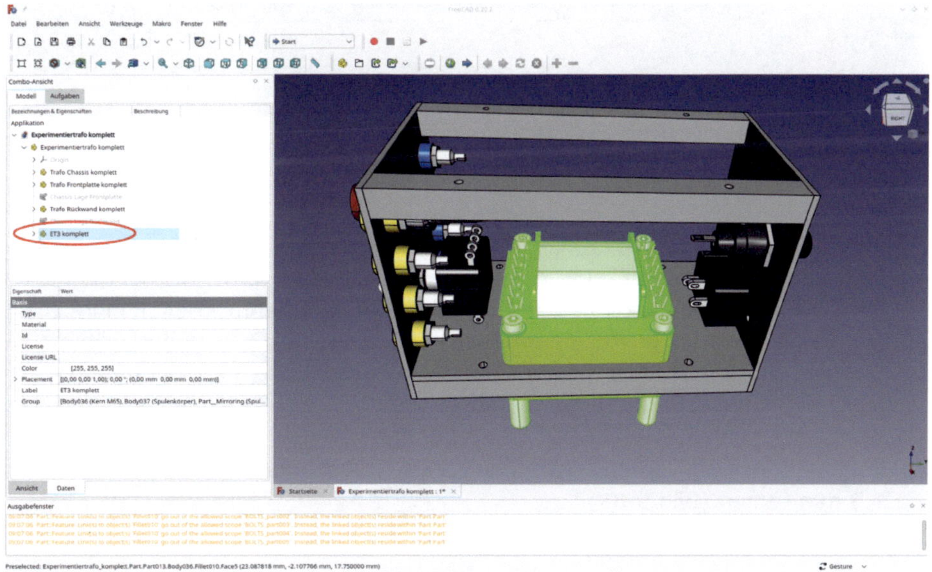


*Bild 9-86*

Man könnte jetzt den Transformator mit den "Placement"-Parametern einfach nur in die Konstruktion einsetzen. Eine kleine Überlegung verkürzt hier die Anlage von Referenzen: Der Transformator gehört doch eigentlich zum "Trafo Chassis komplett", da er darauf montiert wird. Der ins Chassis nur eingesetzte Trafo folgt dann bereits Bewegungen des Chassis, da diese durch die "Attachment"-Parameter von "Trafo Chassis komplett" definiert werden. Lediglich Änderungen der Chassisdicke folgt er dann nicht. Wir nehmen hier bei der Endmontage diese Abkürzung.

2. Den Std-Part-Container "ET3 komplett" einfach weiter in das "Trafo Chassis komplett" ziehen und die "Placement"-Parameter öffnen. Die Z-Verschiebung auf 40 mm setzen (Bild 9-87).

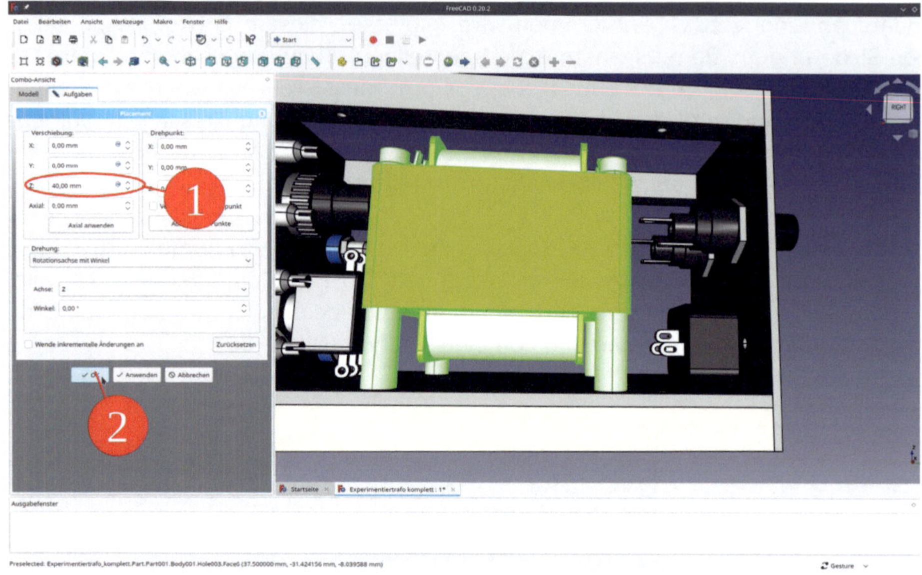

*Bild 9-87*

3. Eine visuelle Inspektion zeigt, dass die Kontrollleuchte dem Trafo sehr nahe kommt (Bild 9-88). Obwohl sich das Teil gerade noch montieren lässt, könnte man den Trafo etwas verrücken. Aus dem Hauptmenü "Ansicht | Orthogonal" wählen und die Orientierung der 3D-Ansicht auf "Oben" umzuschalten (Steuerwürfel oder "Oben" Icon) hilft bei der Beurteilung des Abstandes.

   Nochmals die "Placement"-Parameter des Trafos öffnen. Die Y-Verschiebung auf 1,5 mm setzen (Bild 9-89).

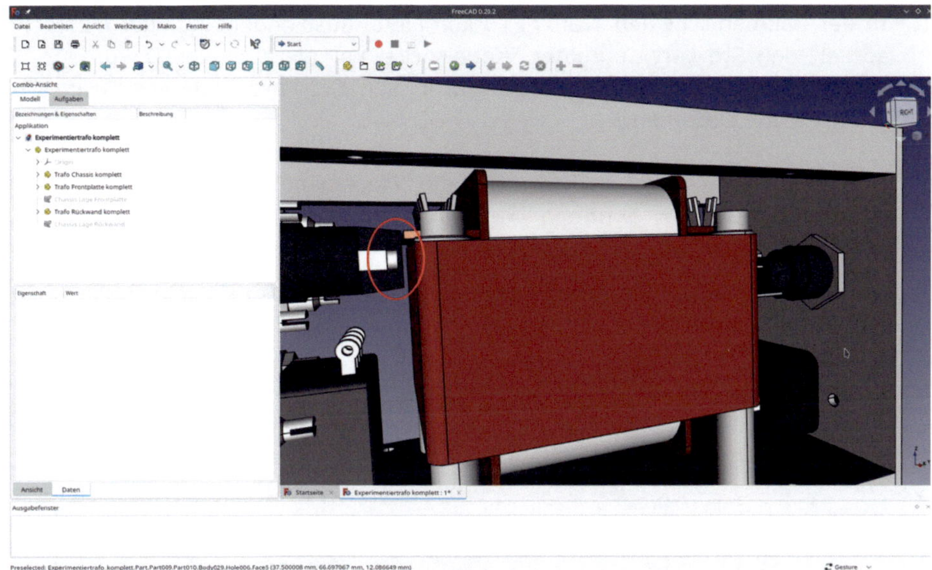

Bild 9-88

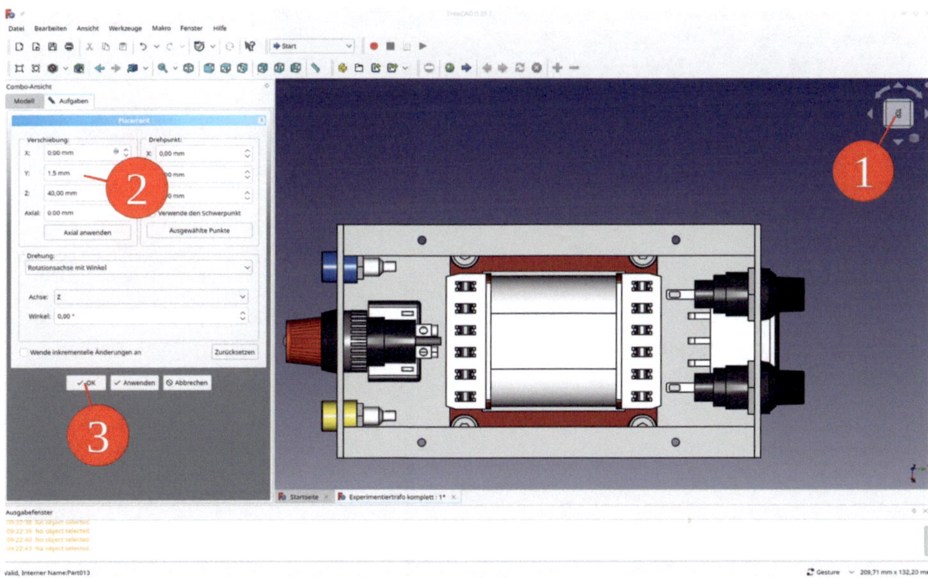


Bild 9-89

## 9.3.5. Kabelführungssockel platzieren

Es ist immer eine gute Praxis, Primär- und Sekundärverdrahtung auseinander zu halten. Eine Möglichkeit wäre bei diesem Gerät, die Netzleitungen zu Schalter und Kontrollleuchte mittig unter dem Trafo hindurchzuführen, und die Sekundärleitungen nur außen zu verlegen. Zwei Kabelsockel sind zur Fixierung der Netzleitungen in der Mitte sinnvoll. Sie gehören, wie der Trafo, in der Gliederung auch zum Chassis:

1. In der Baumansicht den Trafo "ET3 komplett" ausblenden. Aus der Datei "Kabelsockel" den Std-Part-Container "Kabelsockel komplett" in das Dokument "Experimentiertrafo komplett" kopieren und in den Std-Part-Container "Trafo Chassis komplett" hineinziehen.

2. Den neuen Kabelsockel anklicken und die "Placement"-Parameter öffnen. Die Verschiebungen auf X = -9 mm, Y = -33 mm und Z = 3 mm setzen (Bild 9-90). Das Aufgabenfenster mit "OK" schließen.

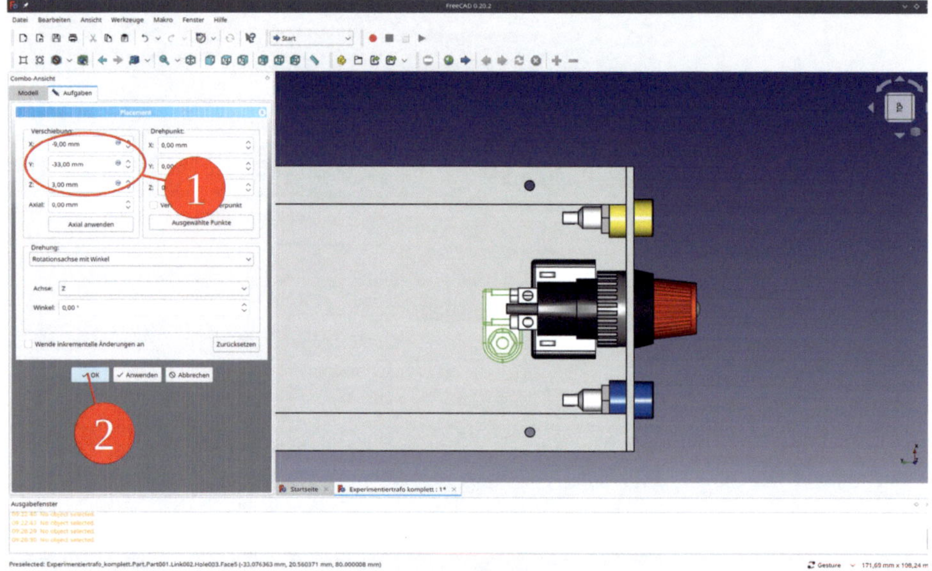


*Bild 9-90*

3. Den neuen Kabelsockel in "Kabelsockel 001" umbenennen und das Werkzeug-Icon "Verknüpfung erstellen" anklicken (Bild 9-91).

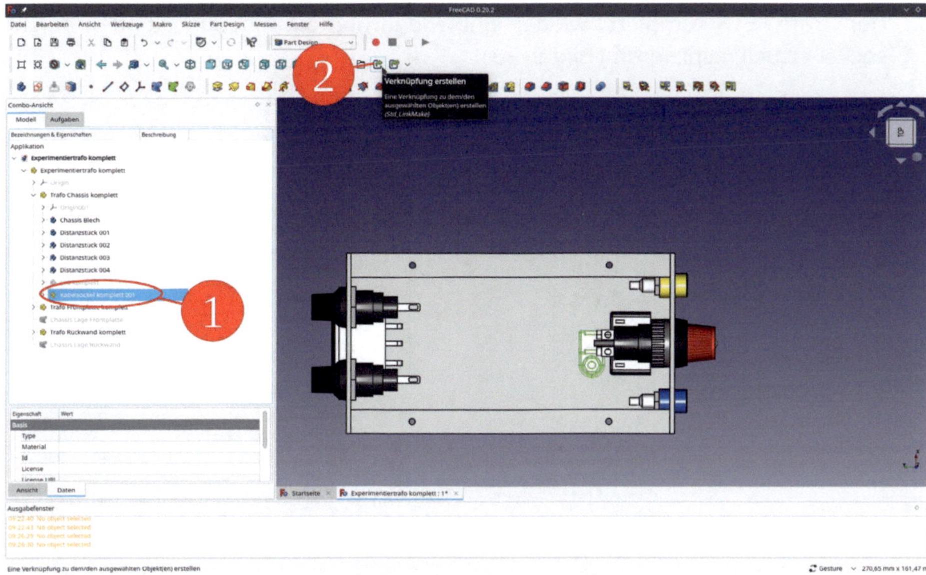


*Bild 9-91*

4. Den neuen "Kabelsockel 002" in "Trafo Chassis komplett" hineinziehen.

5. Die Eigenschaft "Link Transform" auf "true" setzen (die Koordinaten in "Link Placement sind damit relativ zum referenzierten Teil), die "Link Placement" Parameter öffnen und die Y-Verschiebung auf 72 mm setzen (Bild 9-92).

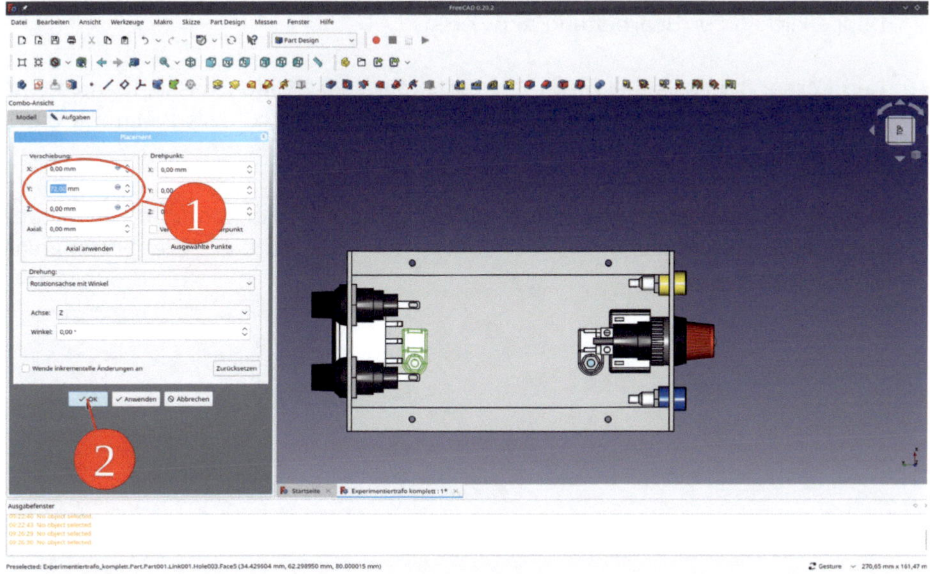


*Bild 9-92*

6. Den Trafo "ET3 komplett" wieder einblenden und die Einbaupositionen der Kabelsockel visuell inspizieren (Bild 9-93).

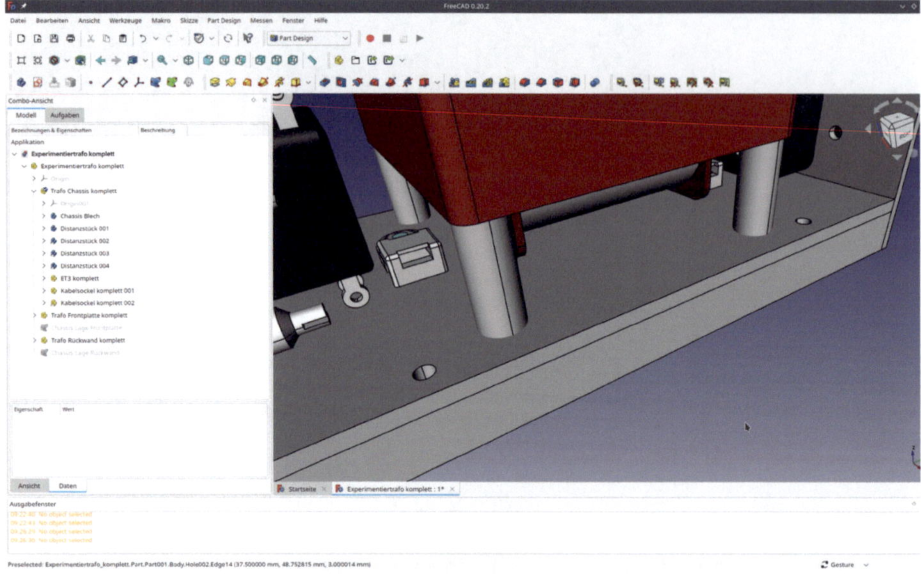

*Bild 9-93*

Es fehlen noch die Bohrungen für Trafo und Kabelsockel.

7. Den Körper "Chassis Blech" im Std-Part-Container "Trafo Chassis komplett" durch Doppelklicken zur Bearbeitung aktivieren.

8. Den Körper "Chassis Blech" im Std-Part-Container "Trafo Chassis komplett" durch Doppelklicken zur Bearbeitung aktivieren, den Körper "Chasis Blech mit der Leertaste ausblenden.

9. Auf der Unterseite des Trafos in der 3D-Ansicht die Innenkonturen der Distanzstücke markieren und das grüne "Formbinder für Teilobjekte erstellen"-Icon anklicken (Bild 9-94).

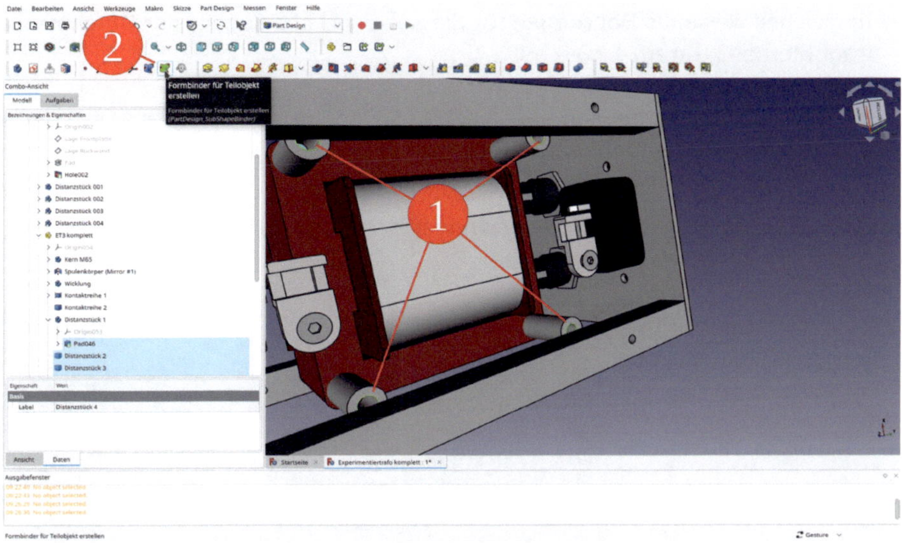

*Bild 9-94*

10. In der Baumansicht wieder zu "Chassis Blech" zurück scrollen und den neuen Formbinder in "Bohrungen Trafo" umbenennen. Die Eigenschaft "Make Face" des Formbinders auf "false" setzen.

11. Den neuen Formbinder markieren und das Werkzeug-Icon "Bohrung" anklicken. Im Aufgabenfenster den Durchmesser 4,2 mm einsetzen und für die Tiefe "Durch alles" auswählen. Zur Erfolgskontrolle "Chassis Blech" vorübergehend wieder einblenden. (Bild 9-95). Das Aufgabenfenster mit "OK" schließen (oben).

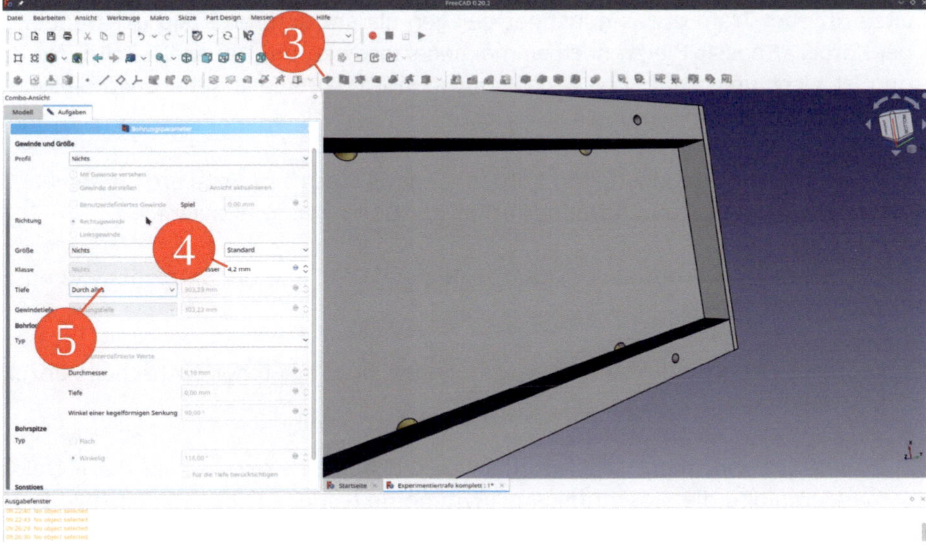

*Bild 9-95*

12. In gleicher Weise die Bohrungen für die Kabelsockel anlegen, der Durchmesser beträgt hierbei 3,2 mm.

13. Die Schraubenköpfe bei den Kabelsockeln liegen noch im Material. Bei "Kabelsockel 001" in den "Placement"-Parametern der Schraube für die Z-Verschiebung -3,01 mm einsetzen (dann erscheint die Schraube eindeutig vor der Platte, Bild 9-96).

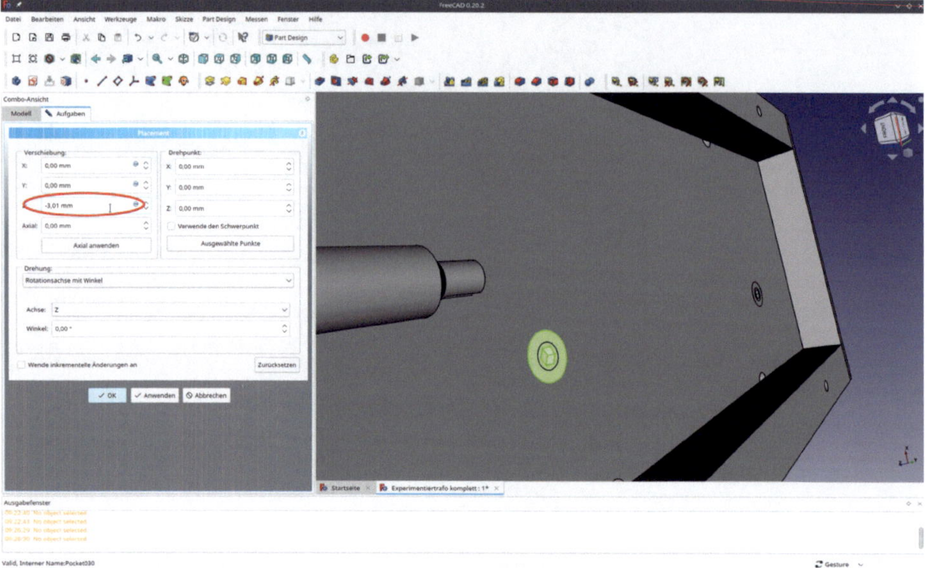


*Bild 9-96*

Der Transformator könnte noch von unten Belüftungslöcher gebrauchen, dort sind sie für den Luftzutritt zum Trafo etwas günstiger gelegen als am unteren Rand der Haube. Dazu muss der Körper "Chassis Blech" noch einmal angefasst werden. Der späte Zeitpunkt dieser Änderung ist nicht unlogisch: Erst jetzt kann man im 3D-Modell sehen, wo diese Belüftungslöcher gut hinpassen würden.

14. Falls noch nicht gegeben, den Körper "Chassis Blech" im Std-Part-Container "Trafo Chassis komplett" durch Doppelklicken zur Bearbeitung aktivieren.

15. Den Sketcher starten und im Startdialog die XY-Ebene als Skizzenebene auswählen.

16. Aus dem Hauptmenü "Ansicht | orthogonal" und "Sketcher | Abschnitt anzeigen" auswählen.

17. Zwei Kreise zeichnen. Die Mittelpunkte der beiden Kreise sowie die Mittelebene markieren und die Einschränkung "Symmetrie festlegen" auswählen (Bild 9-97).

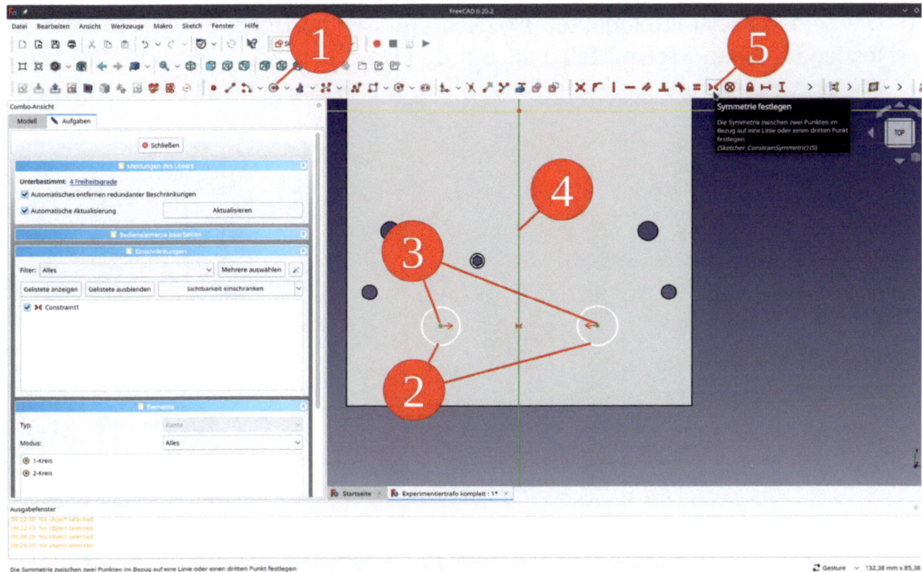

Bild 9-97

18. Die beiden Kreise anklicken und die Einschränkung "Gleichheit festlegen" anklicken.

19. Einen der beiden Kreise in der Elementliste mit Rechts anklicken und die Einschränkung "Diameter Constraint" auswählen. Den Durchmesser auf 7 mm setzen (Bild 9-98).

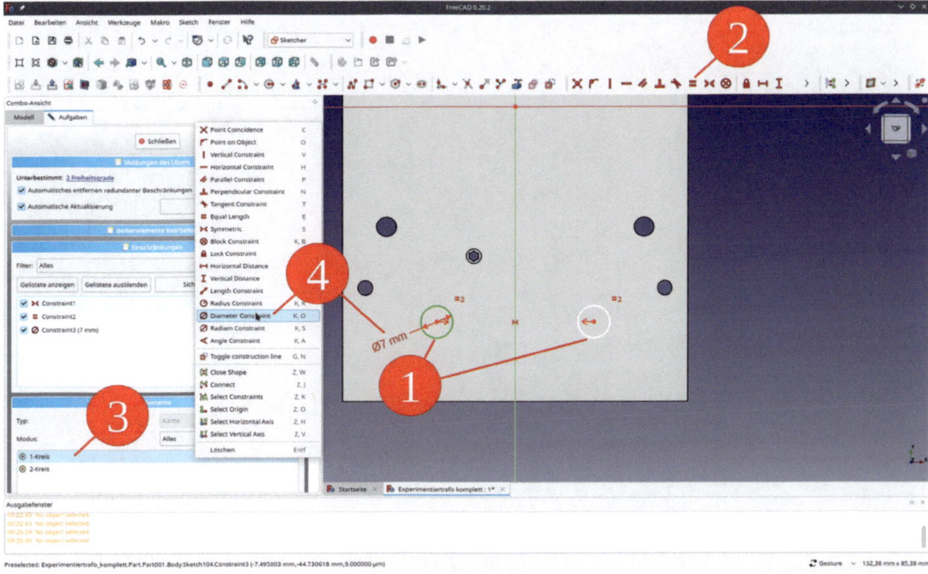

Bild 9-98

20. Die beiden Kreismittelpunkte anklicken und den horizontalen Abstand auf 34 mm festlegen. Einen Kreismittelpunkt um den Ursprung anklicken und den vertikalen Abstand auf 40 mm festlegen (Bild 9-99). Die Skizze schließen.

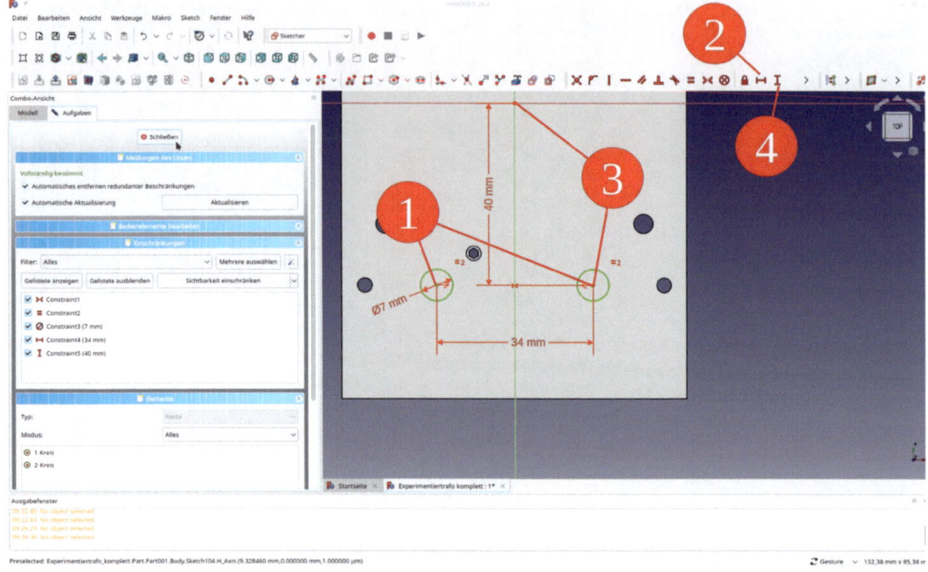


*Bild 9-99*

21. Das Werkzeug "Tasche" anklicken und im Aufgabenfenster den Typ "Durch alles" auswählen und die Checkbox "Umgekehrt" anhaken (Bild 9-100). Das Aufgabenfenster mit "OK" schließen.

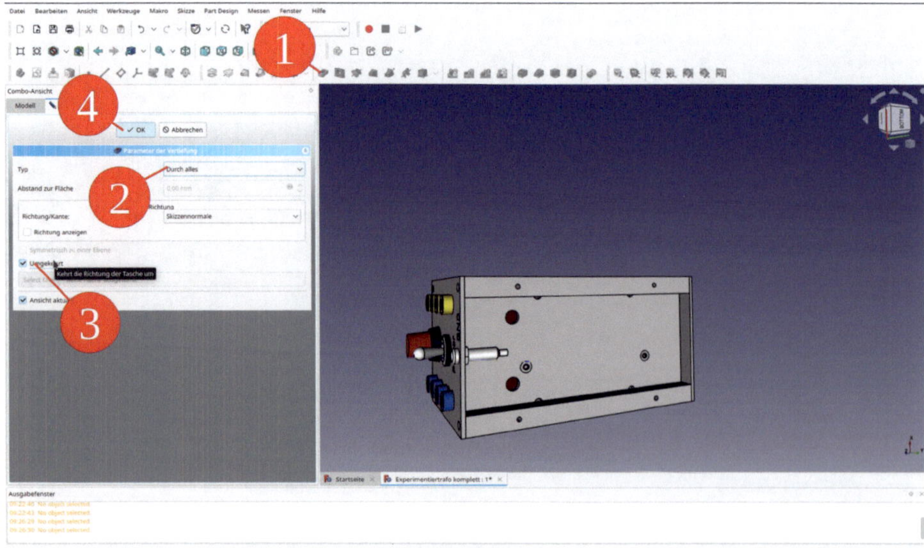


*Bild 9-100*

22. Aus dem Hauptmenü "Part Design | Muster anwenden | Lineares Muster" auswählen. Im Aufgabenfenster als Richtung "vertikale Skizzenachse" auswählen, für die Länge 80 mm und für Vorkommen die Anzahl 7 einsetzen (Bild 9-101).

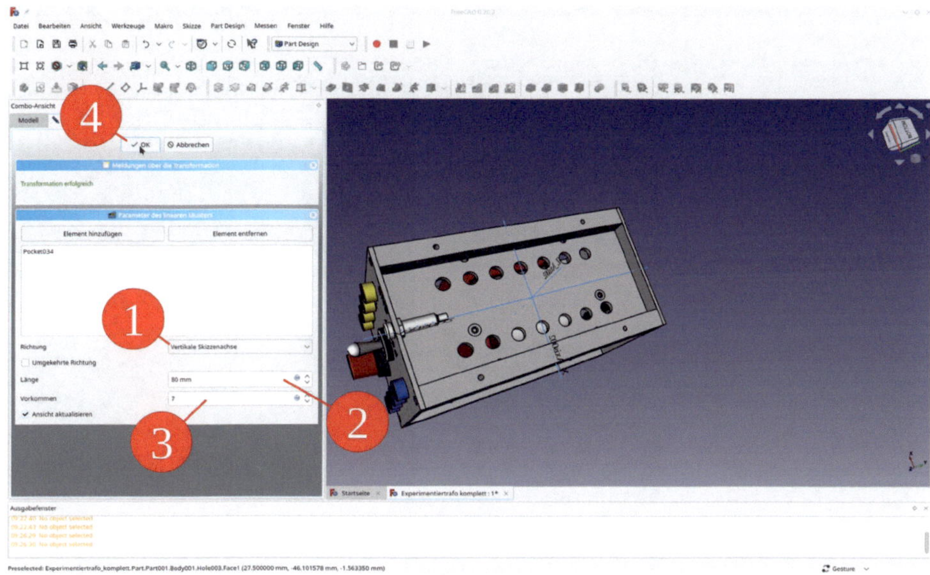


*Bild 9-101*

## 9.4. Eine Blechhaube assoziativ erzeugen

Für die Blechhaube brauchen wir robuste Bezüge, sowie eine Überlegung dazu, welche Teile diese liefern sollen. Die Länge des Gerätes wird von den Referenzebenen "Lage Frontplatte" und "Lage Rückwand" im Körper "Chassis Blech" gesteuert. Breite und Höhe des Gerätes sind durch die Frontplatte und die Rückwand bestimmt. Da die Haube über die Platten greifen soll, könnten wir die Referenzen auf diese Objekte erzeugen.

Dies Vorhaben erweist sich als nicht ganz einfach. Zwar könnten wir Formbinder direkt auf die in Frage kommenden Kanten erstellen – diese hängen aber von der Facettennummerierung der jeweiligen Platte ab. Damit besteht die Gefahr, dass bei späteren Veränderungen der Frontplatte (z.B. durch Hinzufügen von Kegelsenkungen) die Referenzen zerbrechen.

Sinnvoller ist es daher, die Referenz auf eine Skizze festzulegen, die sich bei der Neunummerierung der Facetten nicht verändert:

### 9.4.1. Anlage der Skizzen für robuste Referenzen in Front- und Rückwand

1. In "Trafo Frontplatte komplett" den Körper "Frontblech" durch Doppelklicken zur Bearbeitung aktivieren.

2. In "Frontblech" den ersten Konstruktionszustand ("Pad...") erweitern. Darunter befindet sich die definierende Skizze. Diese mit der Leertaste einblenden. Den letzten Konstruktionszustand (tip) des Frontblechs ausblenden (Bild 102).

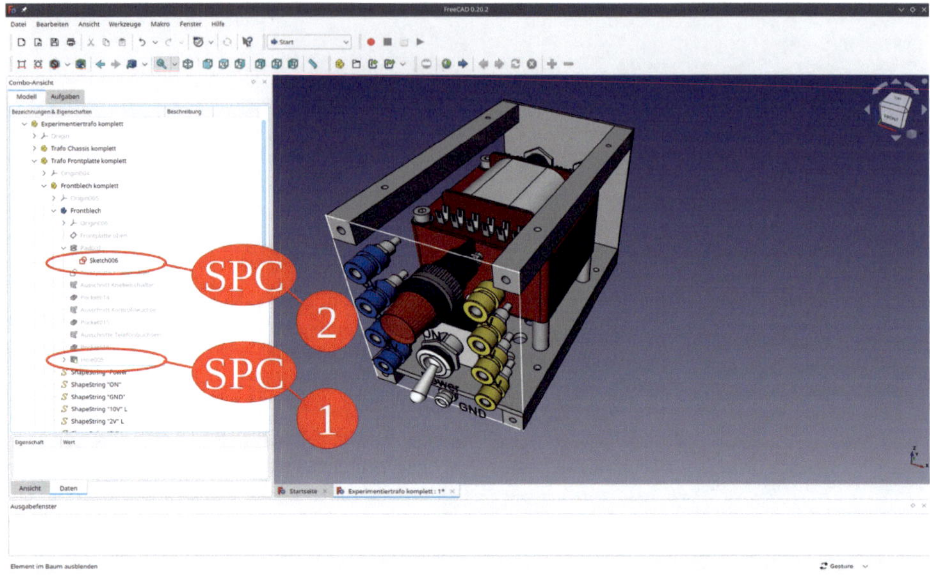


*Bild 9-102*

3. Um auf die Außenseite der Frontplatte zu skizzieren, die Referenzebene "Frontplatte oben" in der Baumansicht markieren und den Sketcher starten.

4. Das Werkzeug "Externe Geometrie" anklicken und die obere Kante der Skizze markieren "Bild 103). Die Linie mit dem Werkzeug "Linie erstellen" exakt nachzeichnen (Bild 104) und die Skizze schließen.

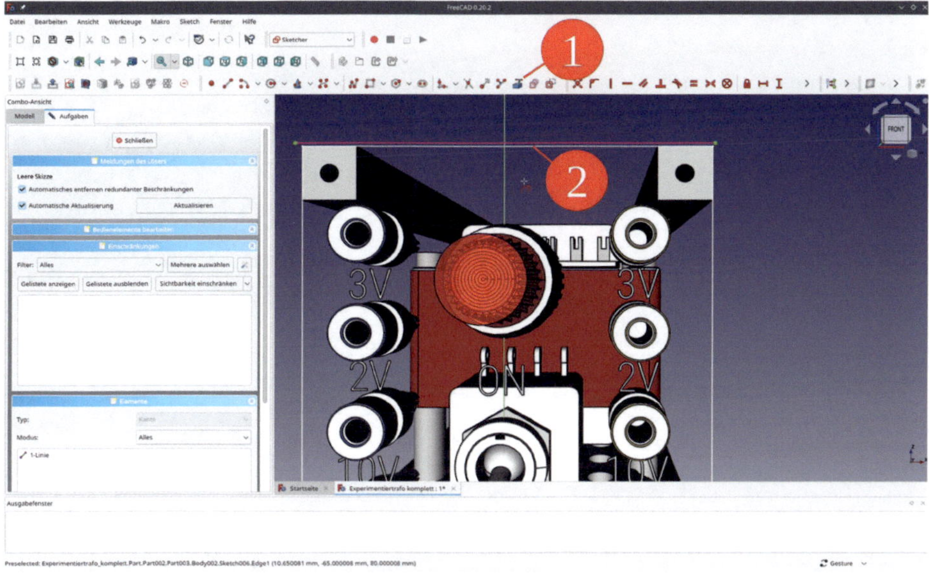


*Bild 9-103*

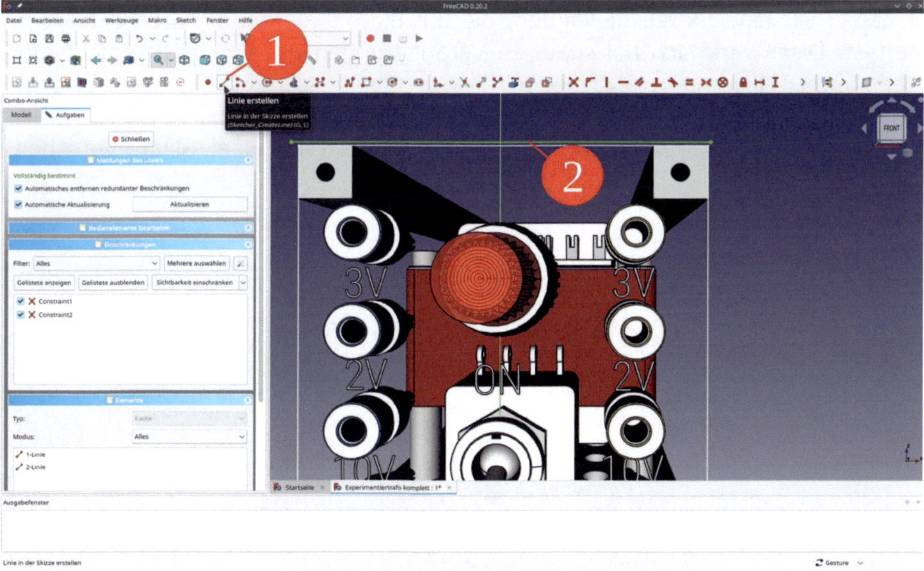


*Bild 9-104*

5. Die neue Skizze in "Frontplatte Außenkante oben" umbenennen. Die Skizze im ersten Konstruktionszustand "Pad..." wieder ausblenden, den letzten Konstruktionszustand von "Frontblech" ("Hole...") wieder einblenden (Bild 105).

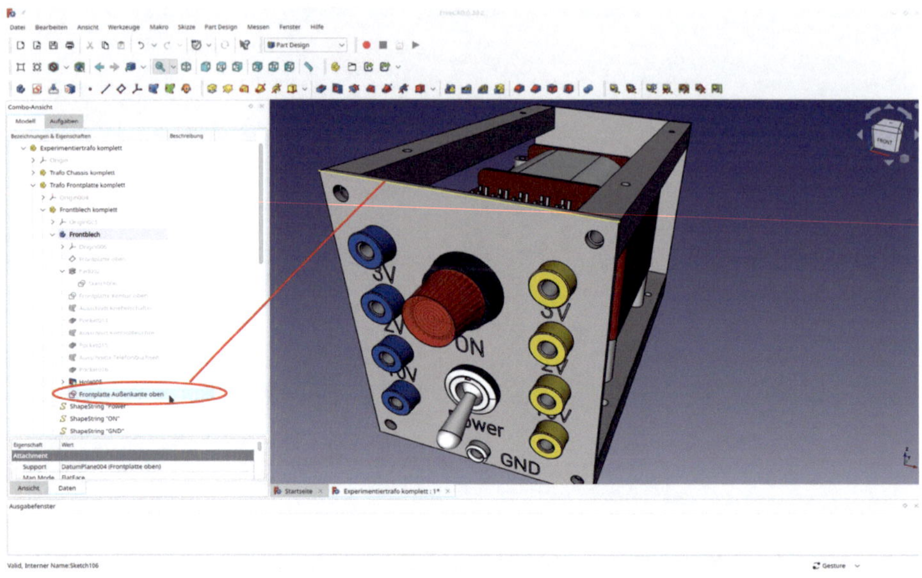


*Bild 9-105*

Damit haben wir eine Skizze gewonnen, die auf die definierende Skizze der Frontplatte bezogen ist. Diese wird sich bei späteren Veränderungen der Frontplatte nicht mehr ins Facettennummer-Nirwana verabschieden.

6. In analoger Weise die Außenkante der Rückwand mit einer Skizze versehen (Bild 106).

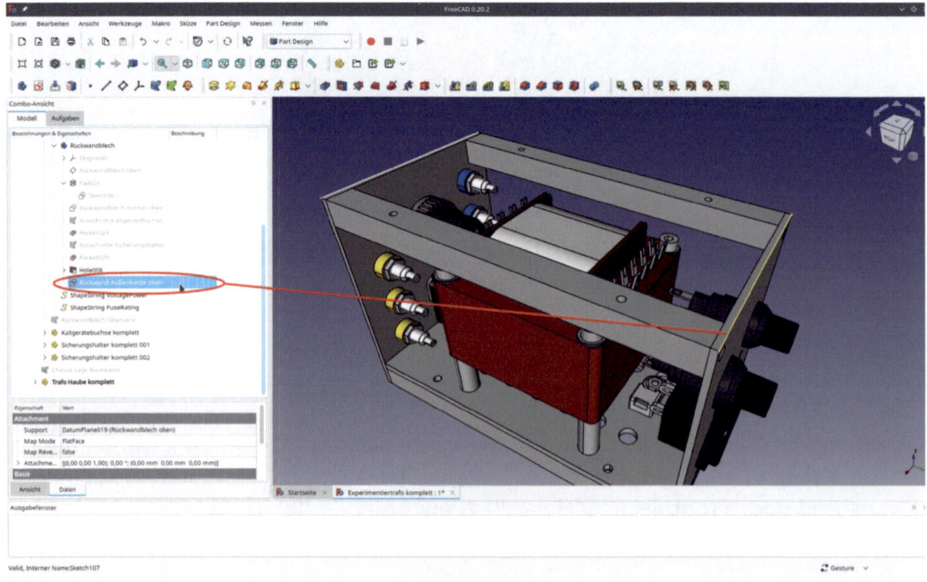


*Bild 9-106*

Mit diesen beiden Skizzen können wir die Oberseite der Haube assoziativ definieren: Die Haube wird auf diese Weise den Längenänderungen des Chassis folgen, ebenso den Höhenänderungen der Platten. Je nachdem, wie man die Skizze der Haube definiert, kann man noch dafür sorgen, dass die Breite der Haube allein durch die Frontplatte oder die Rückwand bestimmt wird. Etwas indirekt ist das alles, aber man bekommt auf diese Weise ganz schön viel robuste Automatik mitgeliefert:

7. Für die Haube einen neuen Std-Part-Container anlegen und in "Trafo Haube" umbenennen. In diesem einen neuen Körper beginnen und in "Trafo Haube Blech" umbenennen.

8. Das blaue Werkzeug "Formbinder erstellen" anklicken. Im Aufgabenfenster den Knopf "Objekt anklicken (wird dunkelgrau) und in das Eingabefeld daneben klicken (bekommt einen blauen Rand).

9. In den Reiter "Modell" wechseln und in den Körper "Frontblech" navigieren. Dort auf die Skizze "Frontplatte Außenkante oben" klicken und in den Reiter "Aufgaben" zurückkehren. Das Aufgabenfenster mit "OK" schließen.

10. Den neuen Formbinder (die Baumansicht scrollen, bis "Trafo Haube Blech" wieder in Sicht ist) in "Frontplatte Außenkante" umbenennen. In der Eigenschaftsliste "Trace Support" auf "true" setzen. Einmal die Taste F5 betätigen. Nach der Neuberechnung "sitzt" der Formbinder an der korrekten Stelle.

11. In analoger Weise einen Formbinder für die Außenkante der Rückwand anlegen.

12. In den Körpern "Frontblech" und "Rückwandblech" die Skizzen der Außenkanten ausblenden. Danach alle Std-Part-Container bis auf "Trafo Haube komplett" ausblenden (Bild 107). Diese Herumblenderei ist wichtig, weil sich sonst die neu angelegten Formbinder sonst nicht gut anwählen lassen.

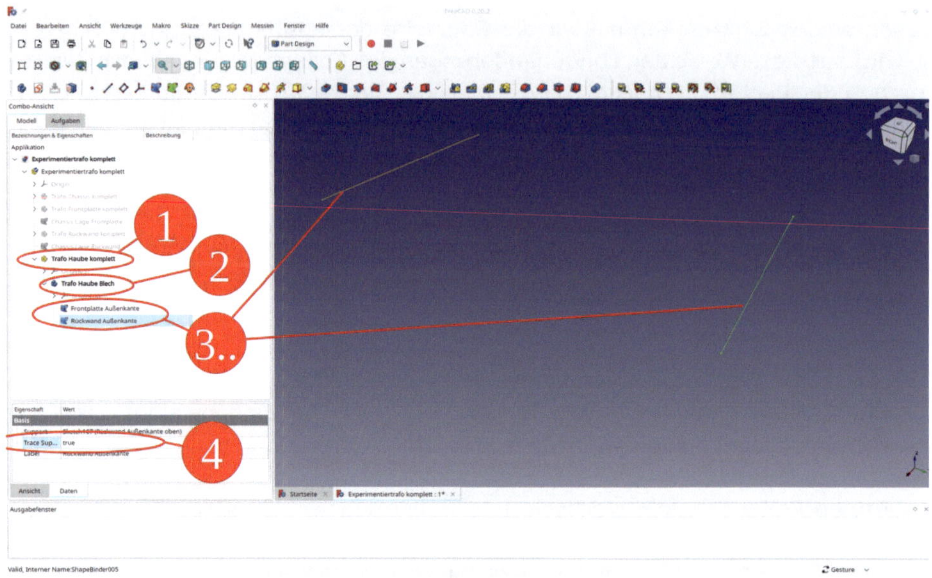


*Bild 9-107*

13. Die beiden Formbinder markieren (STRG-Taste dabei gedrückt) und "Referenzebene erstellen" anklicken (Bild 108). Das Aufgabenfenster mit "OK" schließen. Die neue Referenzebene in "Haube Innenseite oben" umbenennen.

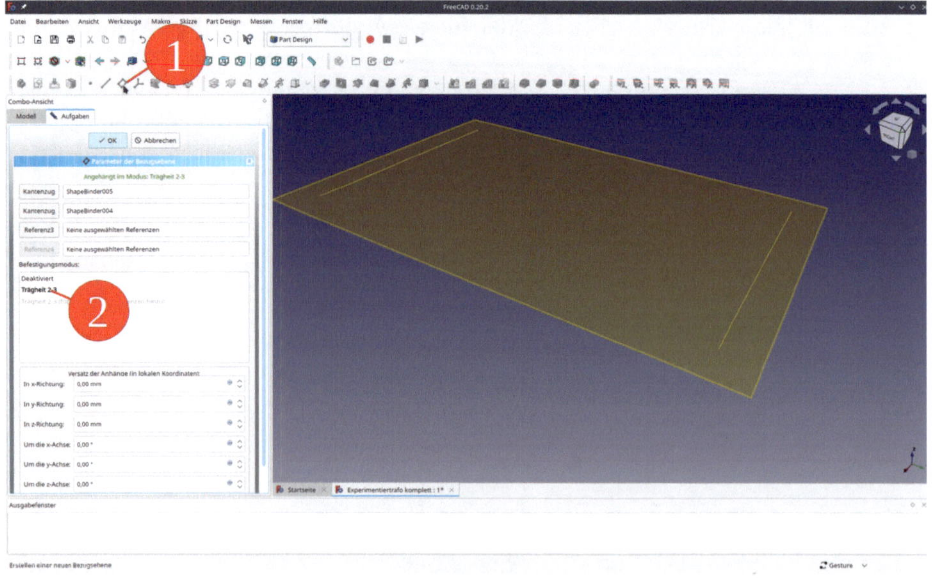


*Bild 9-108*

14. Die neue Referenzebene in der Baumansicht markieren und den Sketcher starten.

15. Die Skizze schließen und gleich wieder öffnen, um die externe Geometrie anzuzeigen. Durch vorübergehendes Einblenden der Frontplatte sicherstellen, dass diese nach oben zeigt (Bild 9-109). Die Frontplatte wieder ausblenden.

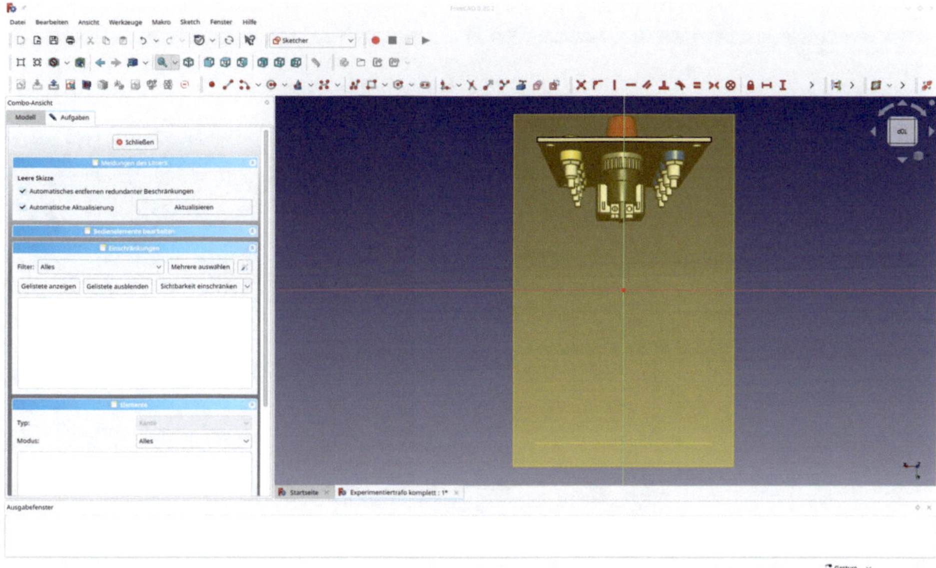

*Bild 9-109*

16. Das Werkzeug "Externe Geometrie" anklicken und die beiden Formbinder markieren (Bild 9-110).

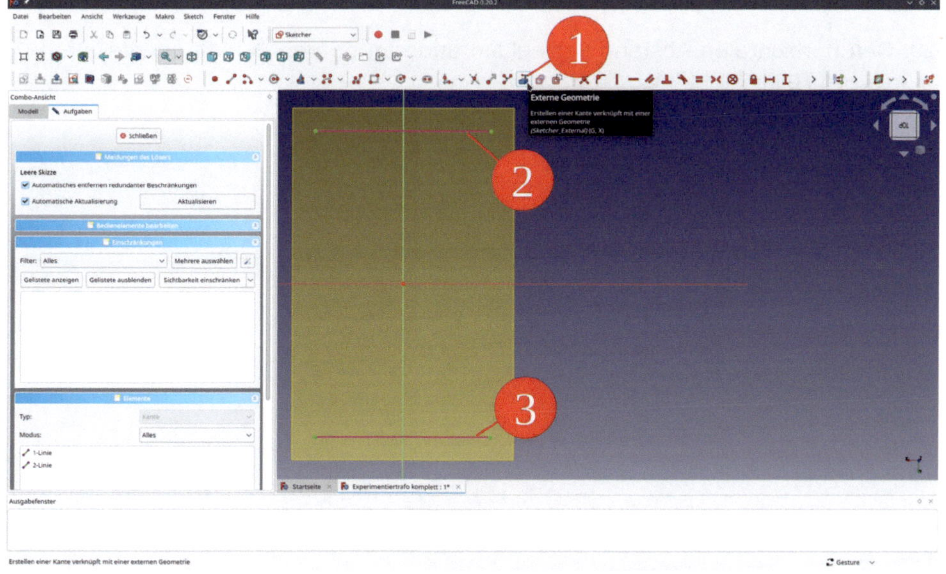


*Bild 9-110*

17. Ein Rechteck skizzieren. Das Blech der Haube soll vorne und hinten etwas überstehen: Einen Endpunkt der oberen Referenz und einen korrespondierenden Eckpunkt des Rechtecks markieren und mit "vertikalen Abstand festlegen" den Überstand auf 3 mm setzen (Bild 9-111).

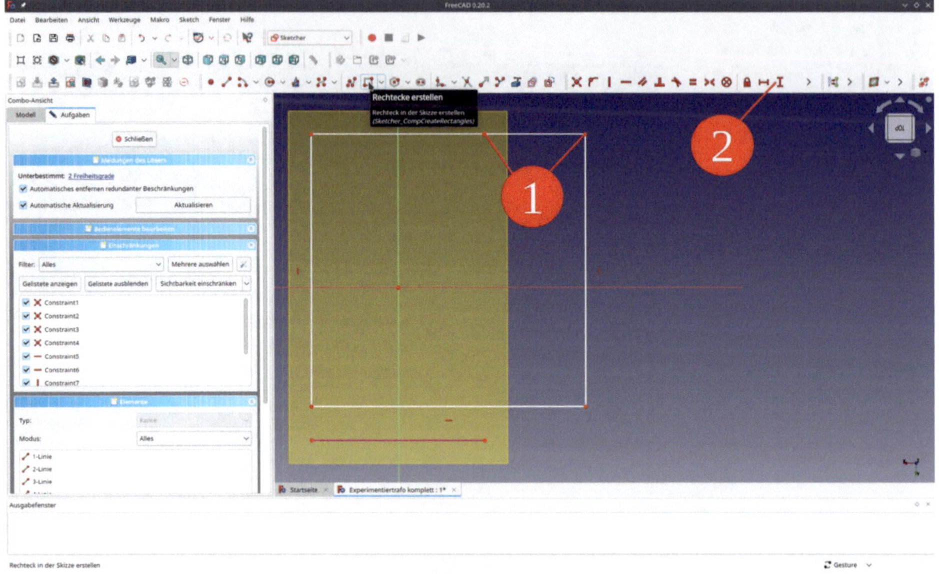


*Bild 9-111*

18. Die beiden Eckpunkte wieder markieren und den horizontalen Abstand auf 0 mm setzen.

19. Den horizontalen Abstand der beiden anderen oberen Punkte ebenfalls auf 0 mm setzen (Bild 9-112).

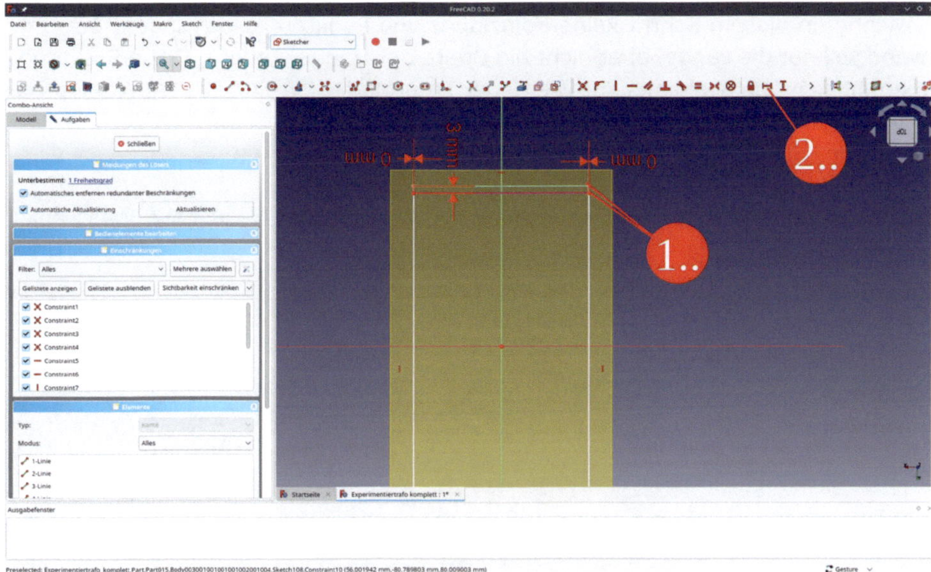

*Bild 9-112*

20. Einen Endpunkt der unteren externen Referenz sowie den korrespondierenden Eckpunkt des Rechtecks markieren und die Einschränkung "Vertikalen Abstand festlegen" anklicken, diesen Überstand ebenfalls auf 3 mm setzen (Bild 9-113). Die Skizze schließen.

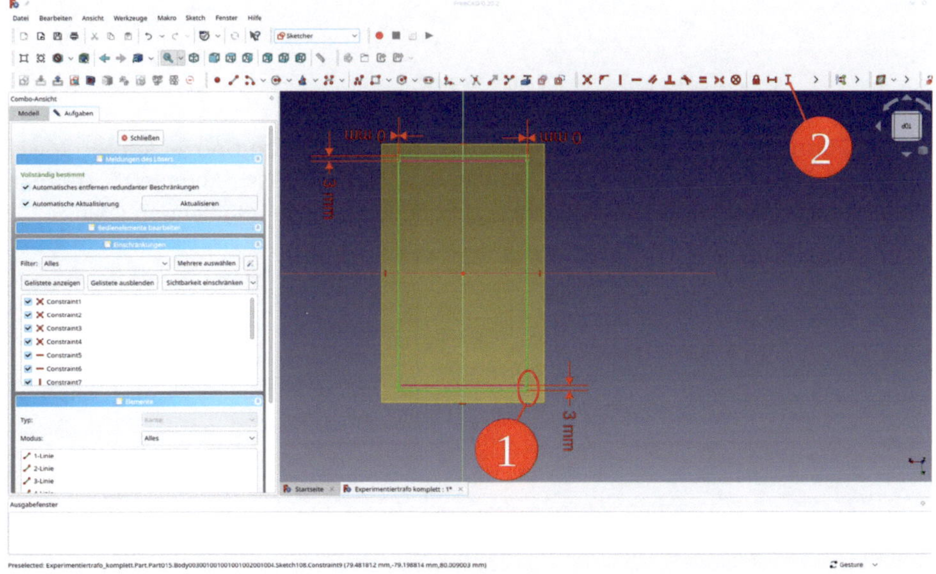

*Bild 9-113*

Es ist wichtig, in diesem Schritt keine Koinzidenz von Punkten zu erzwingen. Die Lage der Rückwand soll nur die Länge, aber nicht die Breite der Haube steuern. Diese Steuerung der Breite ergibt sich nun allein aus der Breite der Frontplatte.

21. In die "Sheet Metal"-workbench wechseln.

22. Die neue Skizze markieren und das Werkzeug-Icon "Make base Wall" anklicken (Bild 9-114).

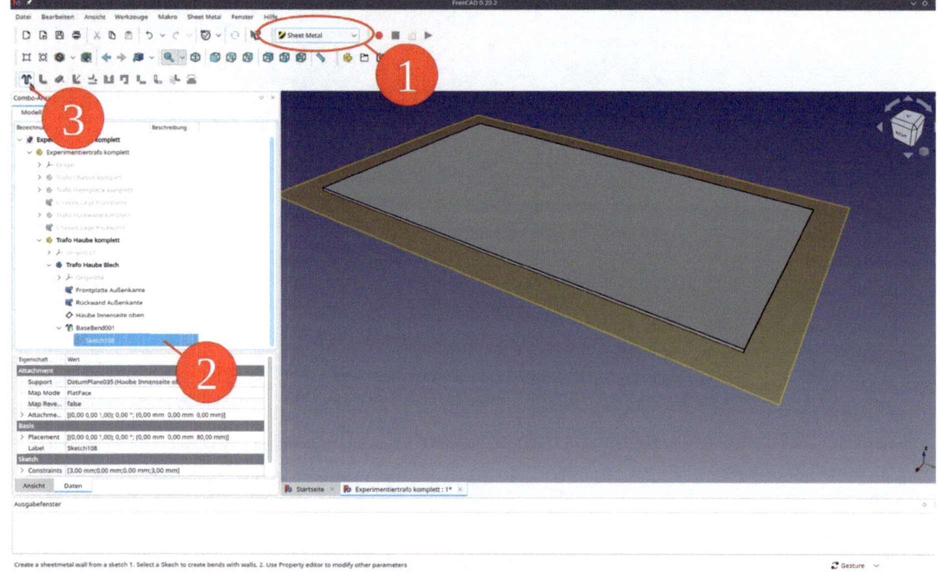


*Bild 9-114*

23. Die Formbinder "Frontplatte Außenkante" und "Rückwand Außenkante" sowie die Ebene "Haube Innenseite oben" ausblenden. "Trafo Chassis komplett", Trafo Frontplatte komplett" und "Trafo Rückwand komplett" wieder einblenden (Bild 9-115).

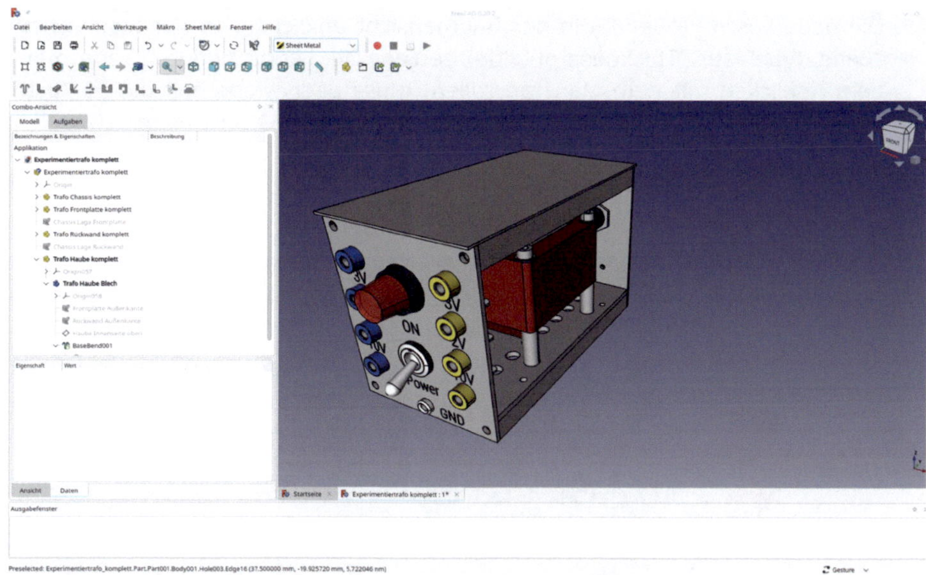


*Bild 9-115*

24. Eine Oberkante des Blechs markieren und das Werkzeug-Icon "Make Wall" anklicken (Bild 9-116).

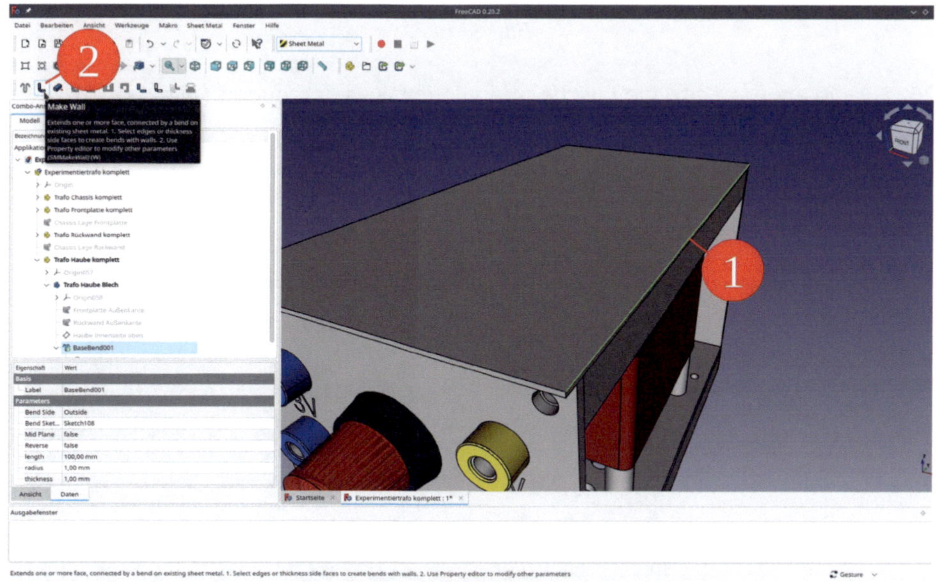


*Bild 9-116*

25. Die neue Lasche ("Bend") in der Baumansicht anklicken. In der Eigenschaftsliste "Bend Type" auf "Thickness outside" setzen. Die Länge "length" kann man nach dem Anklicken mit dem Mausrad rollen, muss aber wiederholt die F5-Taste drücken, um die Ansicht zu aktualisieren. Die Länge auf 89 mm setzen (Bild 9-117).

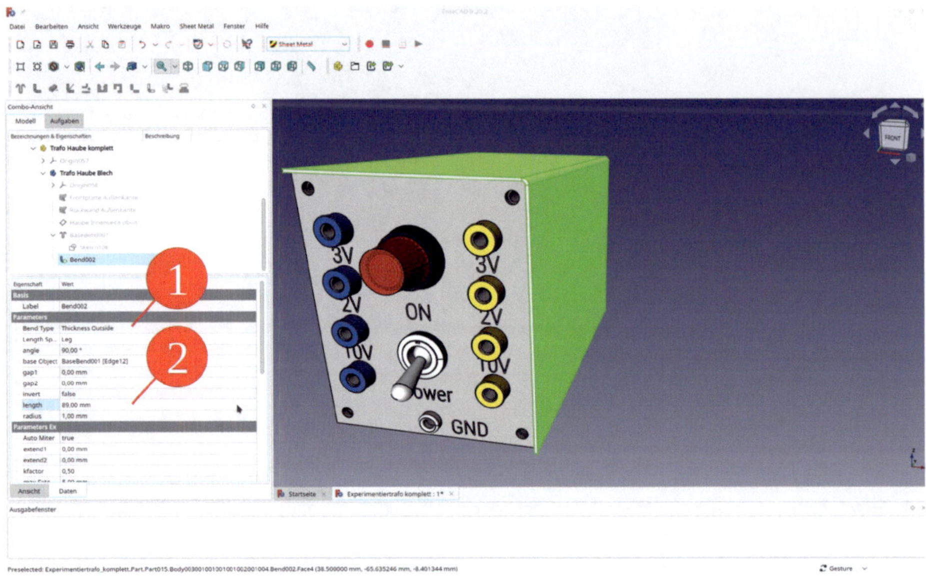


*Bild 9-117*

26. Für die andere Seite die Lasche in analoger Weise erzeugen (Bild 9-118).

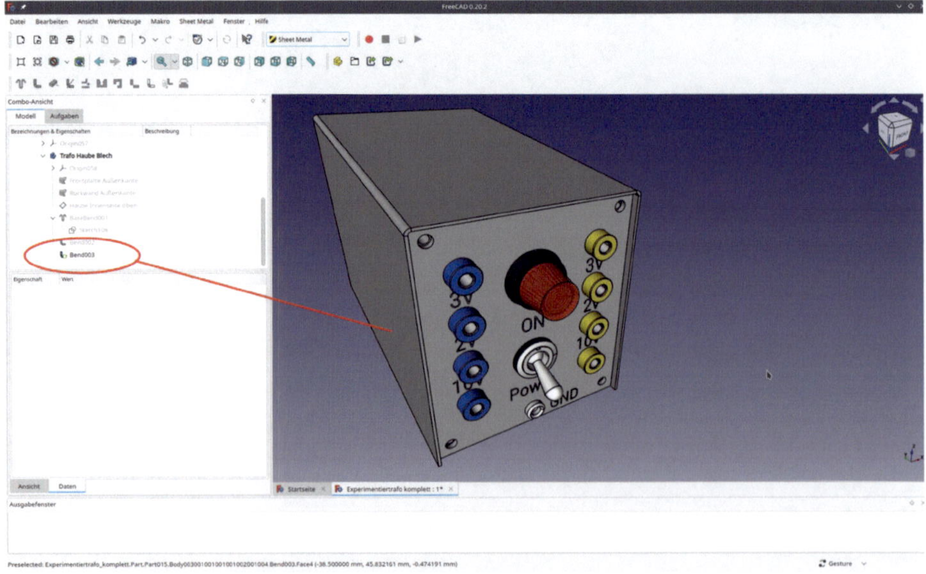


*Bild 9-118*

27. In die "Part Design"-workbench zurück wechseln.

Bevor die Abrundungen an der Unterseite der Blechhaube angebracht werden (die wir auf Facettenkanten beziehen werden), sollten alle weiteren Veränderungen der Haube abgeschlossen sein, sonst wandern diese Verrundungen später eventuell unbeabsichtigt an andere Stellen. Eine Reihe Lüftungslöcher auf jeder Seite der Haube wäre sinnvoll, um den Trafo zu kühlen.

28. Den Sketcher aufrufen und im Startdialog die YZ-Ebene wählen. Die Skizze schließen und gleich wieder öffnen, um die externe Geometrie anzuzeigen.

29. Aus dem Hauptmenü "Ansicht | Orthogonal" und "Sketch | Abschnitt anzeigen" auswählen (Bild 9-119).

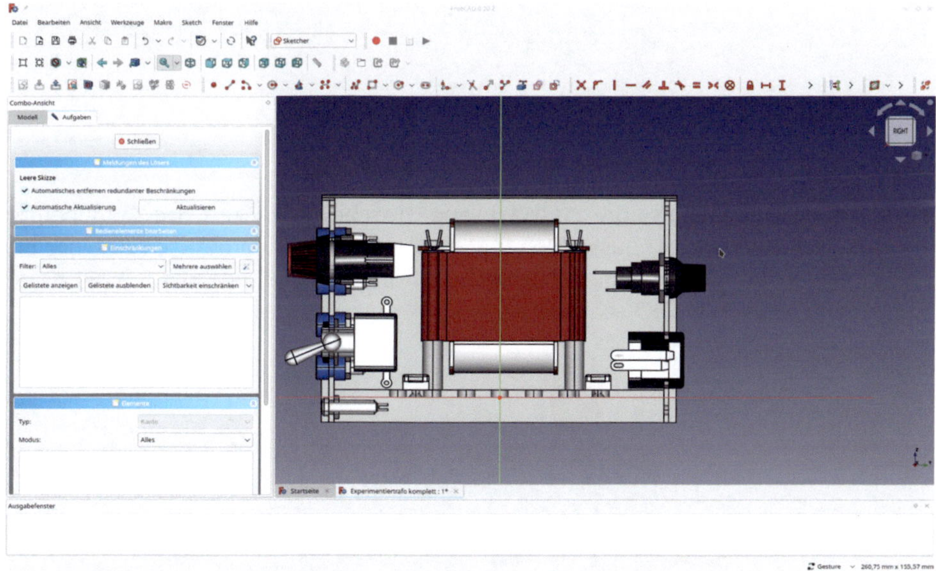

*Bild 9-119*

30. Einen Kreis von 7 mm Durchmesser einzeichnen. Der Abstand von der Mittellinie soll 40 mm betragen, der vertikale Abstand vom Ursprung 60 mm (Bild 9-120).

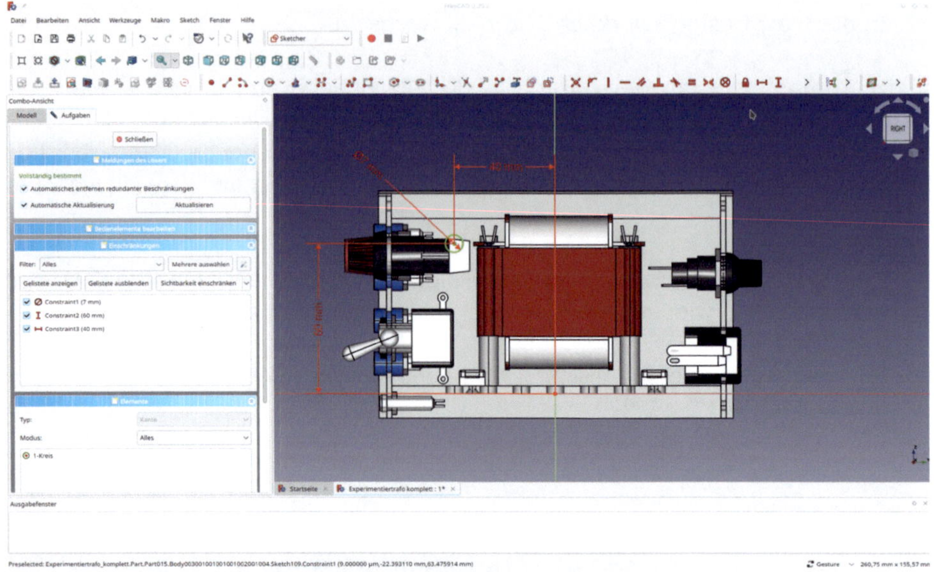

*Bild 9-120*

31. Die Skizze schließen und das Werkzeug "Tasche" anklicken. Im Aufgabenfenster den Typ "Durch alles" auswählen und die Checkbox "Symmetrisch zu einer Ebene" anhaken (dann kommt die Bohrung gleich in beide Seiten, Bild 9-121). Das Aufgabenfenster mit "OK" schließen.

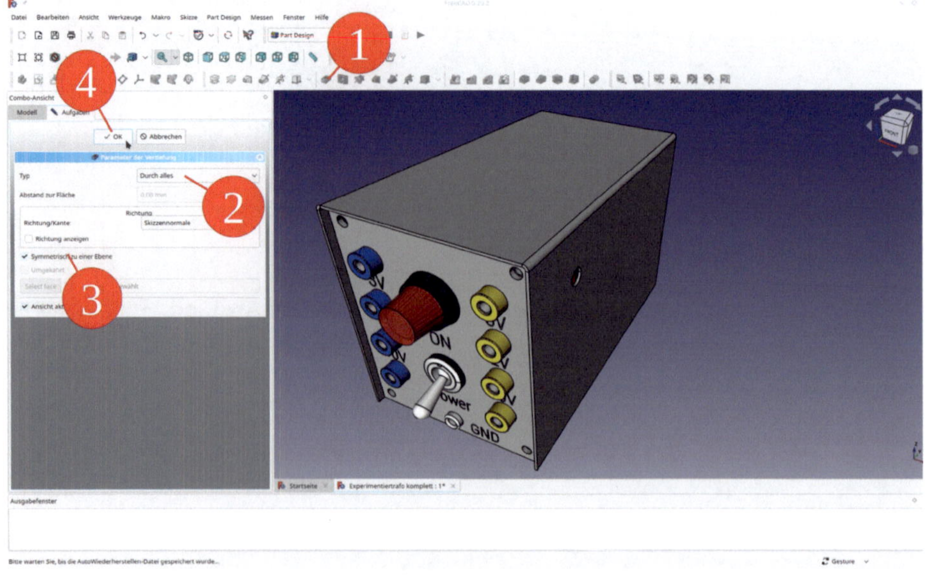


*Bild 9-121*

32. In der Baumansicht den letzten Konstruktionszustand der Haube markieren und aus dem Hauptmenü "Part Design | Muster anwenden | Lineares Muster" auswählen (Bild 9-122).

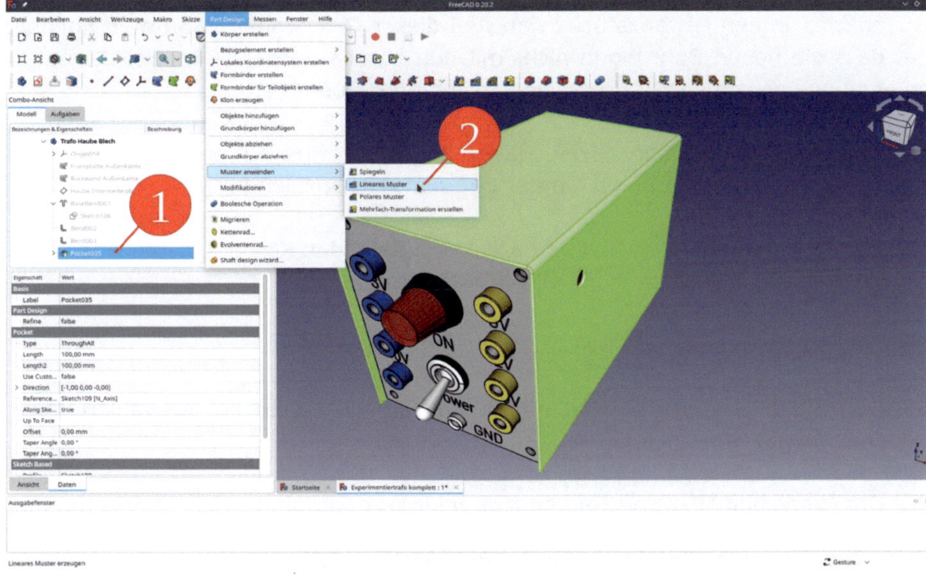

*Bild 9-122*

33. Im Aufgabenfenster die Länge auf 80 mm setzen, die Zahl der Vorkommen auf 7. Sollte das Muster nicht wie erwartet erscheinen, kann man dies durch Wahl einer anderen Richtung erreichen (Bild 9-123).

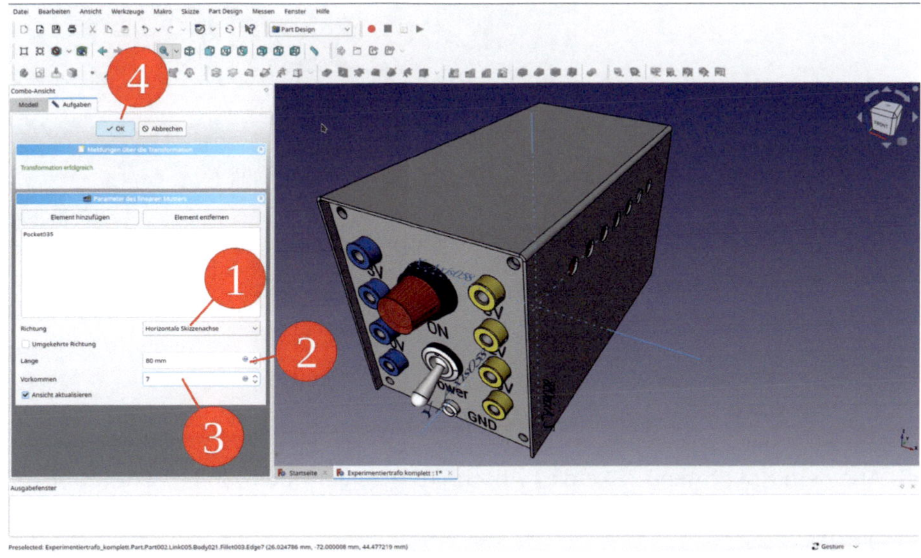

*Bild 9-123*

Es fehlen jetzt noch die Befestigungslöcher. Damit stellt sich auch die Frage, welches Objekt diese Positionen steuern sollte. Für die Fertigung ist es sinnvoll, dass diese Bohrungen mittig in den Distanzstücken untergebracht werden und nicht etwa bei Verlängerungen der Laschen an deren Rand oder aus ihnen heraus wandern. Also bringen wir die Befestigungslöcher zunächst in den Distanzstücken an. Bei dieser Gelegenheit kann man auch sicherstellen, dass die neuen Bohrungen nicht mit den bereits vorhandenen kollidieren. In der Haube erzeugen wir sie später durch eine Formbinder-Referenz.

34. Den Std-Part-Container "Trafo Haube komplett", "Trafo Frontplatte komplett" und "Trafo Rückwand komplett" in der Baumansicht ausblenden.

35. Im Std-Part-Container "Trafo Chasiss komplett" den Körper "Distanzstück 001" zur Bearbeitung mit einem Doppelklick aktivieren.

36. "Distanzstück 002" bis "Distanzstück 004" ausblenden.

37. Den Sketcher aufrufen und im Startdialog die YZ-Ebene auswählen. Aus dem Hauptmenü "Ansicht | Orthogonal" auswählen.

38. Das Werkzeug "Externe Geometrie" anklicken und die beiden Stirnseiten des Distanzstückes anklicken (Bild 9-124).

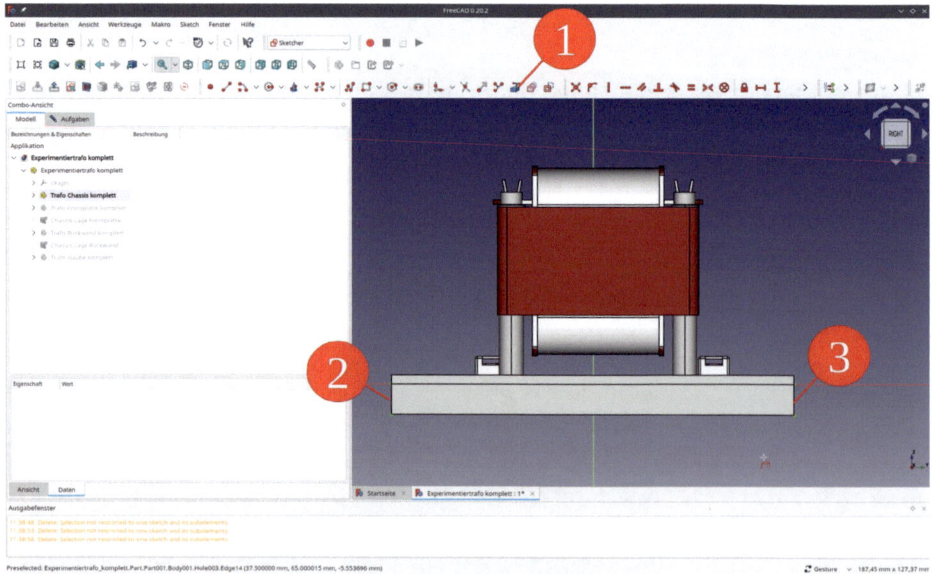


*Bild 9-124*

39. Aus dem Hauptmenü "Sketch | Abschnitt anzeigen" auswählen. Zwei Kreise zeichnen. Beide Kreise markieren und den horizontalen Abstand auf 0 mm setzen (Bild 9-125).

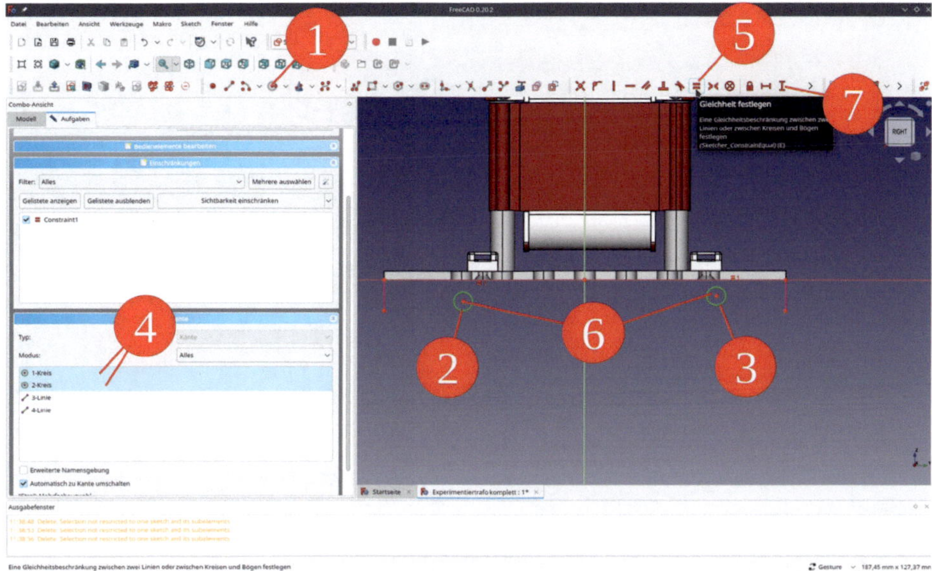


*Bild 9-125*

40. Je Einen Kreismittelpunkt und einen korrespondierenden Endpunkt einer seitlichen Referenzlinie markieren und den horizontalen Abstand auf 20 mm festlegen (Bild 9-126).

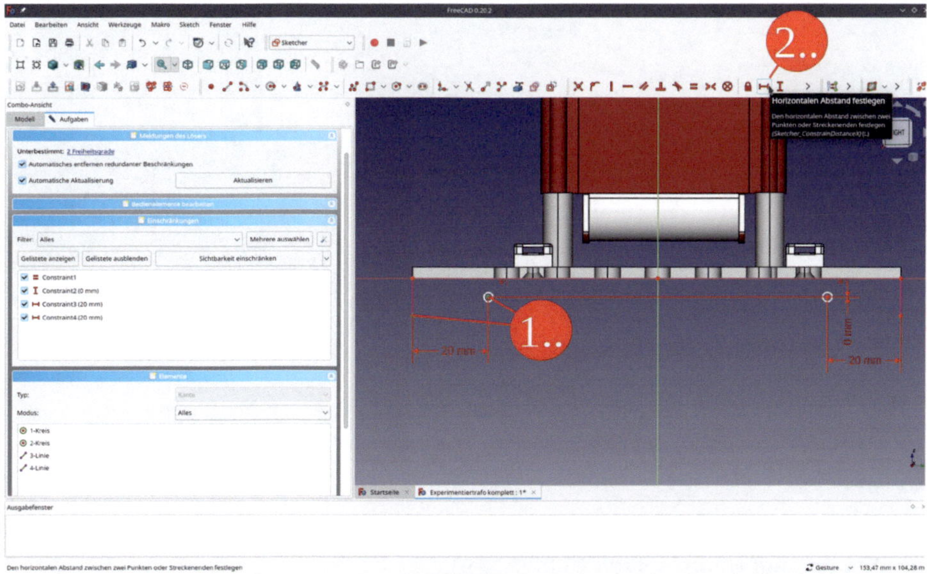


*Bild 9-126*

41. Einen Punkt einzeichnen (Bild 9-127). Diesen Punkt und eine Referenzlinie markieren und die Einschränkung "Symmetrie festlegen" anklicken (Bild 9-128).

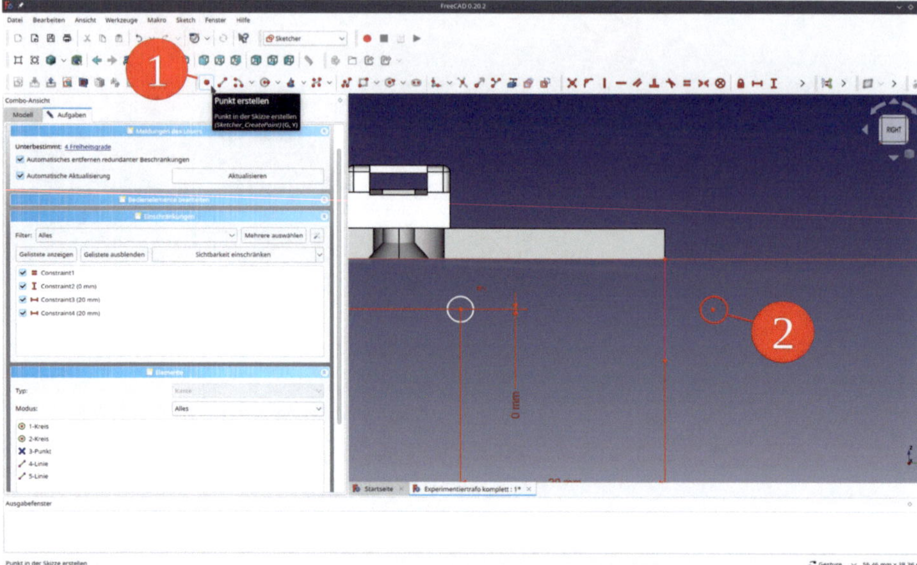


*Bild 9-127*

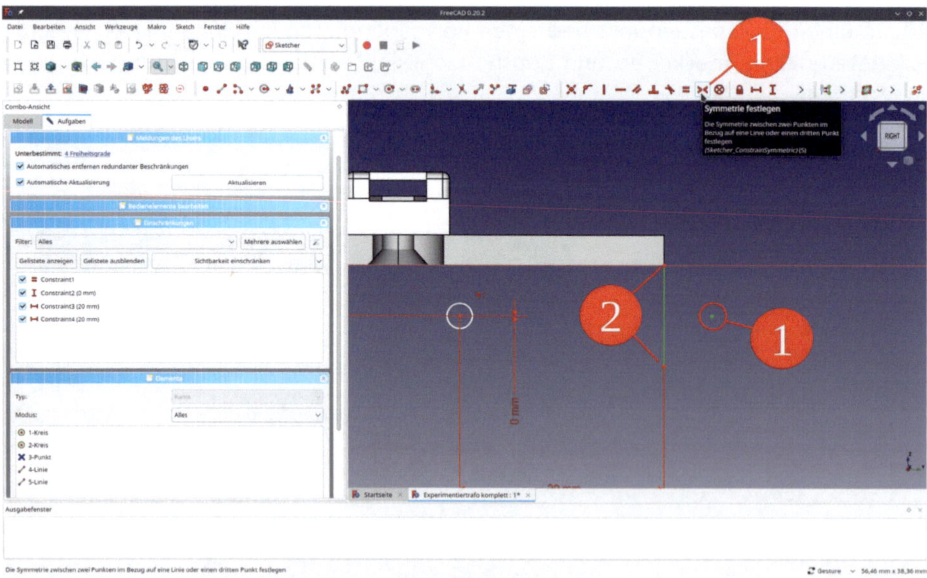


*Bild 9-128*

42. Den neuen Punkt und einen der Kreismittelpunkte anklicken und den vertikalen Abstand auf 0 mm setzen (Bild 9-129).

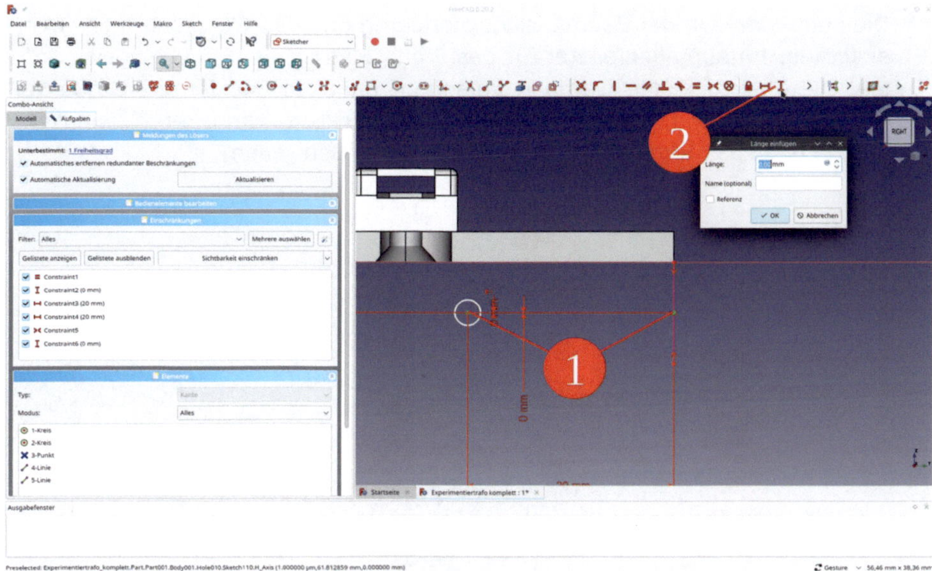


*Bild 9-129*

43. Einen Kreis in der Elementliste mit rechter Maustaste anklicken und den Durchmesser mit der Einschränkung "Diameter Constraint" auf 2,5 mm setzen (Bild 9-130). Die Skizze schließen.

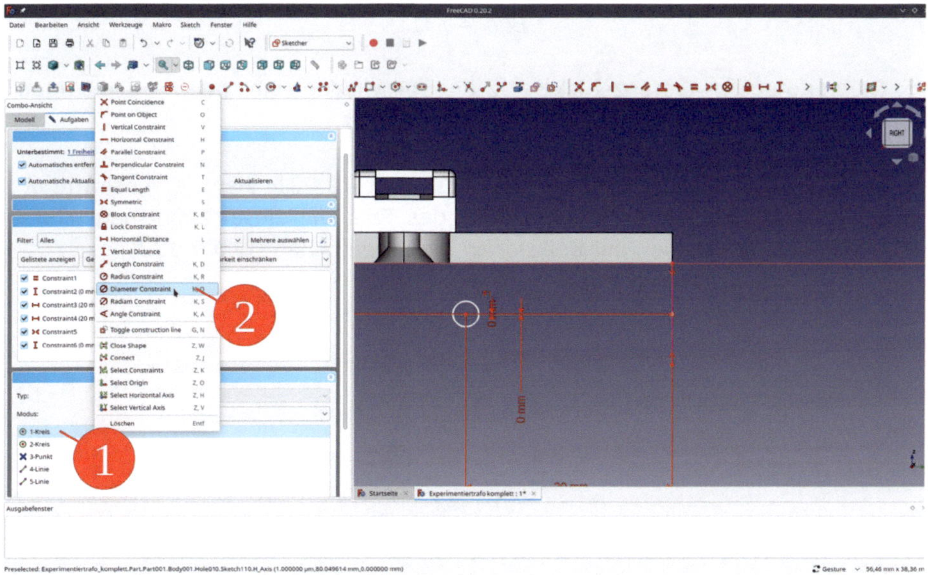


*Bild 9-130*

44. Die neue Skizze in der Baumansicht markieren und das Werkzeug-Icon "Bohrung" anklicken. Im Aufgabenfenster für das Profil "Metrisches ISO-Regelgewinde" wählen. Die Checkbox "Mit Gewinde versehen" anhaken und für die Größe M3 und für die Tiefe "Durch alles" auswählen. Die Checkbox "Umgekehrt" anhaken (Bild 9-131) und das Aufgabenfenster mit "OK" schließen (oben).

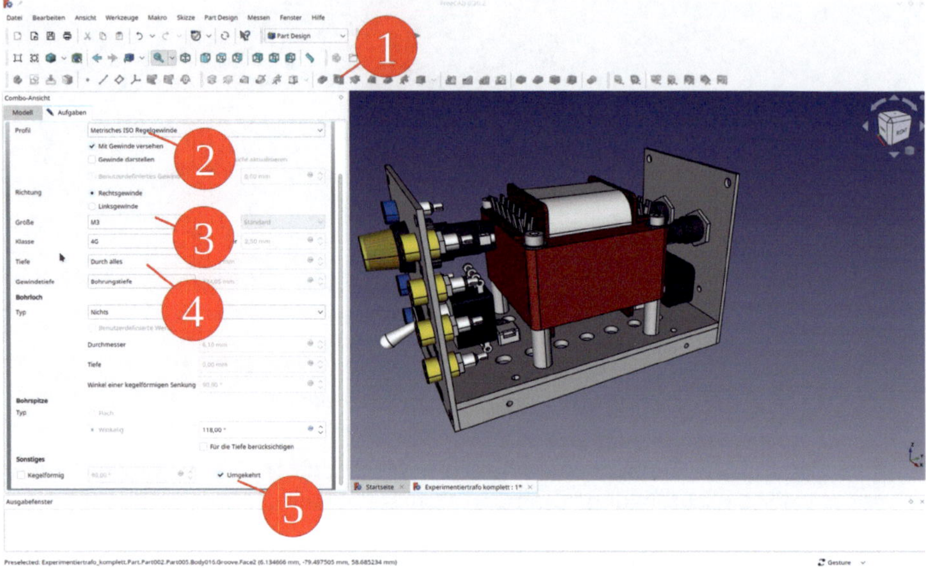


*Bild 9-131*

45. Die verknüpften Distanzstücke 002 bis 004 wieder einblenden – alle tragen jetzt die neuen Bohrungen.

46. Wenn man den Mauszeiger auf das "Distanzstück 001" zieht, erscheint in der 3D-Ansicht eine transparente Darstellung des Teils. Mit dieser kann man schnell und einfach die Bohrungen auf Kollisionen hin untersuchen (Bild 9-132).

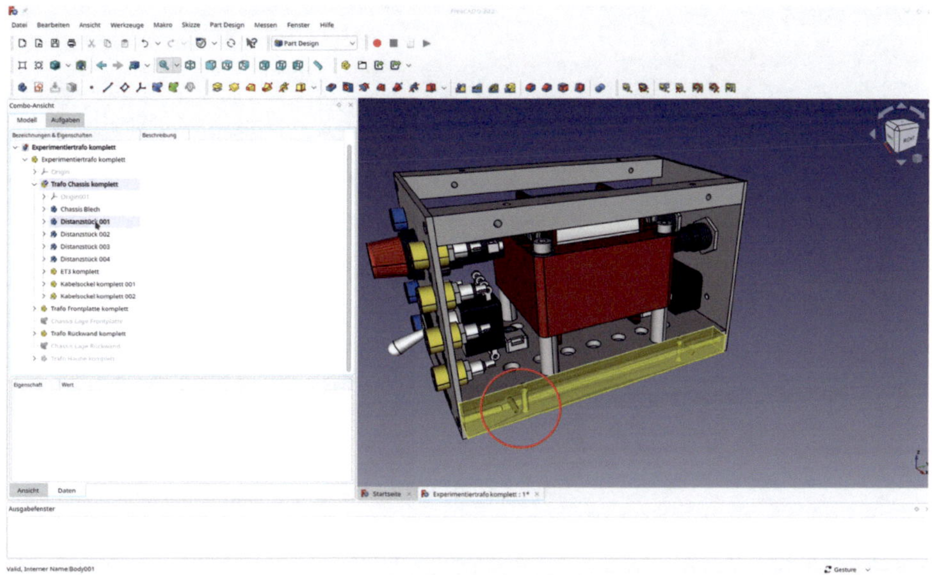

*Bild 9-132*

Nach den Vorbereitungen können wir jetzt die Befestigungsbohrungen in die Blechhaube bringen. Dazu erzeugen wir Formbinder auf die neuen Bohrungen:

47. Den Std-Part-Container "Trafo Haube komplett" wieder einblenden. Den Körper "Trafo Haube Blech" durch Doppelklick zur Bearbeitung aktivieren.

48. Das blaue "Formbinder"-Werkzeug anklicken. Erst auf den Button "Objekt" (wird dunkelgrau) klicken, dann auf das Eingabefeld daneben.

49. In den Reiter "Modell" wechseln und in das "Distanzstück 001" navigieren. Dort im letzten Konstruktionszustand "Hole" die Skizze anklicken (Bild 9-133).

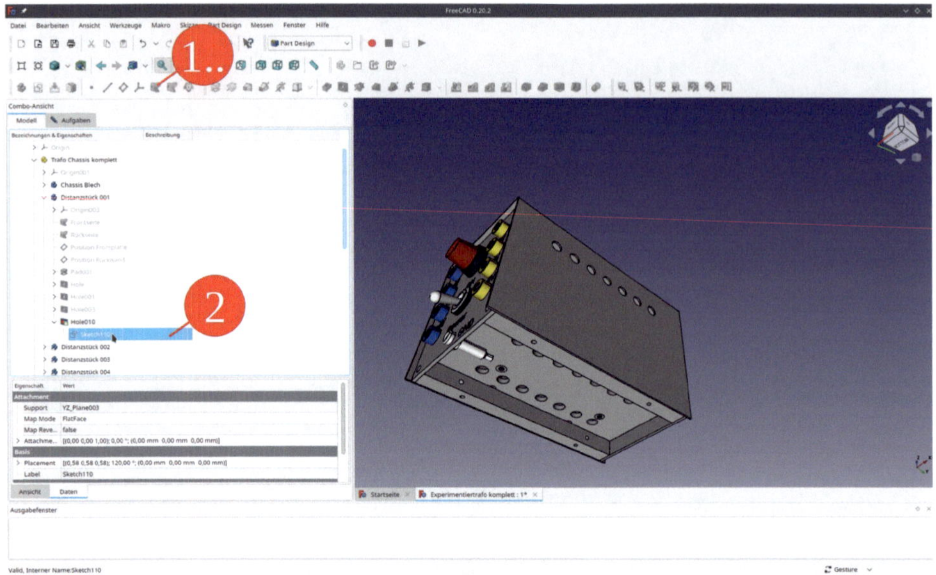


*Bild 9-133*

50. Ins Aufgabenfenster zurück wechseln. Dort steht jetzt die Skizze im Eingabefeld für "Objekt". Das Aufgabenfenster mit "OK" schließen.

51. Zum Körper "Trafo Haube Blech" herunter scrollen und den neuen Formbinder in "Befestigungsbohrungen Chassis" umbenennen.

52. Den Formbinder markieren und das Werkzeug "Bohrung" aufrufen.

53. Im Aufgabenfenster für den Durchmesser 3,2 mm einsetzen, die Tiefe "Durch alles" auswählen und die Checkbox "Umgekehrt" anhaken (Bild 9-134). Das Aufgabenfenster mit "OK" schließen.

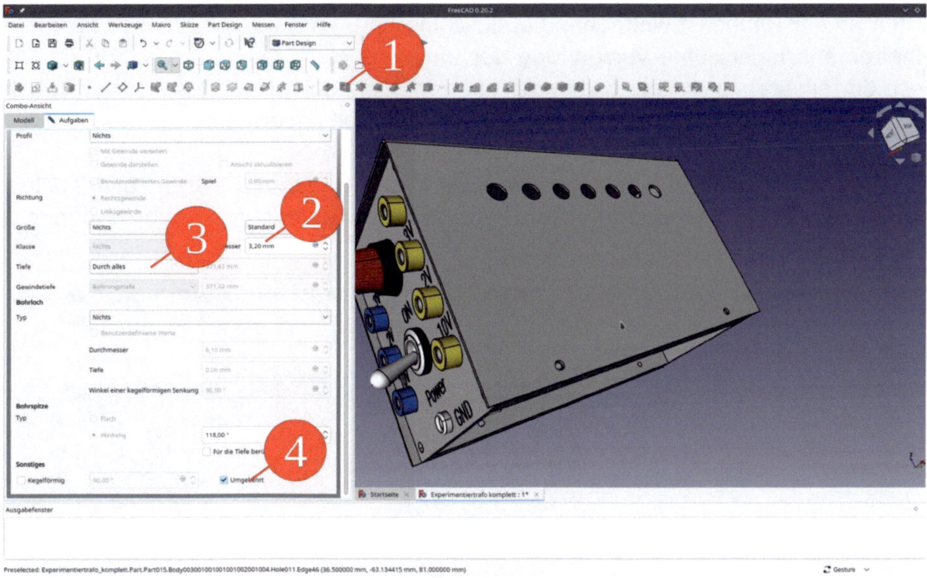


*Bild 9-134*

54. In der Baumansicht den Formbinder "Befestigungsbohrung Chassis" (unter "Hole..", erweitern) nochmals anklicken und "Bohrung" aufrufen.

55. Die Eingaben wie in Schritt 54 vornehmen, aber für die gegenüberliegende Seite der Haube die Checkbox "Umgekehrt" nicht anhaken (Bild 9-135). Das Aufgabenfenster mit "OK" schließen.

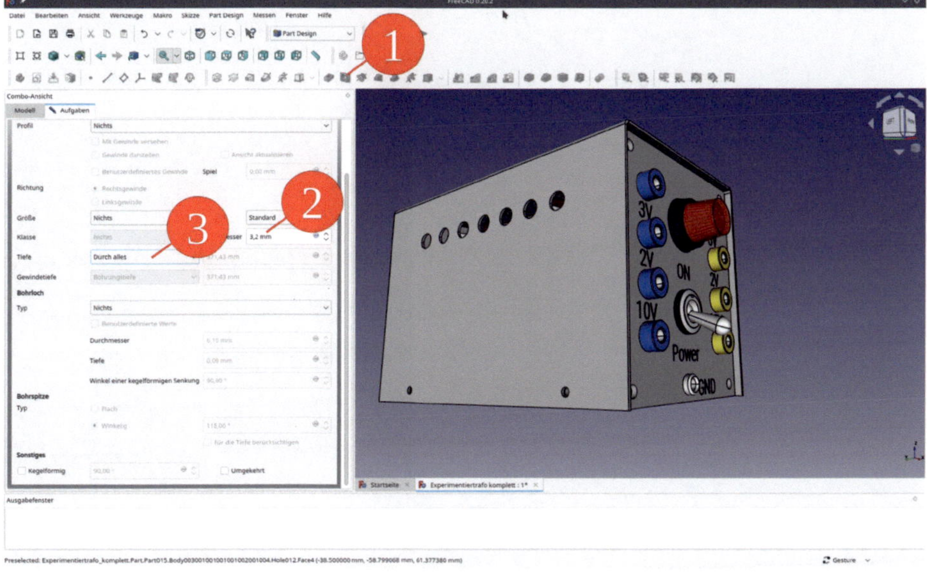


*Bild 9-135*

Die Arbeit an der Haube ist weitgehend abgeschlossen – jetzt kann man noch kosmetische Einzelheiten anbringen. Eine Verrundung der unteren Ecken spart Kratzer auf dem Tisch. Da diese Einzelheiten an Facetten "hängen" kommen sie nun als letztes – in der Annahme, dass sich danach nichts Grundlegendes mehr an dem Teil ändern sollte...

56. In der 3D-Ansicht die unteren vier Ecken der Haube markieren (Bild 9-136) und das Werkzeug "Verrundung" aufrufen. Im Aufgabenfenster den Verrundungsradius auf 3mm setzen (Bild 9-137).

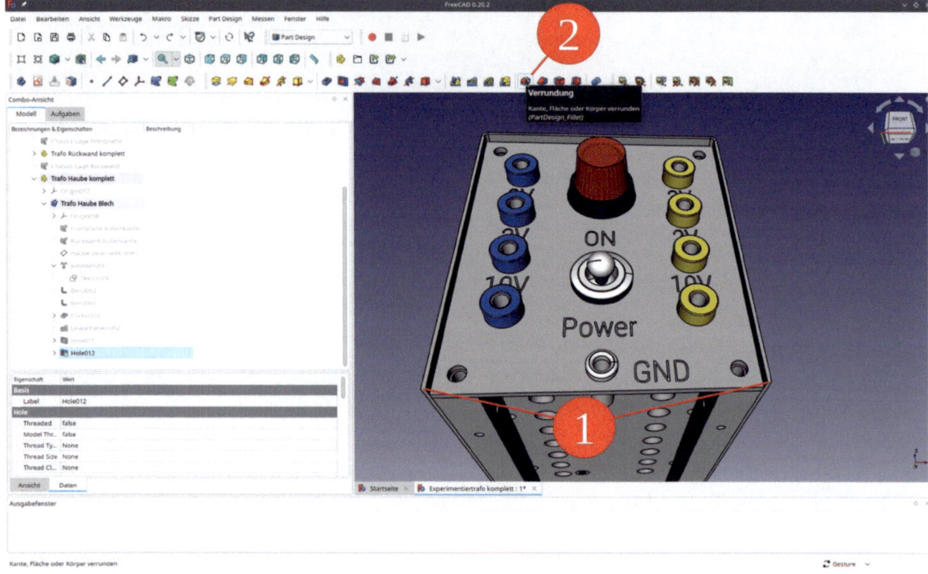


*Bild 9-136*

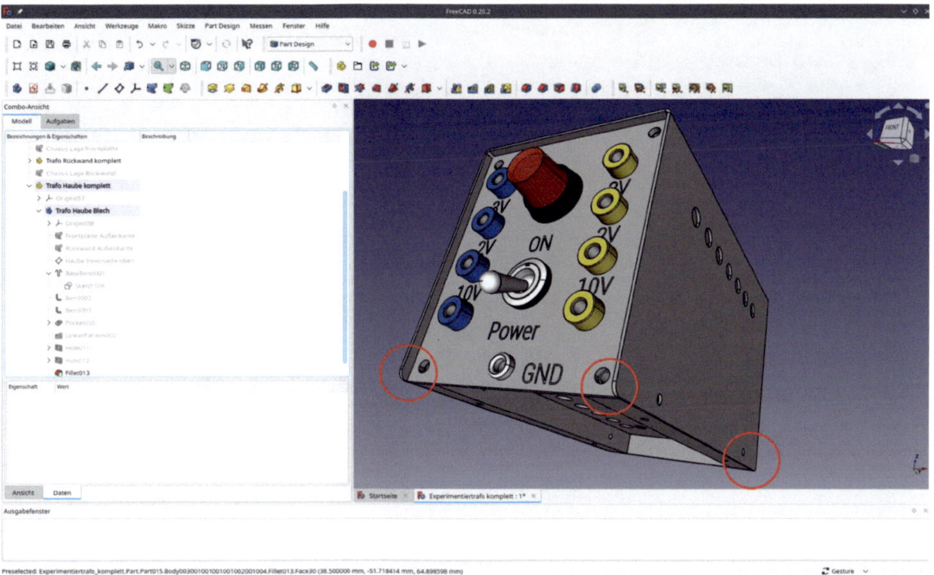

*Bild 9-137*

Das Gerät ist fertig konstruiert. Fertig – jedenfalls so weit, dass man sich an den Aufbau machen könnte. Die Assoziativität lässt sich durch Verlagern der Ebenen im Körper "Chassis Blech" testen: Man könnte die Frontplatte um 20 mm nach außen verlagern (Bild 9-138, 9-139).

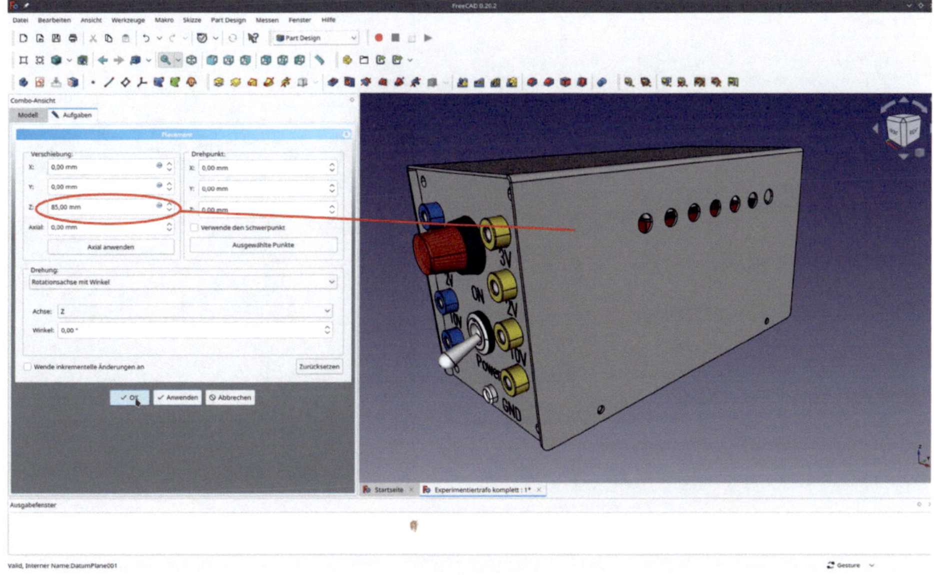

*Bild 9-138*

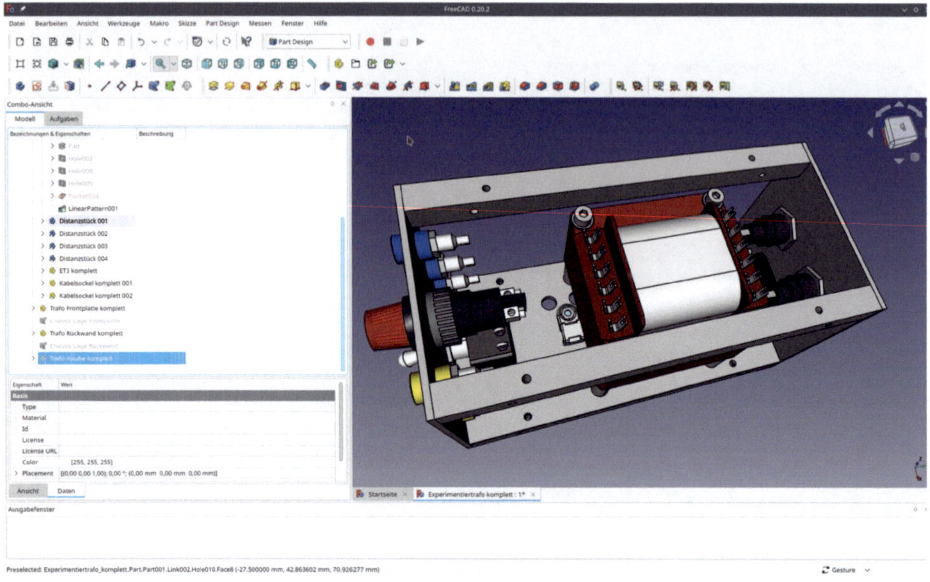

*Bild 9-139*

Man könnte auch probieren, die Breite der Frontplatte zu vergrößern. Dazu muss man die Skizze des ersten Konstruktionszustandes in "Frontblech" editieren. Im Beispiel wurde er auf 85 mm gesetzt (Bild 9-140). Da die Rückwand ihre eigenen Maße mitgebracht hat, wird sie nicht automatisch breiter (Bild 9-141).

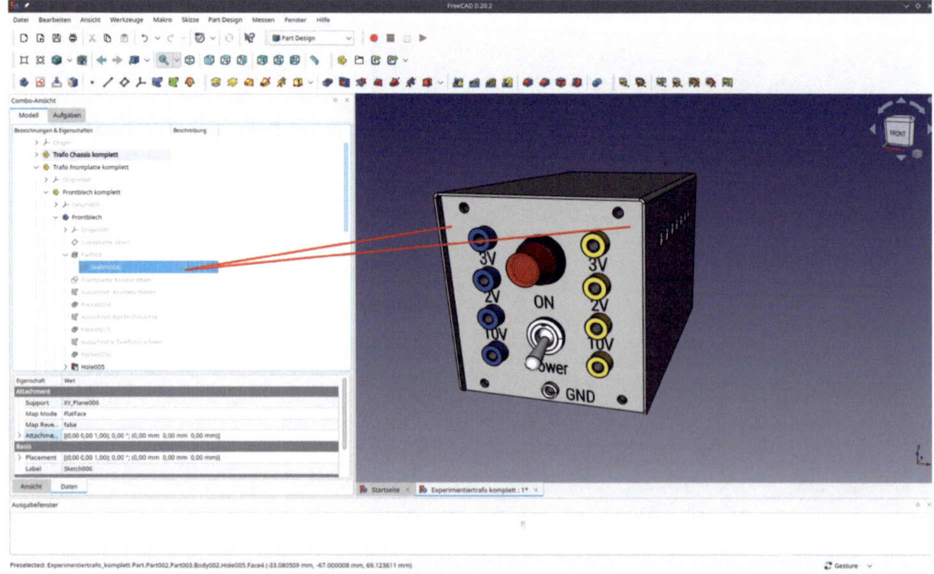


*Bild 9-140*

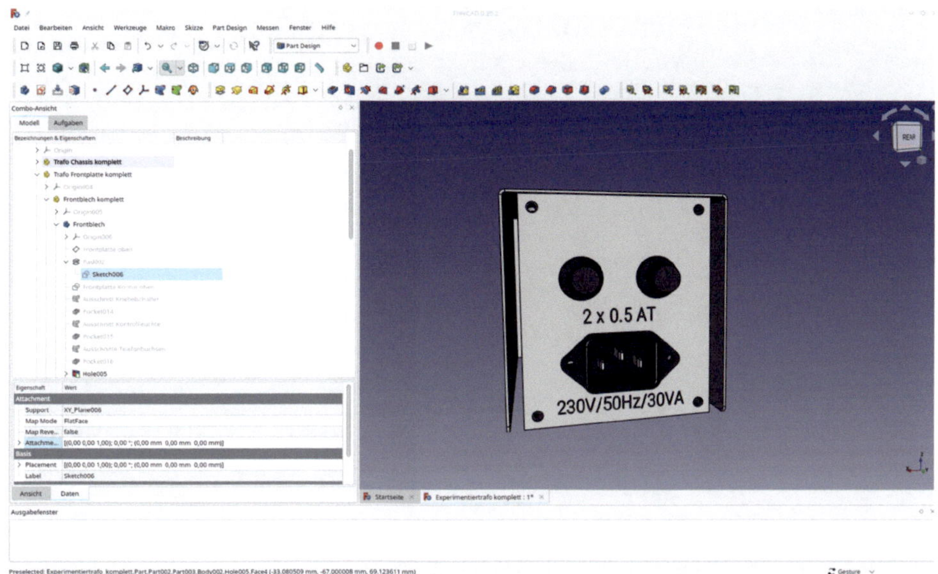


*Bild 9-141*

Nach der Änderung eines Parameters braucht die Neuberechnung (F5-Taste) jetzt schon eine gewisse Zeit zur Aktualisierung. Es fehlen jetzt nur noch einige Befestigungsschrauben.

### 9.4.2. Wo gehören die Befestigungsschrauben hin

Wir hatten in der Vergangenheit Befestigungselemente immer den Objekten zugeordnet, die damit montiert werden sollen. Das ist, insbesondere bei mehrfach verwendeten Teilen, die in eigenen Dateien angelegt werden, eine zeitsparende Praxis.

In unserem aktuellen Projekt haben wir Einzelteile auch dynamisch erzeugt (z.B. Blechhaube, Distanzstücke). Dabei wurde die Lage der Befestigungsbohrungen oft mit Formbindern zwischen diesen Teilen übertragen. Hängt man die Schrauben einfach an die Kanten der Bohrungen in den Anbauteilen an, so könnten diese Positionierungen wegen neu nummerierten Facetten später zerbrechen. Betrachtet man die Schrauben nur als abschließende kosmetische Beigabe in einem Projekt, so kann man diesen einfachen Weg gehen.

Besser ist es aber, die Schrauben an robuste Referenzen des Objekts zu binden, in dem diese Referenzen zuerst, z.B. durch eine Skizze, erzeugt wurden. Für die Bohrungen in der Blechhaube liegen Formbinder zugrunde, die auf die Skizze im Distanzstück zurück gehen.

### 9.4.3. Befestigungsschrauben für die Blechhaube

1. In "Trafo Chassis komplett" den Körper "Distanzstück 001" erweitern und die Skizze des letzten Konstruktionszustandes einblenden (Bild 9-142).

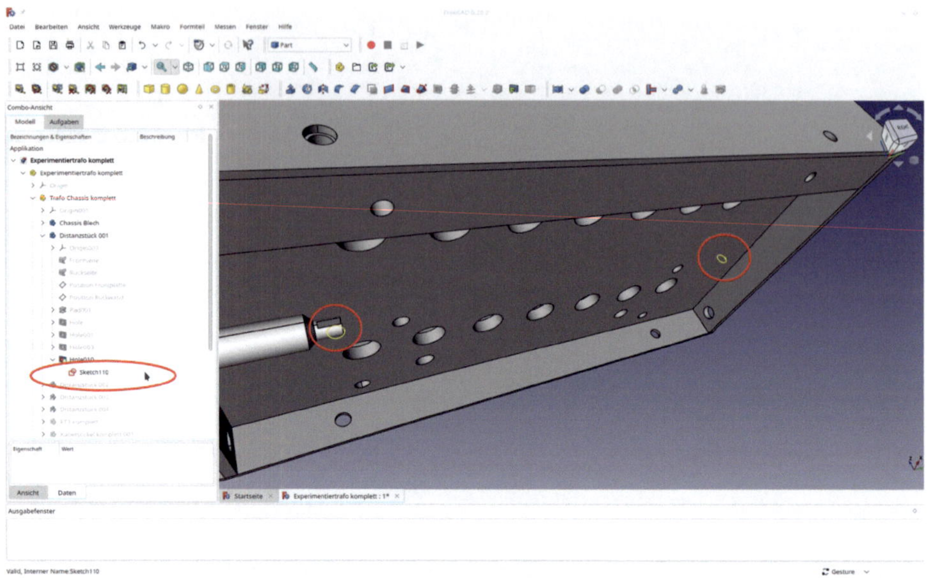

*Bild 9-142*

2. In "Trafo Haube komplett" den Körper "Trafo Haube Blech" durch Doppelklick aktivieren.

3. Das blaue "Formbinder erstellen" Werkzeug anklicken. Den Button "Geometrie hinzufügen" anklicken (wird dunkelgrau) und die Skizze für die vorderen Bohrungen markieren (Bild 9-143). Das Aufgabenfenster mit "OK" schließen.

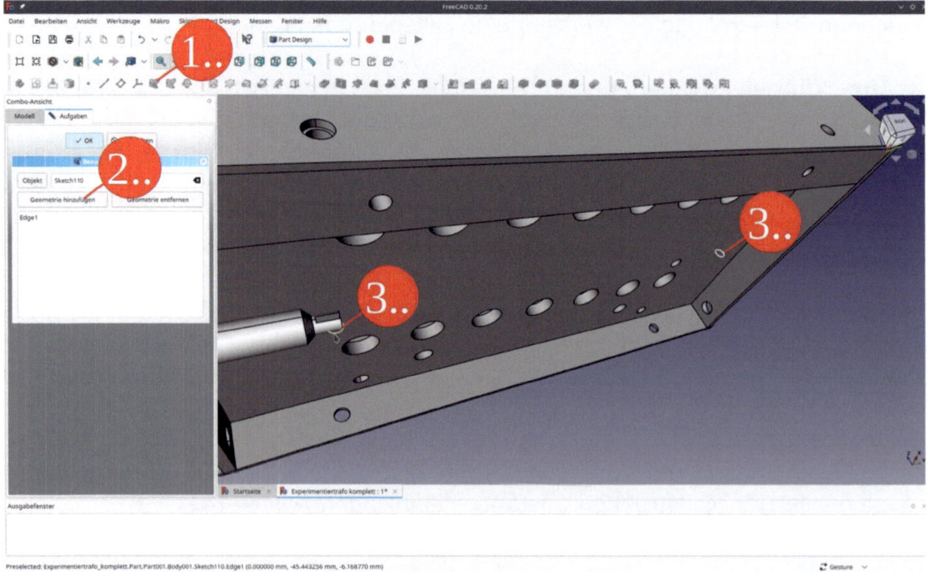


*Bild 9-143*

4. Auf die gleiche Weise einen weiteren Formbinder für die hintere Bohrungskontur anlegen.

5. Die neuen Formbinder in "Trafo Haube Blech" in "Haube Bohrungen vorne" und Haube Bohrungen hinten" umbenennen (Bild 9-144). Die Eigenschaft "Trace Support" auf "true" setzen.

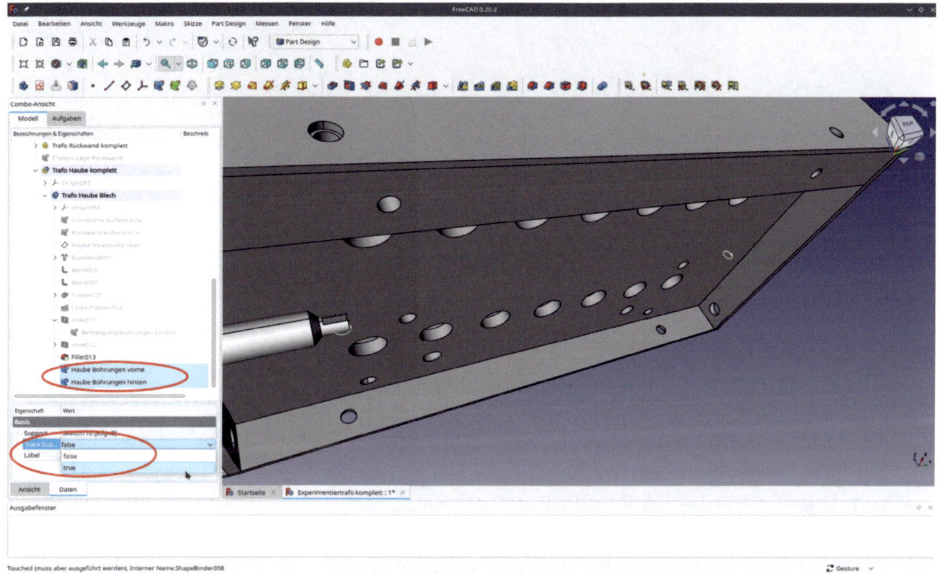


*Bild 9-144*

6. Die beiden Formbinder in den Std-Part-Container "Trafo Haube komplett" ziehen (Bild 9-145).

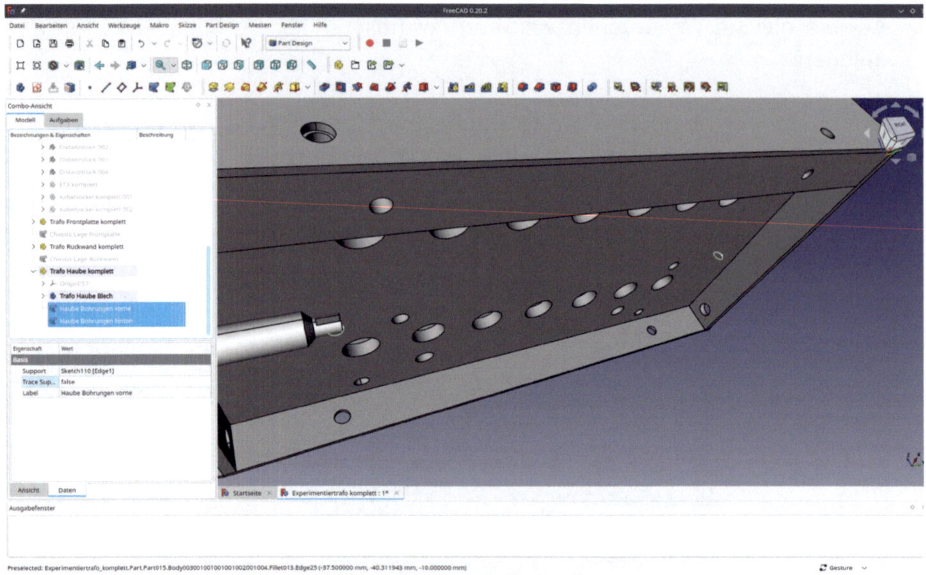

*Bild 9-145*

7. Aus dem Hauptmenü "Makro | aktuelle Makros | start_bolts" auswählen. Für die Befestigungsschrauben "DIN | DIN7991" auswählen und die Länge auf 10 mm setzen. Vier Schrauben mit "add Part" hinzufügen

8. Die Schrauben unten in der Baumansicht markieren und in den Std-Part-Container "Trafo Haube komplett" ziehen.

9. In die "Part"-workbench wechseln, die erste Schraube in der Baumansicht markieren und aus dem Hauptmenü "Formteil | Positionierung" auswählen.

10. In das Eingabefeld neben dem dunkelgrauen Button "auswählen" klicken und in den Reiter "Model" wechseln. Dort den Formbinder "Haube Bohrungen vorne" anklicken und in den Reiter "Aufgaben" zurück kehren.

11. Für den Befestigungsmodus "konzentrisch" auswählen, für die Z-Verschiebung -38,51mm setzen und die Checkbox "Seiten spiegeln" anhaken (ein Offset von 0,01mm gegenüber der Haube lässt die Schraube eindeutig erscheinen, Bild 9-146). Das Aufgabenfenster mit "OK" schließen.

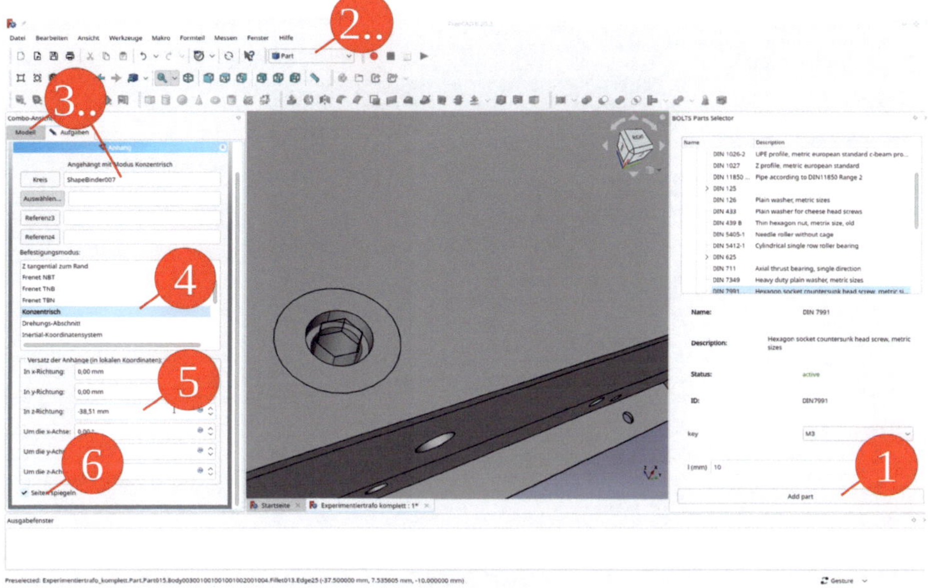

*Bild 9-146*

12. Die anderen Schrauben in analoger Weise platzieren. Für die Schrauben auf der anderen Seite des Gerätes die Checkbox "Seiten spiegeln" nicht anhaken und das Vorzeichen der Z-Verschiebung passend wählen.

13. Die vormals eingeblendete Skizze unter dem letzten Konstruktionszustand im "Distanzstück 001" wieder ausblenden. In "Trafo Haube komplett" die Formbinder "Haube Bohrungen vorne" und "Haube Bohrungen hinten" ausblenden.

### 9.4.4. Befestigungsschrauben für das Chassis

1. Alle Komponenten ausblenden. Im Körper "Chassis Blech" die Skizze mit den vier Befestigungslöchern lokalisieren und einblenden (Bild 9-147).

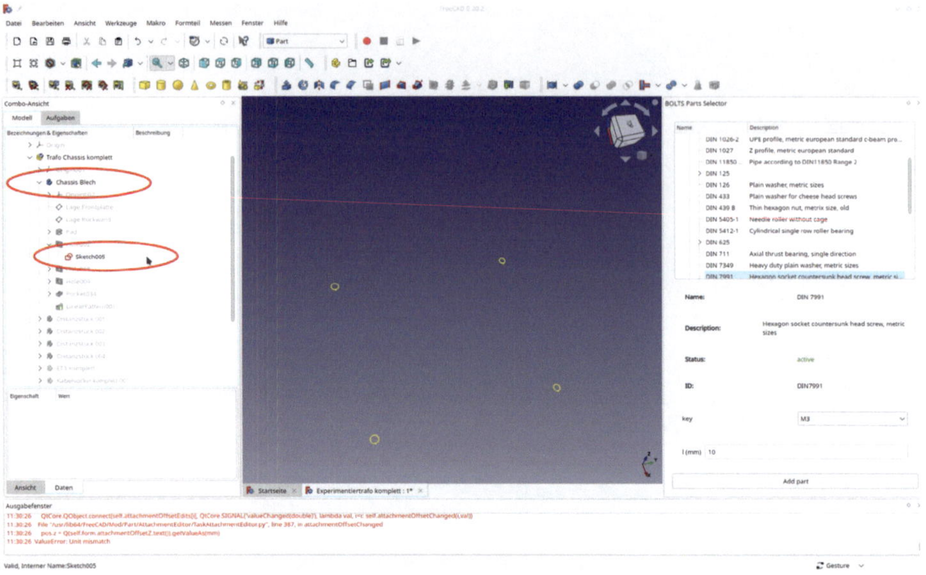


*Bild 9-147*

2. Den Körper "Chassis Blech durch Doppelklicken aktivieren.

3. Je eine Bohrungskontur durch Anklicken markieren und das blaue "Formbinder erstellen"-Werkzeug aufrufen. Die Voreinstellungen nicht verändern und das Aufgabenfenster mit "OK" schließen.

4. Die Formbinder in "Bohrung 1", ..., "Bohrung 4" umbenennen und die Eigenschaft "Trace Support" auf "true" setzen.

5. Die vier Formbinder in den Std-Part-Container "Trafo Chassis komplett" ziehen (Bild 9-148).

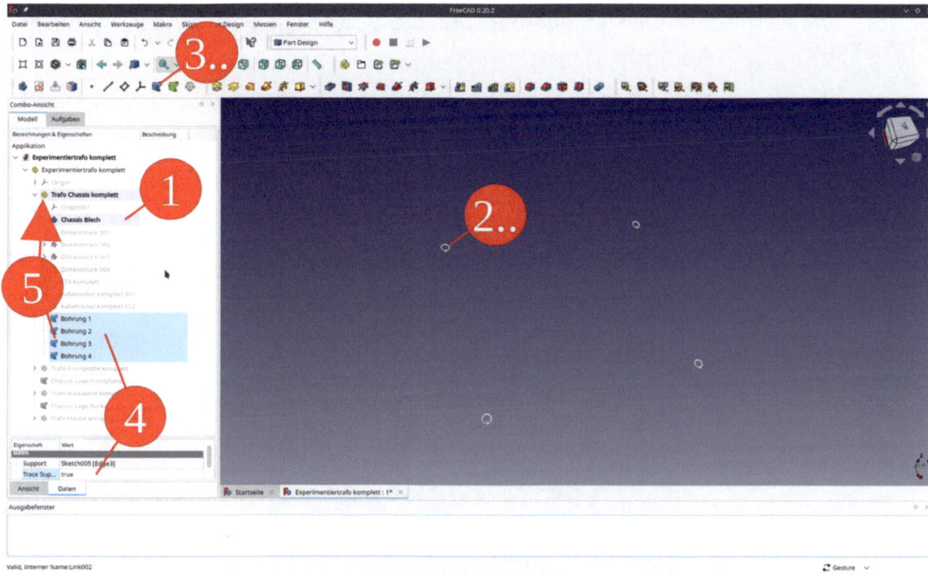

Bild 9-148

6. Mit dem "BOLTS Parts Selector" vier Schrauben, Typ DIN 7991, Länge 10mm hinzufügen und in den Std-Part-Container "Trafo Chassis komplett" ziehen.

7. In die "Part"-workbench wechseln. Die erste Schraube markieren und mit "Formteil | Positionierung" auf den Formbinder 1 platzieren. Den Befestigungsmodus wieder auf "Konzentrisch" setzen, und mit Z-Verschiebung und der Checkbox "Seiten spiegeln" die Schraube in die gewünschte Position bringen (Bild 9-149).

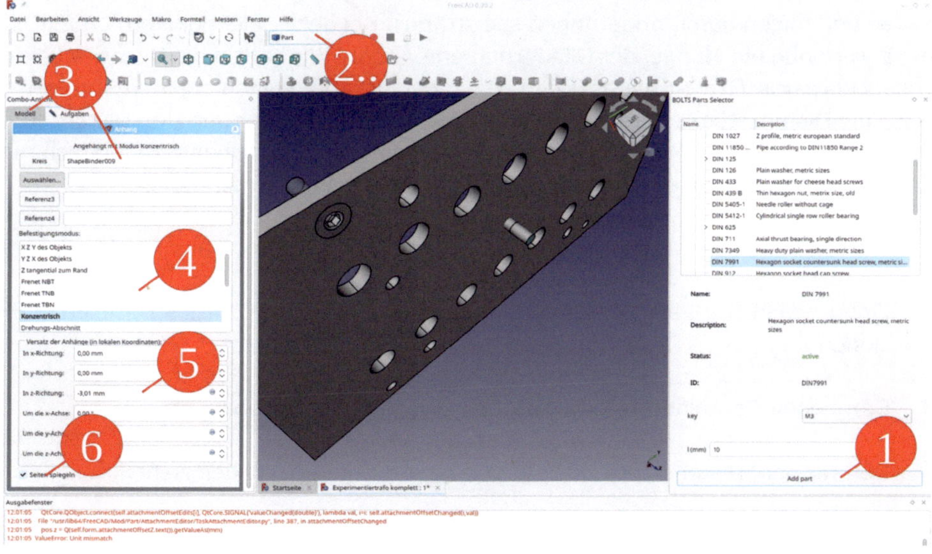

Bild 9-149

8. Die anderen Schrauben sinngemäß auf die restlichen Formbinder verteilen (Bild 9-150).

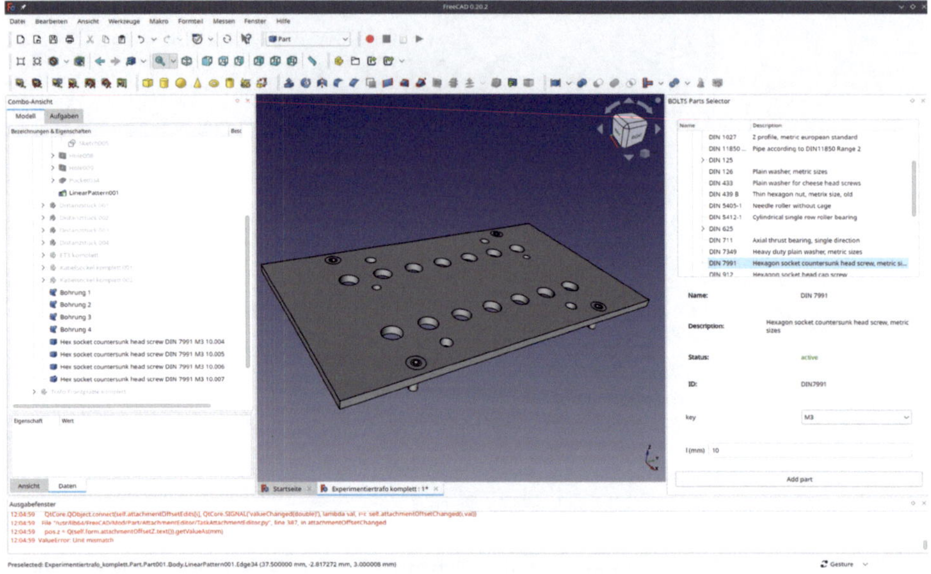

*Bild 9-150*

9. Alle Komponenten wieder einblenden.

### 9.4.5. Befestigungsschrauben für Frontplatte und Rückwand

Die Referenz für diese Bohrungen liegt in den Distanzstücken. Eigentlich würde man daher die Schrauben gerne dem ersten Distanzstück hinzufügen (alle anderen sind Referenzen des ersten und folgen damit Änderungen selbsttätig). Bei der Inspektion von "Trafo Chassis komplett" wird nun ein Mangel der Gliederung erkennbar: Wir hatten die Distanzstücke 001 bis 004 als Körper in "Trafo Chassis komplett" angelegt, aber keinen eigenen Std-Part-Container für die Distanzstücke vorgesehen. Daher ist es jetzt schwieriger, den Distanzstücken selber Teile hinzuzufügen. Man könnte statt dessen die acht Schrauben auch einfach manuell platzieren, aber die Fehler zu berichtigen ist an dieser Stelle instruktiver.

1. "Trafo Frontplatte komplett" und Trafo Rückwand komplett" ausblenden.

2. Einen neuen Std-Part-Container erzeugen und in "Trafo Chassis komplett" hineinziehen.

3. Den neuen Container in "Distanzstück komplett 001" umbenennen.

4. Den Körper "Distanzstück 001" in den neuen Container hineinziehen.

5. Die Körper "Distanzstück 002" bis "Distanzstück 004" löschen.

6. Jetzt die Formbinder-Referenzen anlegen: "Distanzstück 001" durch Doppelklicken aktivieren. Den erreichten Stand zeigt Bild 9-151.

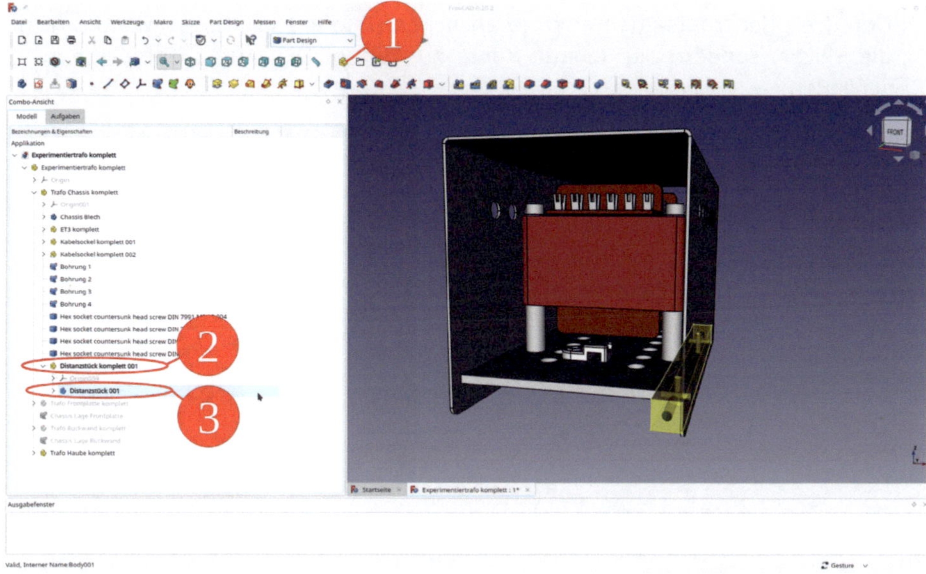


*Bild 9-151*

7. Die beiden Skizzen für die stirnseitigen Bohrungen einblenden (Bild 9-152).

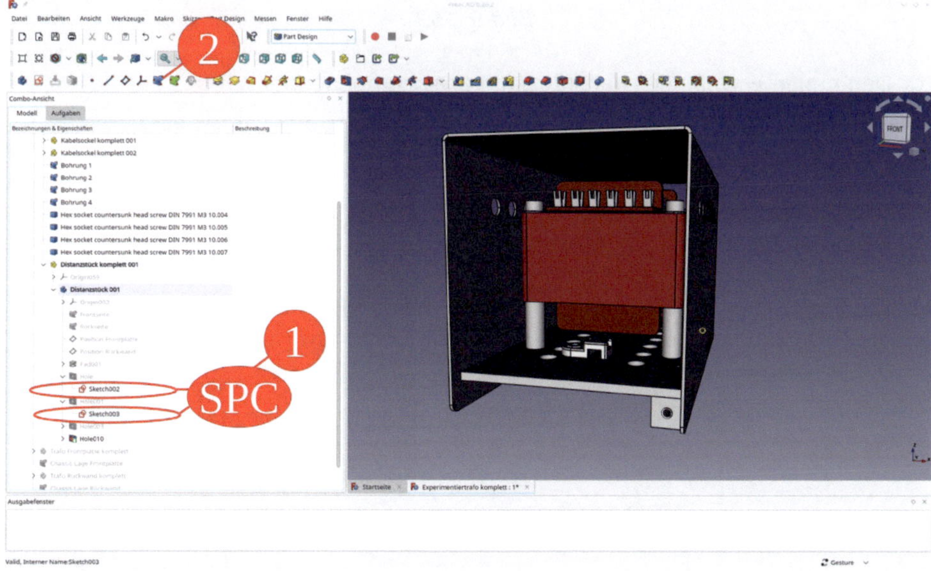


*Bild 9-152*

8. Das blaue "Formbinder erzeugen"-Icon anklicken. Im Aufgabenfenster den Button "Geometrie hinzufügen" anklicken, so dass er dunkelgrau wird.

9. Den Kreis der frontseitigen Skizze anklicken (Bild 9-153). Es ist wichtig, nicht nur die Skizze, sondern die genaue Kante zu treffen. Das Aufgabenfenster mit "OK" schließen.

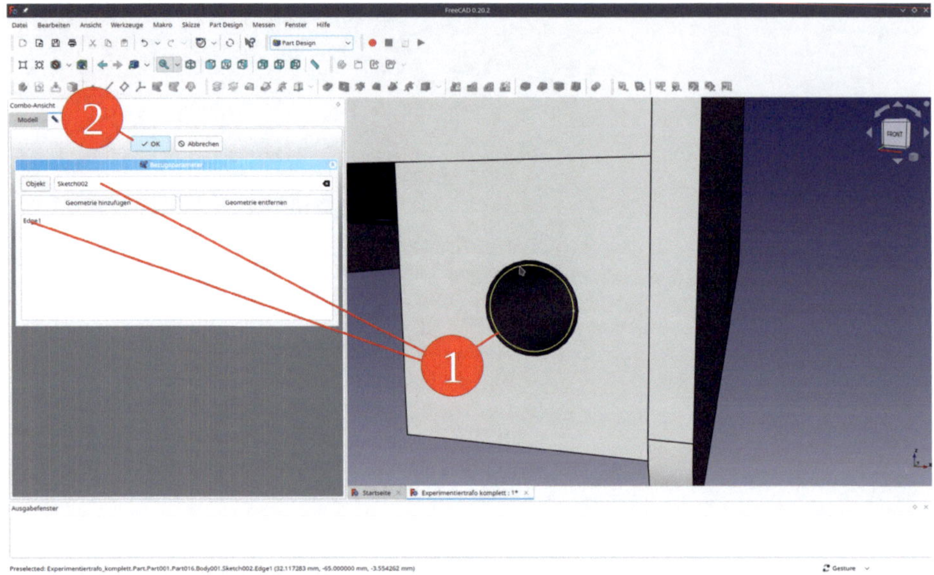


*Bild 9-153*

10. Den neuen Formbinder in "Bohrung vorne" umbenennen.

11. In analoger Weise einen Formbinder für die hintere Skizze anlegen und in "Bohrung hinten" umbenennen. Beim Klicken aufpassen: Ist der umbenannte Formbinder noch in der Baumansicht blau markiert, landet man mit "Formbinder erzeugen" wieder in dessen Aufgabenfenster, anstatt einen neuen zu starten.

12. Die Eigenschaft "Trace Support" für die beiden Formbinder auf "true" setzen und die Formbinder in den Std-Part-Container "Distanzstück komplett 001" ziehen (Bild 9-154). Die Formbinder ausblenden.

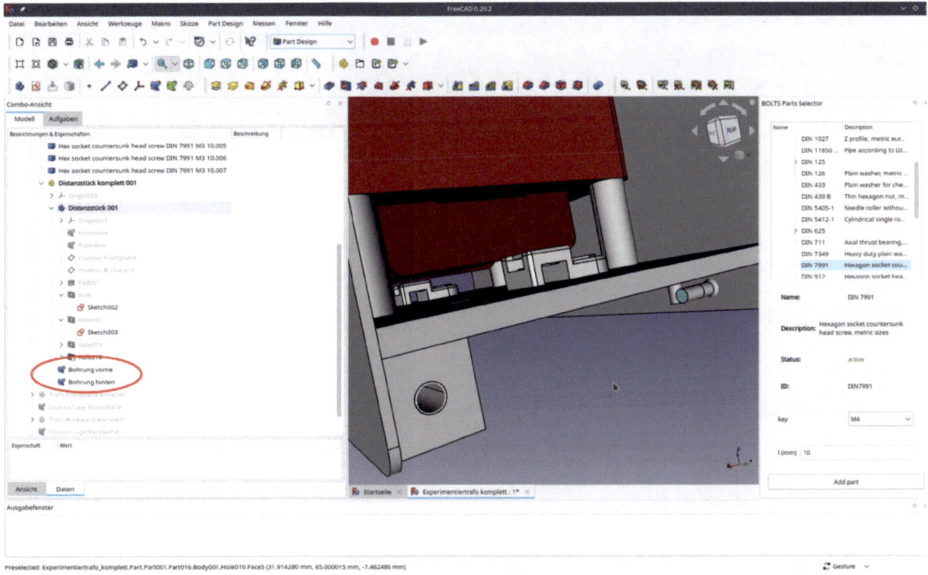

*Bild 9-154*

Die Formbinder benötigen wir zum Einbinden der Schrauben. Die Skizzen der Stirnlöcher lassen wir noch eingeblendet – diese werden bei der Erzeugung der Bohrung in der Front- und Rückplatte noch gebraucht.

13. Den Makro start_bolts aufrufen, und der Konstruktion zwei Schrauben DIN 7991, Größe M4, Länge 10 mm hinzufügen.

14. Die neuen Schrauben in den Std-Part-Container "Distanzstück 001 komplett" ziehen (Bild 9-155).

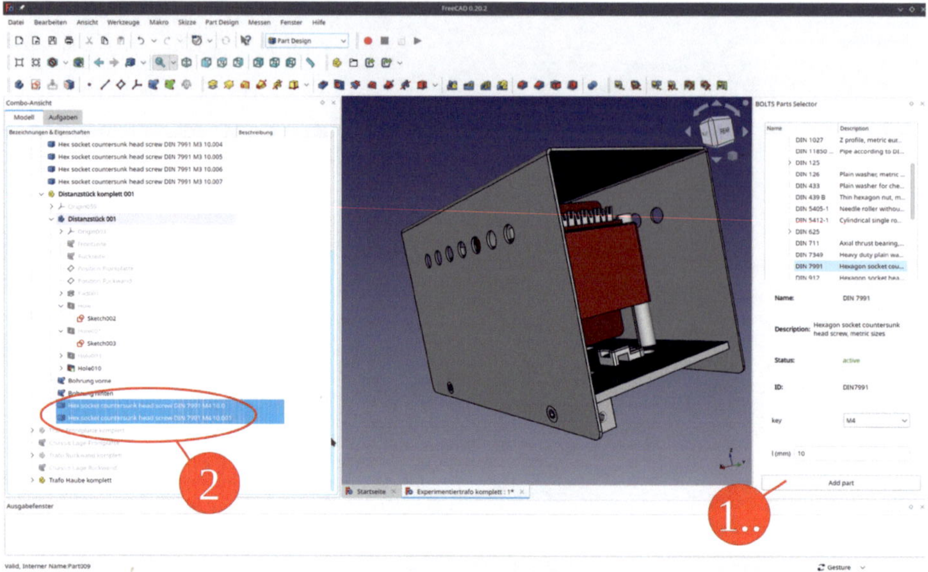

*Bild 9-155*

15. Die erste Schraube in der Baumansicht markieren und in die "Part"-workbench wechseln. Im Hauptmenü "Formteil | Positionierung" wählen.

16. Für die Referenz 1 den Formbinder "Bohrung vorne" auswählen. Für den Befestigungsmodus "konzentrisch wählen, die Checkbox "Seiten spiegeln" anhaken und für die Z-Verschiebung -2,01 mm (für die Frontplattenstärke und einen kleinen Überstand) einsetzen (Bild 9-156). Das Aufgabenfenster mit "OK" schließen.

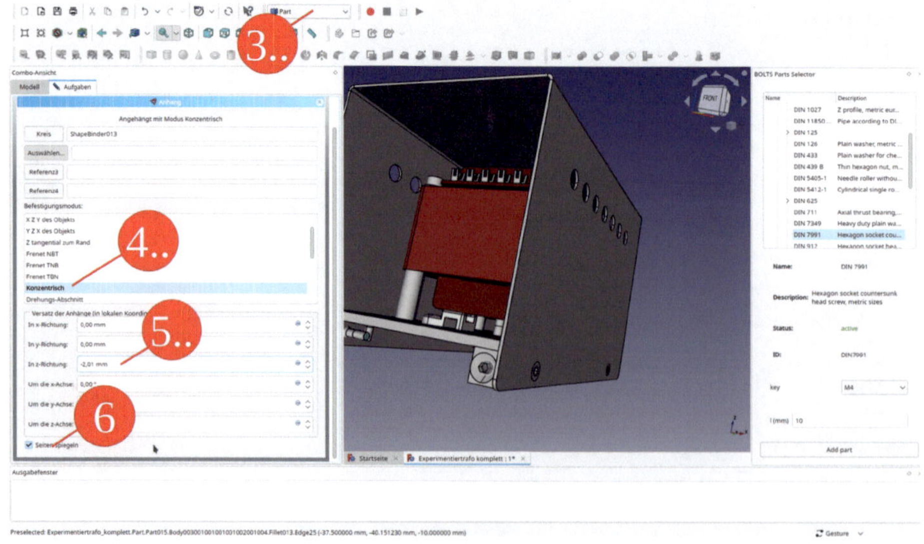

*Bild 9-156*

17. In analoger Weise die andere Schraube auf der Rückseite platzieren.

18. Vom Std-Part-Container "Distanzstück komplett 001" drei weitere Verknüpfungen erzeugen.

19. Die Verknüpfungen in den Std-Part-Container "Trafo Chassis komplett" hineinziehen (Bild 9-157). Die Eigenschaft "Link Transform" für alle 3 Verknüpfungen auf "true" setzen.

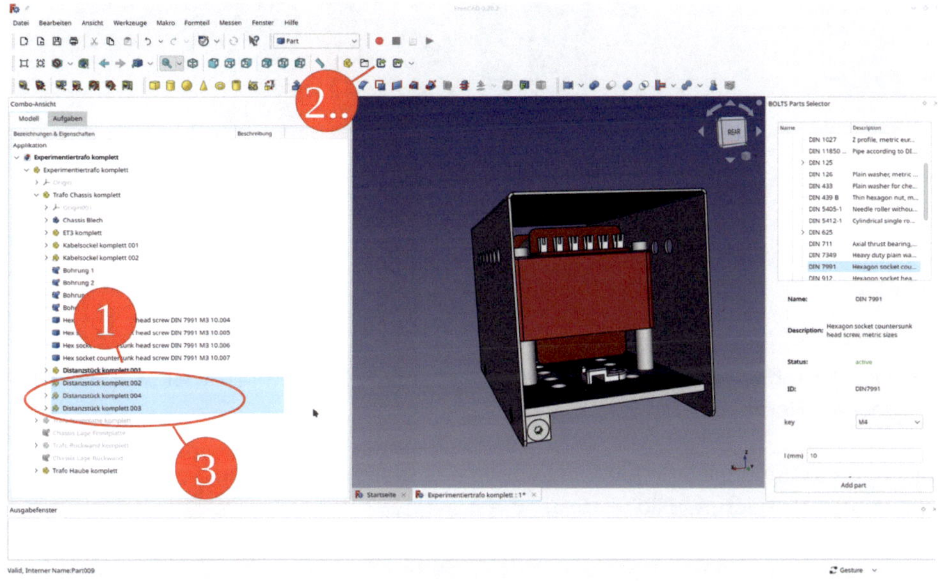


*Bild 9-157*

20. Die drei Verknüpfungen durch Anpassen der "Link Placement"-verschiebungen gemäß Abschnitt 9.3.1, Schritt 39 in die Ecken des Gehäuses verteilen.

Erfreulicherweise brauchen wir jetzt Anpassungen der Schrauben nur noch an "Distanzstück komplett 001" vorzunehmen. An dem Einfügen der neuen Std-Part-Container haben die Bohrungen in Frontplatte und Rückwand gelitten. Wir müssen die Formbinder neu bestimmen und die Bohrungen neu anlegen.

21. In "Distanzstück 001" die beiden Schrauben ausblenden.

22. In "Frontblech komplett" den Körper Frontblech" zur Bearbeitung doppelklicken. Den letzten Konstruktionszustand ("Hole") löschen (das waren die Befestigungslöcher). Der SubFormBinder wird wieder freigelegt (Bild 9-158).

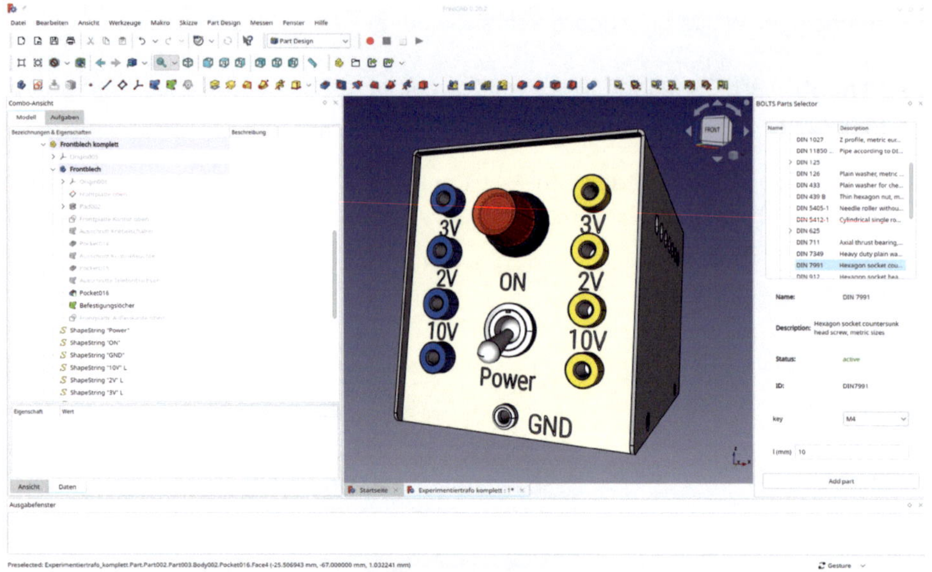


*Bild 9-158*

23. Den Formbinder "Befestigungslöcher" ebenfalls löschen (er lässt sich nicht so einfach editieren).

24. In der Baumansicht in allen Versionen des Distanzstückes die Formbinder "Bohrung vorne" markieren (Bild 9-159).

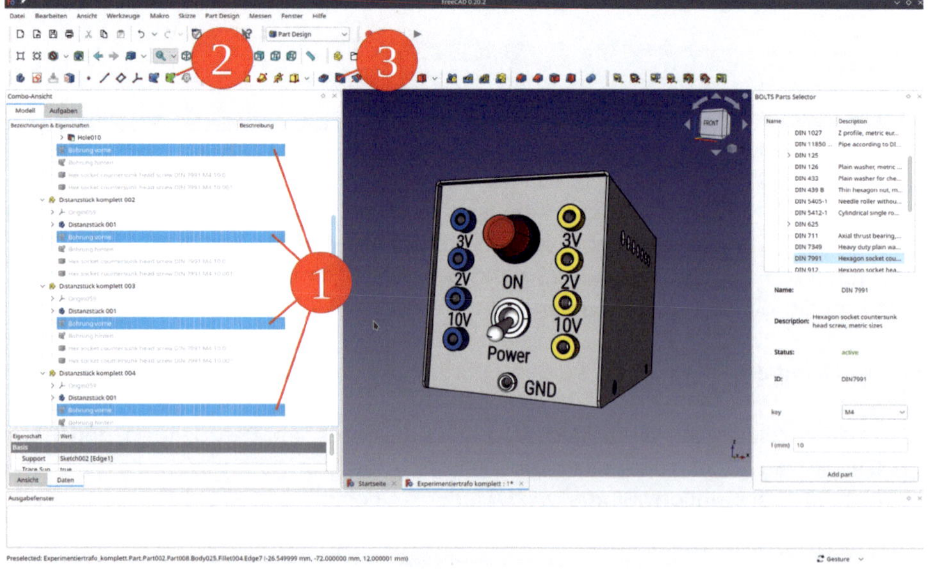


*Bild 9-159*

25. Das grüne "Formbinder für Teilobjekte erstellen"-Icon anklicken.

26. Den neuen Formbinder im Körper "Frontblech" in "Befestigungsbohrungen" umbenennen und dessen Eigenschaft "Make Face" auf "false" setzen. Das Werkzeug "Bohrung" anklicken.

27. Im Aufgabenfenster den Durchmesser auf 4,2 mm setzen, für die Tiefe "Durch alles" auswählen und die Checkbox "Umgekehrt" anhaken (Bild 9-160).

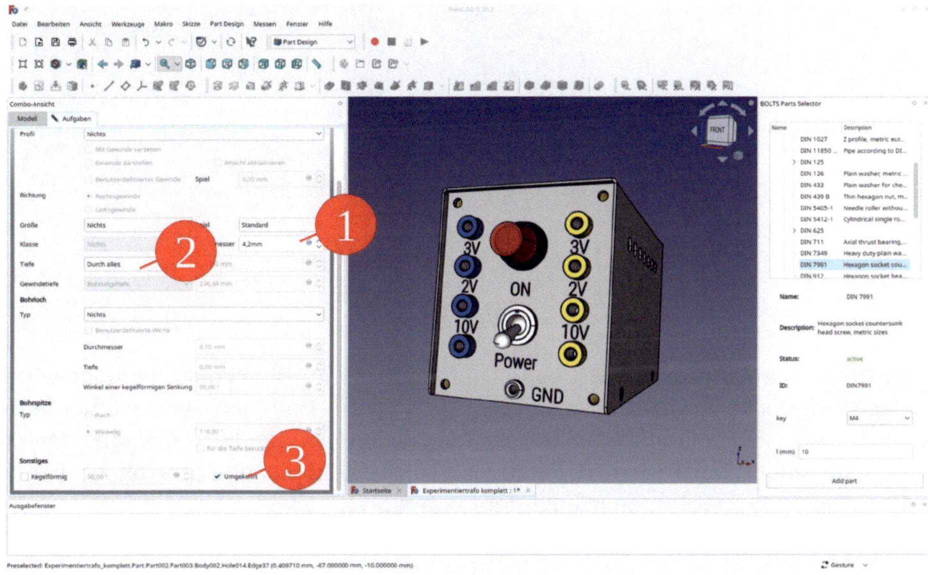


*Bild 9-160*

28. Das Aufgabenfenster mit "OK" schließen.

29. In analoger Weise die Befestigungsbohrungen in der Rückwand neu anlegen.

Die Konstruktion ist jetzt abgeschlossen (Bild 9-161). Man sieht: Auch Gliederungsfehler lassen sich ausgleichen. Es ist aber nicht immer so leicht wie in diesem Fall. Die Befestigungslöcher waren die letzte Änderung in den Platten, daher einfach rückgängig zu machen. Für die Menge der Objekte in unserem kleinen Projekt ist der Baum aber noch ordentlich und übersichtlich geblieben.

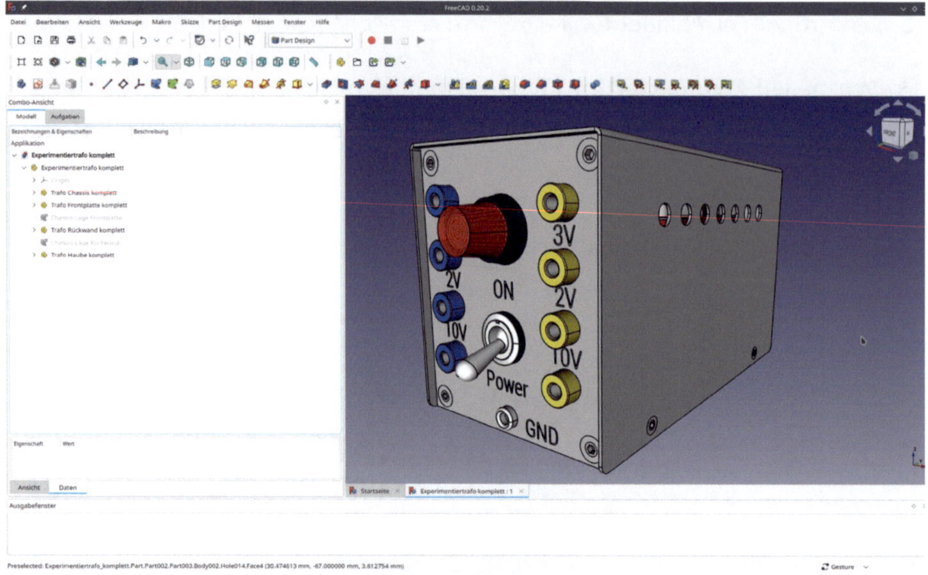


*Bild 9-161*

Eines dürfte beim Anbringen der Schrauben aufgefallen sein: Die Kegelsenkungen waren an den Befestigungslöchern vorher nicht angebracht worden. Im Sinne der Dokumentation ist das vielleicht unvollständig und ein externer Dienstleister würde die Senkungen dann eben auch nicht vorsehen. In der Heimwerkstatt sind solche Abkürzungen aber tolerierbar, wenn etwa die Senkungen später manuell auf dem Bohrständer angebracht werden.

## 9.5. Die Abwicklung der Blechhaube erzeugen

Das Vorgehen wurde bereits im Abschnitt 5.4.1 beschrieben. Bei diesem Teil sind Biegungen und Kanten einfach unterscheidbar. Daher wird für dies Beispiel nur ein Blatt angelegt, welches sich in der Beispieldatei als "Abwicklung Blechhaube" findet.

## 9.6. Beispielfotos – die erzeugte Realität

Einige Fotos von dem kleinen Gerät finden sich in den folgenden Abbildungen. Die umfangreiche Vorarbeit hat sich gelohnt: Alle Teile passen ohne Nacharbeiten zusammen.

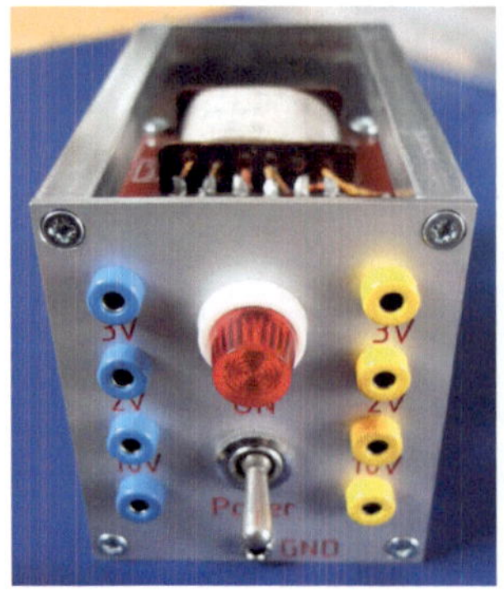

2 x 0.5AT
230V/50Hz/30VA

# Kapitel 10 • Wie kann es weiter gehen?

Der Experimentiertrafo war zwar ein etwas schulmäßiges Beispiel, aber im Prinzip sind alle Komponenten für ein Gerät darin enthalten. Wenn man die Methode beherrscht, kann daraus alles werden – ein neuer, hervorragender 2 x 100W-Verstärker, wie im [ELE 2022] beschrieben, vielleicht?

## 10.1. Bauteilbibliotheken – Designrecycling

Eine Sammlung von schönen Bauteilen vereinfacht den Start in neue 3D-Welten. Im Verzeichnis "Extras" sind noch weitere Dateien eingefügt: Zwei Netzschalter verschiedener Größe, sowie eine Sicherheits-Bananenbuchse. Die Maßhaltigkeit muss natürlich im Einzelfall immer überprüft werden.

## 10.2 Einbindung von Step-Modellen

Die Einbindung von Step-Modellen ist sehr leicht. Viele Hersteller bieten den Zugang zu solchen Modellen an, wenn man sich registriert. Teile wie z.B. Kunststoffgehäuse haben innen oft leicht geneigte Wände (was das Herausnehmen aus der Spritzgussform erleichtert). Gegen solche Einzelheiten will man nicht mit dem Messschieber kämpfen.

Bei den in KiCad entworfenen Leiterplatten ist es einfacher – wir haben beim Import des Leiterplattenmodells für das ESR-Meter gesehen, dass FreeCAD den Std-Part-Container dazu selbsttätig anlegt. Ein schöner Luxus!

Oft sind die Step-Modelle recht groß. Dann könnte es sich für die Weiterarbeit lohnen, in die workbench "Part" zu wechseln und mit "Formteil | Kopie erstellen | einfache Kopie" einen Körper davon zu erzeugen. Leider gehen dann die individuellen Darstellungsmerkmale verloren. Die Platine erschiene dann in einem Einheitsgrau. Das erfordert dann eine Abwägung zwischen schöner Darstellung und Dateiumfang.

## 10.3. FreeCAD und KiCad

### 10.3.1. Datemimport aus KiCad nach FreeCAD

Hierzu ist alles Wesentliche bereits im Abschnitt 9.7.1 gesagt. KiCad liefert sehr schöne 3D-Modelle der Platinen. Alleine diese Möglichkeit ist so faszinierend, dass sich die Einarbeitung in FreeCAD dazu anbietet. Die Verbindung zwischen KiCad und FreeCAD ist aber keine Einbahnstraße.

### 10.3.2. Erzeugung von 3D-Modellen für KiCad

Die Anregung für dieses Kapitel stammt aus [And 2022]. Eine ausführliche Beschreibung über das Management von Bibliotheken findet sich in [Dal 2022]. Für Bauteile, die in KiCad noch kein 3D-Modell haben, kann man mit FreeCAD selber eines entwickeln! Das ist sehr praktisch, wenn man z.B. kleine Steckbaugruppen für eine Platine entwickelt (z.B. einen Sensor mit speziellem Halter), oder ein antiquiertes Bauteil in der Bastelkiste gefunden hat, welches reaktiviert werden soll.

Der letzte Fall trat beim Autor ein: Es fand sich eine Anzahl kleiner LED-Displays, die sich für Miniatur-Anzeigeinstrumente eignen (Bild 10-1). Obwohl sie den Charme eines TI-30

Taschenrechners haben (die Älteren werden sich erinnern), können sie durchaus noch gewinnbringend eingesetzt werden (Bild 10-2). Wir bauen ja auch noch gelegentlich Nixie-Uhren.

*Bild 10-1*

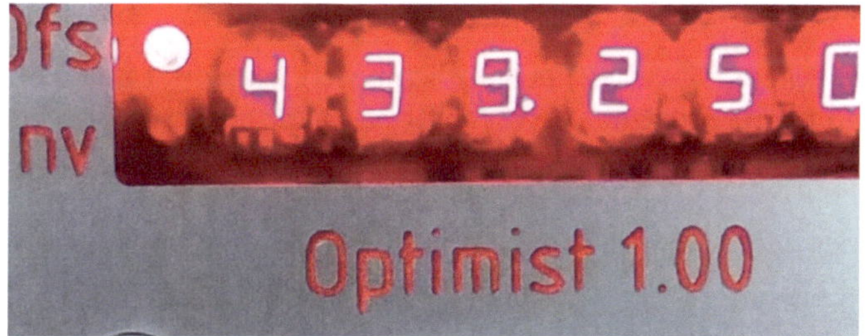


*Bild 10-2*

Eine Schritt-für-Schritt Anleitung für das 3D-Modell würde hier zu weit führen (es folgen noch viele Anleitungen für andere Teile). Die FreeCAD-Datei mit ihren Vorstufen ist im Beispielverzeichnis "LED-Display" enthalten, wo sie der Leser bei Interesse untersuchen kann.

Im Grunde ist die Assoziation eines 3D-Modells mit einem Footprint in KiCad keine schwarze Magie. Der Bestückungsdruck stellt ja bereits eine solche Verbindung dar, nur eben in der (Platinen-) Ebene. Weil es auf den meisten Platinen eng zugeht, ist es wichtig, sich bei der Positionierung der Pins und des Gehäuses große Mühe zu geben. Dies erleichtert die spätere Montage und vermeidet mechanische Spannungen durch z.B. das Eindrücken der Bauteile in fehlpositionierte Bohrungen. Viele Datenblätter haben dazu technische Zeichnungen im Anhang.

Wenn man das 3D-Modell mit passenden Pins angelegt hat (Bild 10-3), ist der Rückweg nach KiCad sehr einfach. Man muss dazu nur das lokale Verzeichnis für die eigenen Bibliotheken finden. Dies ist bei openSuse-Linux und KiCad Version 6 (versteckt) unter "/home/benutzername/.local/share/kicad/6.0/3dmodels" zu finden. Dorthin exportiert man aus FreeCAD eine step-Datei des Bauteils oder kopiert sie nach dem Export dorthin.

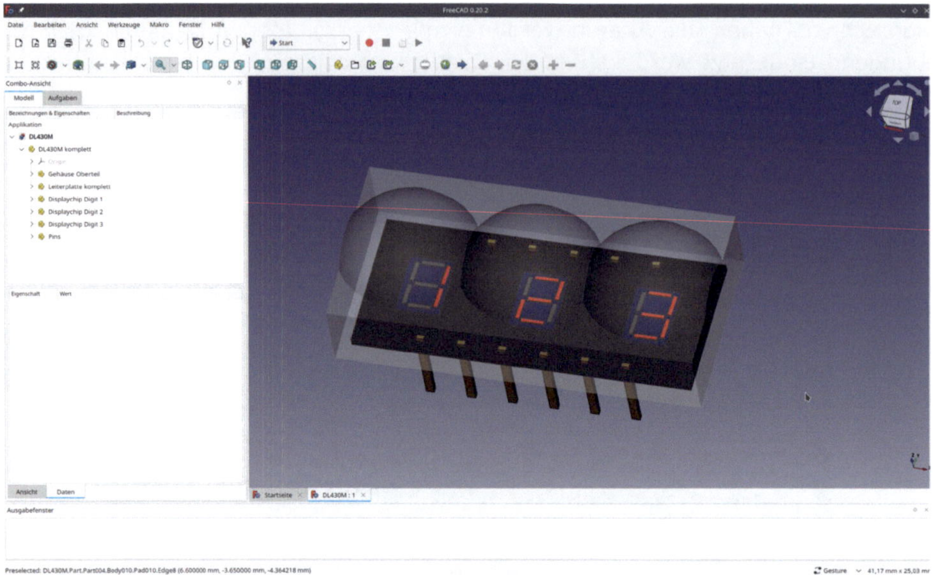

Bild 10-3

In KiCad legt man, wie in [Dal 2022] ausführlich beschrieben, mit dem Footprinteditor eine neue Bibliothek an und erzeugt mit dem Footprint-Editor zunächst die Anordnung der Lötaugen oder Pads, sowie den Bestückungsdruck (Bild 10-4). Nach Anklicken von "Footprint-Eigenschaften" (Bild 10-5) kann man dem Footprint im Reiter "3D-Modelle" auch das neue 3D-Modell zuordnen (Bild 10-6, Ziffer 1 und 2).

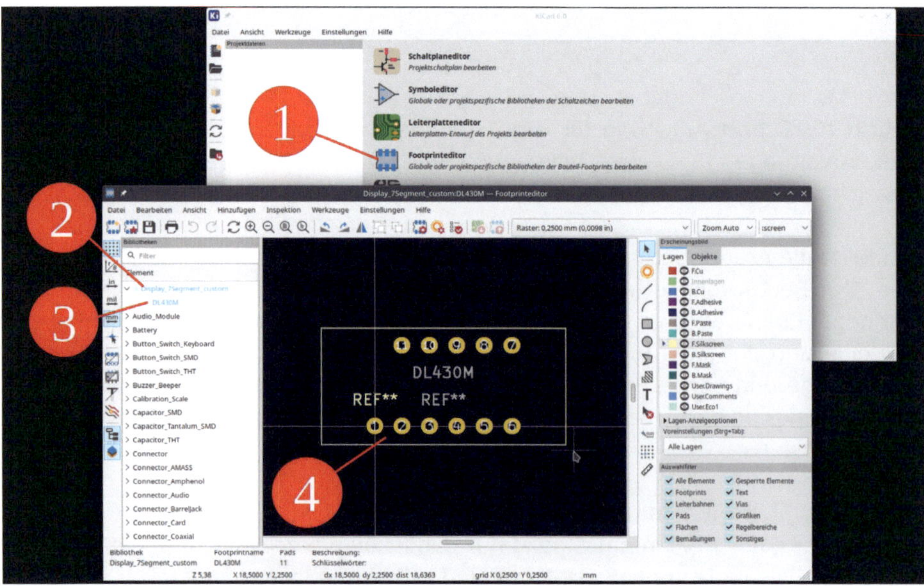


Bild 10-4

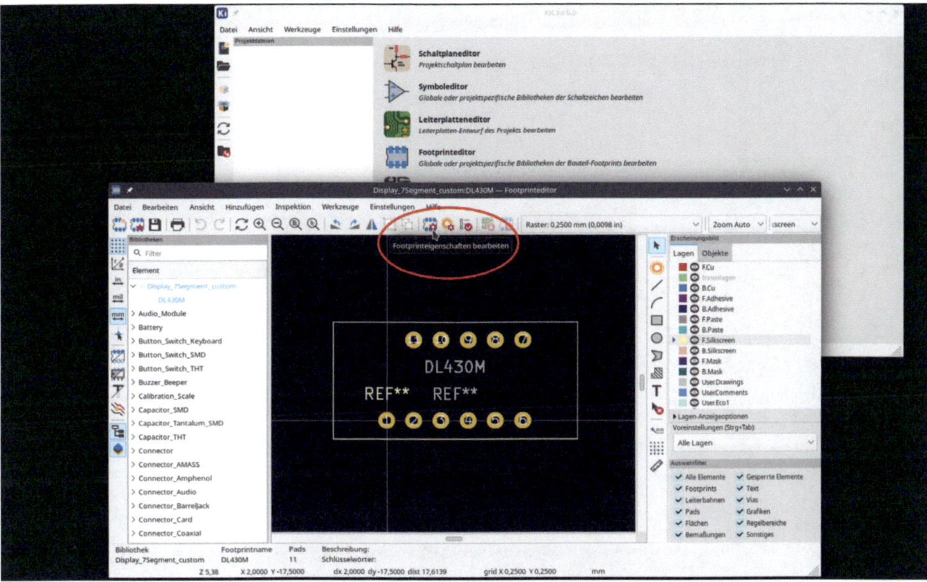

*Bild 10-5*

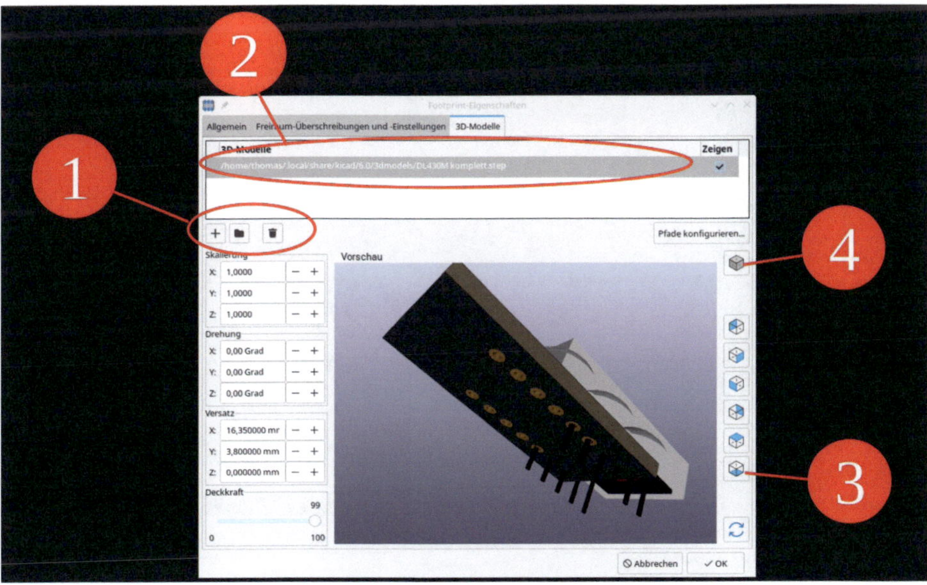


*Bild 10-6*

Es ist wichtig, das 3D-Modell möglichst genau mit den Lötaugen bzw. Pads zur Deckung zu bringen. Dazu kann man die Ansicht auf "unten" orientieren (Bild 10-6, Ziffer 3), die Perspektive auf "orthogonal" umschalten (Bild 10-6, Ziffer 4) und mit den Parametern (Drehung und Versatz, Bild 10-7, Ziffer 5) die Pins in die Lötaugen einfädeln. Im fertigen Zustand liegen das Gehäuse und der Bestückungsdruck deckungsgleich aufeinander (Bild 10-8).

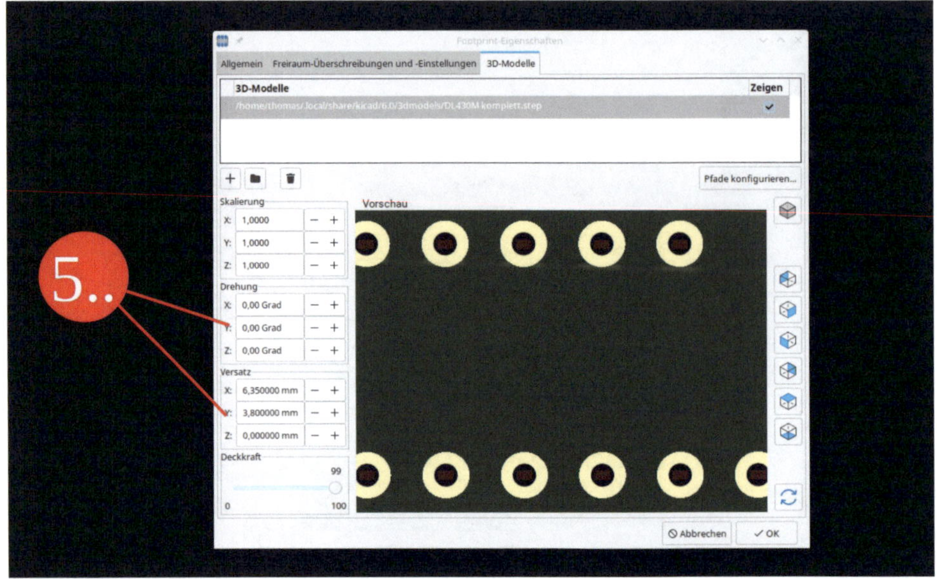


Bild 10-7

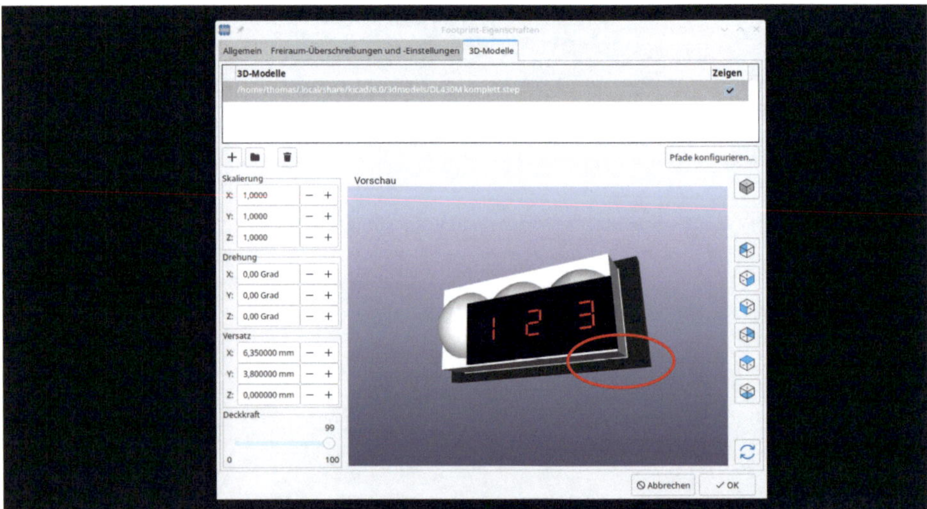


Bild 10-8

Im nächsten Schritt kann man eine Symbolbibliothek erzeugen und ein geeignetes Schaltplansymbol mit dem Footprint koppeln (Bild 10-9). Schon kann das historische Bauteil wieder verwendet werden (Bild 10-10). Diese Schritte sind dank KiCad 6 recht intuitiv auszuführen.

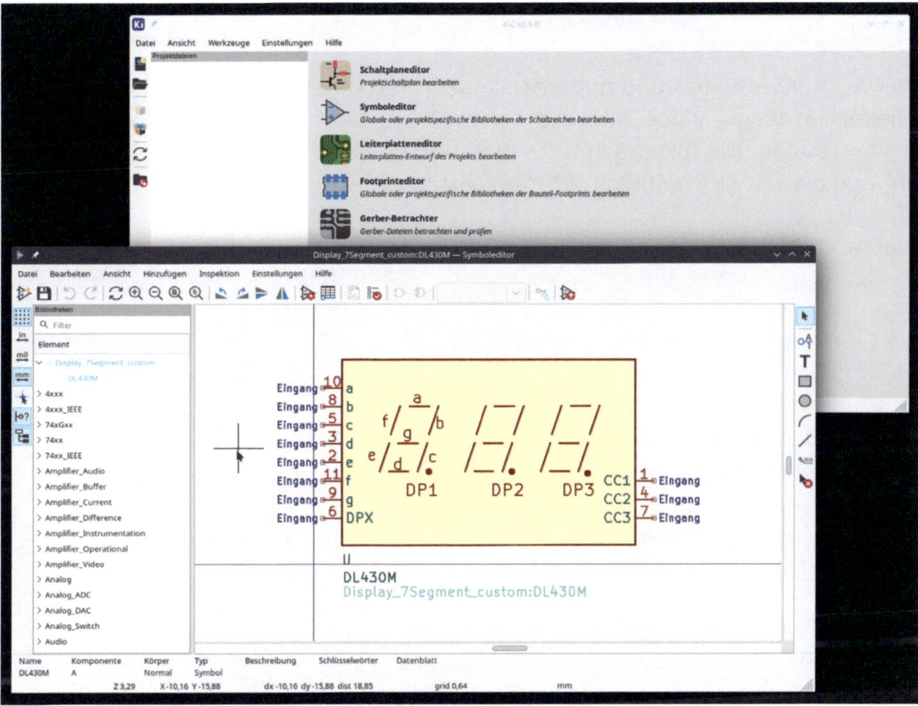


*Bild 10-9*

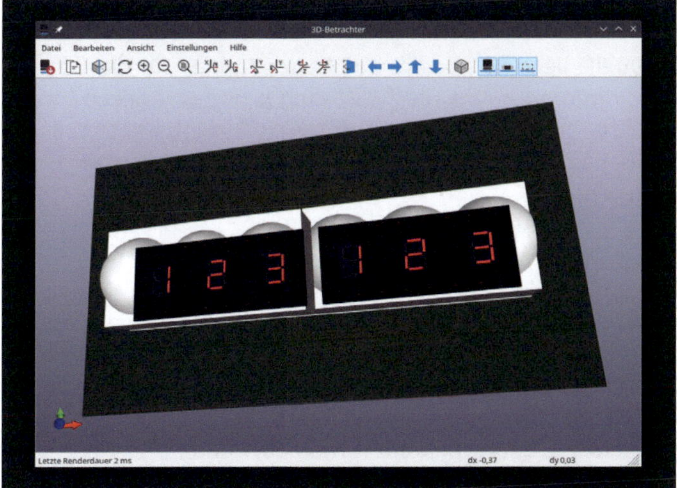


*Bild 10-10*

## Community-Ressourcen

Da FreeCAD frei verfügbar und mittlerweile sehr verbreitet ist, gibt es eine unüberschaubare Vielfalt an Blogs, Video-Tutorials auf YouTube, und anderen Websites, die sich des Themas annehmen. Die folgenden URLs sind nur als Startpunkte für die eigene Recherche gedacht und die Liste ist natürlich sehr unvollständig:

Die Hauptadresse für Fragen, Antworten und Downloads ist sicherlich die Homepage:
https://www.freecadweb.org/

Begriffe und Konzepte findet man erläutert in:
https://wiki.freecadweb.org/

Dort gibt es auch das Handbuch zum kostenlosen Download:
https://wiki.freecadweb.org/Manual:Introduction/de

Viele Themen (und Fallstricke dabei) behandelt Ulrich Rapp schön und klar:
https://www.ulrich-rapp.de/stoff/freecad/index.htm

Nützliche Hinweise zum Skizzieren (mit Beispielen für 3D-Druckerteile) finden sich hier:
https://ubit-rc.de/downloads/PartDesignTut1.pdf
https://ubit-rc.de/downloads/PartDesignTut2.pdf

Eine weitere, teilweise noch im Aufbau befindliche online-Einführung:
https://www.freecad.info/

Bei der folgenden Quelle liegt der Akzent auf Anwendungen für die Schule:
https://www.werken-technik.de/CAD/einfuhrung-in-freecad.html

Und diese Website behandelt Aspekte der Zahnradkonstruktion – für Elektroniker seltener wichtig, aber gut zu wissen:
https://sturm.selfhost.eu/wordpress/die-sache-mit-den-zaehnen-zahnraeder-konstruktion-in-freecad/

Eine Website, auf der sich immer wieder Beiträge zu FreeCAD, sowie auch das freie E-book "FreeCAD for Makers" finden ist:
https://www.workshopshed.com/

Den freien Download des E-Books bekommt man dort unter:
https://www.workshopshed.com/2022/10/freecad-for-makers/

# Quellenangaben


[And 2022] https://www.workshopshed.com/2019/04/creating-a-3D-model-for-KiCad/

[ARZ 2001] Paul Arzberger et al, "Tabellenbuch Mechatronik" Gehlen Verlag 2001, ISBN 9783441921202

[Dal 2022] Peter Dalmaris: "KiCad 6 Fundamentals an Projects", Elektor Verlag 2022, ISBN 9783895764967, p242-257, p.381;

[EAS 2022] https://easgmbh.de/media/downloads/nc-easy-5/

[ELE 2022] Elektor Labs: "High End Verstärker Fortissimo 100", Elektor MAG November / Dezember 2022, S.6-20

[FRE 2023] https://www.freecadweb.org/Fasteners_Workbench

[Hoi 2000] Hans Hoischen: "Technisches Zeichnen", Cornelsen Giradet Verlag 2000, ISBN 9783464480083

[Kis 2018] "FreeCAD Basics Tutorial", www.tutorialbooks.info, 2018, ISBN 9781792706318

[Kis 2019] "FreeCAD 0.19 Learn by doing", freecadtuts@gmail.com, 2019, ISBN 9798540073226

# Anhang A: Stufenschalter

1.1. Eine neue Datei mit dem Namen "Stufenschalter" anlegen. In die workbench "Part Design" wechseln. Einen neuen Std-Part-Container erstellen, durch Anklicken des gelben "Baugruppe erstellen"-Icons. Den Std-Part-Container in "Stufenschalter komplett" umbenennen.

1.2. Durch Anklicken des blauen "Körper erstellen"-Icons einen neuen Körper erzeugen und diesen in "Stufenschalter" umbenennen (Bild A1).

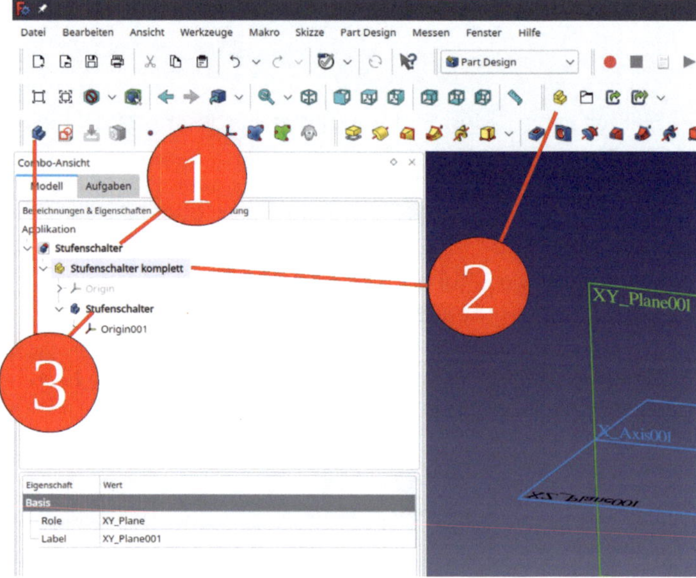


*Bild A1*

1.3. Das Gehäuse des Schalters anlegen. Dazu den Körper in der Baumansicht erweitern und das Koordinatensystem des Körpers mit der Leertaste einblenden. Die XY-Ebene anwählen und den Sketcher starten (Bild A2).

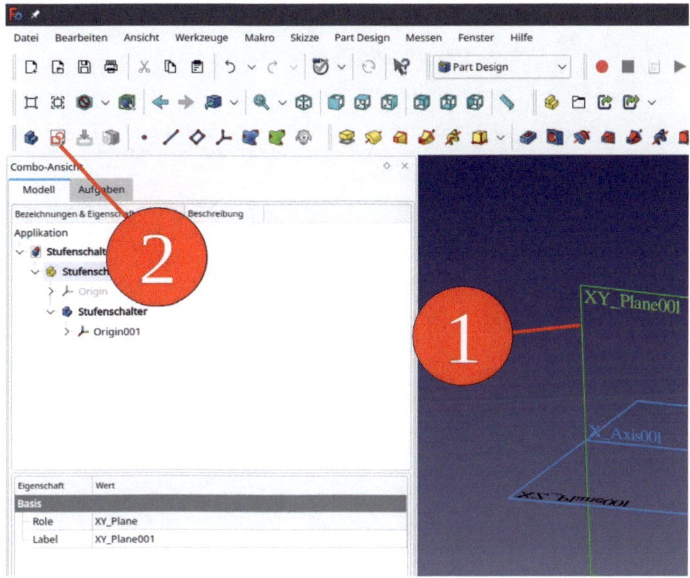


*Bild A2*

1.4. Einen auf den Ursprung zentrierten Kreis mit dem Gehäusedurchmesser von 27,5 mm zeichnen. Dazu das "Kreis erstellen"-Werkzeug anklicken, das Zentrum des Kreises auf den Ursprung zentrieren (mit der Maus so lange zielen bis der Ursprung gelb markiert wird, dann klicken. Es zählt die Position des kleinen Fadenkreuzes, nicht die des Cursor-Symbols, dass hier das verwendete Kreis-Werkzeug andeutet).

1.5. Den Befehl durch Rechtsklick abschließen. Im Aufgabenfenster, im Panel "Elemente" rechts auf den neuen Kreis klicken und aus dem Kontextmenü die Einschränkung "Diameter Constraint" wählen. Den Durchmesser mit 27,5 mm angeben. Den Sketcher mit dem "Schließen"-Button oben beenden (Bild A3).

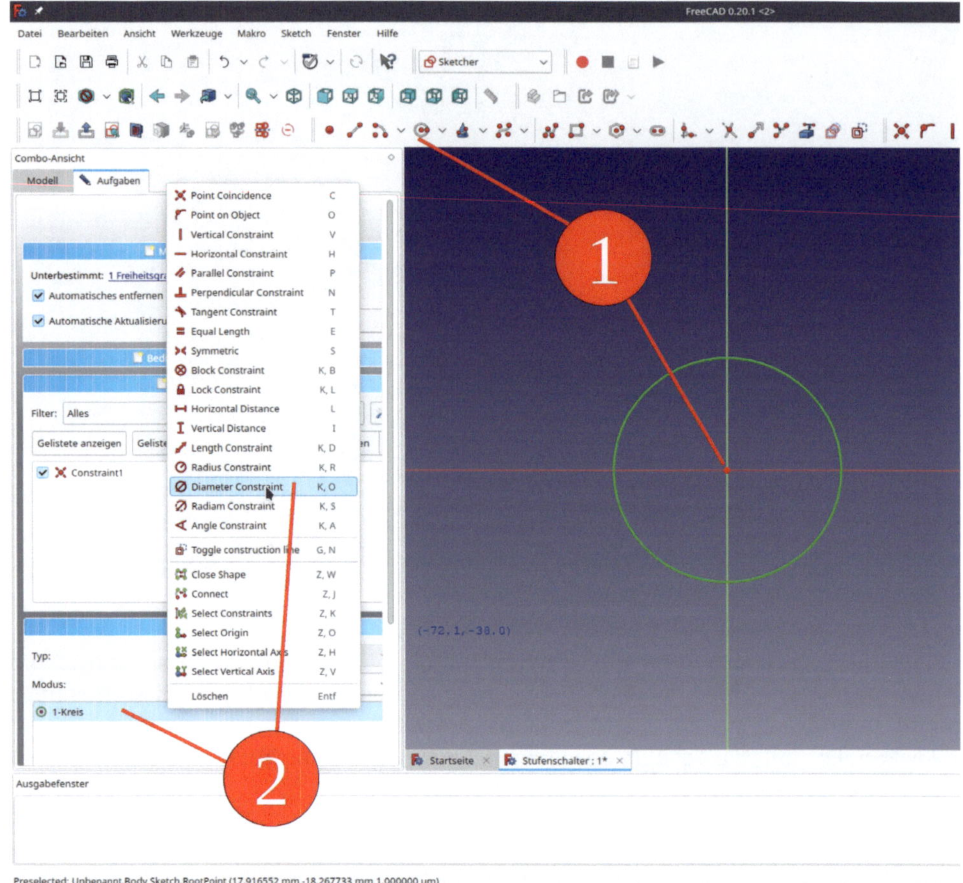


*Bild A3*

1.6. Die Skizze in der Baumansicht durch Anklicken markieren und das gelbe (= additive) Werkzeug-Icon "Aufpolsterung" anklicken. Im Aufgabenfenster für die Höhe des Gehäuses 12,5 mm angeben. Die Checkbox "Umgekehrt" markieren: Die XY-Ebene soll später die Frontplattenebene sein, das Schaltergehäuse soll hinten liegen (Bild A4). Das Aufgabenfenster mit dem "OK"-Button schließen.

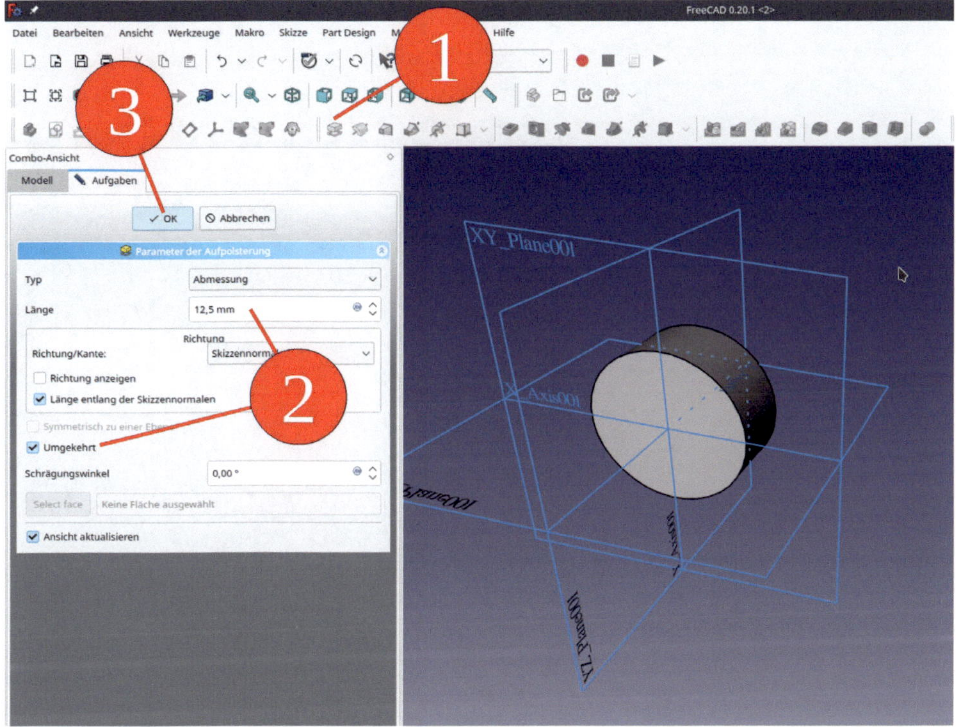


*Bild A4*

1.7. Den Gewindeansatz anlegen: Dazu auf die XY-Ebene einen zentrierten Kreis mit dem Durchmesser von 10 mm zeichnen. Das Vorgehen gleicht dem von 14,4 und 14,5.

1.8. Die Skizze in der Baumansicht markieren und mit dem Werkzeug "Aufpolsterung" mit einer Länge von 7 mm aufpolstern. Diesmal nicht die Checkbox "Umgekehrt" markieren: Der Gewindeansatz ragt nach vorne durch die Frontplatte hindurch (Bild A5).

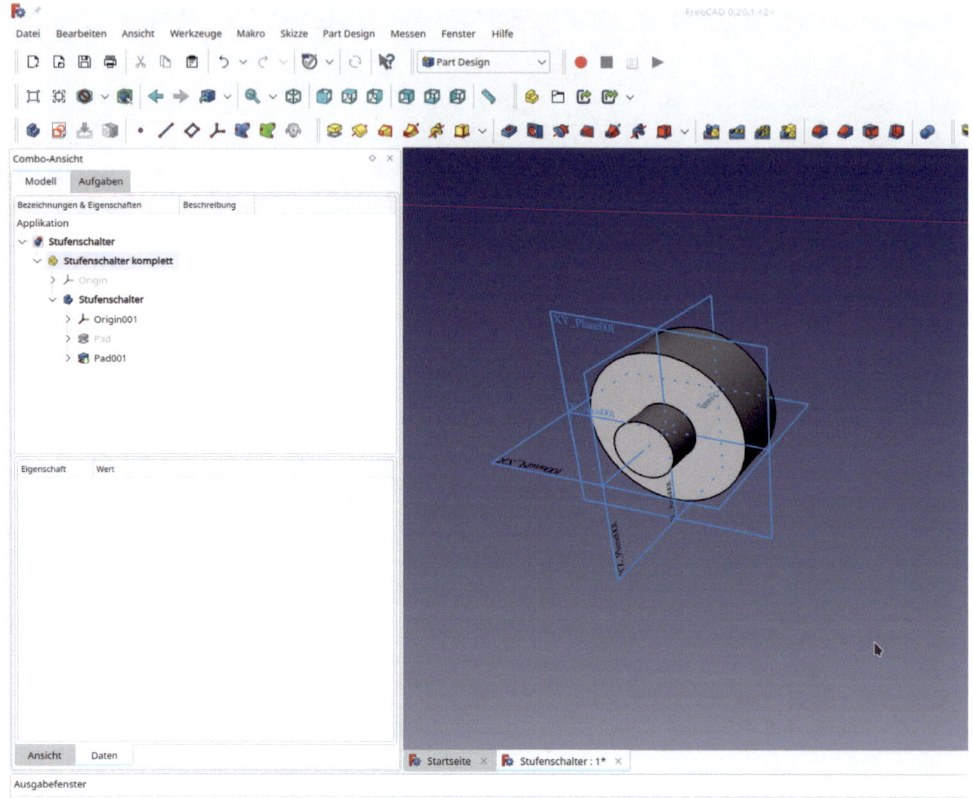


*Bild A5*

1.9. Der Stufenschalter hat eine Rotationssperre, die in der Frontplatte mitberücksichtigt werden muss. Auf die XY-Ebene einen Kreis auf der Y-Achse skizzieren. Der Kreis hat einen Durchmesser von 3,1 mm und der Abstand vom Ursprung beträgt 9,1 mm. Zunächst den Kreis auf der Y-Achse zentriert zeichnen. Kreisbefehl mit Rechtsklick ins Leere beenden. Durch Rechtsklick des neuen Kreises in der Liste der Elemente und Auswahl der Einschränkung "Diameter Constraint" den Durchmesser auf 3,1 mm setzen (Bild A6). Den Kreismittelpunkt und den Ursprung mit der Maus markieren. Die Punkte erscheinen angewählt grün (Bild A7). Mit der Einschränkung "Vertikalen Abstand festlegen" den Abstand auf 9,1 mm setzen. Die Skizze schließen.

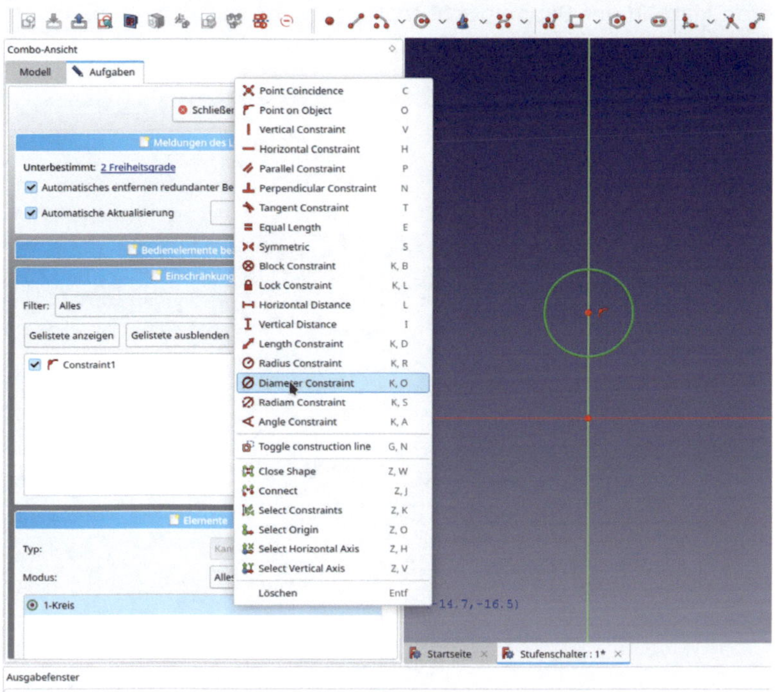


*Bild A6*

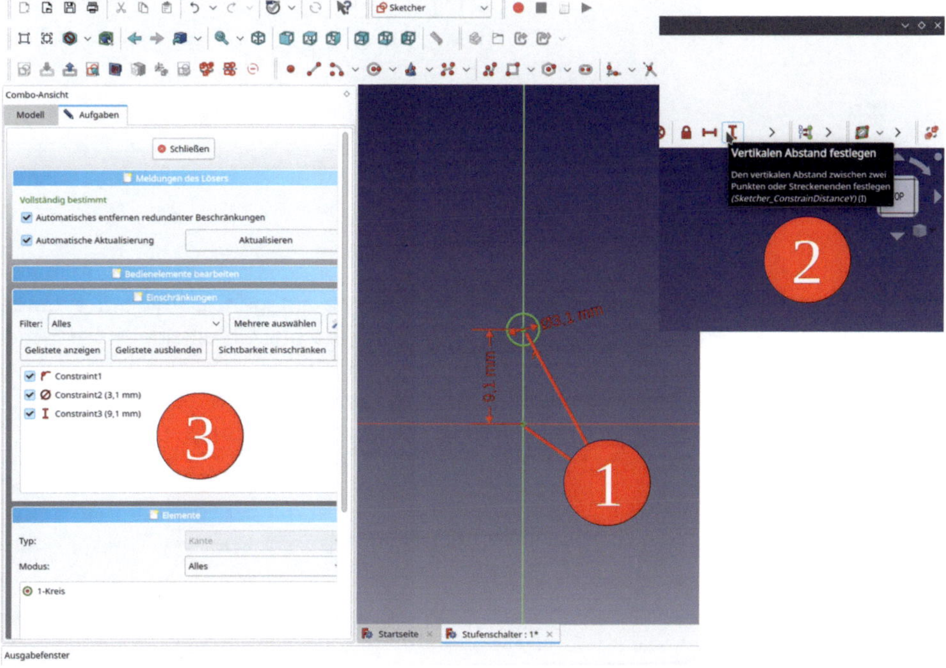


*Bild A7*

1.10. Die neue Skizze in der Baumansicht markieren und mit dem gelben Werkzeug "Aufpolsterung" auf 2,5 mm aufpolstern (Bild A8).

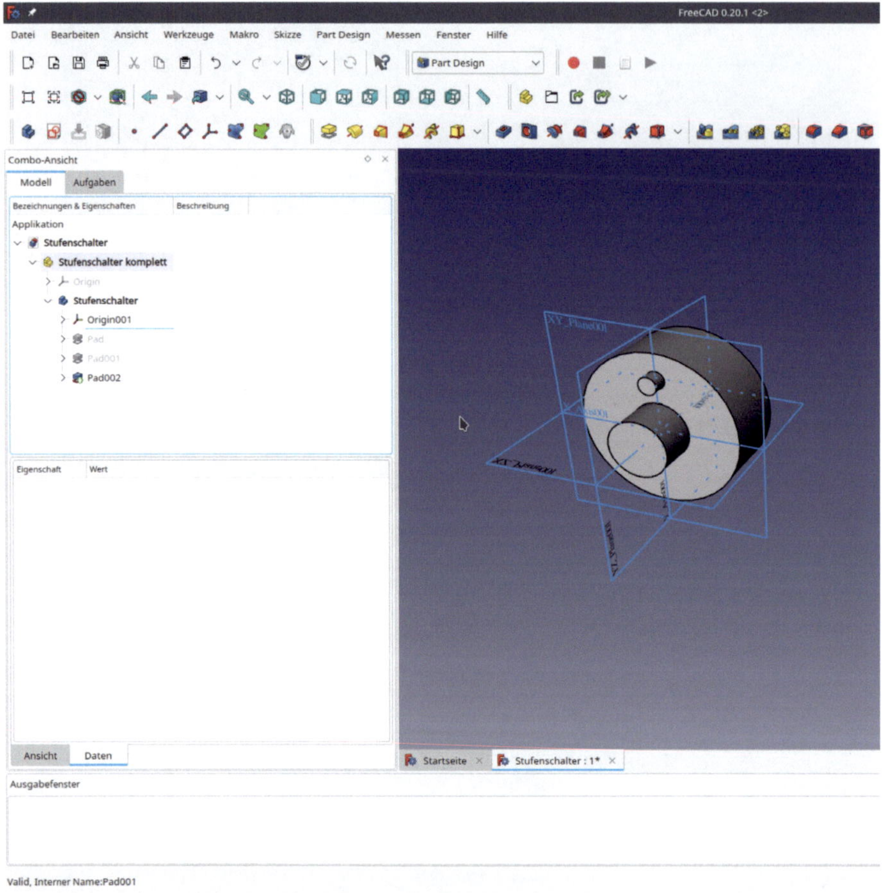


*Bild A8*

1.11. Die Skizze für die Achse ebenfalls auf der XY-Ebene anlegen. Damit durchdringt die Achse im Prinzip das Gehäuse, was hier aber nicht stört, da nur ein einziger Körper modelliert wird. Würden wir die Achse auf die generierte Stirnfläche der 3D-Geometrie platzieren, bestände die Gefahr, dass bei einer Neunummerierung der Facetten das Teil zerbricht. Für die Achse also einen auf den Ursprung zentrierten Kreis mit Durchmesser von 6 mm auf die XY-Ebene skizzieren. Die Skizze auf 22 mm aufpolstern (Bild A9).

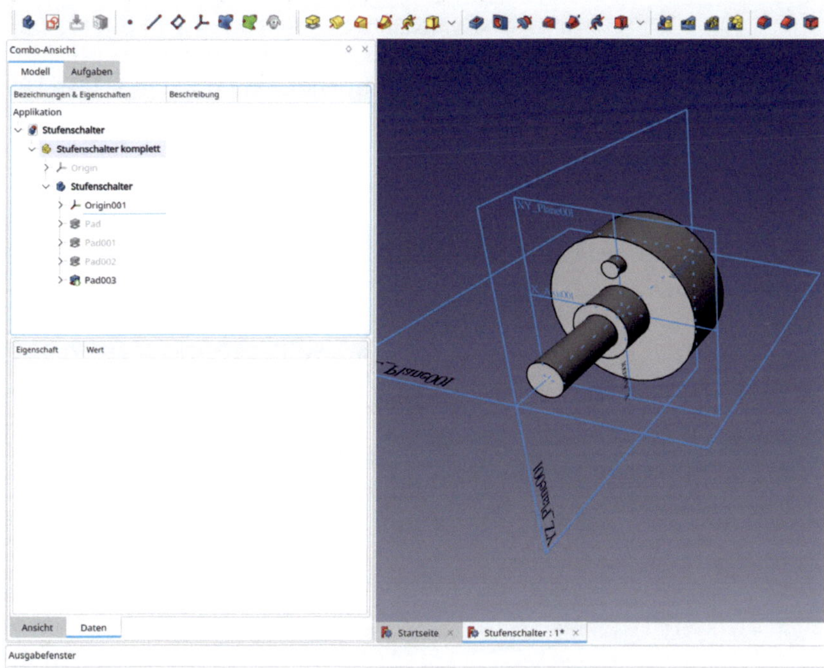


*Bild A9*

1.12. Die Kontakte auf der Rückseite ebenfalls auf die XY-Ebene skizzieren. Dazu wieder die XY-Ebene markieren und den Sketcher öffnen. Mit dem Zeichenwerkzeug "Zentriertes Rechteck" ein auf die Y-Achse zentriertes Rechteck skizzieren (Bild A10).

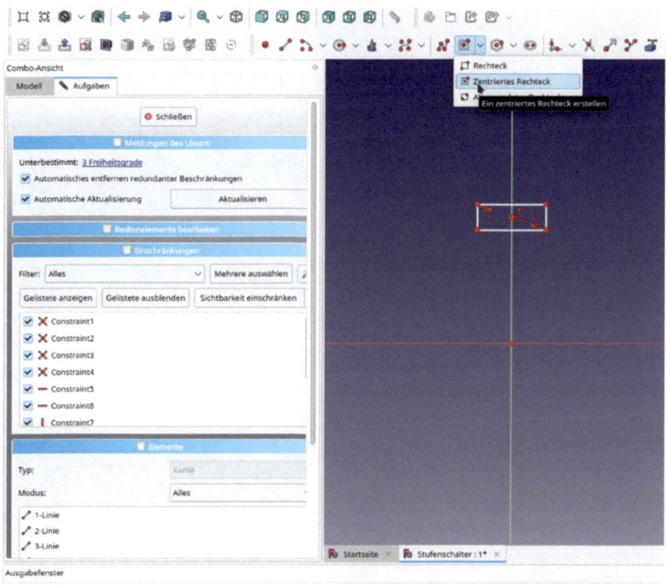


*Bild A10*

1.13. Eine horizontale Seite des Rechtecks markieren und mit der Einschränkung "Horizontalen Abstand festlegen" auf 1,5 mm setzen. Eine vertikale Seite des Rechtecks markieren und mit der Einschränkung "Vertikalen Abstand festlegen" auf 0,7 mm setzen (Bild A11).

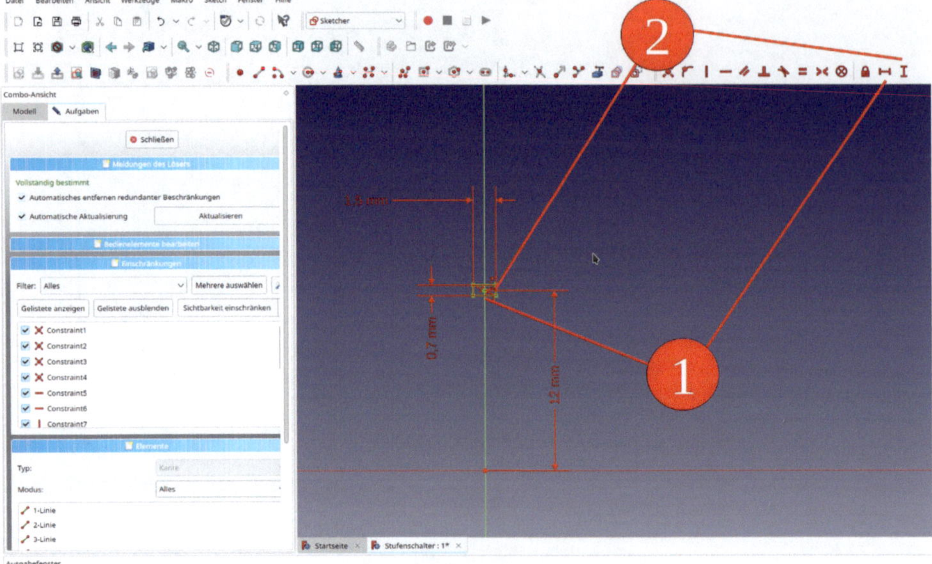


*Bild A11*

1.14. Den Mittelpunkt des Rechtecks sowie den Ursprung markieren und mit der Einschränkung "Vertikalen Abstand festlegen" auf 12 mm positionieren (Bild A12). Die Skizze schließen.

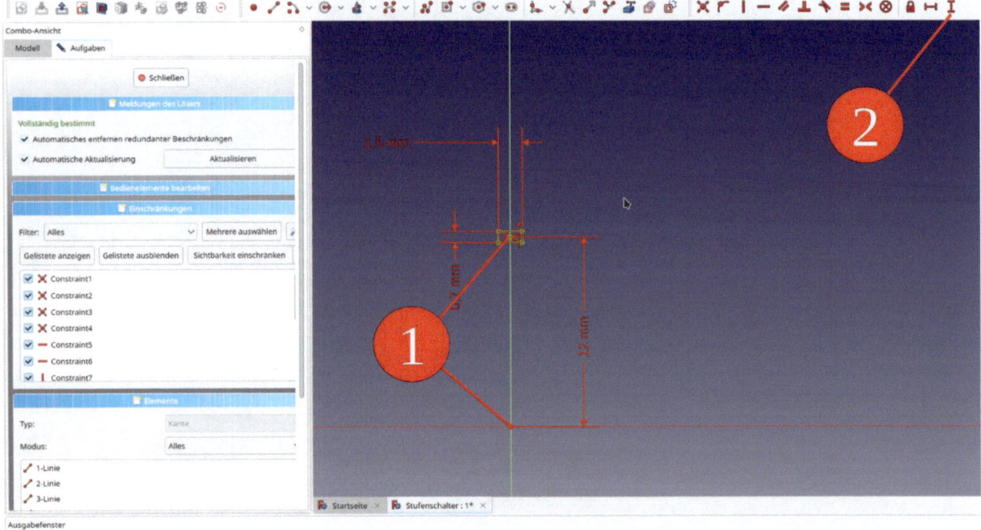


*Bild A12*

1.15. Die Kontakte ragen 7 mm aus dem Gehäuse heraus, zusammen mit der Gehäusetiefe von 12,5 mm müssen sie also auf 19,5 mm aufgepolstert werden. Im Aufgabenfenster des Werkzeugs "Aufpolsterung" die Checkbox "Umgekehrt" anhaken, damit die Kontakte nach hinten herausragen.

1.16. Die Lötschwerter haben abgeschrägte Kanten. Die zwei Kanten markieren (Bild A13) und das Werkzeug "Fase" anklicken. Im Aufgabenfenster den Typ "Gleiche Distanz" und die Größe 0,4 mm verwenden (Bild A14). Wählt man die Fase zu groß, erscheint eine Fehlermeldung unten im Ausgabefenster und das Lötschwert verschwindet. Nach der Eingabe eines möglichen Wertes für die Fase wird es aber wieder angezeigt. Das Aufgabenfenster mit "OK" schließen.

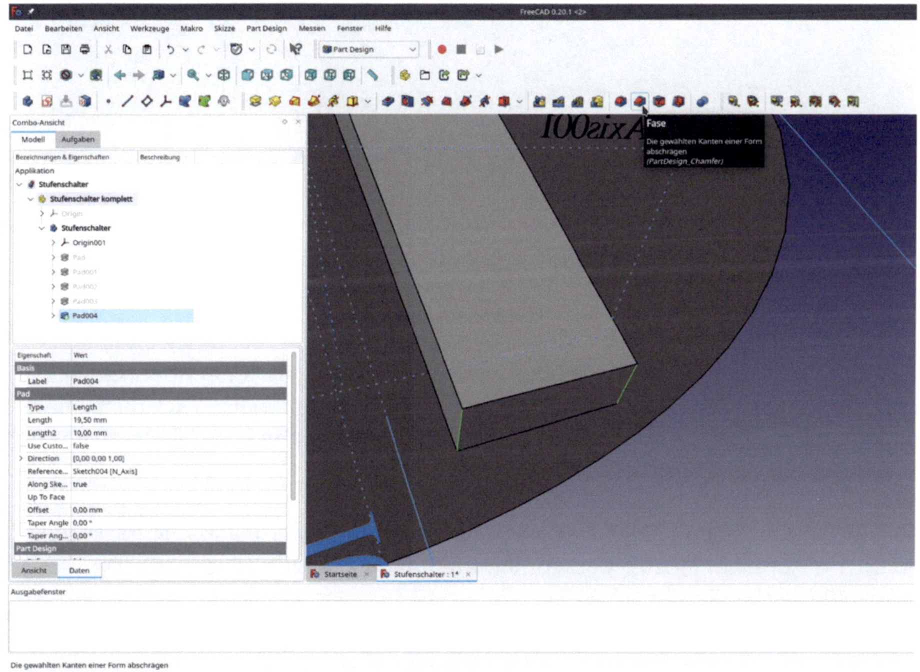


Bild A13

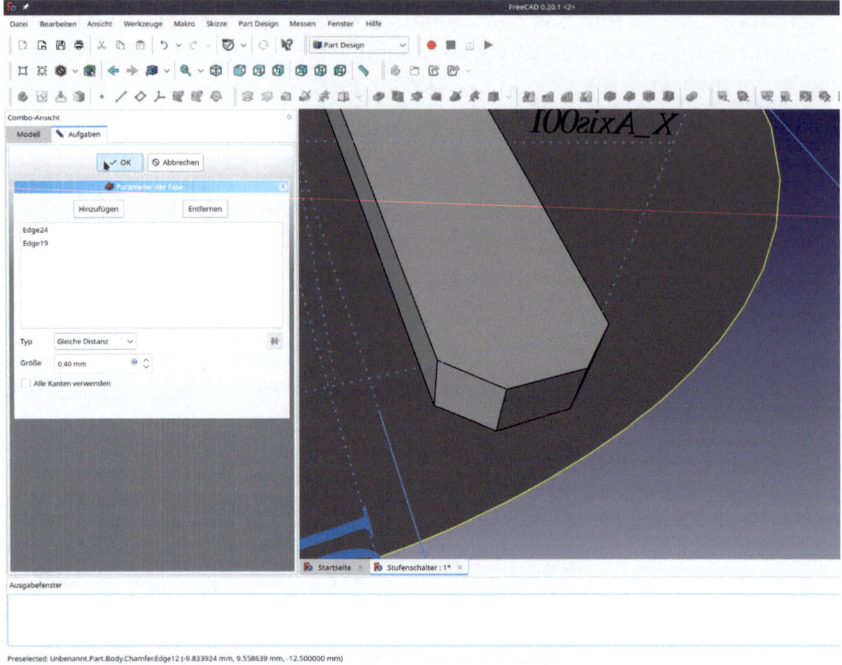


*Bild A14*

1.17. Um die zwölf Kontakte zu erzeugen, in der Baumansicht "Chamfer" (die Fasen) und das letzte Pad (den Kontakt) durch Anklicken mit festgehaltener STRG-Taste markieren. Obwohl jetzt das gesamte Teil in der 3D-Ansicht hervorgehoben ist, sind doch nur die markierten Einträge in der Baumansicht maßgeblich.

1.18. Aus dem Hauptmenü "Part Design | Muster anwenden | Polares Muster" auswählen (Bild A15). Im Aufgabenfenster das Vorkommen auf 12 setzen (Bild A16). Das Aufgabenfenster mit "OK" schließen.

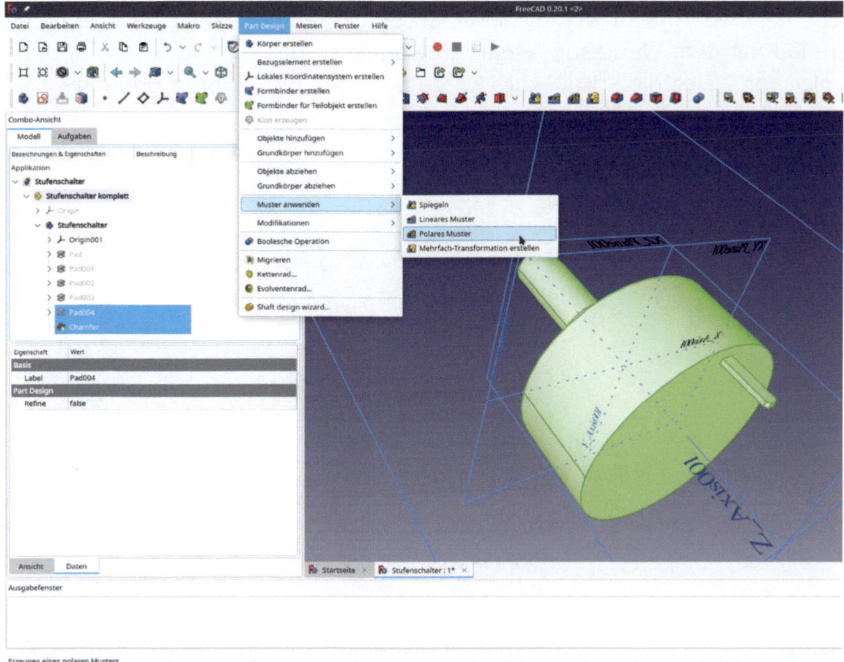

Bild A15

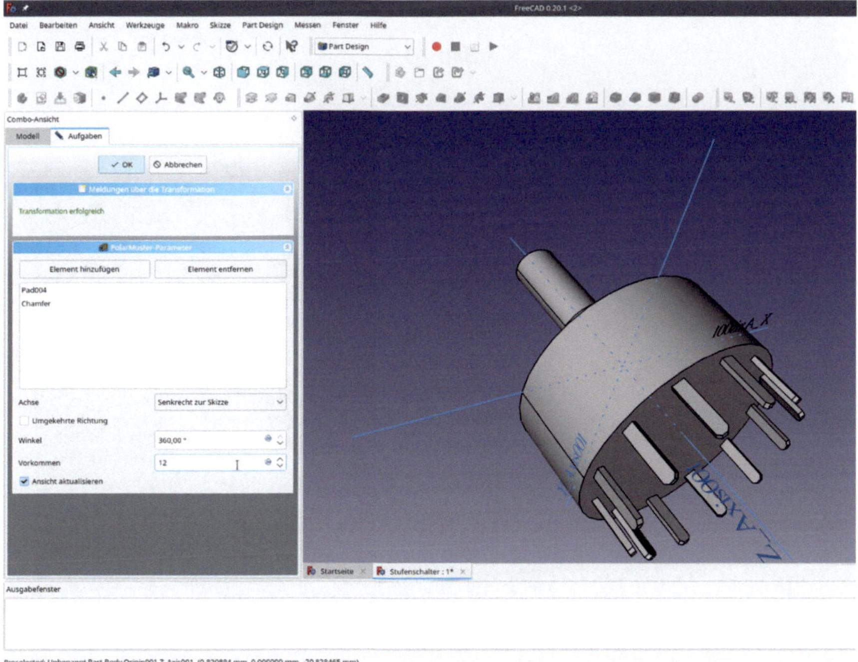

Bild A16

1.19. Etwas Kosmetik macht den Schalter ansehnlicher. Das Ende des Gewindeansatzes markieren und mit dem Werkzeug "Fase" eine äquidistante 0,25 mm Fase anbringen (Bild A17). In gleicher Weise die stirnseitige Kante der Achse markieren und eine äquidistante Fase von 1 mm anbringen (Bild A18).

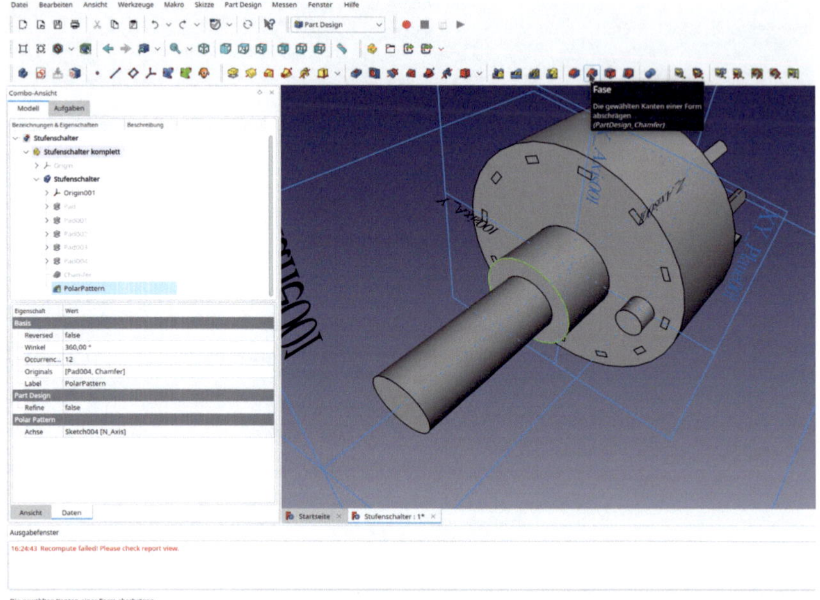

*Bild A17*

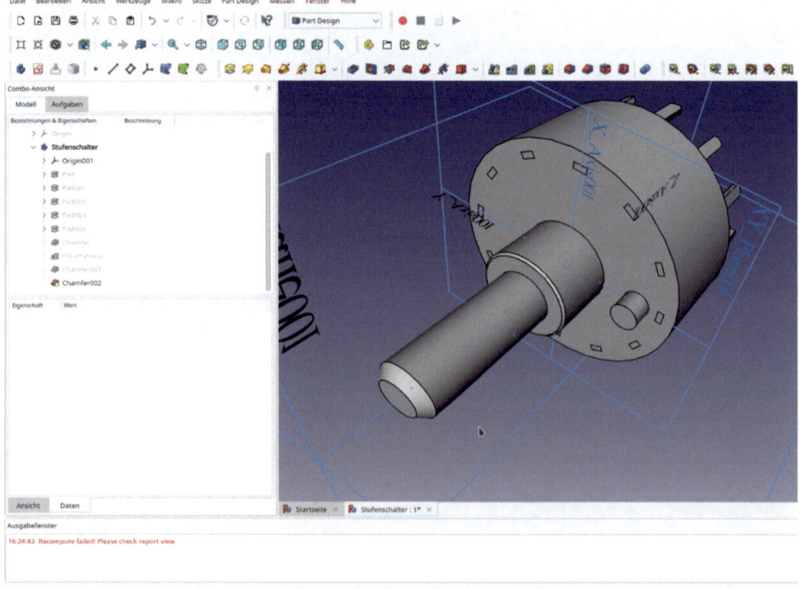

*Bild A18*

1.20. Die beiden Kanten des Gehäuses markieren und mit dem Werkzeug "Verrundung" mit 0,5 mm abrunden (Bild A19). Das Koordinatensystem des Stufenschalters in der Baumansicht mit der Leertaste ausblenden.

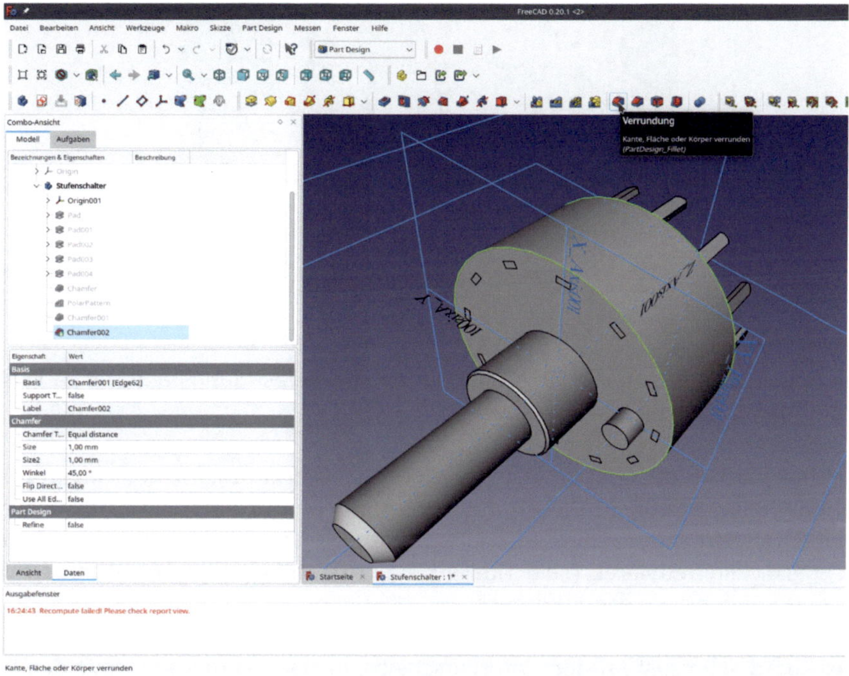


*Bild A19*

1.21. Da der Schalter als ein einziger Körper aufgebaut wurde, kann man für eine übersichtlichere Darstellung jetzt nur einzelne Facetten färben. Diese Färbung verschwindet bei Änderungen am Körper wieder. Da das Teil jetzt fertig erscheint, kann man sich die kleine Färberei aber erlauben.

1.22. In der Baumansicht rechts auf den tip (den letzten, nicht ausgegrauten Zustand des Körpers) "Stufenschalter" klicken. Aus dem Kontextmenü "legen Sie Farben fest" wählen. Bei gedrückter STRG-Taste in der 3D-Ansicht alle Facetten der Achse wählen. Die Taste für die Farbwahl betätigen und die Farbe "Schwarz" wählen (Bild A20).

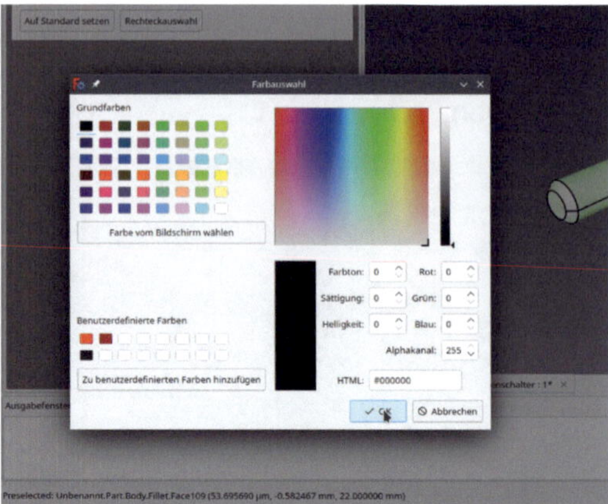


*Bild A20*

1.23. Der Schalter ist jetzt fertig. Das Hinzufügen von Befestigungsmaterial kann beim Beurteilen der Montierbarkeit hilfreich sein.

1.24. Durch Anklicken des blauen "Körper erstellen" Werkzeuges einen neuen Körper für die Unterlegscheibe erzeugen. Diesen, falls nötig, in den Std-Part-Container "Stufenschalter komplett" ziehen und in "Stufenschalter Unterlegscheibe" umbenennen. Den Körper durch Doppelklicken aktivieren (sein Titel erscheint dann in Fettdruck). Dann erfolgen alle weiteren Änderungen an diesem Körper.

1.25. Das Koordinatensystem der Unterlegscheibe in der Baumansicht mit der Leertaste einblenden. Die XY-Ebene markieren und den Sketcher öffnen.

1.26. Aus dem Hauptmenü "Ansicht | Orthogonal" und "Sketcher | Abschnitt anzeigen" wählen, um die Skizzenebene sinnvoll darzustellen.

1.27. Zwei auf den Ursprung zentrierte Kreise zeichnen. In der Elementliste im Aufgabenfenster rechts auf die Kreise klicken und die Durchmesser festlegen: Der Außendurchmesser der Scheibe beträgt 15 mm, der Innendurchmesser 10,1 mm (Bild A21). Die Skizze schließen.

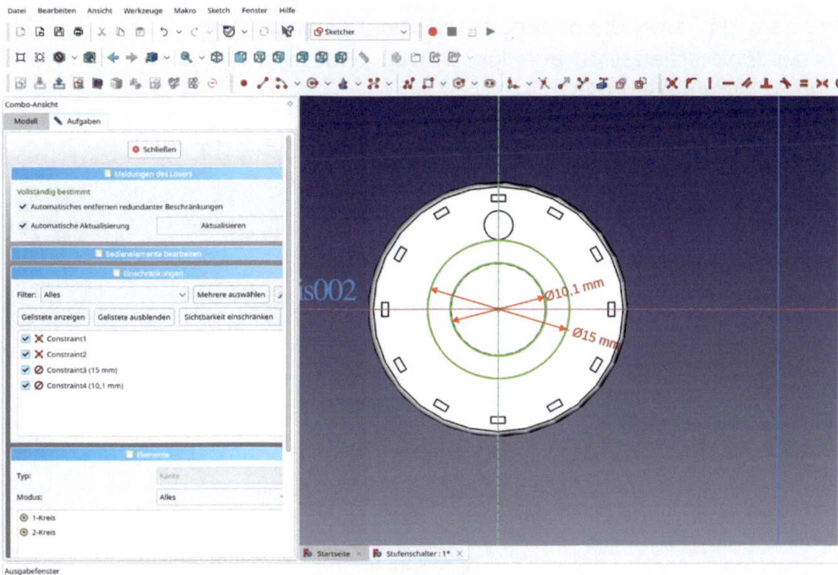

*Bild A21*

1.28. Die neue Skizze in der Baumansicht markieren und mit dem gelben (= additiven) Werkzeug "Aufpolsterung" zu 0,5 mm aufpolstern.

1.29. In der Baumansicht rechts auf den Körper "Stufenschalter Unterlegscheibe" klicken und aus dem Kontextmenü "Darstellung" auswählen. Im erscheinenden Aufgabenfenster das Material "Chrom" auswählen (Bild A22).

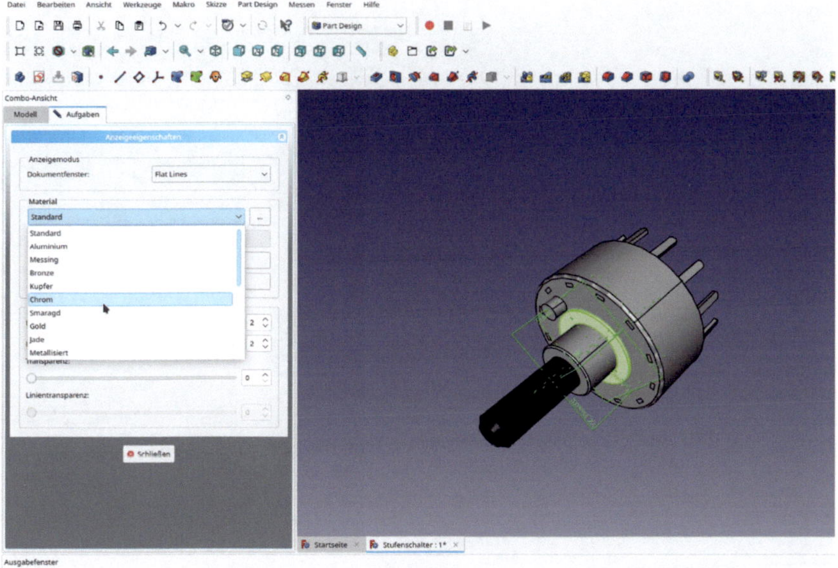

*Bild A22*

In der Baumansicht den Körper "Stufenschalter Unterlegscheibe" durch Anklicken markieren. In der Eigenschaftsliste auf den Eintrag "Placement" und den dann erscheinenden [...] -Button klicken (Bild A23).

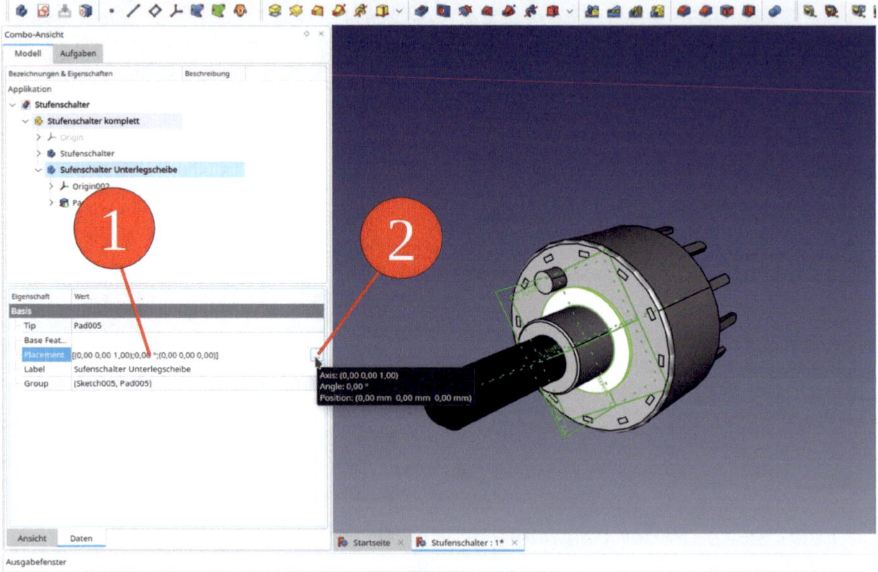


*Bild A23*

1.30. Für die Z-Verschiebung ein typisches Frontplattenmaß einsetzen (z.B. 2 mm, Bild A24). Das Aufgabenfenster mit "OK" schließen.

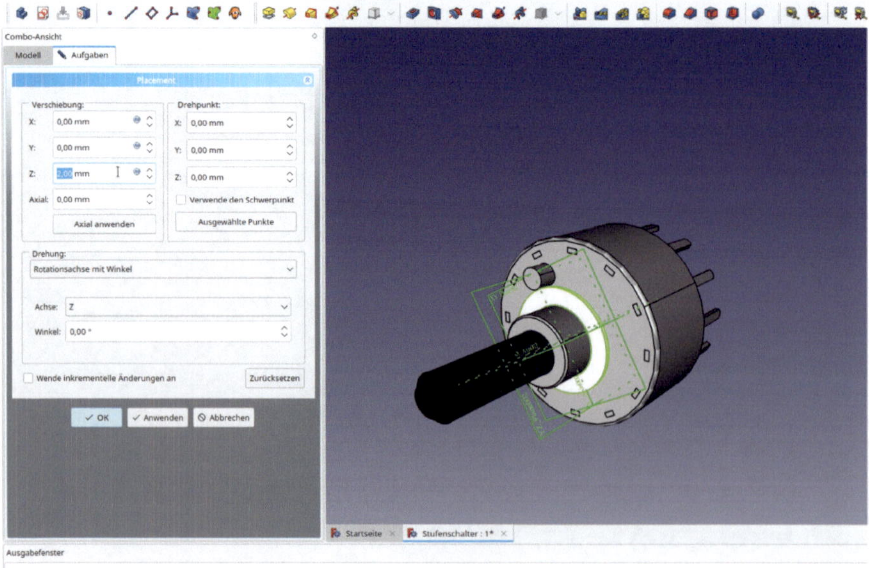


*Bild A24*

1.31. In der Baumansicht das Koordinatensystem der Unterlegscheibe mit der Leertaste ausblenden.

Für die assoziative Platzierung der Befestigungsmutter brauchen wir einen "Formbinder für Teilobjekt". Hierbei ist zu beachten, dass der "Formbinder für Teilobjekt" nicht etwa im Körper der Unterlegscheibe angelegt wird. Der Formbinder würde innerhalb dieses Körpers dessen lokales Koordinatensystem referenzieren. Dieses bleibt bei Bewegungen von "Placement"-Parametern aber unverändert (es ist ja zu diesem Körper lokal).

1.32. Den aktivierten Körper (der Titel erscheint aktiviert in Fettdruck) in der Baumansicht durch Rechtsklick und Auswahl von "Aktivierten Körper umschalten" aus dem Kontextmenü deaktivieren.

1.33. Die obere Innenkante der Unterlegscheibe markieren (wo die Mutter angrenzen soll). Auf das grüne "Formbinder"-Icon klicken (Bild A25).

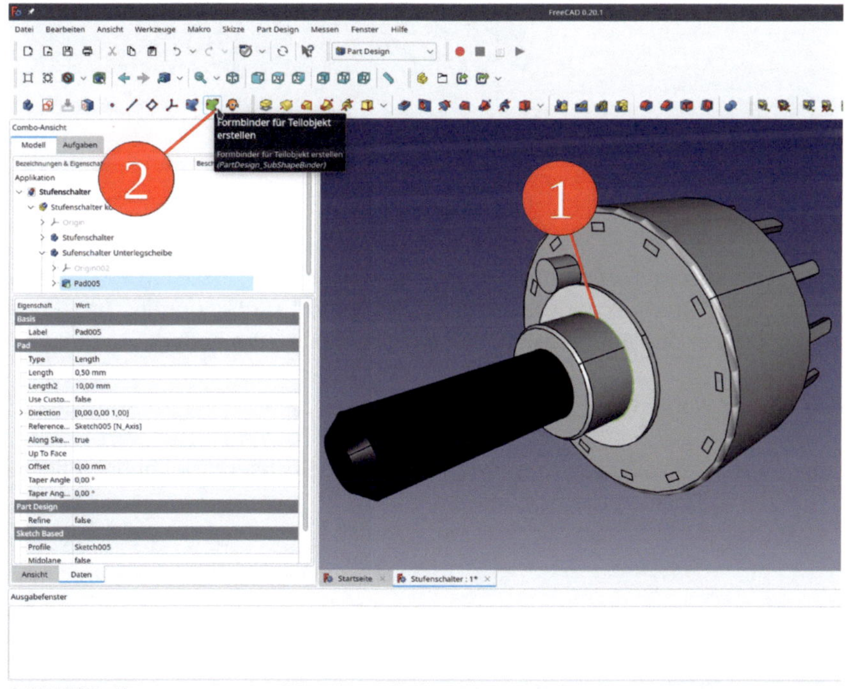


*Bild A25*

1.34. Den Formbinder ("Binder") in der Baumansicht zu "Position Mutter" umbenennen. Um ihn für andere Objekte verfügbar zu machen, den Formbinder per drag-and-drop in den Std-Part-Container "Stufenschalter komplett" ziehen (Bild A26).

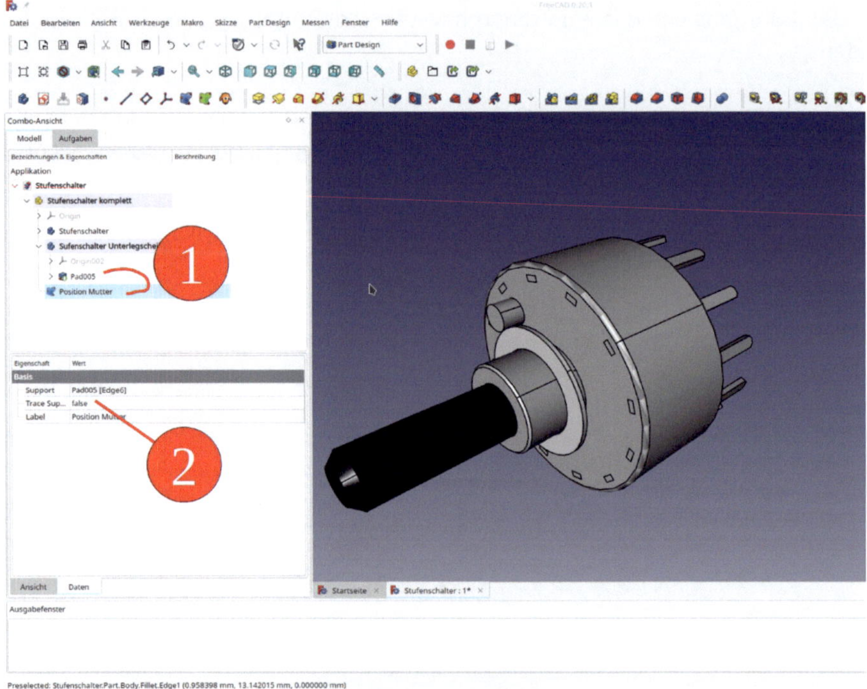


*Bild A26*

1.35. Einen neuen Körper durch Anklicken des blauen "Körper erstellen"-Werkzeugs erzeugen. Den Körper in "Stufenschalter Befestigungsmutter" umbenennen. Das Koordinatensystem des Körpers in der Baumansicht mit der Leertaste einblenden.

1.36. Die XY-Ebene wählen und den Sketcher starten.

1.37. Für die Mutter ein auf den Ursprung zentriertes Sechseck zeichnen (Bild A27). Den Zeichenbefehl durch Rechtsklick ins Leere beenden.

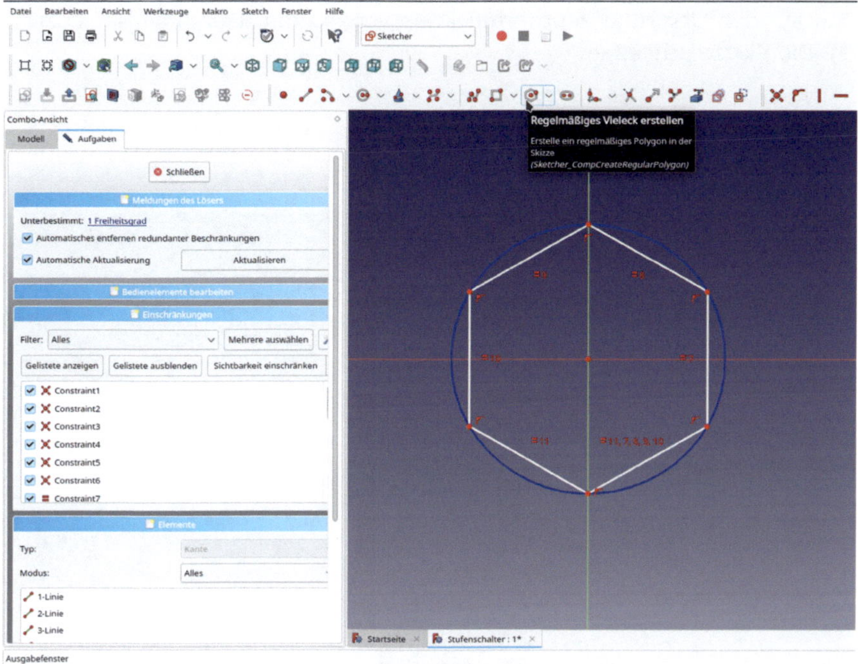


*Bild A27*

1.38. Zwei Eckpunkte des Sechsecks, die die Schlüsselweite definieren, durch Anklicken bei gedrückter STRG-Taste markieren. Die Einschränkung "Abstand" wählen und 13 mm eingeben (Bild A28).

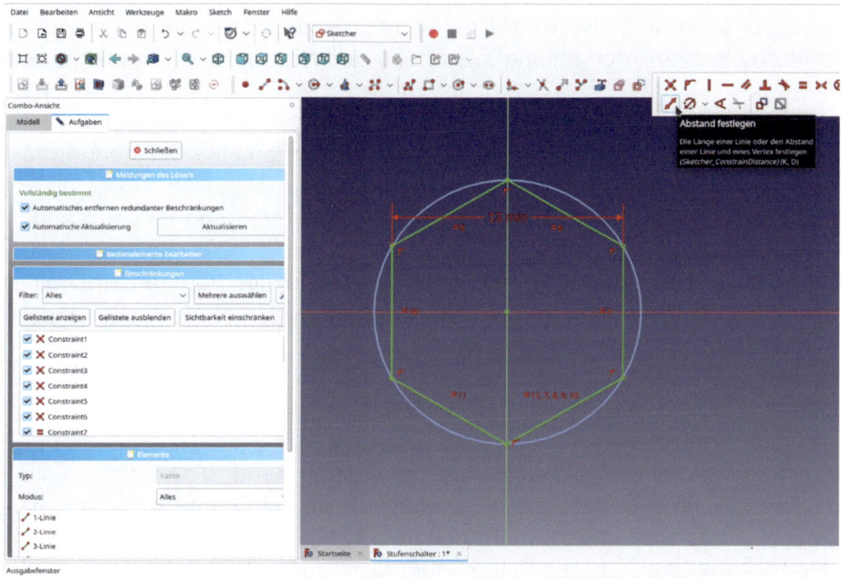


*Bild A28*

1.39. Einen auf den Ursprung zentrierten Kreis von 10 mm Durchmesser dazu zeichnen (Bild A29). Die Skizze schließen.

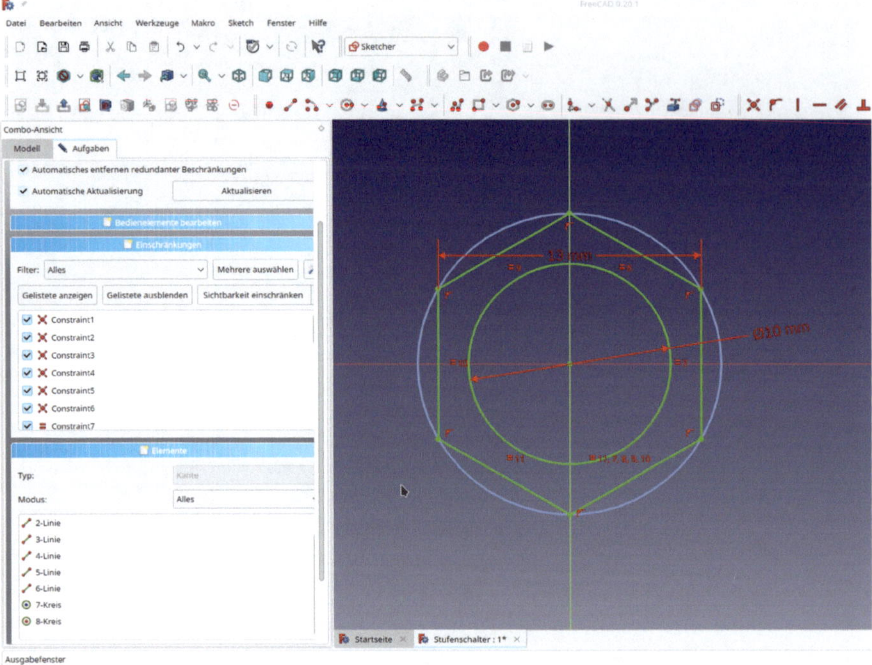


*Bild A29*

1.40. In der Baumansicht die neue Skizze markieren und mit dem gelben Werkzeug "Aufpolsterung" auf 2,4 mm aufpolstern. Mit der rechten Maustaste in der Baumansicht auf den Körper der Mutter klicken, Darstellung auswählen und Material auf "Chrom" setzen.

Die Mutter ist jetzt lediglich eingesetzt. Man könnte sie durch Anpassung der "Placement"-Parameter an die korrekte Stelle schieben. Dann müsste man aber bei jeder Anpassung der Frontplattenstärke sowohl die Scheibe als auch die Mutter anpassen. Durch die Festlegung einer Beziehung der Mutter zur Scheibe kann man diesen Vorgang vereinfachen.

1.41. Das Koordinatensystem der Befestigungsmutter in der Baumansicht mit der Leertaste ausblenden.

1.42. Den Körper "Stufenschalter Befestigungsmutter" in der Baumansicht durch Anklicken markieren.

1.43. Zur "Part"-workbench wechseln. Aus dem Hauptmenü "Formteil | Positionierung" auswählen. Der Kollektor für Referenz 1 ist im aufklappenden Aufgabenfenster bereits aktiviert (das Label lautet "Auswählen..."). In den Reiter "Modell" wechseln und den Formbinder "Position Mutter" anklicken. In den Reiter "Aufgaben" zurückkehren.

1.44. Für den Befestigungsmodus "XY auf Ebene" aus der Liste auswählen (Bild A30).

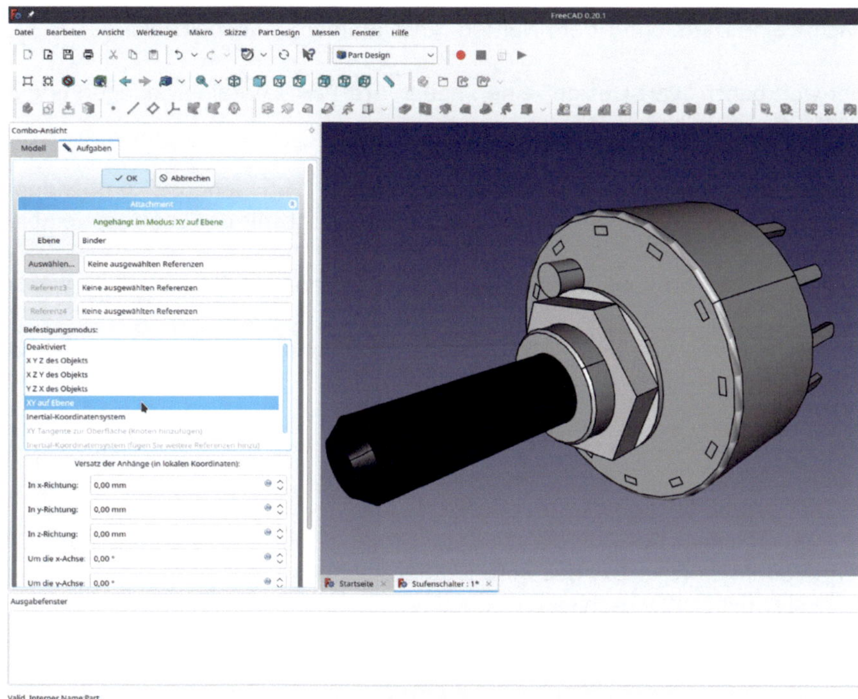


*Bild A30*

1.45. Das Aufgabenfenster mit dem "OK"-Button schließen. Die Mutter erscheint jetzt an der korrekten Stelle.

Man kann die Assoziativität jetzt testen, indem man das Placement der Unterlegscheibe verändert. Dabei ist zu beachten, dass die Position der Mutter erst nach einer Neuberechnung angepasst wird. Diese kann man mit der Taste F5 oder mit dem Button "Anwenden" im Aufgabenfenster von "Placement" auslösen.

# Anhang B: Potentiometer

1.1. Zunächst eine Datei unter dem Namen "Potentiometer" abspeichern.

1.2. In der workbench "Part Design" einen neuen Std-Part-Container anlegen und mit dem Namen "Potentiometer komplett" versehen.

1.3. Einen neuen Körper anlegen und mit dem Namen "Poti Gehäuse" umbenennen. Das Koordinatensystem des neuen Körpers in der Baumansicht mit der Leertaste einblenden.

1.4. Den Sketcher starten und im Startdialog die XY-Ebene als Skizzenebene wählen.

1.5. Einen auf den Ursprung zentrierten Kreis zeichnen und den Durchmesser auf 20,2 mm setzen. Die Skizze schließen.

1.6. In der Baumansicht die neue Skizze markieren und das Werkzeug "Aufpolsterung" anklicken.

1.7. Im Aufgabenfenster des Aufpolsterers die Länge auf 8,8 mm setzen und die Checkbox "Umgekehrt" anhaken (Bild B1, das Potentiometergehäuse ragt nach hinten heraus). Das Aufgabenfenster mit "OK" abschließen.

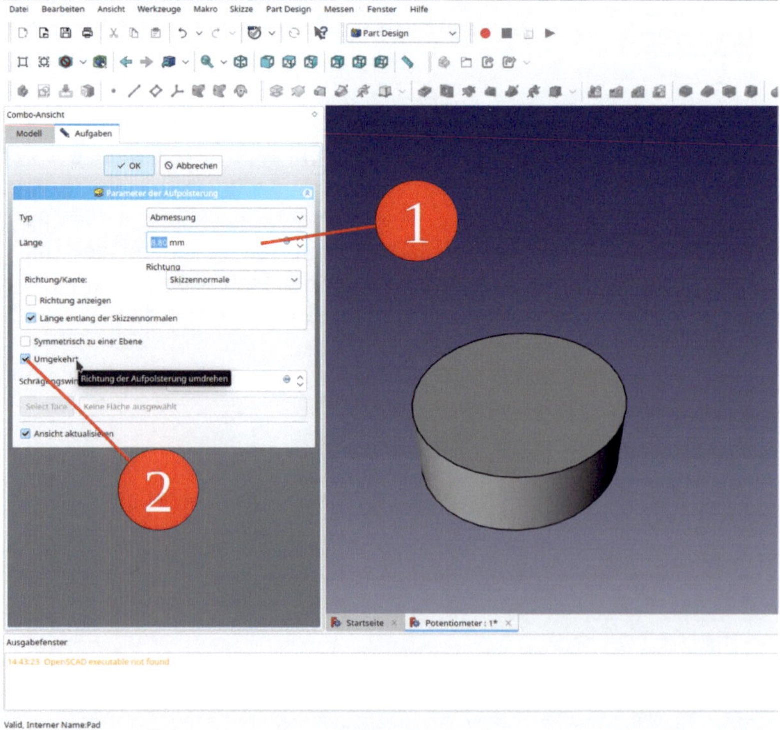


*Bild B1*

1.8. Für den Gewindeteil des Gehäuses analog zu 15.4 – 15.7 vorgehen: Einen Kreis von 10 mm Durchmesser auf die XY-Ebene skizzieren, diesmal aber um 7,5 mm nach vorne aufpolstern (Bild B2).

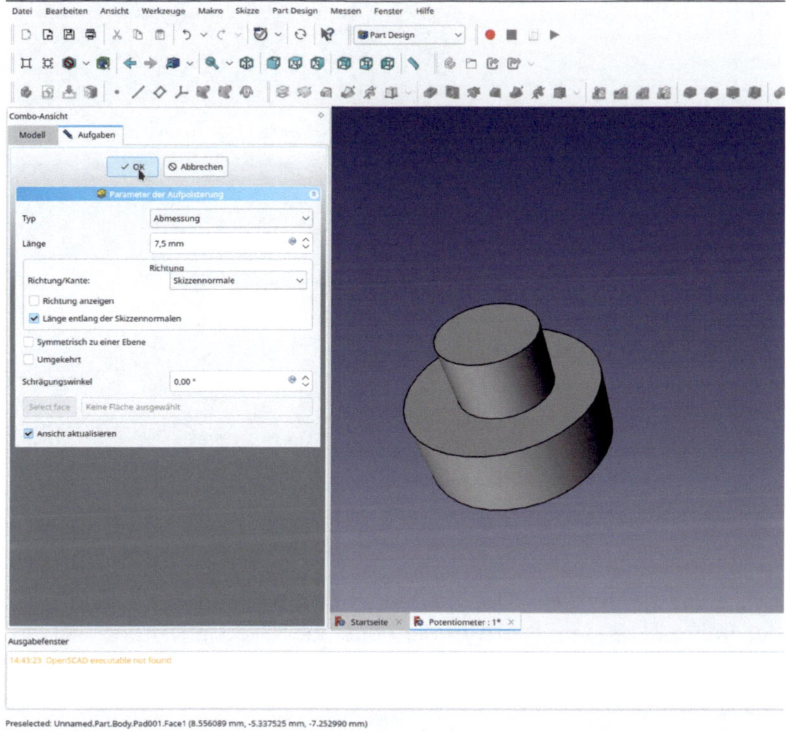


*Bild B2*

1.9. Für die Achse wiederum einen auf den Ursprung zentrierten Kreis auf die XY-Ebene skizzieren, mit einem Durchmesser von 6 mm. Die Achse soll 10 mm aus dem Potentiometer herausragen, also die Skizze mit 17,5 mm nach vorne aufpolstern (Bild B3).

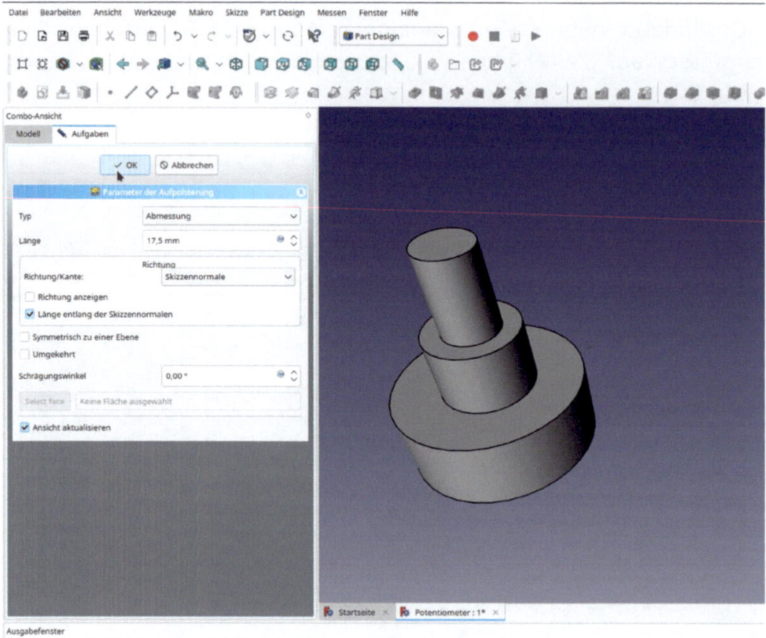


*Bild B3*

1.10. Die Stirnseitige Kante der Achse markieren und mit dem Werkzeug "Fase" eine Abschrägung der Kante erzeugen. Den Typ der Fase auf "Gleiche Distanz" setzen, die Größe der Fase auf 0,5 mm (Bild B4).

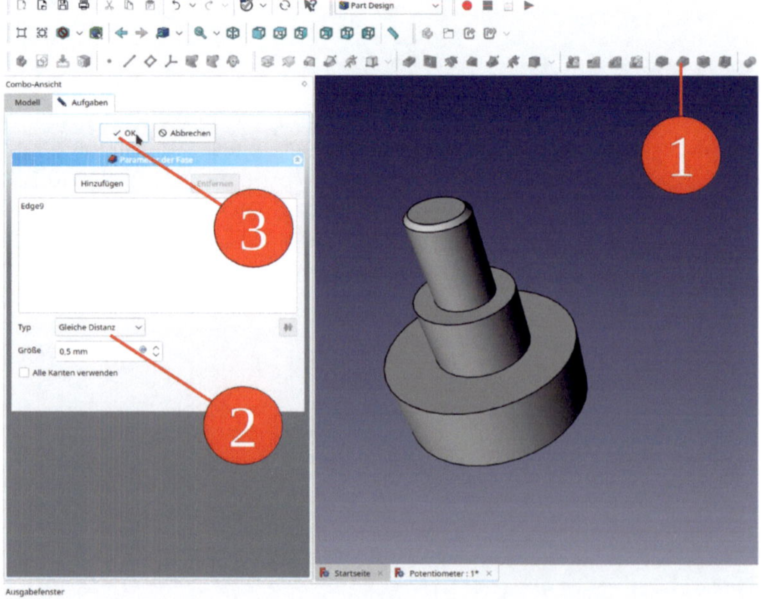


*Bild B4*

1.11. Für die Platte mit den Kontakten eine Referenzebene anlegen. Dazu das Koordinatensystem des Körpers "Potentiometer" einblenden und in der 3D-Ansicht die XY-Ebene markieren. Die Ebene in "Kontaktebene" umbenennen.

1.12. Das Werkzeugicon "Bezugsebene erstellen" anklicken. Im Aufgabenfenster den Versatz in Z-Richtung auf -3,2 mm einstellen (Bild B5).

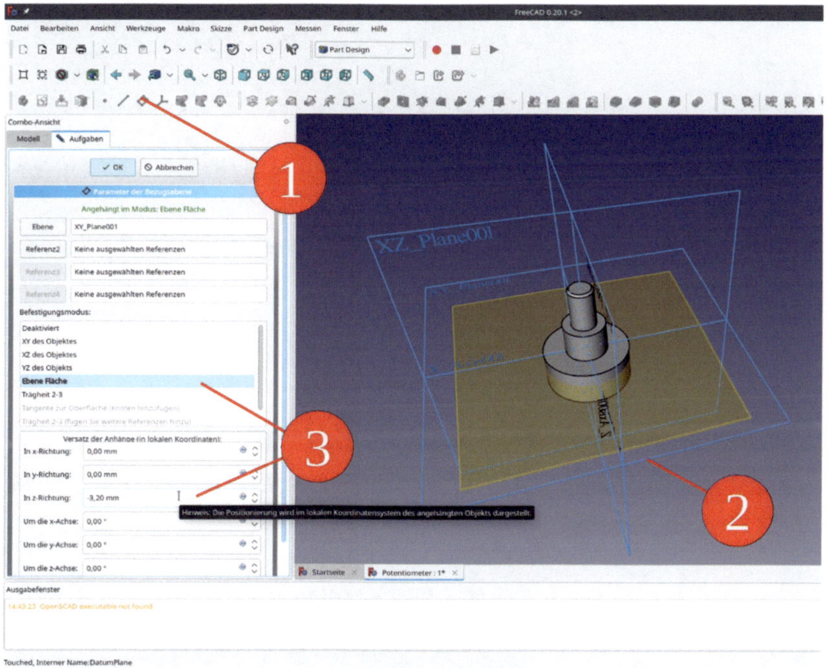


*Bild B5*

1.13. Die neue Referenzebene markieren und den Sketcher starten.

1.14. Mit dem Zeichenwerkzeug "Zentriertes Rechteck" ein auf die Y-Achse zentriertes Rechteck zeichnen, von dem ein oberer Eckpunkt auf der X-Achse liegt (erster Klick auf die Y-Achse unterhalb der X-Achse, zweiter Klick auf die X-Achse). Die Breite des Rechtecks mit der Einschränkung "Horizontalen Abstand festlegen" auf 17,7 mm setzen. Die Höhe in analoger Weise auf 14,4 mm setzen (Bild B6). Die Skizze schließen (Button oben).

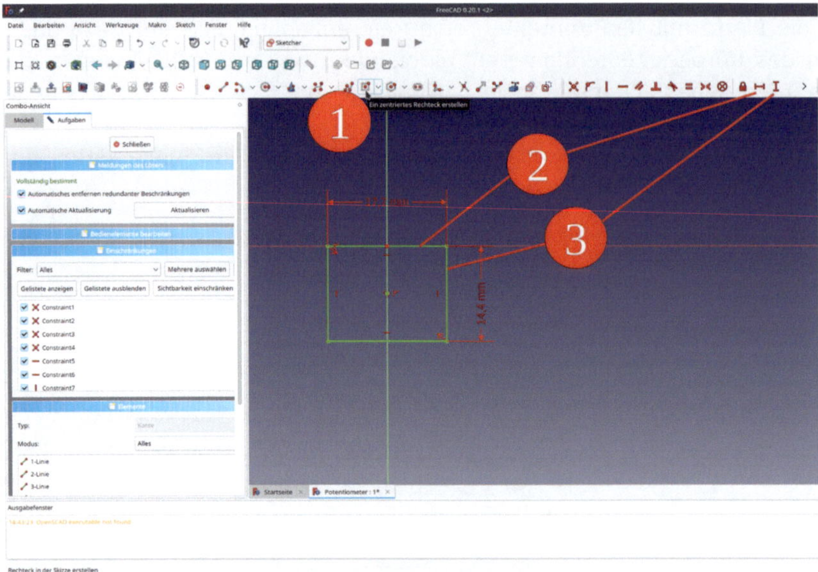

*Bild B6*

1.15. Die neue Skizze um 2,2 mm nach oben aufpolstern (Bild B7).

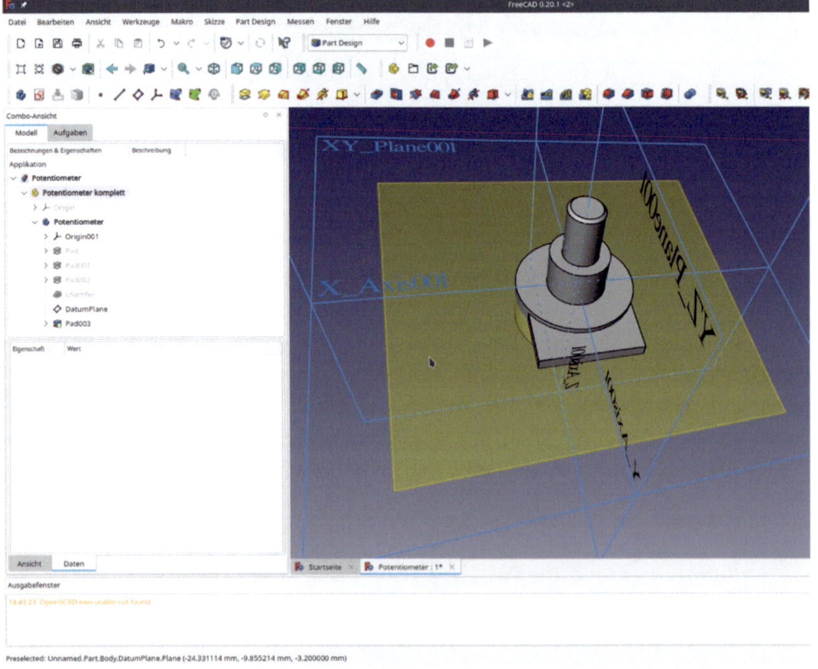

*Bild B7*

1.16. Jetzt die Kontakte anlegen. Dazu zunächst in der Baumansicht die Referenzebene "Kontaktebene" mit der Leertaste ausblenden. Nochmals in der Baumansicht die "Kontaktebene" markieren und den Sketcher starten. Die Skizze schließen und durch Doppelklicken in der Baumansicht wieder öffnen, um die Geometrie des Gehäuses anzuzeigen.

1.17. Im Hauptmenü "Ansicht | Orthogonal" und "Sketch | Abschnitt anzeigen" wählen.

1.18. Das Werkzeug "Externe Geometrie" anklicken und die untere Kante des rechteckigen Kontaktträgers anklicken (Bild B8).

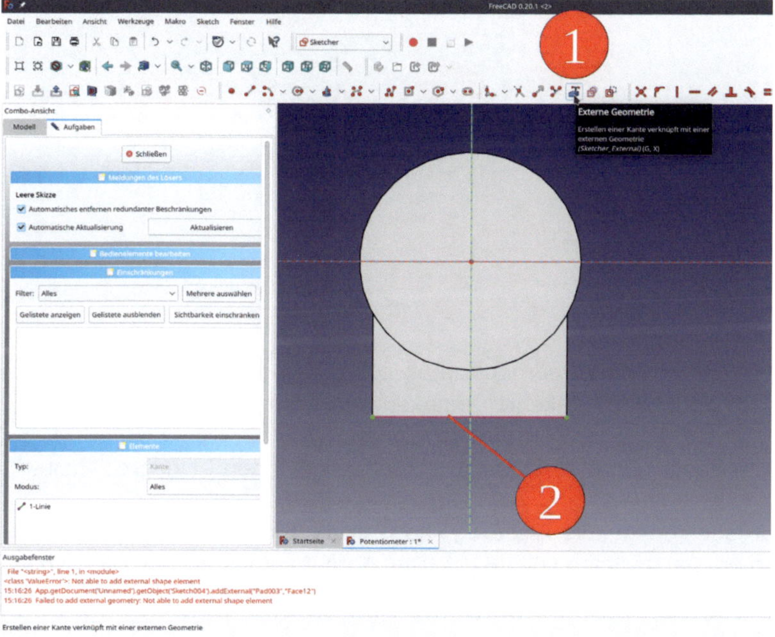


*Bild B8*

1.19. Den ersten Kontakt als ein auf die Y-Achse zentriertes Rechteck zeichnen. Die Höhe des Rechtecks auf 10 mm setzen, die Breite auf 1,2 mm. Den Mittelpunkt des Rechtecks sowie die violette Kante des Kontaktträgers markieren und die Einschränkung "Punkt auf Objekt" anklicken (Bild B9). Die Skizze schließen.

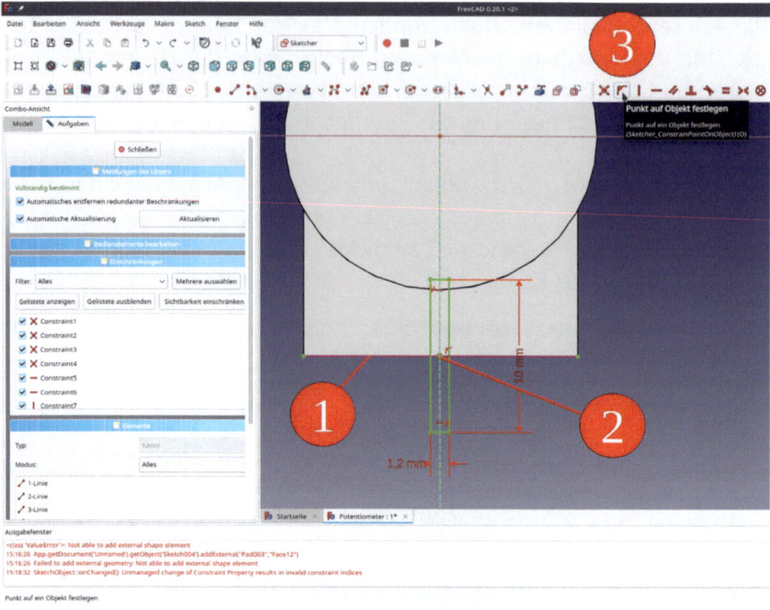


*Bild B9*

1.20. Die neue Skizze in der Baumansicht markieren und mit dem Aufpolsterer auf 0,5 mm nach hinten (Checkbox "Umgekehrt" anhaken) aufpolstern.

1.21. Aus dem Hauptmenü "Part Design | Muster anwenden | Lineares Muster" auswählen.

1.22. Im Aufgabenfenster die Richtung "horizontale Skizzenachse", die Länge 5 mm und das Vorkommen 2 auswählen (Bild B10). Das Aufgabenfenster mit "OK" schließen (oben).

.

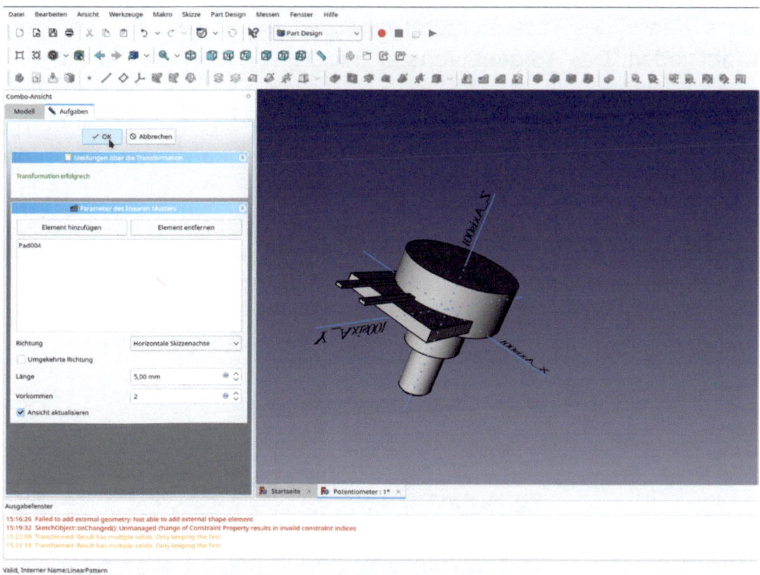

*Bild B10*

1.23. In der Baumansicht nochmals den Kontakt markieren (den letzten Zustand vor "Linear Pattern"). Wieder aus dem Hauptmenü "Part Design | Muster anwenden | Lineares Muster" auswählen. Diesmal wieder die Richtung "horizontale Skizzenachse", die Länge 5 mm und das Vorkommen 2 auswählen, aber die Checkbox "Umgekehrte Richtung" anhaken (Bild B11). Das Aufgabenfenster mit "OK" schließen.

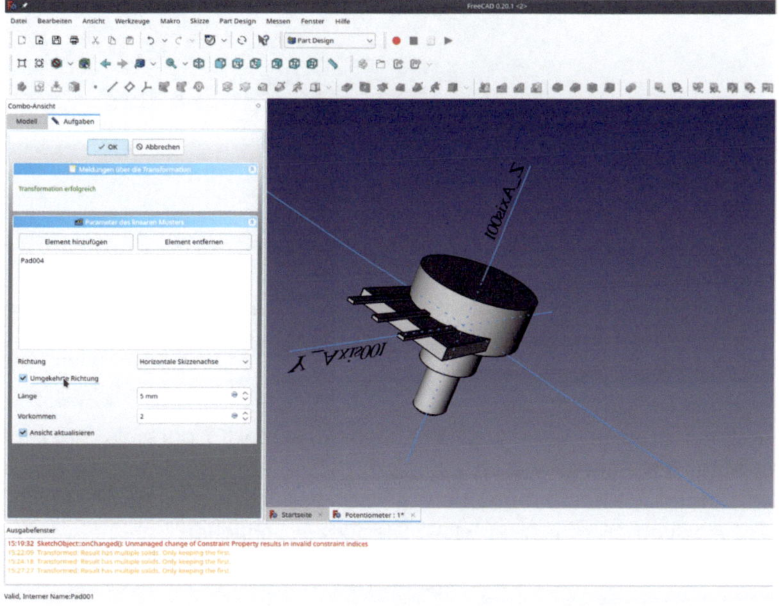

*Bild B11*

1.24. Die untere Kante des Potentiometergehäuses markieren und mit dem Werkzeug "Verrundung" abrunden. Das Aufgabenfenster mit dem "OK"-Button schließen.

1.25. Bis auf die Länge der Achse wird sich das Gehäuse nicht mehr verändern. Daher kann man sich die Einfärbung der Facetten erlauben. Zunächst kann man dem Körper des Gehäuses die Darstellung "Kunststoff glänzend" zuweisen.

1.26. Danach den tip (= letzten Konstruktionszustand) im Körper "Potentiometer" rechts klicken und aus dem Kontextmenü "Legen Sie Farben fest" auswählen. Alle Facetten der Achse anklicken und die Farbe "Schwarz" auswählen. Ebenso alle Facetten des Kontaktträgers auswählen und wiederum die Farbe "Schwarz" wählen (Bild B12).

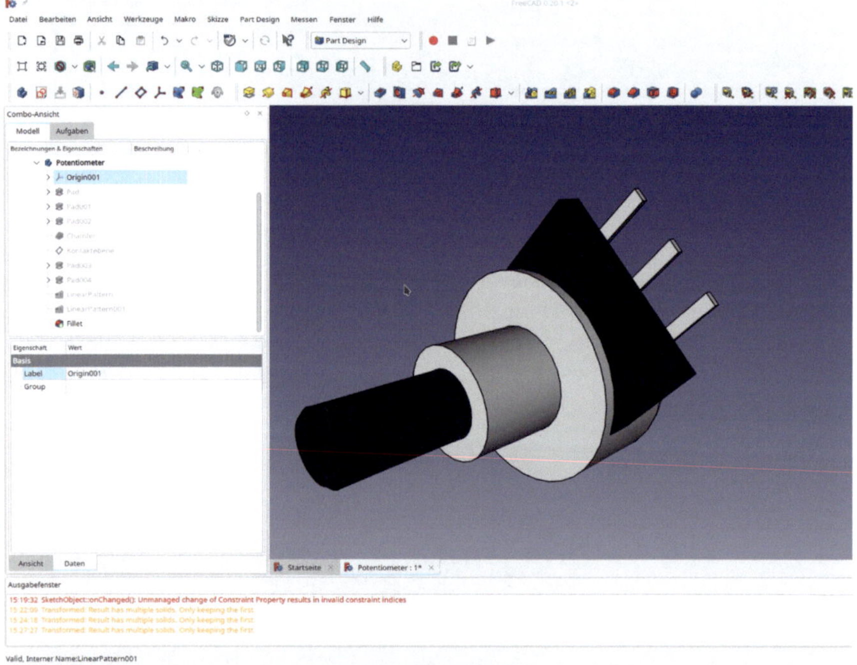


*Bild B12*

1.27. Jetzt noch die Befestigungselemente definieren. Dazu einen neuen Körper erzeugen und ggf. in den Std-Part-Container "Potentiometer komplett" ziehen. Den Körper in "Potentiometer Unterlegscheibe" umbenennen.

1.28. Den Sketcher starten und die XY-Ebene des neuen Körpers als Skizzenebene auswählen. Die Kontur der Scheibe durch 2 konzentrische, auf den Ursprung zentrierte Kreise zeichnen. Dem inneren Kreis einen Durchmesser von 10,1 mm zuweisen, dem äußeren einen Durchmesser von 16 mm (Bild B13). Die Skizze schließen.

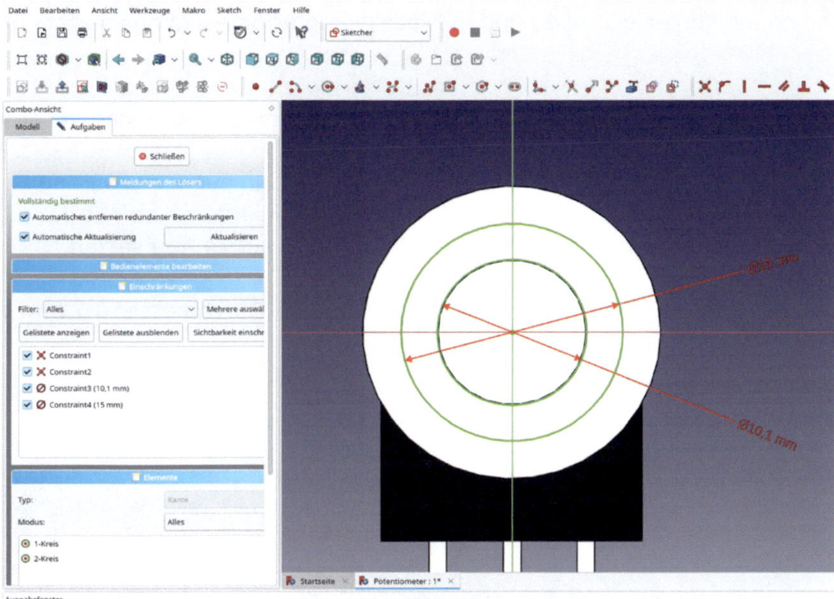


*Bild B13*

1.29. Die neue Skizze in der Baumansicht markieren und auf 0,5 mm aufpolstern.

1.30. In der Baumansicht auf den Körper der Unterlegscheibe klicken und in den "Placement"-Parametern die Z-Verschiebung auf eine typische Frontplattenstärke setzen (2 mm, Bild B14).

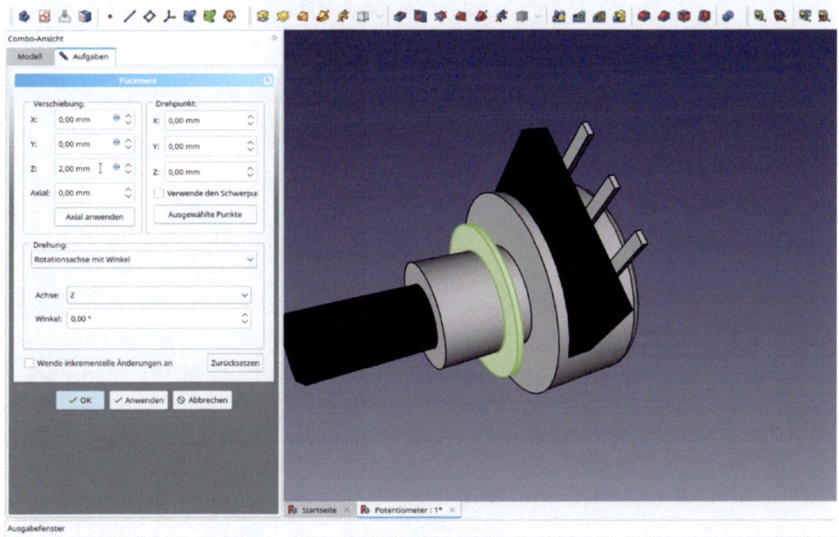


*Bild B14*

1.31. Einen neuen Körper erzeugen und in "Potentiometer Befestigungsmutter" umbenennen.

1.32. Den Sketcher starten und im Startdialog die XY-Ebene als Skizzenebene auswählen.

1.33. Mit dem Werkzeug "Regelmäßiges Vieleck erstellen" ein auf den Ursprung zentriertes Sechseck zeichnen. Die beiden oberen, äußeren Punkte anklicken und mit der Einschränkung "Horizontalen Abstand festlegen" die Schlüsselweite auf 14 mm setzen.

1.34. Einen auf den Ursprung zentrierten Kreis mit dem Durchmesser 10 mm zeichnen (Bild B15). Die Skizze schließen (oben, hochscrollen).

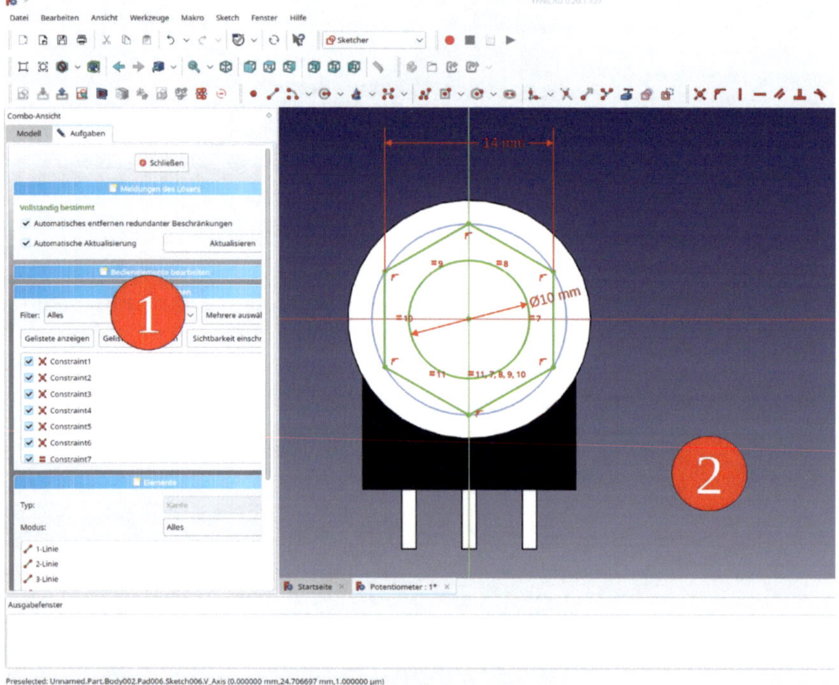


*Bild B15*

1.35. Die neue Skizze auf 2 mm aufpolstern.

1.36. Für die assoziative Platzierung der Mutter muss noch eine Referenz erzeugt werden.

Dazu zunächst die Mutter in der Baumansicht mit der Leertaste ausblenden. Den aktiven Körper (Titel in Fettdruck) durch Rechtsklick und Auswahl von "Aktiven Körper umschalten" aus dem Kontextmenü deaktivieren. In der 3D-Ansicht die obere Innenkante der Unterlegscheibe markieren und das grüne "Formbinder für Teilobjekt"-Icon anklicken (Bild B16).

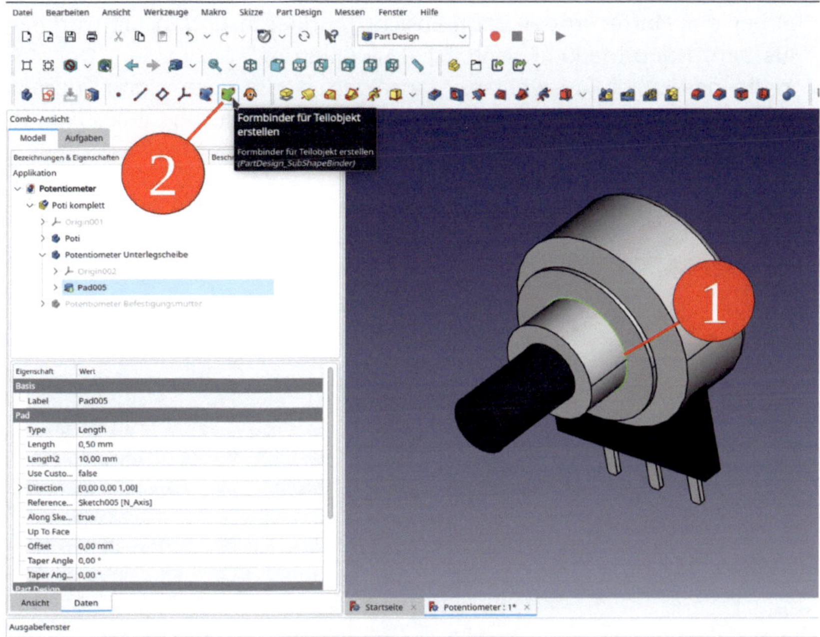

*Bild B16*

1.37. Den grünen Formbinder ("Binder") in "Lage Mutter umbenennen und in den Std-Part-Container "Potentiometer komplett" ziehen (Bild B17).

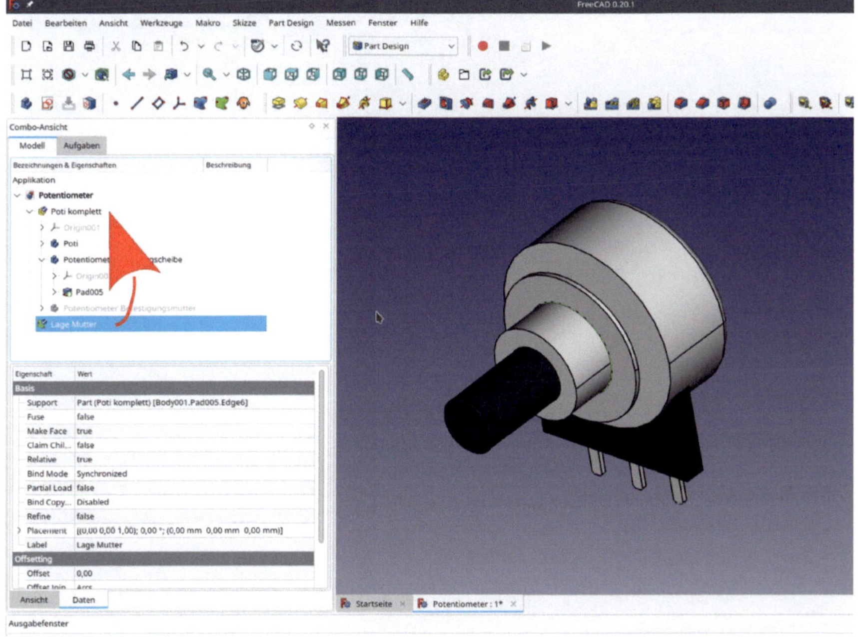

*Bild B17*

1.38. Den Körper der Mutter in der Baumansicht markieren und in die workbench "Part" wechseln. Aus dem Hauptmenü "Formteil | Positionierung" auswählen. Der Kollektor für Referenz 1 sollte das Label "Auswählen..." anzeigen (sonst noch einmal darauf klicken). In den Reiter "Modell" wechseln und den Formbinder "Lage Mutter" anklicken. Zum Reiter "Aufgaben" zurückkehren.

1.39. In der Liste "Befestigungsmodus" den Eintrag "Konzentrisch" auswählen (Bild B18).

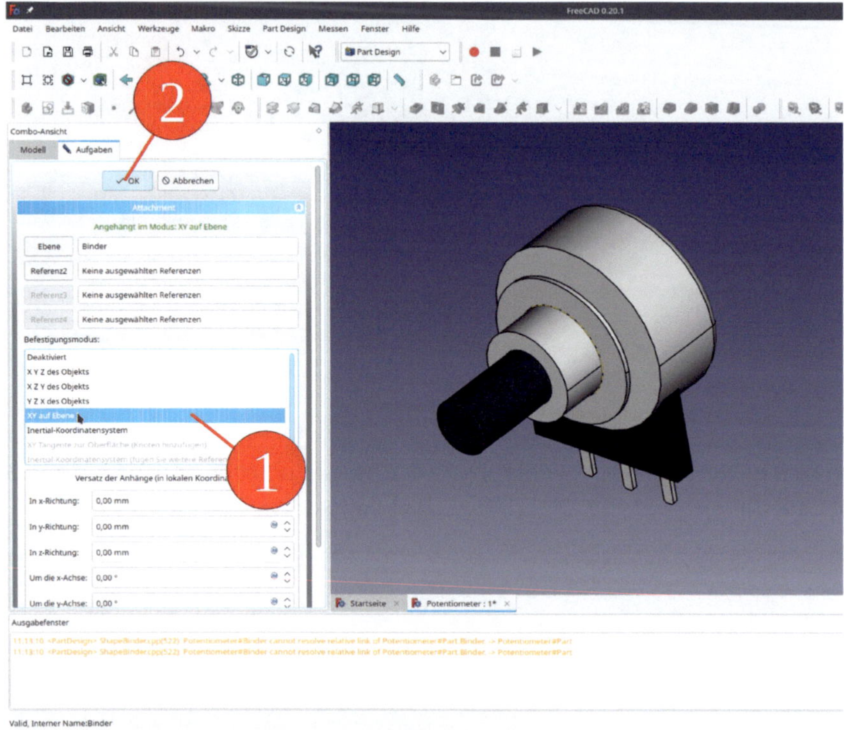


*Bild B18*

1.40. In der Darstellung für Mutter und Scheibe das Material "Chrom" wählen.

1.41. In der Baumansicht den Formbinder "Lage Befestigungsmutter" ausblenden (Bild B19).

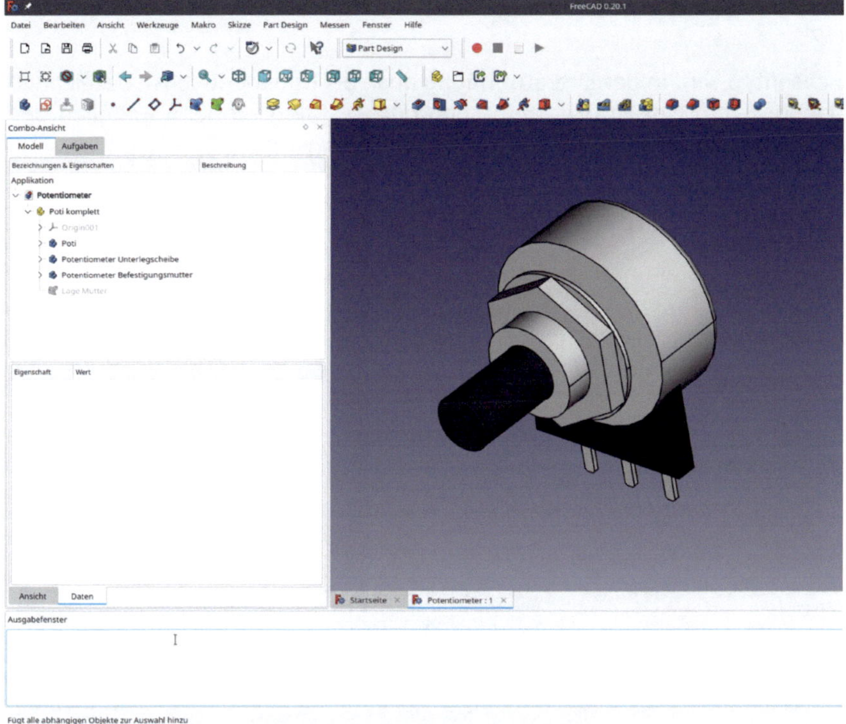


*Bild B19*

1.42. Die Arbeit speichern.

# Anhang C: Telefonbuchse

Dieser Buchsentyp wird in der Literatur häufig auch als Bananenbuchse bezeichnet. Es geht hierbei eigentlich um eine starre 4mm-Laborbuchse, die sich beim Erstellen des Modells gleich mit hohem Wiedererkennungswert präsentieren wird.

Wir legen die Telefonbuchse als zusammengesetztes Teil aus mehreren Körpern an.

1.1. Zunächst eine Datei unter dem Namen "Telefonbuchse" abspeichern.

1.2. In der workbench "Part Design" einen neuen Std-Part-Container anlegen und mit dem Namen "Telefonbuchse komplett" versehen.

1.3. Einen neuen Körper anlegen und mit dem Namen "Kappe" umbenennen. Das Koordinatensystem des neuen Körpers in der Baumansicht mit der Leertaste einblenden (Bild C1).

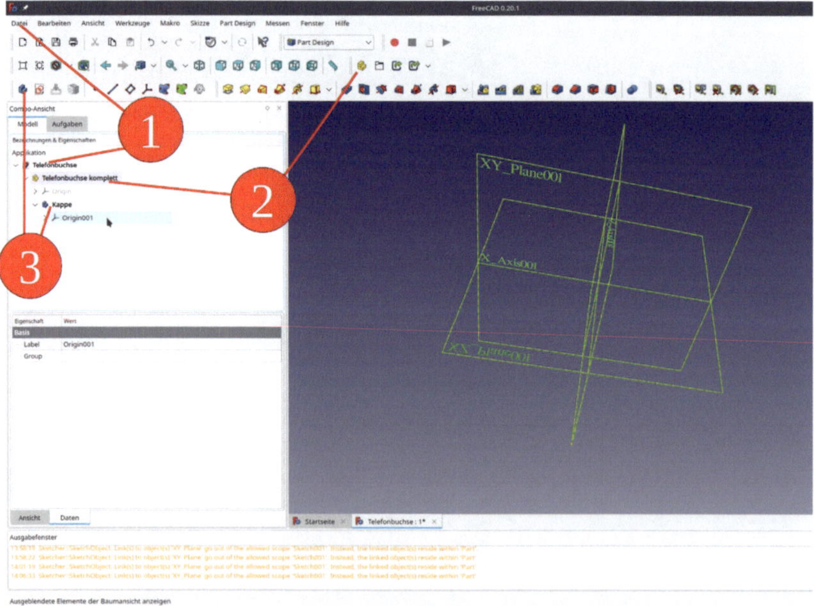


*Bild C1*

1.4. Den Sketcher durch Klicken des Menü-Icons starten und als Skizzenebene die XY-Ebene wählen. Alternativ erst die XY-Ebene in der 3D-Ansicht anklicken und dann den Sketcher starten.

1.5. Jetzt die vordere Kappe der Buchse anlegen: Mit Hilfe des Zeichenwerkzeugs "Kreis erstellen" zwei auf den Ursprung zentrierte Kreise zeichnen. Dazu zunächst den Ursprung anklicken und dann mit dem zweiten Klick den Durchmesser (nur ungefähr). Das Zeichenwerkzeug mit einem Rechtsklick beenden.

1.6. Im Panel "Elemente" im Aufgabenbereich den ersten Kreis rechts anklicken und die Einschränkung "Diameter Constraint" wählen. Als Wert für die innere Bohrung 4,6 mm eintragen (Bild C2).

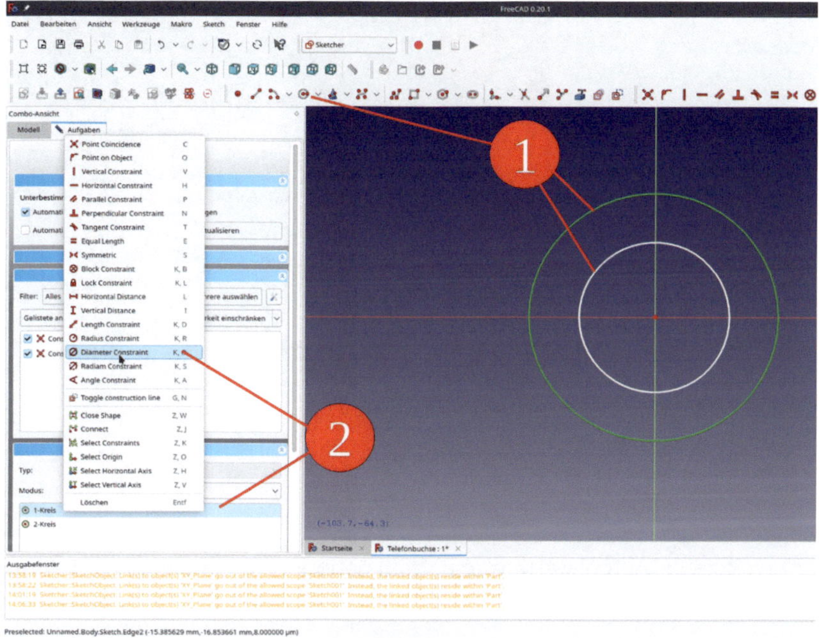


*Bild C2*

1.7. In gleicher Weise für den äußeren Kreis einen Durchmesser von 9,9 mm wählen und die Skizze mit dem "Schließen"-Button ganz oben schließen (Bild C3).

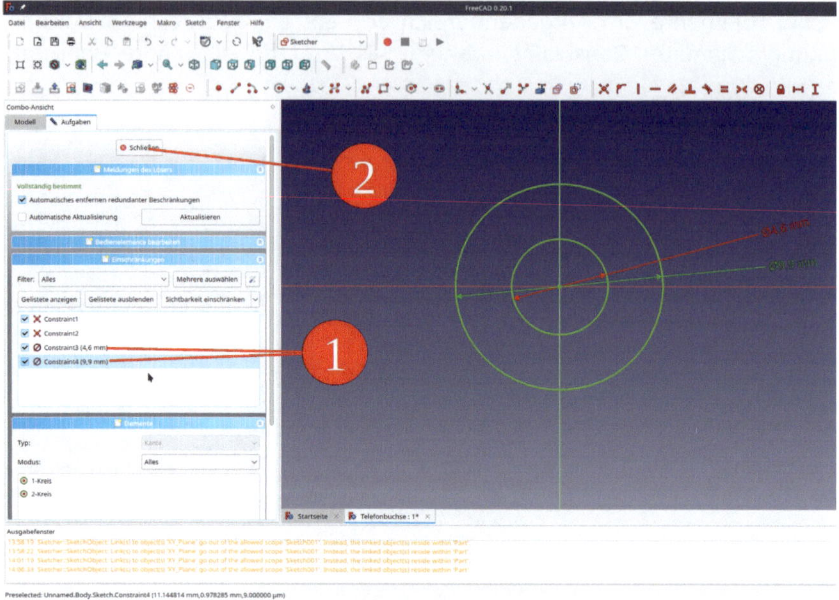


*Bild C3*

1.8. Mit dem Werkzeug "Aufpolsterung" ein Profil generieren. Für die Länge 5 mm einsetzen (Bild C4).

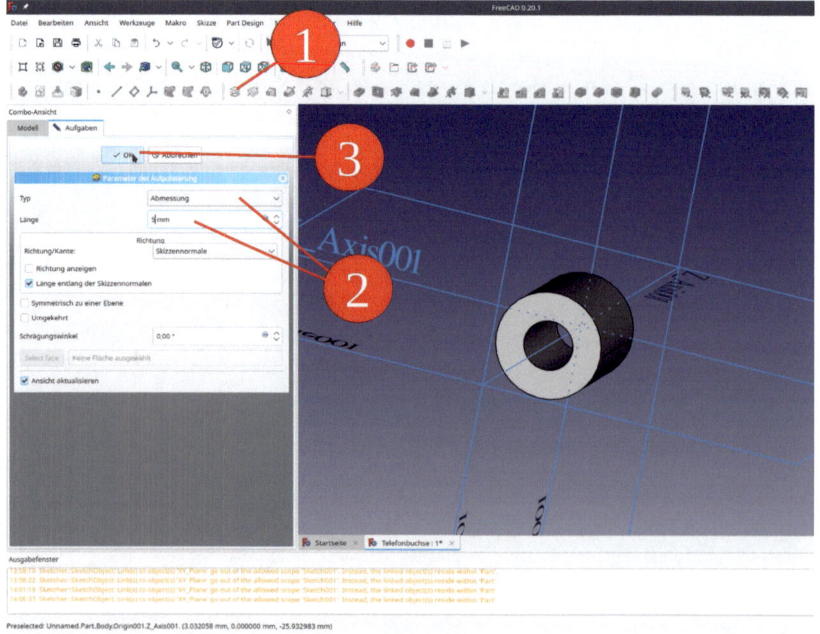


*Bild C4*

1.9. Eine weitere Skizze auf der XY-Ebene anlegen: Diesmal den Teil, der in die Frontplatte hineinragt und den Durchmesser der Montagebohrung bestimmt. Wenn sich der Sketcher öffnet, ist man eventuell in der Ansicht "Top" gelandet, wo das bereits generierte Teil die Skizzenebene verdeckt. In diesem Fall kann man im Hauptmenü "Sketch | Abschnitt anzeigen" wählen, um die Skizzenebene sichtbar darzustellen.

1.10. Das Werkzeug "Externe Geometrie anklicken und den Rand der inneren Bohrung markieren (Bild C5). Wieder zwei auf den Ursprung zentrierte Kreise zeichnen.

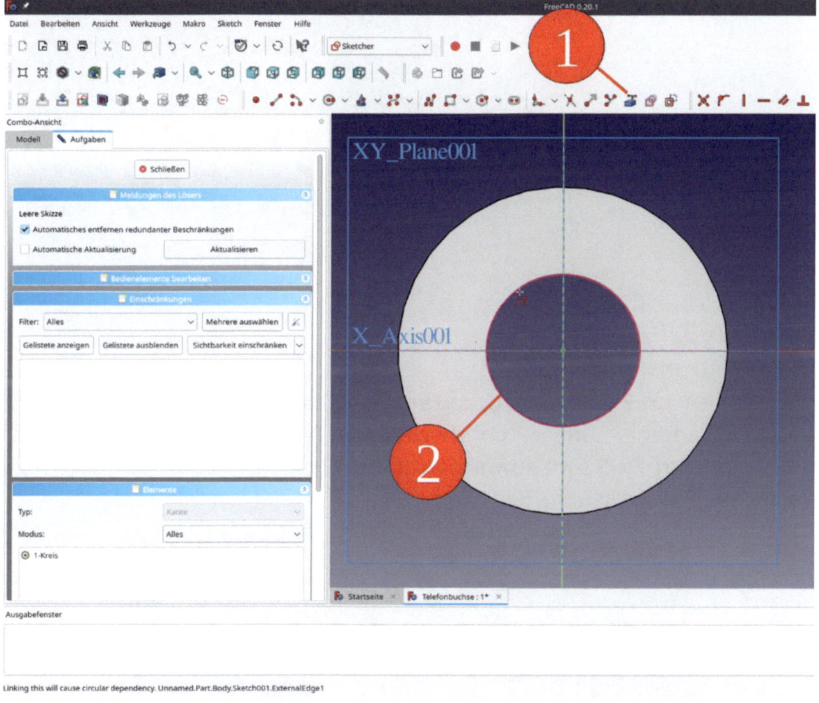


*Bild C5*

1.11. Einen Kreis mit dem Durchmesser der gerade gewählten externen Referenz: Dazu den neuen Kreis, sowie den Referenzkreis im Panel "Elemente" im Aufgabenfenster unten markieren (STRG-Taste gedrückt halten und anklicken). Aus dem Menü für die Beschränkungen das Icon "=" anklicken (Bild C6).

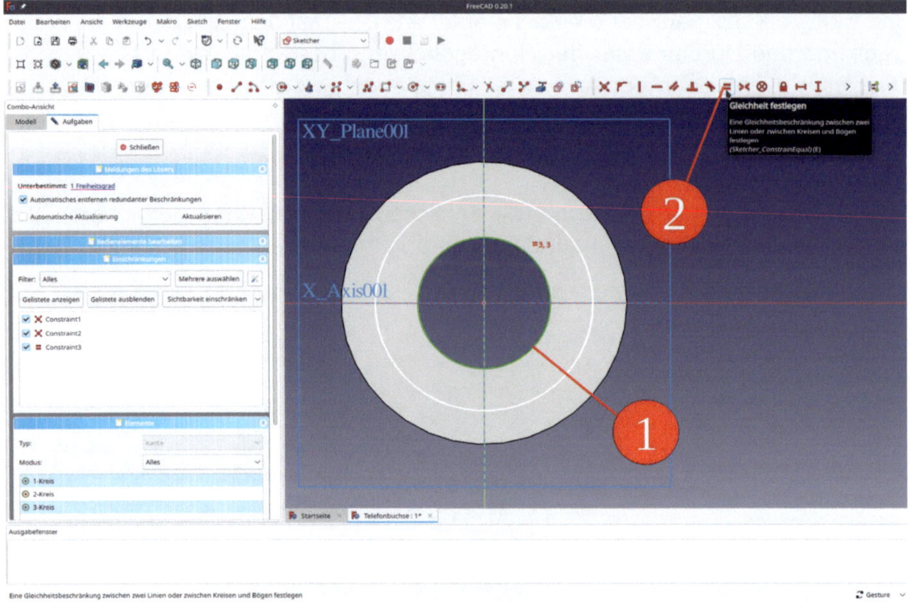


*Bild C6*

1.12. Einen weiteren Kreis auf den Ursprung zentrierten Kreis zeichnen, durch Rechtsklicken im Panel "Elemente" und durch Auswahl der Einschränkung "Diameter Constraint" einen Durchmesser von 7,85 mm zuweisen (ausgemessener Schaft der Buchse, mit 5/100 mm Zugabe für die Spielpassung, Bild C7).

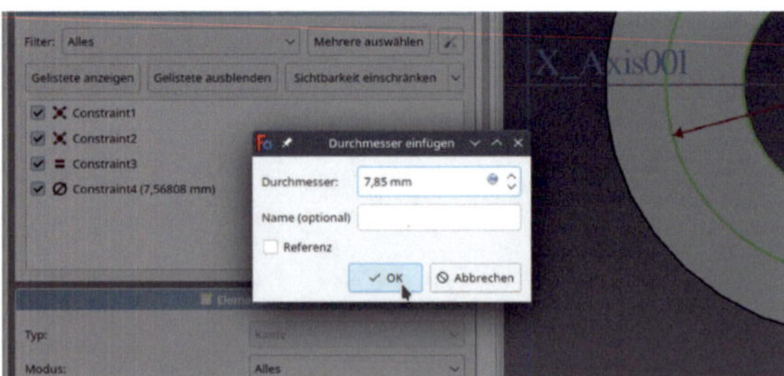


*Bild C7*

1.13. Den Schaft der Buchse aus der Skizze mit Hilfe des Werkzeuges "Aufpolsterung" mit 4 mm Länge erzeugen. Die Checkbox "Umgekehrt" im Aufgabenbereich der Aufpolsterung anhaken (der Schaft steht nach hinten heraus, Bild C8).

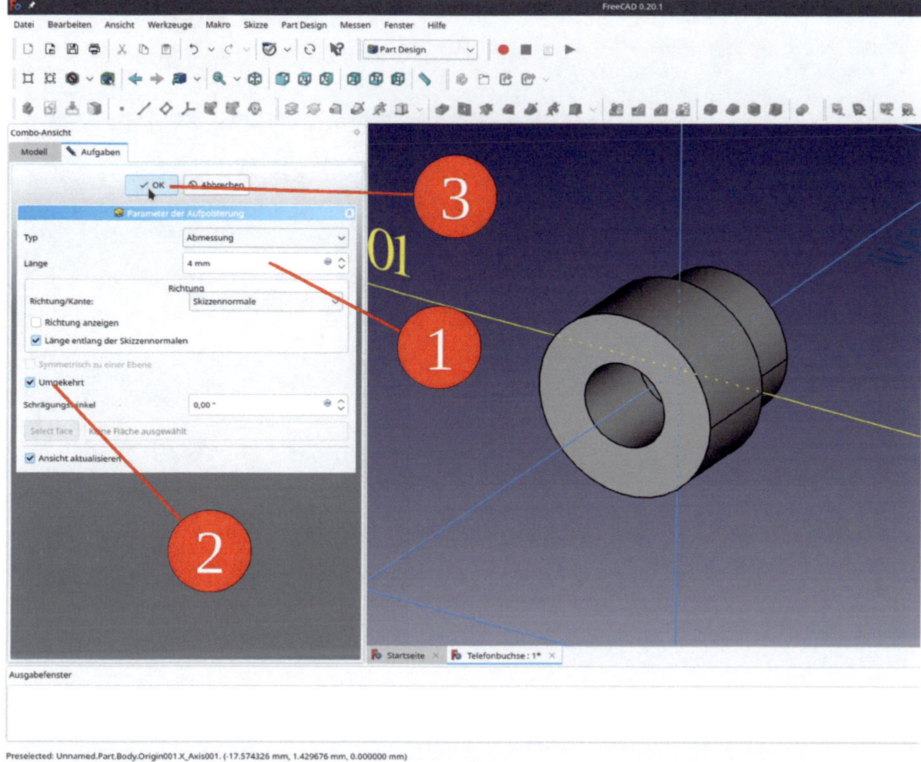


*Bild C8*

1.14. Nach dem Schließen des Aufgabenfensters mit dem "OK"-Button ganz oben ist der vordere Isolierstoffteil der Telefonbuchse bereits erkennbar. Da keine weiteren Änderungen zu erwarten sind, können wir die Rundungen anbringen.

1.15. In der 3D-Ansicht die vordere Innen- und Außenkante der Buchse markieren und das Werkzeug "Verrundung" wählen (Bild C9). Den Radiusparameter auf 0,25 mm setzen. Jetzt wirkt der Vorderteil der Buchse schon realistisch (Bild C10).

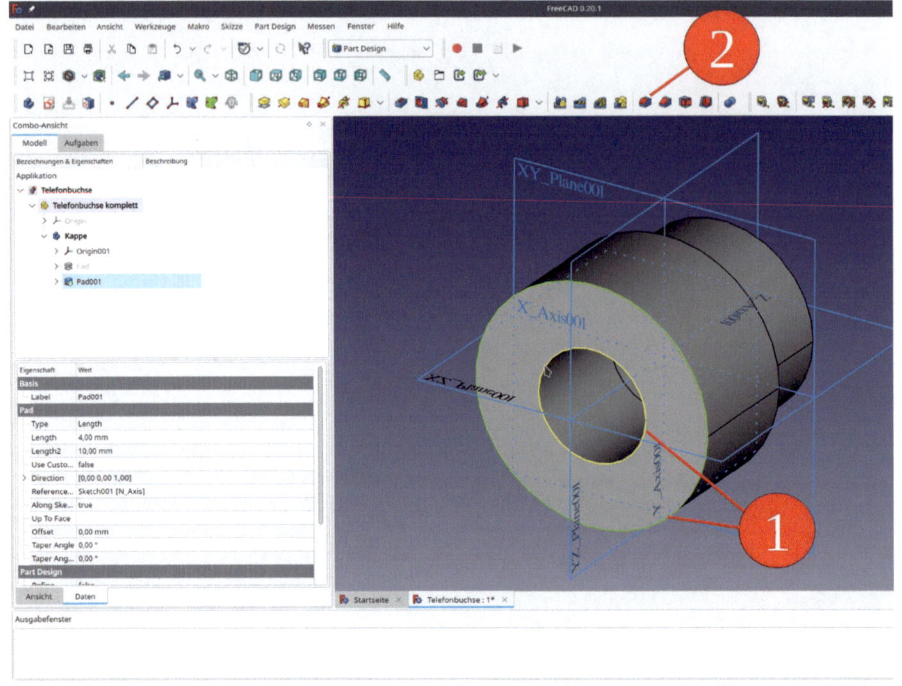

*Bild C9*

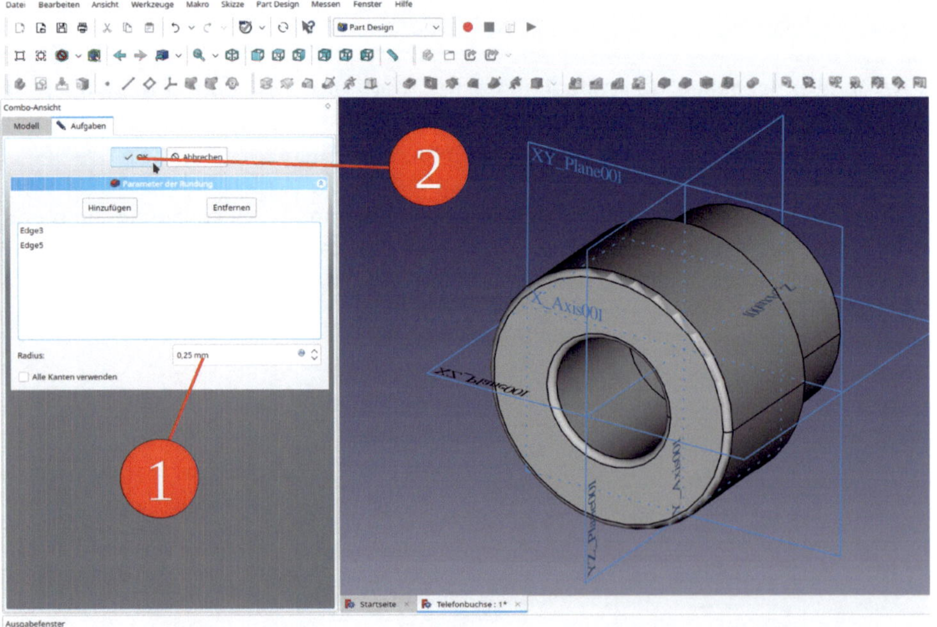

*Bild C10*

Will man weitere Elemente zur Verrundung in diesem Aufgabenfenster hinzufügen, muss man für jede Kante (oder Fläche) den Button "Hinzufügen" klicken, so dass er dunkelgrau erscheint und dann in der 3D-Ansicht ein neues Objekt wählen. Durch die Auswahl der zu verrundenden Kanten vor dem Aufruf des Werkzeugs "Verrunden" sind diese in der Liste bereits vorgewählt.

1.16. Durch Rechtsklick auf den Körper "Kappe" und die Auswahl von "Darstellung" aus dem Kontextmenü kann man jetzt das Material "glänzender Kunststoff" und eine geeignete Farbe (für dies Beispiel: Dunkelrot) wählen. Die Wahl der Darstellung mit dem "Schließen"-Button ganz unten beenden (Bild C11).

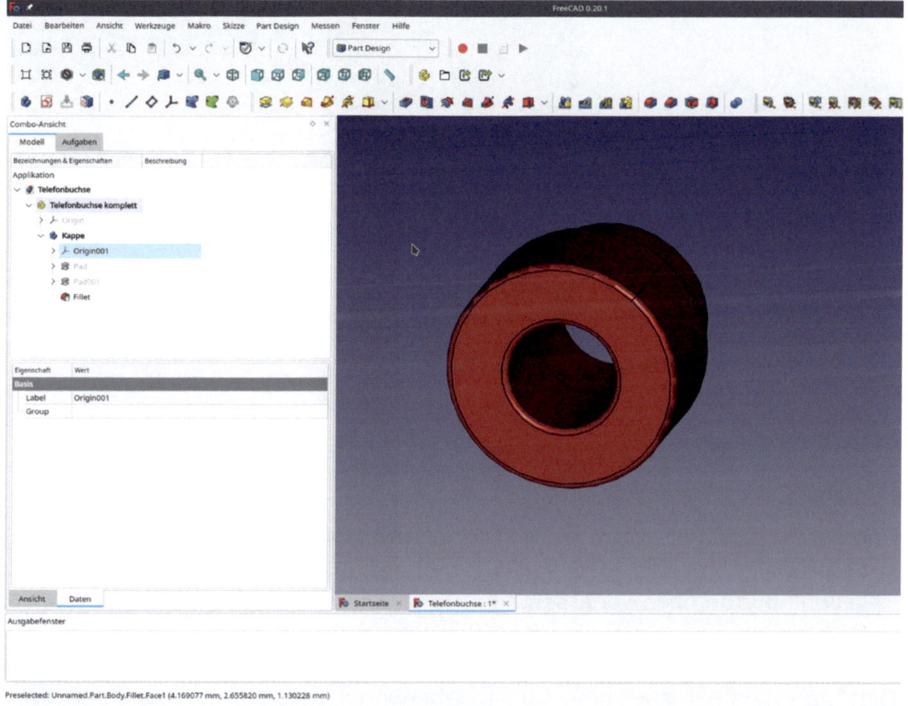


*Bild C11*

Diese Darstellung kann man später in jeder Instanz des Objektes wieder ändern. Dies ist gerade bei den Buchsen wichtig, da sie in verschiedener Farbe Verwendung finden.

Jetzt erzeugen wir den leitenden Innenteil der Buchse. Dazu durch Klicken des "Körper"-Icons einen neuen Körper anlegen. Diesen zu "Kontakt" umbenennen.

1.17. Das Koordinatensystem des neuen Körpers in der Baumansicht mit der Leertaste einblenden und die XY-Ebene markieren. Durch Klicken des "Bezugsebene erstellen"-Icons eine neue Ebene anlegen und diese in "Lötfahne" umbenennen. Dort soll sich später der Kontakt auf das Maß des Lötbereichs verjüngen.

1.18. Den Abstand der Ebene von der XY-Ebene durch Wahl des Z-Parameters auf -14,5 mm einstellen (Bild C12).

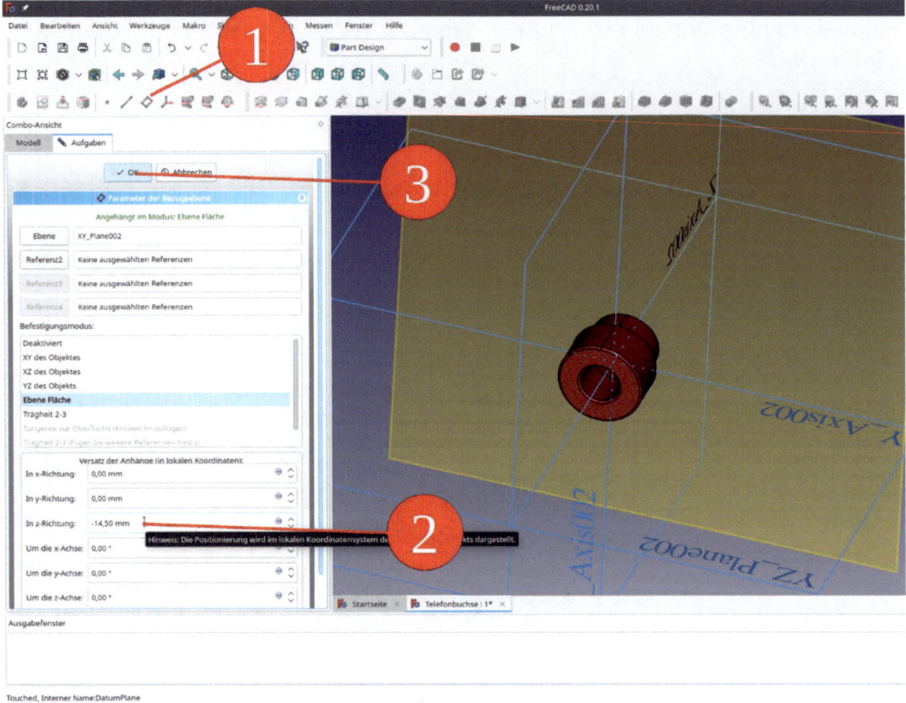


*Bild C12*

1.19. Den Kontakt anlegen. Dazu die XY-Ebene anwählen und den Sketcher starten. Einen auf den Ursprung zentrierten Kreis von 5,9 mm zeichnen. Den Sketcher durch Anklicken des "Schließen"-Button oben verlassen.

1.20. Durch Markieren der Skizze in der Baumansicht und Wahl des Werkzeugens "Aufpolsterung" den Kontakt erzeugen. Im Aufgabenbereich wählen wir dazu den Typ "Zwei Längen". Für die Länge nach vorne setzen wir 4,5 mm ein, für die zweite Länge 14,5 mm (Bild C13).

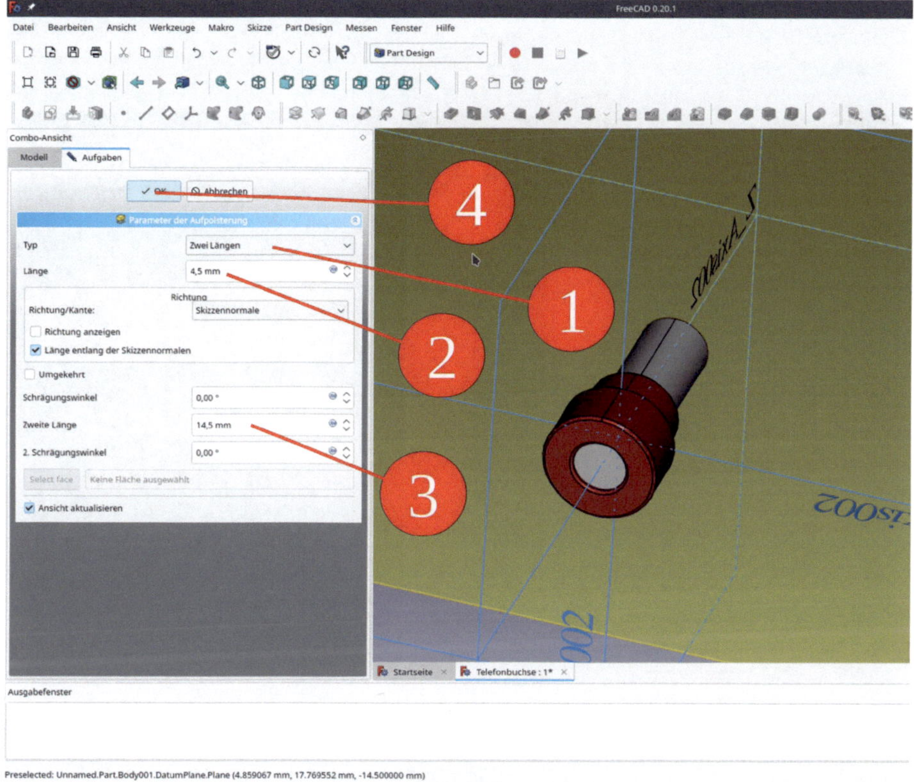


*Bild C13*

1.21. Durch Anklicken der Ebene "Lötfahne" und Klicken des "Sketcher"-Icons das Profil des Lötbereiches skizzieren. Dazu einen auf den Ursprung zentrierten Kreis zeichnen.

Den neuen Kreis im Panel "Elemente" im Aufgabenbereich rechtsklicken und im Kontextmenü die Einschränkung "Diameter Constraint" auswählen. Den Durchmesser auf 3,2 mm setzen.

1.22. Die neue Skizze in der Baumansicht markieren und durch Auswahl des Werkzeugs "Aufpolsterung" einen 4 mm langen Fortsatz des Kontaktes erzeugen (Bild C14).

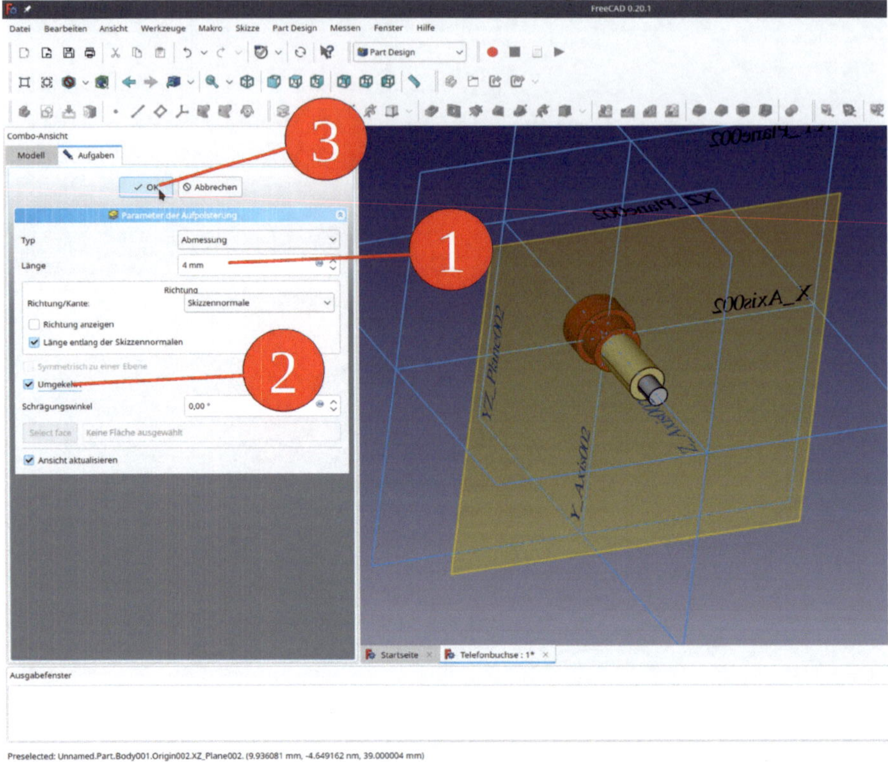

*Bild C14*

1.23. Jetzt die 4 mm-Bohrung im Kontakt anlegen: Dazu die XY-Ebene auswählen und den Sketcher aufrufen. Einen um den Ursprung zentrierten Kreis zeichnen und wie beschrieben den Durchmesser auf 4 mm festlegen.

1.24. Durch Auswahl der Skizze in der Baumansicht sowie dem Klicken des Menü-Icons "Tasche" einen Ausschnitt erzeugen. Im Aufgabenfenster den Typ "2 Längen" wählen. Für die erste Länge 5 mm angeben, für die zweite 14,5 mm. Das Aufgabenfenster mit "OK"-Button oben schließen (Bild C15).

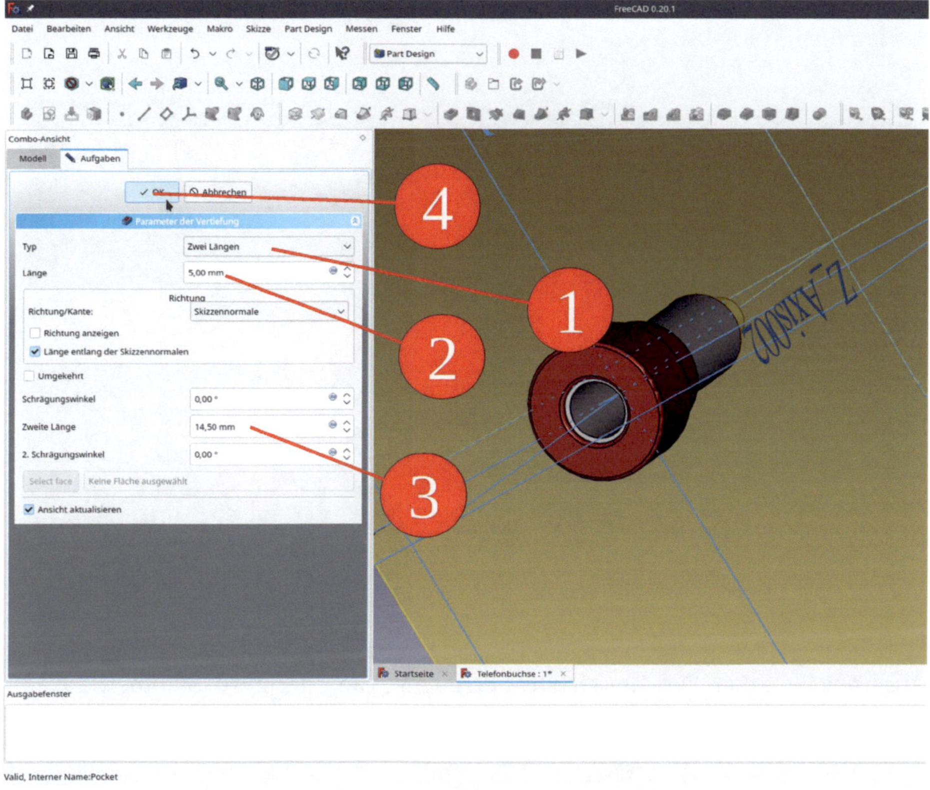


*Bild C15*

1.25. Den Ausschnitt in der Lötfahne anlegen: Dazu die YZ-Ebene in der 3D- Ansicht markieren und den Sketcher aufrufen. Den rechteckigen gemäß Bild C16 Ausschnitt skizzieren.

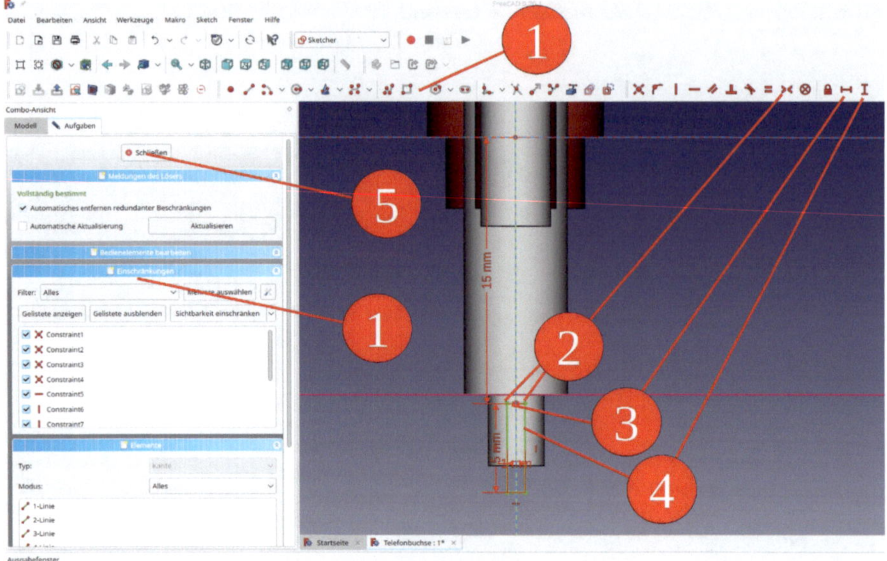


*Bild C16*

1.26. Die neue Skizze in der Baumansicht markieren und das Werkzeug "Tasche" wählen. Den Ausschnitt mit dem Typ "Durch alles" erzeugen. Die Checkbox "Symmetrisch zu einer Ebene" anhaken (Bild C17).

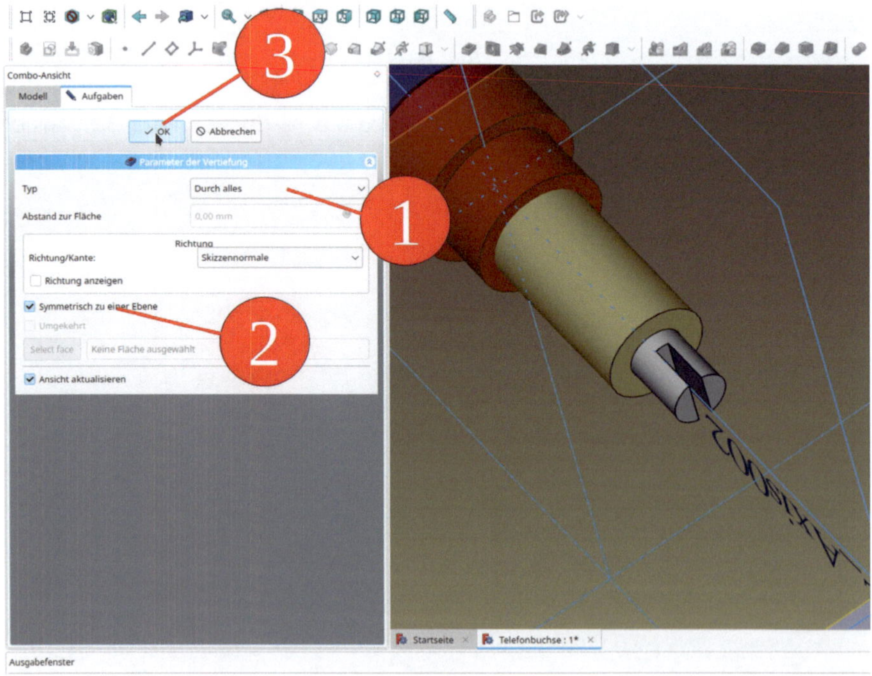


*Bild C17*

1.27. Die Formschräge zwischen Lötfahne und Kontakt erzeugen. Dazu in der 3D-Ansicht die hintere Außenkante des Kontaktes markieren und das Werkzeug "Fase" wählen. Im Aufgabenfenster den Typ "gleiche Distanz" und die Größe 1,2 mm setzen (Bild C18).

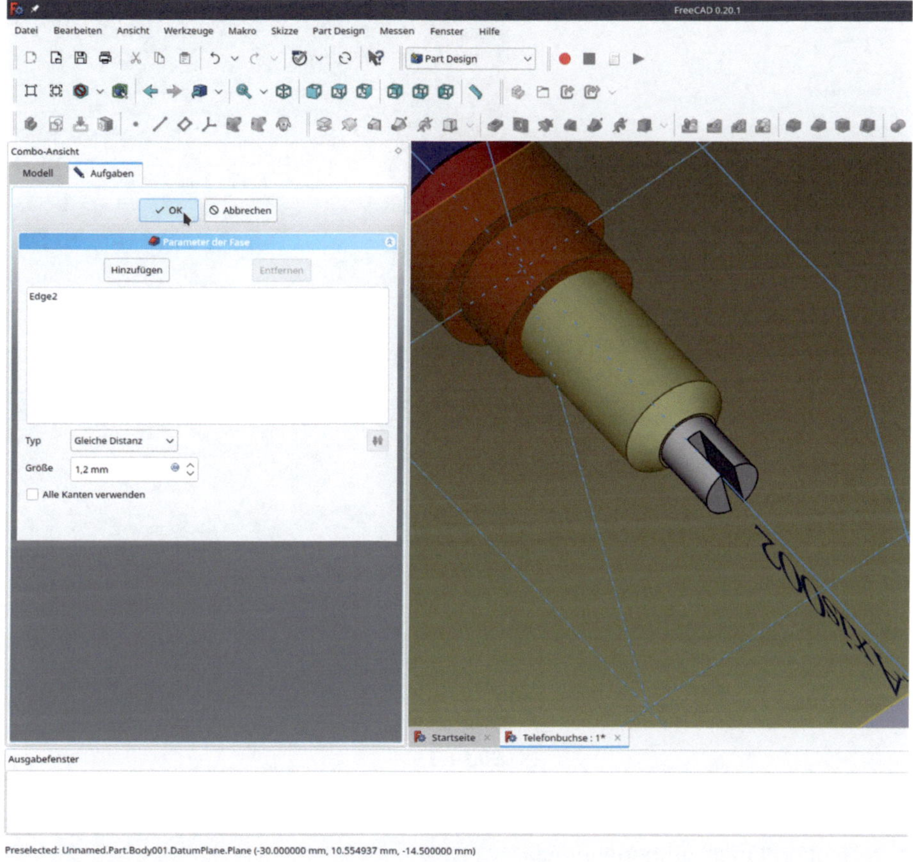


*Bild C18*

1.28. In der Baumansicht rechts auf den Körper "Kontakt" klicken und für die Darstellung das Material "Chrom" wählen. in der Baumansicht die Referenzebene "Lötfahne" mit der Leertaste ausblenden (Bild C19).

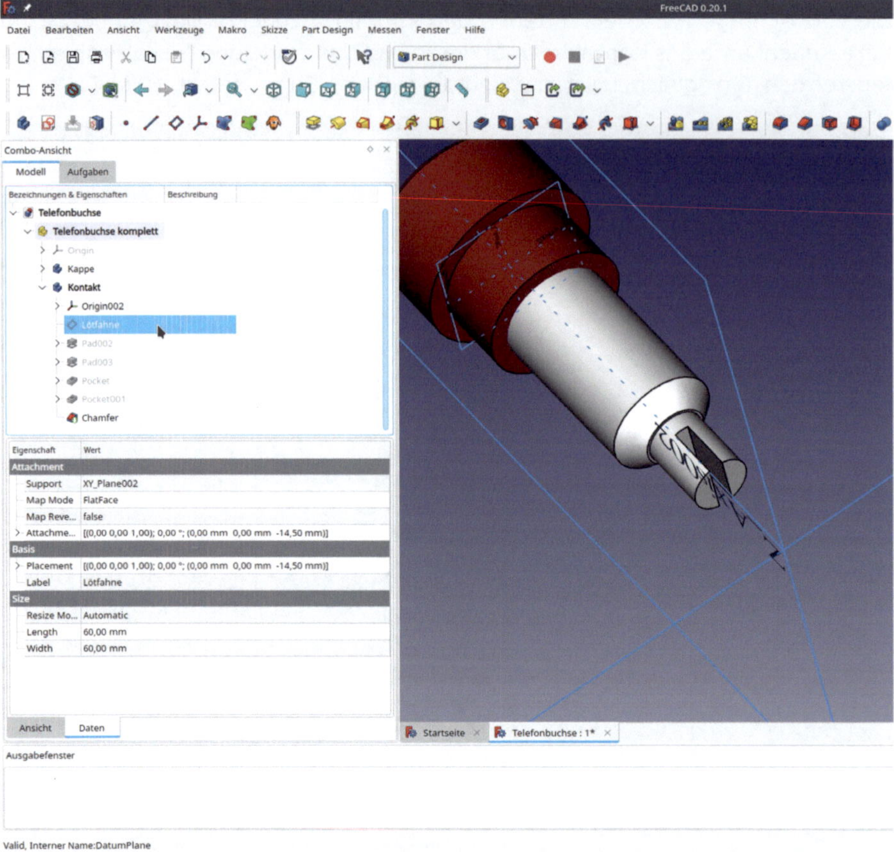


*Bild C19*

1.29. Durch Klicken des blauen "Körper erstellen"-Icons einen neuen Körper anlegen und diesen in "Isoliernippel" umbenennen.

1.30. Das Koordinatensystem des Körpers "Kontakt" in der Baumansicht mit der Leertaste ausblenden. Das Koordinatensystem für den Isoliernippel einblenden.

1.31. In der 3D-Ansicht die XY-Ebene markieren und den Sketcher aufrufen.

1.32. Zwei um den Ursprung zentrierte konzentrische Kreise zeichnen. Im Panel "Elemente" im Aufgabenbereich links unten rechts auf die Kreise klicken und die beiden Durchmesser auf 6,4 mm und 10,4 mm festsetzen.

1.33. Den Sketcher schließen und die Skizze mit dem Werkzeug "Aufpolsterung erstellen" ein 4,4 mm dickes Profil erstellen . Dabei die Checkbox "Umgekehrt" anhaken, da der Isoliernippel nach hinten herausragt (Bild C20).

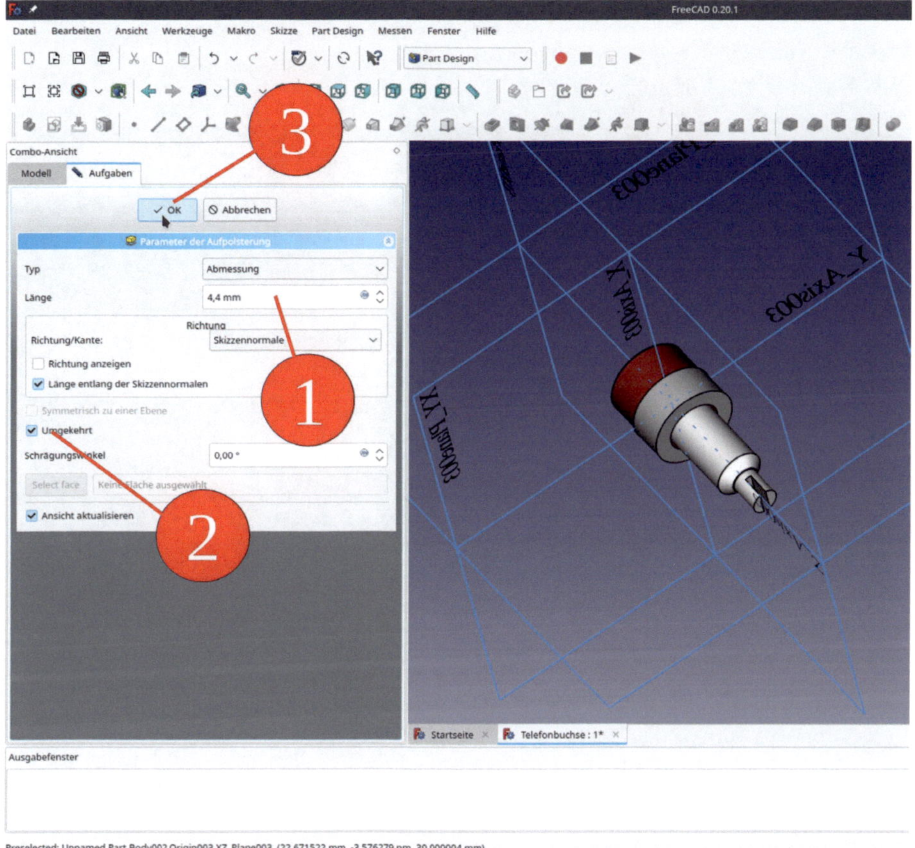


*Bild C20*

1.34. In der 3D-Ansicht die XY-Ebene markieren und den Sketcher aufrufen.

1.35. Einen auf den Ursprung zentrierten Kreis mit 8 mm Durchmesser skizzieren.

1.36. In der Baumansicht die Skizze markieren und mit dem Befehl "Tasche" einen 3,4 mm tiefen Ausschnitt erzeugen (Bild C21). Vertiefungen laufen (im Gegensatz zu Aufpolsterungen) von vorne nach hinten, daher hier die Checkbox "Umgekehrt" nicht anhaken.

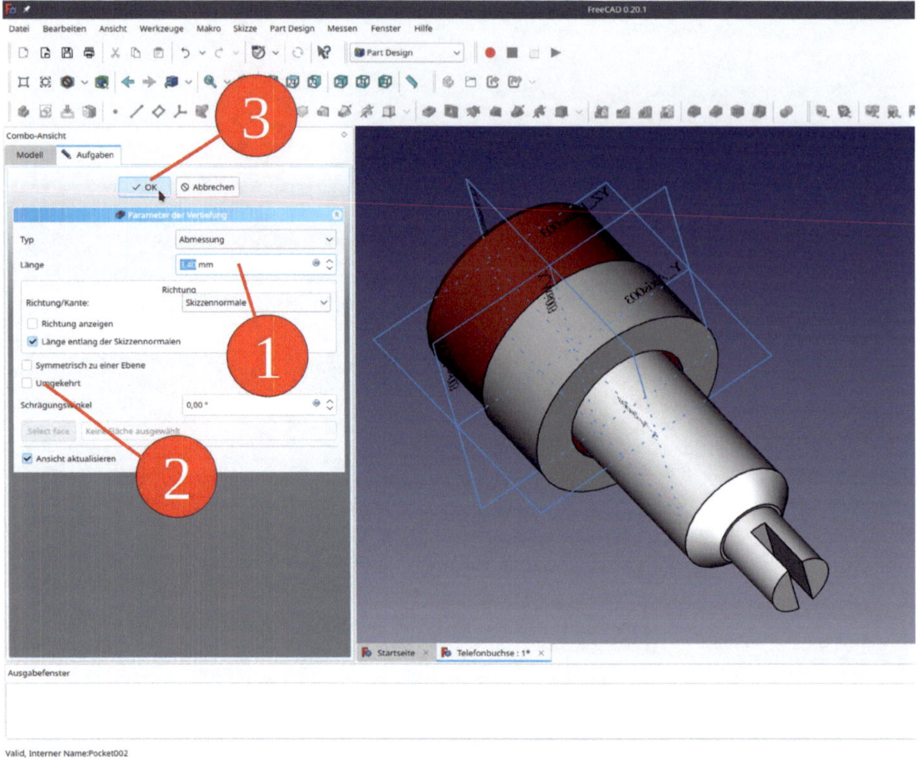


*Bild C21*

1.37. Die Darstellung des Isoliernippels wie unter 13.16 beschrieben auf "Kunststoff glänzend" und die Wunschfarbe setzen.

1.38. Den Isoliernippel in der Baumansicht markieren und in der Eigenschaftsliste durch Klicken des Listeneintrages "Placement", sowie Klicken des ... -Buttons darin das Aufgabenfenster dazu öffnen. Die Verschiebung in Z-Richtung auf ein typisches Frontplattenmaß setzen (z.B. 2 mm). Dies kann später leicht angepasst werden. Das Aufgabenfenster mit dem "OK"-Button unten schließen (Bild C22).

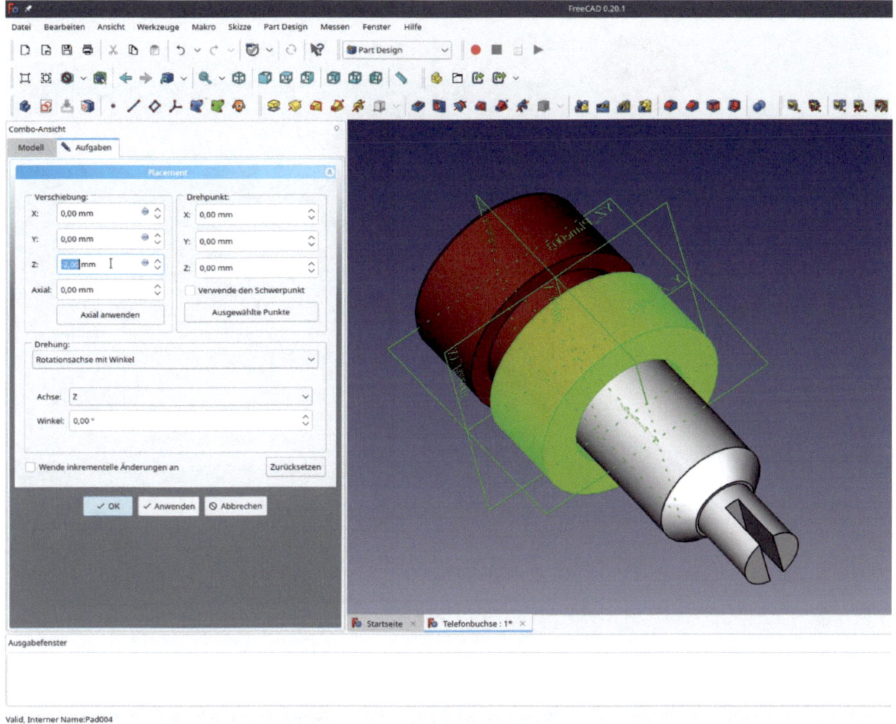


*Bild C22*

1.39. Einen weiteren Körper anlegen. Umbenennen zu "Befestigungsmutter".

1.40. Den Körper in der Baumansicht anklicken. Durch Klicken in das Eigenschaftsfeld "Placement" und die Eingabe von -38 mm in die Z-Verschiebung das Koordinatensystem der Mutter zunächst von den anderen Objekten entfernen.

1.41. Das Koordinatensystem der Befestigungsmutter mit der Leertaste einblenden.

1.42. Die XY-Ebene markieren und den Sketcher aufrufen.

1.43. Das Profil der Mutter zeichnen. Dazu das Werkzeug "Regelmäßiges Vieleck erstellen" in der Vorwahl "Sechseck" wählen und ein um den Ursprung zentriertes Sechseck zeichnen. Der Einfachheit halber sollte eine Spitze des Sechsecks auf der Y-Achse liegen (Bild C23).

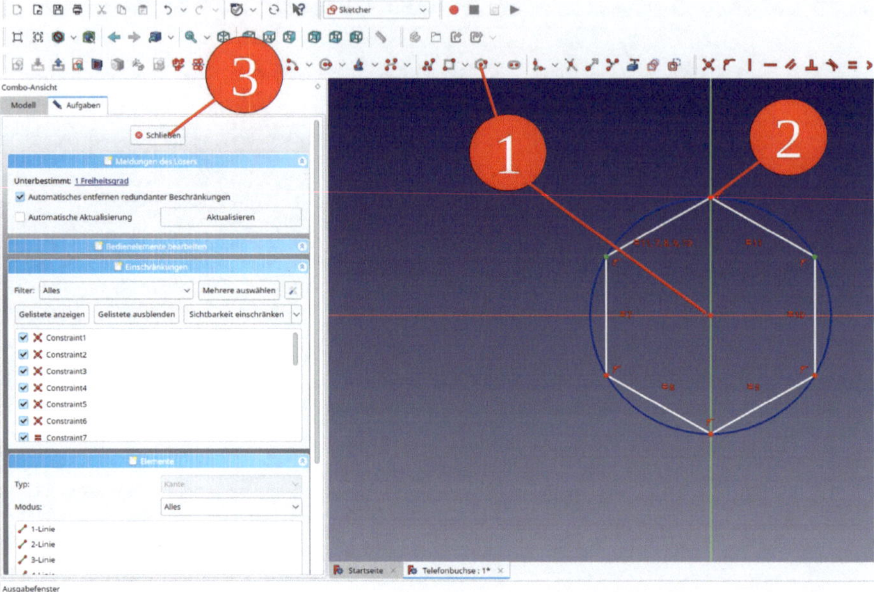


*Bild C23*

1.44. Die beiden obenliegenden seitlichen Punkte des Sechsecks markieren und den Abstand (die Schlüsselweite) mit der Einschränkung "Horizontalen Abstand festlegen" auf 8 mm setzen.

1.45. Einen um den Ursprung zentrierten Kreis mit dem Durchmesser 5,9 mm zeichnen (Bild C24).

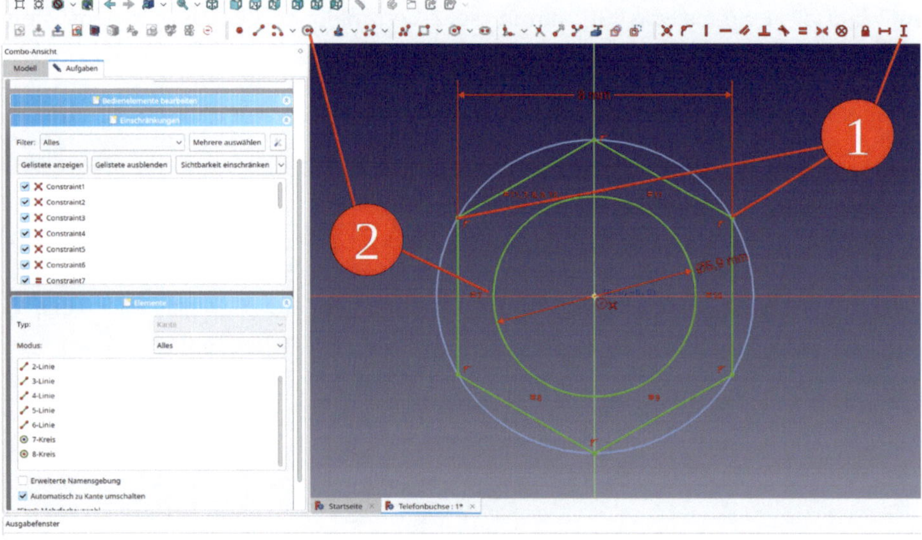


*Bild C24*

1.46. Die Skizze in der Baumansicht anwählen und mit dem Werkzeug "Aufpolsterung" zu einem Profil aufpolstern. Dabei die Länge auf 2 mm setzen und die Checkbox "Umgekehrt" anhaken (Die Mutter ragt nach hinten heraus, Bild C25).

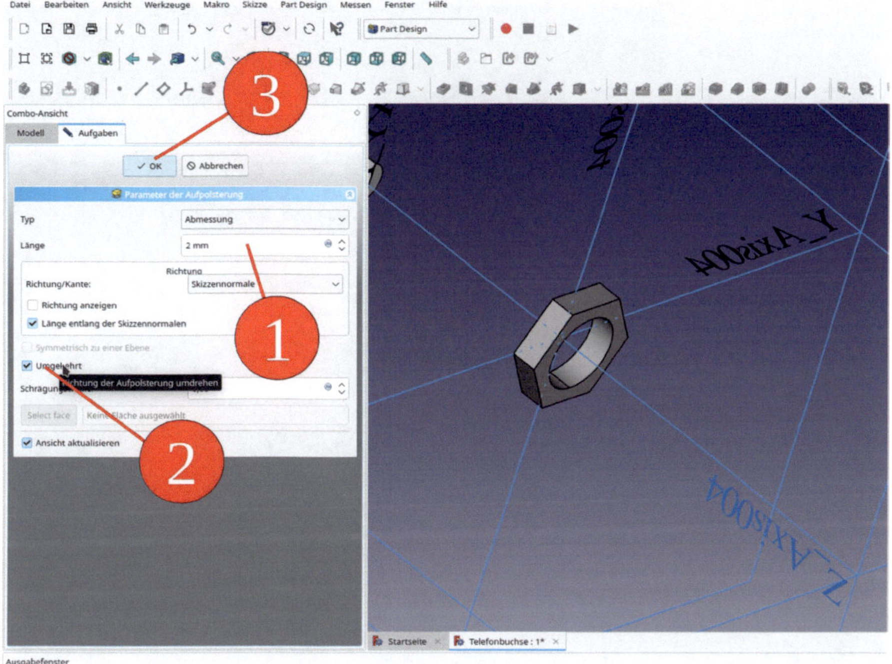


*Bild C25*

Die Mutter sollte sich immer direkt hinter dem Isoliernippel befinden. Das passiert automatisch, wenn wir eine Beziehung der Mutter zum Isoliernippel festlegen. Genau wie beim Distanzstück und der Scheibe bzw. Mutter im Abschnitt 4.5 benötigen wir dazu einen "Formbinder für Teilobjekt" (SubShapeBinder) als Referenzobjekt.

Hierbei ist zu beachten, dass der "Formbinder für Teilobjekt" nicht etwa im Körper des Isoliernippels angelegt wird. Der Formbinder würde innerhalb dieses Körpers angelegt und dessen lokales Koordinatensystem referenzieren. Dieses bleibt bei Bewegungen von "Placement"-Parametern aber unverändert (es ist ja zu diesem Körper lokal).

1.47. In der Baumansicht den aktivierten Körper (der Titel erscheint aktiviert in Fettdruck) durch Rechtsklick und Auswahl von "Aktiven Körper umschalten" deaktivieren. Das einzig aktivierte Objekt sollte jetzt der Std-Part-Container "Telefonbuchse komplett" sein.

1.48. Die Befestigungsmutter mit der Leertaste ausblenden.

1.49. In der 3D-Ansicht beim Isoliernippel die innere Kante der Stirnfläche markieren und auf das grüne "Formbinder für Teilobjekte erstellen"-Icon klicken (Bild C26).

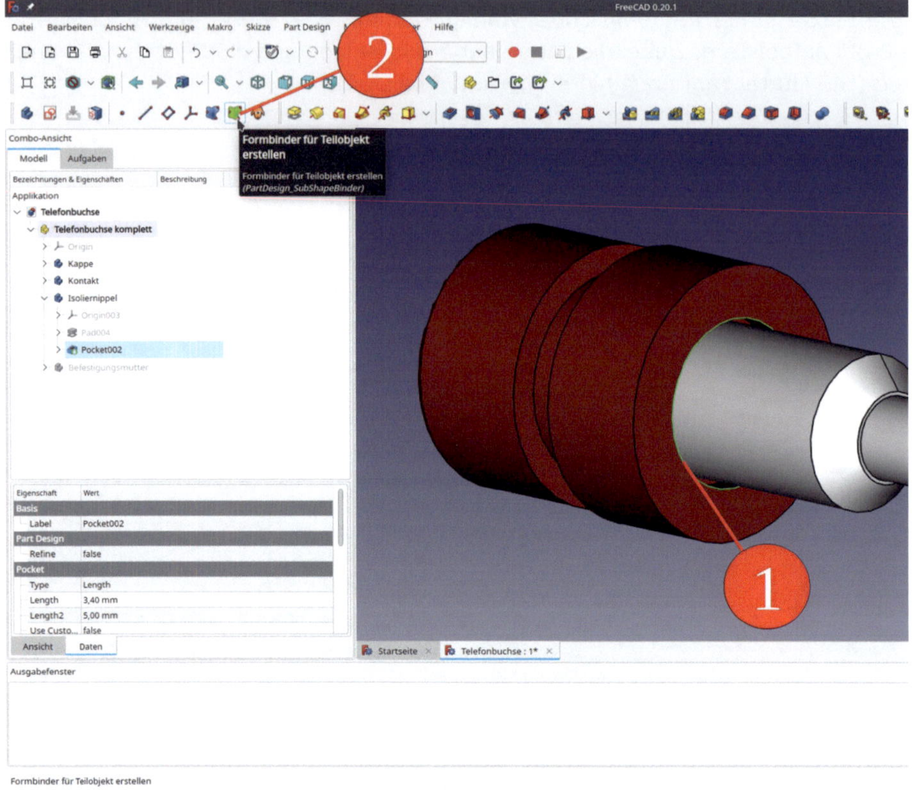


*Bild C26*

1.50. In der Baumansicht den Formbinder (Binder) mit drag-and-drop in den Std-Part-Container "Telefonbuchse komplett" ziehen. Dann bleiben auch später, wenn der Container in andere Konstruktionen eingebettet wird, alle Bezüge beieinander. Den Binder in "Position Befestigungsmutter" umbenennen (Bild C27).

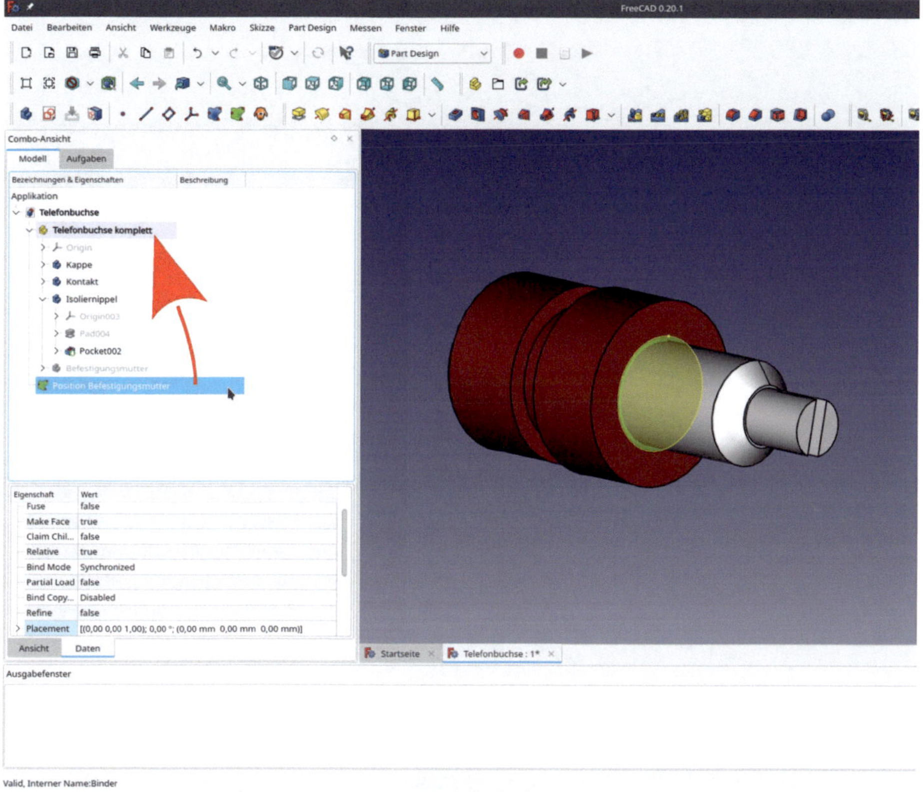


*Bild C27*

1.51. In der Baumansicht die Befestigungsmutter durch Anklicken markieren. Zur "Part"-workbench wechseln und den Menüpunkt "Formteil | Positionierung" wählen.

1.52. Im Aufgabenfenster sollte der Button für Referenz 1 ausgegraut sein und der Label darauf "Auswählen" anzeigen. Sonst den Button nochmals klicken, um diesen Zustand herzustellen.

1.53. Auf den Reiter "Modell" direkt darüber klicken. In der Baumansicht auf den Formbinder klicken.

1.54. Zum Reiter "Aufgaben" zurückkehren. Für den Befestigungsmodus "X Y auf Ebene" wählen (Bild C28) und das Aufgabenfenster mit dem "OK"-Button schließen.

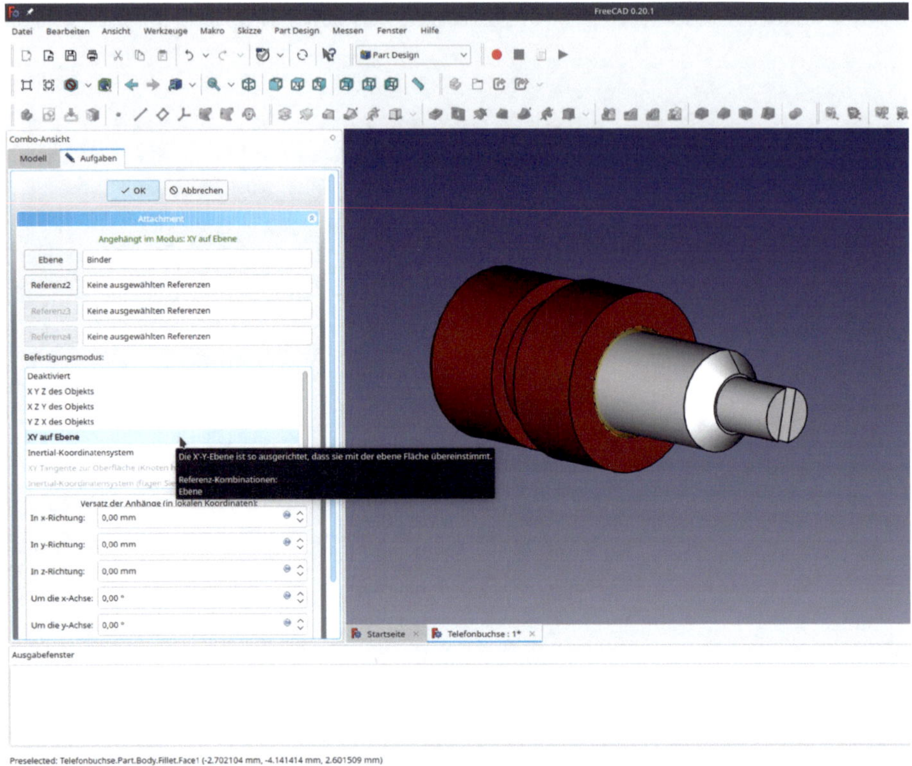


*Bild C28*

1.55. Die Mutter in der Baumansicht mit der Leertaste einblenden.

1.56. Die Assoziativität testen: Versuchsweise in der Baumansicht auf den Isoliernippel klicken und in der Eigenschaftsliste auf den Eintrag für das Placement sowie den dann erscheinenden [...] -Button klicken.

1.57. Im sich nun öffnenden Aufgabenfenster den Verschiebungsparameter für Z mit dem Mausrad oder durch Eintragen eines Zahlenwertes verändern. Im 3D-Modell erscheint die Verschiebung instantan. Um die Position der Mutter zu aktualisieren, muss man noch den Button "Anwenden" unten auf dem Fenster klicken. Das Aufgabenfenster mit dem "OK"-Button schließen.

1.58. Den Formbinder "Position Befestigungsmutter" mit der Leertaste ausblenden. Nicht vergessen, die Datei zu speichern (Bild C29).

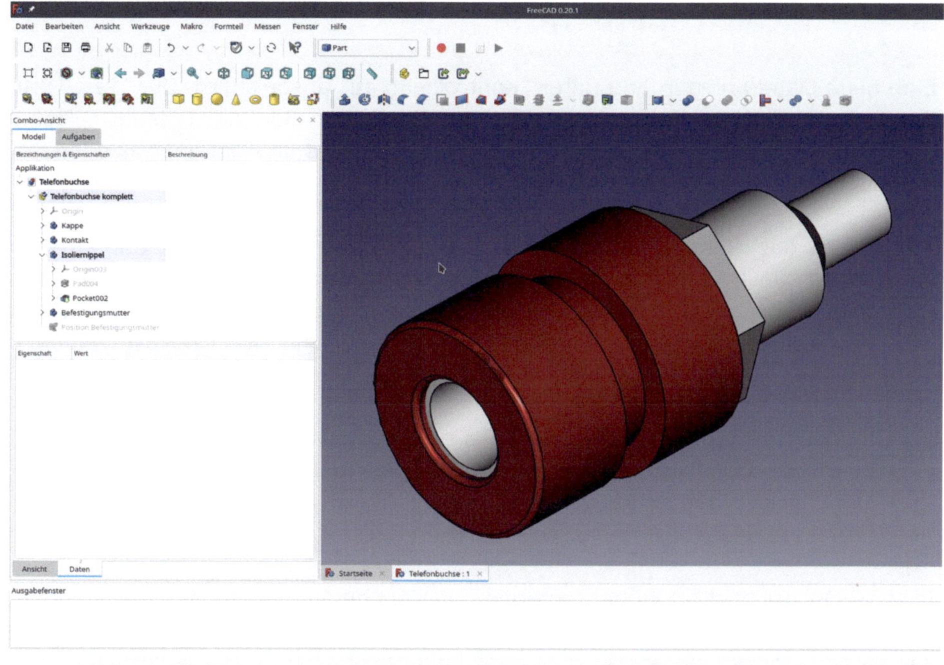


*Bild C29*

Im Begleitmaterial sind noch Abrundungen an der Mutter angebracht. Solche kosmetischen Features machen ein Projekt ansehnlicher, würden hier den Rahmen aber zu weit ausdehnen. Daher soll es dem Leser überlassen bleiben, mit FreeCAD zu untersuchen, wie die Abrundungen ins Modell der Befestigungsmutter kamen.

# Anhang D: Kontrollleuchte

1.1. Eine neue Datei anlegen und unter "Kontrollleuchte" abspeichern. Zur "Part-Design"-workbench wechseln und einen neuen Std-Part-Container anlegen. Diesen in "Kontrollleuchte komplett" umbenennen. Einen neuen Körper in diesem Container anlegen und zu "Kontrollleuchte Gehäuse" umbenennen.

1.2. Wir setzen das Gehäuse so an, dass die XY-Ebene des Std-Part-Containers dort liegt, wo später die Frontplattenoberfläche ist. Die Kontrollleuchte hat einige Features, für die man am besten gleich einige Referenzebenen anlegt: Dazu das Koordinatensystem von "Kontrollleuchte Gehäuse" in der Baumansicht mit der Leertaste einblenden. Die Features sind:

- Die Oberseite des Gehäuses, die aus der Frontplatte herausragt (Z = 5 mm)
- Das Ende des Großgewindes für die Befestigungsmutter (Z = -14,9 mm)
- Die Ebene für die Schraubkontakte (Z = -25 mm)
- Das Ende des Isoliersteges zwischen den Kontakten (Z = -33 mm)

1.3. In der 3D-Ansicht die XY-Ebene markieren. Manchmal gelingt das nicht sofort – das gesamte Koordinatensystem ist hervorgehoben. Dann zunächst einmal "ins Leere" klicken und das Koordinatensystem abwählen. Danach einmal auf die XY-Ebene klicken.

1.4. Das Menü-Icon "Referenzebene erstellen" klicken. Im Aufgabenfenster erscheint die Ebene bereits als "Angehängt im Modus: Ebene Fläche". Den Versatzparameter für die Z-Richtung auf 5 mm setzen. Das Aufgabenfenster mit dem "OK"-Button schließen. In der Baumansicht die Ebene zu "Gehäuse Oberseite" umbenennen.

1.5. In gleicher Weise die anderen Referenzebenen anlegen und gemäß 1.2 umbenennen. Es wirkt etwas umständlich, allen Objekten klingende Namen zu geben. Kehrt man später wieder zu einem Teil zurück, ist die Zeitersparnis dadurch aber groß (Bild D1).

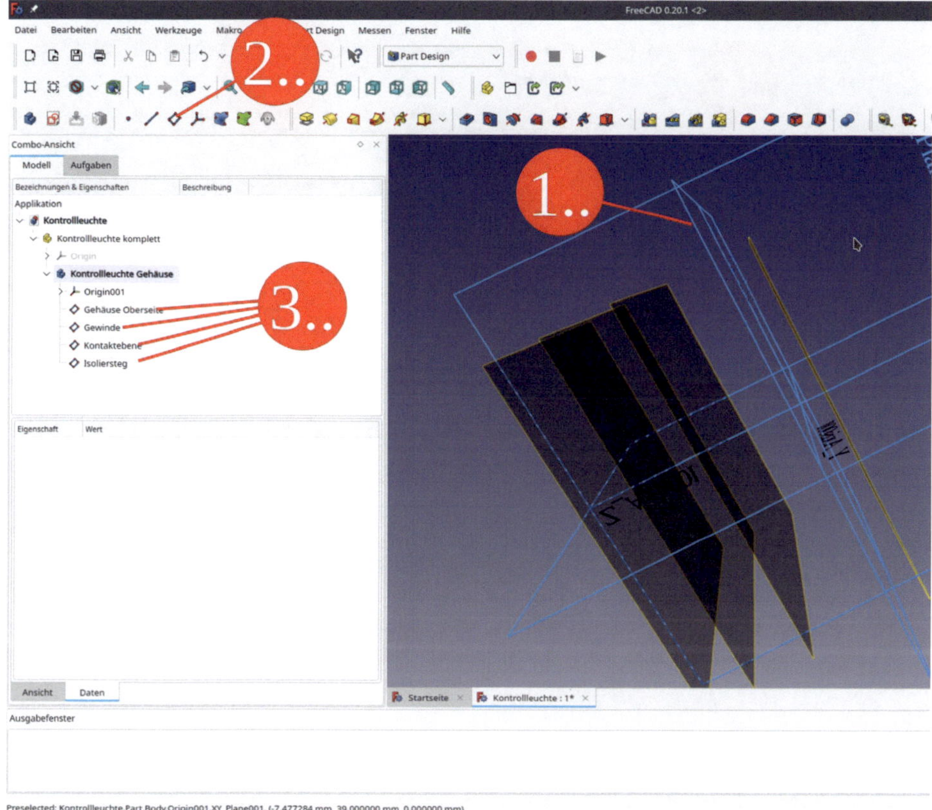


*Bild D1*

1.6. Derart vorbereitet können wir jetzt das Gehäuse modellieren: Zunächst den Vorderteil, der konisch aus der Frontplatte herausragt. Hierfür erzeugen wir einen Verbund (der in FreeCAD "Loft" genannt wird). Dazu brauchen wir zwei Skizzen, für das Anfangs- und das Endprofil des Verbundes. Die abgemessenen Durchmesser lauten 20,7 mm für den Anfang an der Frontplattenseite und 18,5 mm für das Ende des Gehäuses vorne.

1.7. Die XY-Ebene des Koordinatensystems von "Kontrollleuchte Gehäuse" markieren. Das "Sketcher"-Icon klicken. Das Werkzeug "Kreis erstellen" wählen. Für den Mittelpunkt auf den Koordinatenursprung klicken. Den Kreis mit beliebigem Durchmesser fertig stellen. Im Aufgabenfenster im Panel "Elemente" rechts auf den Kreis klicken und die Einschränkung "Diameter Constraint" auswählen. Den Durchmesser mit 20,7 mm angeben. Das Aufgabenfenster schließen.

1.8. In gleicher Weise auf die Ebene "Oberseite Gehäuse" einen auf den Ursprung zentrierten Kreis mit einem Durchmesser von 18,5 mm zeichnen.

1.9. Die zwei Skizzen in der 3D-Asicht markieren und das Werkzeug "Ausformung" ("AdditiveLoft") wählen (Bild D2).

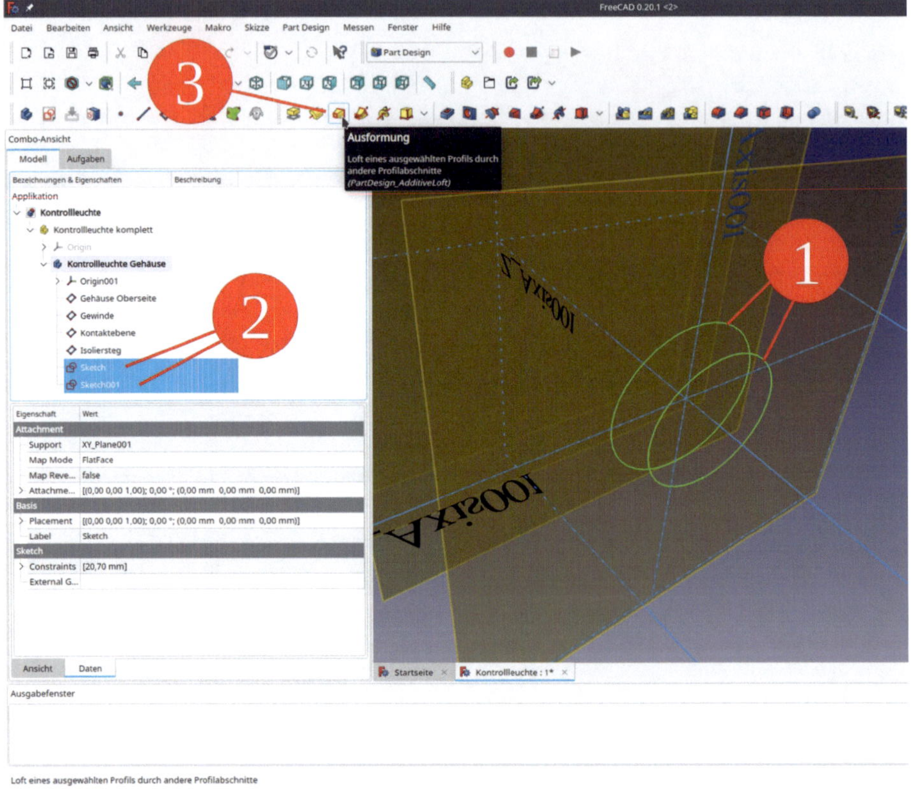


*Bild D2*

1.10. Im Aufgabenfenster die Checkbox "Geschlossen" anhaken und die Aufgabe mit "OK"-Button abschließen (Bild D3). Das Feature "AdditiveLoft" in "Gehäuse außen" umbenennen.

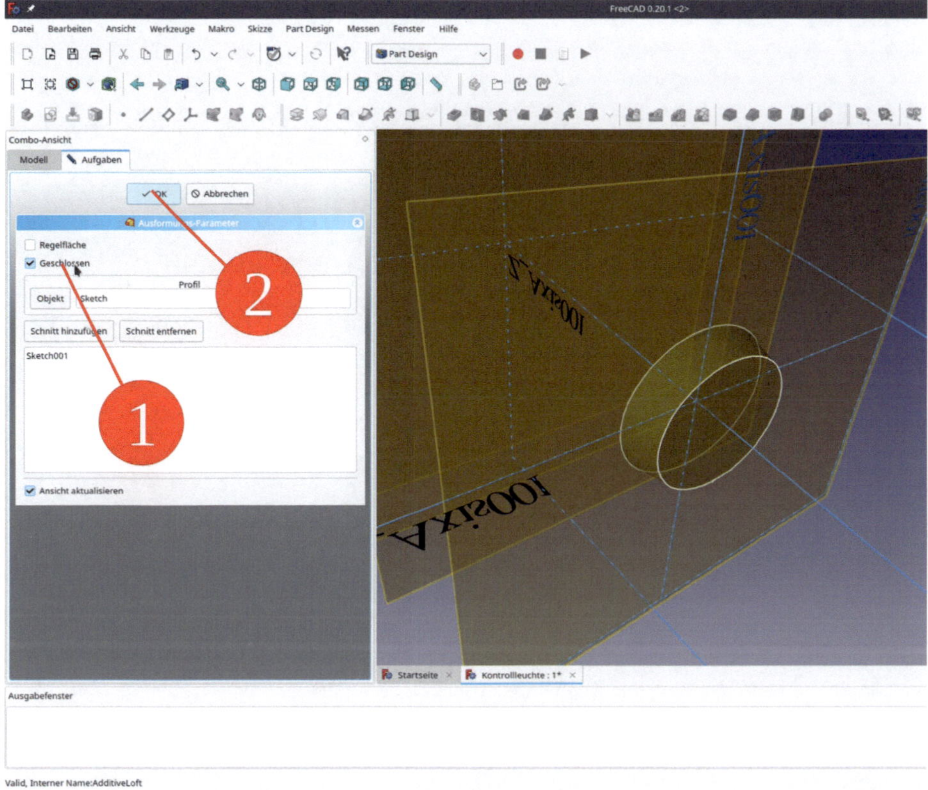


*Bild D3*

1.11. Auf die XY-Ebene einen weiteren, auf den Ursprung zentrierten Kreis für den Gewindeteil des Gehäuses zeichnen. Der abgemessene Durchmesser beträgt 15,8 mm. Da nach dem Markieren der XY-Ebene und dem Aufruf des Sketchers die gerade generierte Ausformung die Zeichenebene verdeckt, aus dem Hauptmenü "Sketch | Abschnitt anzeigen" wählen. Danach den Kreis wie in 16.3 beschrieben zeichnen und den oben angegebenen Durchmesser eingeben.

1.12. Die neue Zeichnung in der Baumansicht markieren und das Werkzeug "Aufpolsterung" wählen (Bild D4).

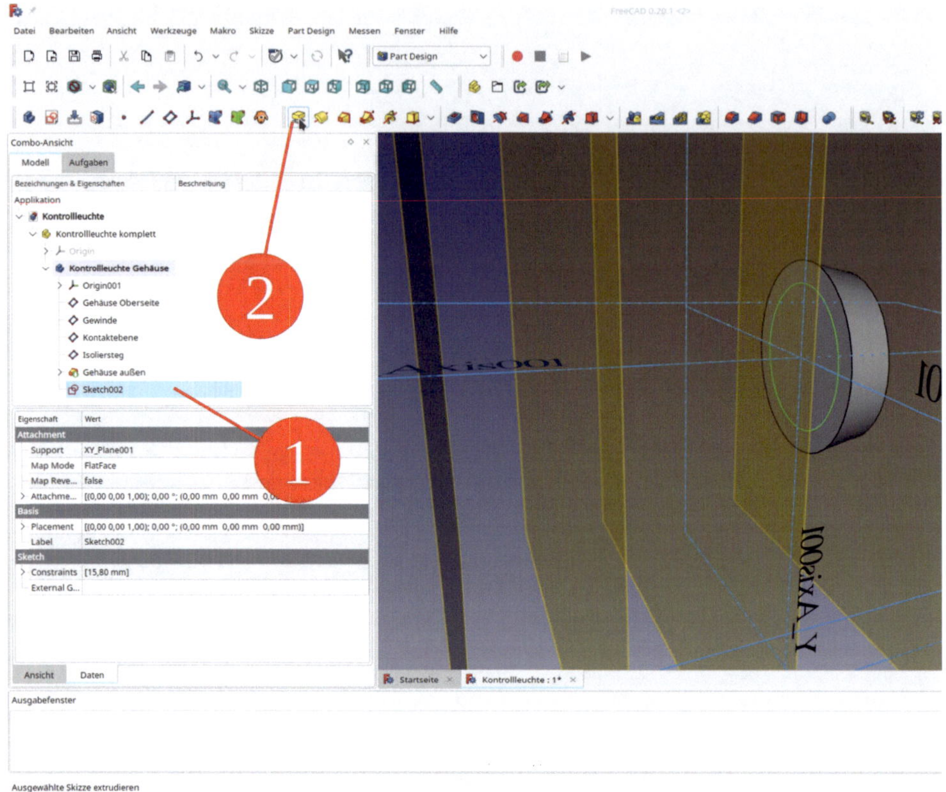


*Bild D4*

1.13. Im Aufgabenfenster für den Typ "Bis zu Oberfläche" wählen. Sollte der Button "Select face" im Aufgabenfenster nicht dunkelgrau erscheinen, nochmals darauf klicken. Danach in der 3D-Ansicht die Ebene "Gewinde" anklicken. Alternativ in den Reiter "Modell" wechseln und die Ebene "Gewinde" in der Baumansicht anklicken (Bild D5).

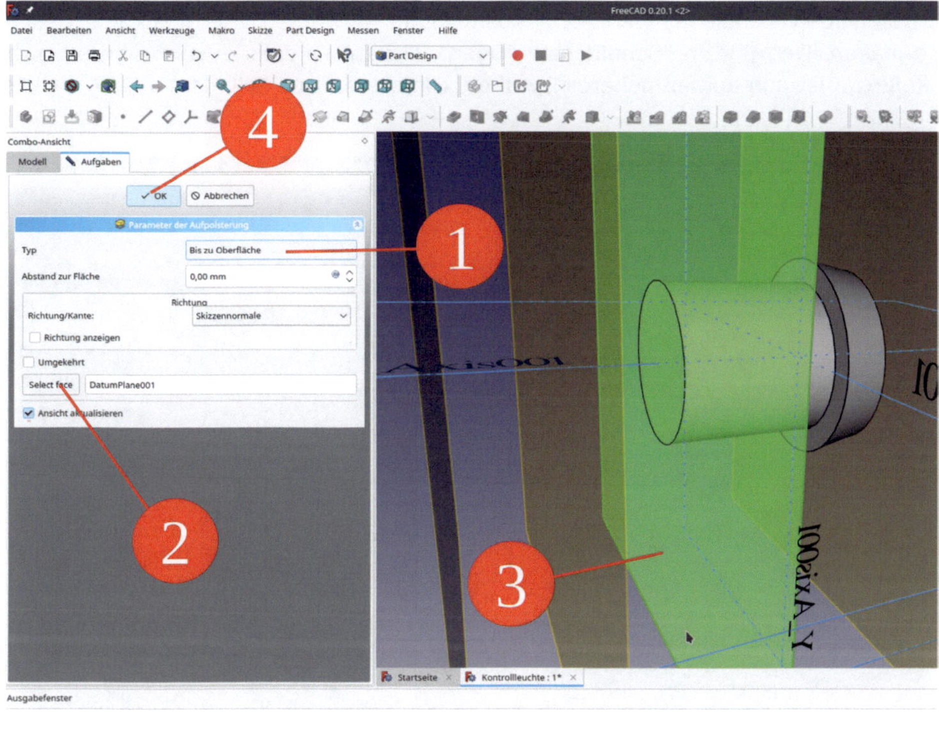


*Bild D5*

1.14. Hinter dem Gewinde liegt ein zylindrischer Gehäuseteil mit einem Durchmesser von 14 mm. Das Vorgehen gleicht dem für den gerade angelegten Gewindeteil: Einen auf den Ursprung zentrierten Kreis von 14 mm Durchmesser auf die Ebene "Gewinde" skizzieren und mit dem Werkzeug "Aufpolsterung "bis auf die Ebene "Kontaktebene" aufpolstern. Daran denken, dass, wenn die Skizzenebene verdeckt ist, man diese mit "Sketch | Abschnitt anzeigen" sichtbar machen kann.

1.15. Die Isolierwand zwischen den Kontakten ist komplexer. Zunächst wird eine konische Ausformung angelegt, aus der zwei Abschnitte entfernt werden. Für die Ausformung werden wieder zwei Querschnitte benötigt. Für den wird die hintere Stirnseite des gerade angelegten Zylinders wieder verwendet – damit akzeptiert man das Risiko einer Neunummerierung der Facetten. Das Gehäuse ist aber überschaubar und bald fertig gestellt.

1.16. Den hinteren Querschnitt als einen auf den Ursprung zentrierten Kreis auf die Ebene "Isolierwand" zeichnen. Der Kreis hat einen (abgemessenen) Durchmesser von 12,2 mm.

1.17. Damit die Kanten anwählbar werden, die Ebenen "Kontaktebene" und "Isoliersteg" in der Baumansicht mit der Leertaste ausblenden.

1.18. Das gelbe (= additive) Werkzeug "Ausformung" anwählen. Die Checkbox "Geschlossen" anhaken. Den Button "Schnitt hinzufügen" klicken, so dass er dunkelgrau erscheint (der Kollektor ist nun aufnahmebereit). Auf die Hinterseite des Zylinders aus 16.14 klicken (Bild D6).

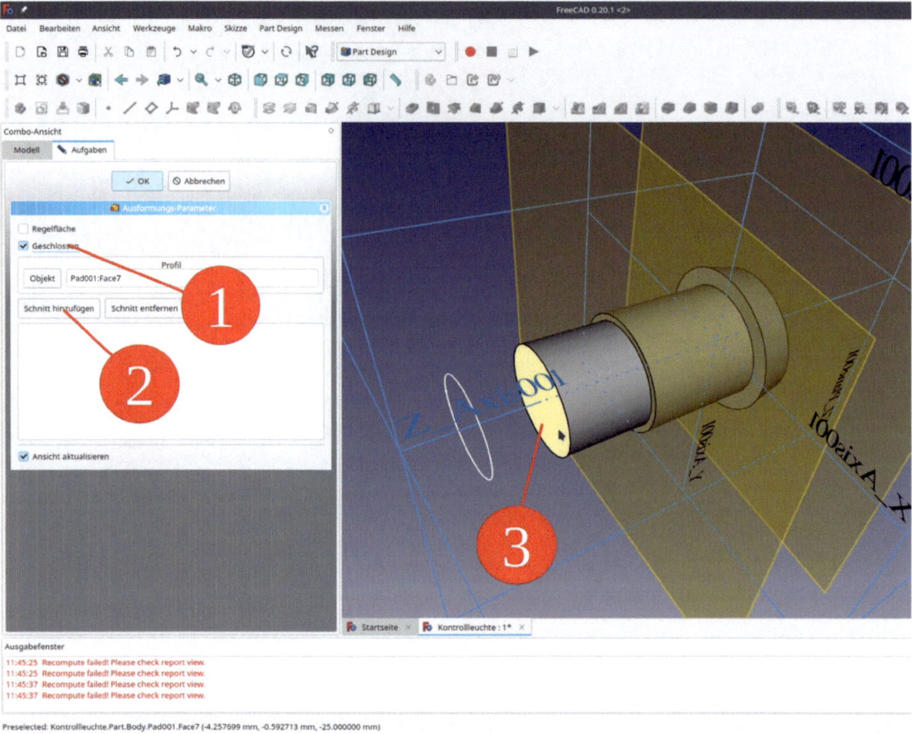


*Bild D6*

1.19. Wieder den Button "Schnitt hinzufügen" klicken und den neuen Kreis aus 16.16 anklicken (Bild D7). Das Aufgabenfenster mit dem "OK"-Button schließen.

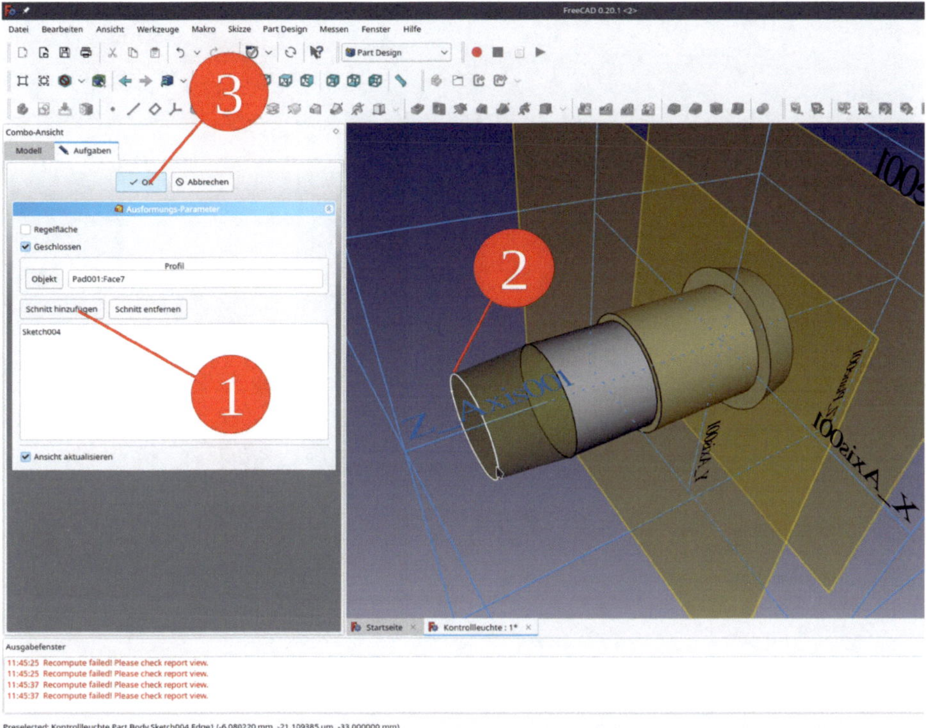


*Bild D7*

1.20. Jetzt legen wir die Ausschnitte für die Kontakte an. Dazu zeichnen wir zunächst ein Rechteck auf die Ebene "Kontaktebene". Sollten die Details des bereits generierten Gehäuses stören, aus dem Hauptmenü "Sketch | Abschnitt anzeigen" anklicken und "Ansicht | Orthogonale Ansicht" wählen. Ein auf die X-Achse zentriertes Rechteck zeichnen. Sollte die Darstellung der Skizze nicht wie erwartet funktionieren, die Skizze schließen und wieder durch Doppelklick in der Baumansicht wieder öffnen.

1.21. Das Rechteck bemaßen: Den Ursprung sowie einen der Y-Achse nahe liegenden Eckpunkt markieren (durch STRG + anklicken) und die Einschränkung "Horizontaler Abstand" wählen. 1,25 mm eingeben (Bild D8, Schritt 1-4).

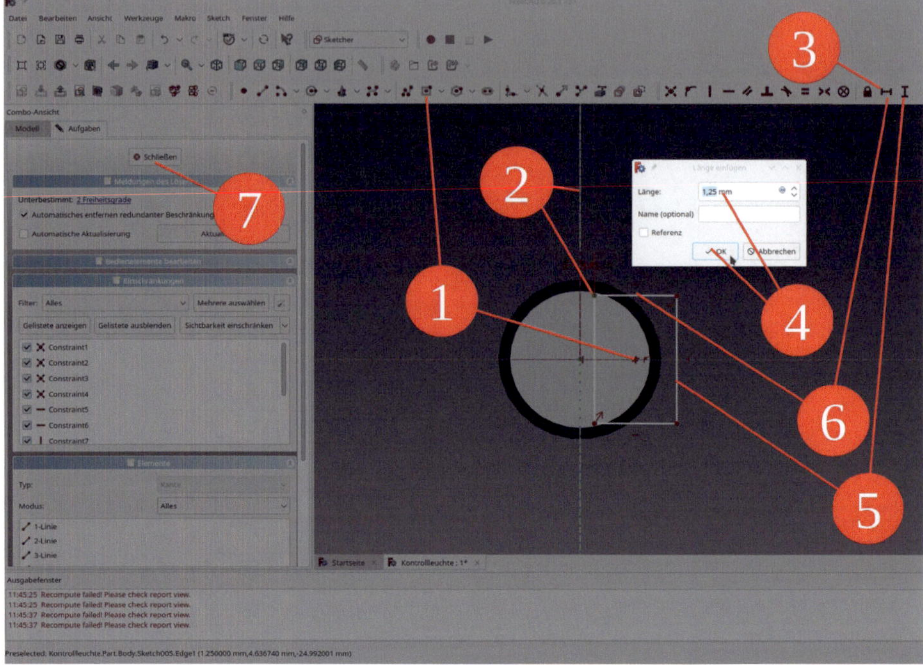


*Bild D8*

1.22. Eine vertikale Seite des Rechtecks anklicken und die Einschränkung "Vertikalen Abstand festlegen" wählen. Eine ausreichend große Zahl eingeben (z.B. 15 mm), so dass der Ausschnitt den gesamten Konus betrifft.

1.23. Eine horizontale Seite des Rechtecks anklicken und die Einschränkung "Horizontalen Abstand festlegen" wählen. Mit der Eingabe von 6 mm ist der Ausschnitt ausreichend breit, um den Konus insgesamt zu schneiden. Die Skizze erscheint hellgrün – ist vollständig bestimmt. Das Aufgabenfenster mit dem "Schließen"-Button oben schließen (Bild D8, Schritt 5-7).

1.24. Die Skizze in der Baumansicht markieren und das Werkzeug "Tasche" wählen Bild D9). Im Aufgabenfenster den Typ "Bis zu Oberfläche" wählen, zum Reiter "Modell wechseln und die Ebene "Isoliersteg" anklicken (Bild D10). Zum Reiter "Aufgaben" zurückkehren und das Aufgabenfenster mit dem "OK"-Button oben schließen.

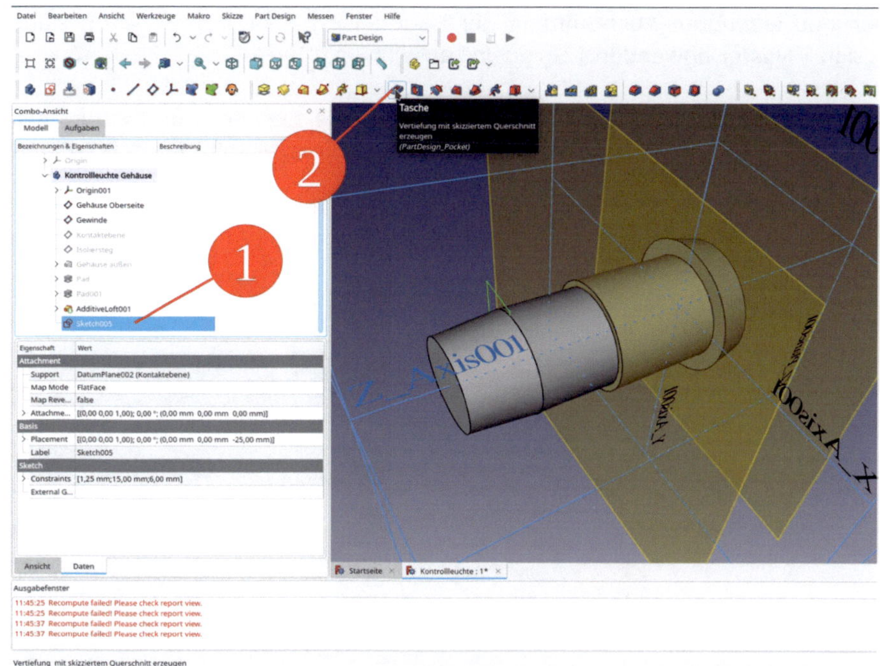


*Bild D9*

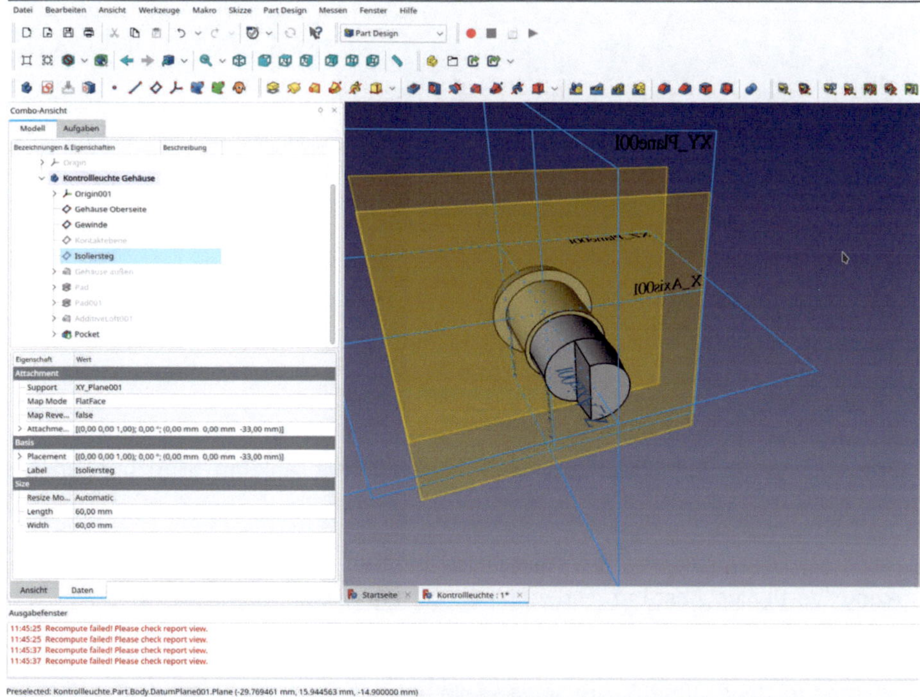


*Bild D10*

1.25. Den neu erzeugten Ausschnitt in der Baumansicht markieren und im Hauptmenü "Part Design | Muster anwenden | Spiegeln" auswählen.

1.26. Im Aufgabenfenster ist bereits das zu spiegelnde Element vorgewählt. Als Ebene die YZ- Ebene auswählen (Bild D11) und das Aufgabenfenster mit dem "OK"-Button oben schließen.

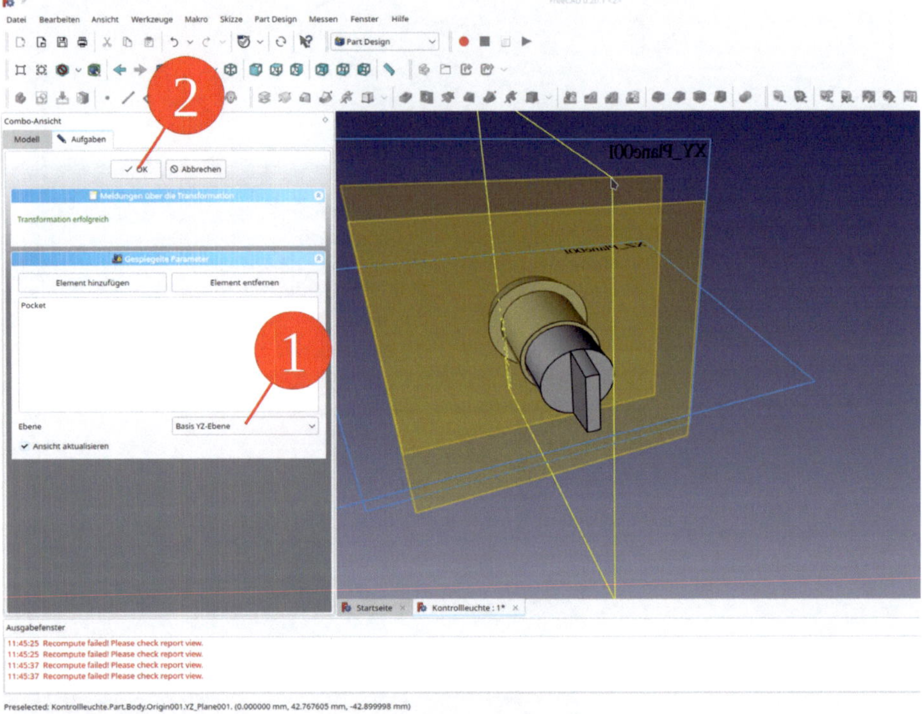


*Bild D11*

1.27. Ein wichtiges Element fehlt noch: Das Gehäuse hat eine Rotationssperre, die beim Anlegen von Ausschnitten unbedingt berücksichtigt werden muss. Die Rotationssperre wird auf die XY-Ebene des Körpers "Kontrollleuchte Gehäuse" skizziert: Ein auf die Z-Achse zentriertes Rechteck zeichnen.

1.28. Eine horizontale Seite markieren und mit der Einschränkung "Horizontalen Abstand festlegen" auf 3 mm setzen.

1.29. Einen der oberen Punkte des Rechtecks und den Ursprung markieren. Mit der Einschränkung "Vertikalen Abstand festlegen" auf 9 mm setzen.

1.30. Einen der unteren Punkt und den Ursprung markieren. Mit der Einschränkung "Vertikalen Abstand festlegen" auf 6 mm setzen (die unteren Punkte müssen lediglich innerhalb des Gehäuses liegen). Die fertige Skizze zeigt Bild D12.

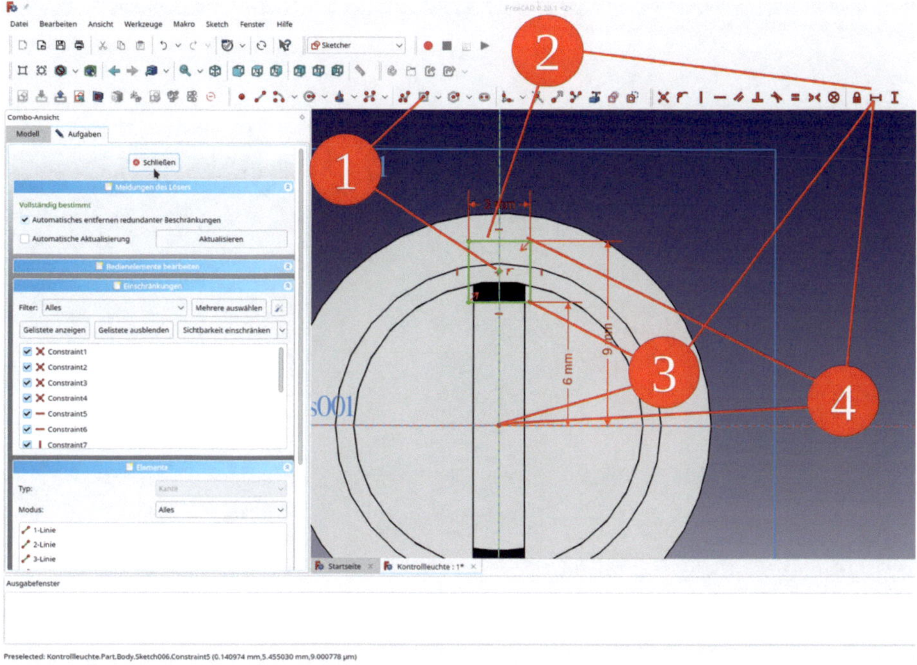


*Bild D12*

1.31. Die neue Skizze markieren und das Werkzeug "Aufpolsterung" anklicken. Im Aufgabenfenster die Länge auf 1 mm setzen und die Checkbox "Umgekehrt" anhaken (Bild D13). Das Aufgabenfenster mit dem "OK"-Button schließen.

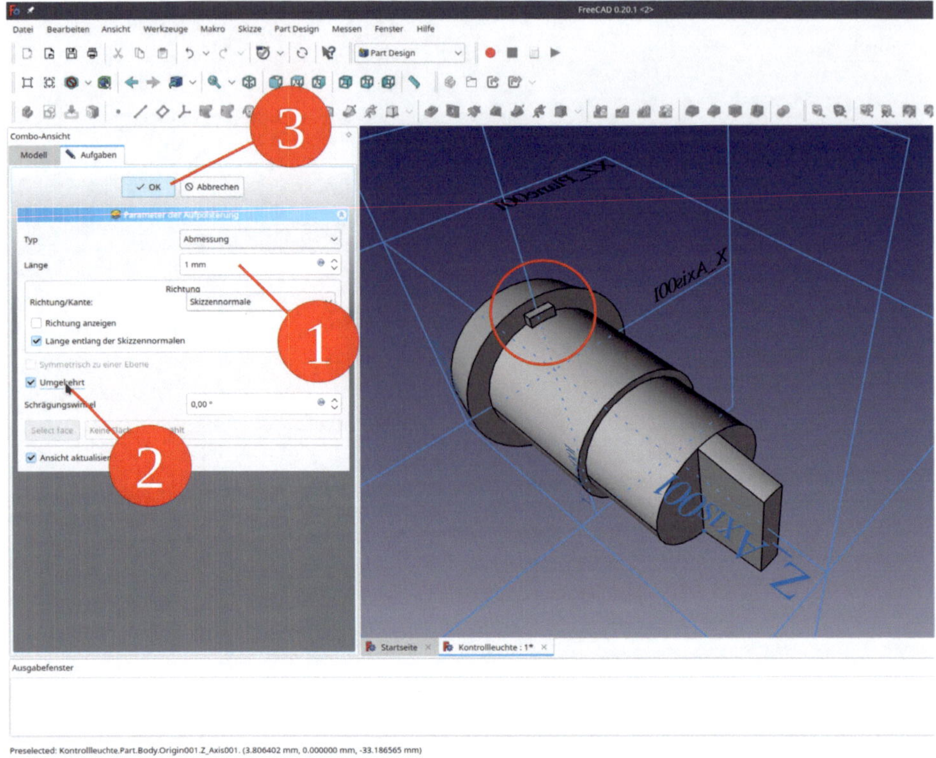

*Bild D13*

1.32. Alle Referenzebenen und das Koordinatensystem von "Kontrollleuchte Gehäuse" in der Baumansicht mit der Leertaste ausblenden. Rechts auf den Körper klicken und für die Darstellung das Material "Glänzender Kunststoff" und die Farbe schwarz wählen. Manchmal ist es übersichtlicher, ein sehr dunkles Grau zu verwenden. Für die weitere Arbeit den Körper des Gehäuses in der Baumansicht mit der Leertaste ausblenden.

1.33. Für die Kappe der Kontrollleuchte auf das Menü-Icon "Körper erstellen" klicken. Den neuen Körper in "Kontrollleuchte Kappe" umbenennen. Den Körper in den Container "Kontrollleuchte komplett ziehen (Bild D14).

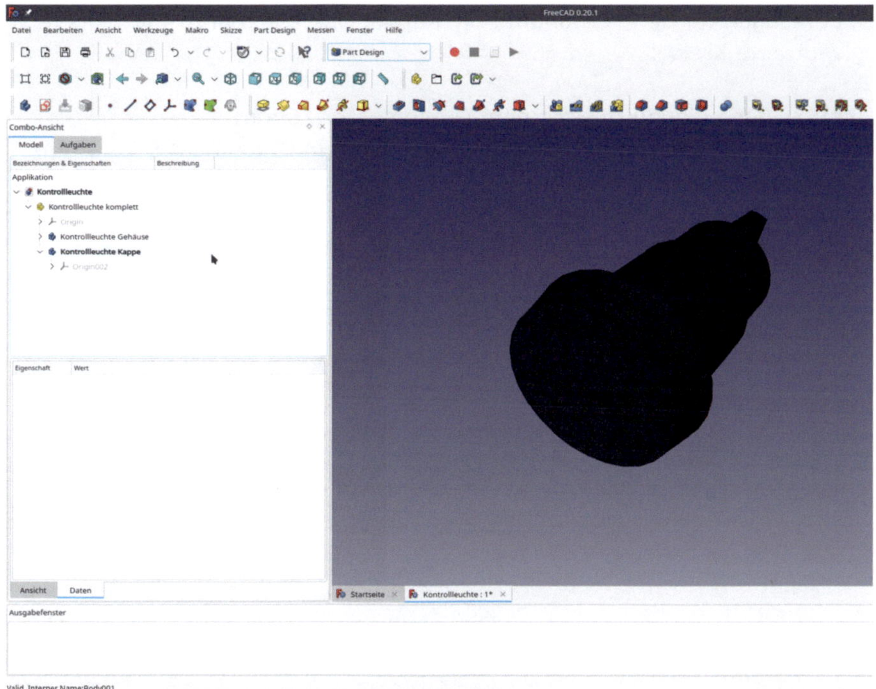


*Bild D14*

1.34. Zunächst die eingesetzte Position der Kappe anpassen. Dazu den Körper "Kontrollleuchte Kappe" in der Baumansicht markieren. In der Eigenschaftsliste in das Parameterfeld "Placement" klicken und den dann erscheinenden ... -Button klicken. Im Aufgabenfenster den Z-Parameter auf 5,01 mm setzen. Der Offset von 0,01 mm zum Gehäuse verhindert später, dass die Grenzfläche zwischen Kappe und Gehäuse diskontinuierlich dargestellt wird (3D-Programme reagieren bei der Darstellung von direkt aneinandergrenzenden Flächen manchmal etwas allergisch, wenn Facetten nicht eindeutig zugewiesen sind, wie hier z.B. die Grenzfläche, die bei Koinzidenz ja streng genommen zu beiden Objekten gehört).

1.35. Das Koordinatensystem von "Kontrollleuchte Kappe" in der Baumansicht mit der Leertaste einblenden.

1.36. In der 3D-Ansicht die XY-Ebene markieren. Sollte zunächst das gesamte Koordinatensystem angewählt sein, einmal auf den Hintergrund, dann auf die XY-Ebene klicken. Für die Oberseite der Kappe eine Referenzebene erzeugen und für den Z-Parameter 11,4 mm einsetzen. Die Referenzebene in "Kappe Oberseite" umbenennen.

1.37. Die Kappe ist hohl. Da sie transparent werden soll, muss noch die Innenfläche angelegt werden. Dazu in der 3D-Ansicht nochmals die XY-Ebene markieren und das Menü-Icon "Referenzebene erzeugen" klicken. Den Z-Parameter auf 9,8 mm setzen. Die Ebene in "Kappe Oberseite innen" umbenennen.

1.38. Jetzt erzeugen wir den Verbund für die Kappe. Dazu skizzieren wir folgende, auf den Ursprung zentrierte Kreise:

> Auf die XY-Ebene einen Kreis mit dem Durchmesser 16 mm
> Auf die Ebene "Kappe Oberseite" einen Kreis mit dem Durchmesser 13,5 mm.

1.39. In der Baumansicht die beiden Skizzen markieren (STRG + anklicken), und das gelbe Werkzeug-Icon "Ausformung" (additive loft) klicken (Bild D15). Das Aufgabenfenster mit dem "OK"-Button oben schließen.

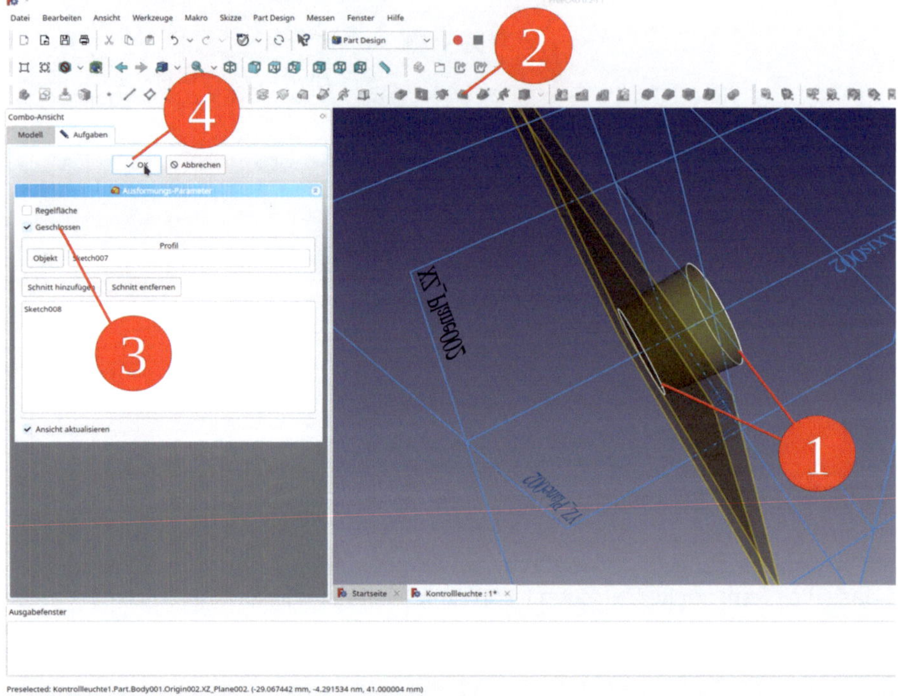


*Bild D15*

1.40. Jetzt muss noch der Hohlraum erzeugt werden. Dazu werden wieder zwei Skizzen von auf den Ursprung zentrierten Kreisen benötigt:

> Auf die XY-Ebene ein Kreis mit dem Durchmesser 13,5 mm
> Auf die Ebene "Kappe Oberseite innen" ein Kreis mit dem Durchmesser 10,5 mm

1.41. Die beiden neuen Skizzen in der Baumansicht markieren und das rote Werkzeug "Ausformung" (subtractive loft) wählen. Das Aufgabenfenster mit dem "OK"-Button schließen (Bild D16).

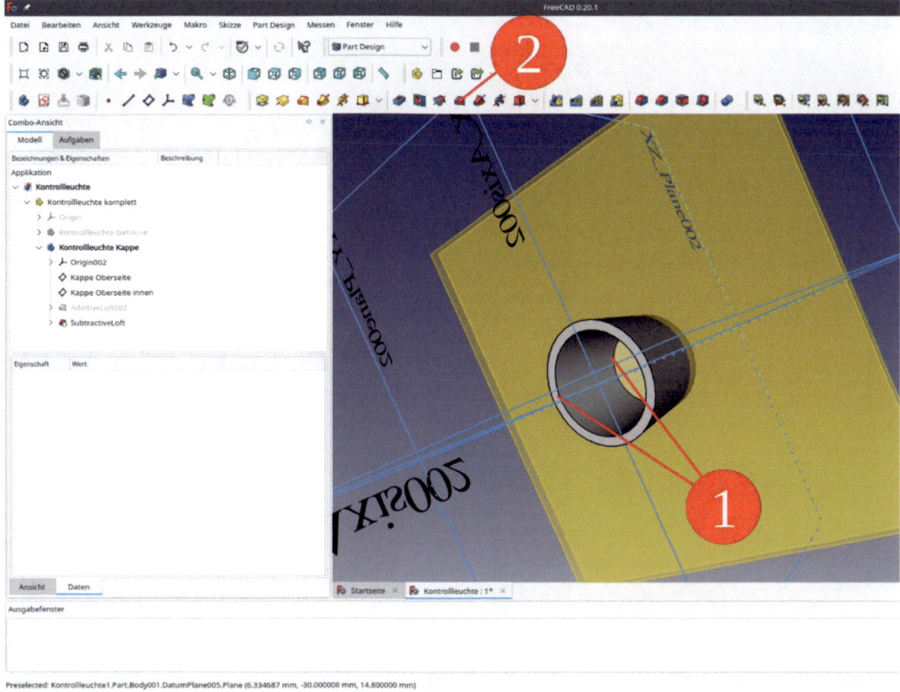


*Bild D16*

1.42. Die Referenzebenen und das Koordinatensystem der Kappe in der Baumansicht mit der Leertaste ausblenden.

1.43. Den Körper der Kappe rechts anklicken. Aus dem Kontextmenü "Darstellung" auswählen. Im Aufgabenfenster dazu das Material "glänzender Kunststoff" wählen, die Farbe auf Rot setzen und den Regler "Transparenz" auf 40% schieben (Bild D17).

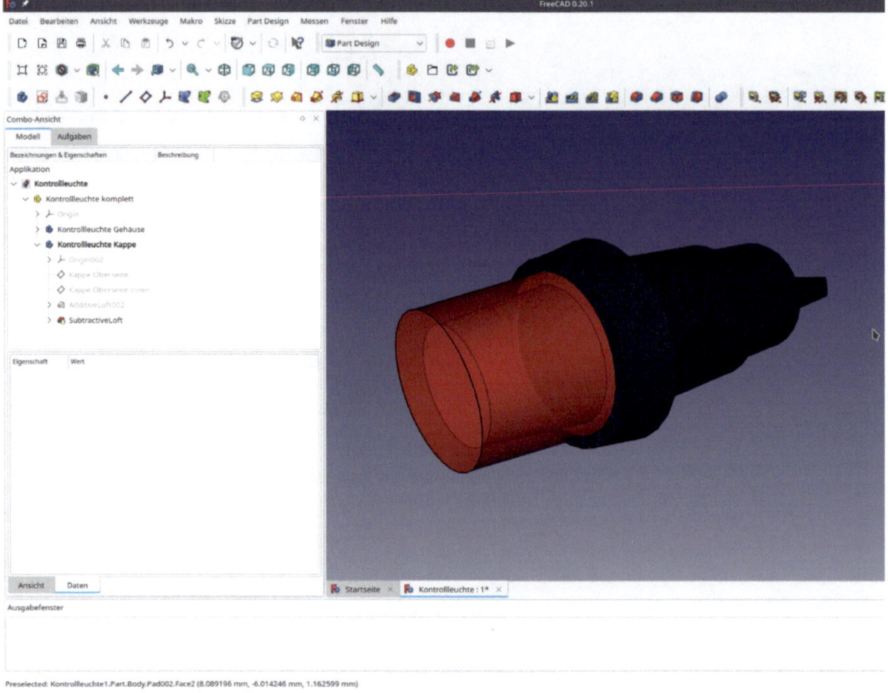

*Bild D17*

1.44. Die Kontrollleuchte wirkt schon recht realistisch. Man könnte die Arbeit an der Kappe jetzt einstellen. In einem Anleitungsbuch erlauben wir uns aber noch zwei kosmetische Additionen. Zunächst die Riffelung der Kappe entlang der konischen Innenfläche. Dazu merken wir uns die Position der Leitkurve der inneren Konusfläche (Bild D18).

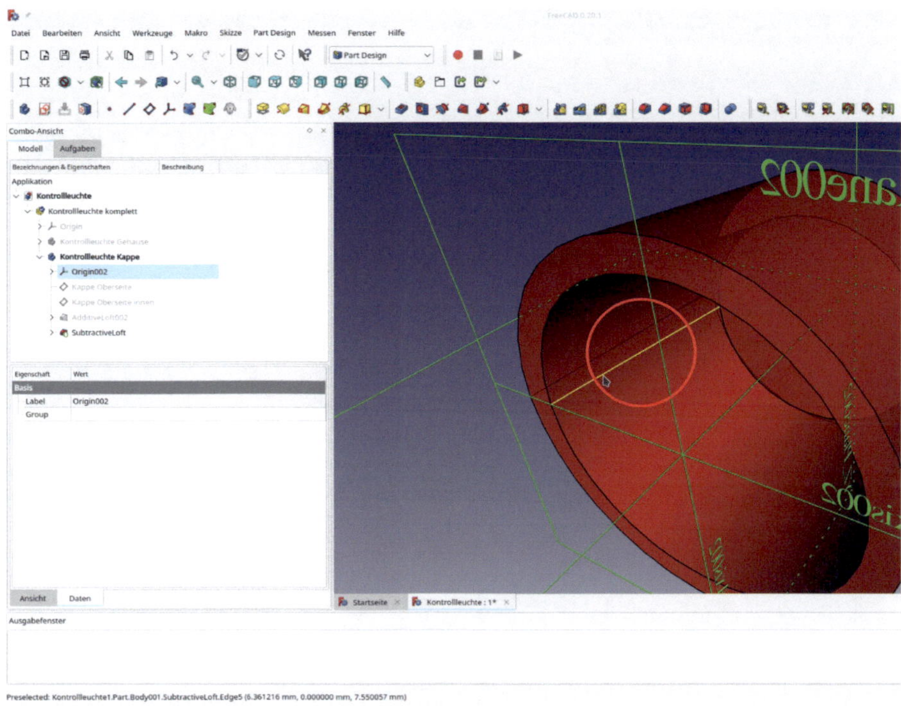


*Bild D18*

1.45. Auf die XY-Ebene an den Schnittpunkt dieser Kurve mit der Ebene ein Profil skizzieren. Dazu in der 3D Ansicht die XY-Ebene markieren und den Sketcher starten. Die Skizze schließen und nochmals öffnen, um die Geometrie der Kappe anzuzeigen. Erscheint die Kappengeometrie jetzt weiß, liegt das an der Beleuchtung der 3D-Szene. Die Kappe zunächst in die Orientierung "Bottom" drehen (den Steuerwürfel rechts oben entsprechend anklicken) und etwas drehen, so dass die Leitkurve auf der konischen Innenfläche zu sehen ist.

1.46. Das Icon "Externe Geometrie" anklicken und die Leitkurve auswählen. In der Skizzenebene wird jetzt ein grünes Kreuz und ein Punkt angezeigt (Bild D19, Schritt 1 und 2). Das grüne Kreuz ist der Schnittpunkt der Leitkurve mit der Skizzenebene, der Punkt die Projektion des Endpunktes der Leitkurve auf die Skizzenebene.

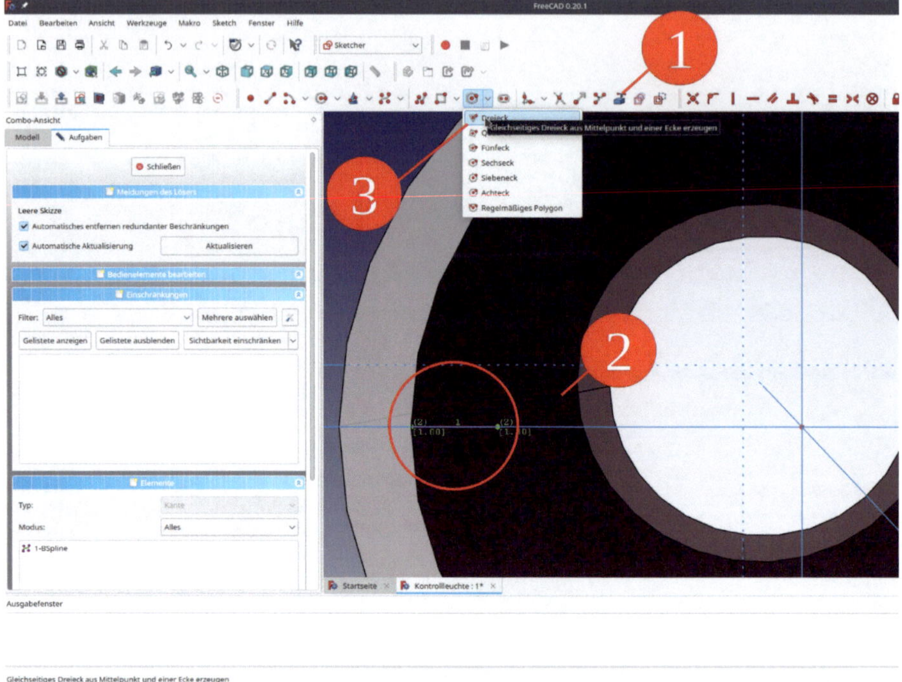


*Bild D19*

1.47. Das Werkzeug "Gleichseitiges Dreieck aus Mittelpunkt und einer Ecke" anklicken (Bild D19, Schritt 3, Bild D20). Mit dem ersten Klick den Mittelpunkt des Dreiecks auf die X-Achse setzen. Mit dem zweiten Klick den linken Eckpunkt des Dreiecks in die Nähe der X-Achse setzen. Die genaue Position und Größe des Dreiecks werden später festgelegt. Oft ist es schwierig, alle Einschränkungen in nur einem Schritt zu definieren. Dann ist es eine gute Technik, zunächst mit nur einer Einschränkung zu beginnen (wie hier den Mittelpunkt des Dreiecks auf der X-Achse unterzubringen), und die anderen Bedingungen Schritt für Schritt hinzuzufügen.

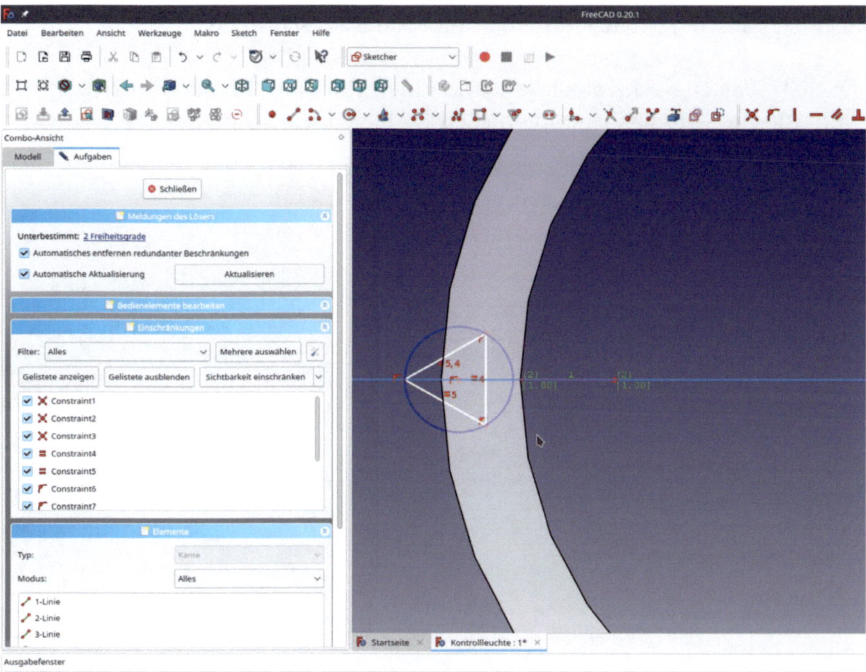


*Bild D20*

1.48. Den Mittelpunkt des Dreiecks, sowie den Schnittpunkt der Leitkurve mit der Skizzenebene auswählen. Lassen sie sich nicht anklicken, bei gedrückter STRG-Taste mit der Maus und Rechteckauswahl vorgehen (Bild D21).

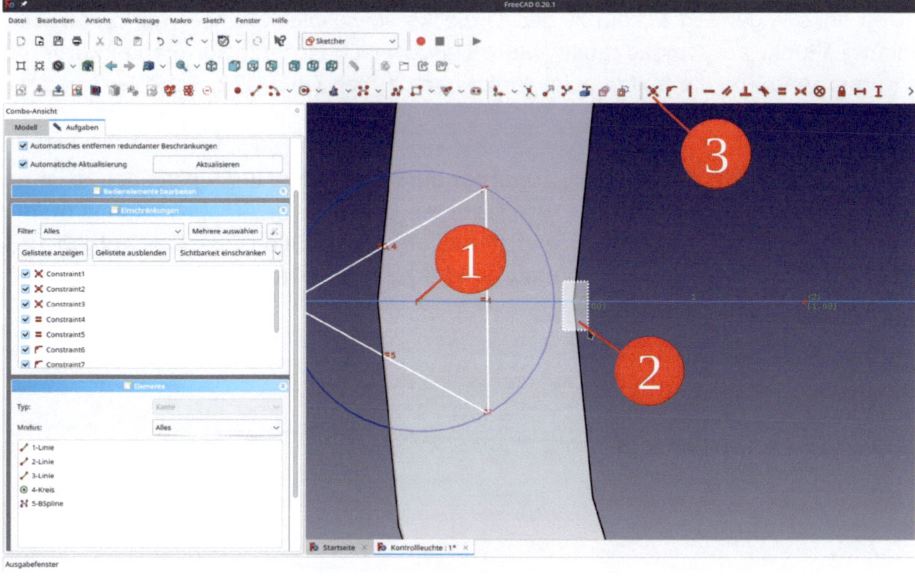


*Bild D21*

1.49. Die Einschränkung "Koinzidenz" klicken (Bild D21 Schritt 3).

1.50. Eine Seite des Dreiecks anklicken. Die Einschränkung "Abstand festlegen" anklicken und 1,2 mm für die Seitenlänge wählen (Bild D22, Schritte 1 und 2).

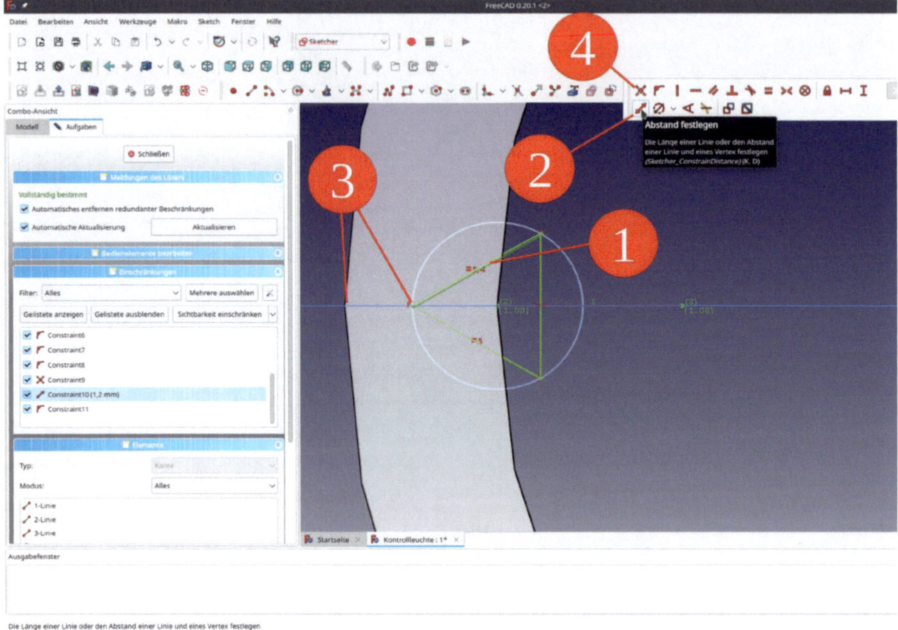


*Bild D22*

1.51. Den links liegenden Eckpunkt des Dreiecks sowie die X-Achse markieren. Die Einschränkung "Punkt auf Objekt" auswählen. Das Dreieck ist jetzt auf die Leitkurve des inneren Konus zentriert, die Spitze zeigt radial nach außen (Bild D22, Schritte 3 und 4). Das Aufgabenfenster schließen.

1.52. Um die erste Rille zu erzeugen, zunächst die neue Skizze der Rille in der Baumansicht markieren. Danach bei gedrückter STRG-Taste die Leitkurve des inneren Konus markieren. Dann das rote (= subtraktive) Werkzeug "Rohr" anklicken (Bild D23). Das Aufgabenfenster mit dem "OK"-Button schließen. Die erste Rille erscheint (Bild D24).

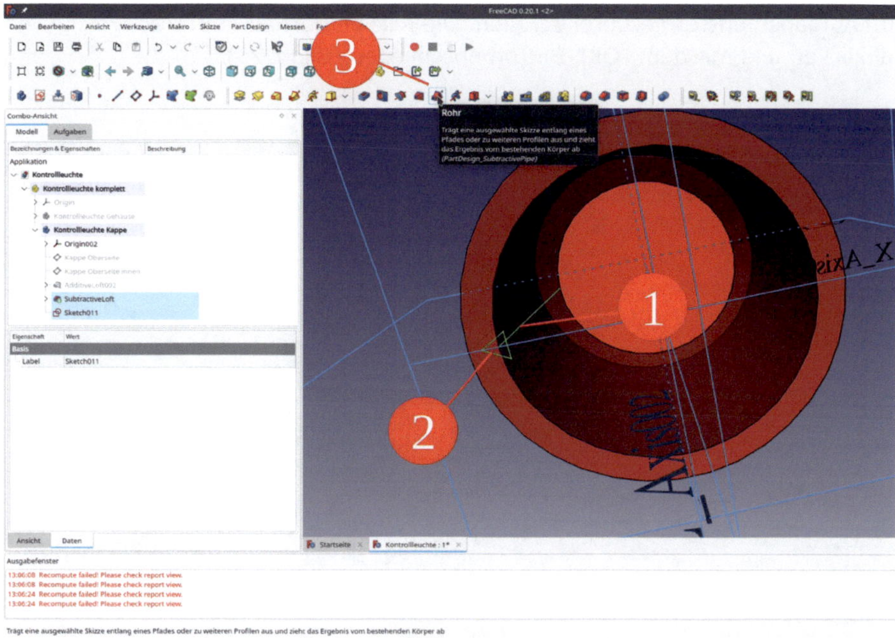

Bild D23

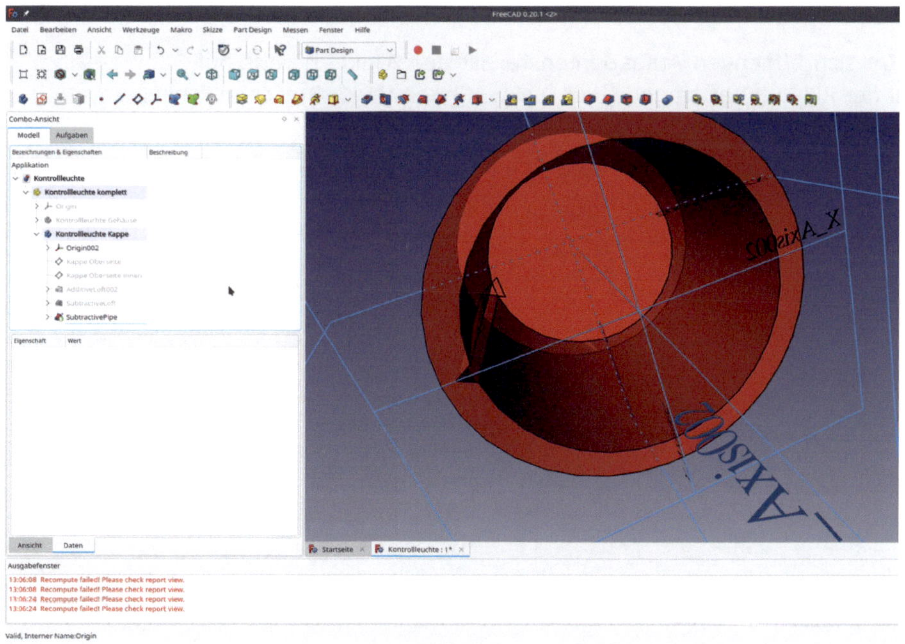

Bild D24

1.53. Um die restlichen Rillen zu erzeugen, brauchen wir ein polares Muster. Im Hauptmenü den Eintrag "Part Design | Muster anwenden | Polares Muster" wählen.

1.54. Im Aufgabenfenster herunter scrollen. Die Rille ist dort als "SubtractivePipe" gelistet. Diese anklicken und mit dem "OK"-Button abschließen (Bild D25).

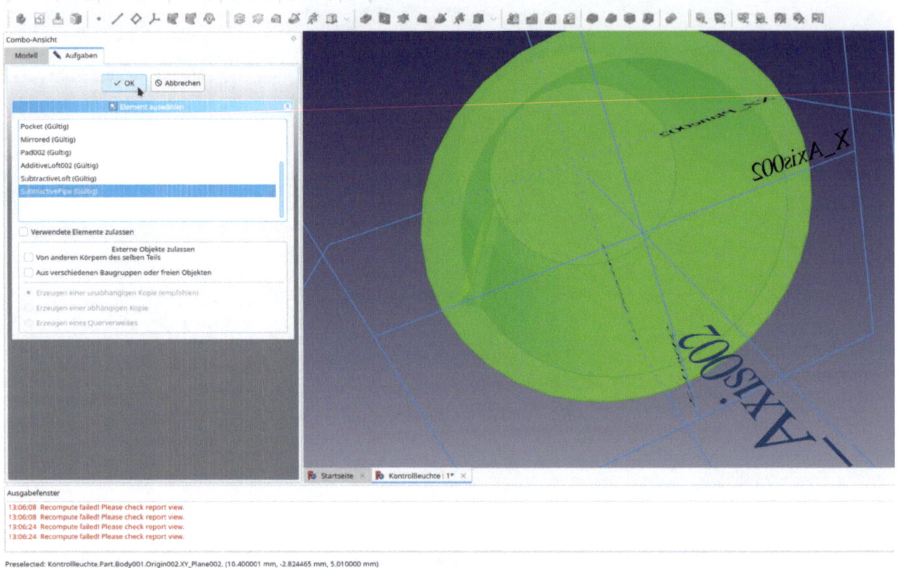


*Bild D25*

1.55. Im sich öffnenden Aufgabenfenster ist der Winkel bereits auf 360° gesetzt. Für die Anzahl der Rillen 30 eintragen (Bild D26). Mit dem "OK"-Button abschließen.

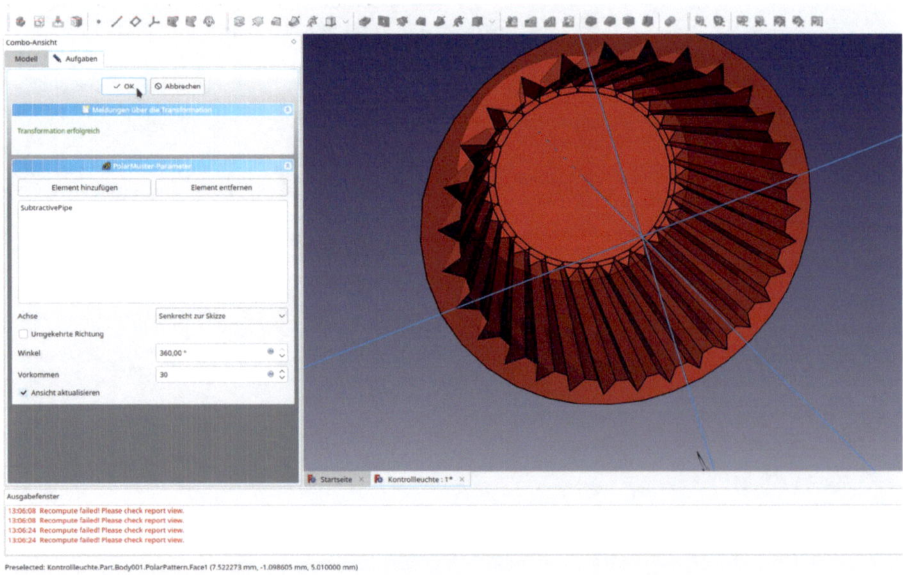


*Bild D26*

1.56. Wir können uns hier erlauben, das Aussehen noch weiter zu verschönern. Die Stirnseite der Lampenkappe hat eine konzentrische Riffelung. Um diese zu erzeugen, fünf Kreise auf die XZ-Ebene skizzieren. Die Kreise haben alle einen Durchmesser von 0,5 mm und liegen auf folgenden Abständen vom Zentrum: 0,5; 1,5; 2,5; 3,5; 4,5 mm. Im Einzelnen:

1.57. Die Referenzebene "Kappe Oberseite innen" in der Baumansicht mit der Leertaste einblenden.

1.58. Das Koordinatensystem der Kappe mit der Leertaste einblenden. Die XZ-Ebene markieren und den Sketcher starten. Im Hauptmenü "Sketch | Abschnitt anzeigen" anklicken.

1.59. Das Icon "Externe Geometrie" anklicken und die Ebene "Kappe Oberseite innen" wählen (man kann das auch bei nicht abgeschlossener Aufgabe, wenn man in den Reiter "Modell wechselt und die Ebene in der Baumansicht anklickt und wieder in den Reiter "Aufgaben" zurück wechselt, Bild D27 Schritte 1 und 2).

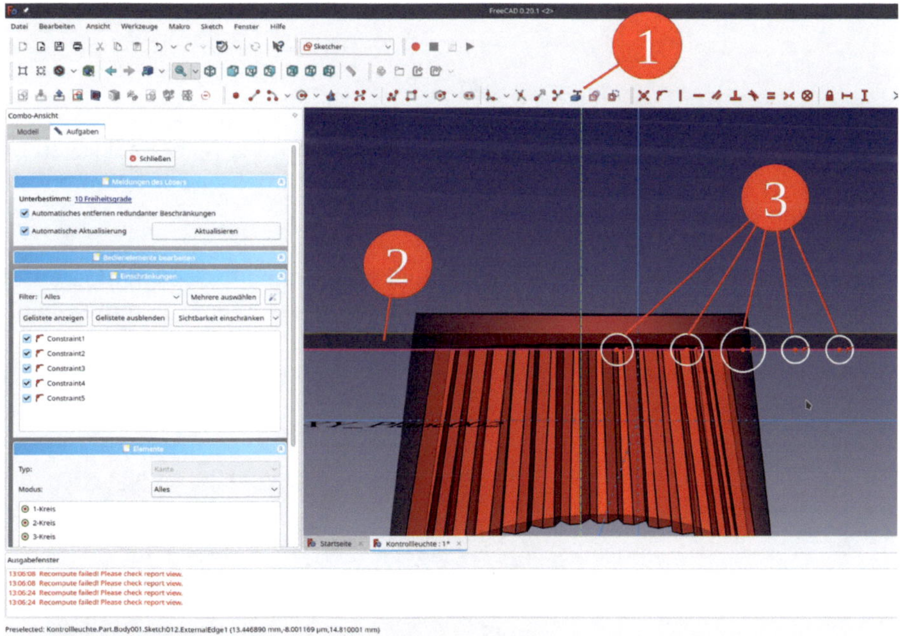


*Bild D27*

1.60. Fünf auf die Referenzebene (violette Linie in der Skizzenebene) zentrierte Kreise zeichnen (Bild D27).

1.61. Alle Kreise anwählen und die Einschränkung "Gleichheit festlegen" wählen (Bild D28).

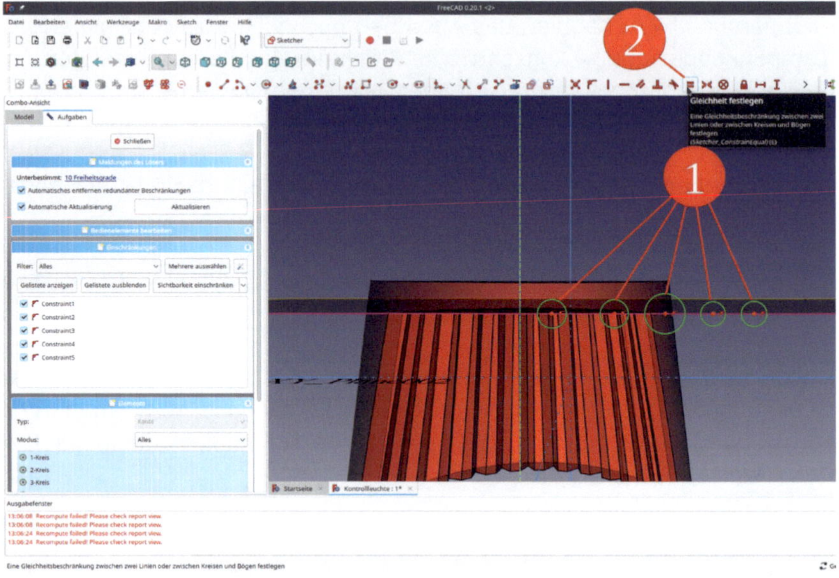

Bild D28

1.62. Im Panel "Elemente" im Aufgabenfenster den ersten Kreis rechts anklicken und die Einschränkung "Diameter Constraint" auswählen. Den Durchmesser auf 0,5 mm festlegen. Alle Kreise folgen dieser Festlegung.

1.63. Den Koordinatenursprung und den Mittelpunkt des ersten Kreises markieren. Mit der Einschränkung "Horizontalen Abstand festlegen" diesen Abstand auf 0,5 mm setzen.

1.64. In gleicher Weise die anderen Kreise auf die in 17.56 angegebenen Abstände setzen (Bild D29). Die Skizze schließen.

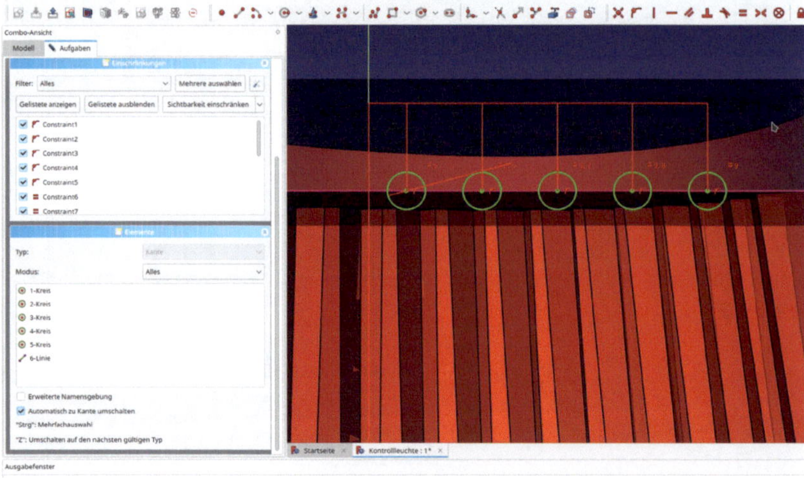

Bild D29

1.65. Die neue Skizze in der Baumansicht markieren und das rote (= subtraktive) Werkzeug "Nut" wählen. Im erscheinenden Aufgabenfenster sind Winkel (360°) und Achse (vertikale Skizzenachse) bereits korrekt vorgewählt. Das Aufgabenfenster mit "OK" schließen (Bild D30).

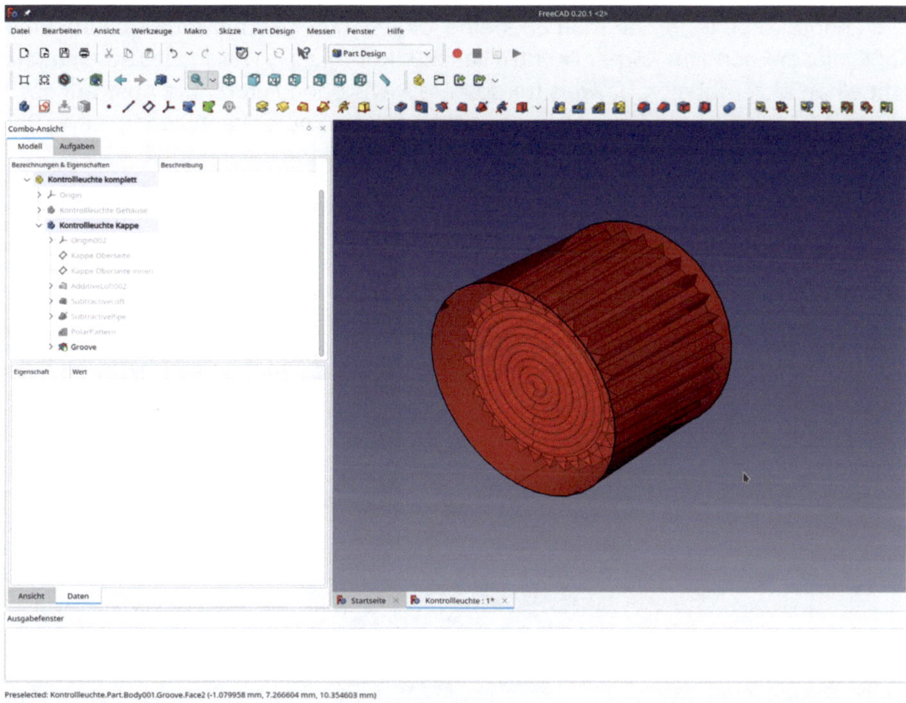


*Bild D30*

Man könnte an dieser Stelle mit dem Design aufhören, da die Kontrollleuchte von vorne bereits vollständig erscheint und sich der Frontplattenausschnitt mit der Rotationssperre auch schon definieren ließe. Um Zugänglichkeit der Befestigungsmutter sowie der Anschlüsse in einem gepackten Design sinnvoll beurteilen zu können, brauchen wir aber noch diese weiteren Komponenten.

1.66. In der Baumansicht den Körper "Kontrollleuchte Kappe" mit der Leertaste ausblenden.

1.67. Auf das Menü-Icon"Körper erstellen" klicken. Sollte der neue Körper nicht im Std-Part-Container "Kontrollleuchte komplett" gelistet werden (weil dieser vorher nicht aktiviert war), den Körper mit drag-and-drop in den Std-Part-Container ziehen. Den Körper in "Kontrollleuchte Kontakt 1" umbenennen.

1.68. Den Sketcher starten. Da keine Ebene vorher markiert war, muss eine ausgewählt werden. Im Aufgabenfenster, im Panel "Externe Objekte zulassen" die Checkbox "Von anderen Körpern desselben Teils" anhaken und aus der Liste die "Kontaktebene" auswählen

(Bild D31). Mit "OK" abschließen. Erscheint keine Gehäusegeometrie, die Skizze schließen und durch Doppelklick in der Baumansicht wieder öffnen.

Das direkte Zulassen von körperübergreifenden Referenzen ist eine kleine Abkürzung. Bei komplexeren Konstruktionen kann das zu unübersichtlichen Bezügen führen. Durch die Wahl der "Kontaktebene" erhält man aber eine lokale, in der Standardeinstellung unabhängige Kopie dieser Ebene im Körper "Kontrollleuchte Kontakt 1", was in diesem einfachen Fall vielleicht einen akzeptabelen Hinweis für spätere Revisionen liefert. Die Auswahl des (nicht empfohlenen) Radiobuttons "Erzeugen einer abhängigen Kopie" kann zudem eine "Reference Datum Plane" erzeugen, die der Quellebene bei Lageänderungen folgt.

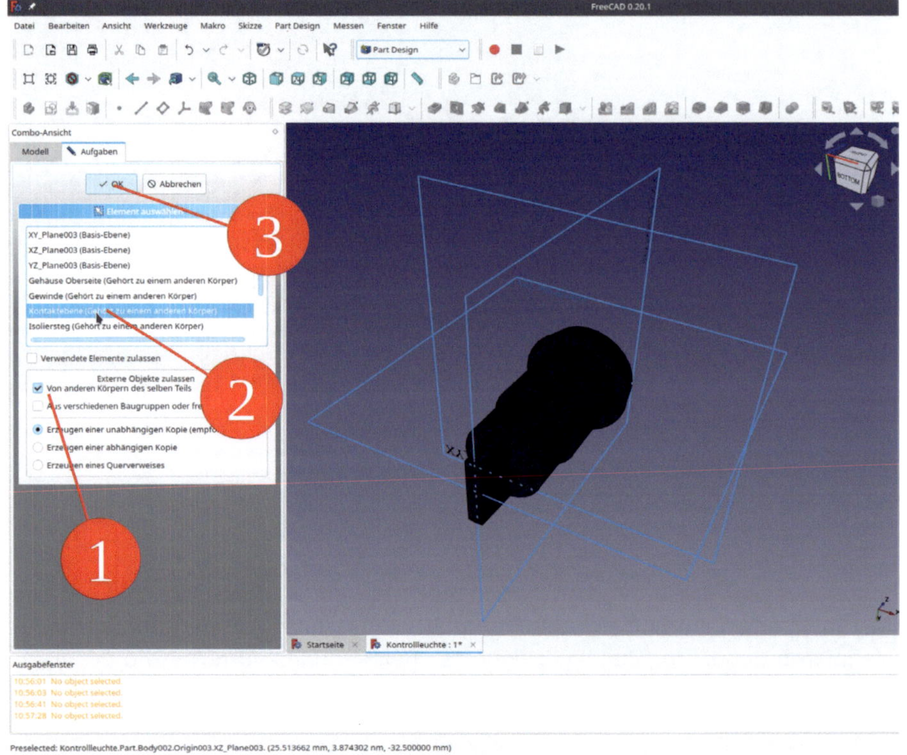


*Bild D31*

1.69. Aus dem Hauptmenü "Ansicht | Orthogonale Ansicht" und "Skizze | Abschnitt anzeigen" wählen.

1.70. Aus den Menü-Icons das Werkzeug "Rechteck" mit dem "Rolldown"-Button erweitern und "Zentriertes Rechteck" auswählen. Ein auf die X-Achse zentriertes Rechteck zeichnen (Bild D32).

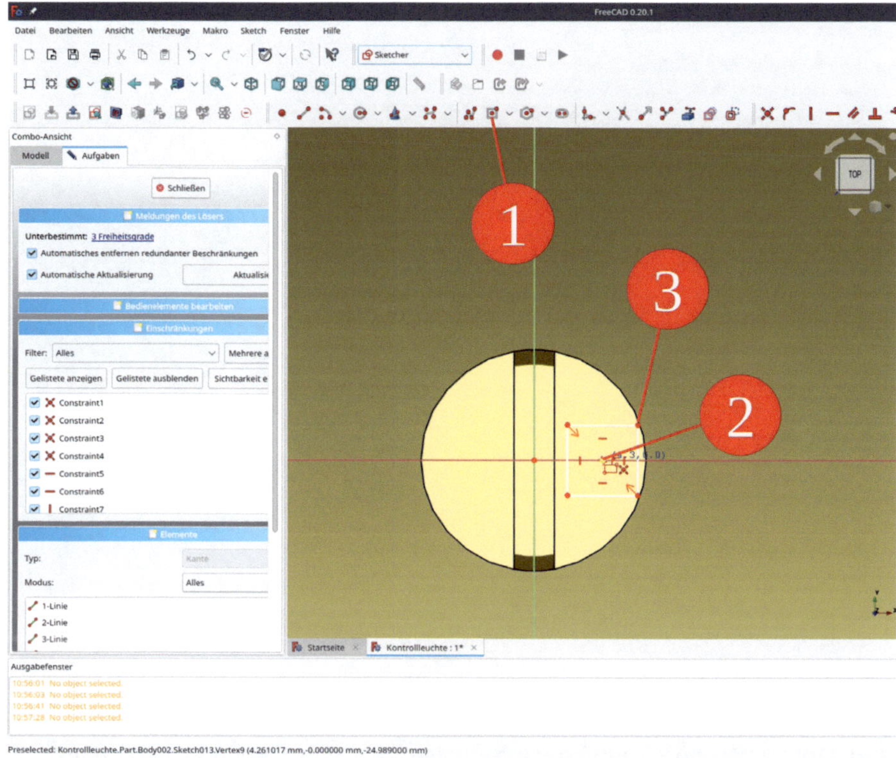


*Bild D32*

1.71. Eine horizontale Seite des Rechtecks anwählen und mit der Einschränkung "Horizontalen Abstand festlegen" die Länge auf 4 mm setzen. Eine horizontale und eine vertikale Seite des Rechtecks markieren und die Einschränkung "=" wählen. Den Ursprung und den Mittelpunkt des Rechtecks anwählen und einen horizontalen Abstand von 3,5 mm einsetzen (Bild D33). Die Skizze schließen.

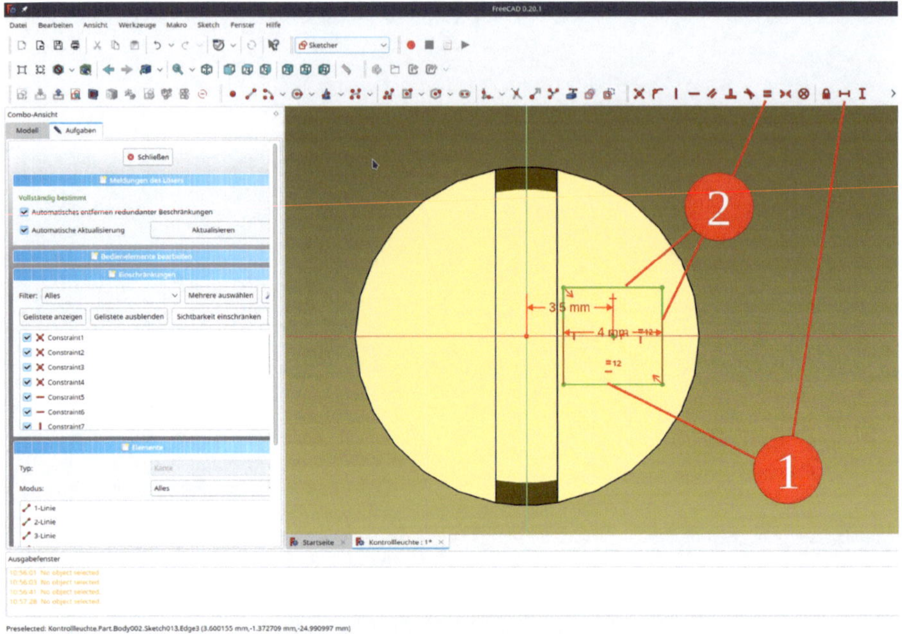


*Bild D33*

1.72. Die neue Skizze in der Baumansicht markieren und mit dem gelben (= additiven) Werkzeug "Aufpolsterung" 5 mm stark aufpolstern. Da der Kontakt nach hinten herausragen soll, im Aufgabenfenster die Checkbox "Umgekehrt" anhaken (Bild D34). Das Aufgabenfenster mit dem "OK"-Button abschließen.

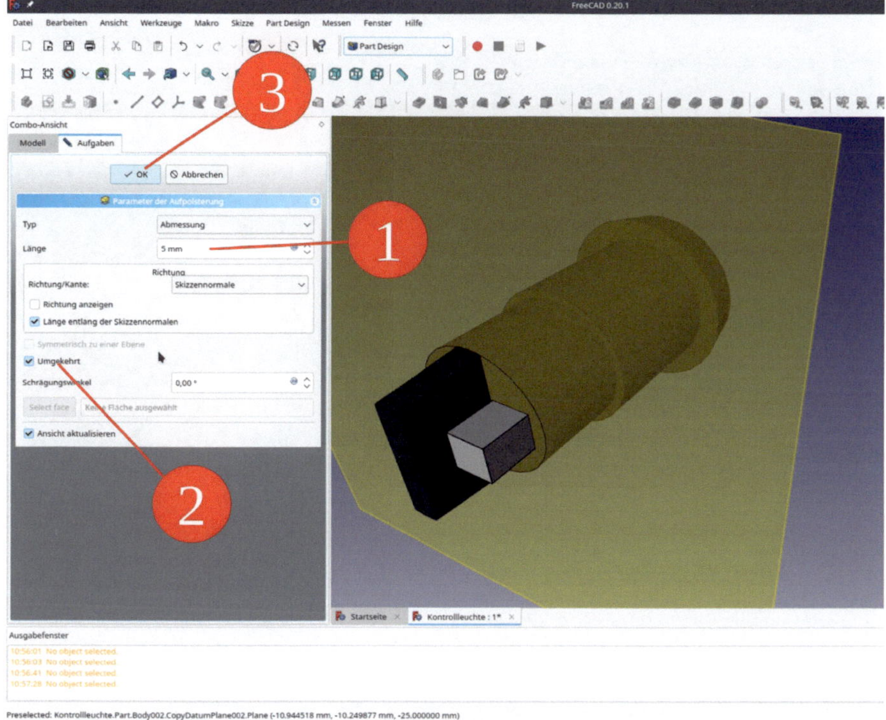


*Bild D34*

1.73. Für die Gewindebohrung einen auf die X-Achse zentrierten Kreis auf die Kopie der Referenzebene im Körper des Kontaktes skizzieren.

1.74. Dazu zunächst aus dem Hauptmenü "Sketch | Abschnitt anzeigen" wählen.

1.75. Das Werkzeug-Icon "Externe Geometrie" klicken und zwei Seiten des Kontaktes markieren. Den Kreis skizzieren. Der Durchmesser spielt dabei keine Rolle, auch die Lage des Mittelpunktes nicht (Bild D35).

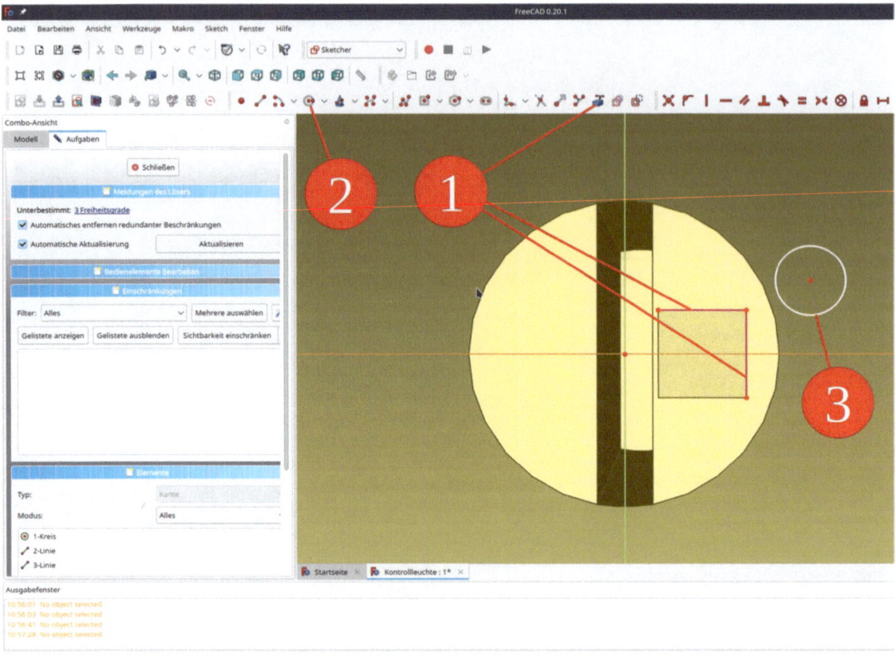

*Bild D35*

1.76. Zwei diagonal gelegene Eckpunkte und den Kreismittelpunkt markieren und die Einschränkung "Symmetrie festlegen" wählen (Bild D36). Die Skizze schließen.

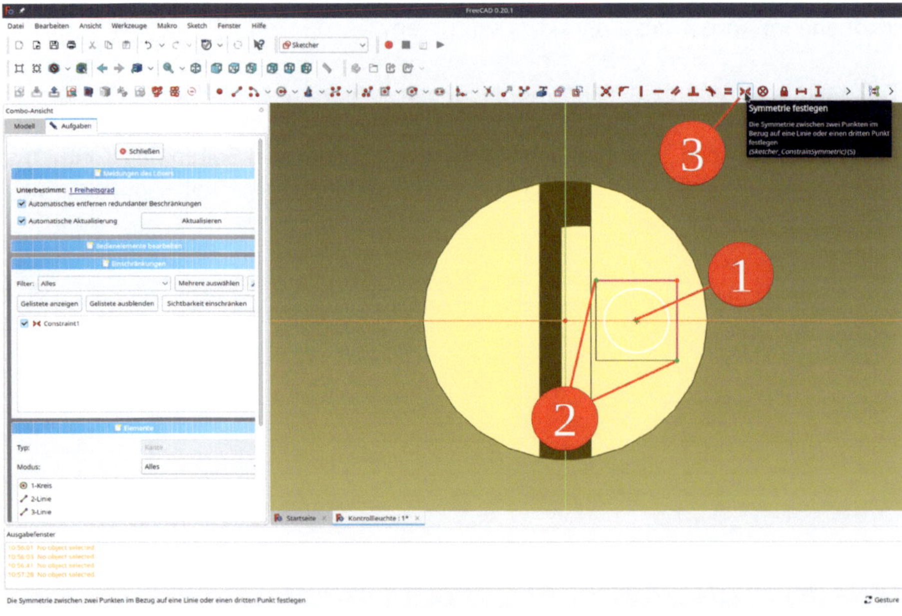

*Bild D36*

1.77. Die Skizze in der Baumansicht markieren und das Werkzeug-Icon "Bohrung" anklicken.

1.78. Im Aufgabenfenster das Profil "Metrisches ISO Regelgewinde" wählen. Die Checkbox "mit Gewinde versehen" anhaken. Für die Größe des Gewindes M2,5 wählen, für die Tiefe 5 mm (Bild D37). Das Aufgabenfenster mit dem "OK"-Button (oben) schließen.

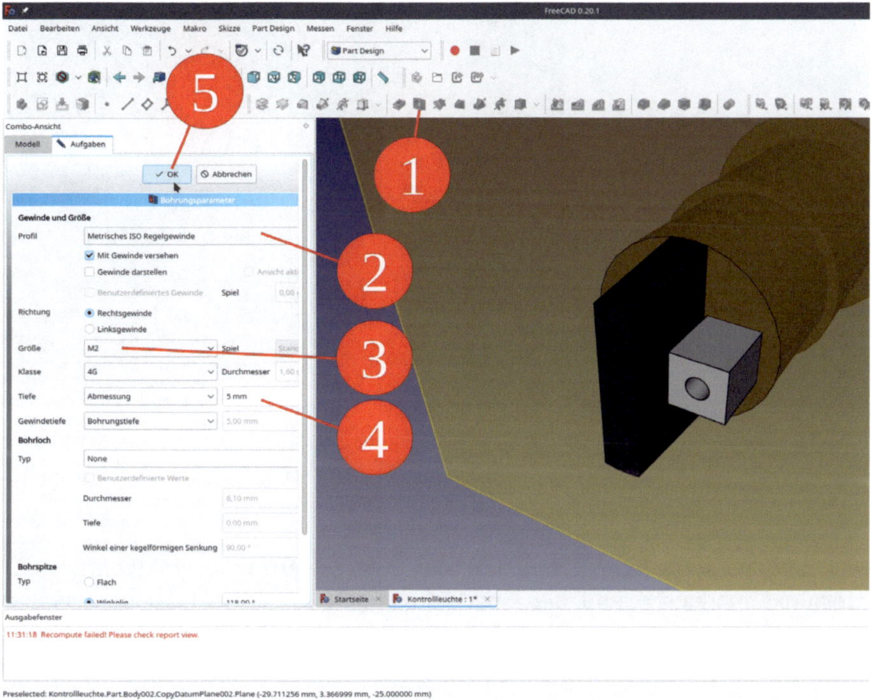


*Bild D37*

1.79. Für die Querbohrung einen Kreis auf die XZ-Ebene skizzieren. Wird die vormals erzeugte Geometrie nicht angezeigt, die Skizze einmal schließen und wieder öffnen. Aus dem Hauptmenü "Ansicht | Orthogonal" und "Sketch | Abschnitt anzeigen" wählen, um die Skizzenebene sinnvoll darzustellen.

1.80. Das Werkzeug-Icon "Externe Geometrie" anklicken und zwei Seiten des Kontaktes markieren (diese erscheinen als Konstruktionslinien in der Skizze wieder violett). Einen Kreis zeichnen. Den Kreis markieren und mit der Einschränkung "Diameter Constraint" den Durchmesser auf 2.5 mm setzen (Bild D38).

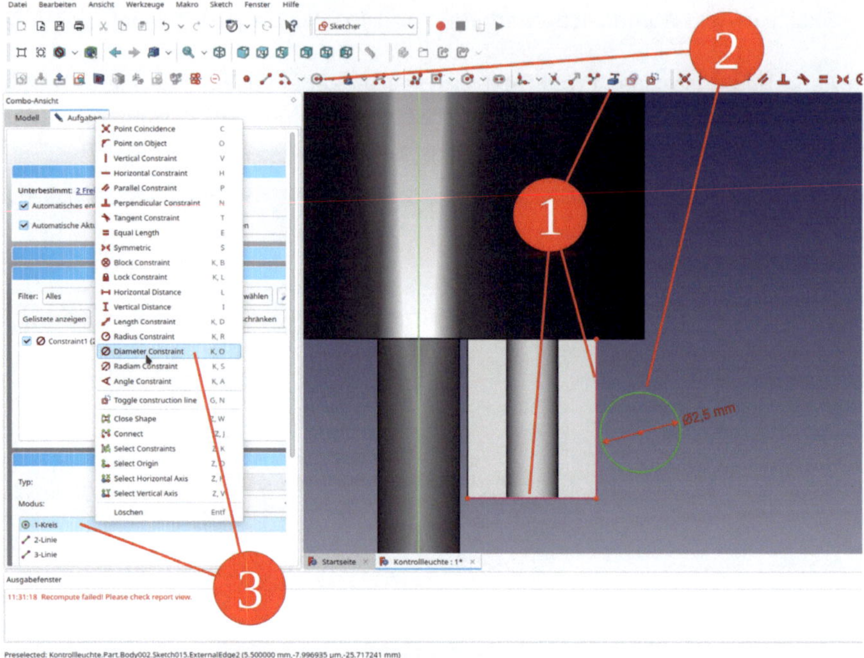


*Bild D38*

1.81. Zwei diagonal gelegene Eckpunkte der referenzierten Kontaktkontur sowie den Kreismittelpunkt markieren und die Einschränkung "Symmetrie festlegen" wählen (Bild D39). Wenn die Einschränkung fehlschlägt, war wahrscheinlich der Kreis selber auch noch markiert. Einmal ins Leere klicken und die drei Punkte neu markieren hilft dann weiter.

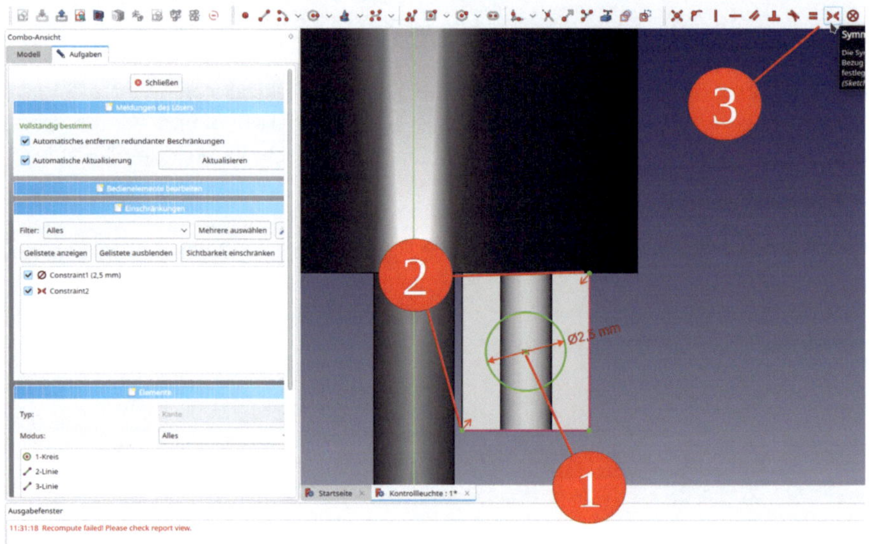


*Bild D39*

1.82. Die Skizze schließen.

1.83. In der Baumansicht die neue Skizze markieren und das Werkzeugicon "Tasche" anklicken.

1.84. Im Aufgabenfenster den Typ "Durch alles" wählen und die Checkbox "symmetrisch zu einer Ebene" anhaken (Bild D40). Das Aufgabenfenster mit dem "OK"-Button schließen.

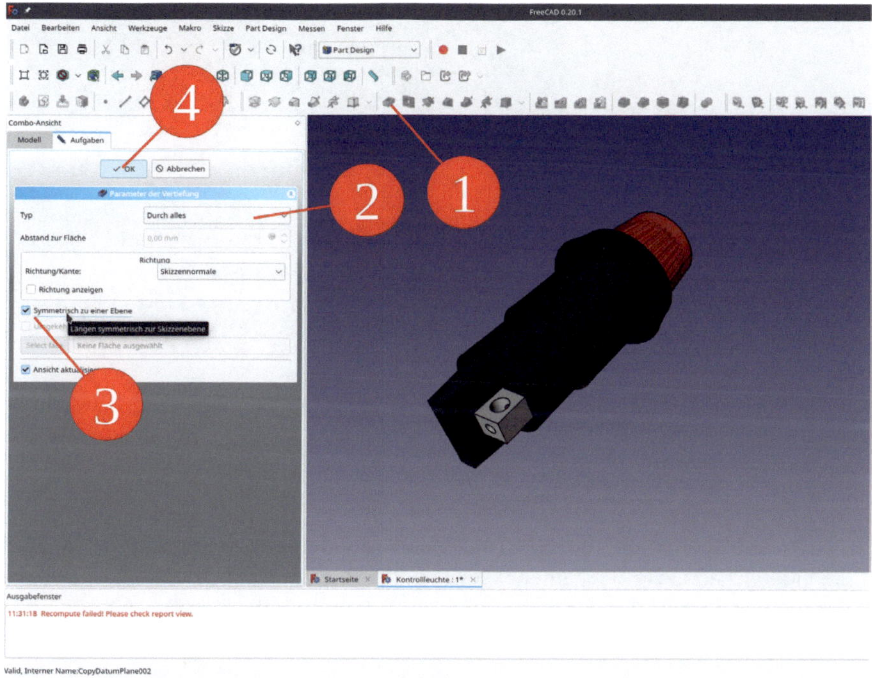


*Bild D40*

1.85. In der Baumansicht mit rechter Maustaste auf den Körper "Kontrollleuchte Kontakt 1" klicken und aus dem Kontextmenü "Darstellung" auswählen. Im Aufgabenfenster das Material "Chrom" auswählen.

1.86. Den zweiten Kontakt mit einer Referenz erzeugen: Dazu den Körper "Kontrollleuchte Kontakt 1 in der Baumansicht markieren und das Werkzeugicon "Verknüpfung erstellen" anklicken (Bild D41). Den neu in der Baumansicht erscheinenden Körper zu "Kontrollleuchte Kontakt 2" umbenennen und in den Std-Part-Container "Kontrollleuchte komplett" ziehen.

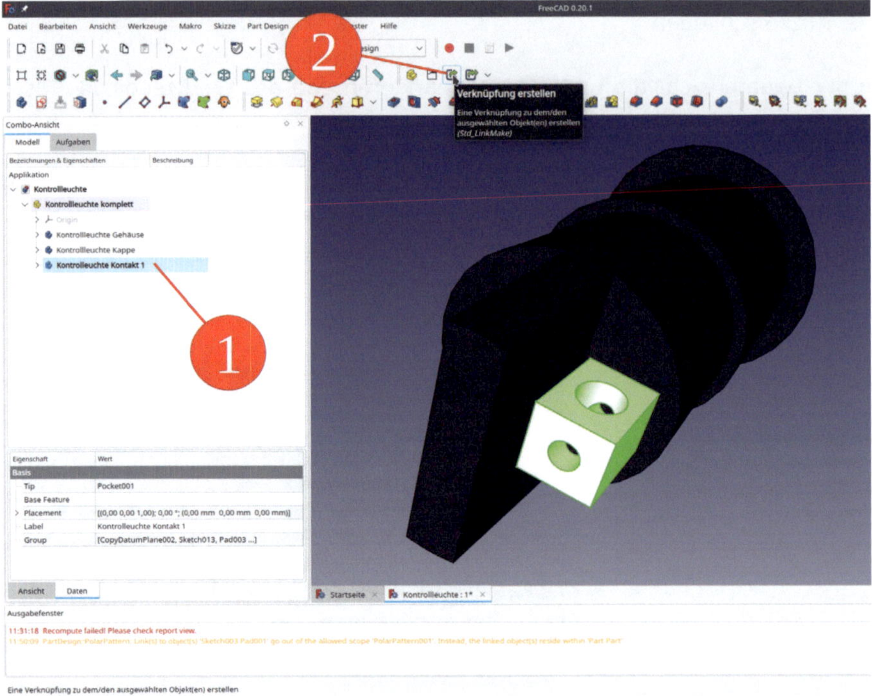

*Bild D41*

1.87. Die Placement-Koordinaten beziehen sich relativ auf den ersten Kontakt. In der Combo-Ansicht auf die Eigenschaftszeile "Placement" sowie auf den dann erscheinenden [...] -Button klicken und die X-Verschiebung auf -7 mm setzen (Bild D42). Das Aufgabenfenster mit "OK" schließen.

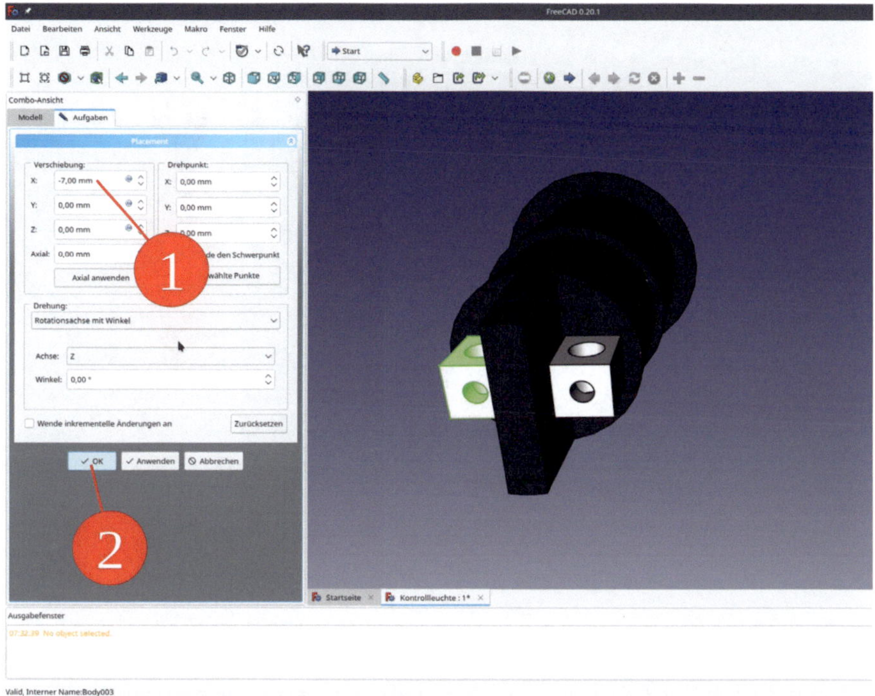


*Bild D42*

1.88. Für die Klemmschrauben aus dem Hauptmenü "Makro | Aktuelle Makros | start_bolts" auswählen. Für die Schraube aus der Liste "DIN | DIN912" wählen, das Gewinde (key) auf M2.5 setzen und die Länge auf 4 mm festlegen. Mit dem "Add part"-Button die Schraube zweimal hinzufügen.

1.89. Die beiden Schraubenkörper in den Std-Part-Container "Kontrollleuchte komplett" ziehen.

1.90. Die Schrauben werden lediglich eingesetzt, da die Kontrollleuchte sich nicht mehr ändern soll. Für die "Placement"-Parameter der ersten Schraube X = -3.5, Y = 0, Z = -32 mm wählen (Bild D43). Die zweite Schraube bei X = 3.5, Y = 0, Z = -32 mm einsetzen.

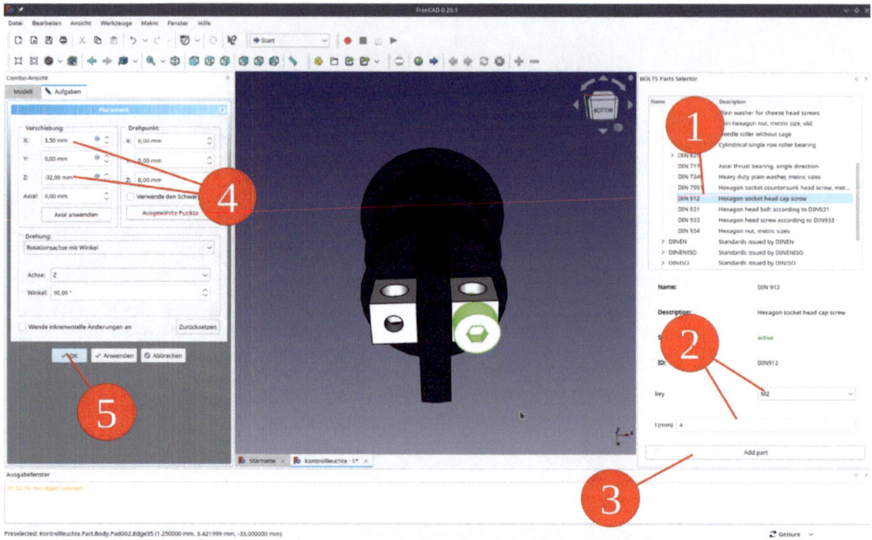

*Bild D43*

1.91. Die Darstellung der beiden Schrauben auf Material: Chrom ändern (Bild D43).

1.92. Jetzt muss noch die Befestigungsmutter angelegt werden. Einen neuen Körper erzeugen und in den Std-Part-Container "Kontrollleuchte komplett" ziehen. In "Kontrollleuchte Befestigungsmutter" umbenennen.

1.93. Alle anderen Komponenten der Kontrollleuchte mit der Leertaste ausblenden.

1.94. Den Sketcher aufrufen und als Skizzenebene die XY-Ebene wählen.

1.95. Zwei auf den Ursprung zentrierte Kreise skizzieren. Die beiden Durchmesser auf 16 und 19,9 mm setzen.

1.96. Eine zur XY-Ebene parallele Referenzebene anlegen, im Abstand von -7,5 mm. Dazu das Werkzeug "Bezugsebene erstellen" anklicken. Für die Referenz zum Reiter "Modell" wechseln und im Modellbaum das Koordinatensystem der Befestigungsmutter erweitern. Auf die XY-Ebene klicken und zum Reiter "Aufgabe" zurückkehren.

1.97. Für den Befestigungsmodus hat FreeCAD bereits "Ebene Fläche" erkannt. Für den Versatz in Z-Richtung (= normal zur Ebene) den Wert von -7,5 mm einsetzen. Dies ist die Höhe der Befestigungsmutter. Die Ebene in "Oberseite Befestigungsmutter" umbenennen.

1.98. Die Skizze mit dem gelben (= additiven) Werkzeug "Aufpolsterung" aufpolstern. Im Aufgabenfenster der Aufpolsterung den Typ "Bis zur Oberfläche" wählen und die neue Referenzebene anklicken (Bild D44).

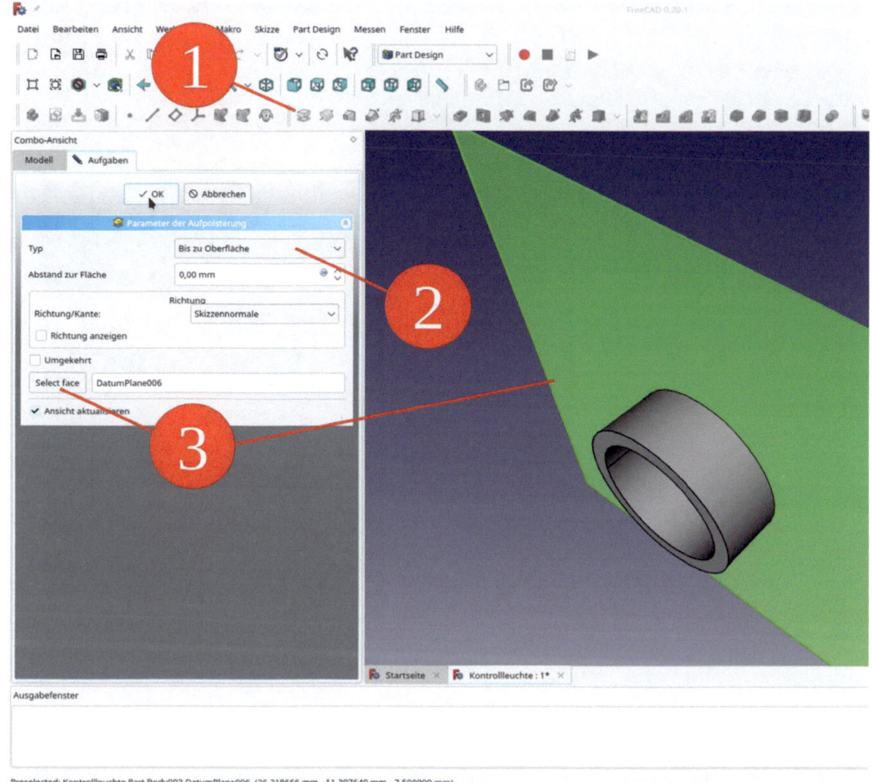


*Bild D44*

1.99. Das Profil der Befestigungsmutter hat eine grobe Riffelung. Um diese zu skizzieren, die Ebene "Oberseite Befestigungsmutter" in der Baumansicht markieren und den Sketcher aufrufen. Um die Geometrie der Mutter anzuzeigen, die Skizze einmal schließen und wieder öffnen, falls diese nicht sofort erscheint. Im Hauptmenü "Ansicht | orthogonal" und "Sketch | Abschnitt anzeigen" anklicken.

1.100. Einen auf die X-Achse zentrierten Kreis skizzieren. Das Zeichenwerkzeug mit Rechtsklick beenden. Den Durchmesser durch Rechtsklick auf den Kreis in der Elementliste und die Wahl der Einschränkung "Diameter Constraint" auf 1.2 mm setzen.

1.101. Das Werkzeug "Externe Geometrie" anklicken und die Außenkontur der Mutter wählen (erscheint als Konstruktionsgeometrie violett).

1.102. Sowohl den violetten Kreis als auch den Mittelpunkt des 1.2 mm Kreises markieren und die Einschränkung "Punkt auf Objekt" wählen (Bild D45). Den Sketcher schließen.

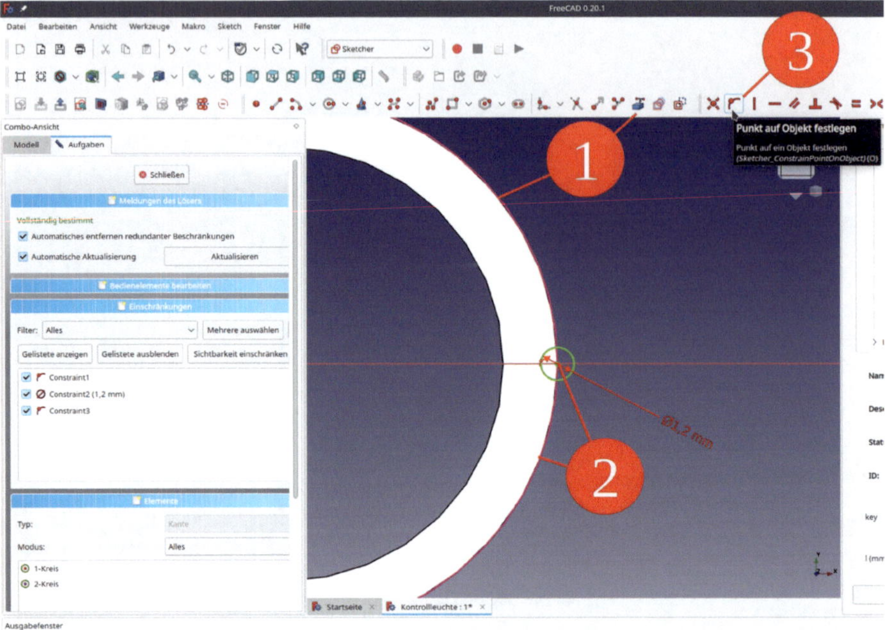

Bild D45

1.103. In der Baumansicht die Skizze markieren und das Werkzeug "Tasche" anklicken. Im Aufgabenfenster den Typ "Abmessung" verwenden und die Länge auf 5 mm setzen. Die Checkbox "Umgekehrt" anhaken. Eventuell muss man die 3D-Ansicht etwas verdrehen, um die Rille zu sehen (Bild D46). Das Aufgabenfenster mit "OK" schließen.

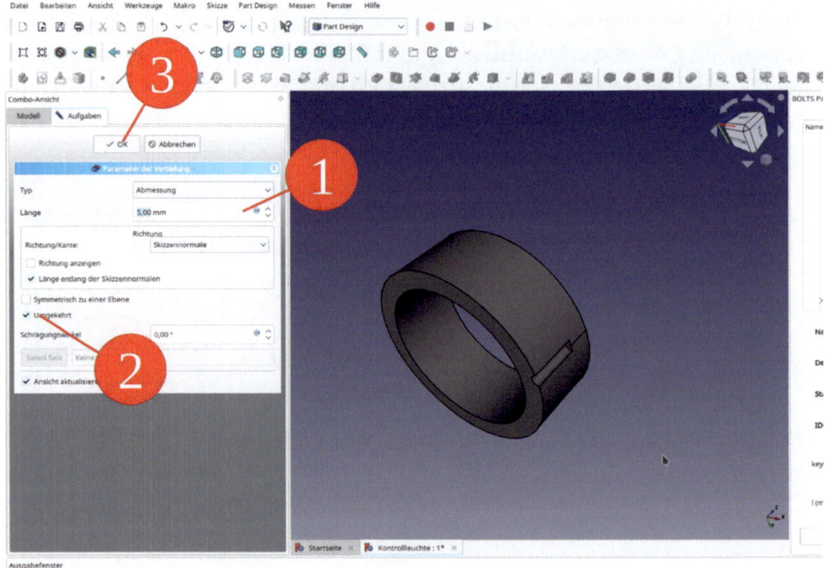

Bild D46

1.104. Aus dem Hauptmenü "Part Design | Muster anwenden | Polares Muster" wählen.

1.105. Im Aufgabenfenster sind die Achse "Senkrecht zur Skizze", sowie der Winkel von 360° bereits vorgewählt. Die Anzahl "Vorkommen" auf 30 setzen und das Aufgabenfenster mit dem "OK"-Button schließen (Bild D47).

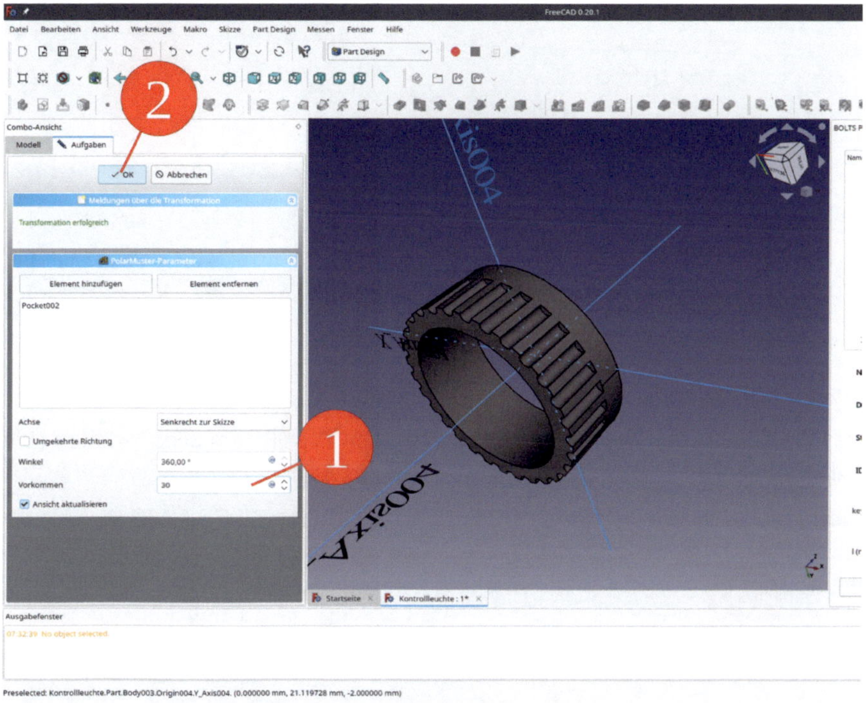


*Bild D47*

1.106. Die Mutter hat noch weitere Ausschnitte für den Schlüssel. Zunächst die Referenzebene "Oberseite Befestigungsmutter in der Baumansicht mit der Leertaste ausblenden. Das Koordinatensystem der Mutter einblenden und die XZ-Ebene auswählen. Den Sketcher starten.

1.107. Um die Geometrie der Mutter anzuzeigen, die Skizze einmal schließen und wieder öffnen, falls diese nicht sofort erscheint. Im Hauptmenü "Ansicht | orthogonal" und "Sketch | Abschnitt anzeigen" anklicken.

1.108. Mit dem Werkzeug "Externe Geometrie" die Oberkante der Mutter anwählen. Ein auf die y-Achse zentriertes Rechteck zeichnen, dessen eine Ecke an der externen Geometrie angedockt ist. Die Höhe des Rechtecks auf 1,2 mm, die Breite auf 5,4 mm setzen (Bild D48). Den Sketcher schließen.

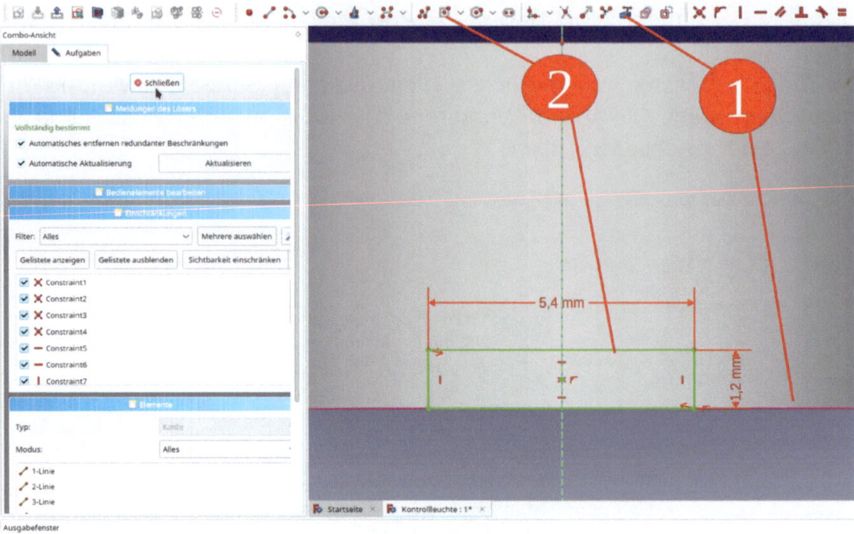


*Bild D48*

1.109. Das Werkzeugicon "Tasche" anklicken. Für den Typ "Durch alles" wählen (Bild D49). Das Aufgabenfenster mit "OK" schließen.

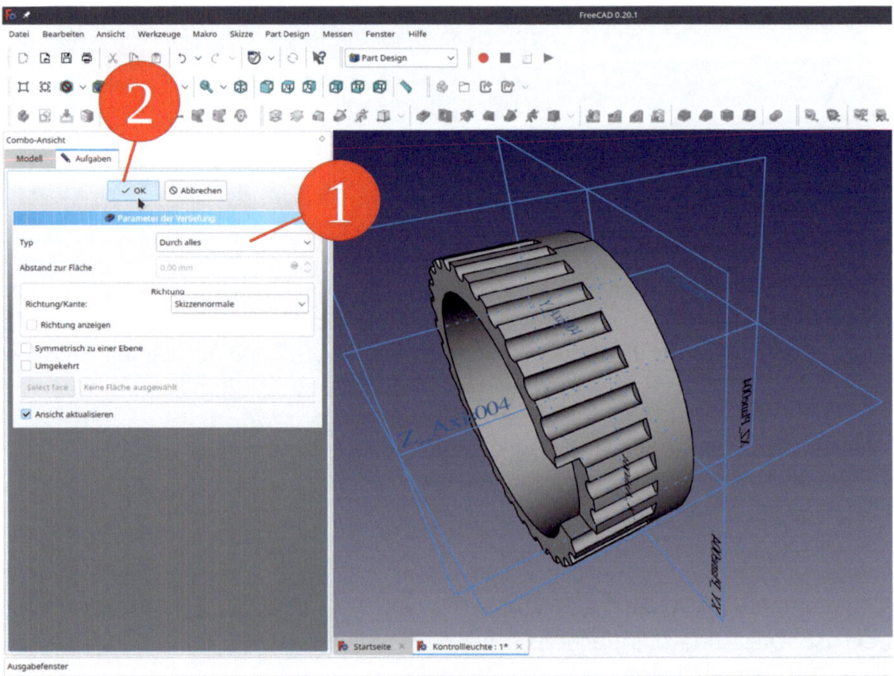


*Bild D49*

1.110. Im Hauptmenü "Part Design | Muster anwenden | Polares Muster" wählen. Die Achse auf "Vertikale Skizzenachse", die Anzahl der Vorkommen auf 4 setzen und mit "OK" abschließen (Bild D50).

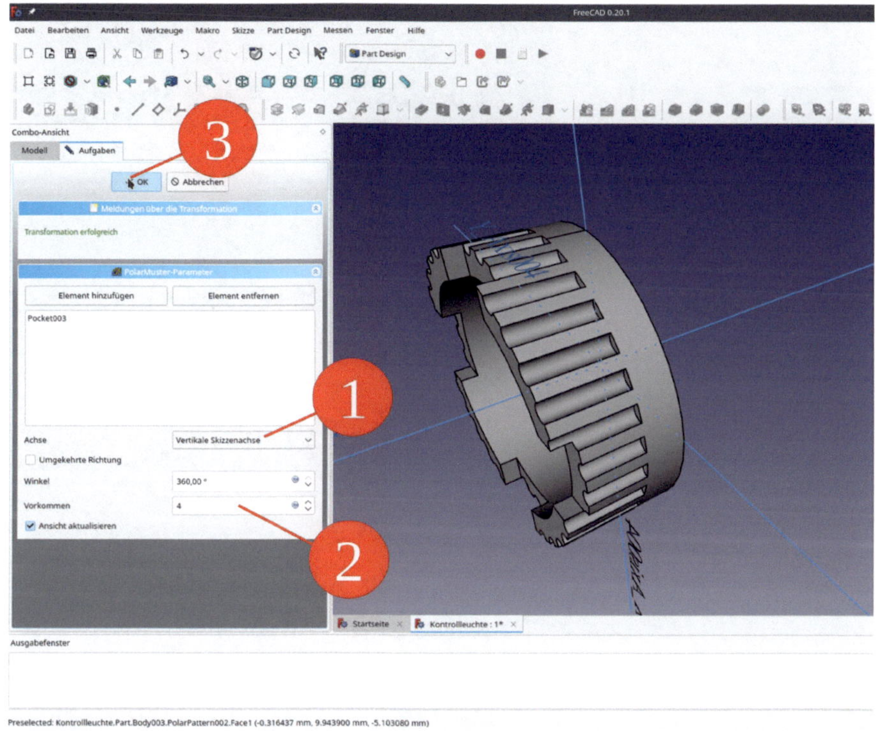


*Bild D50*

1.111. Das Koordinatensystem der Mutter ausblenden. Mit Rechtsklick auf den Körper der Befestigungsmutter sowie Auswahl von "Darstellung" das Material auf "glänzender Kunststoff" und die Farbe z.B. auf ein Hellgrau setzen.

1.112. Den Körper der Befestigungsmutter in der Baumansicht markieren und das Eigenschaftsfeld "Placement" sowie den dann erscheinenden ... -Button anklicken. Den Z-Verschiebungsparameter auf das übliche Frontplattenmaß verschieben (z.B. -2 mm). Nicht vergessen, die Arbeit zu speichern!

Die fertige Kontrollleuchte ist in Bild D51 wiedergegeben. Zugegeben, es sind schon viele Schritte für eine solch detaillierte Darstellung notwendig. Diese kann man nun aber nach Herzenslust einfach durch copy-and-paste des Std-Part-Containers in andere Konstruktionen weiterverwenden.

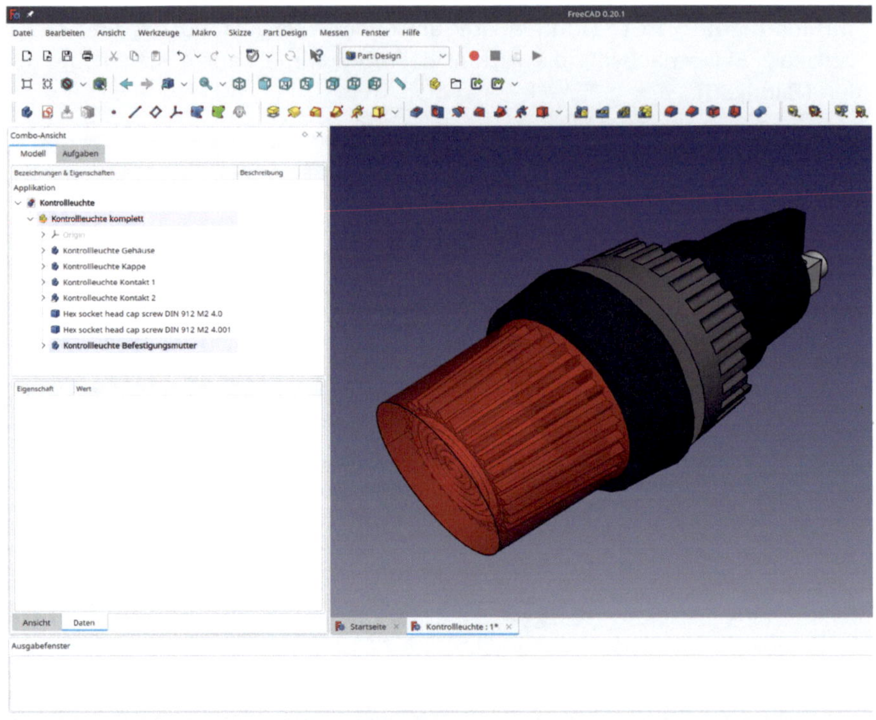
FreeCAD 0.20.1
Datei Bearbeiten Ansicht Werkzeuge Makro Skizze Part Design Messen Fenster Hilfe
Part Design
Combo-Ansicht
Modell Aufgaben
Bezeichnungen & Eigenschaften
Beschreibung
Applikation
Kontrollleuchte
Kontrollleuchte komplett
Origin
Kontrollleuchte Gehäuse
Kontrollleuchte Kappe
Kontrollleuchte Kontakt 1
Kontrollleuchte Kontakt 2
Hex socket head cap screw DIN 912 M2 4.0
Hex socket head cap screw DIN 912 M2 4.001
Kontrollleuchte Befestigungsmutter
Eigenschaft Wert
Ansicht Daten
Startseite
Kontrollleuchte : 1*
Ausgabefenster

*Bild D51*

# Anhang E: Knebelschalter

1.1. Für den Knebelschalter eine neue Datei anlegen. Unter "Knebelschalter" abspeichern. Im Arbeitsbereich einen Std-Part-Container mit dem Namen "Knebelschalter komplett" erzeugen. In diesem Container den ersten Körper erzeugen und zu "Knebelschalter Rändelmutter" umbenennen.

Die Rändelmutter liegt an der Frontplatte an. Aus diesem Grunde erzeugen wir sie hier zuerst und beziehen alle anderen Komponenten des Schalters darauf. Die Mutter hat einen zylindrischen Teil, der (abgemessen) 2,3 mm hoch ist sowie eine leicht konische Oberseite, die mit einem Verbund dargestellt werden soll. Für die Oberseite des Verbundes benötigt man eine Skizze, und für diese wiederum eine Referenzebene:

1.2. In der Baumansicht das Koordinatensystem der Rändelmutter mit der Leertaste einblenden. Die XY-Ebene markieren und das Werkzeug "Referenzebene" aufrufen. Im erscheinenden Aufgabenfenster erscheint die Ebene bereits im Befestigungsmodus "Ebene Fläche". Den Versatz in Z-Richtung auf 2,85 mm setzen (Bild E1). Das Aufgabenfenster schließen und die Ebene in der Baumansicht in "Mutter Oberseite umbenennen.

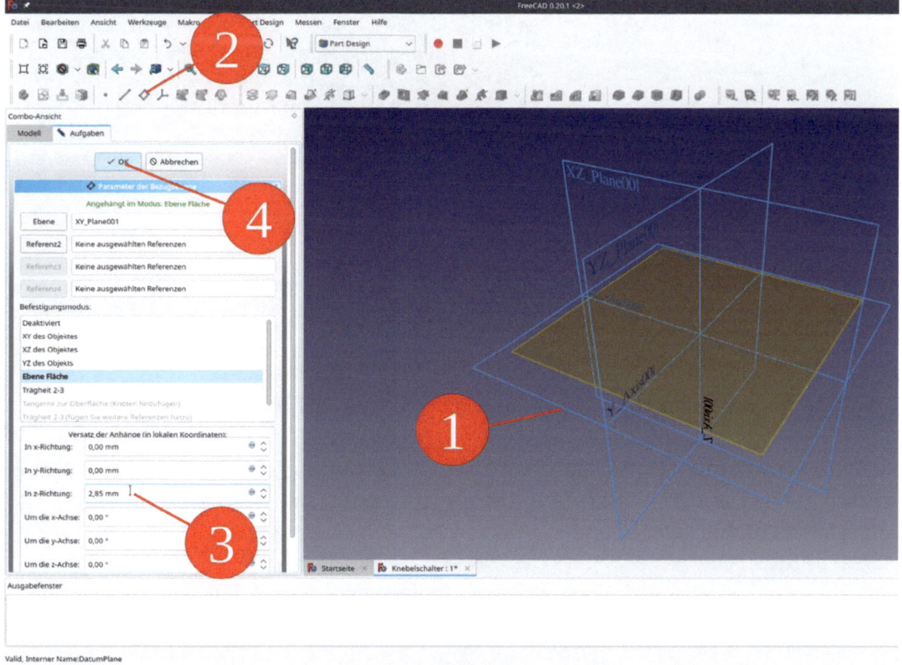


*Bild E1*

1.3. In der 3D-Ansicht die XY-Ebene markieren und den Sketcher starten. Auf die XY-Ebene einen auf den Ursprung zentrierten Kreis zeichnen. Das Kreiswerkzeug durch Rechtsklick beenden.

1.4. Im Aufgabenfenster, im Panel "Elemente" den Kreis rechts anklicken und aus dem Kontextmenu die Einschränkung "Diameter Constraint" wählen. Den Durchmesser auf 16,2 mm setzen. (Bild E2). Das Aufgabenfenster schließen (Button oben).

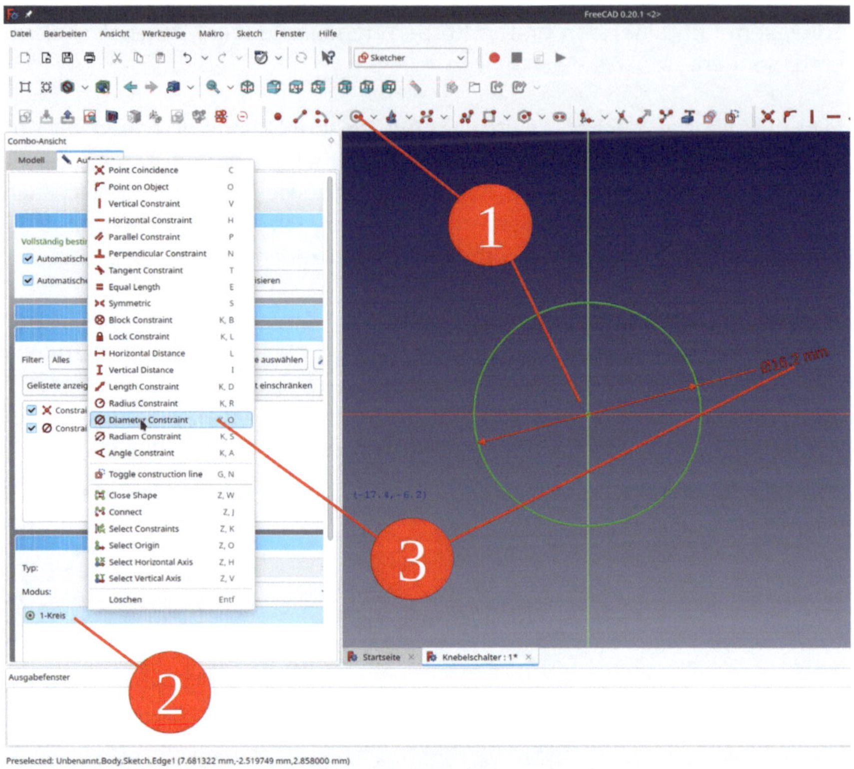


*Bild E2*

1.5. In der Baumansicht die neue Skizze durch Mausklick markieren und das gelbe (= additive) Werkzeug "Aufpolsterung" anklicken. Die Skizze 2,3 mm aufpolstern.

1.6. Die Referenzebene "Mutter Oberseite" in der Baumansicht markieren und den Sketcher starten. Einen auf den Ursprung zentrierten Kreis mit dem Durchmesser 12,4 mm zeichnen. Den Sketcher schließen.

1.7. In der Baumansicht die Referenzebene "Mutter Oberseite" mit der Leertaste ausblenden.

1.8. Bei gedrückter STRG-Taste sowohl die obere Stirnfläche des Mutterkörpers als auch die Skizze auf der Referenzebene durch Anklicken markieren (3D-Ansicht oder in der Baumansicht). Das gelbe (= additive) Werkzeug "Ausformung" anklicken (Bild E3). Das Aufgabenfenster mit "OK" schließen (Bild E4).

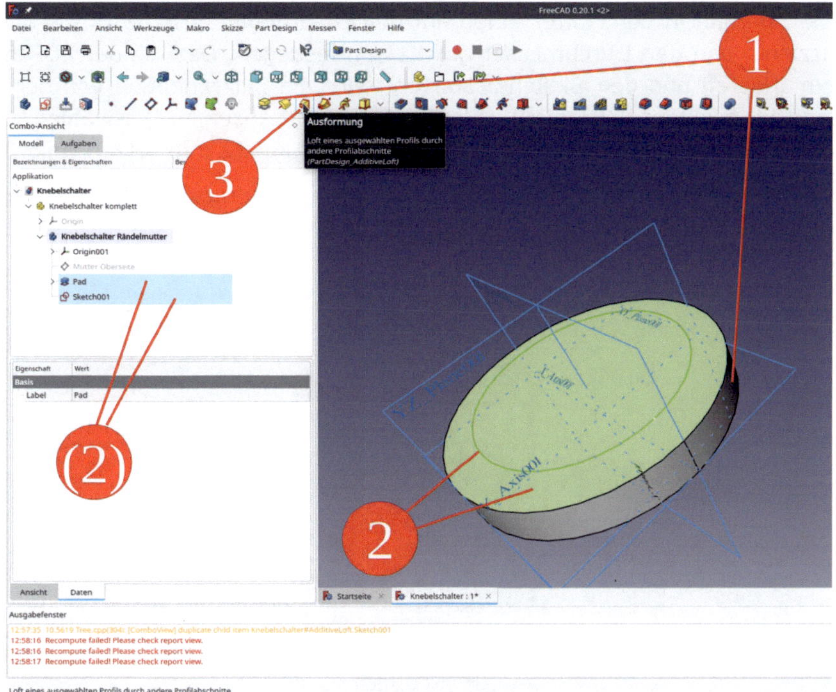

*Bild E3*

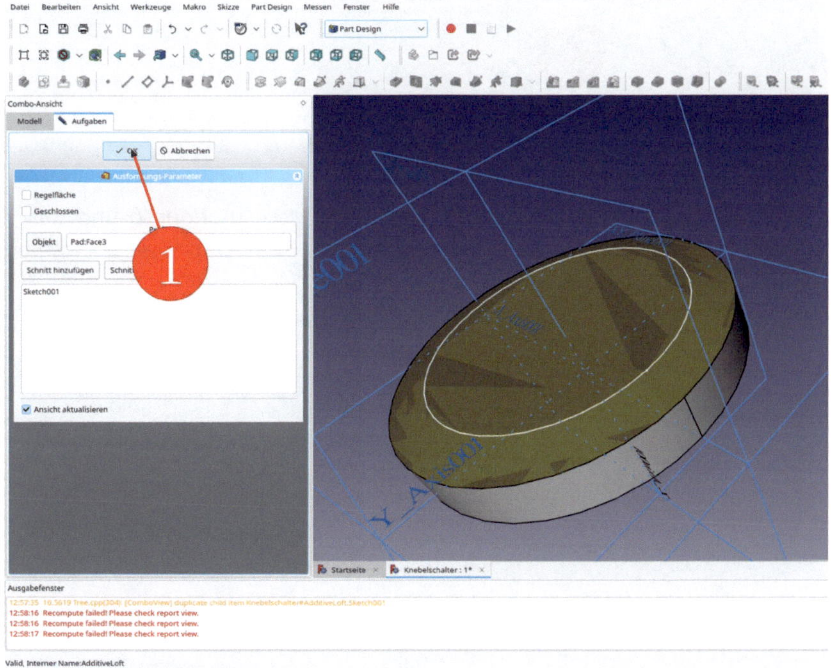

*Bild E4*

1.9. Für die Bohrung in der Mutter einen auf den Ursprung zentrierten Kreis auf die XY-Ebene skizzieren und den Durchmesser auf 12 mm festlegen. Dazu in der 3D-Ansicht die XY-Ebene markieren und den Sketcher starten. Wird die Skizzenebene von der 3D-Geometrie verdeckt, aus dem Hauptmenü "Sketch | Abschnitt anzeigen" auswählen. Den Kreis skizzieren und die Einschränkung "Diameter Constraint" auf 12 mm setzen (Bild E5).

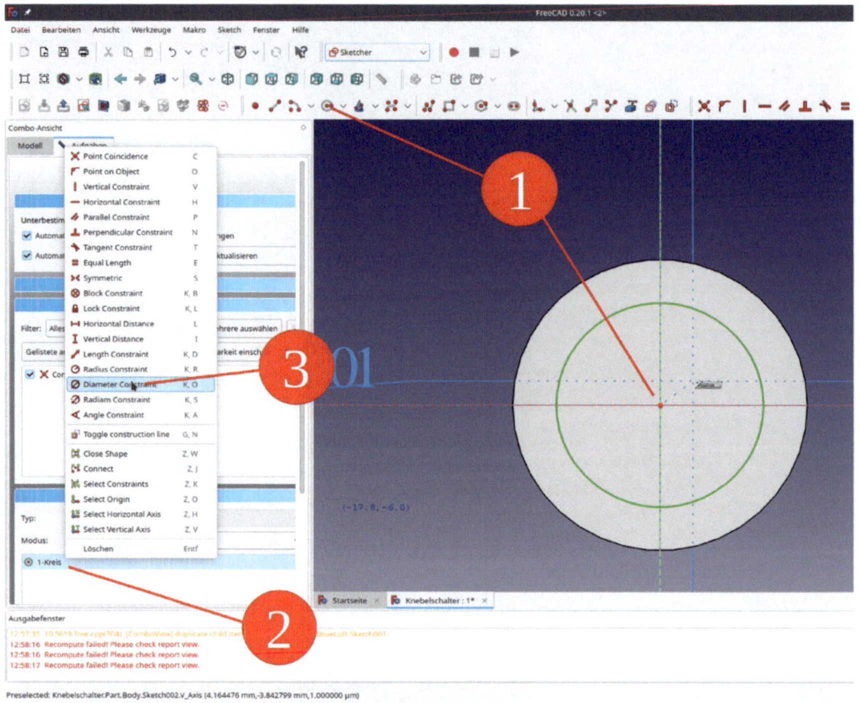


*Bild E5*

1.10. Die neue Skizze in der Baumansicht durch Anklicken markieren und das Werkzeug "Tasche" anklicken (Bild E6). Im Aufgabenfenster den Typ "Durch alles" wählen und die Checkbox "Umgekehrt" anhaken (Bild E7).

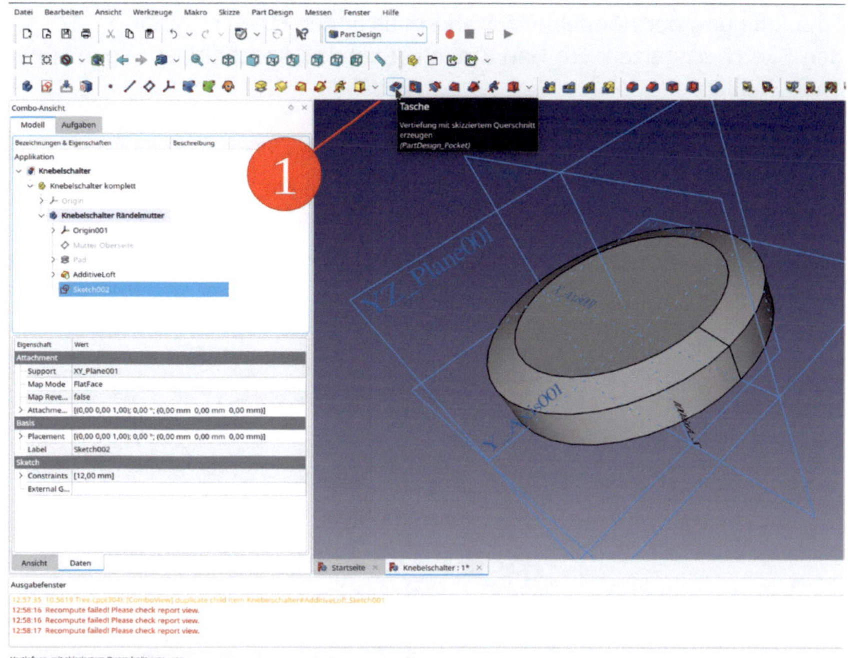


*Bild E6*

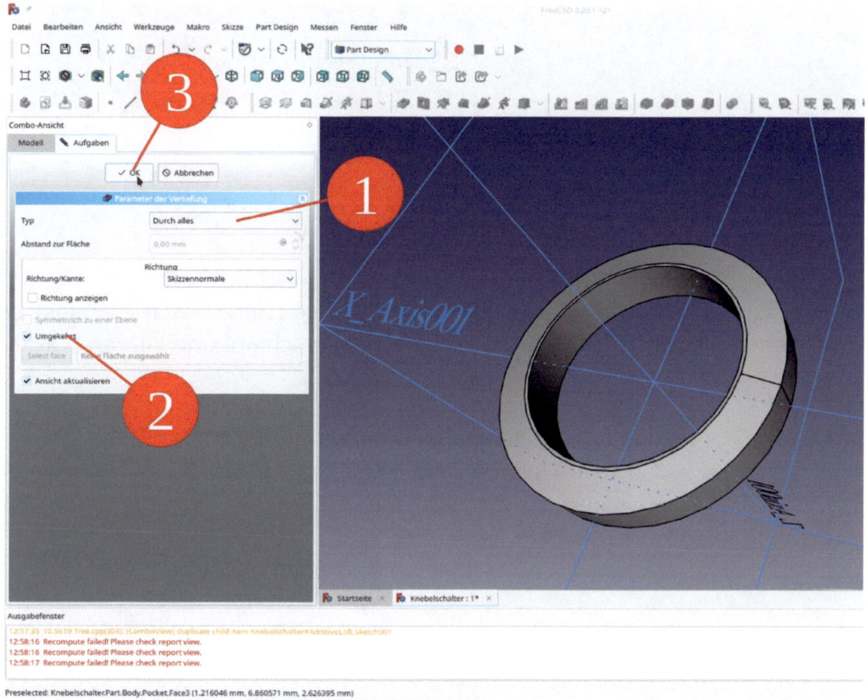


*Bild E7*

1.11. Für die Riffelung der Rändelmutter abermals in der 3D-Ansicht die XY-Ebene markieren und den Sketcher starten. Im Hauptmenü "Sketch | Abschnitt anzeigen" und "Ansicht | Orthogonal" wählen.

1.12. Das Werkzeug "Externe Geometrie" markieren und die Außenkante der Mutter anklicken (diese erscheint dann als Konstruktionselement violett). Aus dem Rolldown "Regelmäßiges Vieleck erstellen" das Dreieck auswählen (Bild E8).

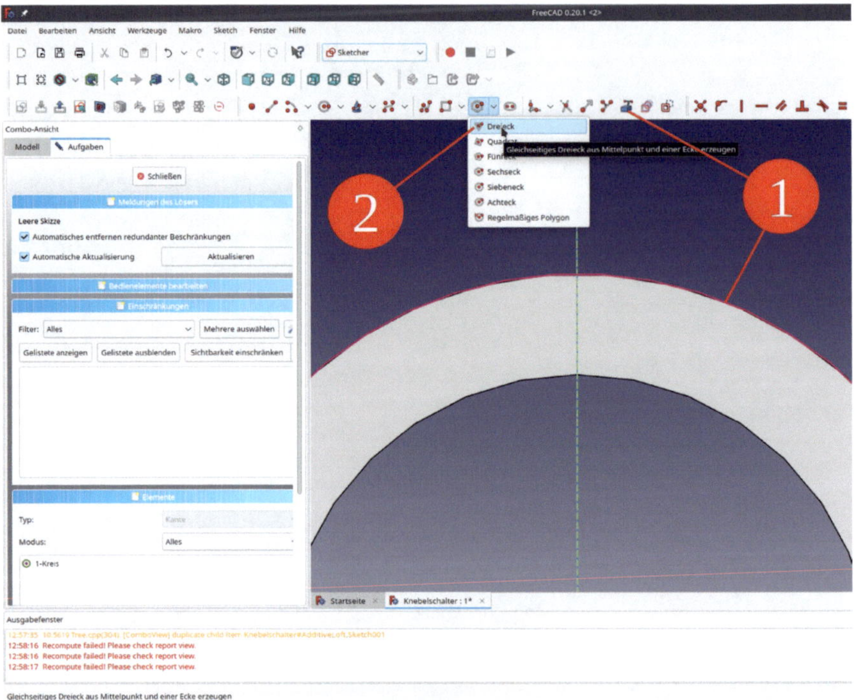


*Bild E8*

1.13. Das Dreieck mit dem Mittelpunkt auf die Y-Achse skizzieren. Den Eckpunkt ebenfalls auf der Y-Achse definieren (zielen, bis die Y-Achse gelb erscheint und klicken – es erscheint dabei neben dem Cursor das Symbol "Punkt auf Objekt").

1.14. Die horizontale Seite des Dreiecks markieren und mit der Einschränkung "Horizontalen Abstand festlegen" auf 0,2 mm setzen (Bild E9).

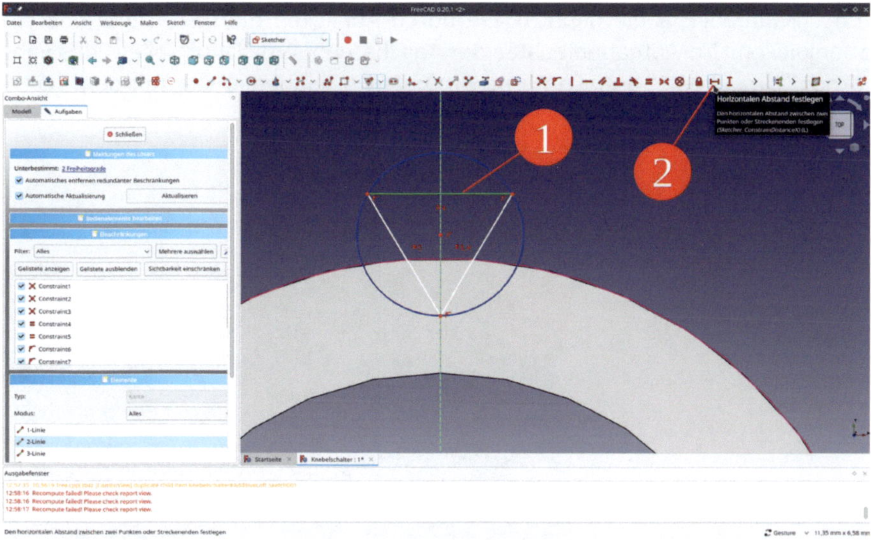


*Bild E9*

1.15. Den Mittelpunkt des (jetzt sehr kleinen) Dreiecks markieren, ebenso die violette Referenz auf die Außenkontur der Mutter und die Einschränkung "Punkt auf Objekt" Wählen (Bild E10). Das Dreieck erscheint hellgrün – die Skizze ist vollständig bestimmt. Das Aufgabenfenster mit dem "Schließen"-Button (oben) schließen.

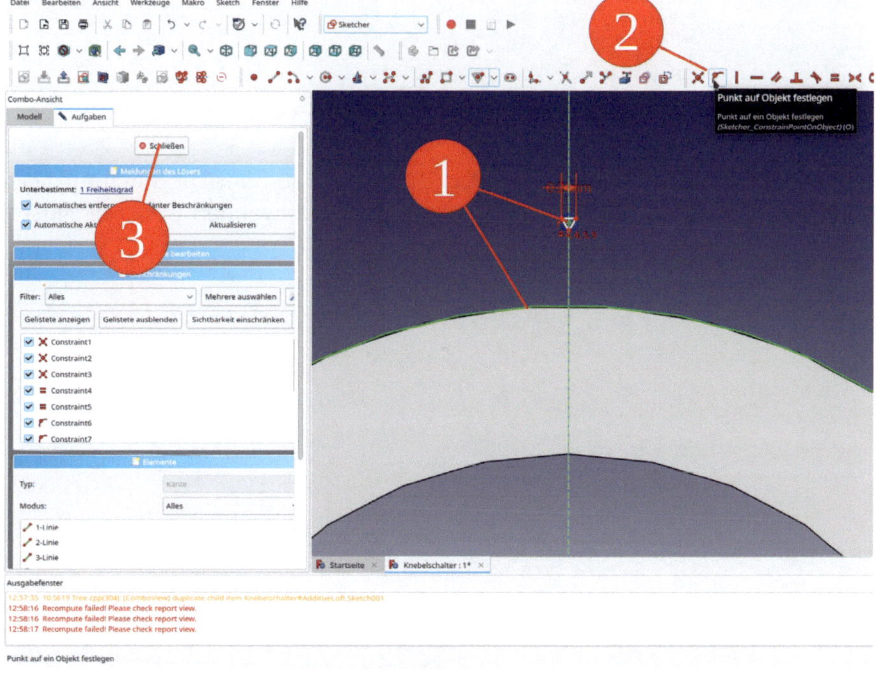


*Bild E10*

1.16. In der Baumansicht die neue Skizze durch Anklicken markieren und das Werkzeug "Tasche" anklicken. Im Aufgabenfenster der Tasche den Typ "Durch alles" auswählen und die Checkbox "Umgekehrt" anhaken (Bild E11). Das Aufgabenfenster mit dem "OK"-Button schließen.

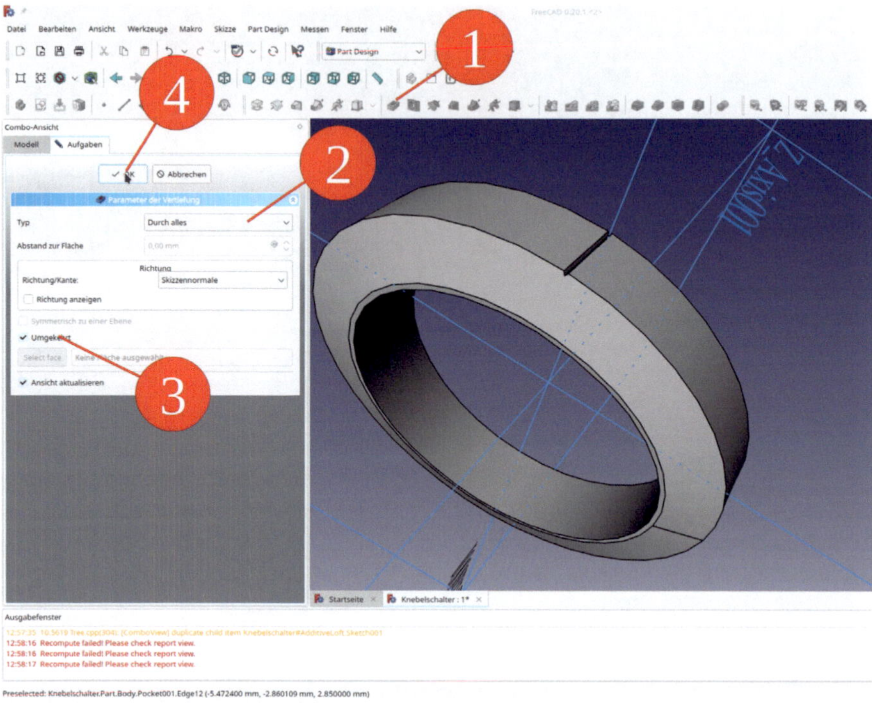


*Bild E11*

1.17. Den letzten Konstruktionszustand (Pocket) in der Baumansicht durch Anklicken auswählen und aus dem Hauptmenü "Part Design | Muster anwenden | Polares Muster" auswählen (Bild E12).

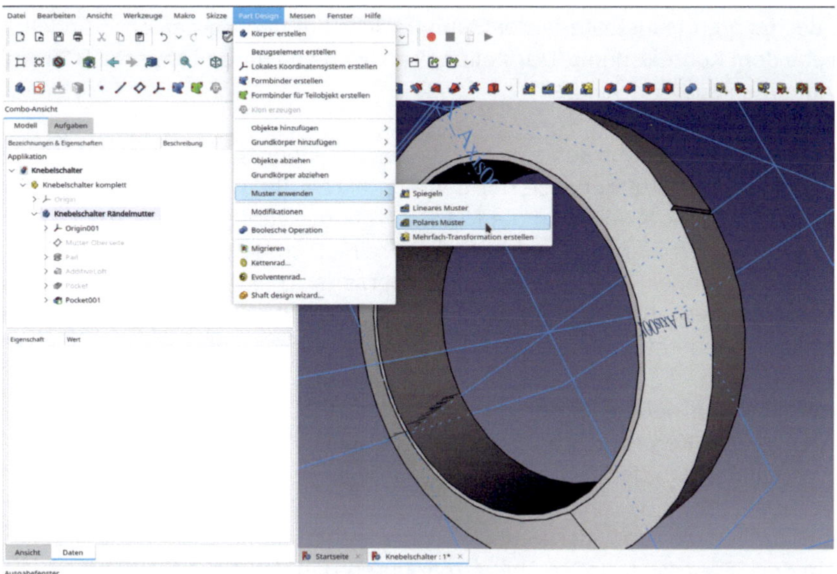


*Bild E12*

1.18. Die Zahl "Vorkommen" auf 140 setzen (Bild E13) und die Aufgabe mit dem "OK"-Button abschließen. In der Baumansicht das Koordinatensystem der Mutter mit der Leertaste ausblenden.

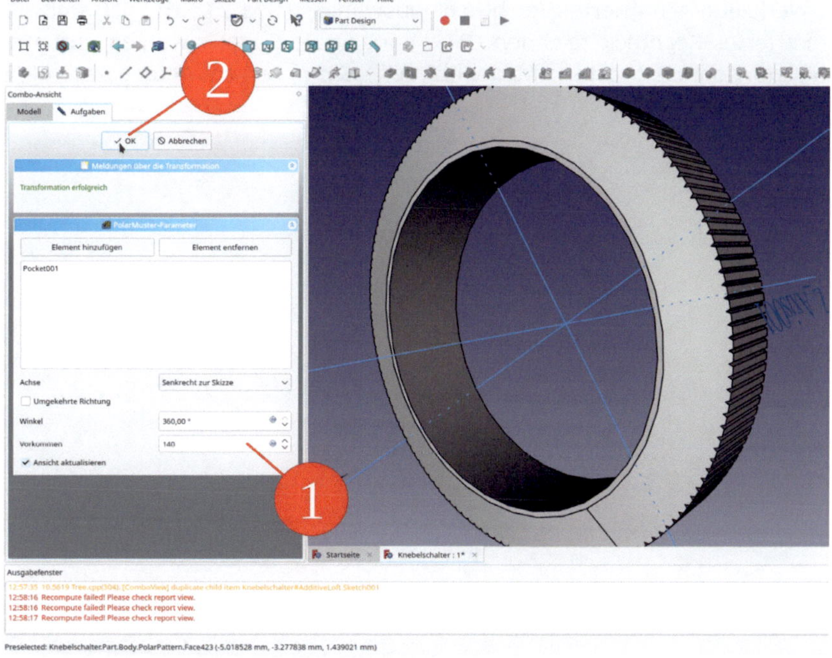


*Bild E13*

1.19. Mit der rechten Maustaste in der Baumansicht auf den Körper der Rändelmutter klicken und aus dem Kontextmenü "Darstellung" auswählen. Für das Material "Chrom" wählen und das Aufgabenfenster schließen.

Das Schaltergehäuse besteht aus einem Zylinder mit einer Nut als Rotationssperre, sowie dem eigentlichen Kunststoffgehäuse mit den Kontakten. Beim Skizzieren des zylindrischen Teiles stellt sich die Frage, wie man die Nut im Profil mit vorsieht. Eine komplizierte Skizze kann wegen der vielen zu berücksichtigenden Freiheitsgrade frustrierend sein. Die Unterteilung in einen Zylinder und eine Rotationssperre ist praktischer. Wir gehen, im Sinne einer Anleitung, einen auch in anderen Situationen praktischen Mittelweg und definieren ein Konstruktionselement, welches die Angabe der Maße vereinfacht.

1.20. Zunächst einen neuen Körper anlegen. Diesen in "Knebelschalter Gehäuse" umbenennen. Den neuen Körper in den Std-Part-Container "Knebelschalter komplett" ziehen, sollte er sich nicht schon dort befinden.

1.21. Das Koordinatensystem des neuen Körpers in der Baumansicht mit der Leertaste einblenden. In der 3D-Ansicht die XY-Ebene markieren und den Sketcher starten.

1.22. Einen auf den Ursprung zentrierten Kreis mit Durchmesser 12 mm skizzieren.

1.23. Einen weiteren auf den Ursprung zentrierten Kreis mit Durchmesser 8,5 mm skizzieren.

1.24. Das Werkzeug "Zentriertes Rechteck" auswählen (Bild E14,E15). Damit ein auf die Y-Achse zentriertes Rechteck zeichnen. Eine horizontale Seite anwählen und mit der Einschränkung "Horizontalen Abstand festlegen" auf 1,5 mm setzen. Analog dazu die Höhe des Rechtecks auf 3 mm setzen.

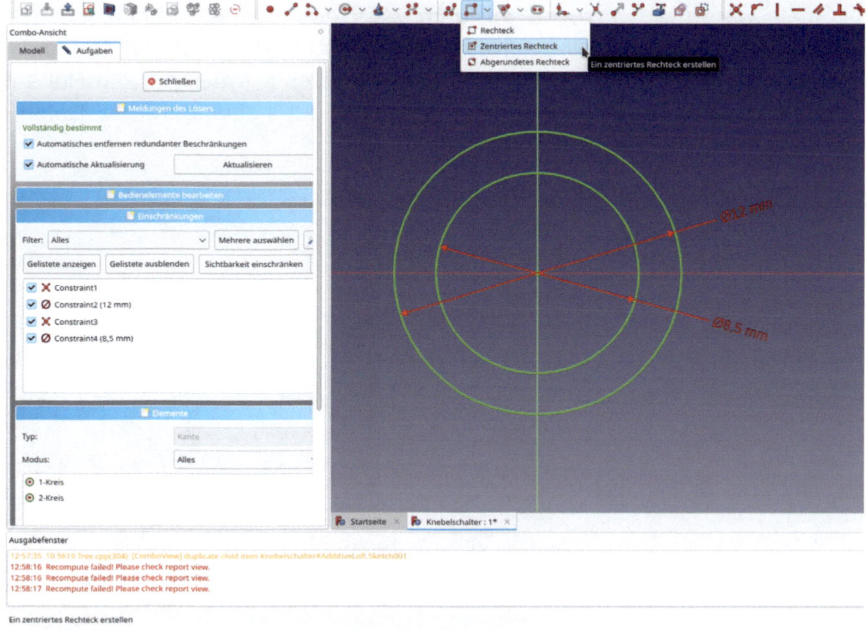

Bild E14

1.25. Einen unteren Eckpunkt des Recktecks und den Koordinatenursprung markieren und mit der Einschränkung "Vertikalen Abstand festlegen" auf 5,2 mm setzen (Bild E15, Schritt 4).

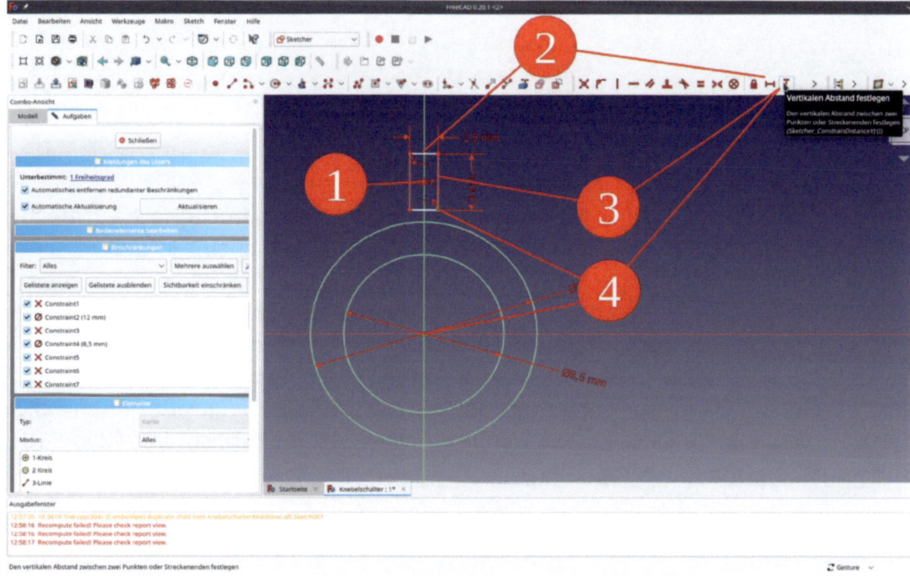

Bild E15

An dieser Stelle wäre man versucht, mit dem Werkzeug "Kante zuschneiden" (Bild E16) den Querschnitt des Zylinders mit der Nut zurecht zu stutzen. Vor dieser Operation ist die Skizze aber bereits vollständig bestimmt. Danach wird es schwieriger, die Maße passend festzulegen oder zu ändern, ohne dass der Querschnitt durcheinandergerät. Daher definieren wir das Rechteck zum Konstruktionselement um:

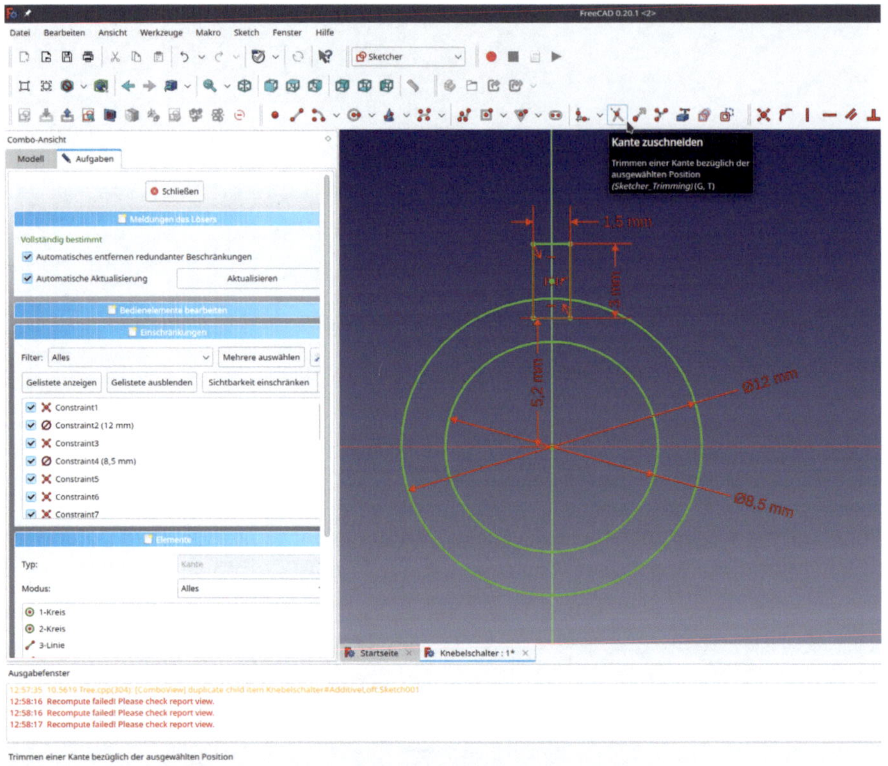


*Bild E16*

1.26. Die vier Seiten des Rechtecks in der Elementliste markieren und nach Rechtsklick darauf "Toggle Construction Line" auswählen. Das Rechteck erscheint jetzt blau.

1.27. Das Werkzeug "Kante zuschneiden" anklicken und den Teil des äußeren Kreises, der innerhalb des blauen Rechtecks liegt, trimmen (Bild E17). Jetzt sind immer noch alle nötigen Eckpunkte vollständig bestimmt. Die Eckpunkte der Nut mit dem Werkzeug "Linie erstellen" verbinden. Dabei gut mit dem Fadenkreuz zielen, bis die gewünschten Eckpunkte gelb markiert erscheinen. Die Skizze ist immer noch vollständig bestimmt (Bild E18). Den Sketcher schließen (oben, hochscrollen).

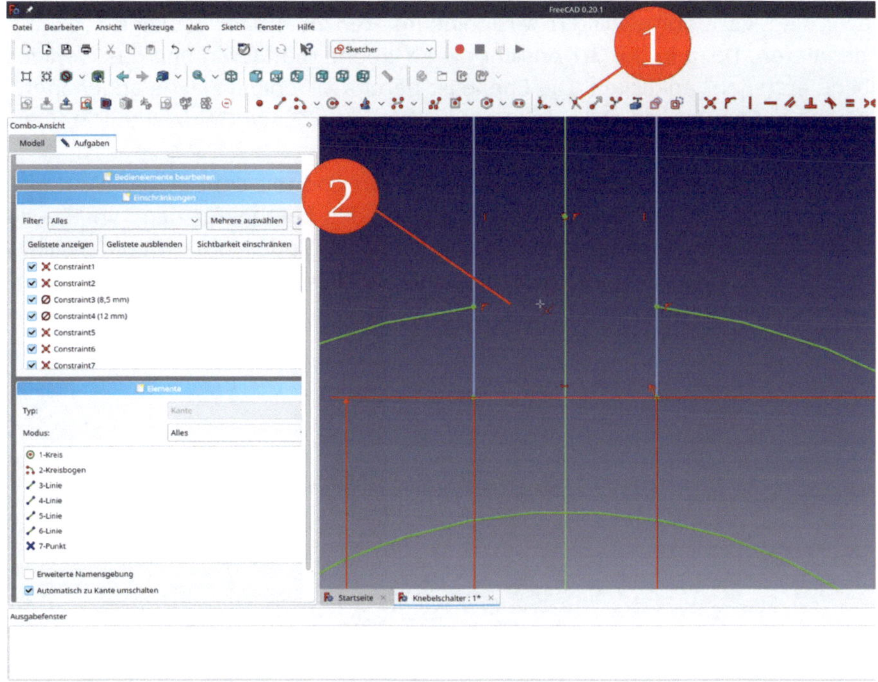


*Bild E17*

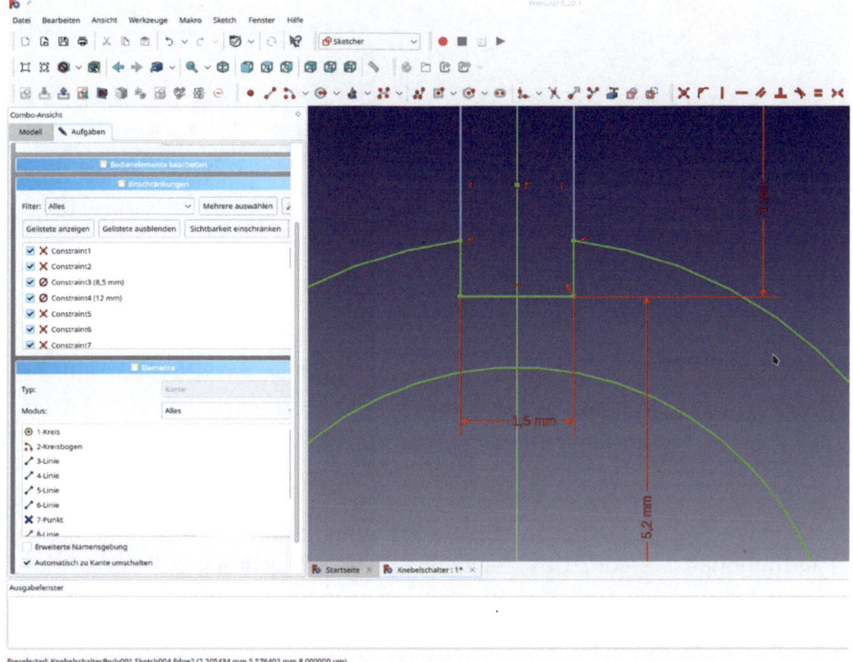


*Bild E18*

1.28. Bevor die Skizze aufgepolstert wird, eine Referenzebene für die Lage des Schaltergehäuses definieren. Dazu in der 3D-Ansicht die XY-Ebene markieren und das Werkzeug "Referenzebene erstellen" anklicken. Die Ebene ist bereits als ebene Fläche angehängt. Für die Z-Verschiebung -13 mm einsetzen. Die Referenzebene in "Lage Gehäuseteil" umbenennen.

1.29. In der Baumansicht die neue Skizze markieren und mit dem gelben Werkzeug "Aufpolsterung" aufpolstern. Dabei im Aufgabenfenster des Befehls für den Typ "Bis zu Oberfläche" auswählen und entweder direkt in der 3D-Ansicht oder in der Baumansicht (in den Reiter "Modell" wechseln) die neue Referenzebene anklicken (Bild E19). Das Aufgabenfenster mit dem "OK"-Button schließen.

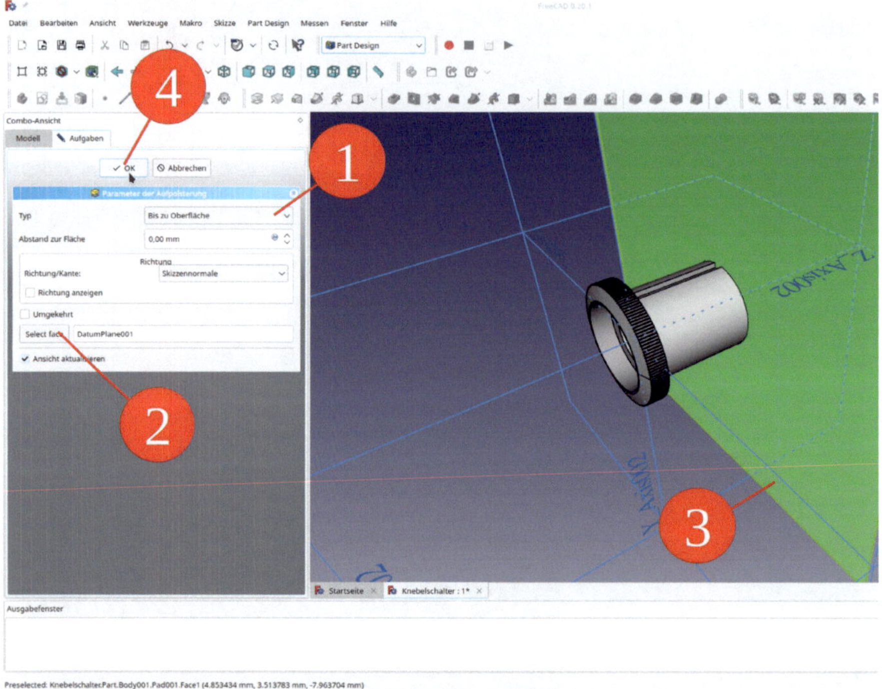


*Bild E19*

1.30. In der Baumansicht den Körper des Schaltergehäuses markieren und den "Placement"-Parameter für die Z-Verschiebung auf 3 mm setzen (um diesen Betrag ragt der Schalter später aus der Frontplatte).

1.31. In der 3D-Ansicht die Lage der Referenzebene "Lage Gehäuseteil" durch Anklicken markieren und den Sketcher starten. Im Hauptmenü "Sketch | Abschnitt anzeigen" und "Ansicht | Orthogonal" wählen. Das Zeichenwerkzeug "Rechteck | Zentriertes Rechteck" auswählen und für das Gehäuse ein auf den Ursprung zentriertes Rechteck mit 26 mm Breite und 23,2 mm Höhe zeichnen Bild E20). Die Skizze schließen.

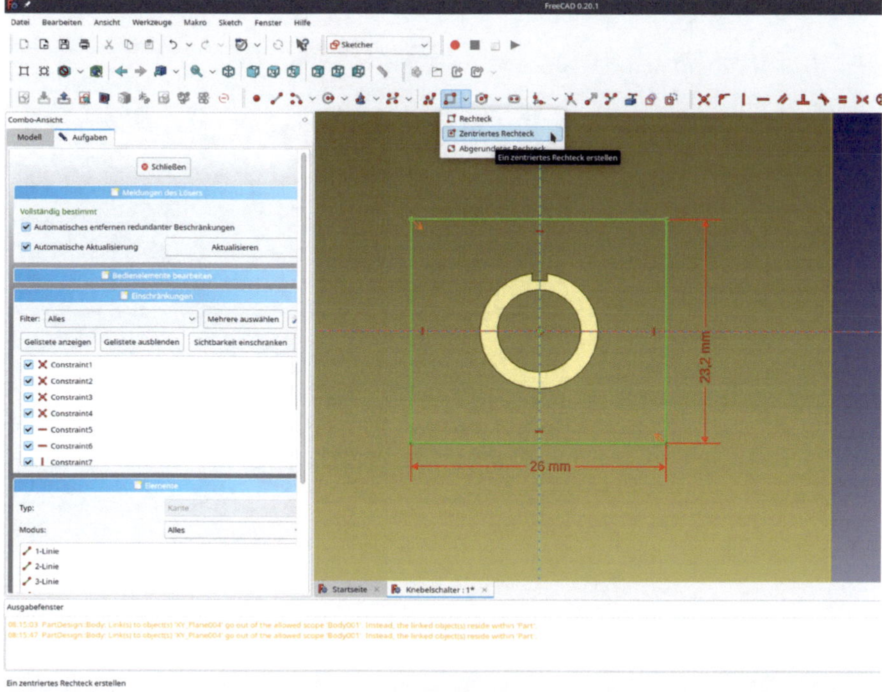


*Bild E20*

1.32. Die neue Skizze in der Baumansicht markieren und auf 16,6 mm aufpolstern. In der Baumansicht die Referenzebene "Lage Gehäuseteil" mit der Leertaste ausblenden.

1.33. Die vier Außenkanten des Schaltergehäuses in der 3D-Ansicht markieren.

1.34. Das Werkzeug-Icon "Verrundung" anklicken (Bild E21). Für den Radius 2 mm angeben und das Aufgabenfenster mit "OK" schließen.

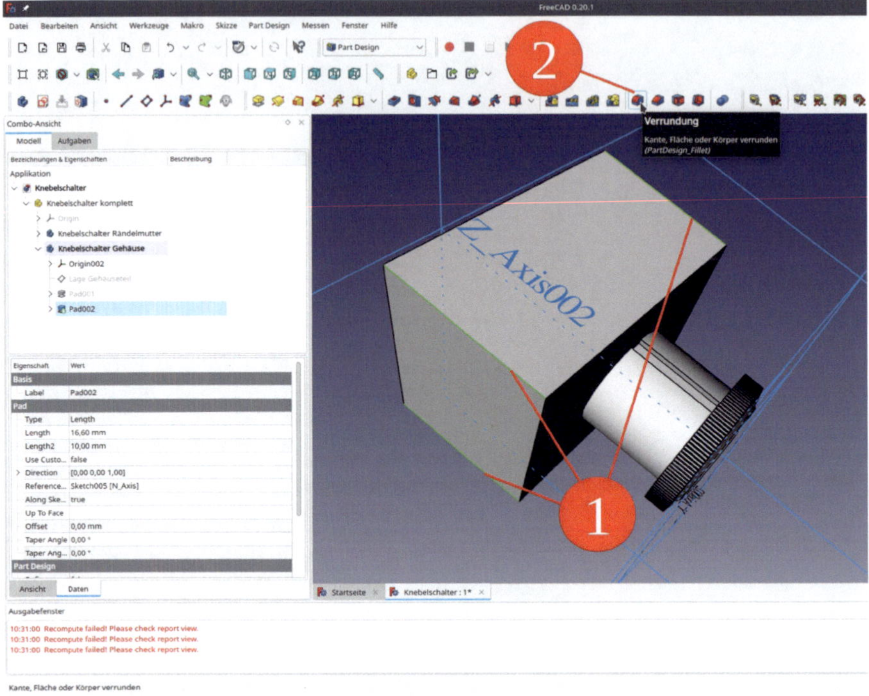


*Bild E21*

1.35. In der 3D-Ansicht eine Unterkante des Gehäuses markieren. Wieder das Werkzeug "Verrundung" anklicken. Den Radius bei 1 mm belassen und das Aufgabenfenster mit "OK" schließen. Bei der Verrundung wird die gesamte mit der ursprünglich gewählten Kante verbundene Kantenkette verrundet. In diesem Falle ist das praktisch (Bild E22). Die Automatik kann aber auch zur Verwirrung beitragen, insbesondere, wenn Teile der Kette sich nicht verrunden lassen (weil z.B. der Radius zu groß ist).

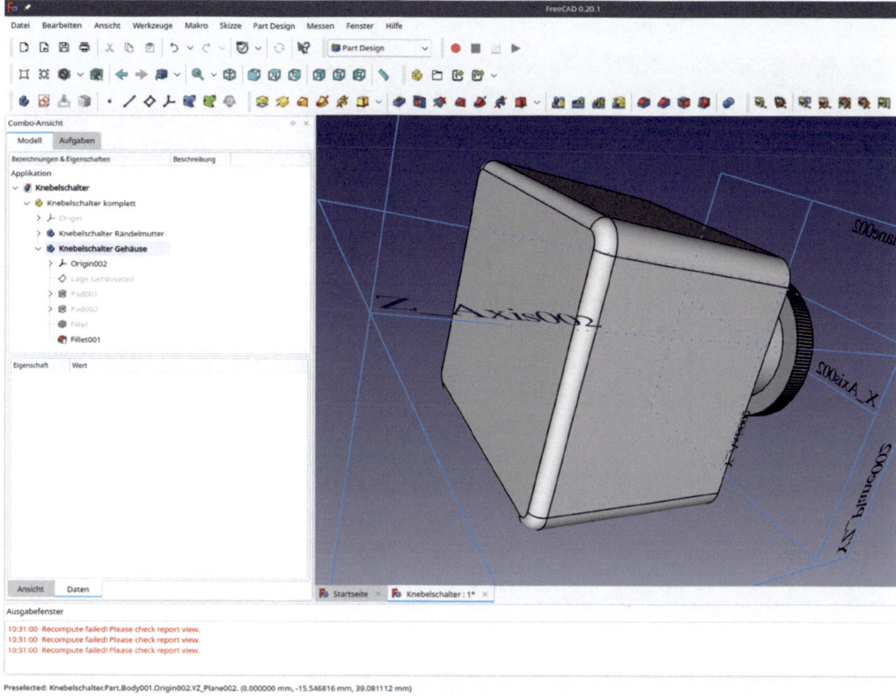

*Bild E22*

1.36. Das Schaltergehäuse ist jetzt fertig. Um es übersichtlicher darzustellen, in der Baumansicht mit Rechts auf den Körper "Knebelschalter Gehäuse" klicken und aus dem Kontextmenü "Darstellung" auswählen. Dort das Material "Chrom" wählen und das Aufgabenfenster schließen.

1.37. Das Unterteil besteht üblicherweise aus schwarzem Bakelit. In der Baumansicht, innerhalb des Körpers "Knebelschalter Gehäuse" rechts auf den letzten Konstruktionszustand klicken und aus dem Kontextmenü "Legen Sie Farben fest" auswählen (da das Gehäuse fertig ist, können wir uns diese an den Konstruktionszustand gebundenen Facettenfärbungen leisten).

1.38. In der 3D-Ansicht alle Facetten, die zum Gehäuseunterteil gehören und nicht nach vorne gerichtet sind, bei gedrückter STRG-Taste mit der Maus markieren und die Farbauswahl "Schwarz" treffen. Das Aufgabenfenster mit "OK" schließen (Bild E23).

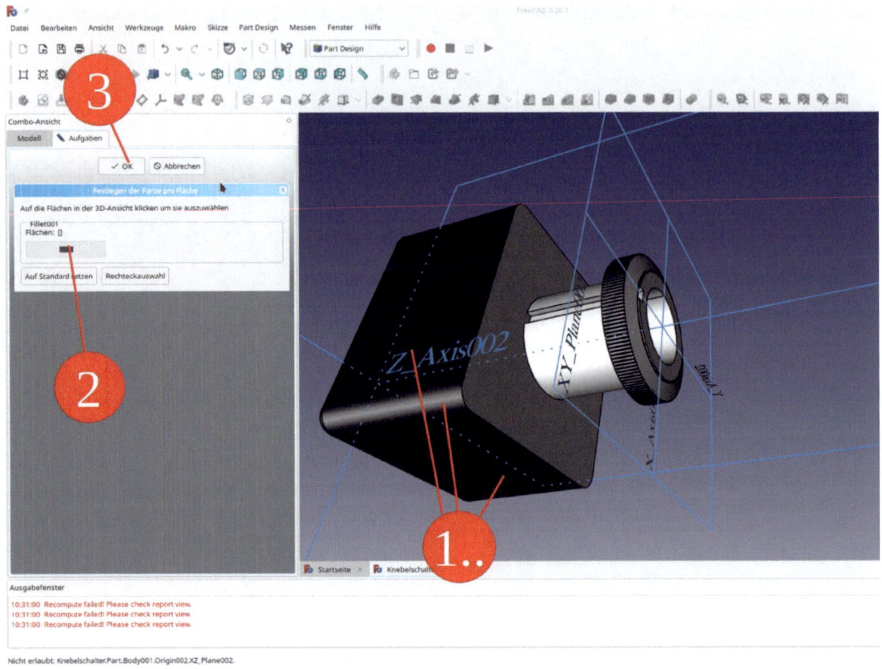


*Bild E23*

1.39. Das Koordinatensystem des Gehäuses in der Baumansicht mit der Leertaste ausblenden.

1.40. Für den ersten Kontakt mit dem blauen "Körper erstellen" Werkzeug-Icon einen neuen Körper anlegen. Diesen in "Kontakt 1" umbenennen. Den Körper ggf. in den Std-Part-Container "Knebelschalter komplett" ziehen (manchmal ist der nicht passend aktiviert und der neue Körper landet draußen).

1.41. Den neuen Körper erweitern und das Koordinatensystem einblenden.

1.42. Die XZ-Ebene markieren und den Sketcher starten. Sollte die Geometrie des Schaltergehäuses nicht angezeigt werden, die Skizze schließen und nochmals in der Baumansicht durch Doppelklick öffnen.

1.43. Den Kontakt möchte man eigentlich gerne an der Seitenwand des Schaltergehäuses ansetzen. Dazu müsste man eine externe Referenz definieren, was aber über die Körpergrenze des Kontaktes hinaus ohne Weiteres nicht möglich ist. Eine Möglichkeit dazu existiert jedoch beim Start des Sketchers: Im Auswahldialog für die Skizzenebene könnte man im Panel "Externe Objekte zulassen" die Checkbox "Von anderen Körpern des selben Teils" anhaken und z.B. eine für die Seitenwand angelegte Referenzebene auswählen. Das ist bequem, und mag in eingen sehr klaren Fällen auch gerechtfertigt sein, kann aber sonst leicht unübersichtlich werden. Man könnte auch einen Formbinder auf die Seitenwand definieren. Das ist komplizierter, hat aber den Vorteil, dass man bei späteren Revisionen durch den Formbinder im Projektbaum einen deutlicheren Hinweis auf die körperübergreifende Referenz erhält. Da sich am Schaltergehäuse nichts mehr ändern wird, wählen wir für den Kontakt eine noch einfachere, aber nicht assoziative Vorgehensweise: Wir skizzieren den Körper lediglich als eingesetztes Objekt und definieren die Positionierung mit Hilfe der Placement-Koordinaten.

1.44. Ein auf die X-Achse zentriertes Rechteck zeichnen, dessen eine Seite mit der Z-Achse koinzidiert. Den Zeichenbefehl durch Rechtsklick beenden. Eine horizontale Seite des neuen Rechtecks markieren und die Breite auf 3 mm setzen. In analoger Weise die Höhe des Rechtecks auf 2,4 mm setzen. Den Mittelpunkt des Rechtecks anklicken, sowie die X-Achse des Koordinatensystems, und die Bedingung "Punkt auf Objekt" anklicken.

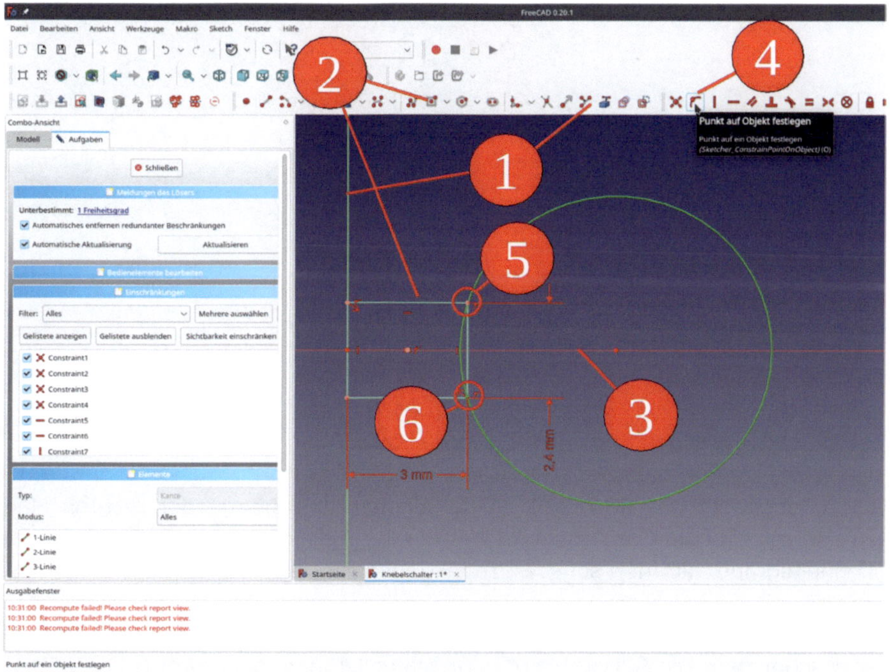


*Bild E24*

1.45. Für das Lötauge einen auf die X-Achse zentrierten Kreis zeichnen. Den Kreis und einen äußeren Eckpunkt des Rechtecks markieren und die Einschränkung "Punkt auf Objekt" wählen. Den zweiten äußeren Eckpunkt des Rechtecks und den Kreis markieren. Die Einschränkung "Punkt auf Objekt" erneut anklicken (Bild E24, Ziffer 5 und 6).

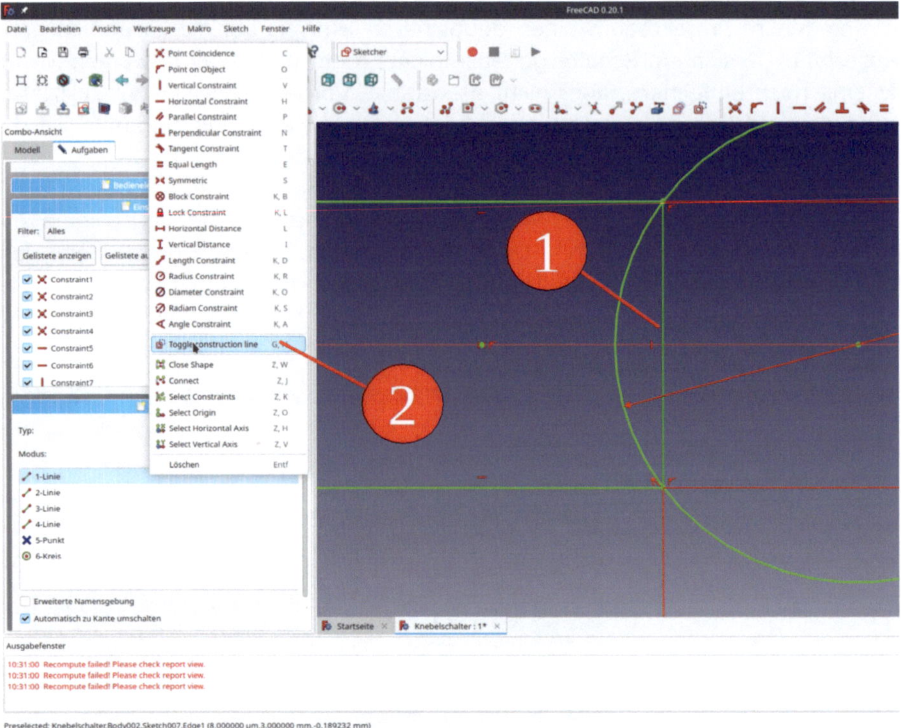

*Bild E25*

1.46. Den Durchmesser des Kreises auf 4 mm setzen.

1.47. Die äußere Seite des Rechtecks in der Elementansicht mit der rechten Maustaste anklicken und mit "Toggle Construction Line" in eine Hilfslinie umwandeln (dies spart eine Menge Freiheitsgrade, die man sonst extra festlegen müsste). (Bild E25).

1.48. Mit dem Zeichenwerkzeug "Kante zuschneiden" den im Rechteck liegenden Teil des Kreises wegschneiden. Die Skizze bleibt dennoch vollständig bestimmt (Bild E26)!

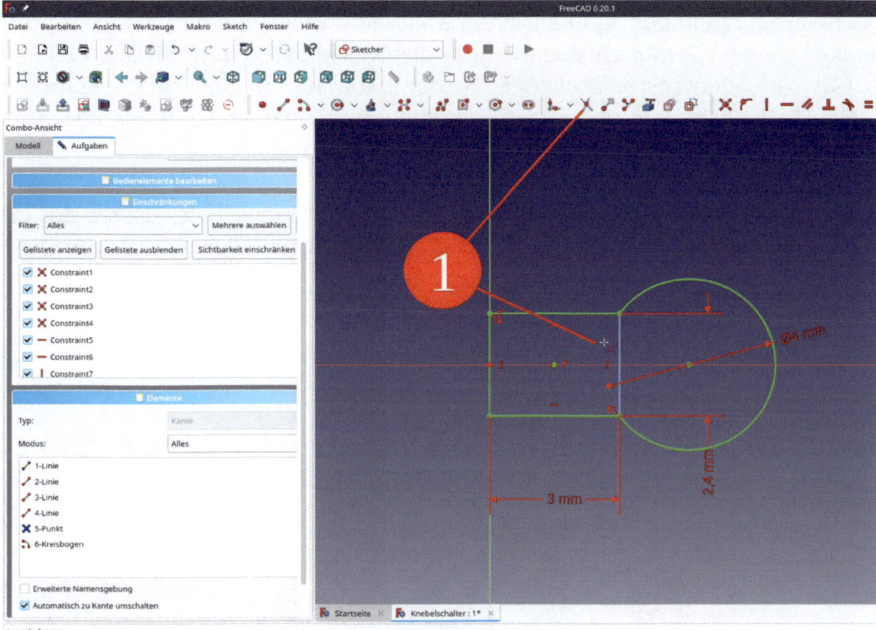


Bild E26

1.49. Auf den Mittelpunkt des gerade getrimmten Kreises einen zentrierten Kreis zeichnen. Den Durchmesser auf 1,8 mm setzen (Bild E27). Die Skizze schließen.

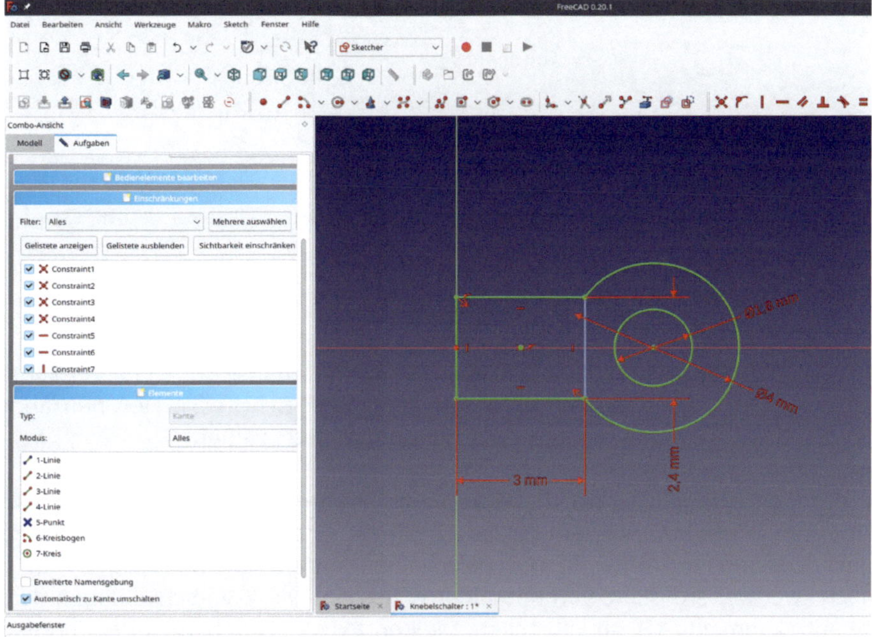


Bild E27

1.50. Die neue Skizze in der Baumansicht markieren und auf 1,2 mm aufpolstern. Im Aufgabenfenster Länge 1,2 mm einsetzen sowie die Checkbox "symmetrisch zu einer Ebene" wählen. Das Aufgabenfenster schließen. In der Baumansicht den neuen Körper mit der rechten Maustaste anklicken und aus dem Kontextmenü "Darstellung" wählen. Im Aufgabenfenster dazu das Material "Chrom" wählen.

1.51. Der Kontakt muss positioniert werden. Dazu im Eigenschaftsfenster auf die "Placement"-Parameter und den dann erscheinenden [...] -Button klicken. Die Verschiebungen folgendermaßen einstellen (Bild E28):

X = -9,00 mm, Y = 11,60 mm, Z = -22,50 mm

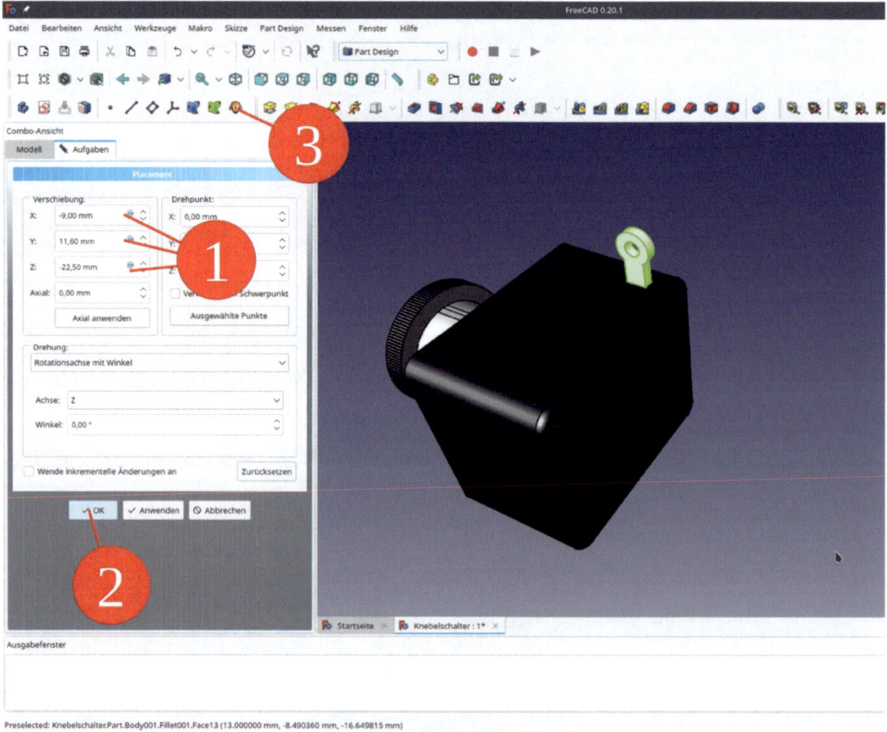


*Bild E28*

1.52. Das Aufgabenfenster mit "OK" schließen. In der Baumansicht den neuen Körper markieren und das Werkzeug "Klonen" anklicken (Bild E28, Schritt 3). Den neu angelegten Körper in den Std-Part-Container "Knebelschalter komplett" ziehen.

1.53. In der Eigenschaftsliste auf die "Placement"-Parameter klicken und die X-Verschiebung auf 6 mm einstellen. Bei dem geklonten Objekt sind diese Angaben relativ zum Originalobjekt. Den neuen Körper in "Knebelschalter Kontakt 2" umbenennen. In gleicher Weise noch zwei weitere Klone von Kontakt 1 erzeugen. Die X-Verschiebungen der beiden Kontakte auf 12 mm und 18 mm einstellen. Die Kontakte zu "Knebelschalter Kontakt 3 bzw. 4 umbenennen (Bild E29).

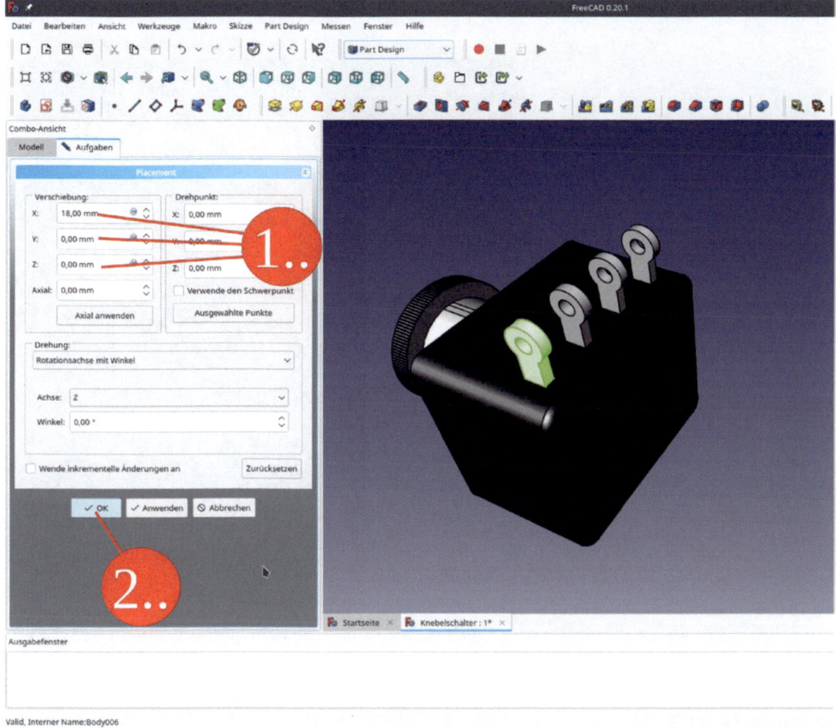


*Bild E29*

1.54. Für die Umschalter-Version die zweite Kontaktreihe anlegen. Diese kann man in der Baumansicht später jederzeit ein- und ausblenden, je nachdem, welche Schalterversion eingebaut werden soll. In der Baumansicht "Knebelschalter Kontakt 1" markieren.

1.55. Wiederum das Werkzeug "Klonen" klicken. Den neuen Körper in den Std-Part-Container "Knebelschalter komplett" ziehen und in "Knebelschalter Kontakt 5" umbenennen. In analoger Weise Kontakt 2 bis Kontakt 4 klonen.

1.56. Die neuen Kontakte 5 bis 8 in der Baumansicht markieren (alle zusammen bei festgehaltener STRG-Taste) Auf die Placement-Eigenschaften klicken. Im Aufgabenfenster bei der Drehung den Winkel 180° einsetzen (Bild E30). Die 4 Kontakte erscheinen auf der gegenüberliegenden Seite.

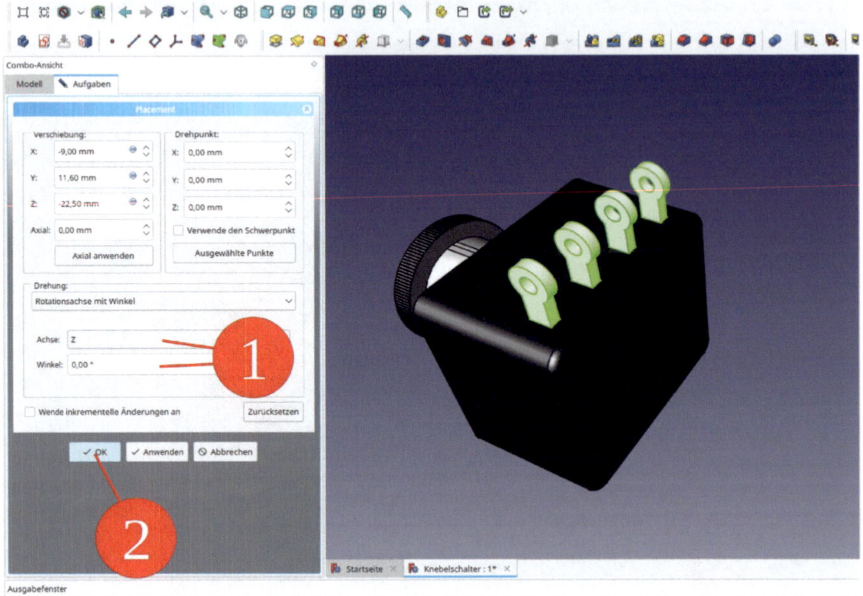


*Bild E30*

1.57. In der Baumansicht alle Kontakte markieren und die Darstellung mit dem Material "Chrom" wählen (Bild E31).

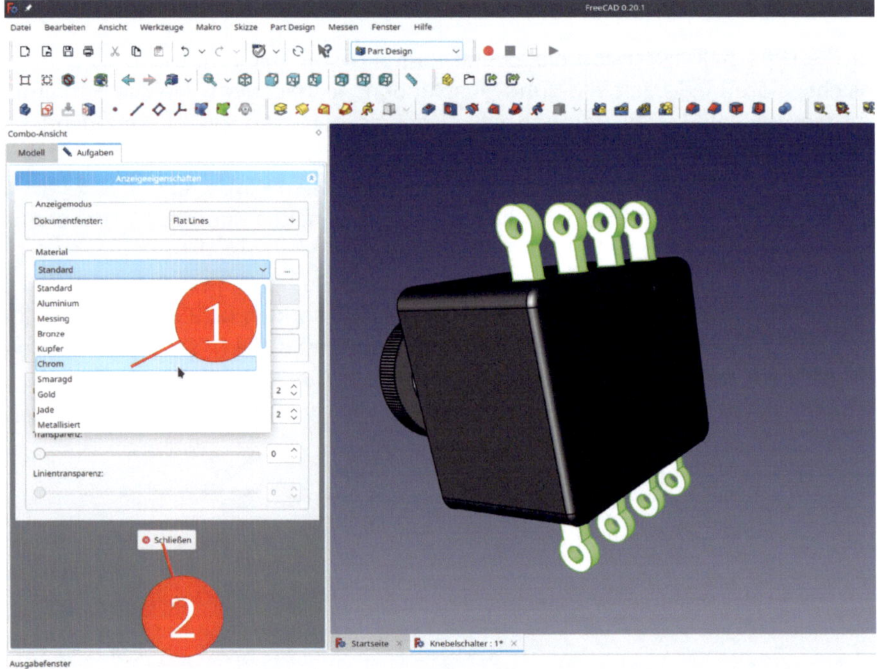


*Bild E31*

1.58. Den Knebel anlegen. Dazu einen neuen Körper erzeugen und in "Knebelschalter Knebel" umbenennen. Alle Körper des Schalters ausblenden, das Koordinatensystem des Knebels einblenden.

1.59. Die XZ-Ebene des Knebels markieren und den Sketcher starten. Einen auf den Ursprung zentrierten Kreis zeichnen, den Durchmesser auf 7,6 mm setzen. Darüber einen auf die Z-Achse zentrierten Kreis zeichnen und den Durchmesser auf 6,5 mm setzen. Die beiden Kreise in der Elementliste markieren und durch Rechtsklick und Wahl von "Toggle Construction Line" in Hilfsobjekte umwandeln. (Bild E32).

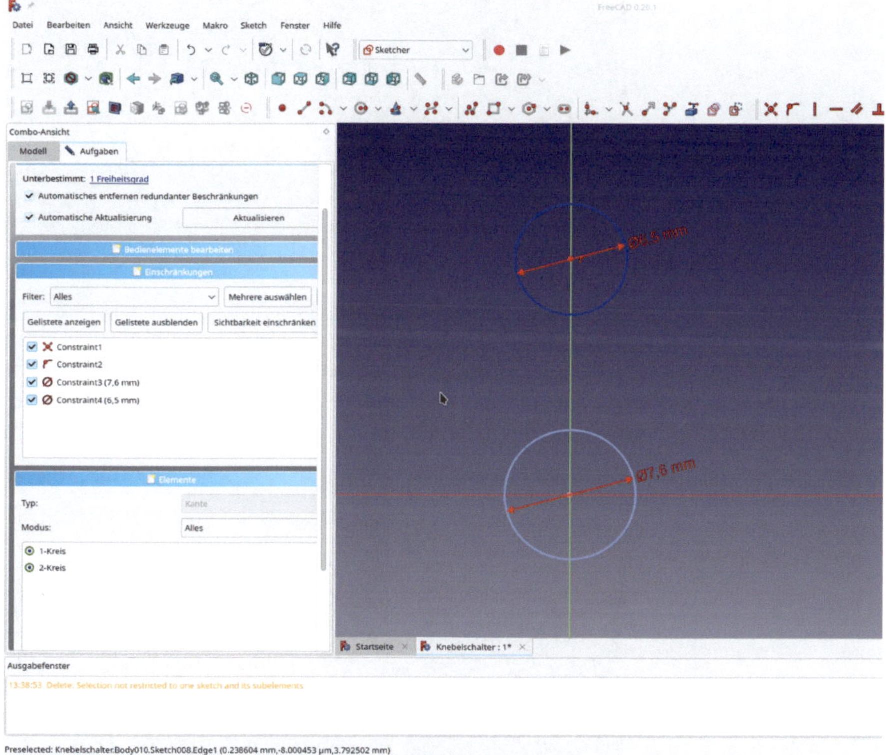


*Bild E32*

1.60. Den Ursprung sowie den Mittelpunkt des oberen Kreises markieren und mit der Einschränkung "Horizontaler Abstand" auf 16,3 mm setzen (Bild E33).

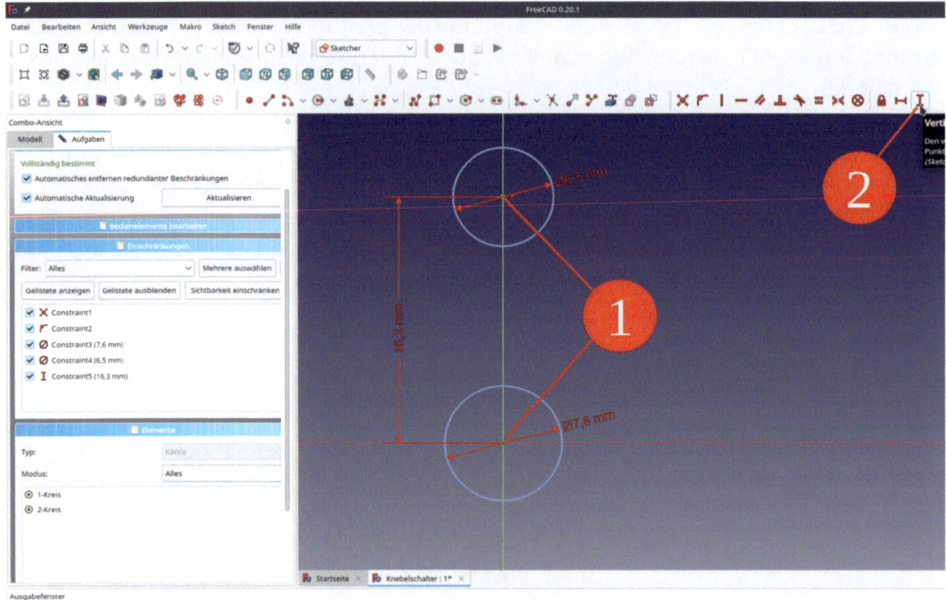

*Bild E33*

1.61. Eine Linie für den Knebel nur ungefähr einzeichnen. Zeichenbefehl durch Rechtsklick beenden. Den oberen Endpunkt der Linie sowie den oberen Kreis markieren und die Einschränkung "Tangente setzen" anklicken (Bild E34).

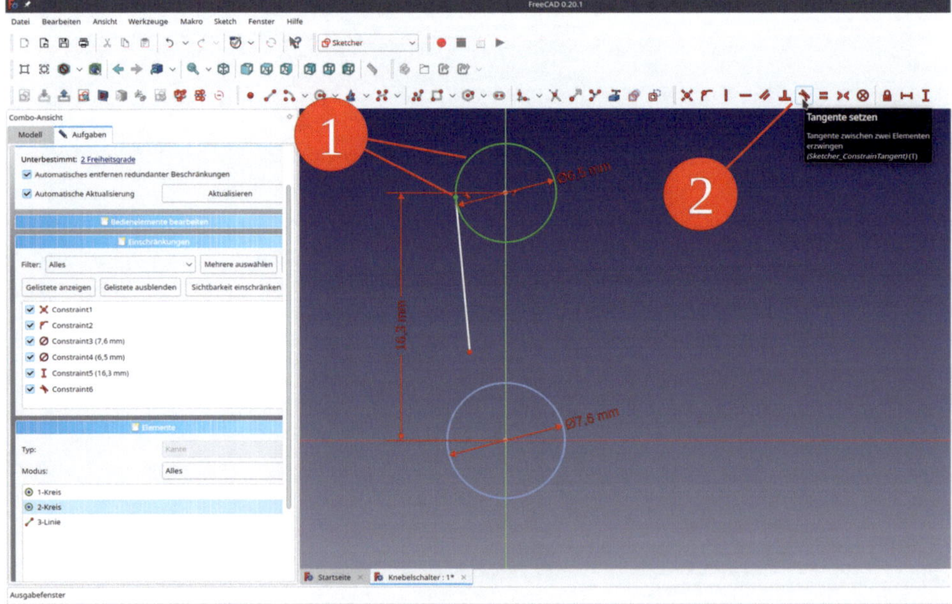

*Bild E34*

1.62. Den unteren Punkt der Linie und den unteren Kreis markieren und die Einschränkung "Punkt auf Objekt" anklicken (Bild E35).

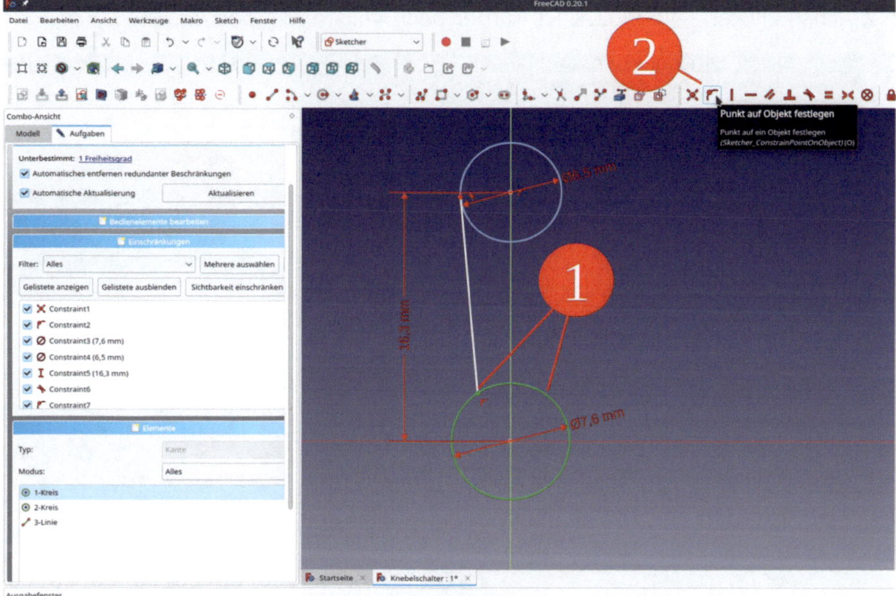


*Bild E35*

1.63. Die Linie sowie die Z-Achse markieren, die Einschränkung "Winkel festlegen" anklicken (Bild E36) und diesen auf 7° setzen.

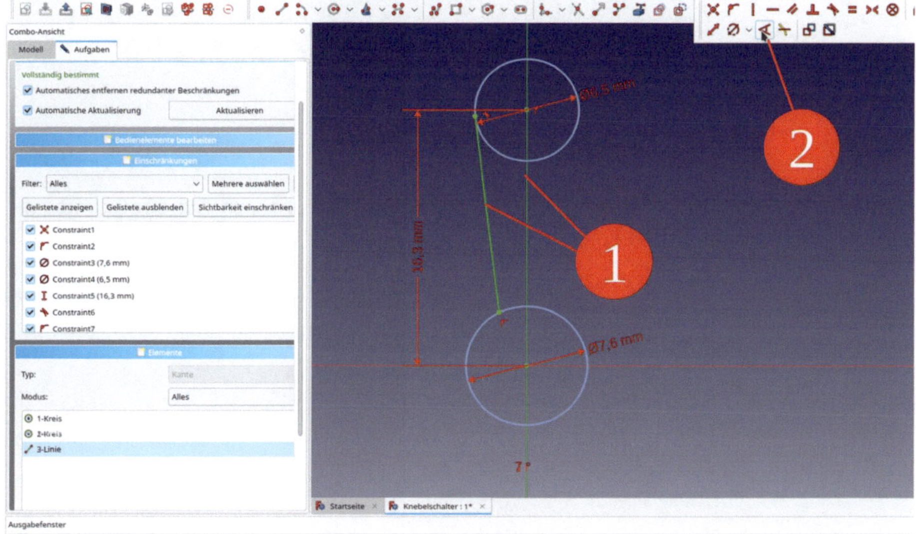


*Bild E36*

1.64. Mit dem Werkzeug "Bogen erstellen" zwei Kreisbögen wie in Bild E37 gezeigt einzeichnen. Dazu zunächst den jeweiligen Kreismittelpunkt klicken, danach auf den korrespondierenden Endpunkt der Linie. Dann den Bogen herumziehen und mit dem Fadenkreuz auf die Z-Achse klicken. Die Skizze ist immer noch vollständig bestimmt!

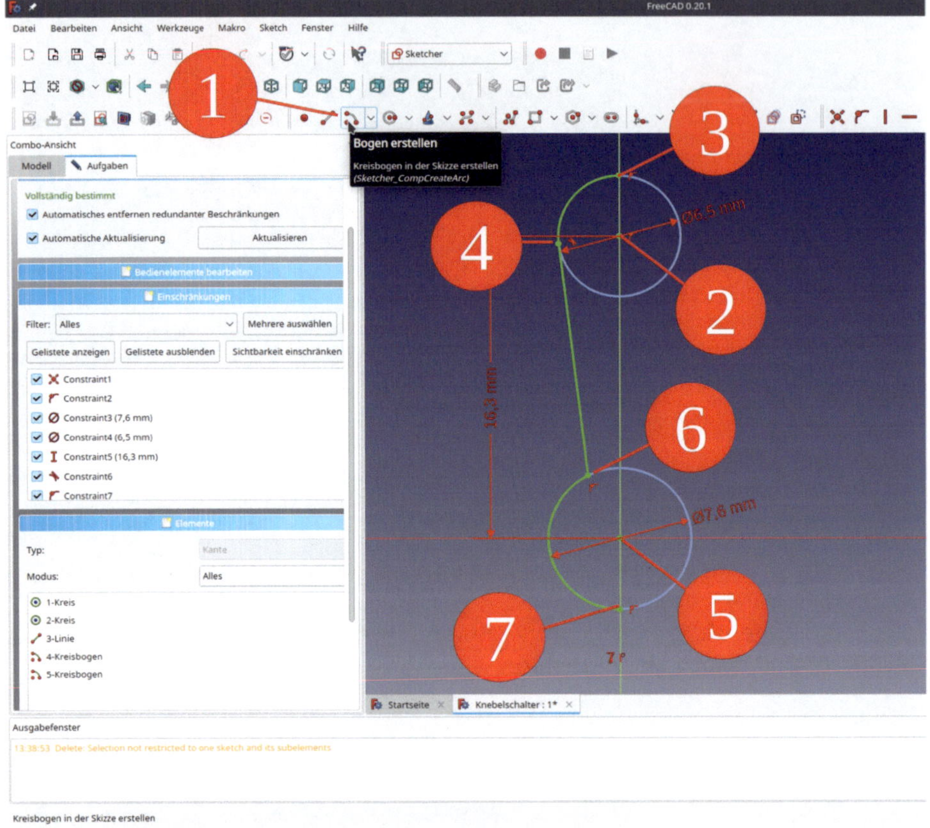


*Bild E37*

1.65. Eine auf der Z-Achse liegende Linie vom oberen zum unteren Scheitelpunkt zeichnen (Bild E38). Das Aufgabenfenster schließen.

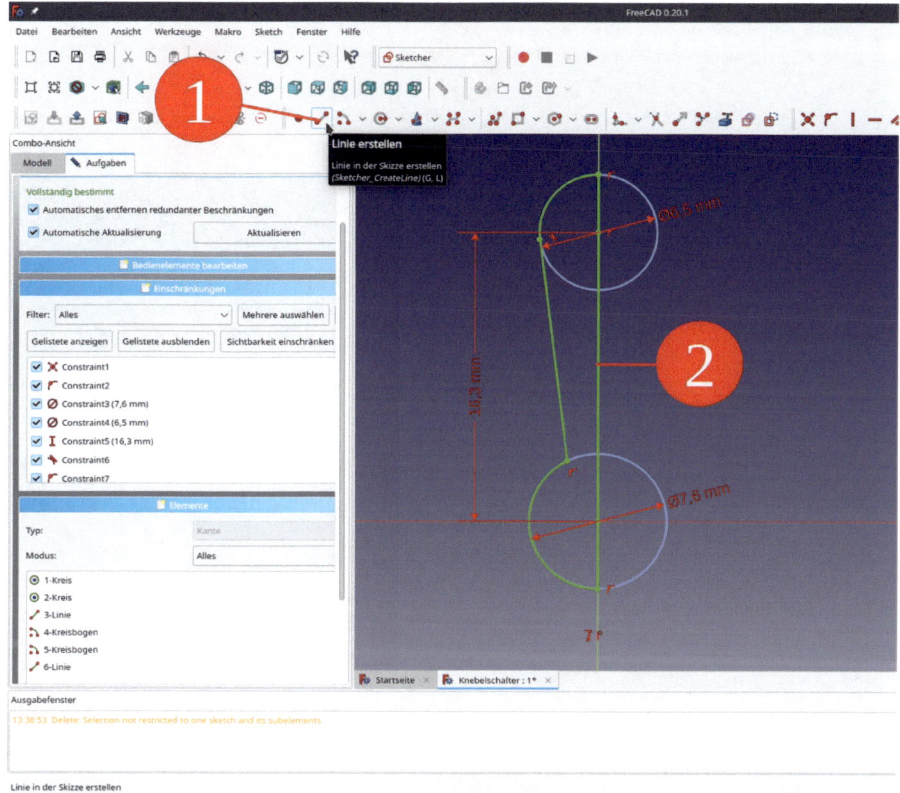


*Bild E38*

1.66. Die neue Skizze in der Baumansicht markieren und das Werkzeug "Drehteil" anklicken (Bild E39). Das Aufgabenfenster mit "OK" schließen.

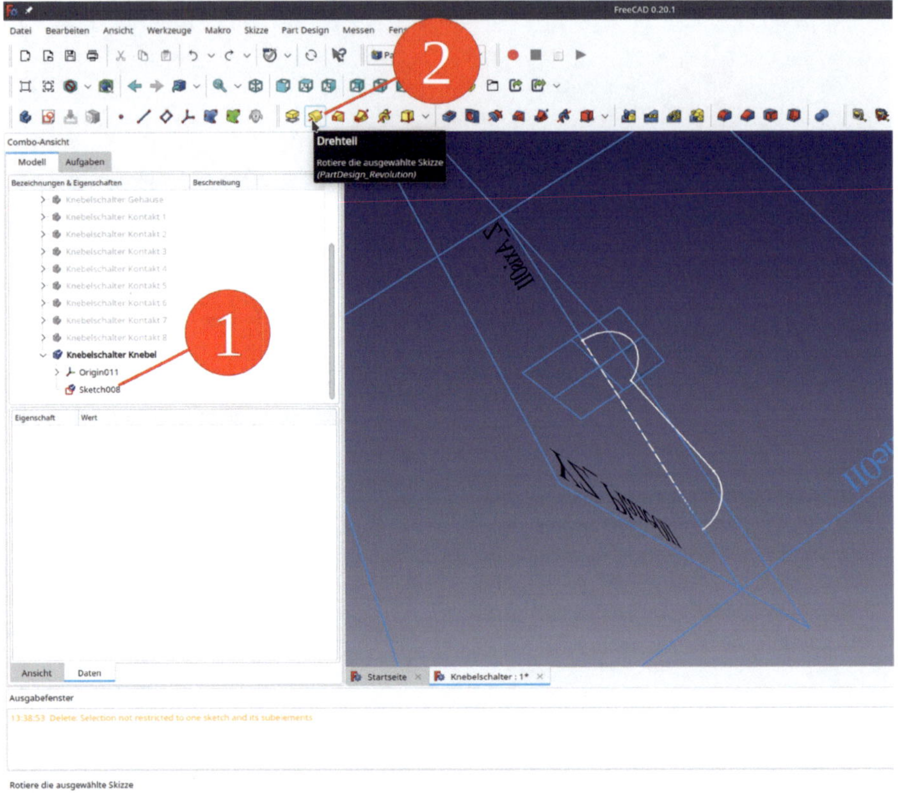


*Bild E39*

1.67. In der Baumansicht das Koordinatensystem mit der Leertaste ausblenden. Für die Darstellung des Knebels das Material "Chrom" wählen.

1.68. Alle anderen Teile des Knebelschalters wieder einblenden.

1.69. In der Projektansicht den Körper des Knebels markieren. In der Eigenschaftsliste die "Placement"-Parameter aufrufen und im Panel "Drehung" die X-Achse wählen, sowie einen Winkel von -22° (Bild E40). Vor Schließen des Aufgabenfensters den "Anwenden"-Button klicken, um die Änderungen permanent zu machen.

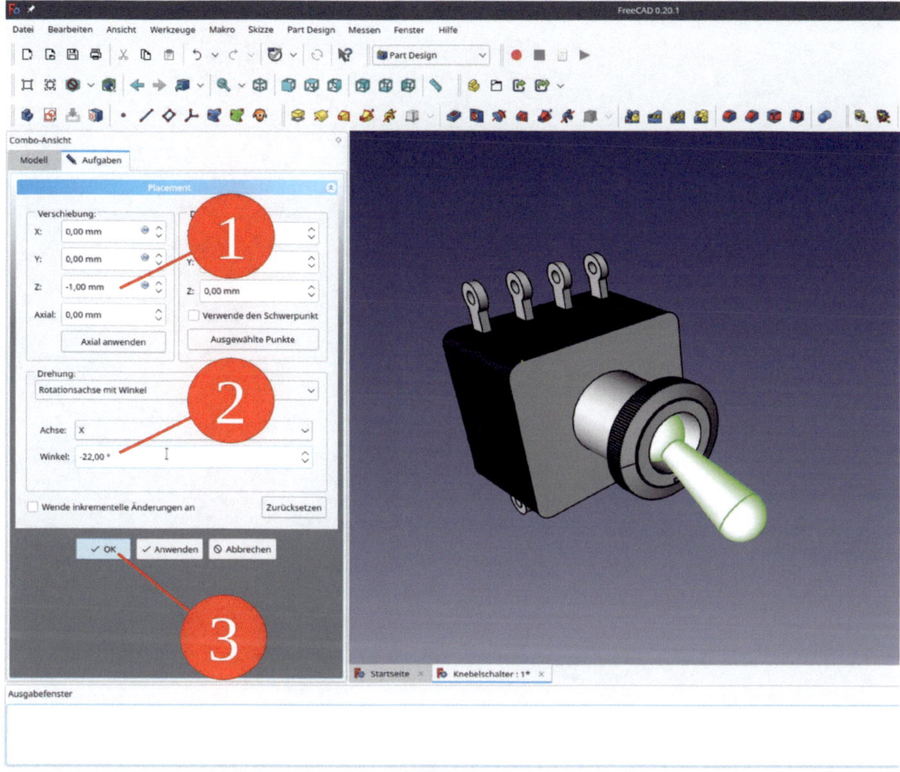


*Bild E40*

1.70. Es fehlt noch die untere Befestigungsmutter. Einen neuen Körper erzeugen, in den Std-Part-Container "Knebelschalter komplett" ziehen und in "Knebelschalter Befestigungsmutter" umbenennen.

1.71. Den Sketcher aufrufen und im Startdialog die XY-Ebene als Skizzenebene wählen.

1.72. Mit dem Zeichenwerkzeug "Regelmäßiges Vieleck erstellen" ein auf den Ursprung zentriertes Sechseck zeichnen. Die Spitze des Sechsecks kann auf die Y-Achse platziert werden (Bild E41).

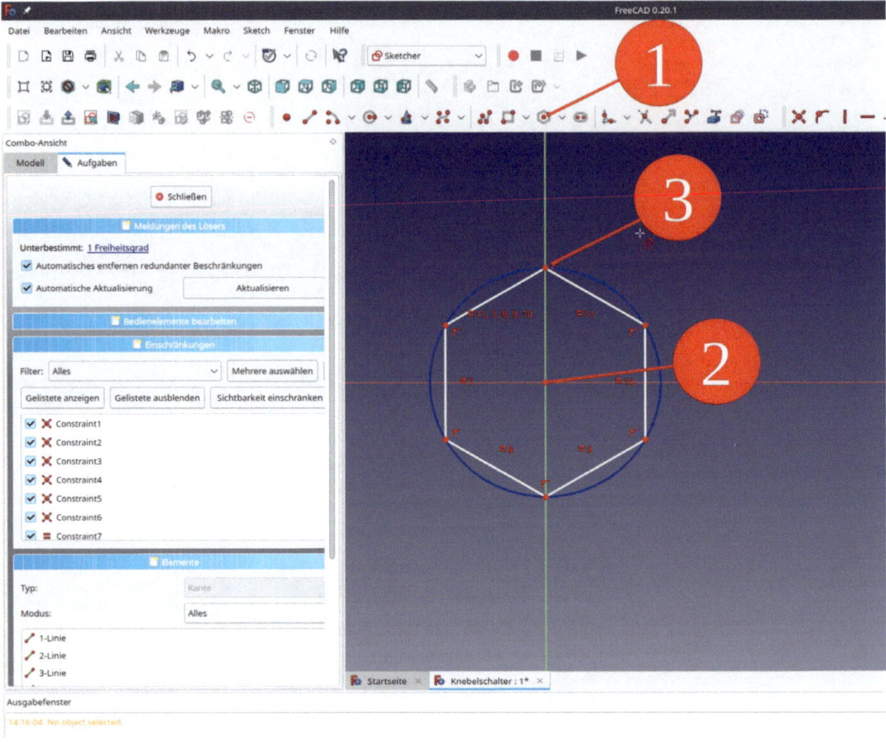

*Bild E41*

1.73. Zwei waagrecht gegenüberliegende Eckpunkte markieren und den horizontalen Abstand auf die Schlüsselweite von 16 mm festlegen (Bild E42).

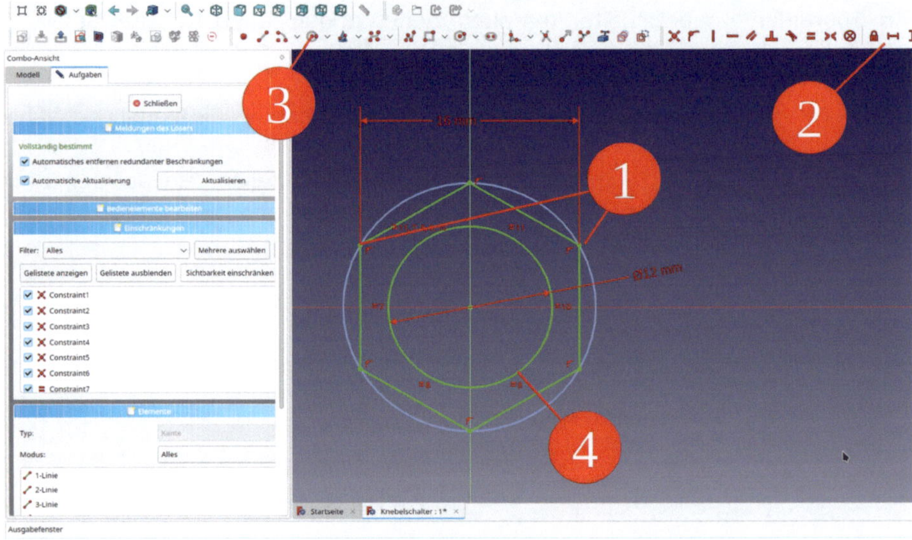

*Bild E42*

1.74. Einen auf den Ursprung zentrierten Kreis zeichnen und den Durchmesser auf 12 mm festlegen (Bild E42, Ziffer 4). Die Skizze schließen.

1.75. In der Baumansicht die Skizze markieren und auf 1,5 mm aufpolstern. Dabei im Aufgabenfenster des Aufpolsterers die Checkbox "Umgekehrt" anhaken, denn die Mutter ragt nach hinten heraus (Bild E43).

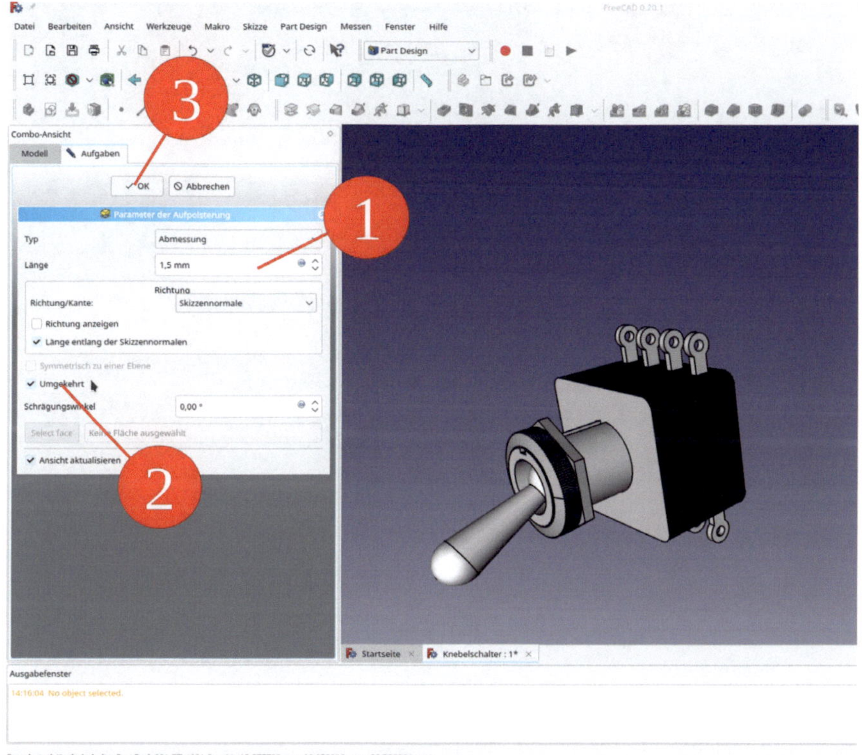


*Bild E43*

1.76. Für die Darstellung der Mutter das Material "Chrom" wählen.

1.77. Den Körper der Mutter in der Baumansicht anklicken und im Eigenschaftsfenster die "Placement"-Parameter klicken, mit dem erscheinenden ... -Button das dazu gehörige Aufgabenfenster öffnen. Einen Z-Abstand von -2 mm für die Frontplatte einstellen (Bild E44). Das Aufgabenfenster mit "OK" schließen und die Arbeit speichern.

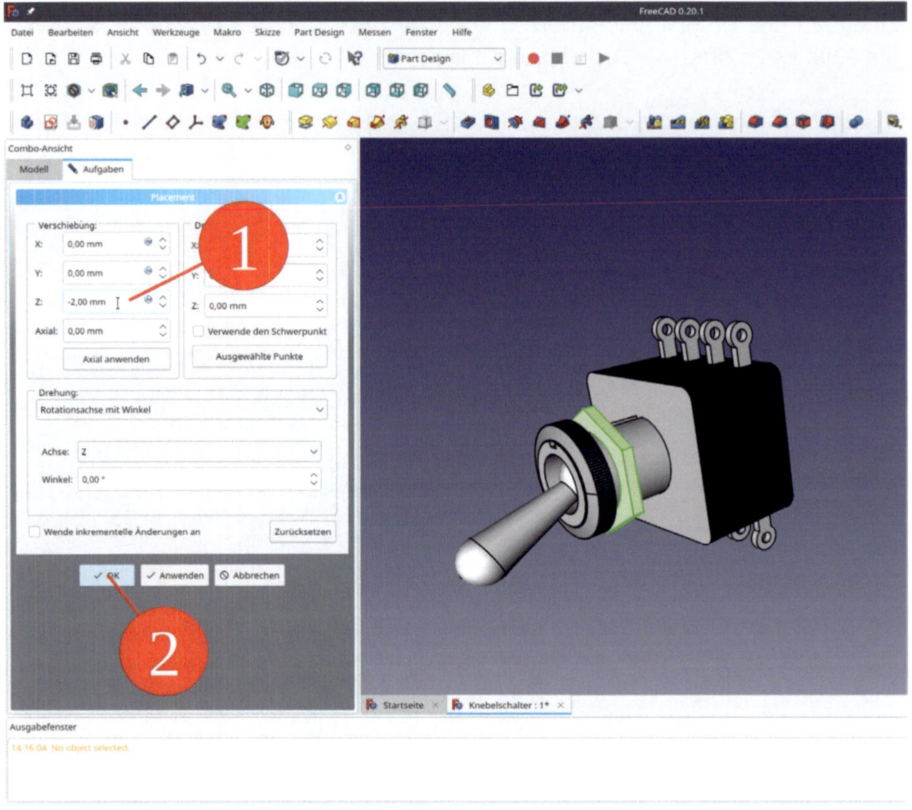
FreeCAD 0.20.1
Datei Bearbeiten Ansicht Werkzeuge Makro Skizze Part Design Messen Fenster Hilfe
Part Design
Combo-Ansicht
Modell
Aufgaben
Placement
Verschiebung:
X: 0,00 mm
Y: 0,00 mm
Z: -2,00 mm
Axial: 0,00 mm
Axial anwenden
Z: 0,00 mm
Verwende den Schwerpunkt
Ausgewählte Punkte
Drehung:
Rotationsachse mit Winkel
Achse: Z
Winkel: 0,00 °
Wende inkrementelle Änderungen an
Zurücksetzen
OK
Anwenden
Abbrechen
1
2
Startseite
Knebelschalter : 1*
Ausgabefenster
Preselected: Knebelschalter.Part.Body001.Fillet001.Face7 (-1.311426 mm, 11.600000 mm, -16.432405 mm)

*Bild E44*

# Anhang F: Kaltgerätebuchse

1.1. Eine neue Datei anlegen und unter "Kaltgerätebuchse" abspeichern. Zur "Part-Design"-workbench wechseln und einen neuen Std-Part-Container anlegen. Diesen in "Kaltgerätebuchse komplett" umbenennen. Einen neuen Körper in diesem Container anlegen und zu "Kaltgerätebuchse Gehäuse" umbenennen.

1.2. Den Sketcher starten und im Startdialog die XY-Ebene zum Skizzieren aussuchen.

1.3. Ein auf den Ursprung zentriertes Rechteck zeichnen. Eine horizontale Seite markieren und mit der Einschränkung "Horizontalen Abstand festlegen" auf 30,2 mm setzen. In analoger Weise die Höhe des Rechtecks auf 22,5 mm setzen (Bild F1).

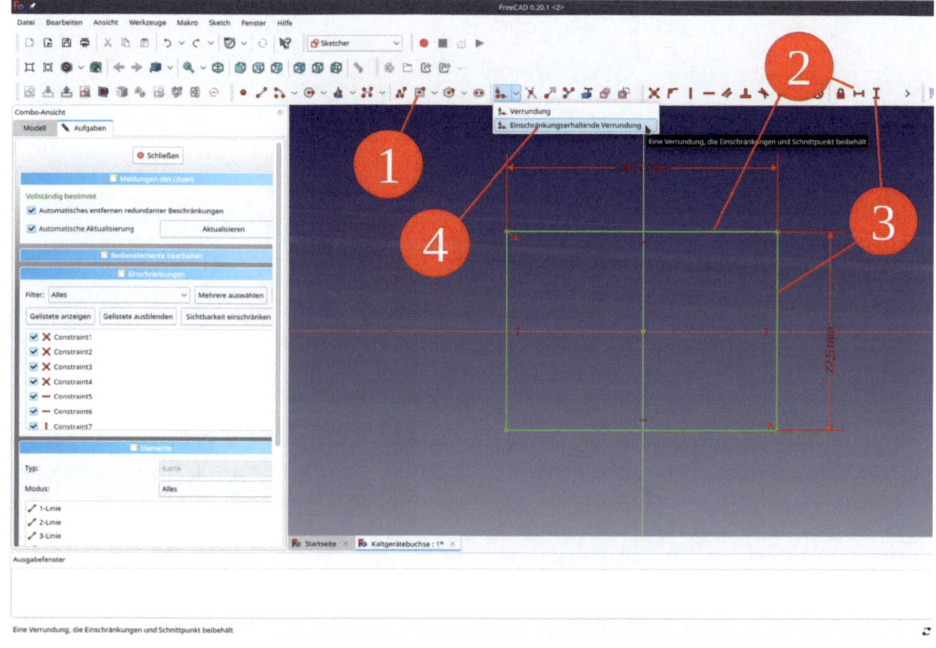


*Bild F1*

1.4. Das Zeichenwerkzeug "Verrundung | Einschränkungserhaltende Verrundung" anklicken. Mit dem Werkzeug jeweils zwei gerade Seiten des Rechtecks anklicken, um die dazwischenliegende Ecke zu verrunden (Bild F2).

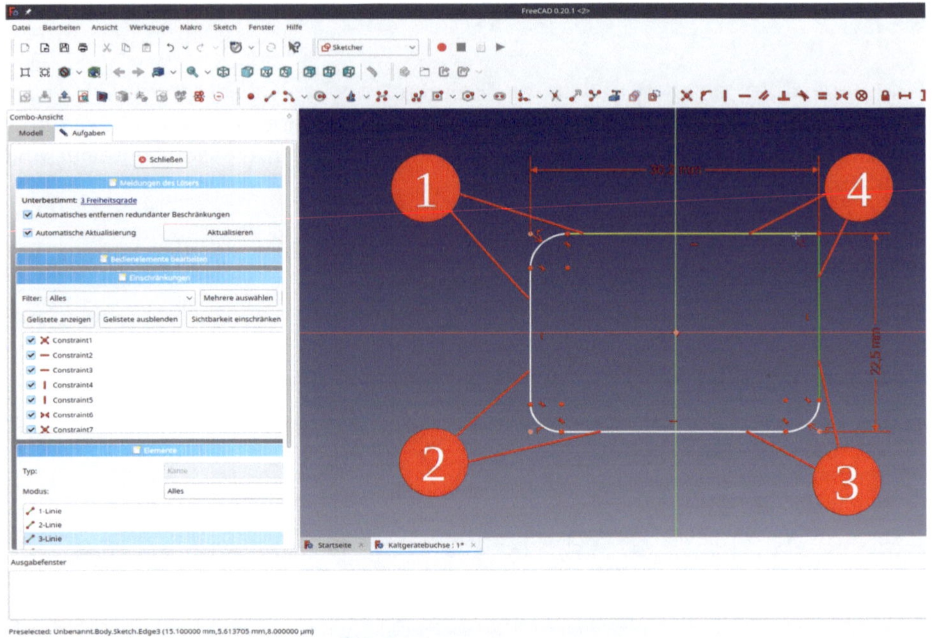


*Bild F2*

1.5. In der Elementliste des Aufgabenfensters alle Kreisbögen auswählen. Mit Rechtsklick und Auswahl der Einschränkung "Radius Constraint" aus dem Kontextmenü den Radius der Ecken auf 4 mm setzen. Die Skizze schließen (Button oben).

1.6. Die neue Skizze aufpolstern. Im Aufgabenfenster dabei den Typ "Zwei Längen" wählen. Für die erste Länge 6 mm einsetzen (nach oben, aus der Frontplatte ragend), für die zweite Länge 16 mm (nach hinten). Das Aufgabenfenster mit dem "OK"-Button schließen (Bild F3).

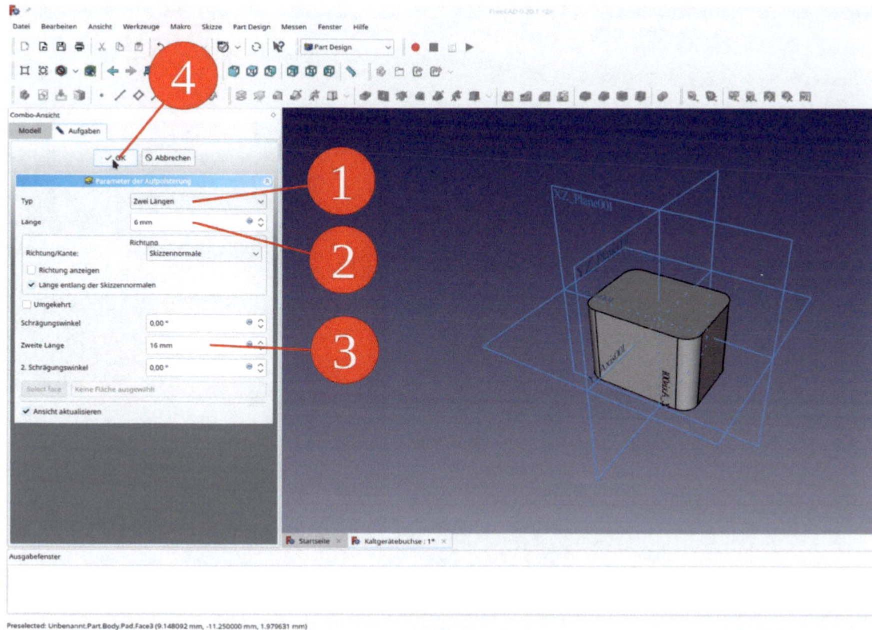


*Bild F3*

1.7. Den Sketcher erneut starten und die XY-Ebene auswählen. Die Skizze schließen und wieder öffnen, um die bereits erzeugte Geometrie mit anzuzeigen. Im Hauptmenü "Sketch | Abschnitt anzeigen" und "Ansicht | Orthogonal" wählen.

1.8. Jetzt den Flansch der Buchse zeichnen: Auf das Werkzeug "Externe Geometrie" klicken und aus dem Querschnitt die vier Kreisbögen anklicken. Diese erscheinen als Konstruktionselemente violett (Bild F4).

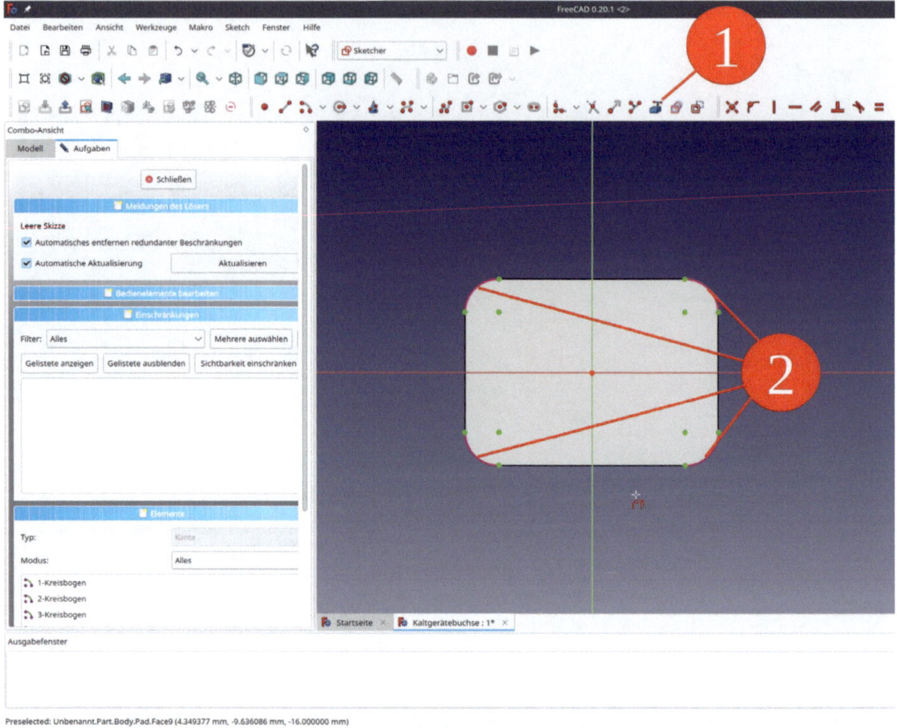


*Bild F4*

1.9. Für die Schraubenlöcher zwei auf die X-Achse zentrierte Kreise zeichnen. Die beiden Kreise markieren und die Einschränkung "=" anklicken. Einen der beiden Kreise in der Elementliste rechts anklicken und durch Auswahl der Einschränkung "Diameter Constraint" den Durchmesser auf 3,2 mm setzen.

1.10. Die beiden Kreismittelpunkte markieren, sowie die Y-Achse, und die Einschränkung "Symmetrie festlegen" wählen.

1.11. Die beiden Kreismittelpunkte erneut markieren und den horizontalen Abstand auf 40 mm festlegen (Bild F5).

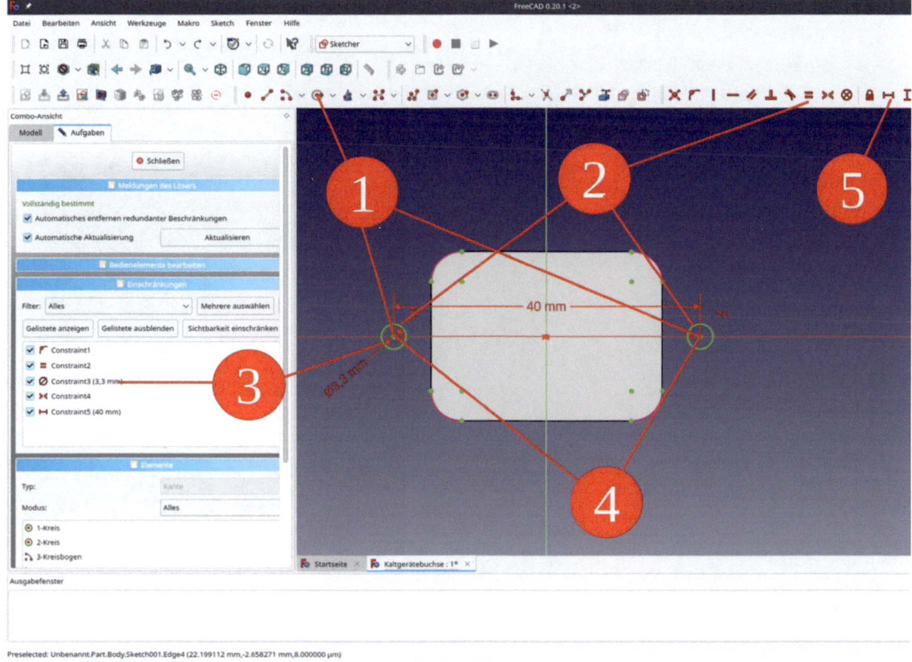


*Bild F5*

1.12. Um jeden der beiden Kreise einen neuen Kreis zeichnen. Wieder beide Kreise selektieren und die Einschränkung "=" anklicken. Einen der beiden neuen Kreise mit einem Durchmesser von 6,9 mm versehen.

1.13. Die beiden großen Kreise in der Elementliste markieren und mit Rechtsklick auf "Toggle Construction Line" zu Konstruktionsobjekten umdefinieren (Bild F6).

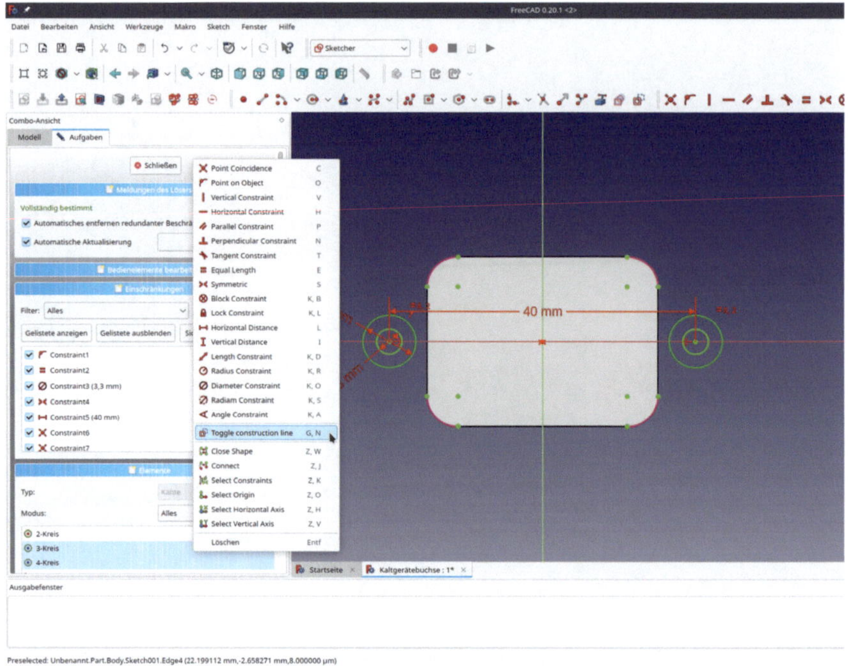


Bild F6

1.14. Eine Linie zeichnen. Einen Endpunkt der Linie und einen Kreisbogen des Gehäuses markieren und die Einschränkung "Tangente setzen" anklicken (Bild F7).

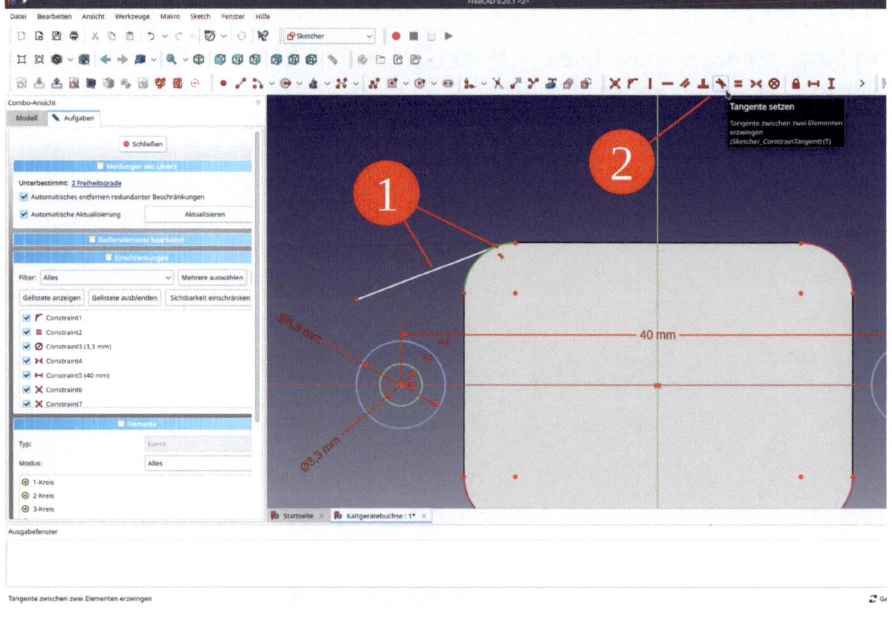


Bild F7

1.15. Ebenso den anderen Punkt der Linie und den großen Kreis um die Befestigungsbohrung anwählen und die Einschränkung "Tangente setzen" anklicken (Bild F8).

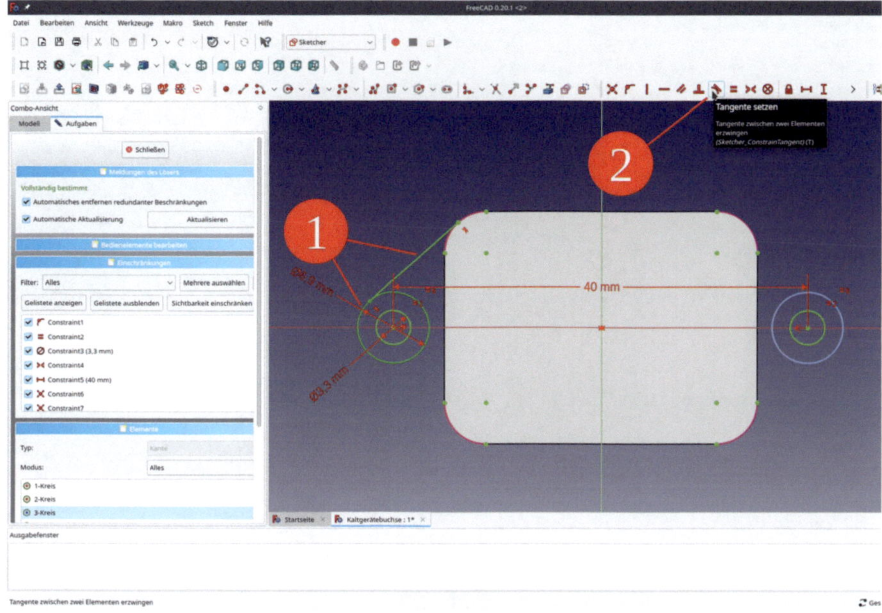


*Bild F8*

1.16. Den Vorgang für die restlichen drei Ecken wiederholen (Bild F9).

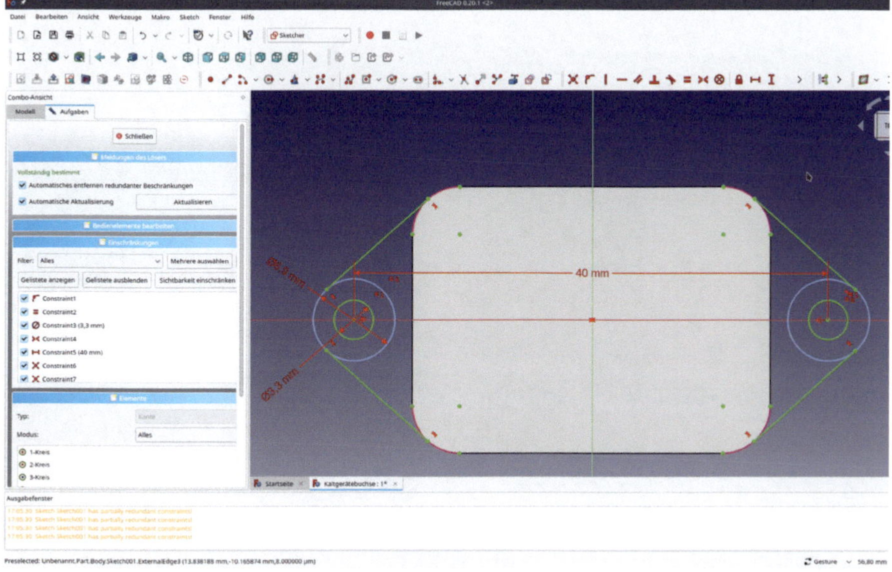


*Bild F9*

1.17. Mit dem Werkzeug "Bogen erstellen" die in Bild F10 gezeigten (hellgrünen) Kreisbögen ergänzen.

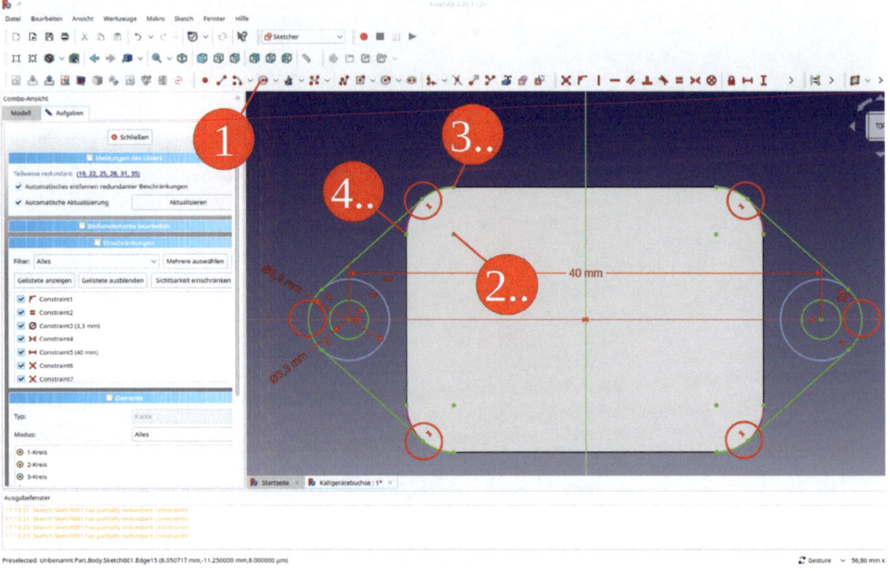


*Bild F10*

1.18. Die beiden Teilstücke der Skizze durch horizontale Linien verbinden (Bild F11).Die Skizze schließen.

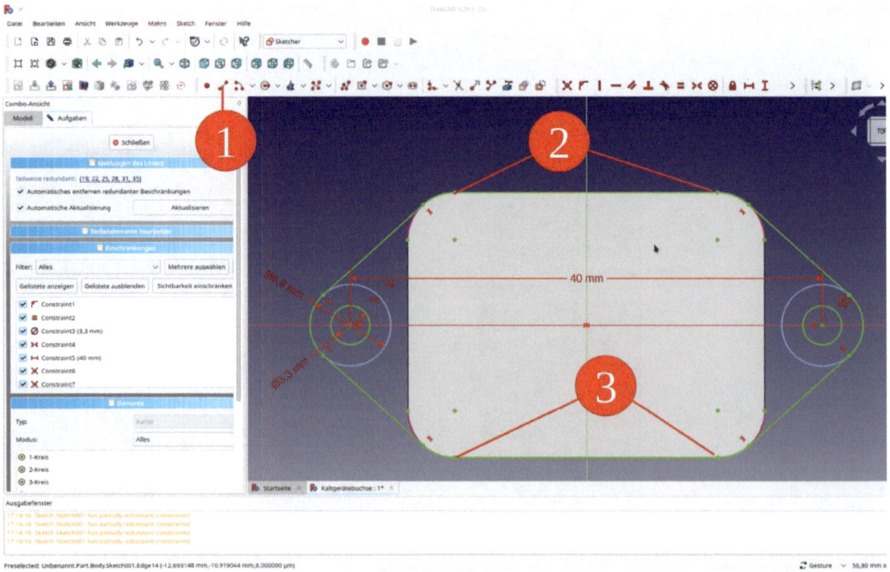


*Bild F11*

1.19. Die neue Skizze mit 3 mm aufpolstern (Bild F12).

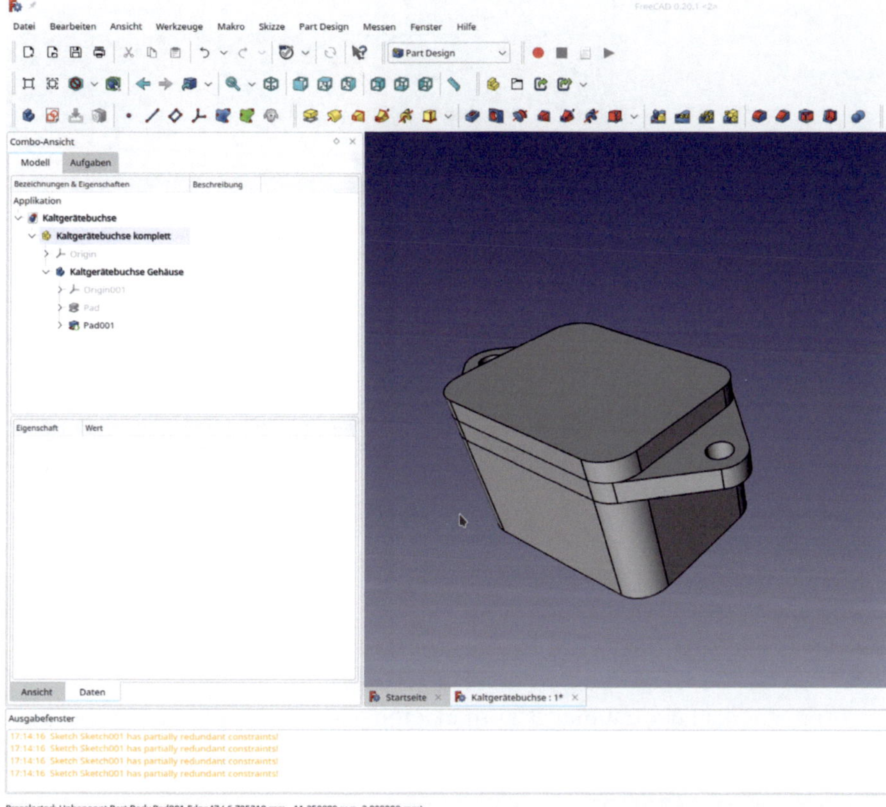


*Bild F12*

1.20. Den Ausschnitt in der Buchse definieren. Dazu Sketcher erneut öffnen und im Startdialog die XY-Ebene wählen. Im Hauptmenü "Sketch | Abschnitt anzeigen" und "Ansicht | Orthogonal" wählen.

1.21. Ein auf den Ursprung zentriertes Rechteck zeichnen. Die horizontale Seite auf 24,25 mm festlegen, die vertikale auf 16,8 mm.

1.22. Mit dem Werkzeug "Verrundung | Einschränkungserhaltende Verrundung" die vier Ecken abrunden. In der Elementliste alle Kreisbögen markieren und mit Rechtsklick und Auswahl der Einschränkung "Radius Constraint" die Krümmung auf 1 mm setzen (Bild F13).

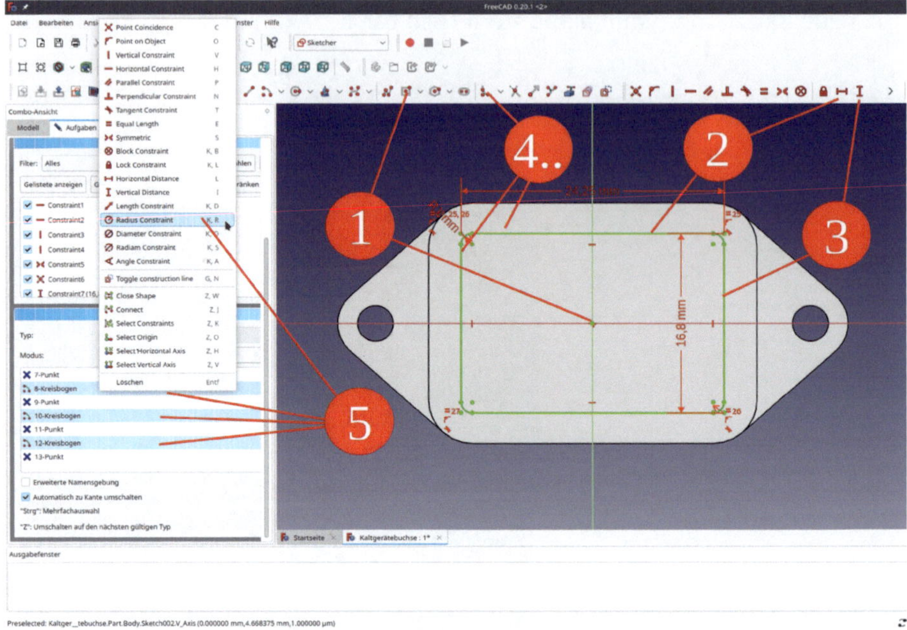


*Bild F13*

1.23. Die Skizze schließen (oben).

1.24. Die neue Skizze in der Baumansicht markieren und das Werkzeug "Tasche" anklicken. Für den Typ "Durch alles" wählen und die Checkbox "Umgekehrt" anhaken (Bild F14). Das Aufgabenfenster mit "OK" schließen.

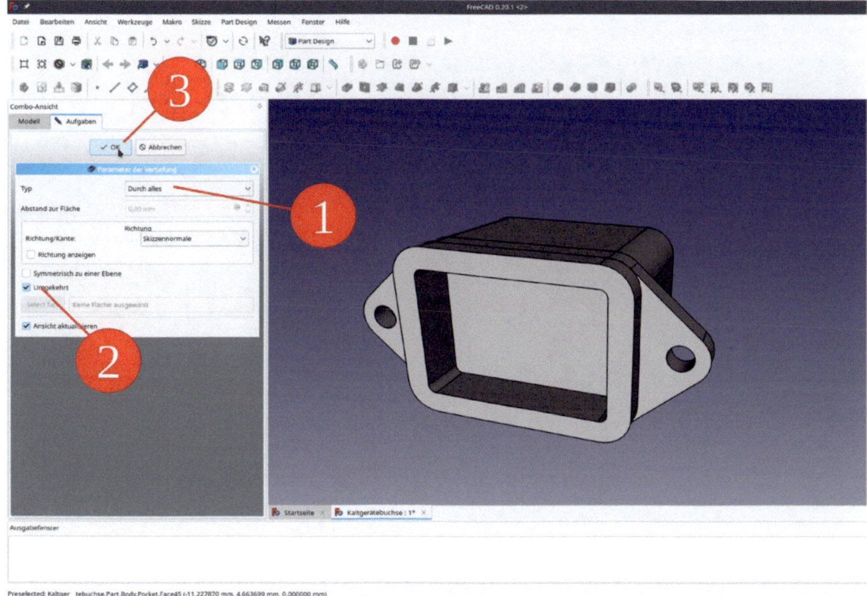

*Bild F14*

1.25. Wieder den Sketcher starten und die XY-Ebene auswählen. Im Hauptmenü "Sketch | Abschnitt anzeigen" und "Ansicht | Orthogonal" wählen.

1.26. Das Werkzeug "Externe Geometrie" anklicken und nacheinander bis auf die oberen beiden Bögen alle Elemente der Kontur des gerade gezeichneten Ausschnittes anklicken (Bild F15). Für die Codierung der Buchse zwei schräge Linien einzeichnen (Bild F16). Je eine der Linien und eine zugehörige vertikale Linie markieren und mit der Einschränkung "Winkel festlegen" den Winkel auf 135 ° setzen (Bild F17).

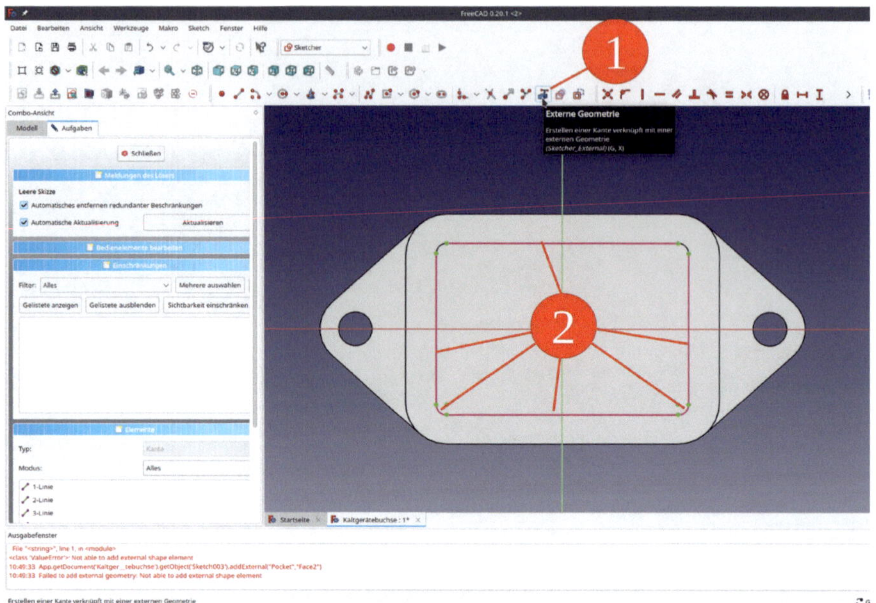


*Bild F15*

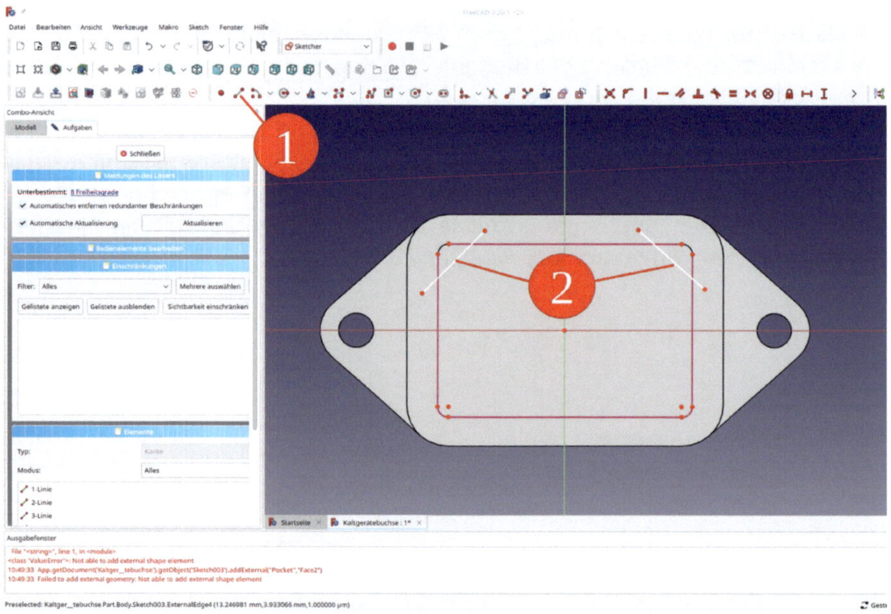


*Bild F16*

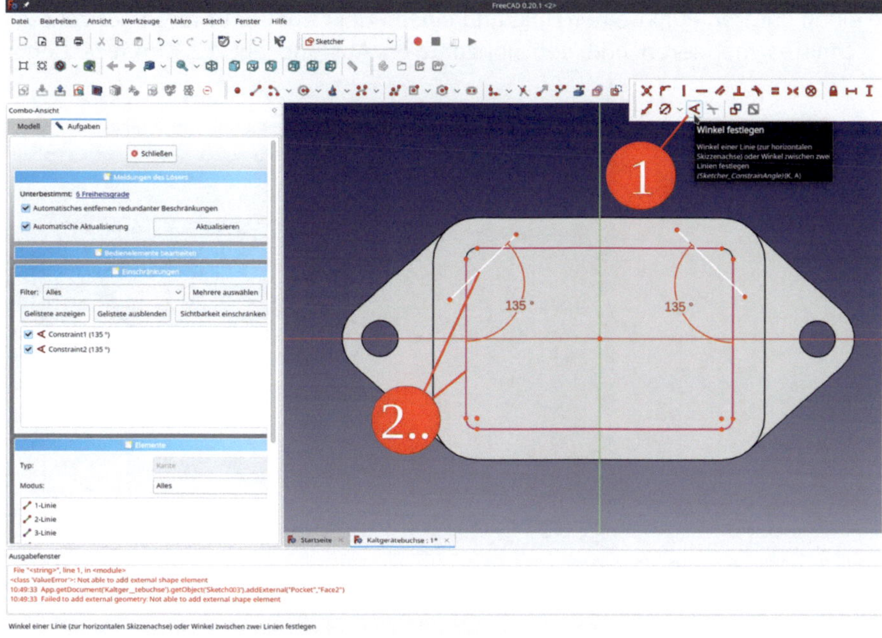


*Bild F17*

1.27. Die außerhalb der Referenzkontur liegenden Teile der Linien mit dem Werkzeug "Kante zuschneiden" trimmen (Bild F18).

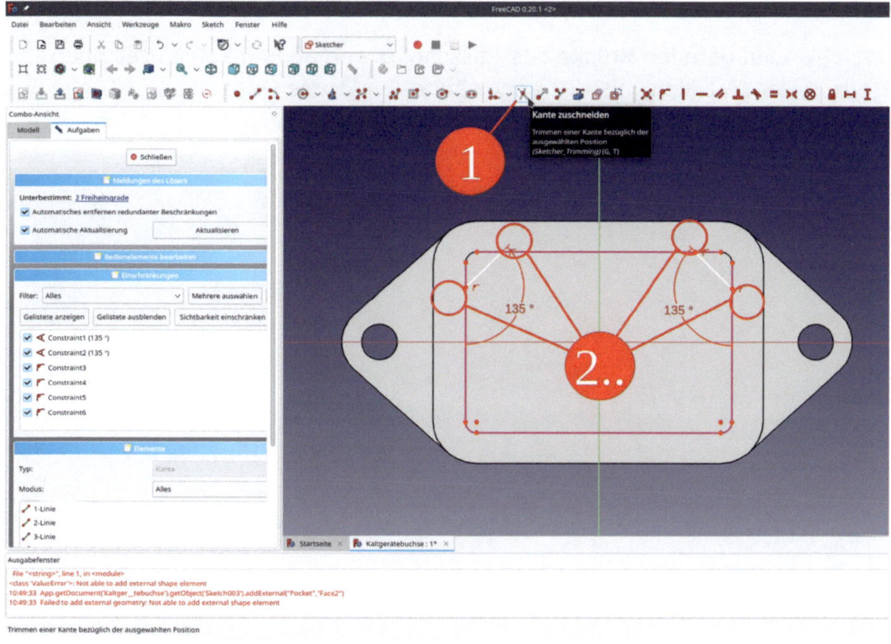


*Bild F18*

1.28. Je einen unteren Punkt einer Linie und einen Punkt auf der unteren horizontalen Linie des Ausschnittes markieren und den horizontalen Abstand auf 12.7 mm festlegen (Bild F19).

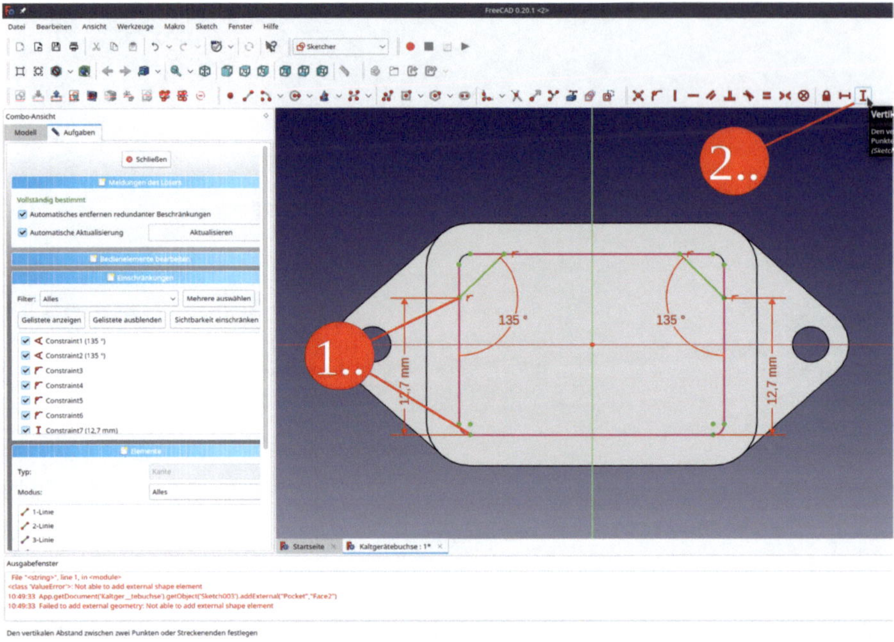


*Bild F19*

1.29. Die fehlenden geraden Stücke des Ausschnitts gemäß Bild F20 einzeichnen (mit dem Fadenkreuz so lange zielen, bis der angewählte Punkt der Geometrie gelb erscheint. Ist man unpräzise, muss man eventuell lange nach zusätzlichen Freiheitsgraden suchen).

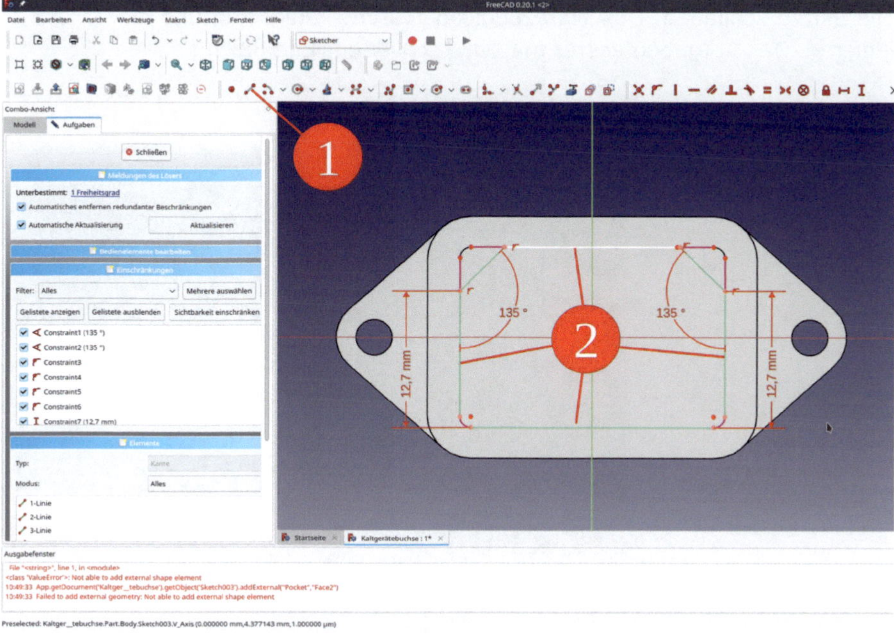


*Bild F20*

1.30. Mit dem Werkzeug "Bogen erstellen" die unteren beiden Kreisbögen von der violetten Konstruktionsgeometrie in die Skizze einzeichnen. Die Skizze ist jetzt vollständig bestimmt (= hellgrün dargestellt, Bild F21) .

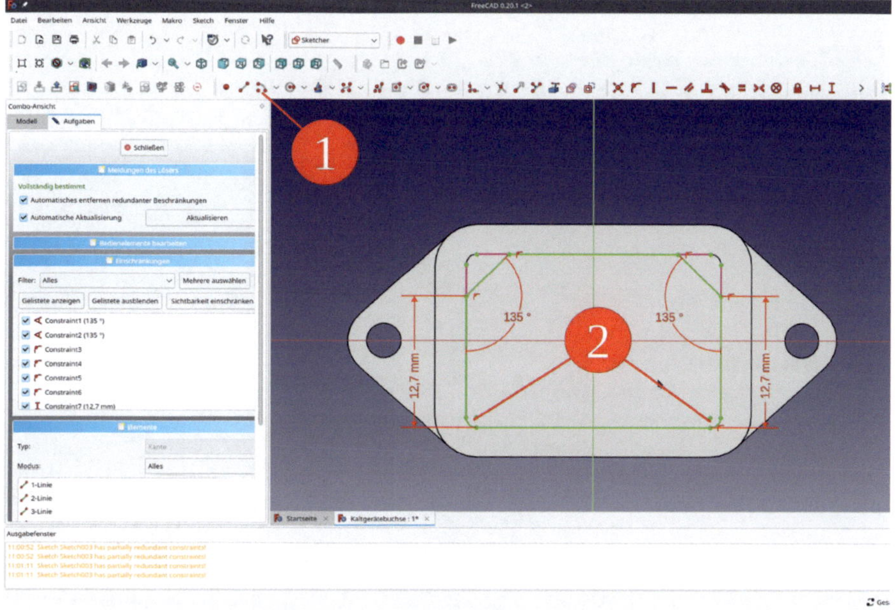


*Bild F21*

1.31. Die Skizze schließen. Das Werkzeugicon "Tasche" anklicken und die Tasche 12 mm tief definieren. Das Aufgabenfenster mit "OK" schließen (Bild F22).

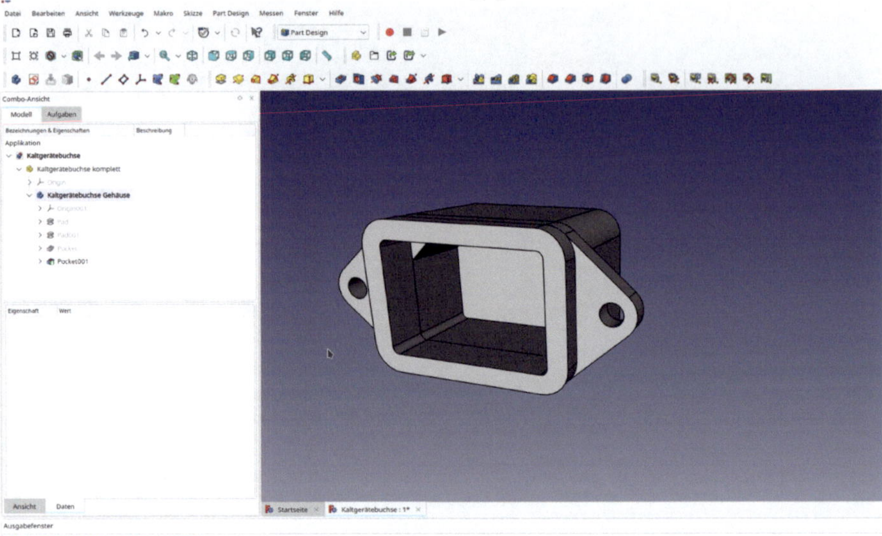


*Bild F22*

1.32. In der 3D-Ansicht die in Bild F23 grün dargestellten Kanten markieren und das Werkzeug "Verrundung" anklicken Als Verrundungsparameter 1.25 mm wählen und das Aufgabenfenster mit "OK" schließen.

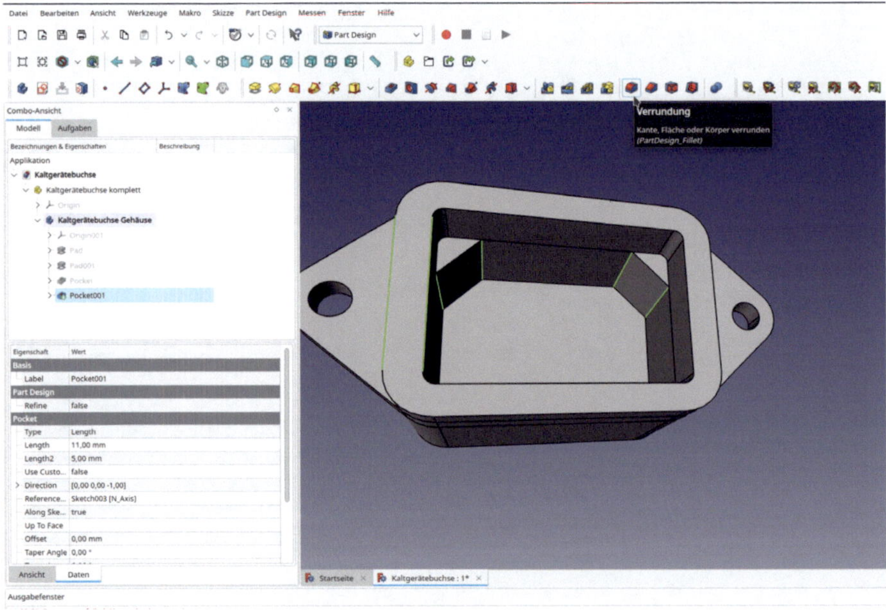


*Bild F23*

1.33. In der Baumansicht mit der rechten Maustaste auf den Körper des Gehäuses klicken und "Darstellung" aus dem Kontextmenü auswählen. Für das Material "glänzenden Kunststoff" aus der Liste wählen. Ein sehr dunkles Grau ist manchmal besser erkennbar als das standardmäßig vorgewählte schwarz. Das Aufgabenfenster schließen (Bild F24).

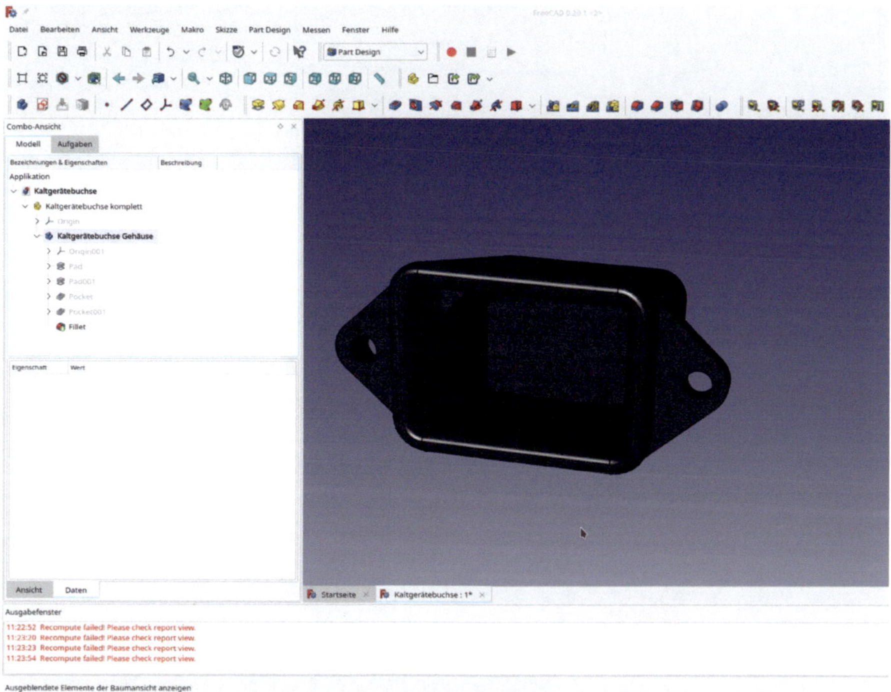


*Bild F24*

1.34. Jetzt müssen die Kontakte angelegt werden. Dazu das Gehäuse in der Baumansicht mit der Leertaste ausblenden. Einen neuen Körper anlegen und ggf. in den Std-Part-Container "Kaltgerätebuchse komplett" ziehen. Den neuen Körper in "Kaltgerätebuchse Kontakt N" umbenennen.

1.35. Den Sketcher aufrufen und als Skizzenebene die XY-Ebene wählen.

1.36. Ein auf den Ursprung zentriertes Rechteck zeichnen. Die Breite auf 2 mm, die Höhe auf 4 mm setzen (Bild F25). Die Skizze schließen (oben).

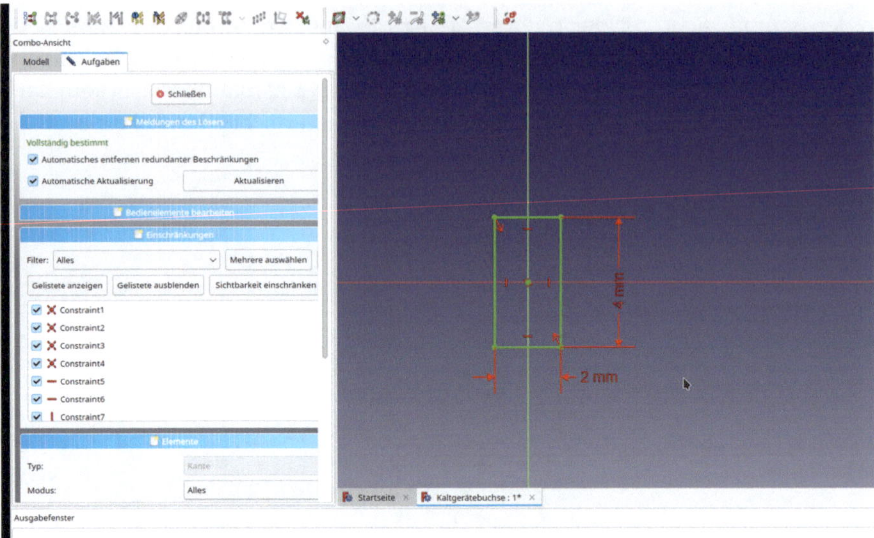


*Bild F25*

1.37. Die neue Skizze 23 mm tief aufpolstern. Dabei im Aufgabenfenster des Aufpolsterers die Checkbox "Umgekehrt" anhaken (Bild F26).

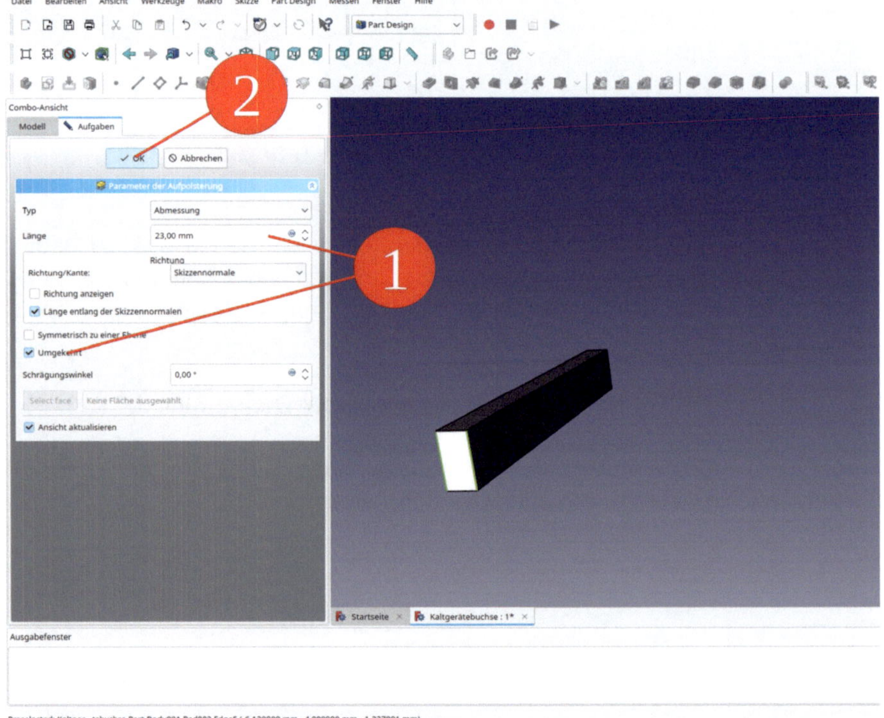


*Bild F26*

1.38. Für die Abschrägungen am Kontakt die vordere Stirnfläche des Kontaktes in der 3D-Ansicht markieren. Das Werkzeug "Fase" anklicken und im Aufgabenfenster den Typ "Zwei Distanzen" wählen. Für die erste Größe 0,5 mm einsetzen, für die zweite Größe 3 mm (Bild F27). Das Aufgabenfenster mit "OK" schließen (oben).

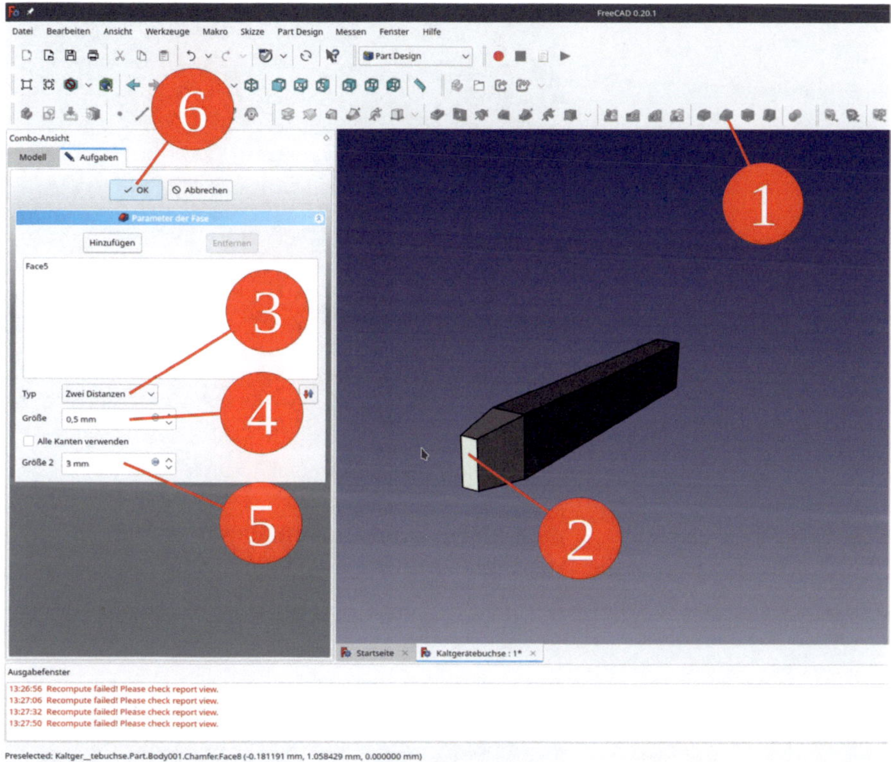


*Bild F27*

1.39. Den Kontakt in der 3D-Ansicht herumdrehen und die hinteren beiden Kanten wie in Abbildung F28 gezeigt markieren.

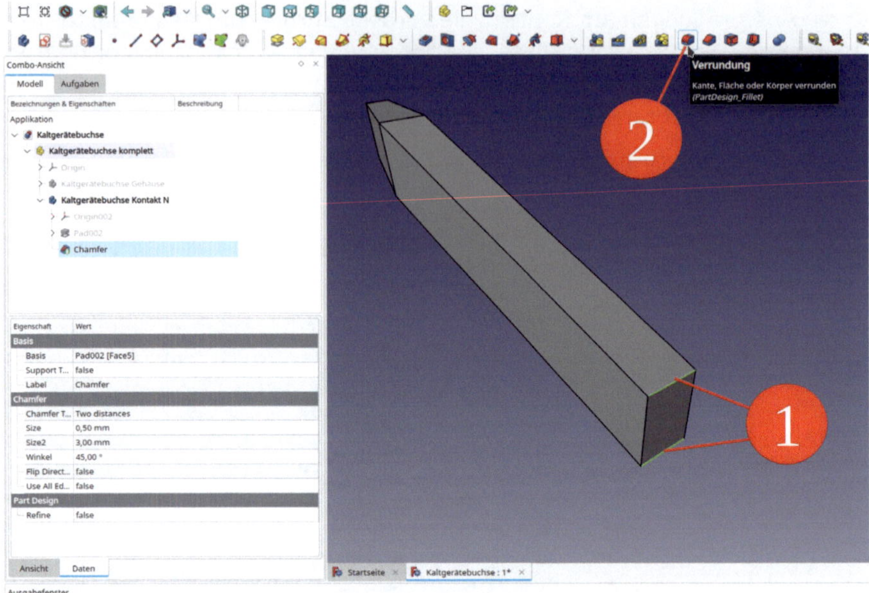


*Bild F28*

1.40. Das Werkzeug "Verrundung" auswählen und für den Radius 1,99 mm einsetzen (bei genau 2 mm schlägt der Vorgang fehl, Bild F29). Das Aufgabenfenster mit "OK" schließen.

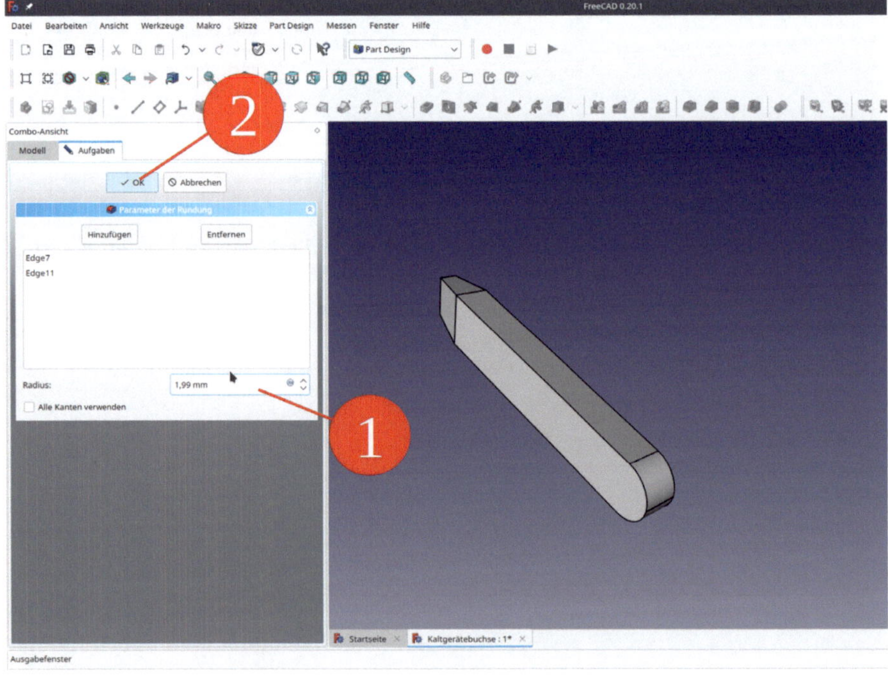


*Bild F29*

1.41. Für das Lötauge den Sketcher starten und als Skizzenebene die YZ-Ebene wählen.

1.42. Um die Geometrie des Kontaktes anzuzeigen, die Skizze schließen und nochmals öffnen. Aus dem Hauptmenü "Ansicht | orthogonal" und "Sketcher | Abschnitt anzeigen" auswählen.

1.43. Mit dem Zeichenwerkzeug "Nut erstellen" eine auf die Z-Achse zentrierte Nut zeichnen. In der Elementliste einen der beiden Kreisbögen wählen und durch Rechtsklick darauf und Auswahl der Einschränkung "Diameter Constraint" aus dem Kontextmenü den Durchmesser auf 1,5 mm setzen (Bild F30).

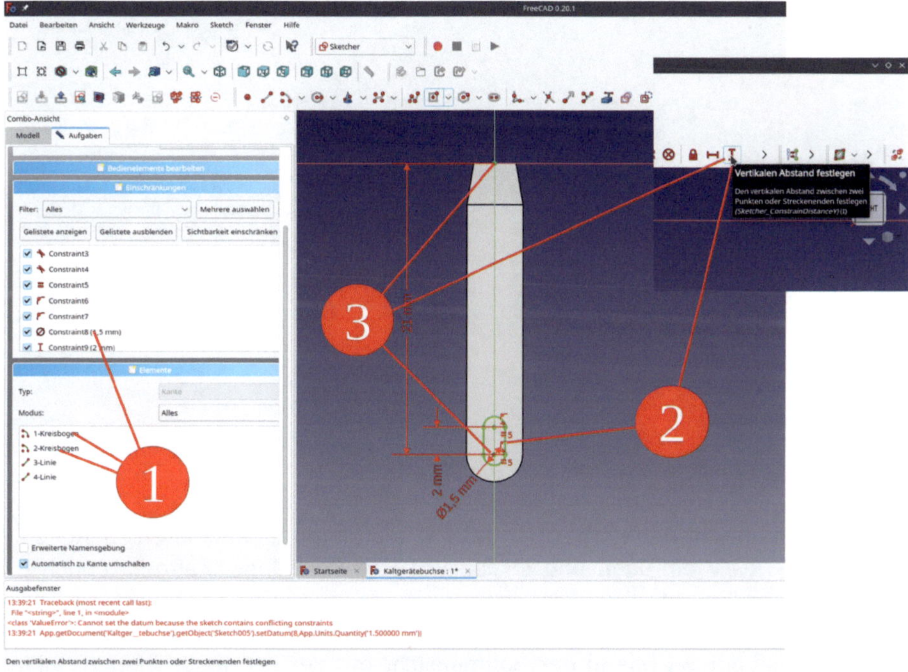


*Bild F30*

1.44. Eine gerade Seite der Nut markieren und die Länge mit der Einschränkung "Vertikalen Abstand festlegen" auf 2 mm setzen.

1.45. Den unteren Kreisbogenmittelpunkt und den Ursprung markieren und den vertikalen Abstand auf 21 mm festlegen (Bild F30). Die Skizze schließen (Button oben, hochscrollen).

1.46. Den neuen Sketch in der Baumansicht markieren und das Werkzeug "Tasche" aufrufen. Im Aufgabenbereich den Typ "Durch alles" wählen und die Checkbox "symmetrisch zu einer Ebene" anhaken (Bild F31). Das Aufgabenfenster mit "OK" schließen.

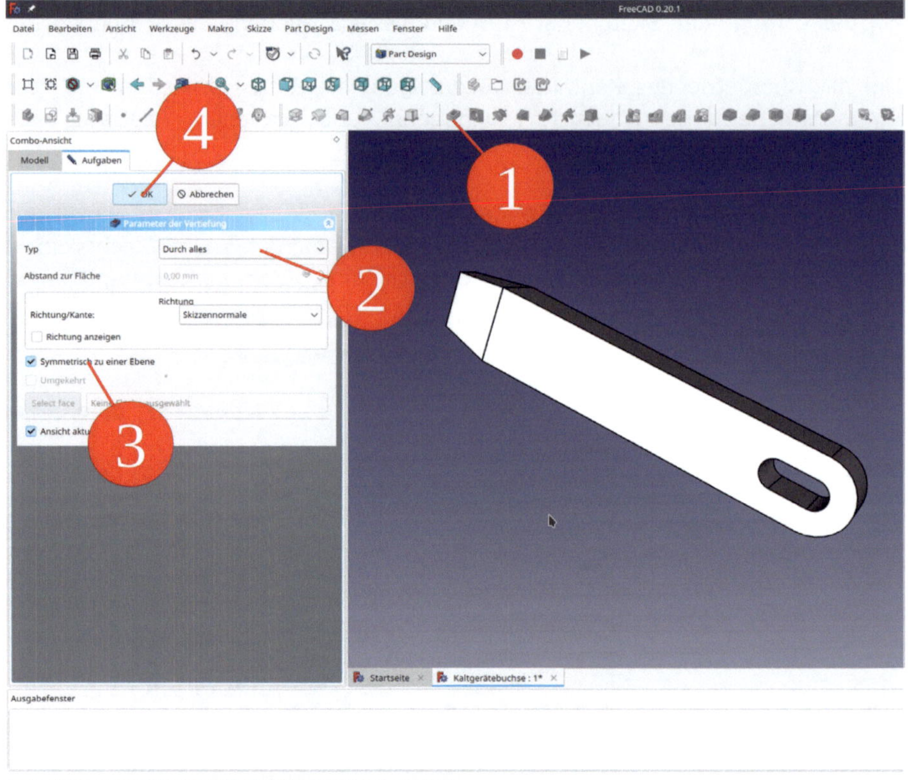


*Bild F31*

1.47. In der Baumansicht den Körper "Kontakt N" markieren und kopieren (STRG-C). Dann eine Kopie mit STRG-V einfügen und in den Std-Part-Container "Kaltgeratebuchse komplett" ziehen und in "Kontakt PE" umbenennen.

1.48. Das Gehäuse der Buchse in der Baumansicht mit der Leertaste wieder einblenden. Auf den Körper "Kontakt N klicken und in der Eigenschaftsliste die "Placement"-Parameter anklicken, dann den [...] -Button in der Ecke des Parameterfeldes.

1.49. Für das Placement die Y-Verschiebung auf -2 mm setzen, die X-Verschiebung auf -7,125 mm festlegen.

1.50. Den Körper von "Kontakt PE" durch Doppelklicken aktivieren. Die "Placement"-Parameter in der Eigenschaftsliste wählen und die Y-Verschiebung auf 2 mm setzen . Der Kontakt für den PE ist 2 mm länger als die anderen Kontakte. Daher auch die Z-Verschiebung auf 2 mm setzen (Bild F32).

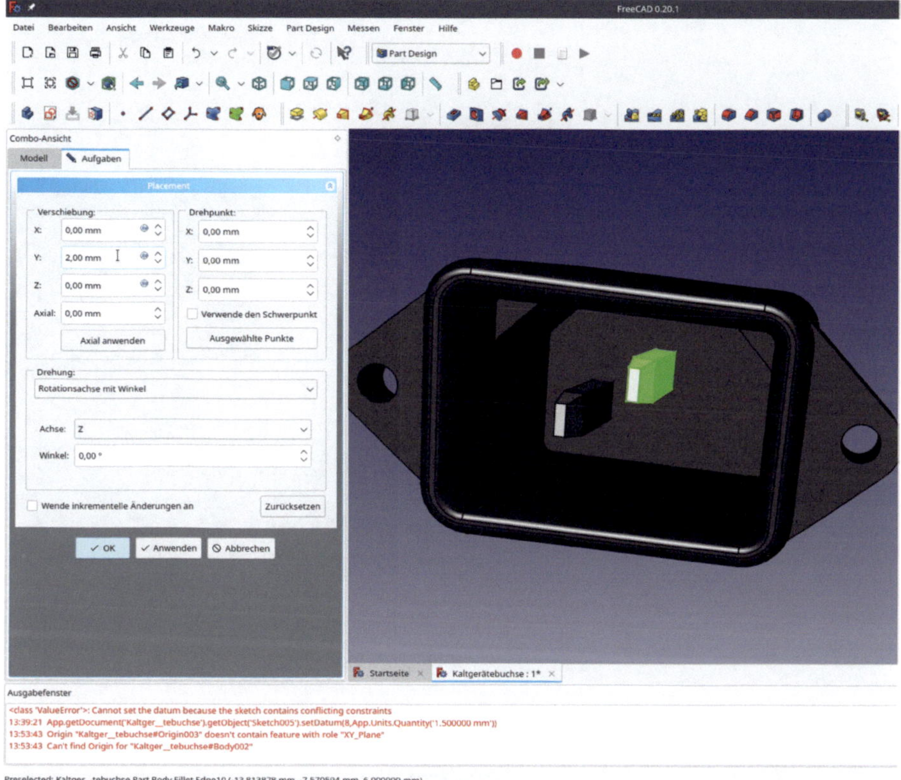

*Bild F32*

1.51. Den Körper von "Kontakt PE" erweitern und den ersten Konstruktionsschritt durch Doppelklicken aktivieren. Die Länge auf 25 mm vergrößern. Das Aufgabenfenster mit "OK" schließen.

1.52. Den tip (= letzten Konstruktionszustand) des Kontaktes (das Lötauge) erweitern und die Skizze doppelklicken. Das Abstandsmaß für die Nut von 21 mm auf 23 mm vergrößern (Bild F33). Die Skizze schließen. Das Lötauge befindet sich jetzt nach der Verlängerung des Kontaktes wieder an der richtigen Stelle.

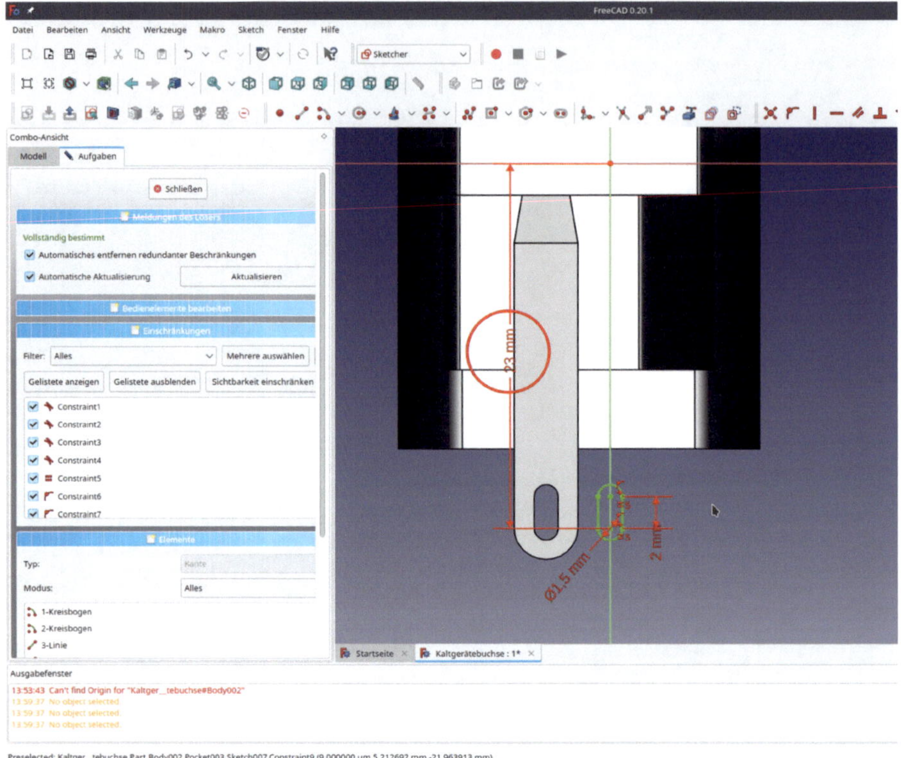


*Bild F33*

1.53. In der Baumansicht den Körper von "Kontakt N" markieren und einen Klon erzeugen.

1.54. Den Klon in den Std-Part-Container "Kaltgerätebuchse komplett" ziehen und in "Kaltgerätebuchse Kontakt L" umbenennen.

1.55. Den Körper des neuen Kontaktes in der Baumansicht markieren und im Placement eine X-Verschiebung von 14,25 mm setzen (Bild F34).

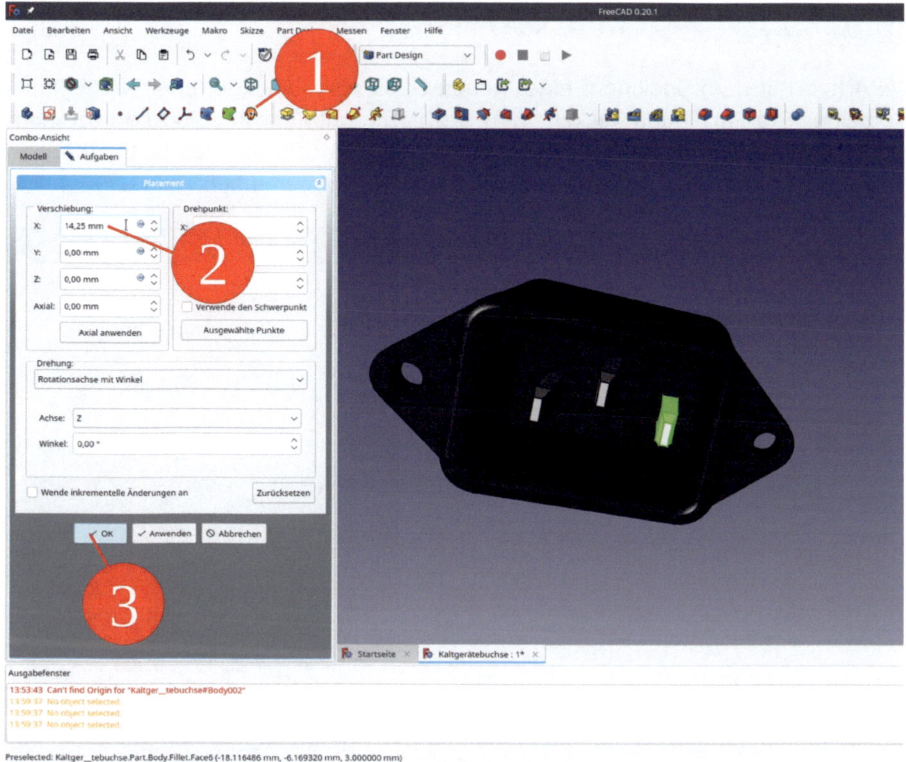

*Bild F34*

1.56. Alle Kontakte in der Baumansicht markieren und die Darstellung auf das Material "Chrom" ändern. Die Arbeit speichern.

# Anhang G: 9V-Blockbatterie

1.1. Die Arbeit mit dem Speichern einer neuen Datei als " Blockbatterie 9V" beginnen und auf das gelbe "Std-Part"-Icon klicken. Den Std-Part-Container in "Blockbatterie komplett" umbenennen. Den Arbeitsbereich "Part Design" wählen und auf das blaue "Körper"-Icon klicken. Den neuen Körper in "Blockbatterie Gehäuse" umbenennen (Bild G1).

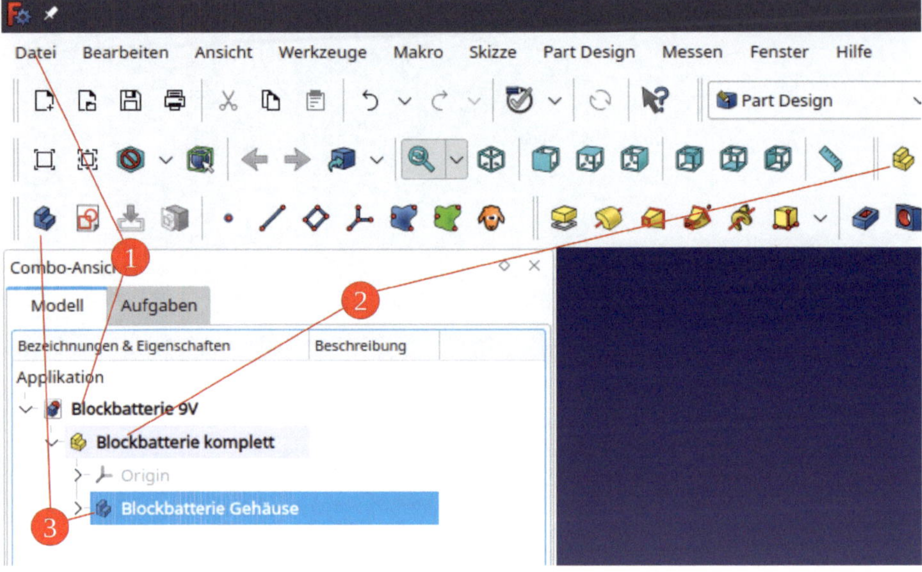


*Bild G1*

1.2. Bei den größeren Versandhändlern für elektronische Bauteile findet man auch Datenblätter für den Batterietyp 6LR61. Für die Länge, Breite und Höhe des Batteriegehäuses verwenden wir die oberen Toleranzgrenzen, die sich übereinstimmend in den verschiedenen Quellen finden

1.3. Das "Sketcher"-Icon klicken und als Skizzenebene die XZ-Ebene wählen.

1.4. Im Fenster "Meldungen des Lösers" des Aufgabenfensters den Eintrag "Automatisches Entfernen redundanter Beschränkungen" anhaken. Dies vereinfacht die folgende Arbeit (Bild G2).

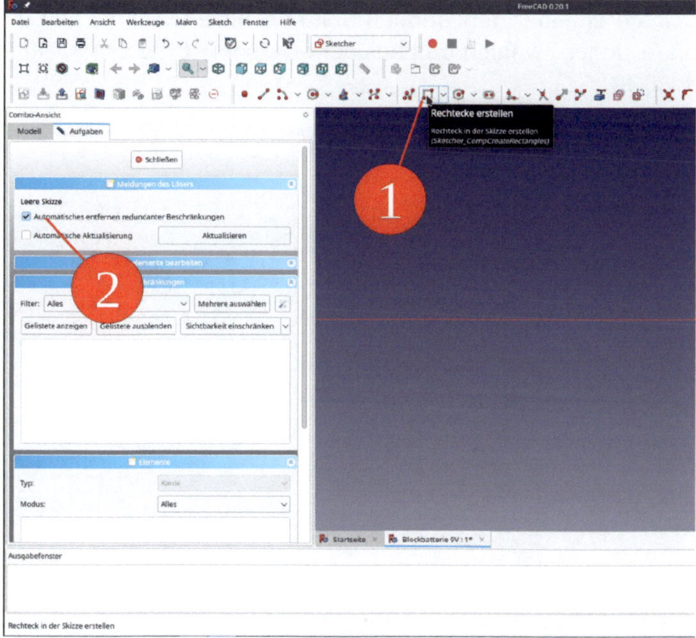


*Bild G2*

1.5. Im Sketcher das Zeichenwerkzeug "Rechteck mit 2 Eckpunkten" wählen und ein Rechteck zeichnen, welches auf der XY-Ebene liegt. Das Zeichenwerkzeug durch Rechtsklick (Bild G2) beenden.

1.6. Zwei horizontal gegenüberliegende Eckpunkte des Rechtecks sowie die vertikale Zeichnungsachse markieren und die Einschränkung "Symmetrie festlegen" wählen (Bild G3).

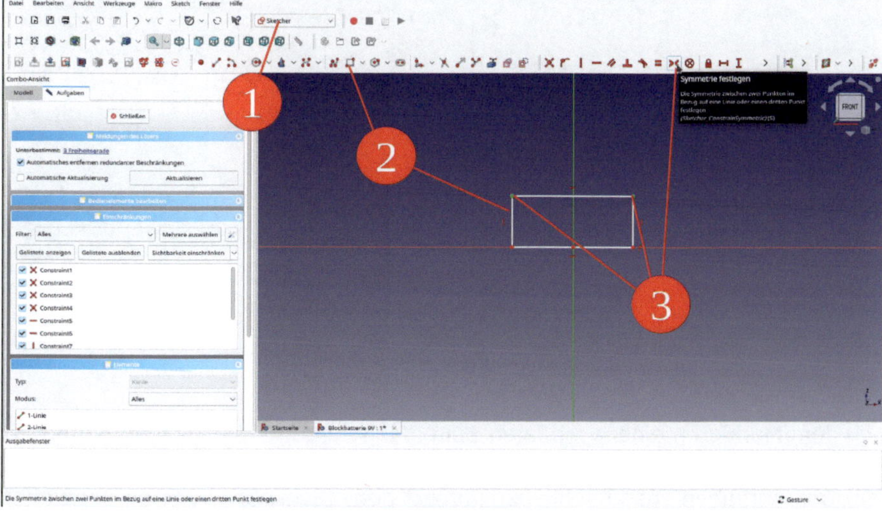


*Bild G3*

1.7. Nach dem Markieren einer horizontalen Seite des Rechtecks die Einschränkung "Horizontalen Abstand festlegen" wählen und aus dem Datenblatt die maximale Breite von 26,5 mm eingeben (Bild G4, G5).

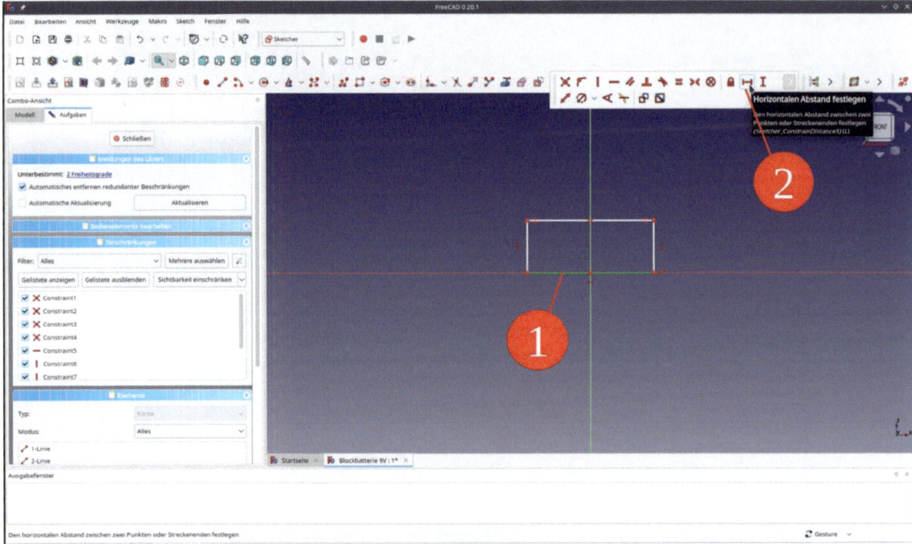


*Bild G4*

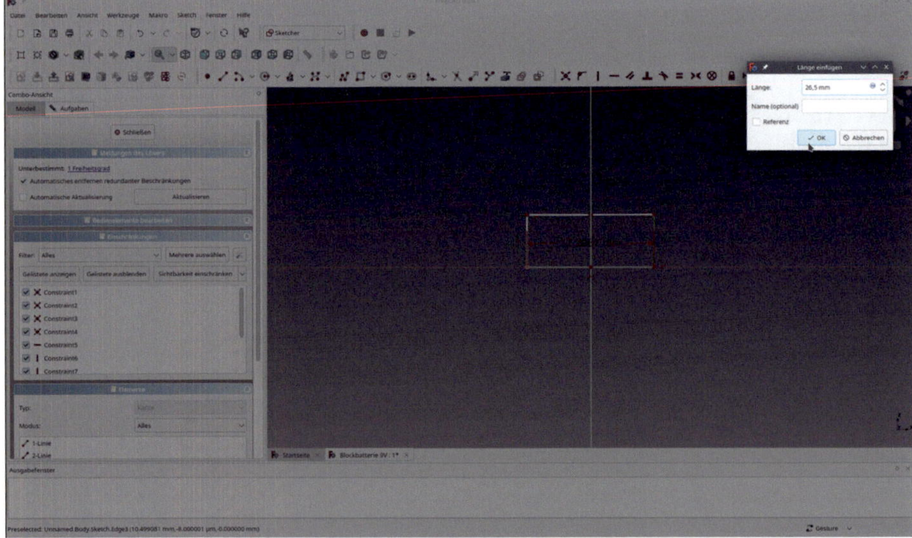


*Bild G5*

1.8. Nach dem Markieren einer vertikalen Seite des Rechtecks die Einschränkung "Vertikalen Abstand festlegen" wählen und aus dem Datenblatt die maximale Höhe von 17,5 mm eingeben. Das Aufgabenfenster schließen wir mit dem "Schließen"-Button ganz oben.

Mit diesen Festlegungen sitzt die Batterie vielleicht etwas locker. Man könnte für die Maße auch die Mitte des im Datenblatt angegebenen Toleranzfeldes nehmen (dann passen einige Batterien vielleicht nicht mehr hinein) oder man hilft sich durch Einkleben elastischer Kunststoffpads.

1.9. Das Koordinatensystem von "Blockbatterie Gehäuse" markieren und mit der Leertaste einblenden. Danach die XZ-Ebene durch Anklicken markieren. Klicken des Menü-Icons "Referenzebene" öffnet ein Aufgabenfenster. Für den den Z-Versatz die Höhe des Batteriegehäuses aus dem Datenblatt eingeben, also 46,4 mm (Bild G6). Das Aufgabenfenster schließen wir mit dem mit dem "OK"-Button ganz oben.

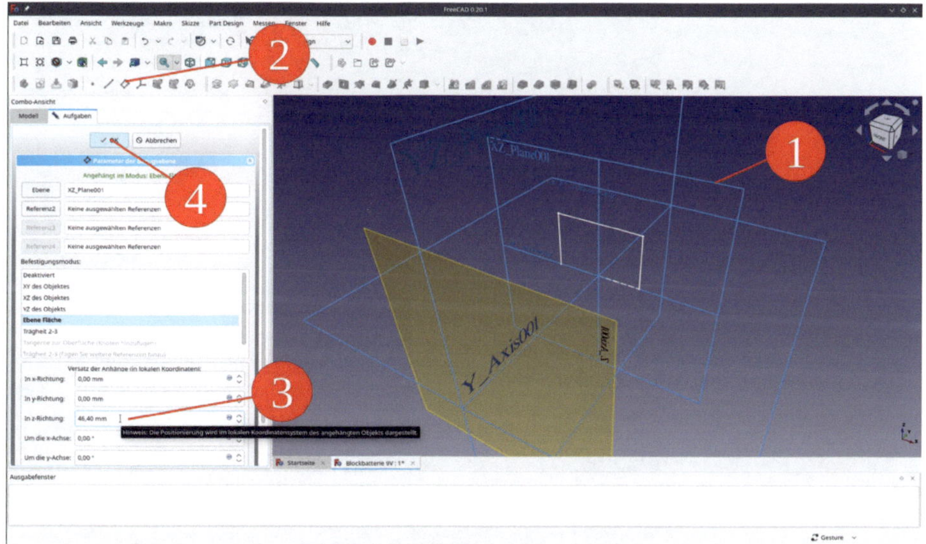


*Bild G6*

Dass hier der Z-Versatz benutzt werden muss, ist etwas kontraintuitiv (die Z-Achse des Koordinatensystems zeigt ja nach oben). Im System der Referenzebene entspricht die Z-Komponente aber der Flächennormale.

1.10. Die neue Referenzebene in der Baumansicht in "Batterie Oberseite" umbenennen.

1.11. Den in 20.3 bis 20.8 erstellten die Skizze markieren und das Menü-Icon "Aufpolsterung" (Bild G7) klicken. Im Aufgabenfenster den Typ: "Bis zur Oberfläche" wählen und auf die gelbe Referenzebene klicken (Bild G8). Die Aufgabe mit "OK" beenden.

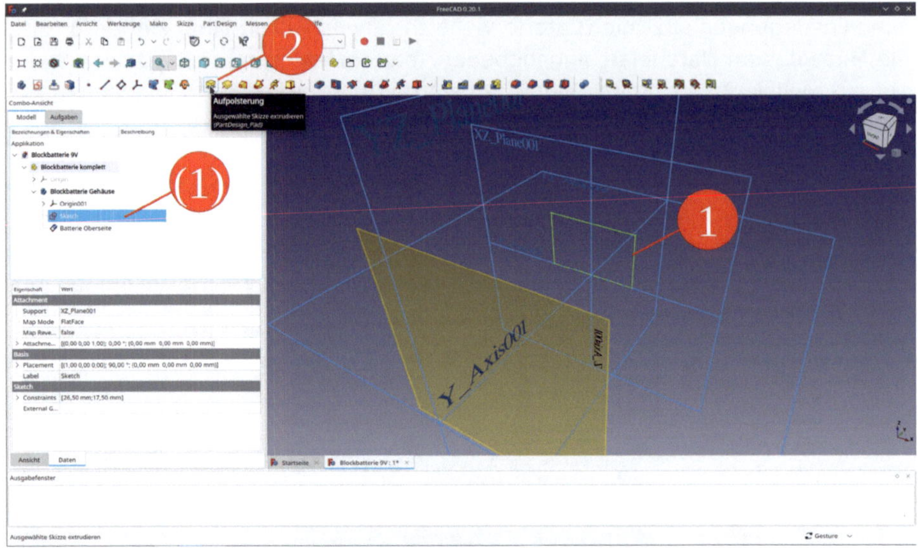


*Bild G7*

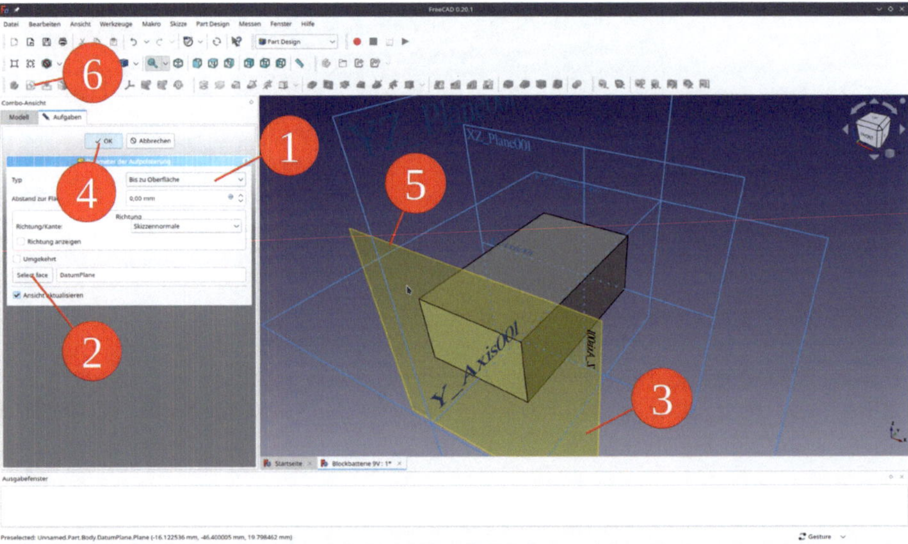


*Bild G8*

1.12. Auf der Oberseite der Batterie eine Vertiefung für die Kontaktplatte anbringen. Dazu auf die Ebene "Batterie Oberseite" klicken, sowie auf das Sketcher-Icon (Bild G8, Schritte). Derzeit muss man die Skizze einmal schließen und wieder öffnen, um die bereits vorhandene Geometrie anzuzeigen.

1.13. Nach dem Klicken des Menü-Icons "Externe Geometrie" (Bild G9) die vier Kanten des Batteriegehäuses anklicken. Diese erscheinen dann violett und können für Bezüge verwendet werden.

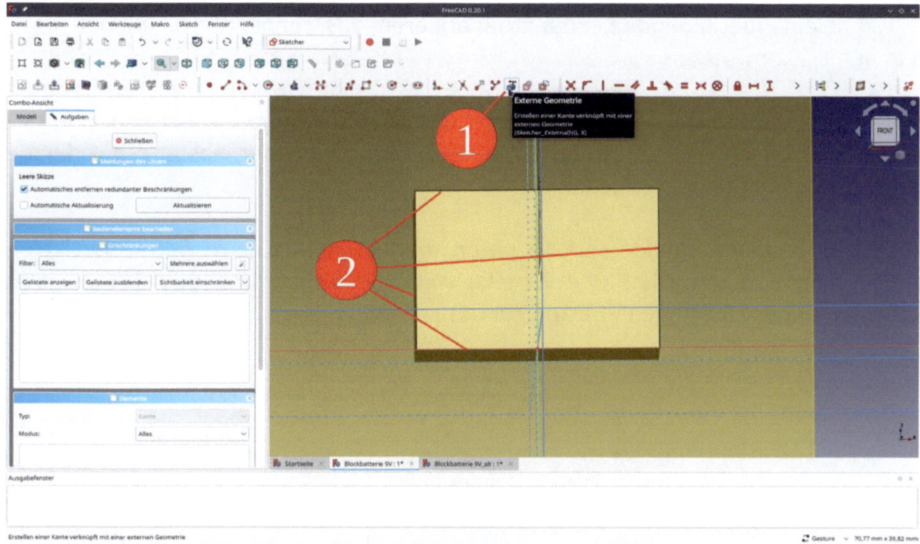


*Bild G9*

1.14. Das Zeichenwerkzeug "Rechteck mit 2 Punkten" wählen und den Umriss der Vertiefung zeichnen. Die genauen Positionen der Eckpunkte sind noch nicht wichtig. Den Befehl mit einem Rechtsklick abschließen.

1.15. Die beiden oberen Eckpunkte des Rechtecks und dir Mittelachse markieren und, wie bei Punkt 20.3, Bild G3, die Einschränkung "Symmetrie festlegen" wählen (Bild G10, Schritte 1 und 2).

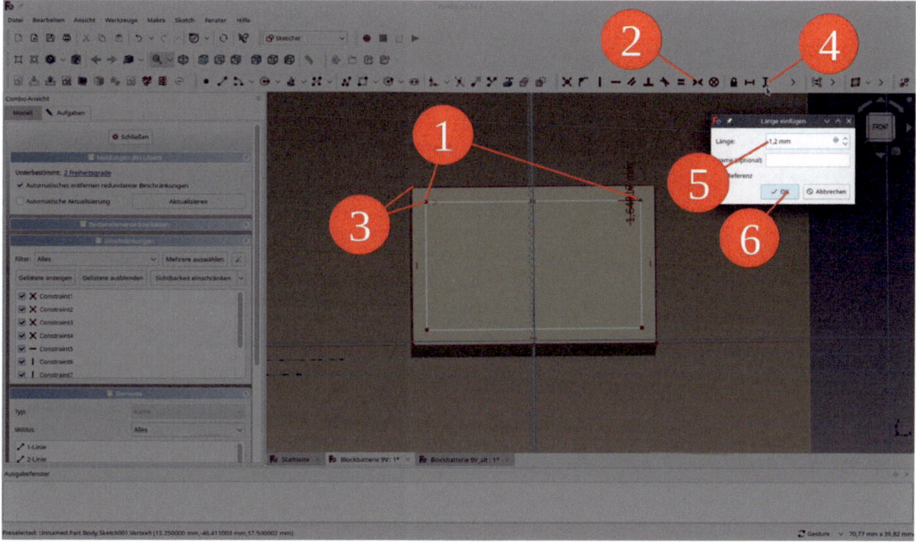


*Bild G10*

1.16. Zwei beieinanderliegende Eckpunkte markieren, z.B. rechts oben, und den vertikalen Abstand auf 1,2 mm setzen.

1.17. Dieselben Punkte nochmals markieren und den horizontalen Abstand ebenfalls auf 1,2 mm setzen. Wegen der symmetrischen Bedingung wird der Abstand auf der gegenüberliegenden Seite gleich mit gesetzt.

1.18. Zwei beieinanderliegende Punkte unten markieren und auch deren vertikalen Abstand auf 1,2 mm setzen. Die Skizze ist jetzt vollständig bestimmt (Bild G11). Das Aufgabenfenster mit dem "Schließen"-Button (oben) schließen.

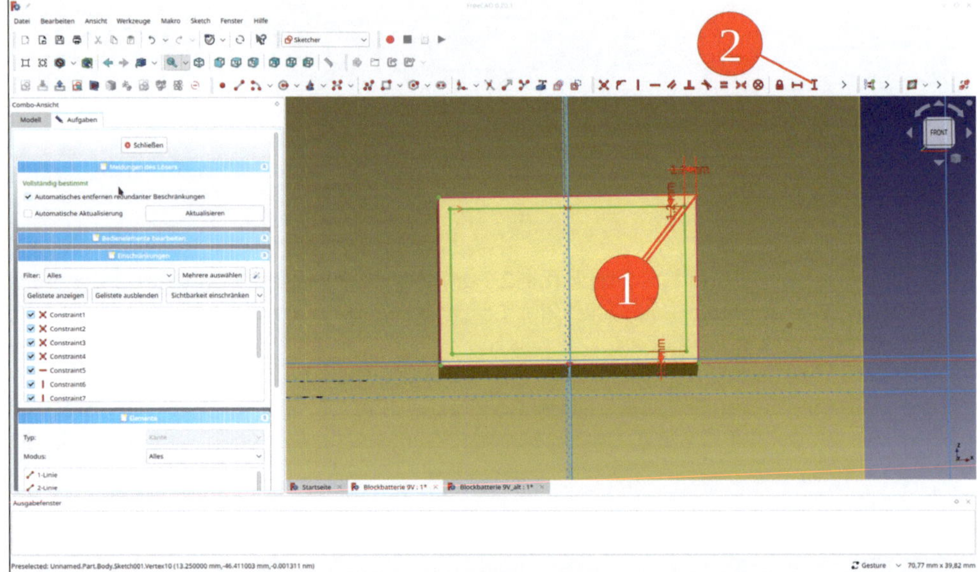


*Bild G11*

1.19. In der Baumansicht die Skizze durch Anklicken in der Baumansicht markieren und den Befehl "Tasche" wählen (Bild G12). Als Tiefe im Aufgabenfenster 1 mm eingeben und das Aufgabenfenster mit dem "OK"-Button schließen.

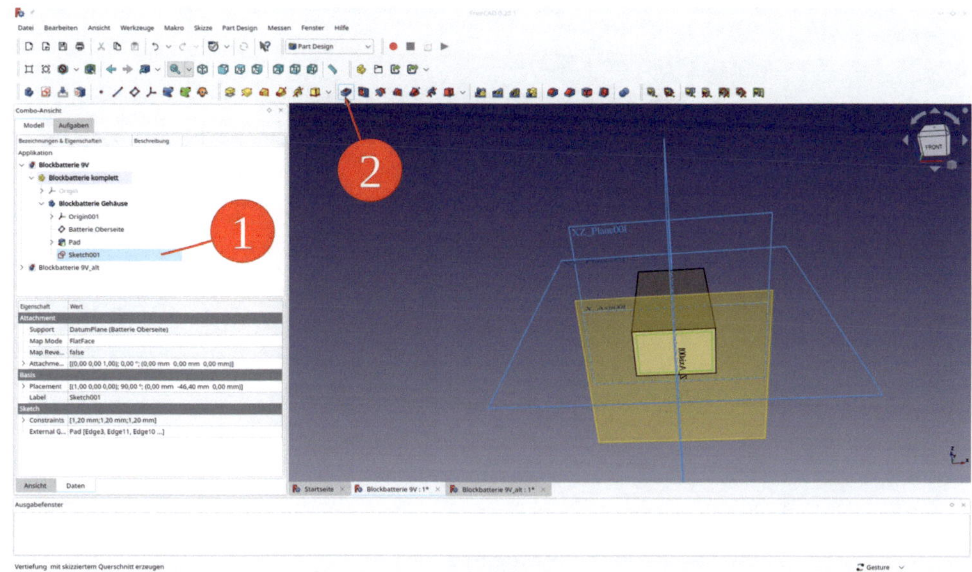


*Bild G12*

1.20. Die Ebene "Batterie Oberseite" in der Baumansicht mit der Leertaste ausblenden.

1.21. Nach dem Markieren der XZ-Ebene des noch sichtbaren Körper-Koordinatensystems eine zweite Referenzebene mit dem Befehl "Referenzebene" erzeugen. Für den Z-Abstand den Wert von 49 mm für die absolute Höhe der Batterie aus dem Datenblatt einsetzen. Nach dem Schließen des Aufgabenfensters die Ebene in "Kontakt Oberseite" umbenennen.

1.22. Durch Markieren der gerade erzeugten Ebene und Klicken des Sketcher-Icons die Skizze für die Kontakte erzeugen. Einmal Schließen und wieder Öffnen der Skizze ermöglicht die Arbeit bei sichtbarer Geometrie des Batteriegehäuses.

1.23. Das Zeichenwerkzeug "Kreis erstellen" anklicken und zwei Kreise in etwa an die richtige Stelle auf dem Gehäuse zeichnen (Bild G13). Den Befehl mit einem Rechtsklick beenden.

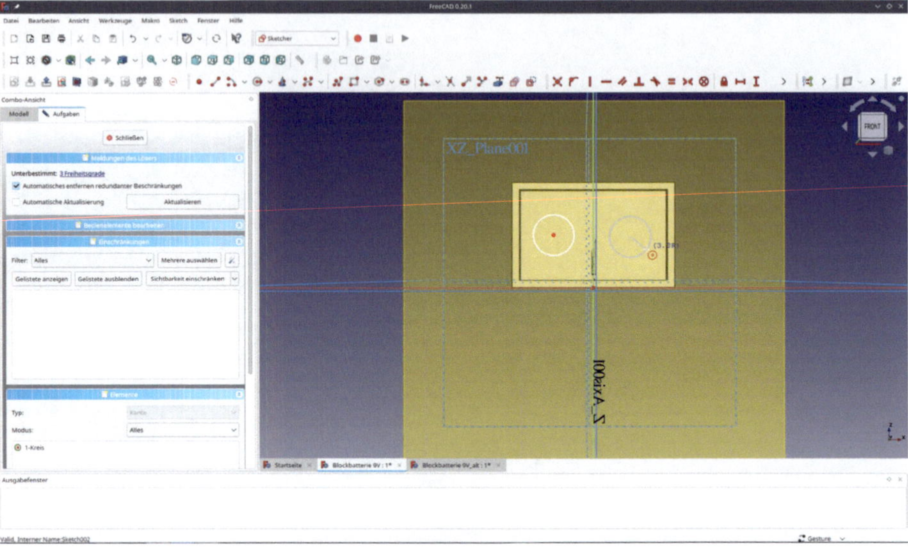

*Bild G13*

1.24. Nach dem Markieren beider Kreise (STRG + Anklicken) die Einschränkung "=" wählen. Dies setzt beide Kreisdurchmesser auf denselben Wert (Bild G14, Schritt 1).

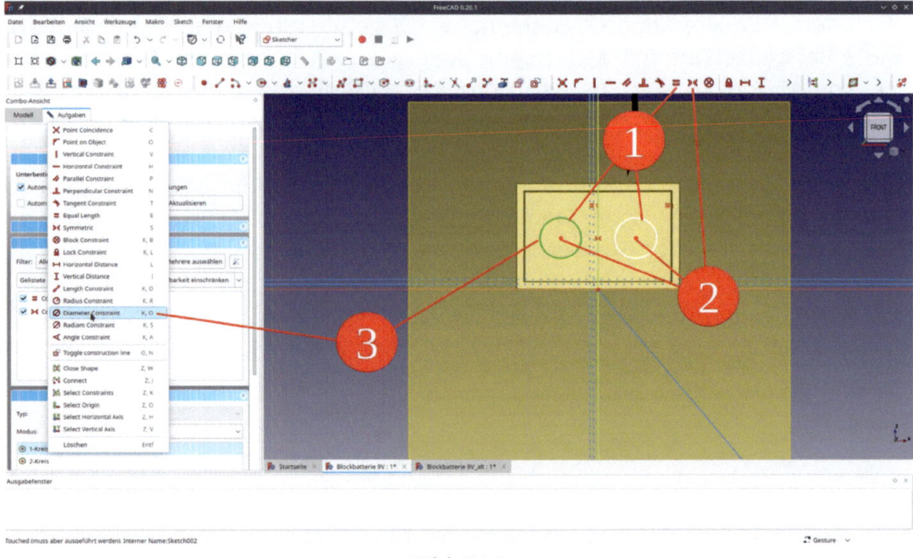


*Bild G14*

1.25. Danach die beiden Kreismittelpunkte markieren und die Einschränkung "Symmetrie festlegen" wählen (Bild G14, Schritt 2).

1.26. Im Panel "Elemente" links unten mit der rechten Maustaste auf einen der beiden Kreise klicken und aus dem Kontextmenü die Einschränkung "Diameter Constraint" auswählen (Bild G14, Schritt 3). Den Durchmesser geben mit 8 mm nur ungefähr anzugeben reicht für die weitere Arbeit aus.

1.27. Die beiden Kreismittelpunkte markieren und für den horizontalen Abstand der Kontakte den Wert aus dem Datenblatt von 12,95 mm angeben.

1.28. Einen der Kreismittelpunkte markieren, sowie den Koordinatenursprung in der Mitte, und für den vertikalen Abstand die halbe Höhe des Batteriegehäuses aus 20,8 mm in, also 8,75 mm (Bild G15). Damit erscheinen die beiden Kreise hellgrün – die Skizze ist vollständig bestimmt. Das Aufgabenfenster mit dem "Schließen"-Button verlassen.

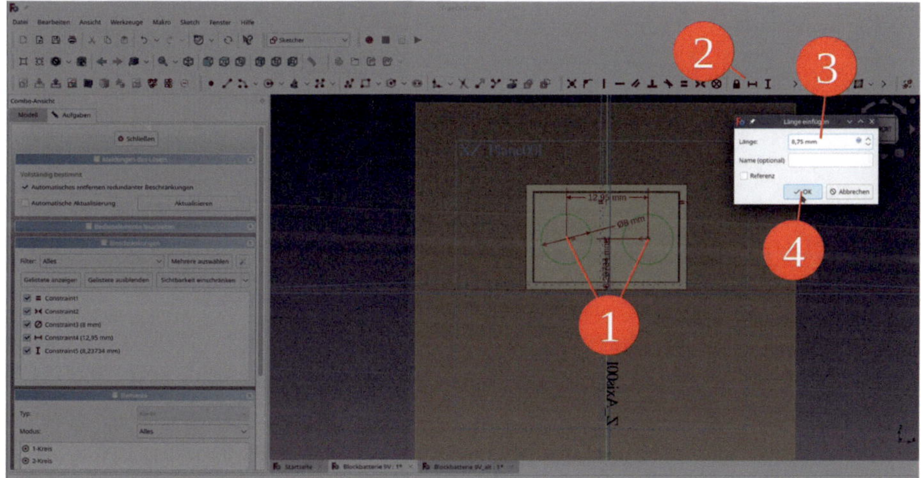


*Bild G15*

1.29. In der Baumansicht die neue Skizze in "Kontakte" umbenennen.

1.30. Die gerade erzeugte Skizze markieren und auf das Icon "Aufpolsterung" klicken, um die Kontakte zu erzeugen. Eine Fehlermeldung erscheint:

```
Recompute failed! Please check report view. "
```

Die Erzeugung der Kontakte hätte mehrere Materialstücke zur Folge, was in einem einzigen Körper nicht möglich ist. Man kann die Kontakte aber mit der Batterie verbinden, um dies zu vermeiden:

1.31. Im Aufgabenfenster aus 14.30 den Typ "bis zur dichtesten Objektbegrenzung" wählen und die Checkbox "Umgekehrt" anhaken. (Bild G16, Schritt 3). Jetzt enden die Kontakte auf dem Batteriegehäuse und die Geometrie erscheint wieder ohne Fehlermeldungen. Das Aufgabenfenster mit dem "OK"-Button schließen.

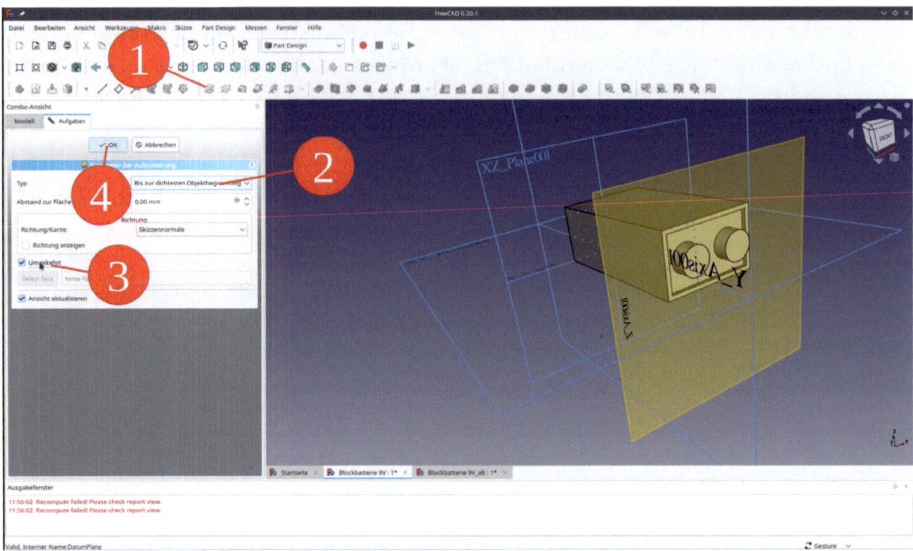


*Bild G16*

1.32. In der Baumansicht die Ebene "Kontakt Oberseite" mit der Leertaste ausblenden. Die folgenden Details sind nicht unbedingt nötig, machen eine Darstellung aber übersichtlicher.

1.33. Die vier langen Seiten der Batterie, sowie die innenliegenden Ecken bei der Basisfläche der Kontakte markieren und das Werkzeug "Verrundung" anklicken (Bild G17). Als Parameter 1,2 mm eingeben.

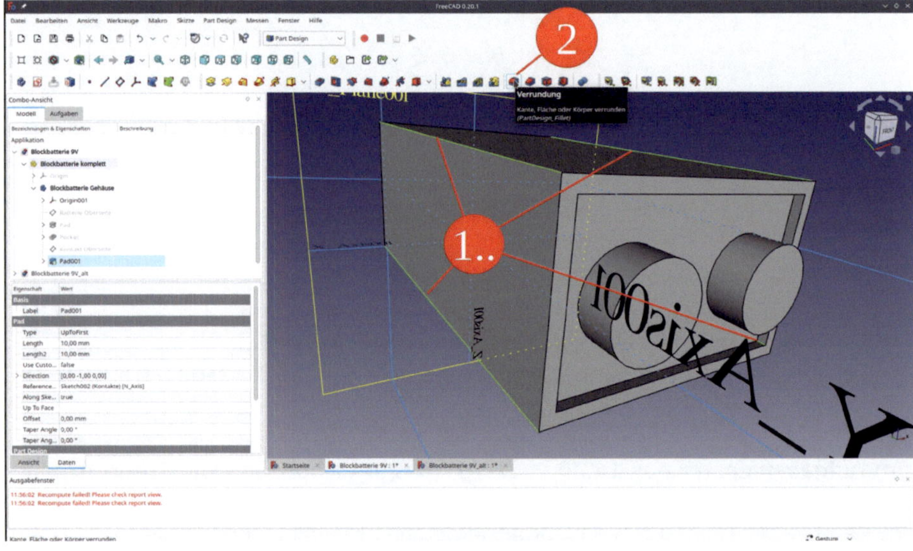


*Bild G17*

1.34. Danach eine Kante der Batteriebasis sowie eine Außen- und eine Innenkante an der Batterieoberseite markieren und wiederum "Verrundung" wählen (Bild G18). Ein zu großer Wert für die Verrundung führt zu Fehlern. Als Parameter 0,35 mm eingeben.

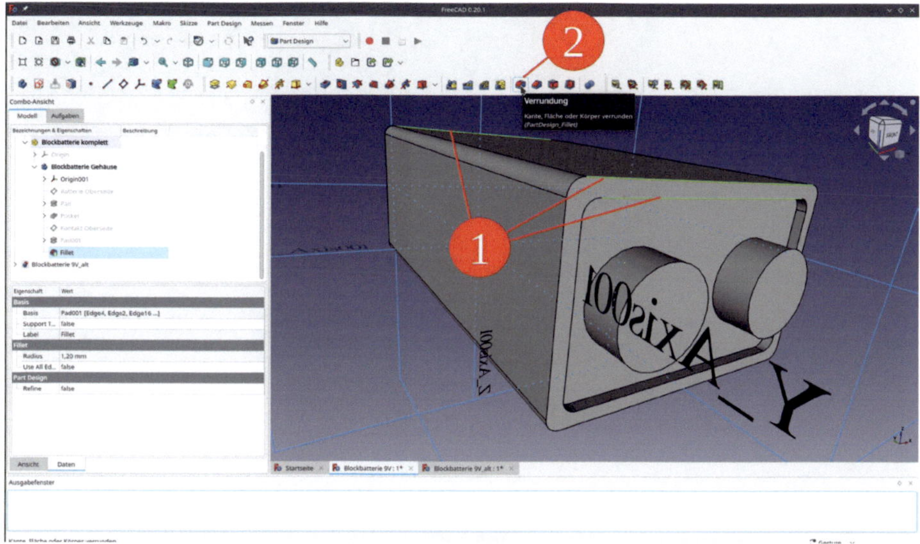


*Bild G18*

1.35. Das Koordinatensystem des Körpers mit der Leertaste ausblenden.

1.36. Den Körper "Blockbatterie Gehäuse" mit der rechten Maustaste anklicken und "Darstellung" aus dem Kontextmenü auswählen. Für das Material "Aluminium" und für die Flächenfarbe z.B. dunkelblau wählen.

1.37. Da sich an der Blockbatterie nichts mehr ändern wird, kann man die weiteren Farben auch facettenweise festlegen. Dazu klickt man in der Baumansicht mit rechts auf den tip (den letzten angezeigten Körperzustand) und wählt "Legen Sie Farben fest" aus dem Kontextmenü.

1.38. Die Kontakt-Basisfläche anklicken und im Aufgabenfenster "Festlegend der Farben pro Fläche" mit dem Farbwahlknopf die Farbe Schwarz wählen. In gleicher Weise mit gedrückter STRG-Taste alle Flächen der beiden Kontakte markieren und für die Farbe Hellgrau auswählen.

1.39. Nach dem Schließen des Aufgabenfensters ist die Batterie fertig zur weiteren Verwendung (Bild G19).

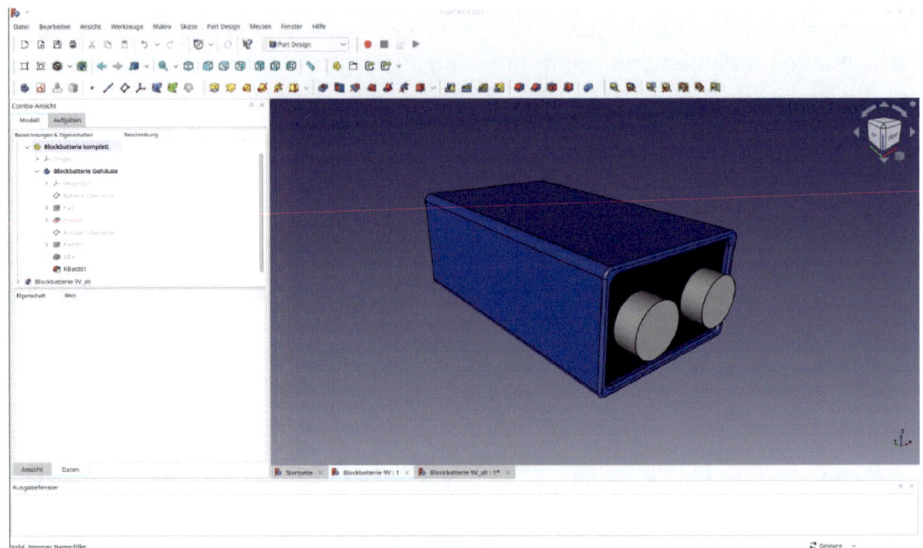

*Bild G19*

# Stichwortverzeichnis